U0947792

EIGHTH EDITION

DUANE P. SCHULTZ

SYDNEY ELLEN SCHULTZ

A History of
MODERN
PSYCHOLOGY

教育科学精品教材译丛

A History of Modern Psychology

现代心理学史 第八版

[美] 杜·舒尔兹
西德尼·埃伦·舒尔兹 著

叶浩生 译

EIGHTH EDITION

凤凰出版传媒集团
江苏教育出版社

DUANE P. SCHULTZ
SYDNEY ELLEN SCHULTZ

图书在版编目(CIP)数据

现代心理学史：第8版/(美)舒尔茨(Schultz，D. P.)等著；叶浩生译. —南京：江苏教育出版社，2005.11(2011年2月重印)

ISBN 978-7-5343-7047-2

Ⅰ.现... Ⅱ.①舒...②叶... Ⅲ.心理学史 Ⅳ.B84-09

中国版本图书馆CIP数据核字(2005)第130465号

教育科学精品教材译丛

现代心理学史(第八版)

A History of Modern Psychology

[美]杜·舒尔兹　西德尼·埃伦·舒尔兹　**著**

叶浩生 **译**

责任编辑　金　玲　孙兴春

出版发行　凤凰出版传媒集团

江苏教育出版社(南京市湖南路1号A楼)

网址　http://www.1088.com.cn

集团网址　凤凰出版传媒网 http://www.ppm.cn

经销　江苏省新华发行集团有限公司

照排　南京展望文化发展有限公司

印刷　扬州市文丰印刷制品有限公司

开本　787×1092　1/16　印张 29.25　字数 606 000

2011年2月第2版　2011年2月第2次印刷

印数　4 001—7 000册

ISBN 978-7-5343-7047-2

定价　53.00元

教育科学精品教材译丛

总序

作为高校教师，我们中的许多人常常为教育科学教材的陈旧落后而痛心疾首；作为教育学人，我们中的许多人也常常对经济学、社会学等显学学科教材建设的突飞猛进而称羡不已。

于是，我们坐卧不安，我们摩拳擦掌，我们立志超越，我们走到了一起。经过几年的努力，涵盖当代高等学校教育学专业的全部主干课程的大型海外教材《教育科学精品教材译丛》呈现在读者面前。

许多年来，我国高等师范教育和高等学校教育学专业课程改革的步伐极为缓慢，师范教育的教育学、心理学、教材教法这三门课程多年不变，教育学专业的课程内容陈旧，课程的选择空间相当狭小。可以说，改变高等师范教育课程和高等学校教育学课程的落后状况，是《译丛》的最为基本的宗旨。

另一方面，随着教育事业改革的深化，教育实践中产生的问题日益复杂，解决这些问题需要极为丰富的教育科学知识和能力。《译丛》追求的另一宗旨正是通过奉献世界上最先进的教育科学知识体系，促进我国教育事业改革的深化。

在过去的几年中，高等学校课程改革已经取得了相当明显的成效。深化课程改革的一种重要途径是引进国外尤其是发达国家的高校教材，借此提高教育质量和增进学生的学习能力。《译丛》的宗旨和思路与我国高校教材改革的这种方向是一致的，而且是高校教材改革过程的组成部分。

促进学术交流，是《译丛》向往的又一宗旨。学术沟通的障碍，表征是交际语言，而深层原因则是学术语言与学术规范。《译丛》希望通过引进国外的教育科学知识体系和贯穿其中的研究方法与表达方式，促进我国教育科学学术事业的进步，并为其走向世界奠定基础和开辟道路。

《译丛》是建国以来从海外引进的规模最大、门类最全的教育学科教材。被国内媒体称为"又一次重要的拿来主义"。在科教兴国的基本国策背景下，它所蕴涵的巨大社会意义已经超出教材本身。因此，《译丛》的编委会和出版者——江苏教育出版社对此高度重视，并为此做了大量的细致而扎实的工作。第一，组建了强大的编委会和翻译队伍。《译丛》的编委会阵容整齐，有各师范大学的博士生导师、教授以及一批海外教育专家；主要翻译人员和审校者均是教育科学专业的博士或教育科学领域的教授，其中一些译者长期旅居国外，并从事教育科学专业的研究和教学工作，他们均在教育科学领域具有相当深厚的积累，可以确保《译丛》的翻译质量。第二，精心筛选选题。《译丛》的入选图书品质上乘，所有选题皆经中、日、美等国专家反复磋商论证，精选而成。其中一些书目为国外学术机构推荐，在国外大学拥有广泛的学术声誉。许多教材一版再版，最多的已达第八版。

我们希望，这套教材能成为国内教育科学的替代课本或重要参考书，也把它作为各地教师继续教育的重要图书。

我们期待，这套教材能给中国教育理论界带来一些观念和方法上的启示，为我国的教育科学的教学和研究，尤其是教材编写工作提供一定的借鉴。

我们相信，这套教材会得到许多中小学教师、校长、教育行政机关干部、教育科学研究人员、教育专业的研究生以及高校在校学生的关注和选用。

当然，我们更希望、更期待的是创新和超越。希望和期待我国的教育科学工作者编写出高水平的、具有中国特色的教材。站得更高才能看得更远，看得更远才能做得更佳，希望我们这套教材能使中国教育理论界有一个更高的起点，使中国的教师和师范学生有一个开阔的视界。需要说明的是，由于原书附有大量的索引，为降低图书成本，减轻读者负担，我们只好割爱，敬请诸君谅解。

我们欢迎各种形式的参与和合作，欢迎专家和读者随时为我们荐书，随时提出各种建议和评论。

《教育科学精品教材译丛》编委会

二〇〇二年四月

前 言

这本书关注的焦点是现代心理学的历史，即开始于19世纪晚期，成为一门单独的、独立的学科之后的这段时期。尽管我们并不忽视在此之前的哲学思想，但我们集中注意于那些同心理学作为一个新的、独特的研究领域的建立直接相关的问题。我们所描述的是现代心理学的历史，而不是整个的心理学或者现代心理学之前所有哲学工作的历史。

我们选择依据人物、观念和思想学派来叙述心理学的历史。之所以如此，是因为自1879年这一领域正式形成以来，心理学的方法和对象随着新观念的产生而发生着变化。这些新的观念在一段时间内吸引了众多忠实的追随者，支配了这一领域。因此，我们的兴趣在于阐述那些在过去的岁月里支配这一领域的不同研究取向(approaches)的发展顺序。

我们在讨论每一种思想学派时都把它看做是一场产生于一定的历史和社会背景中的运动，而不是独立的或孤立的实体。背景因素包括那一时代的思想精髓，即时代精神(the Zeitgeist)以及社会、政治和经济的因素。这些因素还包括战争的影响以及对妇女和少数民族群体的偏见和歧视。

尽管这本书是依照学派而组织的，但是我们承认这些学派的体系来源于个体学者、研究人员、组织者和促进者的工作。毕竟是人，而不是抽象的力量撰写了文章、从事了实验、提交了论文、宣传了思想观念和培养了下一代心理学工作者。因此，我们将讨论那些塑造了这一领域的关键人物的贡献，指出他们的工作往往不仅受到他们学术研究盛期那个时代的影响，同时也受到他们自己生活境遇的影响。

我们对每一个思想学派的讨论是依照它与科学观念和发现的联系而进行的，这些科学观念和发现或产生于其前或发生于其后。每一个学派都是从现存的秩序中产生，或者是在反对现存的秩序中而产生；接着，它又激发了一些观点，这些观点又对前者提出了挑战，加以反对，并最后取代了它。在回顾历史之际，我们可以发现现代心理学的模式和发展的连续性。

新版的独特之处

从第一版到现在的第八版已经有35年的时间了，但是仍然发现有如此多的东西需要添加，重新予以审视和修改。这一点也生动地见证了心理学史的动力特性。现代心理学史不是固着的或已完成的，而是处在持续的成长状态。有关心理学的人物、问题、方法和理论的大量学术成果源源不断地产生，大量的理论被提出来，被翻译过来，以及被重新评价。

第八版的一个重要变化是增加了“**历史在线**”(History Online)栏目。这一栏目展示了一些网站的地址，可以给学生提供许多我们讨论的那些人物、理论和运动的有关信息。我们搜索了数以百计的网站，选择了本书稿写作时期那些信息最丰富、最可靠和最新的网站。

在这一版中，第二个主要的变化是“**原著精选**”。这些精选的原著展示了心理学发展史上重要人物的原始作品的精华。以往的各个版本都包含了铁钦纳、卡尔、华生、科勒和弗洛伊德的著作中的5个冗长的选段，以代表其思想学派的正宗观点。新版的选文更短一些，且选自12个以上的人物，覆盖了现代心理学的整个发展时期。

这些选段都是经过仔细挑选的，其目的是让这些学者的思想更易接近和理解，并且能代表心理学发展史上各种取向的丰富多彩特性。选文以这些学者自己的风格描绘了心理学的方法、问题和目的的独特观点。同时，这些作品也显示了较早几代心理学学生所学习的资料。

新版增加了两个目前流行的心理学运动，即积极心理学和进化心理学。这两种心理学观点表明了当代心理学怎样受到以往心理学发展的模塑，并且使得学生看到心理学的过去同现在的直接联系。有关这些运动的讨论还告诉学生，心理学的历史是怎样随着心理学较新的形式对不断变化的思想和社会环境的适应而不断演进的。

第八版中的另外一个重要变化是把人本主义心理学从论述当代观点的那一章(第十五章)移到了后弗洛伊德的发展那一章(第十四章)。这一变化使得我们可以在更为适当的背景中评论人本主义心理学。人格理论家奥尔波特、默里和埃里克森从第十四章中删除了。此外，使得心理治疗在1909年弗洛伊德访美之前就在美国流行的以马内利运动(Emmanuel Movement)被确认为精神分析的另外一个先驱。

第八版扩充了下列问题的内容：

● 女性在心理学和科学中作用的局限性；

- 被遗失和受到压制的历史资料；
- 17 世纪生活中机器的重要性以及对将机器作为人的机能隐喻的持续依赖性；
- 第一个在心理学中获得哲学博士学位的非裔美国人弗兰西斯·萨姆纳；
- 发明“思维”机器的早期尝试：亨利·巴贝基的计算机器；
- 统计技术的早期发展；
- 应用动物心理学；
- 自我效能；
- 克莱恩和科赫特的对象关系理论；
- 计算机的早期发展与炮火精确性之间令人惊奇的关系；
- 能下棋的计算机与人工智能之间的联系。

新版选取了一些新的照片、文献和数据。各章也包含了大纲、问题讨论和建议阅读的文献目录。重要的术语在文中被用黑体字标示出来，书后附有专业术语的解释。

致谢

我们要感谢许多教师和学生，多年以来他们一直同我们保持联络，提出了许多富有价值的建议。本书的整个写作历程都受益于得克萨斯 A&M 大学著名心理学史家卢笛·本杰明教授严格和富有洞察力的评论。我们感谢弗曼(Furman)大学查尔斯·布莱沃的帮助。阿克隆大学的美国心理学史档案中心主任大卫·巴克在本书的图片方面给予了慷慨的和有价值的帮助。J.B.华生的照片是由他的儿子詹姆斯·华生提供的，对此，我们深表感激之情。

下列人员审阅了本书的新版，他们的评论及时且富有见地。他们是：科罗拉多大学的乔艾·伯恩波格、曼哈顿学院的罗宾·考庭、新罕布什尔大学的德波莱·库恩、墨斯赫特学院的罗伯·郝夫、罗彻斯特技术学院的马苏·伊萨克、黎巴论山谷学院的罗·曼萨、威廉·帕特森学院的唐纳德·瓦丁曼、东密西根大学的阿琳达·威斯曼和艾墨里大学的米契尔·赛勒。

D.P.舒尔茨
S.E.舒尔茨

目　录

第一章 心理学史研究

现代心理学的发展

我们以一种似乎荒谬和矛盾的说法，即心理学既是最老的学科之一，又是最新的学科之一，作为本书的开始。有关人的本性和行为的猜测可以追溯到公元前5世纪，那时的希腊哲学家如柏拉图和亚里士多德等人曾力图解决这些问题，且今日的心理学家仍然对这些问题充满兴趣。心理学的入门书对这些问题都有介绍。它们是：记忆、学习、动机、思维、知觉和变态行为等。因此，心理学史研究的一个可能的开端将会把我们带回到2 500多年以前，带回到那个时代哲学家对有关这类问题的论述，这些论述后来被收录到今日被我们称之为心理学的学科中。

或者，我们可以选择把心理学看做是较新的学科领域之一，从大约200年之前开始叙述它的历史。在那个时期，现代心理学从哲学和其他科学领域中浮现出来，宣称它是一个正式的研究领域，具有独立的身份。

我们怎样在现代心理学与它的根源之间作出区分呢？前者是我们这本书涵盖的内容，后者是它先前几个世纪的思想先驱。这种区分更多地与寻求回答人类本性等问题时所运用的方法和技术有关，而不在于是否追问此类问题。恰恰是所采用的方法和技术将老的哲学学科和现代心理学区分开来，并标志着心理学作为一个独立的、基本科学性的一个研究领域而出现。

直到19世纪的最后25年之前，哲学家都是基于他们的自己经验基础，通过猜测、直觉和概念化来研究人类的本性的。但是，当哲学家开始使用已经在生理和生物科学领域获得成功的工具和技术来探询人类的本性时，变革就出现了。只有当研究者依赖于精心控制的观察和实验技术去研究人类的心灵时，心理学才开始获得了独立于其哲学根源的独特身份。

新兴的心理学科需要精确的和客观的方式来处理它的研究对象。与哲学分离之后，心理学的大部分历史是为了增加它的精确性和客观性，不断地完善工具、技术和方法的历史。在这一过程中，不仅心理学家所询问的问题更加精炼，所获得的回答也日臻完善。

我们相信,如果我们意欲了解界定和区分今日心理学的那些复杂问题,那么有关这一领域历史的适当起点是19世纪。在那个时期,心理学成为了一门独立的学科,有了自己独特的研究方法和理论原理。尽管像前面我们指出的那样,的确,柏拉图和亚里士多德等哲学家关心的问题现在人们仍然普遍有兴趣,但是他们探索这些问题的方式迥然不同于今日的心理学家。这些学者不是当代意义上的心理学家。

生理和生物科学的方法可以应用于心理现象的研究,这一观念来源于17到19世纪的哲学思想和生理学研究。那个激动人心的年代形成了现代心理学产生的直接背景。一方面是19世纪的哲学家在为开始对心理功能进行实验扫清道路,另一方面是生理学家从另一个不同的方向独立地探讨了某些同样的问题。19世纪的生理学家在理解作为心理过程基础的生理机制方面取得了重大进展。他们的研究方法不同于哲学。但是,最终这两个独立学科,即生理学和哲学的结合造就了一个新的研究领域,并且很快获得了自己的身份和地位。这一新兴领域迅速发展为今日大学学生最喜爱的科目之一。

过去与现在的关系

早在1911年,大学里就开设了心理学史的课程。今天,大多数心理学系都开设了这门课。有人调查过384个心理学系,发现其中64%在本科课程中包含了心理学史,且作为取得学士学位必备的要求之一(Fuchs & Viney, 2002)。

在所有的科学中,心理学在此方面是独一无二的。大部分其他学科的系科并没有这样的要求或开设学科史的课程。心理学家对自己历史的兴趣已经导致了一个研究领域的形成。就像有心理学家从事社会问题、心理药物学或者青春期发展研究一样,也有心理学家专门从事心理学史的研究。

1965年,一个具有多学科性质的出版物,即《行为科学史杂志》在一位心理学家的主持下开始出版。同一年,美国心理学史档案馆在俄亥俄州的阿克隆大学建立。该档案馆通过收集和保存原始资料服务于学者。这个档案馆现在拥有世界上最大的心理学史资料库:25 000多部著作,3 000多幅图片,几百卷胶卷,成千上万的信件、手稿和其他文件。

1985年,美国心理学学会(APA)的口述历史计划开始以磁带的形式记录了与美国心理学会昔日的主席和一些重要人员的谈话,以便保存他们有关科学和职业心理学发展的记忆。1998年,《心理学史》季刊开始出版发行。这份杂志由美国心理学会心理学史分会(26分会,1966年建立)主办。该杂志的主要内容是探讨历史与心理学的关系,以及心理学史教学中的一些问题。

1969年,行为与社会科学史国际协会得以成立,心理学史的研究生培养也在几所大学开始实施。这几所大学是:约克大学、新罕布什尔大学、佛罗里达大学、奥克拉荷马大学、宾州大学和得克萨斯的A&M大学。出版物、会议以及资料库数量的增长反映出心理学家将心理学史的研究置于重要地位。

当然，这些发展都不能告诉你从心理学史的学习中能获得怎样的收益，这将是一个合情合理的问题。坦率地说："学习心理学史对你有什么用处？"如果你学习逝世很久的心理学家在50年前，甚至100多年前于实验室中所从事的工作，对你理解今日的心理学，即人类行为和认知功能有哪些影响，或者有什么促进作用呢？

从其他心理学课程的学习中，你或许已经知道，没有一个心理学的形式、方法或概念被所有的心理学家所认同。你已经得知在心理学的职业和科学领域里，以及在研究对象方面存在着巨大的差异，甚至是分裂和破碎。

某些心理学家关注认知机能，另一些心理学家探讨无意识力量，还有些心理学家仅仅注意外显的行为或生理的和生物化学的过程。现代心理学包含了众多的研究领域。这些领域除了对人类本性和行为表现出一种宽泛的兴趣和试图以某种一般的方式成为科学性的取向之外，少有共同之处。

正是建构起能把这些多样化的领域和取向结合在一起，使其显示出连贯一致的背景框架，才形成了这些领域和取向的历史，以及多年以来心理学作为一门独立学科的进化过程。只有通过探索心理学的起源和研究它的发展过程，我们才能看清今日心理学的性质。历史知识让无序变得有序，赋予那些看起来混乱不堪的东西以意义，并且把过去的观点形成理论，以解释现在。

许多心理学家运用相似的方法，并且都认为过去的影响有助于塑造现在。比如，一些临床心理学家试图通过探索儿童时代的经验，以及考察那些使得患者以某种方式行为和思考的力量和事件，来理解成年患者。通过收集个案史，临床专家对患者的生活演变史加以重建。通常，这一过程往往导致了对现在的行为和思维模式的解释。行为心理学家同样接受过去的影响可以塑造现在的观点。他们相信，行为是由以往的条件作用和强化经验决定的。换言之，个人的现在状态可以由他或她自己的历史得到解释。我们过去的生活方式可以让我们对现在的生活方式有某些了解。

心理学的领域同样如此。这本教科书将告诉你有效的心理学史的学习，实际上是整合现代心理学各个领域、各种问题的最系统的方式。这门课程会使你发现各种观念、理论和研究成就之间的联系，并且明白心理学之谜的各种碎片是如何聚集起来而形成一幅清晰画面的。你或许可以把这门课程的学习看做是个案研究，一种对某些人物、事件和经验的探索，这些人物、事件和经验使得心理学成为现在的样子。

我们还应该说明的是，心理学史本身就是一个吸引人的故事。它向我们展示了许多喜剧和悲剧，英雄行为和革命性的变化。同时，心理学史上也有许多事件与性、毒品有关，也充斥着许多怪异的行为。尽管开端唐突，存在着错误和误解，但是就整体而言，我们可以看到一个清晰的进化过程。这个进化过程塑造了当代心理学，为我们解释当代心理学的丰富性提供了充分的依据。

历史在线

互联网上有着有关心理学史各个方面的极为丰富的资料。在我们这本教科书的各章中,我们将提供某些网址,这些网址与我们讨论的人物和问题有着紧密联系。普遍感兴趣的网址被列在下面。登录这些网站,你可以发现课堂和教科书之外的许多事情。

http://www.uakron.edu/ahap

美国心理学史档案馆拥有大量的文献和实物,包括著名心理学家的专业论文、实验室设备、招贴、幻灯片和影片等等。

http://psychclassics.yorku.ca/

这个令人惊奇的网站是加拿大多伦多的约克大学心理学家克里斯多夫·格林开设并维护的。它拥有130多篇完整的文章和书的章节,以及在心理学的发展史上有重要地位的30多本著作,其中包括威廉·詹姆斯、弗洛伊德和巴甫洛夫的完整著作。网站持续地得到更新。在这个网站中,你可以发现许多对学习本书的各个章节有用的资料。

如果你点击"约克大学心理学历史与理论问题与答案论坛",你在上面发帖子提出你的有关心理学史的问题,也可以回答他人提出的问题,或者仅仅浏览其他人所发表的言论。

http://www.apa.org/archives

链接美国心理学会的历史档案网址,将帮助你找到位于华盛顿的国会图书馆所拥有的美国心理学会相关的历史资料。这个网站也提供美国心理学会以往各届主席的生平,以及著名心理学家的讣告(这些讣告先前刊登在《美国心理学家》上)。

http://www.cwu.edu/-warren/today.html

这个网站可以提供你出生的那一天,或者你指明的任何一天发生在心理学历史上的重要事件。

历史的数据:重建心理学的过去

历史编纂学:我们怎样研究历史

在这本《现代心理学史》中,我们面对的是两个学科,即历史和心理学。我们用历史的方法描述和理解心理学的发展。由于我们对心理学演化的描述依赖于历史的方法,因此在这里我们简单地介绍一下历史编纂学的概念。**历史编纂学**(historiography)指的是历史研究的技术与原理。

我们要描述历史研究者关心的一些问题,例如在回忆和报告历史数据时的歪曲现象,背景因素的影响,性别和种族差异,以及人物决定论和自然决定论观念的作用等等。请记住,心理学史家在历史性研究中面临着某种困境。因为历史的研究需要某种程度的主观性,而这一点在心理科学中一般是不受鼓励的。

历史的数据,即历史学家用以重建过去生活、事件和时代的材料,同科学的数据有着极大的差异。科学数据的最典型特征是搜集数据的方式。例如,如果心理学家准备研究一个特定的问题,如测定在什么条件下人们愿意帮助处于穷困中的人,或者不同的强化时间表对实验白鼠行为的影响,再或者儿童是否模仿电视中的攻击行为,他们将创建某种情境或设定某些条件,以便于从中搜集所需要的数据。

心理学家可以设计一个实验室实验,在受到控制的真实条件下观察行为、进行测量或者计算两个变量的相关系数。在使用这些方法时,科学家可以对他们所要研究的情境和事件作某种程度的控制。反过来,科学家可以在其他时间和地点重建或再造这些事件。因此,这些数据可以通过设立某些类似于原初研究的条件,并通过重复观察而在日后得到验证。

相比较而言,历史的数据既不能重建,也不能复制。每一个情景都发生在过去的某个时间,也可能在几个世纪以前。那时的历史学家也许并不会烦神去记录发生在那段时间的事件的特殊性或者精确地记录事件的细节。今天的研究者不能参照现在的知识去控制或重建过去的事件而去研究它们。如果历史上的事件本身并没有得到关注,那么就必须问一问:历史学家怎样研究它呢?他们使用什么数据去描述历史上的事件呢?我们又怎么能确信过去所发生的事情呢?

尽管历史学家不能重复一个情景去搜集适当的数据,但是他们仍然拥有重要的信息加以研究。过去事件的数据以残篇、参与者或目击者的文字描绘、信件、日记、照片、零星的实验设备、谈话记录以及一些官方文件的形式可供我们采用。正是通过这些原始素材和零零碎碎的数据,历史学家尝试着重建过去的事件和生活经验。

这种方法类似考古学家的方法。考古学家面对的也是以往文明的残留物,如箭头、陶器的碎片或者人类的骨头。考古学家通过对这些东西的考察去描述以往文明的特点。一些考古发掘的文物比另外一些提供了更多的细节,因而可以更为精确地重建过去。同样,利用出土的文物,零碎的数据变得如此具有意义,以至于对过去事件的描述的精确性不再有太多的疑虑。然而,在另一些情况下,零碎的数据可能被遗失、歪曲,或者在其他方面被损坏。

遗失或受到压制的数据

在某些情况下,历史上的记录是不完整的,因为数据被遗失了。一些重要的个人论文在被发现之前可能被错置于某个地方达几十年之久。1894 年,赫尔曼·艾宾浩斯的那篇在研究人类学习和记忆方面具有重要性的论文才被找到,而这距艾宾浩斯逝世的时间已经有75年之久。1983年,心理物理学的建立者格斯塔夫·费希纳的10箱日记才被发现。这些日记涵盖了1828至1879年这段对心理学的早期历史来说非常重要的时间。但是,在100多年的时间里,心理学家没有意识到这些日记的存在。许多有关艾宾浩斯和费希纳的书籍都是在没有参考这些重要的个人论文和文件的条件下写出的。

再看看查尔斯·达尔文的事例。有关达尔文的传记大约有200本,因此我们当然可以假定有关达尔文生活和工作的文字记录到目前为止已经相当精确和完整。然而,就在距现在不远的1990年,达尔文逝世100多年以后,人们发现了大量的新资料,包括笔记本、个人信件等。这些东西都是达尔文的早期传记作者没有参考的。一位学者认为,这些新的数据将导致在科学传统和他所生活的维多利亚时代条件下,对达尔文的工作形成新的看法(Masterton,1998)。因此,新的历史数据的发现意味着我们对历史的认识将更为完整。

其他一些数据可能被有意隐瞒或修改,以保护所涉及人物的声誉。西格蒙德·弗洛伊德的第一个传记作者厄尼斯特·琼斯有意淡化弗洛伊德对可卡因的服用。在一封信件中,他评论道:“我担心弗洛伊德吸食了过量的可卡因,尽管我没有在传记中提到这一点(Isbister,1985, p. 35)”。当我们讨论弗洛伊德的时候(第十三章),我们将会看到,最新发现的数据证实了弗洛伊德服用可卡因的时间比琼斯在传记中承认的时间要长得多。

当精神分析学者卡尔·荣格的信件被出版时,出版者进行了筛选和编辑,以保护公众对荣格和他的工作的良好印象。此外,人们发现荣格所谓的自传不是荣格本人撰写的,而是出自他的一个忠诚助理之手。荣格的原话“被修改或删除,以便同他的家人和信徒所喜爱的形象保持一致……那些显示荣格缺陷的材料当然被剔除了(Noll,1997, p. xiii)”。

这些事例都显示出在评价历史资料时学者们所面临的一种困境:那些文件或零碎的数据能精确地代表历史人物的生活和工作吗?或者它们是被挑选出来以形成某种印象,无论这种印象是积极的、消极的,或处于两者之间的?当代的一位传记作者针对这一问题阐述了如下的观点:

> 对人的性格研究得越多,我就越发相信所有的记录、所有的回忆,或多或少地都建筑在错觉之上。无论这个扭曲事实的透镜是偏见、虚荣心、情感或者简单地是由于不精确,总之,没有绝对的真理(Morris, quoted in Adelman,1996, p. 28)。

现在让我们再援引一个被压制数据的例子。西格蒙德·弗洛伊德逝世于1939年。他逝世以后的这些年,他的许多论文和信件已经被出版或展示给研究者。他的大量的论文保存在华盛顿的国会图书馆。尽管其中的一些已经于1998年展示给了公众,但是应弗洛伊德财产管理委员会的请求,另外一些文件必须在21世纪以后才能公之于众。这一限制的公开理由是为了保护弗洛伊德的父母和家人的隐私,或许是为了维护弗洛伊德及其家人的声誉。

一位研究弗洛伊德的著名学者注意到,公布这些材料的日期上存在着巨大的差别。例如,弗洛伊德的大儿子寄给弗洛伊德的一封信要到2013年才能启封,另外一封要到2032年。来自弗洛伊德的一位指导教师的信件在2102年之前都不能公开,而这个时间距弗洛伊德逝世已经有177年了。我们不禁要问,这封信究竟有什么重要的东西,值得在这样长的时间里保守这个秘密。心理学家不知道这些档案文件和手稿于我们对弗洛伊德的生活和工作的理解有怎样的影响。然而,直到这些零碎的数据供研究之前,我们有关心理学的这个关键人物的知识依然是不完整的,或许也是不精确的。

在翻译中被歪曲的数据

有关历史数据的另外一个问题是历史学家获得的信息是被歪曲的。此时,虽然得到了数据但是它们被以某种方式改变了。出现这种情况的原因或许是由于数据由一种语言翻译为另一种语言时出现了翻译上的错误,抑或是由于事件的参与者或观察者在记录相关事件时有意或无意的歪曲。

我们再次以弗洛伊德为例来说明翻译的误导。许多心理学家不能非常流畅地阅读弗洛伊德的德文原著。大部分人依赖于由翻译者选择的最适当的文字和措辞。但是,译文并不总是能传达原作者的意图。

弗洛伊德人格理论中的三个基本概念是伊德(id)、自我(ego)和超我(superego)。这些术语在心理学的入门书中你就熟悉了。但是,这些字词并没有准确地表达弗洛伊德的观念。这些词都是弗洛伊德的德语词的拉丁语对等物。伊德是Es[直译过来是"它(it)"],自我是Ich["我(I)"],超我是Uber-Ich[在我之上(above-I)]。

当弗洛伊德使用Ich(我)时,他想要表达的是某种亲密的和个人的东西,并且区别于Es(它)。后者外在于并区别于"我"的某种东西。翻译者不使用"我"和"它",而是使用"自我"和"伊德",使得这些概念转变为"冷冰冰的技术术语,唤不起任何个人的联想"(Bettelheim,1982, p. 53)。因此,"我"和"它"("自我"和"伊德")的区别对我们来说并不是像弗洛伊德意愿的那样明显。

再来看看弗洛伊德的另一个术语"自由联想"(free association)。这里,自由联想意味着一个观念或思想与另外一个观念或思想的联结,仿佛其中的每一个观念或思想都起着刺激作用,以连锁的方式诱发了下一个。实际上,这并非弗洛伊德的本意。弗洛伊德这个术语的德语是Einfall,这个词并不意指联想。从字面上看,它的意思是入侵或侵犯。弗洛伊德的本意并不是要描述观念的简单链接,而是表示来自于无意识心灵的某种东西,这种东西在失去控制的情况下侵入或侵犯了意识思想。因此,我们的历史数据，即弗洛伊德自己的术语，在翻译活动中被曲解了。意大利有这样一句谚语：翻译意味着背叛。这个谚语清楚地证明了上述观点。

服务于自我的数据

历史数据同样受到事件参与人本身在记录重大事件时的行为的影响。人们可能会有意或无意地作出带有倾向性的叙述，以保护自身或抬高自己在公众中的形象。例如行为心理学家 B. F. 斯金纳在他的自传中对他在 20 世纪 20 年代后期的哈佛大学的研究生生活作了如下的描述，极力把自己描绘成一个严格自律的学生：

> 我总是在早晨 6 点钟起床，自修到早餐，然后去上课，去实验室或者图书馆。在一天中，不列入计划的时间不超过 15 分钟。我的学习在晚上 9 点钟准时结束，然后上床睡觉。我从不看电影和戏剧，极少去听音乐会，几乎没有什么约会。我只读心理学和生理学的书籍，其他什么书籍都不读(Skinner, 1967, p. 398)。

这一描绘似乎是一个能对斯金纳的性格特征作深入了解的有用的数据。但是就在他的自传出版 12 年、所描绘的事件 51 年之后，斯金纳否认他的研究生生活有如此的困难。他写道："我回忆的只是一种理想，而不是我实际经历的生活(Skinner, 1979, p. 5)。"

尽管斯金纳的学校生活在心理学史上没有多少重要意义，但是有关他自己学校生活的不同说法却揭示了历史学家面临的困难。究竟哪一组数据、事件的哪一种说法更为精确呢？哪一种描述更接近现实？哪一些数据受到了模糊的或服务于自我的记忆的影响？我们怎样进行辨别呢？在某些条件下，我们可以从他们的同事或事件的目击人那里得到一些验证性的证据。如果斯金纳的研究生生活对心理学史家来说是重要的，那么心理学史家可以尝试找到斯金纳的同学或者他们的日记、信件等，把他们对斯金纳在哈佛大学生活的回忆同斯金纳自己的回忆进行比较。一位斯金纳的传记作者就是这样做的。斯金纳以前的一个同学告诉他，斯金纳总是比其他同学更快地完成实验室工作，然后整个下午打乒乓球(Bjork, 1993)。

因此，历史中的某些歪曲是可以被调查出来的，一些争论也可以通过查阅其他资料而得到解决。这一方法曾被用到弗洛伊德对某些生活事件的叙述上。弗洛伊德喜欢把自己描述成一个精神分析事业的斗士，一个受到医学和精神病学界的讽刺、拒绝和污蔑的幻想家。而弗洛伊德的第一个传记作者，厄尼斯特·琼斯在传记中也强化着这种说法。

后来发现的数据却显露出一种完全不同的情形。在弗洛伊德的有生之年，他的工作并没有受到忽视。到弗洛伊德中年时，他的思想观念已经对年青一代的知识分子产生了强有力的影响。他的临床治疗业务非常红火。可以说，他简直是一个名人。弗洛伊德本人掩盖了这些历史事实。由他所造成的错误印象随后又通过几个传记作者而长久流传。几十年以来，我们对弗洛伊德活着的时候所产生的影响的理解是不准确的。

有关历史数据的这些问题给我们从事心理学史研究带来哪些启示？最主要的是，它告诉我们对历史的理解是动态的。每当新的数据被发现或旧的数据得到重新解释的时候，历史就会不断地变化、发展，不断地被精炼和纠正。因此，历史不能被看成是完成的和完善的。它总是在进步，是一个没有结尾的故事。史学家的叙述可能仅仅是近似于或接近于真理。这种叙述随着新的发现和对历史数据新的分析而更加完善。

心理学的背景因素

一门像心理学这样的学科并不是仅仅受到内部因素的影响，而在真空中发展起来的。由于心理学是更大的文化的一个部分，因此它也受到外部力量的影响。这些外部力量不仅塑造着它的特性，也影响着它的发展方向。因此，对心理学发展史的理解必须考虑这一学科进化的背景，考虑学科中的流行观念和那个时代的文化，即**时代精神**或时代的思想氛围，以及那些业已存在的社会经济和政治力量。在这本书中，我们会描绘许多这样的事例，以表明这些背景力量怎样影响了心理学的过去，并且持续塑造着它的现在和未来。现在让我们看看背景力量的几个例子，这包括了经济机遇、战争和偏见。

经济机遇

美国心理学的特性和心理学家所从事的工作的类型在 20 世纪早期产生了戏剧性的变化。这主要是经济力量使心理学家得到了更多的机会，去应用他们的知识和技术解决现实世界的问题。对这种现象的主要解释是心理学的实用性，就像一位心理学家所指出的那样："为了糊口，我成了一名应用心理学家(H. Hollingworth, quoted in O'Donnell, 1985, p. 225)。"

19 世纪末期，美国心理学实验室的数量稳步增长，但是心理学家的数量同样增长很快，心理学家不得不为获得一个适当的职位而竞争。到 1900 年的时候，具有博士学位的心理学家的数量是实验室需求的 3 倍。幸运的是，教师职位随着西部和中西部许多大学的建立而不断增长。但是，在大部分这些新建的大学中，心理学作为一门最新出现的学科，得到的经济资助是最少的。同其他老牌系，如物理系和化学系相比，心理学一直在年度拨款中排列在后面。很少有钱用于研究计划、实验室设备和教师的工资。

心理学家很快意识到，要想改善他们的系，获得更多的预算和收入，就不得不向学院的行政领导和州的立法者证明，心理学在解决社会的、教育的、工业的问题方面是有用的。因此，心理学系最终价值的判断要以它的实用性为基础。

与此同时，由于美国社会人口组成的变化，心理学家也获得了更令人兴奋的机会去应用他们的技能。大量的移民拥入美国，出生率的增长使得公众的教育成为一个不断增长的行业。从 1890 年到 1918 年，公立学校的注册率增长了 700%，高中的建设速度几乎达到每天一所。对教育的资金投入比用于防御和福利计划的加起来还多。

许多心理学家利用这个机遇，积极地寻求途径，将他们的知识和研究方法应用于教育。这标志着美国心理学重心的根本性改变，即从原来的学术实验室研究转向将应用心理学于教学与学习之中。

战争

战争通过提供给心理学家工作机会而成为塑造现代心理学的另一个背景因素。美国心理学家在参与第一次和第二次世界大战的过程中获得的经验加快了应用心理学的发展。这是以将应用心理学的影响扩展到人员选择、心理测验、工程心理等领域的途径而达到的。这些工作向整个心理学界以及普通大众显示了心理学何等的有用。

第二次世界大战也改变了欧洲心理学的面貌和命运。德国（实验心理学的发源地）和奥地利（精神分析诞生的地方）的心理学更是如此。在 20 世纪 30 年代，许多著名的研究者和理论家逃离了纳粹的威胁，他们中的大部分人定居美国。他们的被迫流亡标志着心理学由欧洲转向美国的重新定位的最后阶段。

战争同样对几个重要理论家的思想观念产生了个人性的冲击。例如，目睹了第一次世界大战的血腥屠杀之后，弗洛伊德提出将攻击作为人格的一个重要动力因素。艾里克·弗罗姆，人格理论家和反战活动家，把他对变态行为的兴趣归结于他所目睹的在战争期间席卷了整个德国的狂热现象。

偏见和歧视

另外一个背景因素是种族、宗教和性别而产生的歧视。许多年以来，这些偏见影响着人们对一些基本问题的看法，如谁可以成为心理学家，在何处他或她可以找到工作。

针对女性的歧视

广泛传播的针对女性的偏见持续存在于心理学的整个历史中。我们将指出一些事例。在这些事例中，女性曾被校方拒绝接纳为研究生，或者被从教师的岗位排除。即使一些女性获得了这类任命，她们所得到的薪水也比男性低，并且在提升和任职期方面面临着许多障碍。许多年以来，对女性开放的典型学术工作是在女子学院，尽管这些学院又通过拒绝雇佣已婚女性而采取自己的偏见方式。其理由是：一个已婚女性无法既照顾好丈夫，同时又完成自己的教学工作。

以艾丽娜·吉布森为例。她曾经因为在知觉发展和学习方面的杰出工作而获得美国心理学会的几个奖项，几个名誉博士学位和美国科学奖章。但是，在20世纪30年代她到耶鲁大学研究生院申请时，她被告知灵长目动物实验室主任不会允许女性出现在他的实验室中。在参加弗洛伊德心理学的讨论会时也被拒之门外。而且女性甚至不能使用研究生图书馆和进入咖啡屋，因为它们仅仅对男性开放。

30年之后，歧视妇女的情况并没有得到改观。桑德拉·斯卡尔，一位女性发展心理学家，曾回顾了1960年她在哈佛大学研究生院入学面谈时的情景。著名人格心理学家G. W. 奥尔波特告诉她，哈佛大学不喜欢接收女性。他说："你们中间75%的人会结婚、生孩子，永远不会完成自己的学业，而剩下的也不会做出任何成就！"斯卡尔又写道：

> 果然，我结了婚，并在读研的第三年有了一个孩子。我立刻被注销了学籍。没有人能严肃认真地把我看做是一个科学家，没有人愿意为我做任何事情，如写信或帮我找份工作。没有人相信一个带着婴儿的女性能完成任何工作。所以，在我找到工作之前，我就多次去大声敲门，并且说，"看，我来了"。直到10年之后，我发表了许多文章，我的同事才开始认真地把我看做是一个心理学家(Scarr，1987，p. 26)。

尽管存在着这些明显的歧视事例，心理学在男女平等方面比其他学术和职业领域要开明得多。到20世纪初，已经有20位女性在心理学中获得了博士学位。在1906年版的《科学美国人》参考书中，所列举的心理学家中有12%是女性，考虑到当时女性在研究生教育中的障碍，这个数字已经很高了。这些第一批女性心理学家受到积极的鼓励，加入了美国心理学会。

心理测验运动(第八章)的先驱人物，詹姆斯·麦金·卡特尔在敦促心理学接受女性方面起了带头作用。他提醒男性同事不应该"在性别上划界线"(未发表的信件，引自Sokal，1992，p. 115)。1893年，在美国心理学会的第二次年会上，卡特尔提名两位女性为会员。主要是由于他的努力，美国心理学会成为第一个接纳女性的科学协会。在1893～1921年之间的这段时间，美国心理学会选出了79位女性会员，占那一时期新会员总数的15%。到1938年，《科学美国人》上所列举的心理学家中足有20%是女性，美国心理学会的会员中女性已经达到了三分之一。到1941年，已经有1 000多位女性在心理学中获得了研究生学位，具有博士学位的心理学家中有四分之一是女性(Capshaw，1999)。

早在1905年，玛丽·威敦·卡尔金斯就成为美国心理学会的第一位女性主席。

1994年，多萝西·坎特成为美国心理学会的第8位女性主席。2001年，诺芮恩·琼森成为第9位。其他职业社团许多年以来一直拒绝女性的充分参与。直到1915年，女性医生才被允许加入美国医学学会(Walsh，1977)。直到1918年，美国律师协会也才允许女律师加入。直到1995年，美国律师协会才选出了第一位女性主席(Furumoto，1987；Scarborough，1992)。

历史在线

http：//www. psychclassics. yorku. ca/

点击"CHP Special Collections"，可以找到20世纪初心理学发展史上的女性的信息。

http：//www. apa. org/pi/wpo/

美国心理学会妇女规划办公室可提供涉及女性与心理学现实问题的信息。

http：//teach. psy. uga. edu/dept/student/parker/psychwomen/wopsy. htm

心理学中著名女性的传记，记录了不同的年龄、种族背景和性别取向。

http：//www. awpsych. org/

心理学妇女协会，包括即将召开的会议和聊天室的信息。

http：//www. apa. org/about/division/div35. html

有关女性心理学协会(美国心理学会第35分会)的信息。

http：//www. west. asu. edu. aapa

这个网站是为亚裔美国人心理学会开办的，提供关于这一组织的新闻和有关亚裔美国人心理学出版物的信息。

基于种族起源的歧视

犹太血统的心理学家经常成为反犹太主义的受害者。19世纪末期，约翰·霍普金斯大学和克拉克大学分别在马里兰州的巴尔的摩和马塞诸塞州的沃彻斯特得以建立。这两所大学在心理学早期的历史上都具有重要的地位。但是，这两所大学的政策却拒绝接纳犹太血统的教授担任教职。直到20世纪60年代的时候，犹太血统的人在进入大学和研究生院时，仍然有名额限制。即便是那些获得了博士学位的犹太人也发现，得到一份学术性的工作是十分困难的。朱利安·罗特是人格心理学家中的一位主要人物。他1941年就获得了博士学位。他回忆道："有人告诫我说，不管取得什么样的学位，犹太人都根本不可能找到学术性的工作(Rotter，1982，p. 346)。"因此，他的职业生涯不是从大学开始，而是从州精神病院的医生开始的。

伊萨多·克列车夫斯基[1]博士毕业以后，无法在大学中找到一个教师岗位，因此，他改名为大卫·克莱克。他后来在社会心理学中取得了杰出的成就。当他快要退休的时候，他回忆道："因为克列车夫斯基这个名字，我不知受了多少屈辱(Krech, 1974, p. 242)。"亚伯拉罕·马斯洛的传记作者写过这么一件事：马斯洛在威斯康星大学读书时，他的教授敦促他把名字改掉，不要听起来那么犹太化，这样会有更多的机会找到一个学术性的工作(Hoffman, 1996, p. 5)。但是马斯洛拒绝了。

1931 年，丹尼尔·哈里斯从哥伦比亚大学博士毕业。因人类动机的动力理论而闻名的心理学家罗伯特·吴伟士告诉他说，明年他不能成为自己的助手，因为他是个犹太人。吴伟士告诉哈里斯，他的"学术生涯不会有多少希望"(哈里斯，引自 Winston, 1996, p. 33)。

在描述自己的一个研究生时，哈佛心理学家 E. G. 博林指出："他是个犹太人，因此，我们很难在大学里给他安排一个心理学的教职，因为在许多学术圈子里对犹太人都存有个人偏见，可能在心理学中更是如此(引自 Winston, 1998, pp. 27—28)。"这类事件使得许多犹太心理学家不得不从事临床心理学的工作。在临床心理学领域，他们不需要徒劳地寻求学术生涯，能获得更多的工作机会。

非裔美国人也面临着来自主流心理学相当大的偏见。在 1940 年的时候，美国仅有 4 所黑人学院有心理学的本科教育。当黑人被允许进入处于支配地位的白人大学读书时，在完成学业方面他们又面临着各种各样的障碍。在 20 世纪 30 年代和 40 年代，许多学院甚至不允许黑人学生在校园里居住。弗兰西斯·萨墨是在心理学中第一个获得博士学位的黑人。1917 年，在申请读研究生时，他的指导教师在推荐信中给了他在当时看来是相当积极的评价。他的指导老师是这样描绘他的："他是一个有色人种，但是相对来说，在身心方面，他没有许多其他人种的人难以接受的品质(Sawyer, 2000, p. 128)。"当萨墨被克拉克大学录取为研究生以后，校方在餐厅给他单独安排了一张桌子，因为极少有学生愿意同他一起用餐。

给黑人学生提供心理学教育的主要是华盛顿的霍沃德大学。在 20 世纪 30 年代的时候，这所大学以"黑色哈佛"而被大家所知(Phillips, 2000, p. 150)。1930～1938 年，在美国南部之外，仅仅有 36 个黑人学生被大学接纳为心理学的研究生，而他们中的大部分都是在霍沃德大学。在 1920～1950 年，有 32 名黑人获得了心理学博士学位。从 1920～1966 年，美国 10 个最有名气的心理学系仅有 8 个心理学博士学位授予了黑人，而同期获得心理学博士学位的学生总数是 3 700 多个(Guthrie, 1976; Russo & Denmark, 1987)。

肯尼斯·克拉克曾因种族隔离对儿童的影响的研究而著名。1935 年他在霍沃德大学毕业，获得心理学学士学位。由于他的种族特征，华盛顿地区的餐馆经常拒绝为

[1] 这个名字带有犹太色彩。——译者注

他服务。1934 年，他组织学生进行抗议示威，反对种族隔离政策。他因此而被捕，被指控为有妨碍社会治安行为。他指出，这是他作为一个反对种族隔离的社会活动家生涯的开始（Phillips，2000）。克拉克曾经申请康奈尔大学的研究生，但是因为他的人种而被拒绝了。他被告知，博士研究生不得不“共同密切地”工作（Clark，1978，p. 82）。1940 年，他从另外一所大学，即哥伦比亚大学获得博士学位。

梅米·菲普丝·克拉克同样也在哥伦比亚大学获得了博士学位，但她却面临着种族和性别的双重歧视。尽管她的丈夫肯尼斯·克拉克在纽约城市大学得到了一个教职，她却被排斥在学术工作之外。后来，梅米·克拉克找到了一份分析研究数据的工作，她将之形容为对一个拥有博士学位的心理学家而言，是一个“令人感到羞辱”的微不足道的工作（梅米·菲普丝·克拉克，引自 Guthrie，1990，p. 69）。同她的丈夫一起，梅米·克拉克利用临街的房屋开了一个心理服务中心，给儿童提供包括心理测验在内的心理学方面的服务。他们的努力取得了成效，该中心后来成为著名的“北部儿童发展中心”。

1939～1940 年间，他们两人作了一个重要的研究项目，即研究黑人儿童的种族认同和自我概念的问题。其研究结果被美国最高法院在 1954 年作出结束公立学校的种族隔离的决定时作为引证。该决定具有里程碑的意义，被许多历史学家和法学家认为是 20 世纪最高法院所作出的最重要的决定。1971 年，肯尼斯·克拉克被推选为美国心理学会主席。他是被推选到那个位置上的第一个非裔美国人。

获得博士学位对于黑人来说只是过了第一关，接下来就是找到一份适当的工作。极少有大学愿意接受黑人为教师，而大多数雇佣应用心理学家的商业组织（女性心理学家的一个主要的工作来源）都对非裔美国人关上了大门。历史上的黑人学院是非裔美国人找工作的主要地方，但是那里的工作条件不足以给科研提供充分的机会，而这种科研往往产生专业性的引人注目的成就并使之得到认可。1936 年，一位在黑人学院的教授这样描绘了那里的情景：

> 经济匮乏、过多的工作和其他不愉快的因素实际上使得他根本不可能在纯粹学术方面做出任何杰出的贡献。他自己不能购买大量的书籍，也无法从学校图书馆里查找到它们，因为黑人学校的图书馆里根本就没有足够的藏书。或许最糟糕的问题是，在他周围缺乏一种学术氛围。在大多数这类学校中，根本就没有动力，当然也没有钱用于研究（A. P. 戴维斯，引自 Guthrie，1976，p. 123）。

当我们将偏见的影响视为一个限制女性和少数族裔接受心理学方面的教育以及限制他们在心理学领域就业的一个背景因素时，指出下面一点是很重要的：的确，在这本以及其他教科书所描述的心理学史中，极少见到女性和少数族裔心理学者的贡献，这是他们所面临的歧视使然。然而，相对于这一领域中白人的数量，我们从他们中挑选出来加以关注的人数也很少，这同样也是事实。这不是有意歧视的结果，而是在撰写任何一个领域的历史时所运用的方法造成的。

> 像心理学这样的学科史所涉及的是在一个国家或国际的时代精神背景下，描述重要的发现，阐明首要问题以及甄别出"伟大人物"。那些在某一学科中从事日常工作的人，在这情形中往往是默默无闻的。那些将他们的出色才华用于承担教学、看护病人、做实验以及提供数据等幕后工作的心理学者，除了在一个很小的同行圈内，极少为公众所熟知(Pate & Wertheimer, 1993, p. xv)。

因此，历史忽略了大部分心理学家的日常工作，而不管他们的民族、性别或种族起源。

历史在线

http://www.apa.org/pi/oema

这是美国心理学会少数民族事务办公室的网址。它提供有关心理学的重要的少数民族问题研究的计划和出版物的信息。

http://www.princeton.edu/-mcbrown/display/first-phds.html

这里汇集了包括心理学在内的各学科领域中首批获得博士学位的黑人毕业生的情况。

http://www.abqsi.org/

这是黑人心理学家协会的网址，包括它的历史、目标以及地区分会、学生活动和会议的有关信息。

科学史的概念

可以从两种途径考察科学心理学的历史发展，即人物决定论和自然决定论。

人物决定论

科学史的**人物决定论**(personalistic theory)着重于特定个体的成就和贡献。依照这种观点，科学发展的进步和变化都直接归因于某些特殊个人的意愿和超凡的能力，这些人独自改变了历史的进程。该理论认为，拿破仑、希特勒或者达尔文是重要事件的主要动力和塑造者。个人决定论的概念意味着，如果没有这些里程碑式人物的出现，事件就决不会发生。这种理论宣称，事实上是人物造就了时代。

乍看起来，科学是那些富有智慧、创造性和充满活力的人们的工作成果，这一点似乎很明了。通常我们以某个人的名字命名一个时代，他的发现、理论或者其他贡献标志着一个时代。我们谈论“后爱因斯坦”的物理学，或者“后米开朗基罗”的雕塑。很明显，在科学、艺术和大众文化中，是个人引起了戏剧性的，有时是破坏性的变化，这些变化改变了历史的进程。

因此，人物决定论具有明显的长处。但是，它足以完整地解释科学或社会的发展吗？事实并非如此。经常的情况是，一些科学家、艺术家和学者的贡献在他们有生之年被忽视或受到压制，只是到了很久以后才得到承认。这些事例意味着，一个时代的思想、文化和精神氛围，能够决定一种观点是被接受或遭到拒斥，是被褒扬或遭到蔑视。科学的历史同样是那些最初遭到拒斥的发现和洞见的传奇故事。即使是那些最伟大的思想家和发明者也受到时代精神，受到那一时代的精神或氛围的制约。

因此，是否接受或应用一个伟人的发现或观念，可能受到流行思想的限制。但是对一个时代或地点来说极不正统的观念，可能在下一代或一个世纪之后较易为人们所接受以及得到支持。缓慢的变化通常是科学进步的法则。

自然决定论

于是，我们可以看出，人物决定时代的观点并不是完全正确的。或许像历史**自然决定论**（naturalistic theory）所提出的那样，是时代决定了个人，或者至少使得个人的言论获得了承认的可能。除非时代精神和其他的背景因素接纳了新的研究成果，否则，新观点的倡导者就不会得到关注，或者被排斥，或者被置于死地。社会的反应也取决于时代精神。

我们来看看达尔文的例子。自然决定论认为，如果达尔文在年轻的时候就逝世的话，其他某个人也会在19世纪中期提出进化论，因为当时的思想氛围已经为接受这样一种解释人类物种起源的方式做好了准备。（的确，正如我们将在第六章看到的那样，有人确实在同一时间提出了同样的理论。）

时代精神的抑制和延迟效应不仅在广义的文化层面上起作用，在科学自身的层面上也发挥着重要影响，而且其作用可能更为显著。1763年，苏格兰科学家罗伯特·魏特就提出了条件反射的概念，但是没有人对此感兴趣。一个世纪以后，当研究者采用了更为客观的研究方法以后，俄罗斯生理学家伊万·巴甫洛夫详尽阐释了魏特通过观察而得到的观点，并将其扩展为一个新的心理学体系的基础。因此，一种发现通常要等待适当的时机。一位心理学家明智地指出：“在这个世界上没有什么新的东西。在当代被看做发现的东西，只不过是某个科学家对某些已得到充分确认的现象的再发现而已（Gazzaniga，1988，p. 231）。”

有关同时发现的事例也支持科学史的自然决定论观点。在地理上相距遥远的人，在不知晓彼此的研究的情况下，作出了类似的发现。1900 年，三个互不相识的研究者极为巧合地再次发现了奥地利植物学家乔治·孟德尔的研究成果，他的有关遗传的论文被忽视了 35 年之久。

在科学领域中处于支配地位的观点可能会阻碍或阻止对新观点的思考。一种理论可能如此坚定地被大多数科学家所信奉，以至于任何有关新问题和新方法的研究都可能被窒息。

一种业已确立的理论可能决定着数据的组织和分析方式，以及研究结果在主流科学期刊上的发表。那些同当时的思想相左或对立的发现可能不被期刊的编辑所采用。这些编辑起着科学门卫或检查员的作用，通过拒斥或弱化那些革命性的观念或不同寻常的解释的价值而维护着思想的一致性。

在 20 世纪 70 年代，心理学家约翰·卡西亚试图发表一个研究结果，这个研究结果挑战了流行的刺激与反应（S－R）的学习理论。尽管卡西亚的研究被认为做得很好，得到了专业性的认可，但主流期刊却拒绝采用有关这方面研究结果的一些论文。卡西亚这位拉丁美洲的后裔后来被推选为实验心理学家协会的主席，并因他的这一研究获得了美国心理学会颁发的杰出科学贡献奖。他的研究发表在一份不太知名、发行量不大的期刊上，延迟了他的观点的传播。

科学中的时代精神对研究的方法、理论的阐释和该学科研究对象的界定有抑制性的效应。在后面的章节中，我们会描绘早期心理学史上心理学家关注意识和人性的主观性方面的这种倾向。直到 20 世纪 20 年代之后，就像有人开玩笑说的那样，心理学最终“失去了心灵”，然后又“失去了意识”。但是半个世纪之后，在新的时代精神冲击下，心理学将意识视为一个可以接受的研究问题而恢复了对意识的探索，回应了时代的思想氛围。

如果以生物物种的进化为比喻，我们更容易理解这种情形。科学和物种都发生着变化，以适应环境的需要。长久以来，物种发生了什么变化呢？可以说，只要环境基本上保持不变，物种就几乎没有什么变化。然而，当环境条件改变以后，物种就必须给予适当的回应，否则就面临着灭绝。

同样地，一门科学也存在于一定的环境背景、时代精神之中。它也必须对其加以回应。时代精神是思想的，而不是物理的，但是就像物理环境那样，它也产生着变化。在整个心理学的发展史上，我们都可以发现这种演化过程的证据。当时代精神将思辨、沉思和直觉推崇为通向真理的途径时，心理学同样推崇这些方法；后来，当时代的思想氛围将观察和实验方法规定为通向真理的途径时，心理学的研究方法也朝着那个方向产生了变化。在 20 世纪初期，当心理学的一种形式移植到另外一种思想土壤中时，它变成了两种截然不同的心理学。（当侨居国外的心理学家回国时，把原来的德国心理学带到了美国，并加以改造，使之成为独特的美国心理学。）

我们对时代精神的强调并不否认科学史上人物决定论的重要性——科学史上伟

大人物的重要贡献，但它的确需要我们将其置于一定的背景中加以审视。达尔文或者玛丽亚·居里不可能仅凭自己个人的能力，通过纯粹的智慧力量改变历史，他或她之所以能如此，是因为时代为他们扫清了道路。

所以，尽管时代精神起着主要作用，但是我们这本书是从人物决定论和自然决定论两种观点来考察心理学的历史发展的。当科学家所倡导的新观念过于脱离已被接受的思想和文化观点时，他们的洞见可能在默默无闻中消亡。个人的创造性工作不像一个灯塔，而更像一个折光的棱镜，将当时的思想观念加以扩散、衍射和放大。然而请记住，人物决定论和自然决定论两种观点对于我们都是有益的。

现代心理学演化过程中的思想学派

在19世纪的最后25年里，即心理学发展为一门独特的科学学科的最初时期，这种新心理学的方向是由威廉·冯特把握的。冯特，一位德国的生理学家，界定了这门新科学(他的新科学)应该采取的形式。他决定了这门科学的目标、对象、研究方法和研究的课题。在这一方面，他受到了他那个时代的时代精神以及当时的哲学与生理学思想的影响。然而，正是冯特综合了当时的哲学和科学思想，扮演了时代精神代言人的角色。因为冯特是心理学中这个不可避免的事件的有力促动者，所以心理学在一段时间里被他的观点所左右。

然而，不久以后，争吵就在不断增加的心理学家中间产生了。新的社会和科学观念出现了。一些表现出现代思潮的心理学家与冯特的心理学观点产生了分歧，提出了自己的观点。大约在1900年左右，出现了几种系统化的理论和思想学派并存的局面，这种共存并不和谐。我们可以将它们视为对心理本质的不同阐释。

"思想学派"这一术语是指一组心理学家，他们在理念上，有时在地域方面存在着联系，并且有一个团体的领导者。典型的情况是，思想学派的成员共同接受一种理论的或系统性的取向，研究类似的问题。不同的思想学派产生了，其后继者衰落或被别的思想流派替代，这是心理学史的一个给人深刻印象的特征。

科学被分成不同思想流派的发展阶段，被称为"前范式的"(范式，一种模型或模式，是科学学科中一种公认的思维方式，它能够提供基本的问题和答案)。范式的概念是由托马斯·库恩提出的。他于1970年出版的《科学革命的结构》一书，已经销售了一百多万册。

历史在线

http://www.webpages.shepherd.edu/maustin/kuhn/kuhn.htm

该网站保存着托马斯·库恩和他的《科学革命的结构》的有关信息。

当一门学科不再表现出思想学派相互对抗的特征时，即大多数的科学家在理论和方法论问题上达成一致的时候，一门学科的发展就进入了一个更加成熟和领先的阶段。此时，整个研究领域由一个共同的范式或模型来界定。

在物理学史中，我们可以看到范式的作用。伽利略-牛顿的机械主义观念在300年的时间里一直被物理学家所认可。在那段时间里，实际上所有的物理学研究都是在那个框架中进行的。然后，当大多数物理学家转而接受爱因斯坦的模型——一种审视研究对象的新方式时，伽利略和牛顿的方法就被取代了。一个范式对另一个范式的取代被库恩解释为科学的革命。

心理学还没有到达范式阶段。在整个心理学的发展史中，科学家和从业者一直在寻找、接纳或拒斥这一领域的各种概念，没有一个学派或观点能够成功地整合这些各种各样的见解。认知心理学家乔治·米勒评论道："没有一种标准的方法或技术可以整合整个领域。似乎也没有任何基本的科学原理可以与牛顿的运动定律和达尔文的进化理论相媲美(Miller，1985，p.42)。"

米勒这番话的15年之后，心理学的状态没有什么明显的改观。学者们把这一领域的历史看做是"一系列失败的范式"(Sternberg & Grigorenko，2001，p.1075)。著名史学家卢笛·本杰明写道："今日心理学家的一个共同悲叹……是心理学领域正沿着分裂和破碎的道路越走越远，众多独立的心理学不久将会或者已经无法相互沟通(Benjamin，2001，p.735)。"每个派别都坚持自己的理论和方法论取向，运用不同的方法探讨人类的本性，利用特殊的专有术语、期刊以及某个学派的困境提升自己。因此，心理学现在可能比历史上任何时候都更加破碎。

心理学中每一个早期思想学派的兴起，都是一场抗议运动，一种对占优势地位的系统性观点的反叛。每一个学派都着重指出它所发现的旧的理论体系的不足，并提出新的定义、观点和研究策略对其加以纠正。当一个新的思想流派引起了科学共同体中一部分人的注意的时候，这些学者就会拒斥早先的观点。典型的情况是，新旧观点之间的思想冲突。

有时，旧的思想学派的领导者决不会相信新体系的价值。通常，年龄较长的心理学家在思想和情感上对他们的理论观点如此投入，以至于很难改变。而年轻一些的对老的学派并不十分追随，因而更易被新的观念所吸引，成为它的支持者。听任年长的物理学者固守他们的传统，让他们的研究工作日益陷入孤立。德国的物理学家迈克斯·普朗克写道："新的科学真理并不是通过使它的反对者信服以及使他们领悟而获得胜利的，而是由于它的反对者最终去世了，熟悉新观点的新的一代成长了起来"(Planck，1949，p.33)。在年轻的时候，查尔斯·达尔文写道："如果每一个科学伟人能在60岁的时候死去，那将是一件多么好的事情，因为那个年龄之后，他必定会反对所有的新思想(达尔文，引自Boorstin，1983，p.468)。"

在心理学发展的历史进程中，出现了不同的思想学派。每一个学派都是对它之前学派的富有成效的抗议运动。每一个新的学派都把早于它的对手作为前进以及获得发展契机的基础。每一种观点都声称它不是那种已确立起来的理论体系,并且与之不同。随着新体系的发展,它吸引了一些支持者,有了影响力,然后它又激起了反对的观点,因而整个争斗的过程又重新开始。随着它的成功,原来是一种先驱性的、咄咄逼人的革命变成了另外一个已确立的传统,因而不可避免地屈从于下一场年轻人的抗议运动。成功摧毁了活力。一场运动往往从反对者那里获得动力。当对手被击败以后,一度为新的运动的那种激情和热情就消失了。

我们正是根据思想学派的历史发展来描述心理学历史发展的。伟人们曾经作出令人鼓舞的贡献,但他们所作贡献的重要性,只有在如下的背景中审视时,才最易于理解。这些背景是:先于他们而提出来的观点,他们在其让作出贡献的理念,以及最终激发他们作出贡献的那些研究工作。

这本书的计划

在第二章和第三章中,我们将描述实验心理学的哲学和生理学先驱。威廉·冯特的心理学(第四章)以及被称为**构造主义**(structuralism)(第五章)的思想学派正是从这些哲学的和生理学的传统中产生的。构造主义之后是**机能主义**(Functionalism)(第六、第七、第八章)、**行为主义**(behaviorism)(第九、第十、第十一章)和**格式塔心理学**(Gestalt psychology)(第十二章)。这几个学派都是源自,或者是在反对构造主义中兴起的。尽管在研究对象或方法论上有所不同,**精神分析**(psychoanalysis)(第十三、第十四章)与上述学派的产生在时间上大致相同。它来源于无意识特性的思想观念和治疗心理疾病的医学干预过程。

精神分析和行为主义又促使了一些亚学派的产生。20 世纪 50 年代,**人本主义心理学**(humanistic psychology)在对行为主义和精神分析(第十四章)的回应过程中产生了,同时它还吸收了格式塔心理学的某些原则。大约在 1960 年,认知心理学对行为主义发出了挑战,再次修改了心理学的定义。认知理论的主要焦点是恢复对意识过程的研究。这些思想与进化心理学、认知神经科学和积极心理学等当代心理学的发展一起,构成了第十五章的主要内容。

问题讨论

1. 为什么心理学家声称心理学既是最古老的学科之一,又是最新的学科之一?解释为什么现代心理学是 19 世纪和 20 世纪思想的产物。
2. 从心理学史的学习中能得到什么?
3. 历史的数据与科学的数据在哪些方面不同?举例说明历史的数据是怎样被歪曲的。
4. 背景因素以什么方式影响了现代心理学的发展?

5. 描述女性、犹太人和黑人在从事心理学工作中所面临的障碍。
6. 在撰写任何一个领域的历史的过程中,总是限制被选出来给予关注的人的数量,为何必然要这样做?
7. 描述科学史中的人物决定论和自然决定论的不同。解释同时作出发现的事例支持了哪一种观点。
8. 什么是时代精神?时代精神是怎样影响科学发展的?比较科学的发展和生物物种的进化。
9. "思想学派"的含义是什么?心理科学有没有达到范式的发展阶段?为什么达到了,为什么没达到?
10. 描述思想学派兴起、繁荣,然后衰败的循环过程。

建议阅读

Cadwallader, T. C. (1975). Unique values of archival research. *Journal of the History of the Behavioral sciences*, *11*, 27—33. 讨论了档案资料的使用(未出版的文件、日记、信件和笔记),认为这些资料可以从相反的方向追溯理论的进化,即从已出版的作品追溯到较早的手稿等,从中可以发现理论家个人生活对他或她的观念的影响。

Hilgard, E. R. (Ed.) (1978). *American psychology in historical perspective: Addresses of the presidents of the American Psychological Association, 1892—1977*. Washington, D.C.: American Psychological Association. 历届美国心理学会主席的生平资料和就职演说的选段,反映了作为一门科学和作为一种职业的美国心理学的发展。

Popplestone, J. A. & McPherson, M. W. (1998). *An illustrated history of American Psychology*. Akron, OH: University of Akron Press. 搜集了一些照片和插图,提供了一个形象化的心理学史,包括心理学在19世纪的欧洲的起源到20世纪后期在美国的发展状况。

Reston, J., Jr. (1994). *Galileo: A life*. New York: HarperCollins. 科学史中一个主要人物的生平传记,可读性极强。

Teresi, D. (2002). *Lost discoveries: The ancient roots of modern science — from the Babylonians to the Maya*. New York: Simon & Schuster. 分析了西方科学的主要成就早在几十年前,甚至几个世纪之前,在印度、中国、阿拉伯国家、巴勒斯坦和玛雅等地方就已经有了这些工作的雏形,只不过那些贡献都被忽视了。

Wood, G. (2002). *Edison's Eve: A Magical history of the quest for mechanical life*. New York: Knopf. 阐述了自动机的发展过程,包括机械玩具、欧洲的娱乐玩具和可以说话的木偶等等。

第二章 哲学对心理学的影响

机械论的精神

17 世纪欧洲的皇家花园里，出现了一种似乎怪诞的娱乐形式。这种娱乐形式是那个令人激动的年代里许许多多的让人感到惊奇的事物之一。水通过地下管道操纵着机械人，机械人做着各种各样令人惊讶的动作，它们演奏乐器，发出类似说话的声音。当人们不经意间踏上隐藏的压力板时，压力板就会活动起来，使水流经一个管道到达一个机械装置，使机器人作出动作。这些贵族的玩具反映了同时也强化着 17 世纪人们对机械的迷恋。这些机械被发明出来，并不断地得到完善，以供在科学、工业和娱乐中使用。

在整个英格兰和西欧，大量的机械被应用于日常生活，以扩展人类肌肉的力量。这些水泵、杠杆、滑轮、起重机、车轮和齿轮给风车和水车提供动力，用于加工谷物、伐木、织布以及完成其他一些耗费体力的工作，因而使得欧洲社会从繁重的体力劳动中解放出来。从农民到贵族的各个阶层的人都熟悉了这些机械的使用。机械很快为人们所接受，成为日常生活的一个自然部分。然而，在所有这些新的装置中，机械钟对科学思想产生了最大的影响。

你可能奇怪，这一技术上的重大进展同现代心理学史有什么关系呢？虽然我们正在谈论的是心理学作为一门科学正式建立起来之前的 200 年的那个时候，以及物理学和力学这些与人类本性的研究相去甚远的学科。然而，它们之间的关系是不容置疑的和直接的。因为 17 世纪那些发出嗡嗡的声音和沉闷作响的机器、机器人和钟表，体现了人类本性的基本原则，并左右了新心理学的方向。

17 世纪到 19 世纪的时代精神是孕育新心理学的思想土壤。而 17 世纪的基本哲学观念（基本的背景因素）是机械论精神。机械论精神把宇宙视为一个巨大的机器。这种观点认为，所有的自然过程都是由力学决定的，也都可以通过物理学和化学的定律得到解释。

机械论的观念起源于物理学，那时被称为自然哲学。物理学是意大利物理学家伽利略（1564—1642）及英国物理学家和数学家牛顿（1642—1727）研究工作的结果。牛顿曾经接受过制造钟表的训练。依照这种观念，存在于宇宙中的每一种事物都是由处于运动中的物质粒子组成的。根据伽利略的观点，物质由离散的微粒或原子组成，这些微粒或原子通过直接的接触而相互影响。牛顿修改了伽利略的机械论观点，认为运动的传播并不是通过直接的物理接触，而是使原子相互吸引或排斥的力。牛顿的观点虽然在物理学上很重要，但是并没有使机械论观点发生根本性的变化，也没有改变将机械论运用于解决心理本质问题的方式。

如果宇宙由运动中的原子构成，那么每一个物理效应（每一个原子的运动）都有直接的原因（碰撞它的那个原子的运动）。由于这种效应可以测量，因而可以对其进行预测。物理宇宙的运行被认为是有序的，就像一架平稳运转的时钟或任何其他完善的机器。宇宙由完美的上帝所设计。在 17 世纪，科学家把“原因”和“完美”都归于上帝。那时人们认为，科学家们一旦掌握了世界活动的规律，就可以判定世界在未来怎样活动。

在这段时间里，科学方法、科学发现与技术同步增长，两者非常协调。观察和实验成为科学的显著特点，测量紧随其后。学者们试图通过给每一种现象赋予一个数值，即一个对研究像机器一样的宇宙至关重要的过程，来对这个现象进行界定和描述。温度计、湿度计、滑尺、测距仪、摆钟和其他一些测量得到了完善。这些都强化了这样一个概念，即自然宇宙的每一个方面都是可以测量的。以往人们认为不能被还原为较小的单位的时间，现在也能够精确的测量了。

时间的精确测量具有科学的和实践上的重要性。“如果没有精确的计时装置，也就不能精确地测量观察之间所耗时间的微弱增长。因而也就无法巩固那些借助于望远镜和显微镜而开始的在科学性理解方面所取得的进展”（Jardine，1999，pp. 133—134）。除此之外，天文学家和航海家也需要准确的时间测量装置去精确地记录天体的运动。这些数据对于判断船只在公海上的位置是至关重要的。

时钟般的宇宙

机械钟是 17 世纪机械论精神的理想象征。历史学家丹尼尔·布斯丁把钟比作“机器之母”（Boorstin，1983，p. 71）。时钟是 17 世纪工业技术上轰动一时的东西，就像 20 世纪后期的计算机一样。没有任何其他机械装置对社会的各个阶层有这样大的影响。在欧洲，时钟被大量制造，并且种类繁多。[1] 有的时钟小的可以置于桌面上，大一些的可以安装在教堂的塔尖顶部和政府的建筑物上，周围几英里的居民都可以看到和听到钟鸣。那些皇家花园里机械的、以水为动力的机械人是仅供贵族娱乐的，而时钟却不管社会阶层和经济条件，每个人都可以使用。

由于时钟的规律性、可预测性和精确性，科学家和哲学家们开始把它们看成物理

〔1〕 早在 10 世纪的时候，中国人就设计了巨大的机械钟。有可能是这类发明的消息刺激了西欧时钟的发展。但是，欧洲人对时钟机械的改进，以及对于设计精致的，甚至富于幻想的时钟方面的热情，是任何其他人所不可比拟的（Crosby，1997）。

宇宙的模型。或许世界本身就是一架由上帝所创造并使它运动起来的巨大时钟。诸如英国物理学家罗伯特·博伊尔、德国天文学家约翰尼斯·开普勒等科学家和法国哲学家让内·笛卡尔都同意这个观点，认为宇宙的和谐和秩序可以依照时钟的节律性而得到解释。正如宇宙节律被认为是由上帝创造并置于其中一样，时钟的节律是由钟表匠制造并置于其中的。

德国哲学家克里斯丁·冯·沃尔夫宣称："宇宙的运动方式同时钟没有什么不同。"他的学生约翰·克里斯多夫·哥斯克德更明确地指出："就宇宙是一架机器这一点来说，它在某种程度上类似于一架时钟；正是在时钟里，我们在一个小规模上使人更加明白，在宇宙这一更大规模上所发生的一切。"（引自 Maurice & Mayr，1980，p. 290）

历史在线

http：//physics. nist. gov. /genlnt/time. html

"标准与技术国家研究所"的普遍令人感兴趣的部分，它提供了一个专栏，这个专栏称为"走过时空：历史上时间测量的演变"。

决定论与还原论

若宇宙（曾由上帝创造并推动其运动）被看成是时钟般机器的时候，在没有任何外力干涉的条件下，它将持续有效地运转。因此，宇宙的时钟比喻包含着**决定论**（determinism）的观念。决定论相信每一个动作都是被决定的或者是由过去的事件所引起的。换言之，我们可以预测在时钟的运转中将要发生的变化以及在宇宙中将要发生的变化，因为我们了解它的各个部分活动的秩序和规律。

了解时钟的结构和工作原理并不困难。任何人都可以拆开一架时钟，精确地发现时钟的发条和齿轮怎样运作。这就导致科学家普及了**还原论**（reductionism）的观念。钟表这类机器的工作可以通过把它们还原为其组成部件而加以理解。同样地，我们也可以通过把物理宇宙（毕竟，它仅仅是另一种机器）分析或还原为它的最简单的成分，即分子或原子来理解它。最终，还原论成为了每一门科学的特征，其中包括新心理学。

由此产生的明显问题是：如果钟表的比喻和科学的方法可以用来解释物理宇宙的运行，那么它们是不是也适合人性的研究呢？如果宇宙是一架机器，即有序，可预测、观察和测量，是不是也可以用同样的方式看待人？人，乃至动物同样是某种类型的机器吗？

自动机

17 世纪学术圈和社会上的贵族在他们以水为动力的花园机械人那里已经具有了

自动机模型的观念。时钟的广泛传播也给其他人提供了类似的模型。随着技术的不断完善，更为精巧的机械性的玩意儿被制造了出来，它们可以模仿人的活动和动作，以供大众娱乐。这些装置被人们称为“自动机”。这些自动机可以精确地、有规律地作出令人惊叹和逗人的动作。

早在17世纪之前，自动机就已经被发明出来了。古希腊和阿拉伯的手稿中就有机械人的描述。在建造自动机方面，中国也曾处于领先地位。中国古文献中记载着机械动物、鱼和人，它们可以斟酒、送茶、唱歌、跳舞和演奏乐器。在6世纪的时候，那时被称作巴勒斯坦的地方就建造了一个很大的时钟。当时钟报时的时候，一组精致的机械人就开始活动。结果，建造自动机的艺术很快传播到伊斯兰世界的大部分地区(Rossum，1996)。但是，1 000多年之后，当17世纪的西欧科学家、知识分子和艺术家设计自动机时，这些自动机被认为以前从未有过。早期文明的那些基础工作已经丧失了。

在欧洲，两个最复杂和最使人惊奇的自动机是一只鸭子和一位吹奏长笛的人。鸭子从展示者的手上获得食物，吞咽下去并排泄出来，接着饮水，脖子灵活，动作柔和。然后它呱呱地叫两声，回到原来的位置站好。“后来人们才知道，单单一只翅膀，就由400多个组件所构成”(Wood，2002，p. 27)。

长笛演奏者不但可以演奏流行的音乐玩具发出的声音。而且实际上还做出吹奏的动作。它直立有5英尺半的高度，是当时男性平均的身高。这个自动化的机械物包含着一些机械部件。这些部件复制了吹笛子的动作所需要的每一块肌肉、每一条韧带和身体的其他部分。

依据机械人所吹奏的12个音调，9个风箱把不同量的空气输送到这个机械人物的胸膛。空气通过一个单独的管道(相当于人的气管)被挤压到机械人的嘴巴里。空气在进入长笛之前，是由机械人的铁舌头和铁嘴唇控制的，因此会造成这样一种印象，即机械人好像真的在呼吸。机械人的手指在笛孔上起落，能够精准地吹奏出各种声音。机械鸭和长笛吹奏者这两个自动机“模糊了人与机器的界限，也模糊了生物和非生物的界限”(Wood，2002，p. xvii)。

在今日欧洲许多城市的中心广场都可以看到自动机的影子。这些机械装置环绕在市政厅钟楼的周围，每15分钟就发出击鼓的声音或用锣锤敲击出钟鸣的声音。在法国的斯特拉斯堡大教堂，圣经上的一个人物每小时向圣母玛丽亚的塑像鞠一次躬，同时，旁边的一只机械公鸡张开嘴巴，伸出舌头，拍拍翅膀并发出啼鸣声。在英格兰的威尔斯大教堂，两个穿着盔甲的骑士模仿战斗的情形相向环行，每当时钟报时的时候，其中一个骑士就把另一个打下马来。德国慕尼黑的巴伐利亚国家博物馆收藏有一个16英寸高的机械鹦鹉。当时钟报时的时候，鹦鹉发出尖叫声，拍动它的机械翅膀，张开眼睛，并且从它的尾部落下一只小钢球。

下面附的这幅照片显示了一个16英寸高的机械僧侣的内部活动原理。这些机械

机械僧侣的照片

物现在保存在华盛顿的美国国家历史博物馆里。这个僧侣被设计得可以在两平方英尺的范围内活动。它走动的时候，双脚看起来好像从长袍下伸出，但实际上它是依靠轮子走动的。它一只手拍胸脯，另一只手挥动，做出点头、张嘴和闭嘴的动作。

那个时代的哲学家和科学家相信，这种类似时钟的技术可以实现他们创造人工生物的梦想。许多早期的自动机也清楚地给人留下了这个印象。我们可以把这些自动机看成是他们那个时代的迪斯尼人物。它也使我们很容易理解为什么当时的人们得出这样一个结论，即人类不过是另一种类型的机器。

历史在线

http://www.thebritishclockmaker.com/automata/

http://www.nyu.edu/pages/linguistics/courses/v610051/gelmanr/cult-hist/text/p.240.html

上面这两个网址都提供17和18世纪有关自动机的图片和简短的描述。

http://www.xroads.virginia.edu/-drbr/b-edini.html

提供一些有关技术发展史上自动机作用的短文。

作为机器的人

看看照片中那个机械僧侣的内部工作原理，人们可以对其进行细致的考察，并清楚地了解使其运动的齿轮、杠杆和棘轮等其他装置的功能。笛卡尔和其他哲学家把这些自动机当作人类的模型，认为不仅宇宙是一个时钟般的机器，宇宙中的人也是机器。笛卡尔写道，这一观念“对于那些熟悉由人类工业制造的不同的自动机，或者可运动的机器的人来说，似乎一点都不奇怪……这些人会把人的身体看做是由上帝之手制造出来的机器，人类发明的任何机器都无法与之相比，它的结构被安排得更加有条理、更适于活动以及更加令人钦佩。”(Descartes, 1637/1912, p.44)与钟表匠制造出来的机器相比，人这部机器更完善、更有效，但他们仍然是机器。

因此，时钟和自动机为人们接受这样一种观念扫平了道路。这种观念是：人的活动与行为是受机械法则控制的，那些在揭示物理宇宙秘密方面获得如此成功的实验和数量化方法，同样也可以应用于人性的研究。1748 年，法国医生拉·美特利(Julien de La Mettrie，因食用了过量的雏鸡和块菰而死亡)报告了他在发高烧时的一个幻觉。这个梦促使他相信人尽管有智慧，但也是机器，就像一架可以自己上发条的钟表(Mazlish，1993)。这样一种观念成为科学和哲学中时代精神的驱动力量，并且在相当长的时间里，改变了传统人性的形象，甚至在普通大众中也是如此。例如，在美国南北战争期间(1861—1865)，一位北方的军事将领在评价一位朋友的死亡时写道，“他什么也没有留下，除了一架曾经由灵魂使其活动起来的破损机器”(yman 引自 Agassiz，1922，p. 332)。

人类的机械形象充斥于 19 世纪和 20 世纪初的小说和童话文学作品中。有生命特征的东西可由机器再造出来，这一观念使人们非常着迷。丹麦短篇小说家汉斯·克里斯丁·安德森(Hans Christian Anderson)在《夜莺》中描绘了一只机械鸟。英国小说家玛丽·沃斯顿克莱特·谢利(Mary Wollstonecraft Shelley)的经久不衰的畅销书《弗兰肯斯泰因》，就描述了一个毁灭了自己的创造者的机器怪物。

因此，17 世纪至 19 世纪留下了这样一种遗产，即人像机器一样活动以及人的活动机能可以通过科学方法来加以研究这样一些观念。身体类似于机器，科学观念至高无上，生命服从于机械性的法则。一般而言，机械论也可用来研究人类的心理活动，其结果就是人被设想为一架能思维的机器。

历史在线

Http：//www. santafe. edu/-shalizi/LaMettrie

这里可以找到拉·美特利的生平信息，有关他的生活和工作的其他资源，以及拉·美特利《人是机器》的英译本。

能计算的机器

当查尔斯·巴贝基(Charles Babbage，1791—1871)还是个孩子的时候，就对钟表和自动机产生了迷恋。尤其为一个会跳舞的女性机械人所吸引，在老年的时候，他设法把这个东西买到手。巴贝基在数学方面具有不同寻常的天赋和才能。青年时期，他自学了数学。当他进入剑桥大学读书时，他失望地发现他比老师懂的还要多。后来，他成为剑桥大学的数学教授和皇家学会的会员以及当时最著名的学者之一。巴贝基毕生的追求是建造一个能进行计算的机器。这个机器能够做比人还要快的数学运算，并且能将运算结果打印出来。在实现这一目标的过程中，巴贝基提出了促使现代计算机产生的基本原理。

上面讨论的自动机模仿了人类的身体活动，但是巴贝基的计算机器则模拟了人的大脑的活动。除了能把数学运算的数值列成图表以外，这个机器还可以下象棋、西洋跳棋以及做其他游戏。它甚至具有记忆功能，能保存中间的步骤，直到被用于完成一个特定的计算过程。巴贝基称这个计算机器（见所附照片）为“差异机”（the difference engine），称自己为“编程者”（the programmer）。差异机大约由 2 000 多个精细加工过的铜和钢的部件——轴承、齿轮和圆盘——组成。所有这些部件都由一个手柄提供动力或将其驱动。这个机器[1]现在仍然可以操作，它标志着今天精密的计算机发展的开始。在尝试模仿人类思维以及制造能展示“人工”智能的机械装置方面，它代表着一个重要的突破。

巴贝基的计算机器

巴贝基最近的一个传记作者指出：“这架机器的重要意义怎么讲也不算过分，通过转动手柄，即通过施加一个物理的力量，你能第一次取得这样的成果。到那时为止，历史上只有通过精神的力量，即思维，才可以得到这种成果。这是第一次在一台无生命的机器中将思维机能外化的成功尝试（Swade，2000，p. 83）。”

巴贝基计划向那个时代最有影响的人物宣传他的新机器，以便获取支持，建造更为先进的装置。他在伦敦的家中举行了一个规模盛大的晚会，邀请了社会、学术和政治精英 300 多位。查尔斯·达尔文和作家查尔斯·狄更斯都应邀出席了晚会。这些重要的人物也都渴望到这位才华横溢的传奇式人物、发明家和著名人士的家中做客，一睹巴贝基和他的神奇机器的风采。然而，完整的机器过于庞大，无法在家中展示，因此，巴贝基把机器一个部分的可以运作的模型展示给参观者。他制造这个模型是以供他的参观者娱乐的。这个模型 2.5 英尺高，宽度和厚度都是 2 英尺。10 年之后，巴贝基放弃了他的“差异机”，并开始设计一个被他称为“分析机”（the analytical engine）的更大装置。这架机器通过使用打孔的卡片，可以编入程序。分析机具有独立的记忆和信息加工能力。它同样具有打印计算结果的输出功能。这架分析机被比喻为是“一般意义的数字计算机”（Swade，2000，p. 115）。不幸的是，巴贝基不得不放弃他的计划，因为此前一直资助巴贝基研究工作的英国政府由于连续不断的赤字而取消了对巴贝基的资助。

巴贝基的一位忠实的支持者，也是很少几位能理解计算机器操作的人之一，是 18 岁的数学奇才劳弗莱斯（Lovelace，1815—1852）伯爵夫人艾达（Ada Lovelace）[2]。巴贝基称她是他“备受崇拜的女翻译”（引自 Campbel-kelly & Aspray，1996，p. 57）。

〔1〕 巴贝基的计算机器现在仍然完好无损地保存在英国伦敦的科学博物馆里。

〔2〕 艾达·劳弗莱斯是著名诗人劳德·拜伦（Lord Byron）的女儿。

在那样一个时代，对于一位女性来说，接受数学教育是不多见的。当时人们认为女性过于脆弱，不足以应付这样的科目。艾达的教育是在家里进行的，因为那个时代不允许女性进入大学学习。她发表文章，清楚地解释了计算机器的工作原理，并且指出了计算机器的潜在效用和哲学意义。也是她第一个看出了这个“思维机器”的根本局限性：就其本身来说，它不能产生和创造任何新的东西。它只能依照所接受的指令和所编的程序工作[1]。

当政府撤回对巴贝基研究工作的资助以后，他变得非常沮丧。艾达30多岁的时候就去世了。艾达的英年早逝，使他变得非常苦闷和不平。认为他的研究计算机器的努力已经白费了，他的贡献的重要性永远也不会得到承认。然而，巴贝基为他的工作的确受到了众多的赞誉。1946年，当第一台全自动计算机在哈佛大学制造出来以后，一位计算机的先驱人物称这项成就是巴贝基梦想的实现。1991年，为了纪念巴贝基诞辰200周年，一些英国科学家根据巴贝基的计算机器的原始图样，复制了其中一种巴贝基梦想的机器。它由4 000多个组件构成，重达3吨，可以准确无误地进行计算(Dyson，1997)。

巴贝基是19世纪人是机器的观念的典型代表，他明显地超越了他的时代。他的计算机器作为现代计算机的先锋，标志着复制人类认知过程和人工智能研究的第一次成功的尝试。巴贝基时代的科学家和发明家曾经预言，在人把机器设计得能做什么以及机器在执行类似于人类的功能方面是没有极限的。

历史在线

http：//ei. cs. vt. edu/-history/Babbage. html

http：//www. ex. ac. uk/BABBAGE/

这两个网站都提供有关巴贝基的生活、工作和贡献方面的有价值的原始资料。

http：//awc-hq. org//lovelace/whowas. htm

http：//scottlan. edu/Iriddle/women/love. ht

http：//adahome. com/Tutorials/Lovelace/Lovelace. html

这三个网站都与艾达·劳弗莱斯有关，并且与其他相关网站链接。

现代科学的开始

我们注意到，科学在17世纪得到了长足的发展。在那之前，哲学家们不得不从过去，从亚里士多德和其他古代学者的著作中，从《圣经》中寻找问题的答案。研究中的

〔1〕 1980年，美国国防部命名用于军事计算机控制系统的程序语言为“艾达”。

统治力量是教条(由国教[1]所宣扬的一种教义)和权威。到17世纪的时候,一股新的力量凸显出来,这就是**经验主义**(empiricism)。经验主义认为,知识是通过观察和实验获得的。由过去传递下来的知识开始受到怀疑。取而代之的是,那些反映科学研究正在变化的特征的发现和洞见使得17世纪的黄金岁月变得光彩夺目。

许多学者的创造性都可以作为那个时代的标志。其中,法国数学家笛卡尔对现代心理学史作出了直接的贡献。他的工作使科学研究从那种僵化的、数百年的神学以及思想信念的控制中解脱出来。笛卡尔象征着向现代科学时代的过渡。他把时钟机制的观念应用到人的身体上。由于这些原因,我们可以说,他开创了现代心理学的时代。

让内·笛卡尔(1596—1650)

笛卡尔1596年3月31日出生于法国。他从父亲那里继承了足够的钱,可以用于他的学术研究和旅行生涯。1604～1612年,他在一所教会学校读书,在那里,他学习数学和人文科学。在哲学、物理学和生理学方面,他也展现出杰出的才能。由于笛卡尔的健康状况不好,学校的校长允许这个年轻人不参加早晨的宗教仪式活动,并且允许他躺在床上,直到中午。这一习惯笛卡尔保持了一生。在这些寂静的早晨,笛卡尔进行着他最富有创造性的思维活动。

笛卡尔

完成了他的正规教育之后,笛卡尔选择了去巴黎体验生活的乐趣。最终他发现这样的生活令人厌倦,于是他选择了献身数学研究的这样一种较为清静的生活。21岁的时候,他到荷兰、巴伐利亚和匈牙利的军队作了一名贵族志愿兵。在那里,他因良好的剑术和喜欢冒险而出名。他喜欢跳舞和赌博。由于他的数学才能,他成了一位成功的赌客。他仅有的一次持久的浪漫情感是同一位荷兰妇女海伦·珍尼斯(Helene Jans)三年的恋情。海伦给他生了个女儿,取名为弗兰西尼(Francine)。笛卡尔非常喜欢这个孩子,当这个孩子5岁的时候死在笛卡尔的怀抱中时,笛卡尔极度伤心。一位传记作者写道:笛卡尔无比悲伤,感受到了"有生以来最深的悲切"(引自Rodis-lewis, 1998,p. 141)。在笛卡尔的余生里,他一直保持独身。

笛卡尔对将科学知识应用于日常生活事务十分感兴趣。他曾经研究了多种方式,以便保持他的头发不变得灰白。他还就轮椅的操纵灵活性作过多次实验。

---

[1] 国教,established church,经国家法律认可并获得经济上支持的官方教会。——译者注

在军队服役的时候，有几个梦改变了笛卡尔的生活。他曾经回忆说，11 月 10 日，他独自在一个有暖炉的房间里度过了那一天，沉思于他的数学和科学观念中，不知不觉睡着了。后来他解释说，在梦中，他为他的懒惰而受到指责。"真理之圣灵"占据了他的心灵，劝说他把数学作为毕生的事业。真理之圣灵告诉他，数学原理可以应用到各门科学之中，使知识变得更为精确。因此，笛卡尔决心怀疑现存的一切，特别是那些来自于过去的教条和学说，只相信那些他可以绝对确证的知识。

返回巴黎以后，他再次发现那里的生活令他心烦意乱。他卖掉了从他父亲那里继承的房产之后，筹措到的资金使他得以移居到荷兰乡下的一座房屋里。他对隐居的需要如此强烈，以至于在 20 多年的时间里，他换了 13 个城镇的 24 所居住处。除了几位经常通信的密友之外，他的住址对所有的人都保密。他仅有的一个明确要求是居住地要接近罗马天主教堂一所大学。按照一位传记作者的说法，笛卡尔的格言是："隐居得最好的人生活得最好"(Gaukroger，1995，p. 16)。

笛卡尔在数学和哲学方面写出了许多论述，他也因此逐渐成名，并吸引了 20 岁的瑞典女王克里斯蒂娜(Christina)的注意，要求笛卡尔来教她哲学。笛卡尔极不情愿放弃自己的自由和隐居生活，也担心他会死在瑞典，但是他极为尊重皇家的请求。1649 年秋天，女王派了一艘战舰来把他接到了瑞典。在极其寒冷的冬天，克里斯蒂娜坚持早晨 5 点钟在一个暖气设备不好的图书馆里让笛卡尔给她授课。"我一点也不能适应这里的生活，"笛卡尔在给一位朋友的信中写道，"我需要的只是平稳和安静(引自 Rodis-Lewis，1998，p. 196)。"身体脆弱的笛卡尔忍受了近 4 个月的早起和严寒，最终患上了肺炎。1650 年 2 月 11 日，笛卡尔去世了。

就如我们将会看到的那样，这个生前致力于身心相互作用研究的人的去世以及去世后遗体的处理，有一些有趣的事值得写上几笔。笛卡尔逝世 16 年之后，他的朋友决定要把遗体运回法国。他们送了一口棺材到瑞典，但是这口棺材太短，装不下笛卡尔的遗骸。瑞典当局提出了一个解决方法，在作出其他安排之前，先将他的头颅取下埋葬。

当遗体的其余部分准备启程回国的时候，法国派驻瑞典的大使认为他应该留下一个纪念物，于是他砍下了遗体右手的食指。缺少头颅和一个手指的遗体被运回了巴黎，并举行了隆重的葬礼。过了一段时间以后，瑞典的一个军官把笛卡尔的头颅挖了出来，并把它当作纪念品。在 150 年的时间里，笛卡尔的头颅从一个瑞典收藏家转到另一个收藏家那里，直到最后被埋葬在巴黎。笛卡尔的笔记本和手稿在他死后通过船只运往巴黎。但是船只在靠岸的时候沉没了。他的文稿在水下浸泡了 3 天才被打捞上来。后来人们花费了 17 年的时间才恢复了这些文稿，使得它们得以出版。

笛卡尔的贡献：机械论和心-身问题

笛卡尔对现代心理学的发展所做的最重要工作是他试图解决**心-身问题**(mind-boby problem)，一个被争论了几个世纪的问题。多少年以来，学者们一直在争论心灵,或者心理特性怎样同身体和其他生理特性相区别。这一基本的、看似简单的问题是:心灵和身体,即精神世界和物质世界可以相互区分吗?几千年以来,学者们采取的是二元论的观点,认为心灵(灵魂或精神)和身体具有不同的特性。然而,如果接受这样一种二元论的观点,又势必引起其他问题:如果心灵和身体具有不同的特性,它们的关系是什么?是怎样相互影响?它们是相互独立的吗?抑或是一个影响另一个?

在笛卡尔之前,有关这些问题的公认理论是:心灵和身体之间的互动基本上是单向的。心灵对身体可以施加巨大的影响,但是身体对心灵几乎没有什么作用。一位历史学家曾经建议用这样一个类比来解释两者之间的关系:身体和心灵的关系就像木偶和操纵木偶的人之间的关系,心灵像操纵木偶的人,拉动控制身体的细线。

笛卡尔接受了这种观点,认为心灵和身体的确具有不同的特性。但是通过重新界定两者之间的关系,笛卡尔背离了传统的观点。在笛卡尔的心-身交互作用理论中,心灵影响身体,身体也对心灵产生了比以前认为的更大的影响。这种关系不是单向的,而是彼此的交互作用。这一观念在17世纪时是非常激进的,它对心理学具有重要的意义。

笛卡尔发表他的论断以后,他同时代的许多学者都决定不再支持传统的观点,即心灵是两个实体中的主人,是拉动细线的木偶控制者,从功能上几乎完全独立于身体。其结果是,科学家和哲学家赋予生理的或者物质的身体以更大的意义。许多以前被认为是心灵的功能现在被归于身体了。

例如,以前人们认为心灵不仅是思维和理智的原因,而且也是生殖、知觉和运动的原因。笛卡尔对这种看法提出质疑,认为心灵只有一个功能,那就是思维。对笛卡尔来说,所有其他的活动过程都是身体的功能。

因此,在古老的心-身问题上,笛卡尔引入了一种新的观点。这一观点把注意力集中到一种生理-心理的二元论上。在这一过程中,他把学者们的注意力从抽象神学的灵魂概念引导到对心灵和心理过程的科学研究上来。其结果是,研究方法由主观形而上学分析转到客观观察和实验。对于灵魂的本质和存在,人们只能进行推测,但是对于心理过程及其操作,人们是可以进行实际观察的。

因此,科学家接受心-身是两个独立实体的观点。物质,即组成身体的质料性实体,具有广延性(因为它占有空间),并且依照机械性原则活动。然而,心灵是自由的,它没有广延性,也没有物质实体。笛卡尔观点的革命性在于:心灵和身体尽管不同,但是可以在人的机体内部相互作用。心灵可以影响身体,身体也可以影响心灵。

身体的特性

现在我们来考察笛卡尔有关身体的概念。由于身体是由物质组成的,它必然具有所有的物质都具有的那些特性,即在空间上具有广延性以及具有运动能力等等。如果身体是物质的,那么解释物理世界运动和活动的物理学和力学定律也可以应用于身体的解释。因此,身体就像一架机器,它的操作可以通过那些控制空间中所有物体运动的机械定律来进行解释。笛卡尔就是按照这种思路，根据物理学的原理来解释身体的生理功能的。

笛卡尔受到了那个时代机械主义精神的影响，我们前面所描述的机械钟和自动机就反映了这种精神。当他居住在巴黎时，他曾经被安装在皇家花园中的机械装置所吸引。他在花园中流连忘返，不时地踏动压力板，让喷射的水使机械人动起来，让它们做出动作，发出声响。

当笛卡尔描绘人类的身体时，他直接参照了他所见到的机械人物。他把身体的神经比作水从其中通过的管道，把身体的肌肉和肌腱比作发动机和发条。自动机的运动并非由于它自己的自发活动引起的，而是由于诸如水压这样的外物的作用。笛卡尔认为，这种运动具有不随意特性，因为身体的运动经常是在没有意愿的条件下产生的。

从这种观点出发，他得出了无意(undulatio reflexa)反射的概念，指的是不受意识控制或决定的活动。由于这样一个概念，笛卡尔经常被人们称为**反射活动理论**(reflex action theory)的创始者。这一理论是现代行为主义的刺激—反应(S－R)心理学的先驱。在行为主义的刺激—反应理论中，外部对象(刺激)引起一个不随意反应。例如，当医生用木槌敲击你的膝盖时，你的腿就会震动一下。反射行为与思维和其他认知过程无关，它似乎是机械的和自动的。

笛卡尔的工作也支持了科学界一个逐渐增强的观念，即人类的行为是可预测的。似乎只要知道刺激是什么，机械性身体的活动就是可以期待或预期的。在一个具体的事例中，笛卡尔把肌肉运动的控制同他在教堂中看到的为唱诗伴奏的风琴的机械功能进行比较：

> 如果你曾因为好奇而考察过教堂中的风琴，你就会知道空气是怎样被推入风箱的。你会看到空气怎样从风箱中进入这个或那个管道，这取决于风琴手的手指在键盘上的运动。你可以想象出身体机器的心脏和动脉，它们把动物精气(animal spirits)推入脑的孔穴。这个过程就像空气被推入风琴的风箱。外部对象刺激了某个神经，使得储存在孔穴中的动物精气进入各个特定的孔，这个过程就像风琴手的手指，揿压某个键，使得空气从风箱进入某个特定的管道。(引自 Gaukroger, 1995, p. 279)

笛卡尔在当时的生理学中为他的人类身体活动的机械性解释找到了证据。1628年，英国医生威廉·哈维(William Harvey)揭示了血液在体内循环的一些基本事实，其他一些生理学家也正在对消化过程加以研究。科学家们断定，身体肌肉是以颉颃的方式活动的。感觉和肌肉的活动由于某种原因依赖于神经。

尽管在描述人类身体功能和过程方面，研究者获得了巨大的进展，但是这些发现往往是不精确和不完整的。例如，神经被认为是液体状的动物精气在其中流动的中空的管道，就像通过管道给机械人提供动力的水。然而，在这里我们关心的不是17世纪生理学是否精确和完整，而是它对身体的机械解释的支持。

根据国教的教义，动物并没有灵魂，因此，它们被认为是自动机。这样一种观念保持了人和动物的差别，而这一点对于基督教的思想十分重要。如果动物是自动机，没有灵魂，那么它们就没有情感。因此笛卡尔时代的研究者在麻药发明之前，可以用活体动物进行研究。一位作者描述了“听到动物惨叫和哀嚎时的”愉悦，“因为那只不过是水压发出的嘶嘶声和机器的颤动”(Jaynes, 1970, p. 224)。因此，动物完全属于物理现象的范畴。它们不会永存，没有思维过程，也没有自由意志。它们的行为完全可以用机械术语来解释。

心-身交互作用

依照笛卡尔的观点，心灵是非物质的，即它没有物质实体。但是心灵能够进行思维和其他认知过程。因此，心灵给人提供外部世界的信息。换言之，尽管心灵不具备物质的特性，但它的确具有思维能力。正是这样一个特性，使得心灵区别于物质的或物理的世界。

由于心灵可以思维、知觉和具有意志，它必然以某种方式影响着身体，或被身体影响。例如，当心灵决定从一个位置向另一个位置移动时，这一决定是由身体的肌肉、肌腱和神经来完成的。同样地，当身体受到刺激时，例如，受到光和热的刺激，正是心灵觉察和解释了这些感觉数据的意义，并且作出适当的反应。

如果笛卡尔要完成他有关心灵和身体相互作用的理论，他就需要在身体中找到身心交互作用的实际存在的部位。他认为心灵是一元的，这意味着心灵和身体只能在某一个单一的点上交互影响。他同样相信心-身的互动发生在大脑内部的某个部位，因为已有研究证明，感知觉向大脑传递，运动来自大脑内部的活动。对于笛卡尔来说，大脑显然是心理活动的中心。大脑中惟一的一个单一、一元的(即不可分的并且不能成对地存在于大脑两半球)结构是松果腺。于是，笛卡尔就选择了松果腺作为身心交互影响的部位。

笛卡尔使用机械性术语描述心灵和身体是如何交互影响的。他认为，神经管中的动物精气运动给松果体(conarium)留下印记，由于这样一个印记而使得心灵产生感觉。换言之，一定数量的物理运动(动物精气的流动)导致了一个心理特性(感觉)的产生。也可以发生相反的过程：心灵也可以给松果体留下印记(在某种意义上，笛卡尔从来没有把这一点讲清楚)，通过向这一方向或那一方向的倾向性，印记能够影响动物精气向肌肉的流动，导致一个物理的或身体的动作。

观念说

笛卡尔的观念说对现代心理学的发展也具有深刻影响。他认为心灵可以产生两种观念，即**衍生观念**(Derived Ideas)和**固有观念**(Innate Ideas)。衍生观念产生于外部刺激的直接作用,如铃的响声和树的形象。因此,衍生观念(铃声或树的观念)是感觉经验的产物。固有观念不是作用于感官的外界客体而产生的,而是从意识或心灵中产生的。尽管潜在性的固有观念不依赖于感觉经验,但是在适当经验出现的时候,固有观念也可被觉察到。在笛卡尔确认的固有观念中,有上帝、自我、完善和无限等。

在后面的章节中,我们会指出固有观念这一概念怎样导致了知觉的天赋理论(一种认为知觉的能力是固有的,而不是习得的观点)。固有观念这一概念也影响了格式塔心理学学派。除此之外,固有观念说由于激起了早期经验主义者和联想主义者,如洛克的反对,以及较晚的经验主义者赫尔曼·冯·赫尔姆霍茨(Hermann Von Helmholtz)和威廉·冯特(Wilhelm Wundt)的反对而具有重要性。

笛卡尔的研究对融入新心理学中的许多理论取向都起到了催化剂的作用。他的非凡理论贡献包括如下几个方面:

- 身体的机械论概念
- 反射活动理论
- 心-身交互作用
- 心理功能的大脑定位
- 固有观念说

在笛卡尔那里,我们看到了机械论观念对人类躯体活动的应用。机械论哲学对于那个时代的时代精神产生了如此广泛的影响,以至于不可避免地会有人把这一观念应用于人类的心灵。现在我们就转向这一重要事件,即把人的心灵还原为机器。

历史在线

关于笛卡尔,我们发现了 40 000 多个网页。

http://serendip. brynmawr. edu/exhibitions/Mind/Descartes. html

这里记录着有关笛卡尔生平的简介和心-身二元论遗产的讨论。

http://www. philosophypa. com/ph/desc. htm

介绍了笛卡尔的生活和工作,有关笛卡尔的出版物的书目和相关网站的目录。

http://www. orst, edu/instruct/phl302/philosophers/descartes. html

提供在线的生平传记目录、生平年表以及笛卡尔的主要出版物的目录。

新心理学的哲学基础:实证主义、唯物主义和经验主义

奥古斯特·孔德(1798—1857)

到 19 世纪中期,也就是笛卡尔逝世 200 年之后,漫长的前科学心理学时期已经结

束。在这段时间里，欧洲哲学思想里已经弥漫着新的精神：**实证主义**(positivism)。这一术语和概念是法国哲学家孔德提出的。当孔德得知他就要死亡时，他说的死对于这个世界来说将是个不可弥补的损失。

孔德对人类所有的知识进行了系统研究。为了使这项野心勃勃的工作变得更为可行，他决定把他的研究限制在那些无可争议的事实的范围之内。也就是说，这些事实完全是通过科学方法而得到确证的。因此，他的实证主义方法指的是那种完全建立在可客观观察的和无可争议的事实上的理论体系。他宣称，任何思辨的、推论的和形而上学性质的知识，都是虚幻的，应该被拒斥的。

孔德相信，物理科学已经达到了实证主义阶段，不再依赖于不可观察的精神力量或宗教信念去解释自然现象。然而，对于社会科学来说，若要达到更高的发展阶段，它们也必须抛弃形而上学的问题和解释，完全建立在可观察事实的基础之上。孔德的观念具有如此大的影响力，以至于实证主义成为19世纪晚期欧洲时代精神中普遍的和占主导地位的力量。“每一个人都是实证主义者，或至少声称如此(Reed, 1997, p. 156)。”

考虑到孔德的经济和情绪上的问题，他能够对欧洲思想发挥如此重要的和持续的影响的确令人吃惊。例如，孔德从来没有获得过一个正式的学术身份。他撰写的文章的所得仅仅够他糊口，还需要演讲和崇拜者偶尔馈赠的补贴。他很有才华但也时常受病痛的折磨，要同经常发作的精神错乱抗争。他的一位传记作者对他的这些经历作了这样的描述：

> 他经常畏缩在门后，其举止行为更像动物而不像人……每天午餐和晚餐时，他都宣称自己是沃尔特·司各特(Walter Scott)一部小说中苏格兰高地人，把他的刀子插在桌子上，要一块多汁的猪肉，背诵荷马史诗……有一天，孔德的母亲来同他和他的妻子一起用餐，吃饭的时候他们突然争吵起来，孔德就拿起了刀，割伤了自己的喉咙。从此这个伤疤伴他终身。(Pickering, 1993, p. 392)

孔德的一生提供了一个用坚持不懈、献身于某一信念和艰苦工作来克服障碍的范例。在整个心理学的历史中，我们会在一些学者身上看到相似的例子。他们克服了令人难以承受的困难，作出了重要贡献。

对实证主义的广泛接受意味着学者们将考虑两种类型的命题。一位历史学家是这样描绘这两种命题的：“一个命题参照的是感觉的对象，这是科学的命题，另外一个则是一派胡言”(Robinson, 1981, p. 333)。那些由形而上学和神学中得到的知识就是“一派胡言”。只有那些来自科学的知识才是有效的。

哲学中的其他观念也支持了反形而上学的实证主义。**唯物主义**(materialism)学说指出：宇宙中的事实是可以用物理术语进行描述的，可以用物质和能量的属性来进行解释。唯物主义者认为，即使人的意识也可以根据物理学和化学的原理来理解。唯物主义者对心理过程的研究集中于物理属性上，即大脑的解剖和生理结构方面。

倡导经验主义的第三类哲学家关心的是心灵怎样获得知识。他们争辩道，所有的知识都来自感觉经验。实证主义、唯物主义和经验主义成为新心理学的哲学基础。在这三种哲学倾向中，经验主义起着主要作用。经验主义探讨心灵的成长过程，即心灵怎样获得知识。依照经验主义的观点，心灵的成长是通过感觉经验的不断积累实现的。这一观点同笛卡尔的天赋论观点形成鲜明的对照。笛卡尔认为某些观念是固有的。下面我们将考察几个主要的英国经验主义者：约翰·洛克(John Locke)、乔治·贝克莱(George Berkeley)、大卫·休谟(David Hume)、大卫·哈特莱(David Hartley)、詹姆斯·穆勒(James Mill)和约翰·斯塔特·穆勒(John Stuart Mill)。

历史在线

http://www.epistemelink.com/main/MainPers.aspx

同其他有关孔德和实证主义的网页相联结，也包括了一些百科全书的词条。

http://www.multimania.com/clotilde/#english

这里有有关孔德及其实证主义的一些资料。

约翰·洛克(1632—1704)

洛克是一位律师的儿子。他先后在伦敦和剑桥的大学学习，于1656年获得学士学位，不久以后又获得硕士学位。他在牛津大学呆了几年，教授希腊语、写作和哲学，然后又成为一位开业医生。他逐渐对政治产生了兴趣，1667年到了伦敦，成为沙夫茨伯里(Shaftesbury)伯爵的秘书。最终，他成为这位有争议的政治家的知己。

约翰·洛克

沙夫茨伯里在政府中的影响逐渐式微。1681年，在参与了一场反对查尔斯国王二世的阴谋失败之后，沙夫茨伯里逃往荷兰。尽管洛克并没有参与这场阴谋，但是他同伯爵的关系使他受到怀疑。因此，他也逃往荷兰。几年之后，洛克才返回英格兰，被任命为专员，并撰写了有关教育、宗教和经济方面的许多著作。他关心宗教自由和民众自治权的问题。他的著作给他带来了许多声誉，并且产生了影响。整个欧洲都知道他是政府中的一位自由主义斗士。他的某些著作对美国独立宣言的起草者也产生了影响。

洛克对心理学具有重要作用的最主要的著作是他的《人类理解论》(1690)。这是他20年研究累积的成果。到1700年时，这本书已经出了4版，并被译成法语和意大利语。它标志着英国经验主义的正式开端。

心灵怎样获得知识

洛克关心的主要是认知功能，即心灵获得知识的方式。在探讨这些问题时，他反对笛卡尔所主张的固有观念的存在。他认为，人在出生时没有任何知识。许多世纪以前，亚里士多德曾经持类似的观点，认为心灵在出生时是一块白板(tabula rasa)，一块经验在上面刻上印记的空白的或干净的板。洛克承认，某些诸如上帝之类的观念对我们成人来说看起来是天赋的，但是这仅仅是因为在儿童时代我们被灌输了这些观念，当我们对这些概念尚无意识的时候，就无法记得这些概念获得的时间了。因此，洛克按照学习和习惯解释那些看起来与生俱来的观念的本质。那么，心灵到底是怎样获得知识的呢？洛克就像先前的亚里士多德那样，认为这个问题的答案是：心灵是通过经验获得知识的。

感觉和反省

洛克鉴别出两种类型的经验：一种来源于感觉，另一种来源于反省。源于感觉的观念，即那些由环境中物理对象而导致的直接感觉输入，是简单的感官印象。这些感官印象可对心灵产生影响，心灵本身同样也对感觉产生影响，通过对这些感官印象的反省而形成观念。这些心理的或者认知的反省功能作为观念的来源，同样依赖于感觉经验。因为由心灵的反省产生的观念是以通过感官而经验到的印象为基础的。

在人的发展过程中，感觉最先出现。它们是反省的必要先行者，因为首先必须有感觉印象的蓄积，心灵才能够对其加以反省。在反省时，我们回忆过去的感觉印象，并把它们结合起来，形成抽象的和更高水平的观念。因此，所有的观念都源于感觉和反省，但是最根本的源泉还是感觉经验。

原著精选

经验主义的原始资料：选自《人类理解论》(1690)

约翰·洛克

你可能奇怪为什么让你们阅读300多年之前洛克所写的东西。毕竟在教科书的这个部分里，我们正在阅读有关洛克的一切，并且你们的老师也在课堂上讨论着洛克。然而请记住，教科书的作者和老师提供给你们的是他们自己的版本、看法和自己的认识。为了便于教学，它(他)必须对历史的原始数据进行还原、抽象、归纳和筛选。在这样一个过程中，原著的某些独一无二的形式、风格，甚至某些内容可能被丢掉了。

为了完整理解任何一个思想体系，理想的方法是，我们必须阅读历史的原始资料。这些资料是教科书作者编撰教科书的基础，也是教师的讲义的基础。当然，实际上，这几乎是不可能的。这就是为什么我们有选择地摘取原始资料的某些部分提供给你们的原因，用理论家自己的话来阐明他们的观点。这些摘录告诉你理论家是怎样表述他们的观念的，并且使你熟悉这些理论家的解释风格。以往的学生都被要求了解这一风格。

那么，像我们所说的那样，让我们假定心灵是一张白纸，没有任何文字，也没有任何观念；但是它是怎样被装备起来的呢？它从何处获得了广博的知识储存？哪一位神通广大的圣人在上面写下了文字，使其如此光怪陆离？它具有的一切理性和知识的材料来自何处？对此的回答只有一个词，那就是来自经验。因为，所有的知识都建筑在经验上，所有其他的一切都源于此。我们的判断要么使用着来自外部的、感官对象的资料，要么使用着心灵的内部操作所提供的资料，以便进行知觉和反省，增进我们的理解。这两者是知识的源泉，所有的观念均来源于此。

首先，熟悉特定感觉对象的感官的确可以给心灵提供不同事物的独特知觉。但是其提供的方式是受到外在对象本身的影响方式所制约的。由此，我们得到了诸如黄、白、热、冷、软、硬、苦和甜等观念。所有这些我们称之为感觉性质。当我谈到感官传输这些感觉性质到心灵的时候，我指的是它们从外部对象传输给心灵知觉到的东西。大多数观念起源于此，它们完全依赖于我们的感官，由此而达到理解，我们称它为感觉。

第二，经验以观念充实我们理解的另外一个源泉是在我们内部的心灵操作。它使用着已经获得的观念。灵魂反省和思考的确以另外一组观念充实着我们的理解，这一心灵的过程不可能凭空进行。它们是知觉、思维、怀疑、相信、推理、认识、意愿和其他心灵的活动，这些心灵的活动是我们可以意识到的，是在我们内部可以观察到的。从这些活动中的确可以获得观念，就像我们可以从影响身体的感官那里获得观念一样。这一观念源完全在人类的内部。尽管它不是感官，同外部对象没有任何联系，但是它的确就像感官，我们或许可以称它为“内部感官”。但是就像我称前面说的那些为“感觉”一样，我称这些为“反省”，由此种方式获得的观念是心灵通过对它自己操作的反省得到的。因此，我所说的反省应该被理解为心灵从自己的操作中获得观念，这两个过程，即作为感觉对象的外部的、物质的东西和作为反省对象的内部心灵操作对我来说就是所有观念起源的惟一地方。

简单观念和复杂观念

洛克区别了简单观念和复杂观念。**简单观念**(simple ideas)既可以来自感觉,也可以来自反省,它们是心灵被动接受的。简单观念是最基本的,它们不能被分析或还原为更加简单的观念。然而,通过反省过程,心灵把简单的观念结合起来,能动地创造出新的观念。这些新的、衍生出来的观念就是洛克所说的**复杂观念**(complex ideas)。它们是简单观念的复合,因此,可以被分析或分解为更为简单的组成观念。

联想理论

联合或复合观念的思想以及与之相反的对观念加以分析的思想,标志着在联想问题上的心理化学方法的开始。按照这样一种观点,简单观念可以联系或联结成复杂观念。**联想**(Association)是今天的心理学家称之为学习的那个过程的早期说法。把心理生活还原或分析为简单的观念或元素,以及这些观念的联想而形成复杂观念,成为新科学心理学研究的中心。就像时钟和其他机械可以被拆卸、还原成它的组成部件,然后再重新组装起来成为一台复杂的机器一样,人的观念也是如此。

在洛克看来,心灵的活动似乎也遵循自然宇宙的规律。心理世界的基本粒子或原子是简单观念。这些简单观念从概念上类似于伽利略和牛顿机械宇宙中的物质原子。心灵的这些元素不能被分解成更为简单的元素,但是就像物质世界中它们的对应物那样,它们可以结合,或通过联想而形成一个更为复杂的结构。因此,就像身体被看做机器一样联想理论在考察心灵方面也是人类认识上的一个重要阶段。

第一性和第二性的质

另一个对于早期心理学比较重要的命题,是洛克对第一性和第二性的质的界定。洛克将它们用于简单感觉观念。**第一性的质**(Primary qualities)存在于客体本身,无论我们是否知觉到它们。一栋建筑物的大小和形状是第一性的质,而建筑物的色彩是第二性的质。色彩并不内在于物体本身,而是依赖于经验它的人,且并不是所有的人都是以同样的方式知觉一个特定的色彩。**第二性的质**(Secondary qualities),如色彩、气味、声响、味道并不存在于物体之中,而是存在于人对物体的知觉中。羽毛的瘙痒感并不存在于羽毛之中,而存在于我们接触到羽毛时的反应。刀子割伤引起的疼痛并不在刀子中,而在我们对伤口反应的体验之中。

由洛克所描述的一个通俗的实验说明了这些观念。准备三盆水,一盆冷,一盆温热,一盆热。把左手放到冷水中,把右手放到热水中,然后把两只手都放到温水中。这时一只手感觉水是暖的,另一只手感觉水是凉的。对于两只手来说,温水的温度都是同样的。它不可能同时既是暖的,又是凉的。第二性的质或者暖和凉的体验存在于我们的知觉中,而不是存在于物体(在这个事例中指的是水)中。

再来考虑另外一个例子。如果我们不吃苹果,苹果的味道就不存在。第一性的质,如苹果的大小和形状,不论我们是否知觉到它们,都是存在的。第二性的质,如味道,则仅仅存在于我们的知觉活动中。

洛克并不是第一个区分第一性的质和第二性的质的学者。伽利略曾经提出了基本类似的概念:

> 我认为,如果去除耳朵、舌头和鼻子,事物的形状、数量和运动(第一性的质)依然存在,但是,气味、味道和声响(第二性的质)就不存在了。我认为后者只不过是从生命体中分离出来的一些名称而已。(引自 Boas, 1961, p. 262)

笛卡尔也阐述了类似的观点。他写道:

> 物理对象的存在方式可能同它们出现在感官知觉中的方式并不完全一致,因为在许多情况下,感觉(对一个对象)的捕捉是模糊的和混乱的……利用感官,我们在外部对象中所认识到的只不过是物体的形状、大小和运动(第一性的质)……我们用光、颜色、气味、声响、热和冷等术语所描述的外部对象的特性……不过是这些客体中各种各样的倾向(dispositions)(第二性的质)。这些倾向可以使客体为我们神经中的各种活动做好准备。(引自 Gaukroger, 1995, p. 345)

第一性的质和第二性的质的区分同机械论的观点是一致的。根据机械论的观点,运动中的物质构成了惟一的客观存在。如果物质是惟一的客观存在,那么我们对任何其他事物的知觉,如色彩、气味和味道等等,必定都是主观的。只有第一性的质可以独立于知觉者而存在。

在区分客观特性和主观特性的过程中,洛克逐渐看出了人类知觉的许多主观性质。这一点引起了他的兴趣,激起他研究心灵和意识经验的愿望。他提出第二性的质,其目的是为了解释在物理世界和我们对它的知觉之间缺乏精确对应的现象。

一旦学者们接受了第一性的质和第二性的质之间的理论区别,即有些东西存在于现实中,而有些则仅存在于我们的感知中,不可避免地有人就会问它们之间是否真的存在差异。或许所有知觉都仅以第二性的质的方式存在,即都是主观的和依赖于观察者的。提出和回答这一问题的哲学家就是乔治·贝克莱。

历史在线

你会高兴地得知，大约有 292 000 个网址与约翰·洛克有关。我们选择了下面这些网址提供给你们。

http：//www. orst. edu/instruct/phl302/philosophers/locke. htm

http：//libraries. psu. edu/iasweb/locke/home. htm

这里提供有关洛克生平传记的资料和他的论著。

http：//www. rc. umd. edu/cstahmer/cogsci/locke. html

对洛克的《人类理解论》的简短讨论表明了这一著作对后来的认知科学（我们将在第十五章中加以讨论）的发展的影响。

乔治·贝克莱(1685—1753)

乔治·贝克莱出生于爱尔兰，并在那里接受教育。他是一个虔诚的教徒，24 岁时就被任命为圣公会教堂的副主祭。之后不久，他出版了两本后来对心理学产生影响的哲学著作，即《视觉新论》(1709)和《人类知识原理》(1710)。他对心理学的贡献也仅止于此。

贝克莱在欧洲做了广泛的旅行。他在爱尔兰从事过几种职业，其中包括在都柏林的三一(Trinity College)学院任教。他在一次宴会上认识了一位女士，这位女士给了他一笔可观的钱作为礼物，这使他在经济上独立起来。在美国罗得岛的新港度过三年之后，贝克莱把他的房子和图书馆捐赠给了耶鲁大学。在他生命的最后几年里，他在克罗因担任主教。他逝世以后，根据他的遗愿，身体被停放在床上直至开始腐烂。贝克莱相信腐烂是死亡的惟一确凿的标志。他不希望过早地被埋葬。

贝克莱的名声，至少他的名字，在今日的美国依然为人们所知晓。1855 年，耶鲁大学的一位神父，里弗恩德·亨利·杜兰特(Reverend Henry Durant)在加利福尼亚建了一所学院，以贝克莱的名字命名，以纪念这位优秀的主教。

知觉是惟一的实在

洛克认为所有的知识都来自经验，贝克莱同意这一点。但是贝克莱并不同意洛克在第一性的质和第二性的质之间所作的区分。贝克莱认为，没有第一性的质，所存在的只有洛克所说的第二性的质。对于贝克莱来说，所有的知识都是经验者或知觉者的作用，或依赖于经验者。若干年之后，他的这一观点被称为**心灵主义**(mentalism)，以表示对纯粹心理现象的强调。

贝克莱认为，知觉是我们可以确定的惟一实在，我们并不能确定无疑地知道经验世界中物理对象的本质。经验世界来源于并且以我们自己的经验为基础。我们所能知道的就是怎样知觉和体验这些对象。因而，由于知觉是主观的、内在于我们的，它并不反映外部世界。物理对象只不过是同时体验到的感觉的累加，所以通过习惯它们在心灵中联合在一起。那么，根据贝克莱的观点，我们的经验世界是我们感觉的总和。

于是就没有我们能确定的物质实体了，因为如果去除了知觉，物质的性质就消失了。因此，若没有我们对色彩的知觉，就没有颜色；没有我们对形状和运动的知觉，就没有形状和运动。

贝克莱并不是说现实事物仅当它们被知觉到时才存在于物理世界，而是说由于所有的经验都内在于我们自身，与我们的知觉相关，因而我们决不能精确地认识物体的物理本质，只能依赖于对它们的知觉。

然而，他承认物质世界中的物体的稳定性和一致性，且认为物体独立于我们对它们的知觉而存在。因此，他不得不找出一个方法对此作出解释。于是他求助于上帝。毕竟贝克莱是一位大主教。上帝作为对宇宙中所有事物的永久知觉者而发挥作用。如果森林中的一棵树倒下了（正像古老的谜语所说的那样），它会发出声响，即使没有人在场听到这种响声，因为上帝永远在知觉着它。

感觉的联想

贝克莱应用联想原理来解释我们是怎样认识现实世界中的事物的。有关现实世界的知识基本上是由联想的泥灰粘合起来的简单观念（心理元素）的构造物或合成物。复杂观念是通过把由感官所接受的简单观念结合在一起而形成的。如他在《视觉新论》里所解释的：

我坐在书房里，听到沿街过来一辆马车；透过（窗户），我看到了它；我走出去，坐到马车中。因此，大家都会认为，我听到、看到和触到的是同一事物……即马车。然而，每一种感官接受的映像是极为不同的，彼此相互区别；但是由于这些映像经常连续地被一起观察到，它们就被说成是一个或同一个事物（Berkeley，1709/1957a）。

马车的复杂观念是通过石头路面上轮子的声响、对它的框架的感觉、皮革座位的新鲜气味，以及箱子般形状的视觉表象而形成的。心灵通过把这些基本的心理建筑材料，即简单观念组合在一起而构建起了复杂观念。运用“构建”和“建筑材料”这样一些词汇的机械类比并不是一种巧合。

贝克莱也使用联想解释视深度知觉。鉴于人的眼睛只有两个维度的视网膜，因此他对我们怎样知觉深度这第三个维度的问题进行了研究。他的答案是，我们知觉到的深度，是经验的结果，视觉印象与触觉和运动觉联合起来造成深度知觉。我们将视觉印象和某些感觉联结起来。这些感觉是当我们调节眼球看不同距离的物体时发生的。同时伴随着我们趋近或离开所看物体时的动作。换言之，走向或伸手去拿物体时连续不断的感觉经验，加上来自眼球肌肉的感觉，两者联系在一起，产生了深度知觉。当一个物体接近眼睛时，瞳孔作会聚运动；当物体离得较远时，会聚就减小。因此，深度知觉并不是一个简单的感觉经验，而是必须通过学习而获得的感觉的联合。

贝克莱尝试用感觉的联想解释一个纯粹的心理的或认知的过程，这样一来，他延续了经验主义哲学中不断增长的联想主义倾向。他的解释考虑到了眼球的调节和会聚的生理线索，因而精确地预示了深度知觉的现代观点。

历史在线

http：//www.georgeberkeley.org.uk/

这是国际贝克莱协会的网址，它提供有关贝克莱生活和工作的资料信息、有关贝克莱的出版物的参考书目和相关的会议信息。在这个网址的留言板上，你可以加入关于贝克莱的讨论，并且找到相关网页的链接。

http：//www.utm.edu/research/iep/b/berkeley.htm

提供有关贝克莱生活和工作的补充信息。

http：//www.rc.umd.edu/cstahmer/cogsci/berkeley.html

讨论了贝克莱的著作对认知科学新近发展的影响。

大卫·休谟(1711—1776)

休谟是一位哲学家和历史学家。他在苏格兰的爱丁堡大学学习过法律，但是没有毕业。最初，他踏上的是从商之路，但是后来发现自己并不喜欢。因此，他来到法国学习哲学。接下来，他又去了英格兰。在那里他作为一位作家获得极大声誉。他的对心理学最重要的著作是《人性论》(1793)。他担任过政府官员、图书馆员、远征军的军事法官和一个贵族出身的精神病患者的家庭教师等。

休谟支持洛克有关简单观念结合成复杂观念的思想，而且他修改并将联想理论清晰化。休谟同意贝克莱的观点，即直到物质世界被知觉到以前，它对个体来说是不存在的。但是他又把这个观点推进了一步。贝克莱宣称，上帝作为一种保证物理对象的持续性和稳定性的途径，是个永久的知觉者。休谟问道，如果去除了上帝的观念会怎么样呢？休谟认为，在那种条件下，将没有任何方式知晓是否“在心灵之外存在任何东西。如果‘外部世界’的所有知识都是通过我们的观念获得的，因而是间接的，那么原则上讲，我们就不能被说成是知道是否有一个外在世界的存在……可能有一个真实的世界，也可能没有。但是我们无从得知”(Wilcox，1992，p.38)。

印象与观念

休谟区分出两种心理内容：印象和观念。印象是心理生活的基本元素，以今天的术语来讲,印象类似于感觉和知觉。观念是在没有任何刺激物的条件下我们产生的心理经验,它在现代心理学中的对应物是表象。

休谟在定义印象和观念时,并没有使用生理学的术语或参照外部刺激。他注意不把印象归因于任何终极的原因。印象之所以不同于观念,并不在于它们的来源上,而在于它们的相对力量。印象是强烈的和生动的,而观念则是印象的微弱副本。

这两种心理内容既可以是简单的,也可以是复杂的。简单的观念类似于它的简单印象;复杂的观念并不必然地类似于简单观念,因为复杂观念形成于简单观念构成新形式的联结过程,在这一过程中,通过简单观念的联想复合过程发展出了新的模式。

休谟提出了两条联想定律:**类似律**(resemblance)和时间与空间上的**接近律**(contiguity)。两个观念(它们在时间上越是接近)越是类似或越是接近,它们之间就越容易形成联想。

休谟的观点适合机械论的观点,继续推进了经验主义和联想主义的发展。他认为,就像天文学家已经测定了物理定律和物理力量,用以解释行星的运动一样,我们有可能测定心理宇宙的定律。他相信,那些控制着观念联想的法则是物理学中万有引力定律的心理上的对应法则。观念的联想法则被他视为心灵操作的普遍原则。因此,休谟的研究再一次支持了这样一种观点:心灵是通过简单观念的机械结合而构造复杂观念的。

历史在线

http://www.humesociety.org

这是一个有关休谟和休谟协会有关会议的良好信息来源。

http://www.comp.uark.edu/-rlee/semiau98/humelink.html

有关休谟的著作的参考文献和其他相关网址的链接。

http://cepa.newschool.edu/het/profiles/hume.htm

这里提供休谟的主要出版物和其他有关他的著作。

大卫·哈特莱(1705—1757)

大卫·哈特莱本来准备走他父亲的道路,成为一名牧师,但由于他经常对国教教义表示不满,因而他明智地转向了医学。尽管他从来没有获得医学学位,但他却作为医生,过着平静和安稳的生活。后来,他自学了哲学。1749 年,他出版了《论人类及其框架、责任与期待》一书。这本书被许多学者认为是第一本系统论述联想的著作。

通过接近和重复形成的联想

哈特莱的基本联想定律是接近律。他试图通过接近律来解释记忆、推理、情绪、随意和不随意行动等心理活动。同时或相继发生的观念或感觉联合在一起，因而其中之一发生时就会导致另外一个的发生。此外，哈特莱还认为，感觉和观念的**重复**(repetition)对联想形成是必要条件。

哈特莱同意洛克的观点，认为所有的观念和知识都来自通过感官获得的经验。没有什么固有的联想，也没有生而俱有的知识。随着儿童的成长和各种感觉经验的积累，日益增加的复杂心理联结得以形成。通过这种方式，到成人阶段时，较高的思维系统就建立起来了。这种高级心理活动，如思维、判断、推理等，可以被分析或还原为组成它的心理元素或简单感觉。是哈特莱第一个应用联想理论去解释所有心理活动类型的。

机械论的影响

像他之前的其他哲学家一样，哈特莱以机械论的观点看待心理世界。在如下方面，他超越了其他经验主义者和联想主义者的目标，即他不仅尝试根据机械论的原则解释心理过程，而且试图用类似的方法解释心理过程的生理基础。

牛顿曾经宣称，在物理世界中，冲量的一个特征是它们能够振颤。哈特莱用这个观念来解释人的大脑和神经系统的功能。他提出，神经是固体结构(而不是像笛卡尔认为的那样是中空的管道)，神经的振颤把冲动由身体的一个部分传导到另一个部分。这些振颤激发了大脑中的微颤，这些微颤是观念的生理对等物。哈特莱的这一思想对心理学的重要性在于，它是用机械宇宙的科学观念为模型来理解人的本性的另一种尝试。

詹姆斯·穆勒(1773—1836)

詹姆斯·穆勒是在苏格兰的爱丁堡大学接受的教育，之后当了很短一段时间的牧师。当发现在他布道时没有人能理解他所说的东西以后，他就离开了苏格兰的教堂，以当作家来谋生。他最重要的文学著作是《大英印度史》。这本书花费了他 11 年的时间。他对心理学最重要的贡献是《人类心理现象的分析》(1829)一书。

作为机器的心灵

詹姆斯·穆勒以一种很少有的方式把机械论的学说直接地、广泛地应用到人类的心灵上。他的明确意图是摧毁主观的和精神活动的错觉，以便证明心灵不过是一架机器。穆勒认为，那些声称心灵仅仅在操作上类似于机器的经验主义者走得还不够远。他认为，心灵就是机器，就像时钟一样，以可预测的、机械的方式活动。它被外部的力量所发动，内部的物理力量驱使其运转。

按照这种观点，心灵完全是被动的实体，由外部刺激引起活动，我们对这些刺激自动作出反应，我们不能自发行动。穆勒在他的理论中没有给自由意志留下任何空间。这样一种观念一直存在于那些直接来自机械论传统的心理学派之中，其中著名的是B. F. 斯金纳的行为主义。

就像穆勒主要著作的书名所揭示的那样，他认为心灵是可以通过分析的方法进行研究的。换言之，就是把心灵还原成它的元素成分。你会看出，这就是机械论的思想。为了理解复杂的现象，例如，无论是心理世界还是物理世界的复杂现象，无论对观念还是时钟，把它们分解成最小的元素成分都是必要的。穆勒写道："有关元素的确切的知识对一个由这些元素复合而成的精确的概念而言，是必不可少的(Mill, 1829, Vol. 1, p. 1)。"

对穆勒来说，感觉和观念是惟一存在的心理元素。在人们熟悉的经验主义—联想主义的传统中，一切知识都开始于感觉，较高水平的复杂观念则是从感觉中产生并经过联想过程而获得的。联想是仅仅通过接近或同时发生而形成，它可以是同时的，或者是相继的。

穆勒认为，心灵没有创造性的功能，因为联想是被动的和自动的过程。以某种次序同时发生的感觉将会作为观念而机械地被复制。这些观念像它们相应的感觉那样，以同样的次序发生。换言之，联想是机械的，作为其结果的观念仅仅是个别心理元素的累积或总和。

约翰·斯杜特·穆勒(1806—1873)

詹姆斯·穆勒同意洛克的观点，认为人的心灵在出生时就像一块白板，经验在上面写下各种文字。当他的儿子出生时，穆勒发誓将由他来决定用什么经验来填充他儿子的心灵，因此，他实施了一个严格的家庭教学计划。他每天用5小时的时间教他的孩子希腊语、拉丁文、几何、地理、逻辑、历史和政治经济学，不断地提问年幼的约翰，直到他回答正确为止。

约翰·斯杜特·穆勒

3岁时，约翰·穆勒已经能阅读柏拉图的希腊语原著。11岁时，他撰写了他的第一篇学术论文。到12岁的时候，他已经掌握了标准大学课程的主要内容。18岁的时候，他描述自己是一架"逻辑机器"。21岁那年，他得了忧郁症。他是这样描写自己的心理问题的："我处在一种迟钝的神经状态中……我生命的整个基础都倒塌了……似乎没有什么东西值得我再活下去(Mill, 1873/1961, p. 83)。"几年之后，他才逐渐恢复了自我价值感。

穆勒曾经为东印度公司工作，处理英国管理印度的日常信件。在25岁那年，他爱上了一位漂亮、聪明的已婚妇女哈丽特·泰勒（Harriet Taylor）。泰勒夫人对穆勒的工作产生了重要的影响。过了将近20年，当她的丈夫逝世以后，她与约翰·穆勒结了婚。约翰·穆勒把她看做是"我生活中的福音"（Mill，1873/1961，p.111）。七年之后，当哈丽特去世时，约翰·穆勒悲痛欲绝。他给自己建了一所小屋，从中可以看到她的坟墓。穆勒后来发表了一篇题为《女性的征服》的文章。这篇文章是在他女儿的建议下以及受到了哈丽特与她的第一任丈夫婚姻经历的激发而写成的。

穆勒对女性没有经济和财产权力而感到震惊。他把女性的困境同其他处在不利地位的群体进行比较。他谴责那种要求妻子即便是在违背自己意愿的情况下也要服从丈夫性要求的观念。他也反对那种不允许以生活不和谐为理由提出离婚的做法。他建议，婚姻应该更多的是两个平等的人的伙伴关系，而不是主人和奴隶的关系（Rose，1983）。

西格蒙德·弗洛伊德后来把穆勒有关女性的文章译成了德文。在一封给未婚妻的信中，弗洛伊德对穆勒两性平等的观念嗤之以鼻。弗洛伊德写道："女性的地位只能是现在的这个样子：在青年时代，她是受宠的情人；在成年时期，是心爱的妻子（Freud，1883，p.76）。"

心理化学 通过他在各种论题上的著述，约翰·穆勒成为新心理学的一个有影响的贡献者，而这门新科学不久以后就正式建立了。穆勒反对他父亲詹姆斯·穆勒的机械论观点，詹姆斯·穆勒把心灵看做是消极的，是某种受外部刺激作用而活动的东西。对于约翰·穆勒来说，心灵在观念的联想中起着积极的作用。

约翰·穆勒认为，复杂观念并非仅仅是经由联想过程而形成的简单观念的总和。复杂观念要大于它的个别部分（简单观念）的总和。为什么？因为复杂观念具有了新的在组成它的简单观念中所没有的性质。例如，如果你把蓝色、红色和绿色以适当的比例混合，你得到的结果是白色，这是一种全新的质。按照这样一种观点[后来人们称之为**创造性综合**（creative synthesis）]，心理元素的适当结合总是会产生一些独特的性质。这些独特的性质在元素那里是不存在的。

因此，约翰·穆勒的思维受到了当时化学研究的影响，化学研究给他提供了完全不同于物理学和力学的另外一种模型，而物理学和力学恰恰是他的父亲以及其他经验主义和联想主义者的思想背景。化学家论证了综合的概念，在这一概念中，化学复合物所展现的特点和性质是不存在于它的组分（component）或元素之中的。例如，氢元素和氧元素的适当混合产生了水，而水所具有的特性在氢元素和氧元素中是不存在的。同样，由简单观念的结合而形成的复杂观念具有了组成它的元素所没有的特征。穆勒称他的这一观念联想法为"心理化学"。

约翰·穆勒还有另外一项对心理学的重要贡献。他认为，对心灵是可以进行科学研究的。在他那个时代，其他许多哲学家，以奥古斯丁·孔德最为著名，都否认可以用科学的方法研究心灵。此外，穆勒倡导了一个新的研究领域，即"性格学"（ethology）。这一新的领域致力于研究影响人格发展的各种因素。

历史在线

http：//www. socsci. mcmaster. ca/-econ/ugcm/3113/mill/auto

该网页提供了约翰·斯杜特·穆勒的生平传记。

http：//www. spartacus. schoolnet. co. uk/prmill. htm

约翰·斯杜特·穆勒的生活和工作的概述，包括哈丽特·泰勒的信息，以及这位女性在那个时代的政治和社会生活中的地位和作用。

经验主义对心理学的贡献

随着经验主义的兴起，许多哲学家抛弃了以往探索知识的方法。尽管所关心的问题没有太多的变化，但是他们考察这些问题的方法变成了原子论、机械论和实证主义的。

经验主义的原则是：

- 强调感觉过程的根本作用
- 把意识经验分析成元素
- 通过联想过程把元素综合成复杂的心理经验
- 关注的焦点在意识过程上

经验主义在塑造新的科学心理学方面所发挥的重要作用很快就显示出来了。我们会看到经验主义所感兴趣的问题形成了心理学的基本研究对象。

到 19 世纪中期时，哲学家已经为人性的自然科学建立起了理论性的基本原理。下一步就是将理论转化为现实，着手对同样的研究对象进行实验。由于生理学家的工作，这一点很快就要实现了。生理学家所应用的实验方法将为新心理学的产生奠定了基础。

问题讨论

1. 解释机械论的概念。机械论是怎样被应用于人的研究的？
2. 时钟和自动机的发展与决定论和还原论的观念有怎样的联系？
3. 为什么人们把时钟作为物理宇宙的模型？
4. 巴贝基的计算机器对新心理学有什么意义？描述艾达·劳弗莱斯对巴贝基研究

工作的贡献。

5. 笛卡尔有关心-身问题的观点与以往的观点有什么不同？笛卡尔是怎样解释人的身体和心灵的功能和交互作用的？“松果体”的作用是什么？
6. 笛卡尔是怎样区分固有观念和衍生观念的？
7. 界定实证主义、唯物主义和经验主义。它们各自对新心理学有哪些贡献？
8. 描述洛克的经验主义定义。讨论他的感觉和反省的概念以及简单观念和复杂观念的概念。
9. 什么是联想的心理化学方法？它同“心灵像机器”这一观念有哪些联系？
10. 贝克莱的观念怎样挑战了洛克对第一性的质和第二性的质所作的区分？贝克莱的“知觉是惟一的现实”的含义是什么？
11. 哈特莱的工作怎样超越了其他经验主义和联想主义者？哈特莱怎样解释联想？
12. 比较休谟、哈特莱、詹姆斯·穆勒和约翰·穆勒对联想的解释。
13. 比较和对比詹姆斯·穆勒和约翰·穆勒在心灵特性上的观点。哪一种观点对心理学产生了更为持久的影响？

建议阅读

Babbage, C. (1961). *On the principles and development of the calculator, and other seminal writings*. (P. Morrison & Morrison, Eds.) New York: Dover Publications. 巴贝基有关计算机器和其他机械装置的范围广泛的文选，还包括一个巴贝基的生平简介。

Gaukroger, S. (1995). *Descartes: An intellectual biography*. Oxford, England: Clarendon Press. 笛卡尔生平和工作的详细记述。

Landes, D. S. (1983). *Revolution in time: Clocks and the making of the modern world*. Cambridge, MA: Belknap Press of Harvard University Press. 详细记述了机械钟的发明和记录时间装置的发展和完善过程，评价了它们对科学和社会发展的影响。

Lowry, R. (1982). *The evolution of psychological theory: A critical history of concepts and presuppositions* (2nd ed.) Hawthorne, NY: Aldine. 对开始于17世纪的，从中现代心理学得以产生的主要理论假设和观点进行了分析。

第三章 生理学对心理学的影响

观察者的重要性

一切开始于两个天文学家观察上出现的1/2秒的差异。1795年，英国皇家天文学家内维尔·马斯基林（Nevil Maskelyne，1732—1811）注意到，他的助手观察星体通过的时间比他要慢一些。马斯基林斥责了他的助手所犯的错误，警告他要多加小心。他的助手努力纠正这个错误，但是差异却更大了。马斯基林写道：

> 我认为有必要提一提我的助手大卫·金内布鲁克（David Kinnebrook）先生。他在1794年和今年的大多数时间里，观察恒星和行星的运动一直令我满意，并且与我的观察结果一致，但是从今年的8月初，其观察星体通过的时间总是比我的观察迟半秒钟，到随后一年，即1796年的1月份，这一错误增加到8/10秒。
>
> 由于在我没有注意到这种现象之前，他的这个错误在相当长的时间里一直存在，而且在我看来他似乎无法改正错误，回到正确的观察方法上，因而尽管他非常勤奋，在其他方面对我来说是个有用的助手，我仍然很不情愿地解雇了他（引自Howse，1989，p.169）。

金内布鲁克被解雇了，自此以后一直默默无闻。但是，他从不知道他根本就没有犯任何错误，他也不知道，在无意之间，他在新的心理科学的建立中扮演了重要角色。

在20年的时间里，金内布鲁克事件一直为人们所忽略。直到德国一位天文学家弗伦德里西·威尔海姆·贝塞尔（Friedrich Wilhelm Bessel，1784—1846）对这一现象进行调查。贝塞尔对测量中的误差感兴趣。他怀疑，马斯基林的助手所谓的错误可能是个体差异引起的。个体差异即人与人之间无法控制的差别。贝塞尔推论道：如果事实真的如此，那么所有的天文学家在观察时间上都存在差异。后来，这一现象被称为“人差方程式”（personal equation）。贝塞尔对这一假设进行了验证,结果发现他的假设是正确的。即使在最有经验的天文学家之间,差异也是常见的。

贝塞尔的发现导致了两个结论:(1)天文学家必须要考虑观察者的特性,因为个人的特质和个人的知觉将不可避免地影响所报告的观察结果;(2)如果天文学要考虑观察者的作用,那么这一问题无疑对其他任何依赖于观察法的学科也很重要。

洛克和贝克莱等一些经验哲学家曾经讨论过知觉的主观特性,认为对象的本质和我们对它的知觉之间并不总是或经常地精确的一致。贝塞尔的工作提供了一种来自"硬"科学,即天文学的数据,解释并支持上述观点。因此,科学家不得不注意观察者的作用,以便于全面解释实验的结果。这样一来,科学家开始研究人类的感官——通过感官的生理机制,我们接受周围世界的信息——一种研究感觉和知觉的生理机制的途径。一旦生理学家以这种方式研究感觉,那么距离科学心理学就只有一步之遥了,而且迈出这一步也就成为不可避免的了。

早期生理学中的一些进展

刺激和引导新心理学的生理学研究,是19世纪后期科学发展的产物。虽然生理学研究作了很大的努力,但它也有先行的研究,即它以之为基础的早期的工作。生理学在19世纪30年代成为一门实验定向的科学,而这主要是受了德国生理学家约翰内斯·缪勒(Johnnes Muler, 1801—1858)的影响。缪勒倡导应用实验方法。缪勒是柏林大学解剖学和生理学的知名教授,他极为多产,平均下来,每7周就发表一篇学术论文。这种速度他保持了38年,直到由于抑郁症的发作而自杀。

他最有影响的著作是《人类生理学手册》,出版于1833—1840年间。这套书总结了那个时期生理学研究的成果,对大量的生理学知识进行了系统化。它也引用了大量新的研究,显示出生理学领域实验研究的飞速发展。1838年,该书的第一卷被翻译成英语,1842年,该书的第二卷也被翻译出版。这证明了德国之外许多国家的科学家对生理学研究的兴趣。

缪勒同样因为他的神经特殊能理论而在生理学和心理学领域闻名。他认为,一个特定的神经所受到的刺激作用总会引起一个独特的感觉,因为每一种感觉神经都有它自己特殊的"能"。这一观念激起了大量研究。这些研究都旨在神经系统中确定神经功能的定位,以及在有机体的外周系统中找出感觉接受器的机制。

大脑功能的研究:来自于大脑内部的定位

几位早期的生理学家通过对大脑组织的直接实验而对大脑功能的研究作出了重要贡献。他们的努力构成了大脑功能定位研究最初的尝试,即确定控制不同认知功能的大脑的特殊部位。这项工作对于心理学之所以重要,不仅是因为它界定了大脑的特殊区域，而且它还完善了后来在生理心理学领域广泛使用的研究方法。

研究反射行为方面的一个先驱人物是M.霍尔(Marshall Hall，1790—1857)。他是一位在伦敦工作的苏格兰医生。M.霍尔观察到，被切除头颅的动物在神经末梢受到刺激时，仍然能持续运动一段时间。由此他得出结论认为，不同水平的行为产生于大脑以及神经系统的不同部位。具体地说，M.霍尔假设，随意运动依赖于大脑，反射运动依赖于脊髓，不随意运动依赖于肌肉所受到的直接刺激，呼吸运动依赖于延脑。

皮艾里·弗洛伦斯(Pierre Flourens，1794—1867)是法国巴黎法兰西学院的自然历史教授。他系统地破坏了鸽子的大脑和脊髓的不同部分，并观察其结果。他得出的结论是，大脑皮层控制着高级心理过程，中脑的某些部位控制视觉和听觉反射，小脑控制协调，延脑控制心跳、呼吸以及其他一些重要的生理功能。

尽管M.霍尔和弗洛伦斯的发现一般被认为是有效的，但是在我们看来，相对于他们所使用的**切除法**(extirpation)，这些发现还是次要的。在使用切除法时，研究者通过去除或毁坏大脑的某个特殊部分，以及观察动物行为由此而发生的变化来确定大脑特殊部位的功能。

19世纪中期，大脑研究的另外两种实验方法出现了，它们是临床法和电刺激技术。法国医生保罗·布罗克(Paul Broca，1824—1880)发展了**临床方法**(clinical method)。布罗克是巴黎附近一家精神病院的外科医生。1861年，他对一个多年来一直存在语言障碍的病人的尸体作了解剖。临床的检查发现，病人的大脑皮层左半球前第三额回处有损伤。布罗克将大脑的这个区域命名为语言中枢。后来人们称之为布罗克中枢[1]。临床法是对切除法的一种有效的补充，因为得到一个同意切除大脑某些部分的人类被试是十分困难的。作为一种"死后的切除法"，临床法提供了研究大脑受损害区域的机会。在病人活着的时候，由于那个受损害区域的存在，病人才产生了那样一种行为状态。

大脑研究的电刺激技术首先是由古斯塔夫·弗里奇(Gustav Fritsch)和爱德华·希齐格(Eduard Hitzig)提出的。这项技术涉及使用微电流刺激大脑皮层。弗里奇和希齐格发现，刺激兔子和狗的皮层的某些区域可引起运动反应，如前肢和后腿的运动。随着不断复杂化的电子设备的出现，**电刺激法**(Electrical stimulation)已经成为脑功能研究的一项富有成效的技术。

历史在线

http://epub.org.br/cm/n02/HISTORIA/BROCA

提供保罗·布罗克的简要生平和关于他本人以及他的著作的出版物的目录。

〔1〕 布罗克的大脑被保存在巴黎的一所博物馆里。

大脑功能的研究：来自于大脑之外的定位

在那些从内部进行脑功能定位研究的科学家中，有一位德国医生，名字叫弗兰兹·约瑟夫·高尔(Franz Josef Gall，1758—1828)，他对死亡的动物和人的大脑进行了解剖。这项工作确证了大脑中白质和灰质的存在，发现大脑的一侧同脊髓的另一侧有神经纤维相连，两半球之间也有神经纤维相连。

完成了这项辛劳的研究计划以后，高尔把他的注意转向了脑的外部。他的问题是：脑的大小和形状如何显示出有关大脑脑机能的信息？在脑的大小方面，他所作的有关动物的研究证明了这样一种趋向，即脑比较大的动物物种比脑较小的动物物种表现出更多的智慧行为。然而，当他开始探讨脑的形状时，高尔陷入了一个引起争论的领域。他引领了一场称之为头盖学的运动，后来这一学说被称为颅相学。颅相学宣称，从人的头盖骨形状可以看出人的智慧和情绪特征。在宣扬这一观念的过程中，高尔的名誉被彻底地毁掉了。他不再被他的同事看做是一位受人尊敬的科学家，而是被看成了江湖庸医和骗子。

高尔相信，当一个心灵特性，如良心、慈爱或自尊得到较好的发展时，控制这一特性的脑区域的头盖骨表面就会相应地隆起或凸出。如果此种能力比较弱，则在头盖骨上就会有凹陷。经过对许多人头盖骨的隆起和凹陷考察之后，高尔绘制出了 35 种心灵特性的位置(参见图 3.1)。

高尔的一个学生约翰·施普茨海姆(Johann Spurzheim)和苏格兰的一位颅相学家乔治·库姆(George Combe)在推广颅相学方面做了大量的工作。他们遍游整个欧洲和美国，进行演讲，并对颅相学加以讲解。有关颅相学的协会也建立起来。相面术如此流行，以至于许多美国公司使用这项技术挑选雇员。颅相学的从业者宣称，他们可以使用这项技术评估儿童的智力水平和为那些婚姻存在问题的夫妻进行咨询。因此，颅相学可被应用于解决实际问题的这一信念，是颅相学在美国获得成功的主要原因。尽管颅相学直到 20 世纪时仍然吸引着公众的注意，但它不再被认为是定位脑功能的科学性尝试。

对高尔头盖学理论最有力的批评来自皮艾里·弗洛伦斯的大脑实验研究。通过系统地损坏动物的大脑(使用切除法)，弗洛伦斯发现颅骨的形状与下面脑组织的轮廓并不相符。此外，脑组织也非常软，不至于造成颅骨的骨质表面的凸起和凹陷。弗洛伦斯和其他一些生理学家也证实，高尔为特定心理功能所划定的区域也是错误的。因此，尽管现在你可以摸到你的颅骨上某个部位凸起，但你可以确信，它不能提供显示你的理智和情感功能的任何东西。

高尔从外部定位脑功能的尝试失败了。但是他的尝试强化着科学家们不断增强的一个信念，那就是通过切除法、临床法和电刺激法的应用，有可能确定特定脑功能的位置的。

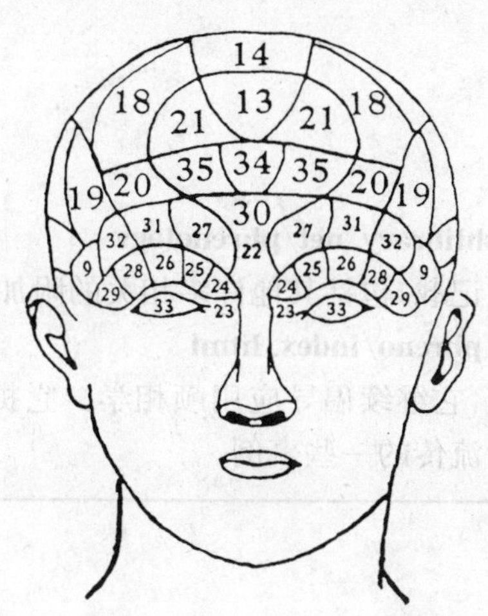

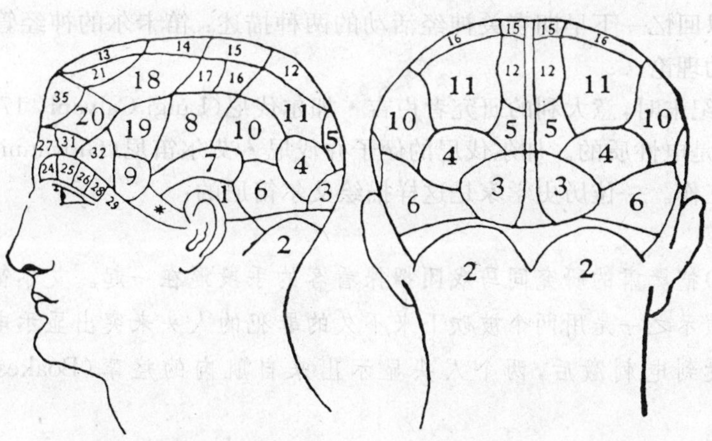

感情的官能		理智的官能	
倾向	情操	知觉的	思考的
? 生存欲	10 谨慎	22 个性	34 比较
* 饮食欲	11 认可	23 外形	35 因果
1 破坏性	12 自重	24 大小	
2 多情性	13 仁爱	25 吸引与阻抗	
3 慈爱性	14 尊敬	26 颜色	
4 依附性	15 坚决	27 地位	
5 居家	16 良心	28 次序	
6 好斗性	17 希望	29 计算	
7 私密性	18 惊异	30 结局	
8 贪婪	19 理想	31 时间	
9 建设性	20 愉快	32 音调	
	21 模仿	33 语言	

图 3.1 心灵的 35 种特性及其相应的位置

历史在线

http：//www. pages. britishlibrary. net/phrenology

这里有颅相学的全部历史记载，包括其他许多相关的附加原始资料。

http：//134. 184. 33. 110/phreno/index. html

这是一个不同寻常的网址，它继续倡导应用颅相学。它提供了这一运动的历史、参考文献和实际应用中广为流传的一些事例。

有关神经系统的研究

在这段时间里，许多学者对神经系统的结构和神经活动的性质进行了大量的研究。我们可以回忆一下早期有关神经活动的两种描述：笛卡尔的神经管理论和哈特莱的神经振动理论。

到18世纪末时，意大利的研究者卢吉·加尔伐尼(Luigi Calvani，1737—1798)提出，神经冲动是电性质的。加尔伐尼的侄子乔伐尼·艾尔笛尼(Giovanni Aldini)继续了他的研究工作。一位历史学家是这样描绘艾尔笛尼的：

> (他)把严肃的研究同马戏团招徕看客的手段混在一起。艾尔笛尼最最骇人的演示之一是用两个被砍下来不久的罪犯的人头来突出显示电刺激的效应。受到电刺激后，两个人头显示出来自肌肉的痉挛(Boakes，1984，p. 96)。

这类实验研究发展得如此迅速，以至于到19世纪中期时，科学家们将神经冲动的电性质作为事实而接受了。科学家们认为，神经系统基本上是电冲动的传导器，中枢神经系统的作用就像一个转换站，把冲动或者分流至感觉神经纤维，或者分流至运动神经纤维。

尽管这一观点相对于笛卡尔的神经管理论和哈特莱的神经振动理论是一个巨大的进步，但是从概念上讲还是与二者类似。因为不管是新观点还是老观点都是反射性的，即来自外界的某个东西(一个刺激)在感官上施加一种作用，因此引发了神经冲动。神经冲动传至大脑或中枢神经系统某个适当的部位。在那个部位上，作为对这个传入冲动的反应，产生了一个新的冲动，且这个新的冲动沿着神经传出，激发了有机体的行为反应。

西班牙医生圣地亚哥·莱蒙·卡加尔(Santiago Ramon y Cajal，1852—1934)揭

示了神经冲动在大脑和脊髓中传导的方向。卡加尔是西班牙萨拉戈萨大学医学院的解剖学教授和萨拉戈萨博物馆馆长。由于他的这一发现,1905 年他获得柏林皇家科学院颁发的赫尔姆霍茨奖章,1906 年获得诺贝尔奖。然而,由于在他那个时代的科学杂志上不使用西班牙语,所以卡加尔无法同学术界交流他的研究成果。"他经常伤感地阅读着英语、德语和法语杂志上的所谓新发现,而这些只不过是他很早以前用西班牙语发表的研究结果的再发现而已"(Padilla, 1980, p. 116)。他的境遇提供了又一个主流文化之外的科学家们所面临障碍的具有启发性的事例。

研究者们同样探讨了神经系统的解剖结构。他们发现,神经纤维是由独立的神经结构(神经细胞)组成的,这些独立的结构在特殊的点(突触)连接在一起。这些发现同人的机能的机械论形象是一致的。科学家们相信,像心灵那样,神经系统也是由原子结构组成,物质的零星碎片组合起来,产生了一种更加复杂的结果。

机械论精神

就像那个时代的哲学,19 世纪的生理学中,机械论精神占据着主导地位。在德国,这一点表现得尤为明显。在 19 世纪 40 年代,一些科学家,大部分都是约翰内斯·缪勒以前的学生,建立了柏林物理学学会。这些科学家大都在 20 多岁,他们都遵循一个观念:所有的现象都可以用物理学的原则来进行解释。

他们所希望的是把生理学同物理学联系起来,换言之,要在机械论的框架之下发展生理学。其中的 4 位科学家以一种戏剧化的方式举行了一场隆重的宣誓,像传说中的那样,用自己的鲜血签名立下了誓言。在誓言中他们宣称,活跃于有机体中惟一的力量是普通的物理化学力。这样一来,19 世纪的生理学就把唯物主义、机械论、经验主义和实验与测量方法等各种思路会聚到了一起。

早期生理学中的这些进展也显示出了许多研究技术和发现,它们为心灵的心理学研究提供了科学的方法。此时,哲学家已经为心灵的实验研究扫清了道路,而生理学家正在对心理现象的生理机制进行实验研究。下一步就是利用实验方法研究心灵自身了。

英国经验主义者曾经指出,感觉是知识的惟一源泉。天文学家贝塞尔证明了感觉和知觉上的个体差异对观察的影响。生理学家正在确证感官的结构和功能。现在是运用实验和数量化的途径于心灵,即主观性和感觉的心理经验的时候了。研究身体的技术已经存在,现在它们要被用于探索心灵,实验心理学已经准备就绪了。

实验心理学的开端

把实验方法应用于心灵——新心理学的研究对象——的探讨可归功于 4 位科学家。他们是赫尔姆霍茨、韦伯、费希纳和冯特。他们 4 位都是德国科学家,都曾经接受生理学的训练，而且都对现代科学的进展印象深刻。

为什么在德国

科学在19世纪西欧大部分国家都得到发展，特别是在英国、法国和德国。没有任何一个国家可以独享将科学方法用于各种研究问题的热情、真诚和乐观。那么，为什么实验心理学开始于德国，而不是英国、法国或其他国家？答案在于德国的某些独有的特性，这些特性使得德国科学成为新心理学更为肥沃的土壤。

德国对科学的态度

一个世纪以来，德国的思想发展历史已经为一门实验的心理科学铺平了道路。实验生理学已经牢固地建立起来了，其被接受的程度是法国和英国不能比拟的。所谓的德国的气质非常适合生物学、动物学和生理学所需要的那种精细分类和描述工作。法国和英国的科学家喜爱演绎的、数学的方法，而注重仔细、全面收集可观察事实的德国科学家则运用归纳的方法。

由于生物和生理科学不适合进行从中可以推演出事实的最大限度的归纳，因而英国和法国的科学界迟迟不肯接受生物学。与此形成鲜明对照的是，信奉分类描述和分类法的德国人则欢迎生物学进入科学的大家庭。

此外，德国人对科学的界定比较宽泛，而法国和英国的科学则仅限于物理学和化学，因为它们可以作量化研究。德国的科学包括了诸如语音学、语言学、历史、考古学、伦理学、逻辑，甚至文学批评等这样一些领域。法国和英国的学者对应用科学方法于复杂的人类心灵表示怀疑。德国人则不同，他们走在了前面，主动地把科学工具应用于探讨和测量心理生活的各个方面。

德国大学中的改革运动

在19世纪初期，一阵教育改革的浪潮席卷了整个德国大学，改革的目的是贯彻学术自由的原则。大学的教授们得到鼓励，可以不受外界干涉地讲授任何他们想教的东西，做他们自己选择的课题。学生们可以自由地选择他们喜欢的课程，不受固定课程的限制。这一自由——在法国和英国的大学是没有的——由于科学研究新领域，例如心理学的原因，也扩展开来。

德国大学的风格为科学研究的繁荣提供了理想的环境。教授们不仅可以讲授任何他们感兴趣的东西，而且可以在装备良好的实验室指导学生进行实验研究。没有其他的国家会积极地支持这样一种对待科学的态度。

德国同样为学习和应用新的科学技术提供了更多的机会。这里，我们看到了强有力的经济条件（背景因素之一）的影响。德国有许多大学。1870年之前，即德国成为具有中央政府的统一的国家之前，德国是由许多具有自制权的王国、领地、城邦组成的一个松散联邦。而每一个这样的区域都有自己的大学。这些大学财政状况好，教师的工资高，实验室设备先进。

而在那个时候，英格兰只有两所大学，即牛津大学和剑桥大学。但是这两所大学没有一个促进、鼓励或者支持任何学科的科学研究。此外，它们反对在课程设置中增加任何新的研究领域。1877 年，剑桥大学否决了讲授实验心理学的请求，因为“把人的灵魂放在天平上会有辱宗教”(Hearnshaw, 1987, p. 125)。在随后的 20 年里，实验心理学的教学在剑桥大学是被禁止的。牛津大学到 1936 年以后才允许讲授这门课程。在英格兰从事科学的惟一途径是绅士—科学家式的，即有足够的收入而无生活之忧，就像查尔斯·达尔文和弗兰西斯·高尔顿(第六章)那样。法国也存在类似的情况。1876 年，霍普金斯大学在马里兰州的巴尔的摩建立之前，美国也没有一所大学致力于科学研究。

因此，德国存在着比其他任何地方都更多的科学研究机会。从实用的角度来说，一个人在德国可以作为研究型的科学家而谋生，但是在法国、英国和美国却不行。这样一来，尽管到达顶尖位置依然是十分困难的，但是在德国成为一个收入高、受人尊敬的教授的机会要比其他任何地方都多。那些有前途的大学科学家都需要进行科学研究，且这些研究要被同行评价才可成为重要的贡献。在这里，科学研究比一个典型的博士论文要重要得多。因此，那些被选择留在大学工作的人中，大多数都是极具才能的人，而一旦这些人加入了教师的行列，发表科研成果的压力就近乎残酷了。

尽管竞争激烈且要求高，但是报酬却高于付出的努力。只有那些最优秀的人才能在 19 世纪德国的科学研究中获得成功。其结果是，各门科学出现了一系列的突破，这也包括新心理学。因此，那几位对科学心理学的发展作出直接贡献的人都是德国大学的教授，这决不是什么巧合。

赫尔曼·冯·赫尔姆霍茨(1821—1894)

作为 19 世纪最伟大的科学家之一，赫尔姆霍茨在物理学和生理学领域是一个多产的研究者。在他的科学贡献中，心理学位列第三。然而，他的研究与费希纳和冯特一道，促进了新心理学的产生。赫尔姆霍茨强调一种机械论和决定论的方法，他假定人的感觉器官就像机器那样发挥作用。他也喜欢技术性的类比。例如，他把神经冲动的传导比作电报的操作(Ash, 1995)。

赫尔姆霍茨的生平

赫尔姆霍茨出生在德国的波茨坦城，他的父亲在波茨坦的一所大学预科学校教书。由于健康状况不佳，赫尔姆霍茨是在家中接受教育的。17 岁那年，他进入柏林一所医学院学习。这所学院对毕业以后同意到军队从事外科医生工作的学生免收学费。

赫尔曼·冯·赫尔姆霍茨

赫尔姆霍茨在军队服役了7年。在这期间，他继续从事数学和物理学方面的研究，并且发表了几篇论文。在一篇论述能量不灭的论文中，他用数学公式表达了能量守恒定律。离开军队以后，他在柯尼斯堡大学得到了生理学副教授的教职。在随后的30年里，他先后在伯恩大学和海德堡大学担任了生理学方面的学术职务，以及在柏林大学从事物理学的教学和研究工作。

富有充沛精力的赫尔姆霍茨同时涉足几个学术领域。在生理光学的研究中，他发明了眼底镜，现在这种仪器在检查眼底视网膜时仍被使用着。这一具有革命性的仪器使得视网膜疾病的诊断和治疗成为可能。由于这一原因，赫尔姆霍茨的名声"迅速传遍学术界并为公众所知晓，他一下子获得了职业的成功和世界性的声望"(Cahan，1993，p. 574)，而所有这一切都是赫尔姆霍茨30岁之前获得的。

在生理光学方面，赫尔姆霍茨出版了3卷本的巨著《生理光学手册》(1856—1866)。这一著作显示出如此的影响力和持久性，以至于在出版60年之后仍然被翻译成了英文。他对听觉问题进行了研究，1863年出版了《论声调感觉》一书。这本书总结了他自己的发现和其他人的一些研究成果。他还就诸如后像、色盲、阿拉伯—波斯音节、眼球运动、冰河、几何学公理以及黑死病等各种各样的问题撰写了论文论著。后来，他也对无线电和收音机的发明做出了间接的贡献。

1893年的秋天，他去美国旅行并参加了在芝加哥举行的世界博览会。返回的途中，登船时他跌了一跤。不到一年，他又患了中风而陷入半意识和谵妄状态。他的妻子写道："他的思维混乱，分不清现实生活和梦境，搞不清时间和地点，所有的一切在他的脑中模糊地飘浮不定……他的灵魂仿佛在美丽的理想王国里逐渐远去，只有科学和永恒的定律可以左右(引自Koenigsberge，1965，p. 249)。"

赫尔姆霍茨的贡献：神经冲动、视觉与听觉

心理学所感兴趣的是赫尔姆霍茨有关神经冲动的传播速度、视觉和听觉的研究。科学家们曾经假定，神经冲动是瞬间的，或者至少是因为太快而无法测量的。赫尔姆霍茨通过刺激蛙腿的运动神经和固着肌肉，第一次对传导的速度进行了经验测量。他事先对实验演示作了精心准备，以便刺激作用和由此引起的活动的精确瞬间可以被记录下来。他使用不同长度的神经进行实验，记录肌肉附近的神经刺激和肌肉作出反应

之间的时间延搁，然后再把刺激的部位渐渐移远作同样的观察和测量。这些测量提供了神经冲动的传导速度，即每秒 90 英尺。

赫尔姆霍茨也以人类被试对感觉神经的反应时间进行了实验，研究了从感官接受刺激到引起运动反应之间的完整环路。研究结果显示出了非常明显的个体差异，并且同一个体从一次试验(trial)到另一次试验也有差异。赫尔姆霍茨由此放弃了这项研究。

赫尔姆霍茨证明神经冲动的传导速度不是瞬时性的。这表明思维和活动彼此之间是以一种可以测量的时间间隔相随发生，并非瞬间完成的。然而，赫尔姆霍茨所感兴趣的是测量本身，而不是测量结果的心理学意义。后来，这一研究对心理学的意义为其他学者所意识到。这些学者继续从事这类研究，使得反应时的实验成为一个富有成果的研究领域。但是赫尔姆霍茨的研究工作是对心理生理过程进行实验和测量的最早的实例之一。

他有关视觉的研究也对新心理学产生了影响。赫尔姆霍茨研究了眼外肌以及眼内肌调节眼球聚焦的机制。他修改和扩展了 1802 年托马斯·扬(Thomas Young)提出的颜色视觉理论。现在，这一理论被称为扬-赫尔姆霍茨颜色视觉理论。赫尔姆霍茨有关听觉的研究也具有同等的重要性，尤其是他对声调知觉、谐音和不和谐音的特征以及回声等问题的探索。他的观点和实验的持久影响力可以通过这样的事实得到证明，即他的观点和实验仍被现代心理学教科书所引用。

赫尔姆霍茨同样注意到科学研究的应用和实践效益问题。他反对那种做实验仅仅是为了积累数据的观点。在他看来，科学家的使命是搜集信息，并丰富或应用不断增长的知识去解决实际问题。我们会看到这一取向在心理学的机能主义学派中的进一步发展。机能主义学派后来在美国扎下了根(第七章和第八章)。

赫尔姆霍茨并非心理学家，也不是他的主要兴趣所在。但是他在人类感官研究方面作出了大量的重要贡献，促进并强化了实验方法在心理学研究中的应用。

历史在线

http://www.gap.dcs.st-and.ac.uk/-history/math

赫尔姆霍茨的生平及其照片，以及一些有关他的著作的参考文献。

http://www.geocities.com/bioelectrochemistry/helmholtz.htm

有关赫尔姆霍茨生平的更多信息、照片、一些原始教案和他对科学所作贡献的评价。

厄恩斯特·韦伯(1795—1878)

韦伯出生于德国的维腾堡,其父是一位神学教授。1815 年,他在莱比锡大学获得博士学位。从 1817 年至 1871 年退休,他一直在这所大学讲授解剖学和生理学。他主要的研究兴趣是感官生理学,在这一领域,他作出了杰出的贡献。由此,他将生理学的实验方法用于研究心理的本质。在他之前有关感觉器官的研究大都仅限于视觉和听觉这样较高级的感觉,韦伯却探索了新的领域,即皮肤感觉和肌肉感觉。

厄恩斯特·韦伯

两点阈限

韦伯对新心理学的一个重要贡献是他对皮肤上两点辨别精确性的实验测定,即对两点之间距离的估量。这种估量必须在被试报告明确地感觉到有两个不同感觉之前作出。在被试没有看到测试仪器的条件下,让被试报告是一个点还是两个点触及到皮肤。测试用的仪器类似于圆规。当刺激的两点非常接近时,被试报告仅有一个点的感觉;随着两个刺激源的距离的增加,被试开始报告不能确定究竟感觉到一点还是两点;最后达到了这样一个距离,即被试报告可以清晰地感觉到是两个触点。

这一实验设计论证了**两点阈限**(two-point threshold),即在某一点上,被试可以区分出两个独立的刺激源。韦伯的研究标志着有关阈限概念(即在那一点上,某个心理效应开始出现)第一次系统的和实验性的论证。这一概念从它产生的时候一直到现在,都在心理学领域中得到广泛的应用。(在第十三章,我们会讨论应用于意识的阈限概念,即在那一点上,心灵中的无意识观念变成了有意识的。)

最小可觉差

韦伯的研究促成了心理学的第一个数量化定律。他想要测定**最小可觉差**(just noticeable difference),即两个重量之间能被觉察到的最小差异。他让被试提起两个重物,一个是标准重量,另一个是用于比较的重量,然后报告其中一个是否比另一个重一些。当差异较小时,被试报告没有差异;当差异较大时,被试报告了差异的存在。

随着研究计划的深入,韦伯发现两个重量之间的最小可觉差是个恒定的比率,即 1∶40。换言之,41 克的重物是被试刚刚能觉察出它与 40 克的标准重量有差异的"最小可觉差”,而 82 克重物是 80 克标准重物的最小可觉差。

韦伯随后又提出了这样一个问题,即肌肉感觉对个体区分重物的能力有何影响。他发现,被试自己提起重物(获得手和臂的肌肉感觉)比实验者把重物放到他们的手上,所作出的辨别更为精确。实际上,提起重物时触觉和肌肉感觉都起作用,而重物放在手上时,只能体验到触觉。

由于被试自己提起重物(1∶40 的比率)时比重物放在他们的手上(1∶30 的比率)时能觉察到重物之间更小的差异,因而韦伯得出结论:首先,内部肌肉感觉必然对被试的辨别能力产生影响。

从这些实验中,韦伯指出,不同感觉的辨别力并不依赖于两个重物的绝对差异,而是依赖于它们之间的相对差异或比率。他在对视觉的辨别实验中发现,其比率比肌肉感觉实验得到的比率更小。然后,韦伯对两个刺激的最小可觉差提出了一个恒定的比率,这个比率在人的每一种感觉上都是一致的。

韦伯的研究表明,在物理刺激和我们对它的知觉之间并没有一个直接的对应关系。然而,像赫尔姆霍茨那样,韦伯感兴趣的仅仅是生理过程,并没有意识到这一工作对心理学的意义。他的研究为探索身体和心灵(即刺激和相应的感觉)的关系提供了一种方法。这是一个关键性的突破。接下来所需要的就是某个人来实践它的重要性了。

韦伯的实验刺激了其他相关的研究,使得以后的生理学家注意到了实验方法在研究心理现象方面的效用。韦伯有关阈限的研究和感觉的测量对于新心理学有着至关重要的意义,实际上对那个时代心理学的每一个方面都产生了影响。

古斯塔夫·西奥多·费希纳(1801—1887)

费希纳在他充满活力的一生中,是个有着多种不同的学术追求的学者。他当了 7 年的生理学家,15 年的物理学家,14 年的心理物理学家,11 年的实验美学家和 40 年的哲学家——其中病了 12 年。在所从事的这些研究领域中,心理物理学方面的研究给他带来了最大的声誉,虽然他并不希望后人以这种方式记得他。

费希纳的生平

费希纳出生于德国东南部的一个农庄,其父是当地的一位牧师。1817 年他开始在莱比锡大学学医,在这期间,他经常听韦伯的生理学课。自 1817 年起,他一直生活在莱比锡。

甚至在从医学院毕业以前,费希纳的人文主义观点就与他所接受的科学训练中流行的机械论观点格格不入。他用“米塞斯博士”这个笔名写了一些讽刺性的文章,讥讽当时的医学和科学。他的人格中相互冲突的两面性——对科学的兴趣与对形而上学的兴趣——贯穿于他的一生。他明显对科学中流行的元素主义方法不满,他赞同他称之为"光明说"(day view)的理论,即宇宙可以从意识的角度来加以说明。他的这一观点同当时流行的"黑暗说"(night view)是相对立的。这一观点认为,包括意识在内的宇宙只不过是由惰性物质组成的。

古斯塔夫·西奥多·费希纳

完成了他的医学学业以后,费希纳开始在莱比锡大学从事物理学和数学的教学和研究工作。他也翻译了一些法语的物理学和化学手册。到1830年时,他已经翻译了十几本著作。这使他成为了一名物理学家。1824年,他开始在大学中讲授物理学,并从事自己的实验研究。到19世纪30年代末的时候,他开始对感觉的问题产生兴趣。在研究视觉后像问题时,他使用彩色的玻璃直接观察太阳,因而使他的眼睛受到了极大损伤。

1833年,他在莱比锡大学获得了令人尊敬的教授职位,但是从这个时候开始,他患上了忧郁症,并且持续了好几年。他抱怨说,总是感到筋疲力尽,睡眠困难、消化不良,即使身体处在饥饿状态时,也没有一点食欲。他对光极度敏感,大部分时间都呆在一所四壁涂成黑色的黑暗的房间里,通过一条开得很窄的门缝,听母亲为他读书。

他试着远距离散步,起初只是在晚上没有光亮的时候,后来尝试在白天,但是眼睛要蒙起来。他希望通过散步排解无聊和抑郁。作为一种精神的宣泄,他编谜语、写诗歌。他尝试过各种治疗方法,如使用泻药、电击疗法、蒸汽治疗、拔火罐,但是这些都没有产生效果。

费希纳的疾病在性质上可能是神经症。这一点可以从他那古怪的痊愈方式中得到证明。他的一位朋友曾讲过这样一个梦。在梦中,她为费希纳准备了一顿饭,即泡在白葡萄酒中的生的加了香料的火腿和柠檬汁。第二天,这位朋友准备了这样的食物,送给费希纳。他勉强地尝了尝,但是以后他越吃越多,并宣称他感觉好一点了。但是这一状态并没有保持多久,6个月以后,症状加重,以至于他担心自己的精神是否正常。费希纳写道:"我清楚地感觉到,除非我能阻止紊乱的思绪,否则我就会失去心智。那些无关紧要的事情常常这样困扰着我,使我要用几个小时,甚至几天的时间去摆脱这些折磨(引自 Balance & Bringmann, 1987, p.42)。"

费希纳强迫自己干一些日常琐事——一种工作疗法——但只限于那些不需要动脑筋和不费眼睛的事情。"我编绳子、制绷带、做蜡烛……卷纱布,在厨房帮厨,摘洗小扁豆、做面包屑、磨糖粉。我也去给胡萝卜和萝卜削皮……多少次,我都不想再活着了(引自 Balance & Bringmann, 1987, p. 43)。"

最终，费希纳对周围世界的兴趣又复活了，他继续吃葡萄酒泡火腿这种东西。他曾经做过一个梦，梦中出现了77这个数字。这使他相信77天以后他就会痊愈。果然如此。他的抑郁转变成一种自我陶醉和虚幻的尊贵感。他宣称上帝选择了他去解开这个世界所有的奥秘。从他的这一体验中，他形成了愉快原则的观念，而这一观念在多年之后影响了弗洛伊德的理论（第十三章）。

费希纳活到了86岁，身体状况一直很好，并且对科学作出了重要贡献。但是早在40多年之前，莱比锡大学就已经宣布他是一个病人。此后，莱比锡大学每年都付给费希纳一笔退休金。

心灵与身体：一种数量化的关系

在心理学历史上，1850年10月22日是个重要的日子。一天早晨，费希纳躺在床上的时候，突然闪过一个将心灵和身体联系起来的念头。他说，在心理感觉和物质刺激之间，可以发现一种数量化的关系。

费希纳认为，刺激强度的增加不会导致感觉强度上一对一的变化。确切地说，刺激以几何级数增长，感觉以算术级数增长。

例如，在一阵铃声中再增加一阵铃声，其感觉强度的增加要比在10个正在响的铃声中增加一阵铃声要大得多。因此，刺激强度效应不是绝对的，而是相对于业已存在的感觉的效果。

这一简单但却充满智慧的新发现意味着：感觉量（心理品质）依赖于刺激量（物理品质）。若要测量感觉的变化，就必须测量刺激的变化。因此，用公式来表达心理世界和物理世界之间的数量化或数字关系是可能的。这样一来，费希纳通过从经验上把心灵和身体联系起来，跨越了身体和心灵之间的障碍，使得对心灵的实验成为可能。

尽管对于费希纳来说，这一概念是清晰的。但是，怎样实施这一想法呢？研究者必须既要精确地测量主观的东西，也要精确地测量客观的东西；既要测量心理感觉，又要测量物理刺激。测量刺激的物理强度，如光亮度、标准物体的重量等，并不困难，但是怎样测量感觉以及被试所报告的对刺激做出反应时的意识经验呢？

费希纳提出以两种方式测量感觉。首先，我们可以判断一个刺激是否存在，或者判断感觉到还是没有感觉到。其次，我们可以测定这样一种刺激强度，在这个强度上，被试报告产生了感觉。这就是感觉的**绝对阈限**（absolute threshold），即低于这一强度点时，被试没有感觉的产生，高于这一点时，被试确实产生了感觉。

虽然绝对阈限的概念是有用的，但是却具有局限性，因为仅仅测定了一个感觉值，即它的最低值。若要把两个强度联系起来，我们必须能详细地列出刺激值及其相应感觉值的全距。为了做到这一点，费希纳提出了**差别阈限**（differential threshold）的概念。差别阈限指的是能引起感觉变化的最小刺激变化量。例如，必须增加或减少多少重量被试才能感觉到重量的变化？换言之，必须增加或减少多少重量被试才能产生感觉上的最小可觉差?

若要测量一个人怎样感觉一个特定重物的重量(被试感觉它有多重),我们不必依赖于物体重量的物理测量。但是,我们可以把物理测量作为测量感觉的心理强度的基础。

首先要测量重量在强度上必须减少多少,被试才能刚刚辨别出差异。其次,改变物体的重量使它达到一个较低值,然后再次测量差别阈限的大小。由于两个重量的变化对于被试来说都是刚刚能觉察到的,因而费希纳认为两者在主观上是相等的。

这个过程可以重复进行,直到物体刚刚好能为被试所感觉到。如果重量上的每一次减少在主观上都与其他每一次减少的量相等,那么重量必须减少的倍数,即最小可觉差的量,就可以用来作为感觉主观强度的客观量度。利用这种方式,我们可以测定能够引起两个感觉之间差异的所必须的刺激值。

费希纳认为,对人的每一种感觉来说,在刺激强度上会有一个相对的增量,这个增量总能引起感觉强度上可以观察到的变化。因此,感觉(心灵或心理品质)和刺激(身体或物理品质)是可以测量的。两者的关系可以用这样一个等式来表示,即 $S = K\log R$,其中,S 是感觉强度,K 是常数,R 是刺激强度。它们的关系是对数性质的,即一个级数按算术方式增加,另外一个级数按几何方式增加。

尽管在莱比锡大学时,费希纳听过韦伯的课,而且几年之前韦伯也发表过有关这个问题的论文,但在后来的著述中,费希纳认为他描述心-身关系的这一观念并不是受了韦伯研究的启发。费希纳坚持认为,他对自己的假设进行实验验证之前,并不知道韦伯的工作。一直到过了一段时间之后,费希纳才意识到,他用数学形式表达的原理,基本上是韦伯已经证实了的东西。

历史在线

http://psychclassic.yorku.ca/Fechner/

复制了费希纳的著作《心理物理学原理》的两个章节。

心理物理学的方法

费希纳这一洞见的直接结果是导致了他的**心理物理学**(psychophysics)研究。像这个词本身所表明的那样,心理物理学研究的是精神(心理)世界和物质(物理)世界的关系。这一研究包括提起重物、视觉明度、视觉距离和触觉距离的实验。在三个仍被今天的心理物理学使用的基本方法中,费希纳通过以上的研究过程,创立了其中的一个,系统化了另外两个。

均差法,或者调节法,是让被试调节一个可变刺激,直到他们感觉与恒定标准刺激相等的为止。经过多次尝试以后，标准刺激与被试所设定的可变刺激之间差数的平均数或平均值，就可以代表被试的观察误差。这项技术可以用来测量反应时、听觉和视觉的辨别力。从更广泛的意义上说，它是许多心理学问题研究的基础。每当我们计算平均数时，实际上是在运用均差法。

恒定刺激法涉及到两个恒定刺激，其目的是测量两个恒定刺激的差异，而这个差异是提供一个可以作出正确判断的特定比例所需要的。例如，被试首先提起一个 100 克的标准重量，然后提起用于比较的重量，如 88 克、92 克、96 克、104 克，或者 108 克。被试必须判断第二个重量比第一个重量究竟是重、是轻或者相等。

在极限法中，给被试呈现两个刺激(例如，两个重量)，其中一个刺激增加或减少，直至被试报告他们觉察到差异。从多次的实验中获得了许多数据，然后计算出最小可觉差的平均数，以此确定差别阈限。

费希纳的心理物理学研究计划持续了 7 年。1858 年和 1859 年发表了两个短篇论文，1860 年出版了完整的、论述详细的《心理物理学纲要》一书。这是一本精确的科学教科书，它描述了“物质的和精神的，生理和心理世界的函数性的依存关系”(Fechner，1860/1966，p. 7)。这本书是他对科学心理学的发展作出的杰出、独创性的贡献之一。在他那个时代，费希纳有关刺激强度与感觉之间的数量化关系的论断，被认为是与万有引力定律的发现具有同等重要的意义。

下列素材取自费希纳的《心理物理学纲要》。在这里，费希纳讨论了物质与心灵、刺激及其所导致的感觉之间的差异。在下面这段文字中，费希纳也对他称之为“内部”的和“外部”的心理物理学作了区分。内部的心理物理学指的是感觉同与之相伴随的脑与神经活动之间的关系。在费希纳那个时代，精确地测量这些生理过程是不可能的。因此，他选择从外部心理物理学入手。就像他的心理物理方法所测量的那样，外部心理物理学涉及的是刺激与感觉的主观强度之间的关系。

原著精选

心理物理学的原始资料：
选自《心理物理学纲要》(1860)

格斯塔夫·费希纳

在这里，心理物理学应该被理解为一种精确的理论。这种理论是有关身体的和灵魂的，或者从更为一般的意义上说，是物质的和精神的、生理的和心理的世界的函数性依存关系的。

我们把所有那些能被内省观察所把握，以及那些从内省观察中抽象出来的东西，称之为精神的、心理的，或者从属于灵魂的；而把所有那些从外部的观察所把握的和抽象出来的东西看做是身体的、肉体的、物理的或物质的。这些名称涉及的仅仅是现象(appearance)世界中显现出来的那些方面，心理物理学所关心的正是这些现象之间的关系〔1〕。条件是人们能够在日常生活语言的意义上理解内部和外部观察。在此意义上，它们意指这样一些活动，仅通过这些活动，实在就可显现出来。

无论如何，心理物理学的所有讨论和研究仅仅同物质世界和精神世界中显现出来的现象相关，同那个直接通过内省，或者通过外部观察而获得的世界相关，或者与从世界显现的现象中而演绎出来的世界相关；再或者与将其理解为现象关系、范畴、联想、演绎或定律的世界相关。简要地说，心理物理学是在物理学和化学的意义上谈论"物理的"，在经验心理学的意义上谈论"心理的"，无论如何不是走回头路，在超越现象的形而上学的意义上谈论身体或灵魂的性质。

一般来说，我们称心理的东西是物理的东西的依从(函数)，反之亦然。就它们之间存在着一种恒定的或规律性的关系而言，其中的一个出现了、变化了、改变了，我们可以推断另一个也是如此。

就一般意义而言，身体和心灵之间存在着函数关系是无法否认的。但是，有关这一事实的原因及其解释，以及它的范围，还存在着无法解决的争论。

对于这一争论的解决，我们不需要求助于形而上学(与现象相比，形而上学更关心所谓的本质)。心理物理学所要做的是尽可能精确地测定身体和心灵现象模式之间的真实的函数关系。

在物质世界和精神世界中，什么东西在数量上和性质上是相属的？什么东西既是遥远的，又是接近的？控制它们在同一方向和相反方向变化的规律是什么？这些都是心理物理学提出的并尝试予以精确回答的一般性问题。

换言之(但是意义是同样的)，在事物的内部和外部的现象模式中，哪些是相属的？它们各自的变化又有哪些规律呢？

就联系身体和心灵的函数关系而言，实际上没有东西可以阻碍我们从函数依存关系的角度加以思考和研究。利用数学的函数关系，我们可以恰当地说明这种关系。这种函数关系是变量 x 与 y 的方程式。其中一个变量可以任意地看做另一个变量的函数，并且每一变量的变化都依存于对方。然而，为什么心理物理学更倾向于从心对身的依赖而不是相反的方面进行研究，是有原因的。这是因为生理的那些方面便于我们测量，心理方面的测量只有依赖物理方面的测量才能做到……

从本质上讲，心理物理学可分为外部的和内部的。这是依照如下原则而划分的，即是重点考虑心同身体外部的关系或是关注与心灵密切相关的内部机能……

〔1〕 这里所说的现象字面的意思是"可以见到的"，或"直接呈现于意识的"，它同"实在"一词是相对的，后者是指可以自在存在的。——译者注

对于整个心理物理学而言,真正的、基本的经验证据只能从外部心理物理学的领域获得。因为这一部分是直接经验可以触及的。因此,我们的出发点必须是外部的心理物理学。然而,考虑到身体的外部世界只有通过身体内部世界的中介才能与心灵产生函数关系,因此,如果不时时关注内部心理物理学,就不会有外部心理物理学的发展……

从名称上,心理物理学同心理学和物理学就有联系。心理物理学一方面要以心理学为基础,另一方面还要能够为心理学提供数学基础。从物理学那里,外部心理物理学可以得到助力和方法论。内部心理物理学可以从生理学和解剖学那里得到更多的东西,特别是在神经系统方面,我们需要了解的东西更多。

感觉依赖于刺激的作用,一个较强的感觉依赖于较强的刺激。然而,刺激只有通过身体内部的某些中介过程才能引起感觉。就可以发现感觉和刺激之间的规律性关系而言,这种规律性关系必然包括刺激和内部生理活动的规律性关系,而后者同样遵循着身体过程互动的一般规律。因而为我们得出有关这种内部活动的本质的一般结论提供了基础。

除了对内部心理物理学具有重要意义外,这些在外部心理物理学范围内确立的规律性关系,也具有它自身的重要性。就像我们将会看到的那样,以此为基础,物理测量产生了心理的测量,而心理测量成为我们立论的基础,而这些论点又是重要和有趣的。

在19世纪初期的时候,德国哲学家康德曾坚持认为,因为对心理过程的实验或测量是不可能的,因而心理学永远不会成为科学。但是由于费希纳的研究工作——他的工作确实使对心理现象的测量成为可能——人们不再对康德的断言信以为真。冯特之所以能构想出实验心理学的计划,也主要是因为费希纳在心理物理学方面所做的工作。费希纳的方法已被证实可以运用于比他想象的更加广泛的心理学范围之内。最重要的是,他给了心理学那种若要称为科学就必须具备的原则,即精确和精致的测量技术。

心理学的正式建立

到19世纪中期时,自然科学的方法被应用于研究纯粹的心理现象。此时,研究心理的技术、仪器已被开发和设计出来了,相关的重要书籍也出版了,人们对心理学产生了广泛的兴趣。英国经验主义哲学家和天文学家们强调了感官的重要性,德国科学家描述了感官是如何活动的。时代的思想氛围,即时代精神促使了这两股思想潮流的汇合。然而,现在所需要的是某个人把这些结合在一起,去"建立"这门新科学。这最后的一步是由威廉·冯特完成的。

问题讨论

1. 贝塞尔的工作对新心理学的意义是什么?他的工作与洛克、贝克莱等经验主义哲学家的思想有什么联系?

2. 早期生理学的发展怎样支持了人性的机械论形象？讨论用于脑功能定位研究的那些方法。
3. 描述高尔头盖学方法以及由此产生的颅相学的流行。头盖学和颅相学是如何受到质疑的？
4. 柏林物理学会的根本目标是什么？生理学的发展怎样与英国经验主义结合起来而产生了新心理学？
5. 为什么实验心理学产生于德国而不是其他国家？赫尔姆霍茨对神经冲动速度的研究有什么重要意义？
6. 描述韦伯对两点阈限和最小可觉差的研究。这些研究对心理学的重要意义是什么？
7. 1850 年 10 月 22 日，费希纳产生了什么领悟？费希纳是怎样测量感觉的？由公式 $S = K\log R$ 所代表的刺激强度和感觉强度之间的关系是什么？
8. 费希纳使用了哪些心理物理学的方法？心理物理学怎样影响了心理学的发展？
9. 如果没有费希纳或韦伯的工作，你认为实验心理学会产生吗？为什么？
10. 内部心理物理学和外部心理物理学的差别是什么？费希纳更关注哪一个？为什么会这样？

建议阅读

Cahan, D. (Ed.). (1993). Hermann von Helmholtz and the foundations of nineteenth-century science. Berkeley: University of California Press.

描述并评价了赫尔姆霍茨在 1853～1892 年之间所作的演讲和发言，内容包括科学研究的性质与目的、科学发展的最适宜的思想和社会条件、科学对社会的影响等。

Dobson, V. & Bruce, D. (1972). The German university and the development of experimental psychology. *Journal of the History of the Behavioral Sciences*, 8, 204—207.

描述了作为现代心理学成长的一个必要条件的德国大学自由的学术氛围。

Marshall, M. E. (1969). Gustav Fechner, Dr. Mises, and the comparative anatomy of angels. *Journal of the History of the Behavioral Sciences*, 5, 39—58.

分析了费希纳以“米塞斯博士”的笔名所写的大量短文。

第四章 新心理学

现代心理学之父

冯特是心理学作为一个正式的学术研究领域的建立者。他建立了第一个实验室，主编了第一本期刊，使实验心理学作为一门科学而出现。他研究的那些领域，即感觉和知觉、注意、感情、反应时和联想等，迄今仍是心理学教科书的基本章节。尽管冯特之后的许多心理学发展史，是以反对他的心理学观点为特征，但是这仍无损他的形象以及他作为心理学建立者的成就。

为什么将建立新心理学的荣誉归于冯特，而不是费希纳呢？费希纳的《心理物理学纲要》出版于1860年，大约是冯特开始一门新心理学的15年之前。冯特自己写道，费希纳的工作代表了实验心理学的“第一次胜利”(Wundt，1888，p. 471)。当费希纳逝世的时候，他的论文留给了冯特，冯特曾在费希纳的葬礼上致悼词。此外，冯特的追随者铁钦纳(E. B. Titchener)把费希纳看做是实验心理学之父(Benjamin，Bryant，Campbell，Luttrell & Holtz，1997)。历史学家承认费希纳的重要性，某些人甚至怀疑，如果不是费希纳的工作，心理学是否能够出现。可是，为什么历史学家不把心理学的建立归功于费希纳呢？

答案在于建立思想学派这一过程的性质。建立是有意识和有目的的活动。它涉及个人的能力和特质，而这些能力和特质与作出杰出科学贡献所需的能力和特质是不同的。建立需要整合以往的知识，需要对新近组织起来的材料进行推广和宣传。一位心理学史家写道：

> 当所有的核心观点产生以后，某个发起者能够掌握它们，对其加以组织，并在其中增加那些看起来必要的东西。写文章、作宣传，并且坚持这些观点。简言之，就是“建立”一个学派(Boring，1950，p. 194)。

冯特对现代心理学建立的贡献与其说来自于独特的科学发现，不如说来自于他对系统实验方法的大力倡导。建立毕竟不同于创造，尽管作出这样的区分并不是要有意贬低一方。

建立者和创始人对于一门科学的形成都是必要的，就像建造一所房屋时设计者和建筑师都是必不可少的。

记住了这个区别，我们就可以理解为什么没有把费希纳认定为心理学的建立者。简单地说，他并没有尝试去建立一门新科学。他的目标是理解精神世界和物质世界的关系，试图描述一个具有科学基础的统一的身心概念。

然而冯特却着手有意识地建立一门新科学。在《生理心理学原理》(1873—1874)第一版的序言里，他写道："在这里，我呈现给公众的是要设定出一门新科学领域的努力。"冯特的目标是推动心理学成为一门独立科学。然而，我们需要再次指出的是，虽然冯特被认为建立了心理学，但他并没有创造心理学。我们已经看到，心理学是在经历了长时期的创造性努力之后而产生的。

19 世纪后半叶，时代精神已经为实验方法论应用于心灵问题作好了准备。冯特是这场正在形成的运动的富有激情的代表，是这个必然发生的事件的杰出倡导者。

威廉·冯特(1832—1920)

我们将回顾冯特的生平，并考察他的心理学概念及其对这一领域随后的发展所产生的影响。

冯特的生平

冯特是在德国曼海姆附近的一个小镇度过他的童年的。他的儿童时代有点孤独(他的哥哥住在寄宿学校)。在这个时期，他经常沉溺于成为大作家的幻想之中。他小学一年级时学习成绩不好。他的父亲是位牧师。尽管在别人看来，他的父母都是喜欢社交的，但是冯特对父亲的记忆却不怎么愉快。冯特记得，有一次他的父亲到了学校，发现他没有注意听讲，就打了他耳光。从二年级开始，冯特的教育交给了他父亲的助手，一位年轻的牧师。冯特同他父亲的这位助手建立了深厚的感情，以至于这位助手搬迁到邻近一个城镇时，冯特非常难过。他的父母不得不允许他同那位助手住在一起，直到他 13 岁。

威廉·冯特

在冯特的家族中，有很强的学术研究传统，他的祖辈们几乎涉足了每一个学术领域，而且颇有名望。然而，这一传统到了年轻的冯特那里，似乎无法继续了。冯特用了很多的时间沉溺于幻想，而不是去学习。在大学预科的第一年，他非常失败。与同学不能融洽相处，并遭到老师的讥讽。但是慢慢地，冯特学会了控制自己的幻想，甚至逐渐变得比较受人欢迎。尽管他一直不喜欢学校，但是他努力培养自己的学术兴趣和能力。19岁毕业的时候，他已经为大学的学习做好了准备。

冯特决定成为一名医生，以便实现既可以从事科学，又能养家糊口的双重目的。他在图宾根大学和海德堡大学接受医学训练。在海德堡大学，他学习了解剖学、生理学、物理学、医学和化学。他逐渐意识到，从医并非他的喜好，因此，他转到了生理学专业。

他在柏林大学跟从著名的生理学家约翰内斯·缪勒学习了一个学期，之后返回海德堡大学。1855年在那里获得博士学位。从1857～1864年，他担任了海德堡大学的生理学讲师，并担任了赫尔姆霍茨的实验助理。但是冯特感觉在实验室里指导本科生作那些基本的实验实在乏味，因此他辞去了实验助理的教职。1864年，他被提升为副教授，之后在海德堡大学又工作了10年。

在潜心于生理学研究的同时，冯特开始设想将心理学作为一门独立的、实验性的科学学科进行研究。在1858—1862年份章节出版的《感官知觉理论的贡献》一书中，他对自己的想法作了初步概述。在这本书中，他描述了在自己家中的一个临时实验室所做的一些最初的实验，以及他认为适合于新心理学的方法，并第一次使用了"实验心理学"这个术语。这本书同费希纳的《心理物理学纲要》(1860)一起，被认为是标志着这门新科学已以论著的形式出现。

在随后的一年，冯特出版了《人类与动物心理学讲义》(1863)。这本书在30年之后再版，并被翻译成英文，即使在冯特逝世之后，仍然不断地重印，显示出了这本书的重要性。在这本书中，冯特讨论了诸如反应时、心理物理学等许多问题，在日后的许多年中，这些问题一直是吸引着实验心理学家的注意。

从1867年开始，冯特开始在海德堡大学讲授生理心理学，这是在世界上第一次正式讲授这类课程。这门课的讲稿构成另一本重要的书籍，即《生理心理学原理》。这本书分为上下两册，分别于1873年和1874年出版。在37年中，冯特6次修订并再版了这本重要著作，最后一次是在1911年。毫无疑问，他的这本杰作，即《生理心理学原理》一书，使心理学作为一门独立的、具有自己的研究问题和实验方法的实验科学牢固地确立起来了。

许多年以来，不断再版的《生理心理学原理》成了实验心理学家的资料库和心理学进展的记录。"生理心理学"这个书名可能会引起误解。在那个时代，"生理的"这个词同德语中的"实验的"一词是同义的。冯特实际上讲授和撰写的都是实验心理学，而不是今日我们所说的生理心理学(Blumenthal，1998)。

莱比锡的岁月

1875年，冯特开始了他职业生涯中最长、也是最重要的一个时期。这一年，他成为莱比锡大学的哲学教授。在莱比锡，他令人吃惊地工作了45年。在到达莱比锡之后不久，他就在那里建立了实验室。1881年，他创办了《哲学研究》杂志。该杂志是新实验室和心理学这门新科学的官方出版物。冯特曾经打算把杂志叫做《心理学研究》，但是后来改变了主意，显然是因为已经有了同一名称的杂志（虽然该种杂志谈论的是超自然和唯灵论的问题）。1906年，冯特才把他的杂志改名为《心理学研究》。至此，新心理学已经有了一本手册、一个实验室和一本学术杂志，它的发展步入了正轨。

冯特的实验室和他不断上升的名气，吸引了大批学生来到莱比锡同他一起作研究，其中许多人成为心理学各个领域的先驱者，他们把自己的心理学观点传播给新一代的心理学学生。这其中也包括几个美国人，他们大都回了美国，建立了自己的实验室。因此，莱比锡实验室对现代心理学的发展产生了巨大的影响，为新实验室的建立和持续的心理学研究提供了一种示范作用。

除了这些在美国建立的实验室之外，冯特的学生也在意大利、俄罗斯和日本等地建立了实验室。在冯特作品的翻译中，被翻译成俄文的最多。俄国人对冯特的崇拜使得莫斯科的心理学家在1912年建立了一个几乎是复制品的冯特式的实验室。1920年，即冯特逝世的那一年，他的日本弟子在东京大学也复制了这样的一个实验室，但是这个实验室在20世纪60年代的学潮中被毁掉了。

冯特是一个受学生欢迎的教师。曾经有一次，听课注册的学生超过了600人。他的学生铁钦纳在第一次聆听了他的讲课之后，在1890年所写的一封信中，对他的课堂教学风格作了如下描述：

> 教室管理员打开了房门，冯特走了进来。当然，从皮靴到领带，全是黑色。他的肩膀很窄，身材瘦削，略微有点曲背。他给人以身材很高的印象，但我怀疑他实际上不会超过5.9英尺。
>
> 他踢趿踢趿地（没有别的词可以描述了）走到教室一侧的过道，走上讲台。啪哒、啪哒，好像他的鞋底是木头的。这种走路时的踩踏声在我听来确实有点难听，但似乎没人注意到这一点。
>
> 他站到了讲台上，这样我就可以更清楚地看到他了。他的头发是铁灰色的，比较浓密，但是有些秃顶——头顶上的几缕头发是从边上小心地梳理上去的。
>
> 讲课时，冯特并不参照教案，尽管在他的两肘之间放着几页纸，就我所看到的而言，他从未低头翻看……
>
> 冯特的手并不闲着，他的两肘支在讲台上，但是手和手臂不停地指点和挥动，动作轻柔……似乎以某种神秘的方式在作着阐释……
>
> 下课铃声一响，他立刻停止讲课，然后又像进来的时候那样，略微地曲着背，啪哒、啪哒地走了出去。如果不是这种可笑的啪哒声，我会对他的整堂课都钦佩不已。

在冯特的个人生活中,他是一个沉默和谦虚的人。他的每一天都是周密安排好的。早晨,他撰写书或文章,阅读学生的论文,编辑他的杂志。下午,他对学生进行考试,或者去实验室。他的一位美国学生回忆说,冯特在实验室不会超过 5 到 10 分钟。显然,尽管他信奉实验研究,"但他自己却不是一个实验室里的研究者"(Cattell, 1928, p. 545)。

在一天的晚些时候,冯特会一边散步,一边在心里准备着他下午上课时的讲课稿。他习惯于在下午 4 点钟授课。晚上的时间通常用于音乐和政治——在他较年轻的时候,经常从事维护学生和工人权益的活动。他的家里雇有仆人并且经常请客。

文化心理学

在建立了实验室和创办了杂志之后,冯特一边指导着大量的实验研究,一边开始把他的精力转向哲学。在 1880～1891 年间,他写了大量有关伦理学、逻辑和系统哲学的论著。1880 年,他出版了《生理心理学原理》的第二版,1887 年出版了第三版,同时,他也不断地给他的杂志撰写文章。

冯特展现其卓越才能的另一个领域在他的第一本著作中已经勾画了出来,这就是社会心理学的创建。当他重新关注这一领域以后,他撰写了 10 卷本的著作——《文化心理学》,于 1900—1920 年间出版。(书名被不精确地译为民族心理学)

文化心理学论及人类心理发展的不同阶段,这些阶段是在语言、艺术、神话、社会习俗、法律和道德中表现出来的。对心理学而言,这本书的出版比它的内容具有更加重大的意义。由于它的出版而把新心理学分成了两个主要部分:实验的和社会的。

冯特相信,简单的心理机能,如感觉和知觉,必须通过实验室方法进行研究。至于研究较高级心理过程,诸如学习和记忆等,实验方法就无能为力了,因为这些过程是受语言和文化历练的其他方面所制约的。对于冯特来说,高级思维过程只有通过社会学、人类学和社会心理学中所运用的非实验方法来进行研究。社会因素的影响在认知过程的发展中起重要作用这一观点仍被认为是重要的,但是冯特的有关这些过程的研究不能使用实验方法这一结论很快就受到了挑战,并且被证明是错误的。

冯特用了 10 年的时间来发展他的文化心理学,但是他所设想的这一领域对美国心理学几乎没有产生什么影响。一项调查表明,90 年以来,在《美国心理学杂志》发表的文章中,在对冯特的所有著作的引文中,对这一著作的引用不到 4%,而对《生理心理学原理》的引用却占到了 61% (Brozek, 1980)。

美国心理学家对冯特的文化心理学缺乏兴趣的一个可能原因,是它出版的时间,即 1900～1920 年这一时期。就像我们将会看到的那样,在这段时间里,一种新心理学在美国盛行,这种新心理学同冯特的心理学极为不同。此时的美国心理学已经增强了对自己思想观念和教育机构的信心,认为没有必要再去注意欧洲心理学的发展。当时的一位著名研究者指出,文化心理学之所以没有引起美国人的兴趣,是因为它"到来的那个时期,恰逢美国心理学已经开始成熟,同 19 世纪 80 年代和 90 年代相比,此时美国的心理学研究者已经对来自于国外的东西不那么开放了”(Judd，1961，p. 219)。

冯特持续地进行着他的系统研究和理论工作，直至他1920年去世。同他富有规律的生活方式一致的是，就在他逝世之前不久，他设法完成了他的有关心理学研究的回忆。对这位多产心理学家的分析表明，在1853至1920年间，冯特的作品共有54 000多页，平均每天要写2.2页(Boring，1950；Bringmann & Balk，1992)。他儿童时代成为一个著名作家的幻想得以实现了。

意识经验的研究

冯特的心理学依赖于自然科学的实验方法，特别是生理学家所使用的技术。冯特改造了这些科学的研究方法，使之适合新心理学，并且以物理学家研究物理学对象的方式研究心理学的对象。因此，生理学和哲学中的时代精神共同形成了新心理学的研究方法及其论题。

简单地说，冯特心理学的研究对象就是意识。从广泛的意义上讲，19世纪经验主义和联想主义的影响至少部分地在冯特的体系中得到了反映。在冯特的理论中，意识包括了许多不同的方面，对它的研究可以采用还原或分析的方法。冯特写道：“因而对某一事实研究的第一步必须是对组成其整体的单个元素的描述”(引自Diamond，1980，p. 85)。

但是，冯特的方法同大多数经验主义和联想主义者的相同点仅此而已。冯特并不赞同这样的观点，即意识的元素是静态的(即所谓的心灵原子)，这些静态的元素通过机械的联想过程而被动地结合在一起。反之，冯特认为，在组织其内容方面，意识的作用是积极的。因此，意识的元素、内容和结构的研究仅仅提供了一个理解心理过程的开端。

意志主义

由于冯特关注心灵的自我组织能力，因而他把自己的理论体系称之为**意志主义**(Voluntarism)，这一术语是他从意志(volition)一词衍生而来的。其含义是指意愿(willing)的活动或力量。意志主义指的是将心灵内容组织成为较高级思维过程的意志的力量。冯特的重点并不像英国经验主义和联想主义那样(或者像冯特的学生铁钦纳后来所做的那样)，是元素本身，而是积极地组织和综合这些元素的过程。然而，记住这一点是很重要的：尽管冯特声称意识的心灵具有综合元素成为高级认知过程的力量，但是冯特承认意识的元素是基本的。如果没有这些元素，心灵的组织作用也就成了无米之炊。

间接经验和直接经验

依照冯特的观点，心理学家应该关注直接经验的研究，而不是**间接经验**(mediate

experience)的研究。间接经验提供了有关某一事物的知识或信息,而不是经验的元素。这是我们通过经验获得关于周围世界知识的惯常方式。例如,当我们观察一朵玫瑰且说道"玫瑰是红色的"时,这一陈述意味着我们的主要兴趣在于花,而不在于我们觉察到了称作"红色"的某种东西这一事实。

然而,观察花的**直接经验**(imemediate experience)并不在这一对象本身,而在于感受到某些东西是红色的那种经验。对于冯特来说,直接经验是无偏见的和没有受到个人解释影响的。例如,根据对象,即花本身来描述自己对玫瑰的红色的体验。

同样地,当我们描述由于牙疼而产生的不舒服的感觉时,我们报告的是直接经验。但是如果我们仅仅说:"我牙疼",那么涉及的就仅仅是间接经验了。

在冯特看来,人的基本经验,如红的体验、不舒服的感受等等,形成了意识状态(心理元素),这种状态是心灵积极地组织起来的。冯特的目标是把心灵分析成它的元素和它的组成部分,就像自然科学家分解他们的研究对象——物理宇宙那样。俄国化学家门捷列夫在建立化学元素周期表时表现出来的思想支持了冯特的观点。历史学家曾经认为,冯特可能一直努力去构造一个心灵的"元素周期表"(Marx & Cronan-Hillix, 1987)。

内省法

冯特将他的心理学描述为意识经验的科学,因而科学心理学的方法必然涉及意识经验的观察,但是只有具有这种经验的人才能观察到。因此,冯特断定心理学的观察方法必然离不开**内省**(introspection),即对自己的心理状态的考察。冯特把这种方法叫做内部知觉。内省法并非冯特的创造,这一方法的使用可以追溯到苏格拉底(Socrates)。冯特的革新之处在于应用精确的实验条件控制内省的操作。

在物理学中,内省曾经被用于声和光的研究。在生理学中,内省被用来研究感官。例如,为获得关于感官的信息,研究者给被试施予一个刺激,然后请被试报告所引起的感觉。你会发现,这是类似于费希纳的心理物理学方法。当被试比较两个重物,并且报告孰轻孰重,或者相等时,他们就是在内省。也就是说,他们报告了自己的意识经验。

莱比锡大学冯特实验室里所运用的内省或内部知觉方法,是在冯特所制定的细致的规则和条件下实施的。

(1) 观察者必须能确定内省过程什么时候开始;

(2) 观察者必须作好准备或注意力集中;

(3) 观察者必须能重复数次;

(4) 观察者必须能根据刺激的控制操作改变实验条件。

最后一个条件揭示了实验方法的本质,即改变刺激情景的条件并观察被试报告的相应变化。

冯特相信,他的这种内省形式,即内部知觉,会为心理学所感兴趣的问题的研究提供原始数据,就如同外部知觉给天文学和化学等科学提供数据。在外部知觉中,观察的中心在观察者的外部，例如，星体或试管中化学元素混合产生的反应等等；而内部知觉的中心则在观察者的内部，即他或她的意识经验。

把内部知觉置于严格实验条件下的目的，是为了获得可以重复进行的精确观察，以及获得用于自然科学观察的外部知觉方法。在自然科学研究中，这种外部知觉方法是可以为其他的研究者独立重复进行的。为了实现这个目的，冯特坚持认为，他的观察者必须接受仔细的和严格的训练，以便于正确地进行内部知觉。在被认为已做好充分的准备给冯特的实验室提供有价值的数据之前，观察者必须经过令人惊异的上万次的单独的内省观察训练。通过这种持续的、重复的训练，被试才能使观察达到机械化的程度，灵敏并且专注于正在观察的意识经验。从理论上讲，经过冯特训练的被试在内省时将不需要停顿，也就是说，他不需要思考或反省这一过程(这样有可能引入个人的解释)。他需要做的就是立刻、自动地报告他们的意识经验。因此，观察活动和直接经验的报告之间的时间间隔是非常短的。

冯特极少接受质化的内省，这种内省只是简单地描述内部经验。冯特所寻求的内省报告涉及的主要是被试对大小、强度、各种物理刺激持续时间的意识判断。这些都是在心理物理学研究中所使用的数量化的判断。冯特的实验室研究中仅仅有很少的一部分使用了主观或质化的内省报告。这类研究往往涉及的是刺激的舒适性、意象的强度或者感觉的性质。冯特的大部分研究都是由复杂的仪器设备所作的客观测量，其中，以数量化方式记录的反应时测量占了很大一部分〔1〕。当积累了足够多的客观数据以后，冯特就可以从中推论出意识经验的元素和过程了。

意识经验的元素

在为他的新心理学界定了研究对象和研究方法之后，冯特勾画出了他的基本目标：(1) 把意识过程分析成它的基本元素；(2) 发现这些元素是怎样综合或组织起来的；(3) 确定这些元素结合的定律。

感觉

冯特认为，感觉是经验的两种基本形式之一。每当感官受到刺激时，就会产生感觉，而且也有相应的神经冲动传至大脑。感觉可以通过强度、持续性和感官的特征来加以分类。冯特认为在感觉和表象之间没有根本差别，因为表象也同大脑皮层的兴奋相联系。

感情

感情(feelings，有时也译为感受〔2〕)是经验的另一种基本形式。感觉和感情是直

---

〔1〕 一位历史学家调查了冯特对质化和量化数据的使用。他发现"1883～1903 年间，在冯特的《哲学研究》共 20 卷中所发表的 180 篇实验研究报告中，仅有 4 篇使用的是质化内省数据"(Danziger，1980，p. 248)。

〔2〕 译者注。

接经验同时存在的不同方面。感情是感觉的主观方面的补充，但不是由某个感观直接产生的。感觉由某种感情的基本性质所伴随。当感觉结合起来形成一种更为复杂的状态时，某种感情的基本性质就产生了。

以他自己个人的内省观察为基础，冯特提出了**感情三维说**(tridimensional theory of feelings)。他使用一个节拍器(一种能有节律地发出咔嗒声的装置)。他报告说，在体验到一系列的咔嗒声之后，他感到某些节律比另外一些更悦耳，更让人感到愉快。他由此得出结论认为，对任何声音形式的经验都是一种愉快或不愉快的主观感受(注意，这种主观感受是与咔嗒声相联系的物理感觉同时产生的)。所以冯特认为，这种感情状态可以从强烈的愉快到强烈的不愉快这一连续的范围内加以确定。

随着实验的进行，当倾听节拍器的咔嗒声时，冯特注意到第二种感情，即在期待相继出现的咔嗒声时，会有轻微的紧张感，在咔嗒声响过之后，又出现了松弛感。由此他得出结论，认为除了愉快和不愉快的变化系列外，感情中还存在着紧张和松弛的维度。此外，当增加咔嗒声的频率时，他感受到稍微有点兴奋；而当减少咔嗒声的频率时，就有了较为平静甚至压抑的感受。

因此，通过不断改变节拍器的速率，以及内省和报告直接的意识体验(他的感觉和感受)，冯特得到了感情的三个独立的维度，即愉快/不愉快、紧张/松弛、兴奋/抑制。每一种基本感情都可以通过在一个三维的空间中定位而得到有效的描述。也就是说，每一种感情都可以在不同的维度上找到自己的位置。

由于冯特认为情绪是基本感情的复杂结合物，因此，如果能在三维的坐标方格中确定基本的感情，那么情绪就可以还原为这些心理元素。然而，尽管他的感情三维说在那个时代的莱比锡和欧洲其他实验室激起了大量研究，这一学说最终没能经受住时间的考验。

意识经验元素的组织

尽管冯特强调了意识经验的元素，但是他承认，当我们观察现实世界的物体时，我们知觉到的是统一体或整体。例如，当向窗外看时，我们看到的是一棵树，而不是受过训练的观察者在实验室中报告内省结果时所报告的亮度、色彩与形状的个别的感觉和意识经验。现实世界中的视觉经验把树理解成一个单元，而不是组成这棵树的基本的感觉和感受。

这一统一的意识经验是怎样从它的基本部分复合而成的呢？冯特用**统觉说**来解释这一现象。将心理元素组织成为一个整体的过程是一种创造性综合(也称为心理组合定律)。这种创造性综合从对元素的逐步构建和结合中形成了新的性质。冯特写道："每一心理复合物都有其特征，这些特征决不仅是元素特征的总和(Wundt，1896，p. 375)。"你可能已经听说整体不同于部分的总和的说法，这是格式塔心理学家倡导的观点(参阅第十二章)。这种创造性综合的概念在化学中有其对应的东西。化学元素的结合产生的化合物或生成物包含的特性是其原有成分所没有的。

对于冯特来说，统觉是一个积极的过程。意识决不仅仅受到我们体验到的基本感觉和感情的作用。相反，心灵以一种创造性的方式作用于这些元素，形成一个整体。因此，冯特并不像大多数英国经验主义者和联想主义者所热衷的那样，认为联想的过程是被动的和机械的。

原著精选

有关心理生成定律和创造性综合原则的原始资料：选自《心理学大纲》(1896)

威廉·冯特

心理生成定律在这样一个事实中体现出来，即每一种心理复合物都表现出一些特性。当那些组成它的元素出现之后，这些特性就可以从元素的特性中加以理解，但决不能将其视作仅是这些元素特性的总和。一个由复合而成的当当声在观念和感情(ideafloral and affective)特性上，要强于仅仅单种声音的总和。在空间和时间概念上，空间和时间的排列必定是以一种完美的恒常方式，由组成时空概念的元素的共同作用而决定的，但是这种排列本身仍然不能被视作是属于感觉元素本身的特性。作相反主张的先天论理论则把自己置于矛盾的境地而不能自拔。再者，就它们承认最初产生的空间知觉和时间知觉随后可以发生变化而言，至少在某种程度上，这些理论最终不得不作出新质产生的假定。

最后，在统觉功能和想象以及理解活动中，这一定律以一种清晰的组织形式得到了表现。由统觉综合而结合起来的(united)元素，以一种由它们的结合而产生的总合性(aggregate)的观念，不但获得了一种它们处于孤立状态时所没有的一种新的意义，而且尤为重要的是，这种总合性的概念本身就是一种新的内容。可以确定的是，这些元素使之成为可能，然而这种新的意义决不存在于元素之中。这一点在更为复杂的创造性综合活动，如艺术工作或逻辑思维过程中，表现得最为明显。

心理生成定律表达了这么一个原理，即从其结果来看，可以称之为创造性综合原则。这个原则在较高级的心理活动中早已被人们所承认，但是一般而言，没有被运用到其他的心理过程中。事实上，由于错误地同心理因果关系定律相混淆，它已经被完全颠倒了。

类似的混淆也成为这样一种观念的原因，即认为精神世界中的创造性综合原则与自然世界中的一般定律，特别是能量守恒定律是矛盾的。但是这样一种矛盾一开始就是不可能的，因为在自然科学和心理学中，形成观点的角度以及在此基础上所作的测量是不同的，而且必须有所区别，显然自然科学和心理学并不是研究不同的经验内容，而是研究从不同的角度所看到的同一内容。

物理测量与客观的质量、力和能量有关。在判断客观经验中，这些都是我们不得不使用的补充(supplementary)概念，从经验中产生的概念的一般定律就任何单一经验而言必然是不矛盾的。而心理测量涉及的是心理成分及其生成物的比较。这种测量与主观价值和目的相关。一个整体的主观价值在与其成分的主观价值进行比较时，可能会增加。在与其相关的质量、力和能量不变的条件下，整体的目的可能不同于和高于其成分的。外部意志行为的肌肉运动，即伴随感官知觉、联想与统觉的物理过程都一律遵循能量守恒定律。但是这些能量所代表的心理值和目的，即使在能量的量保持不变的条件下，在数量上可能也是非常不同的。

冯特心理学在德国的命运

尽管冯特的心理学迅速传播开来，但是它并没有在德国直接或完全地改变学院心理学的性质。在冯特的有生之年，更确切地说，直到他逝世 20 年之后的 1941 年，德国大学中的心理学基本上仍然是哲学的一个分支领域。造成这一现象的部分原因是某些心理学家和哲学家反对将心理学与哲学相分离。但是另外一个很重要的原因是背景因素的作用，即那些负责给德国大学提供经费的政府官员没有看出心理学有什么实际价值，以至于值得花钱建立一个独立的系科和实验室。

1912 年，当实验心理学协会在柏林开会时，德国心理学家正式地强烈要求政府官员给心理学提供更多的财政支持。柏林市长回答说，他首先要做的，是从所有这些心理学研究中看到某些实用的结果。其传达的信息很清楚："如果心理学想得到更多的支持，那么它的代表者就必须证明心理学对社会的效用(Ash，1995，p. 45)。"

困难在于，由于冯特的心理学只关心意识元素的描述和组织，因而并不适合解决现实世界的问题。或许这也就是为什么冯特的心理学没有在美国实用主义的氛围中扎根的原因。冯特把心理学当成一门纯粹的学院科学，他对把他的心理学应用于实际问题一点也不感兴趣。

因此，尽管其他许多国家的大学接受了心理学，但是冯特的心理学在它的故乡德国却迟迟没有成为一门独立的学科。到 1910 年时，即冯特逝世前 10 年，德国心理学已经发行了 3 本杂志，出版了几本教科书，也建立了几个实验室，但是仅仅有 4 位学者在官方的人名地址录上将自己列为心理学家而不是哲学家。到 1925 年时，在德国也只有 25 位学者称自己为心理学家，在 23 所大学中只有 14 所大学单独设立了心理学系(Turner，1982)。

而在同一时间的美国，则有更多的心理学家和心理学系科。心理学的知识和技术被应用于商业和教育等实践问题。但是我们将会看到，这一对冯特心理学的偏离仍然导源于冯特自己的观点。

对冯特心理学的批评

像任何发明创造者那样，冯特的观点也面临着批评，最易受责难的是他的内部知觉方法，即内省法。批评者们质问道：当不同的观察者通过内省得到不同的结果时，怎样确定他们谁是正确的呢？使用内省技术的实验并不能总是提供一致的结果，因为内省观察是一种自我观察，明显地是一种私人经验。因此，通过重复的观察并不能解决结果上的不一致问题。冯特承认这一缺陷，但是相信通过给观察者提供更多的训练，增多观察者的经验，这一方法可以得到改善。

冯特个人在政治问题上的观点同样给批评者提供了靶子，这也可以对一位历史学家的描述作出解释："冯特的心理学在两次世界大战之间(1918—1939)一下子就衰落了……冯特的大量研究和论著几乎在讲英语的地区消失了(Blumenthal，1985，p. 44)。"一些学者推测说，造成冯特心理学消失的原因与冯特公开发表的对第一次世界大战的评论有关。冯特指责英国发动了这场战争，他为德国入侵比利时辩护，将其说成是自卫行动。这些言论都是自私的和错误的，它使得许多美国心理学家转而反对冯特及其心理学(参阅 Benjamin，Durkin，Link，Vestal & Acord，1992；Sanua，1993)。一战之后，冯特的体系在讲德语的地区也面临着日益增强的竞争。在冯特的后半生期间，欧洲兴起的两个思想流派，即德国的格式塔心理学和奥地利的精神分析，使他的观点黯然失色。在美国，机能主义和行为主义也侵蚀了冯特的方法。

此外，居于支配地位的经济因素和政治背景力量也构成了冯特心理学在德国消失的部分原因。第一次世界大战战败后的德国在经济上陷于崩溃的边缘，德国的大学因此而几乎破产。莱比锡大学甚至没有经费为图书馆购买冯特的新版图书。冯特的实验室曾经培养了第一代心理学家，但是在第二次世界大战中，它毁于英国和美国 1943 年 12 月 4 日对德国的一次空袭。由此，冯特心理学的性质、内容、形式，甚至于它的家园都消失了。

冯特的遗产

建立第一个心理学实验室这一行动需要这样一个人物：他具有那个时代生理学和哲学的广博知识，能够有效地将这些学科的观点和研究方法加以综合。对于冯特来说，为了实现建立一门新科学的目标，他必须抛弃过去的非科学思维，斩断他的新科学心理学与旧的心灵哲学之间的思想联系。把心理学的研究对象限制于意识经验，并且指出心理学是一门以经验为基础的科学，冯特避开了有关不朽的灵魂与必死的身体之间的关系的讨论。他简单地强调说，心理学并不探讨这样的问题。这一主张对于心理学来说，是向前迈了一大步。

像他宣称的那样，冯特开创了一个新的科学领域，在实验室中从事着他专门为这个目标而设计的实验。他在自己的杂志上发表研究结果，尝试着创建一个关于人类心灵本质的系统理论。他的一些学生建立了许多这样的实验室，用冯特提出的方法和技术持续对心理学进行实验。因此，冯特为心理学提供了一门现代科学所必须具备的那些东西。

当然，时代已经为冯特的心理学运动作好了准备，它是生理科学，特别是德国的大学中的生理科学发展的自然结果。虽然冯特的工作是这一运动的顶点，却不能说是这一运动的起源。然而，这并不会降低它的声誉。心理学的建立的确需要巨大的精神投入和勇气使这场运动得以完成。冯特的努力成果代表着这样一种巨大的成就，以至于我们必须把他作为现代心理学家中一个独一无二的人物加以记载。冯特逝世 70 年之后的一次对 49 位美国心理学史家的调查表明，冯特仍然被认为是前所未有的最重要的心理学家。这对于一位其体系早已衰落的学者来说，是一个非常难得的荣誉(Korn, Davis & Davis, 1991)。

冯特之后的大部分心理学史记载的都是对他加于这个领域的诸多限制的反叛，但是这并不能贬低冯特对心理学的里程碑式的贡献。相反，我们可以认为，后来的这些发展实际上提高了冯特的声望。革命需要某个靶子，需要一些东西去推动，作为这种靶子，冯特的工作为现代实验心理学提供了一个无与伦比的良好开端。

历史在线

http://www.psy.pdx.edu/PsiCafe/KeyTheorists/Wundt.htm

冯特的生平信息，以及一些有关冯特的研究、理论、实验室设备网页的链接。此外，这里也提供了冯特一些论著的全文。

德国心理学的其他发展

冯特对新心理学的垄断仅仅持续了很短的一段时间。这门新科学同样在德国的其他实验室发展起来。尽管在心理学的早期岁月里，冯特显然是最重要的组织者和对其进行系统化的人，但其他一些人物也在这一领域的早期发展中发挥了影响。那些与冯特观点相悖的研究者提出了不同的观念，但是他们所有的人都参与到一个共同的事业之中，那就是将心理学作为一门科学而加以扩展。他们的工作与冯特的工作一起，使得德国成为新心理学运动无可争议的中心。

英国与此相关的一些发展将为心理学确定根本不同的主题和方向。查尔斯·达尔文(Charles Darwin)提出了进化论，弗兰西斯·高尔顿(Francis Galton)开始从事有关个体差异心理学的研究。这些观念传到美国以后，影响了心理学的发展方向，甚至超过了冯特的先驱性工作的影响。

此外,早期的美国心理学家大都到德国莱比锡大学在冯特的指导下学习过。但是当他们返回美国以后,他们把冯特式的心理学变成了独特的美国式的心理学。在后面的章节中我们将讨论这些发展,而现在重要的一点是,就在冯特建立心理学之后不久,心理学就分裂了,冯特的心理学因此很快成为几种心理学中的一种。

赫尔曼·艾宾浩斯(1850—1909)

仅仅在冯特宣称高级心理过程不可能进行实验研究的几年之后,一位远离任何心理学学术中心而单独工作的德国心理学家,成功地对高级心理过程进行了实验研究。赫尔曼·艾宾浩斯成为对学习和记忆做实验研究的第一位心理学家。在这一过程中,他不仅证明了冯特在这一点上是错误的,而且改变了联想或学习的研究方式。

艾宾浩斯的生平

1850 年,艾宾浩斯出生在德国波恩附近。他先是在波恩大学接受大学教育,然后转到哈雷和柏林的大学。在大学读书期间,他的兴趣从历史和文学转向哲学,1873 年大学毕业。而在此之前他还在军队服役了一段时间,参加了普法战争。他花费了 7 年时间在英国和法国进行独立研究,但是在这段时间,他的兴趣再次转变,这次是转向科学。冯特在德国莱比锡大学建立第一个心理学实验室 3 年之前,艾宾浩斯在伦敦的书店买了一本旧书,即费希纳的名著《心理物理学纲要》。与这本书的邂逅对他的思维方式产生了深刻的影响,并最终影响了心理学的方向。

赫尔曼·艾宾浩斯

费希纳用来研究心理现象的数学方法,对于艾宾浩斯是个令人兴奋的启示。艾宾浩斯决心用费希纳研究心理物理学的方式研究心理学,即采用严格的和系统化的测量方法。他的目标就是要应用实验方法于高级心理过程。极有可能是因为受到了当时流行的英国联想主义著作的影响,艾宾浩斯选择了在人类的学习领域进行他的开创性研究。

关于学习的研究

在艾宾浩斯开始他的研究工作之前,研究学习的惯常方式是考察已经形成的联想。这是英国联想主义者所使用的方法。在某种意义上,研究者采用的是追溯的方式,试图确定联结是怎样建立的。

艾宾浩斯的关注点不同。他从联想的最初形成过程来开始他的研究。利用这种方式的研究,他可以控制观念链形成的条件,因而使得学习的研究更为客观。

艾宾浩斯在学习和遗忘方面的工作曾被认为是实验心理学领域最富有创造性的重大成就之一。它是真正的心理学问题领域里的第一次冒险。他所研究的问题不是生理学的一个部分,而冯特所研究的问题很多是属于生理学的。因此,艾宾浩斯的突破性研究极大地扩展了实验心理学的范围。我们可以回忆一下,此前学习和记忆从来没有用实验方法研究过,而且,那时已经非常著名的冯特宣称学习和记忆的研究不能使用实验方法。尽管艾宾浩斯没有学术职位,没有从事这一工作的大学环境,没有老师和学生,也没有实验室,但是他决心从事这项工作。在 5 年的时间里,以自己作为惟一的被试,他进行了一系列严格控制的和综合性的实验研究。

对于基本的学习测量,艾宾浩斯采纳并改进了联想主义者所使用的技术。联想主义曾经倡导用联想的频率作为回忆的条件。艾宾浩斯推论道:材料学习的困难程度可以使用联想的频率来进行测量,即计算材料的完整再现所需要的复述的次数。在这里,我们看到了费希纳的影响。费希纳是通过测量造成感觉上的最小可觉差所需要的刺激强度来间接地测量感觉的。艾宾浩斯以类似的方式测量记忆,即计算学习材料所需要的尝试或复述的次数。

对于所要学习的材料,艾宾浩斯设计了一些类似的但又有区别的音节。他非常充分地重复记忆任务,直到对记忆结果的精确性很有信心。以这种方式,他在不断的尝试中去除一些误差,获得一个平均的量度。艾宾浩斯的实验过程如此系统,以至于他调整了自己个人的生活习惯,并尽可能地保持下去,按照不变的程序进行实验。他总是在每一天的同一时间学习那些记忆材料。

使用无意义音节的研究

对于他研究的对象,即要习得的材料,艾宾浩斯发明了今天我们所知的**无意义音节**(nonsense syllables)。无意义音节的发明使学习的研究发生了一场革命。冯特的学生铁钦纳(第五章)曾经指出,无意义音节的使用标志着自亚里士多德时代以来学习领域最重要的进展。

由于艾宾浩斯意识到使用故事或诗歌作为刺激材料所固有的困难,因此他决定寻找某种不同于日常用语的材料作为他研究的基础。熟悉该语言的人,已经使意义和联想同日常语言发生了联系。这些已经存在的联想可以促进材料的学习。由于实验的时候这些联结已经存在,因而实验者无法控制。艾宾浩斯想要使用的是这样一种材料:没有建立过任何联想,完全同质,在熟悉性上也是同等的,与过去业已形成的联想没有任何联系。因此,艾宾浩斯创造了无意义音节。典型的无意义音节通常由两个辅音字母和一个处于其中间的元音字母组成,如 lef、bok 或者 yat 等。这些无意义音节满足了艾宾浩斯的标准。艾宾浩斯在卡片上写下了辅音字母和元音字母所有可能的结合方式,制造出2 300多个无意义音节,从中随机选择要识记的刺激材料。

后来的历史资料为我们理解艾宾浩斯的无意义音节提供了新的解释(Gundach, 1986)。这些新的历史数据是一位德国心理学家提供的。他阅读了艾宾浩斯所有出版物和他的一系列实验的笔记的注释,并且把艾宾浩斯的原作与英文译著进行了比较。他发现,无意义音节并不总限于 3 个字母,这些音节也并非一定是都是无意义的。

通过考察艾宾浩斯的原作,对这一历史资料审慎而仔细的研究揭示出,无意义音节有时是由 4 个、5 个,或者 6 个字母组成的。更重要的是,艾宾浩斯把"音节的无意义系列"作为研究的对象,但是在英文翻译中却不正确地译成了"无意义音节系列"。对艾宾浩斯来说,并不是每一个个体的音节无意义(尽管许多是无意义的),而是整个刺激词的系列无意义,也就是说,有意地设计这样的系列,使其摆脱先前所形成的联想或联结。

这一对艾宾浩斯论著的新解释也揭示出艾宾浩斯不但精通英语、法语和德语,并且还学过拉丁语和希腊语。因此,对他而言,创造出完全无意义的音节是有困难的。这位研究者得出结论说:"艾宾浩斯的一些追随者奋力以求,去创制出确切的、无意义的和没有联想的音节,是徒劳的努力(Gundlach, 1986, pp. 469—470)。"

艾宾浩斯设计了几个实验,使用音节的无意义系列测定各种实验条件对人类的识记和保持的影响。其中一项实验研究的是记忆一系列音节的速度与记忆一些具有明显有意义材料的速度的差异。为了测定这种差异,艾宾浩斯首先背诵了拜伦的诗歌《唐璜》。每一段诗歌有 80 个音节。他发现大约需要读 9 次才能背诵一段。然后,他又背诵 80 个音节的无意义系列,发现完成这一任务大约需要重复80 次。由此,他得出结论认为,无意义的或没有联想的材料在记忆的难度上大约是有意义材料的 9 倍。

艾宾浩斯同样研究了所识记的材料长度对作到完全再现所需要的复述次数的影响。他发现,材料越长,所需要重复的次数越多,因而所需要的学习时间也就越长。当艾宾浩斯增加识记音节的数量时,记忆一个音节平均所需要的时间也随之增加。这一研究结果与一般的预测是一致的,即所要学习的东西越多,花费的时间就越长。艾宾浩斯这一工作的意义在于其对实验条件的精心控制,在于他对数据的数量化分析,也在于他有关平均每个音节的学习时间和总的识记时间都随着材料的增加而增长的研究结论。

艾宾浩斯也研究了他认为会影响学习和记忆的其他变量。例如,过度学习的效果(在能够一次完全再现之后,复述更多的次数)、音节序列内的联想、对材料的复习、学习和回忆的时间间隔等等。他有关时间效应对记忆影响的研究产生了著名的艾宾浩斯遗忘曲线。这一曲线表明,在学习后的几小时以内,材料的遗忘速度很快,此后遗忘速度就慢多了(参见图 4.1)。

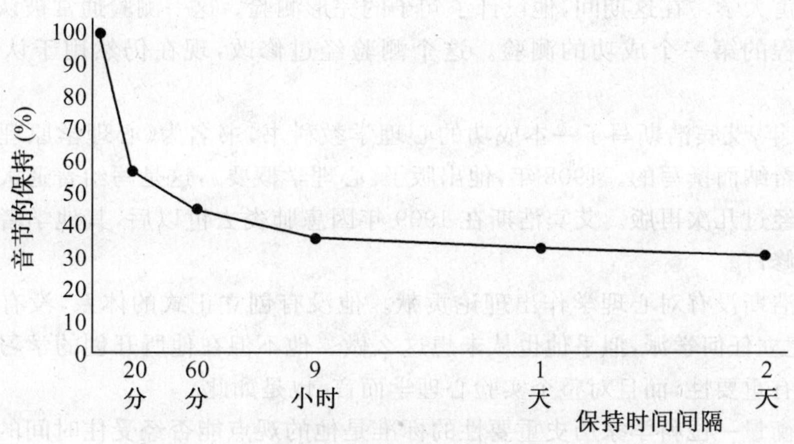

图 4.1 艾宾浩斯无意义音节的遗忘曲线

1880 年，艾宾浩斯接受了柏林大学的一个教职。在柏林大学，艾宾浩斯继续他的研究，重复验证他早期的研究结果。他在《论记忆：对实验心理学的贡献》一书中，发表了他的研究结果。他的这一研究可以说是实验心理学历史上最出色的个人研究。艾宾浩斯除了开创了一个今天仍然很重要的新实验研究领域之外，他的研究也成为一个技巧、毅力和创造的典范。在心理学的历史中，我们无法找到其他任何一个承受如此艰辛的实验程序并独立工作的研究者。这一研究如此的精确、彻底和系统，以至于仍然为一个世纪之后的心理学教科书所引证。

艾宾浩斯对心理学的其他贡献

1890 年，艾宾浩斯与物理学家阿瑟·考尼格(Arthur Konig)创办了一份杂志，刊名为《心理学与感官生理学期刊》。这本期刊在德国受到了欢迎，因为那个时候冯特的期刊主要用于刊登来自莱比锡实验室的研究报告，无法包容所有其他的研究。在冯特创办他的期刊仅仅 9 年之后就需要一本新的期刊，这一事实是心理学在数量和种类上的有力证明。

在创刊号上，艾宾浩斯和考尼格针对杂志名称中的两个学科，他们大胆断言，认为这两个领域“已经在一起成长……形成了一个整体，它们相互促进、互为条件，因而将两个共存平等的学科组成了一个重要的双重性质(double)的学科(引自 Turnner, 1982, p. 151)”。这一论断的提出仅仅是在冯特建立第一个实验室之后的 11 年，这也表明了冯特有关心理学是一门科学的观念已经到了为人们所接受的程度。

在柏林大学，艾宾浩斯没有得到提升，明显是因为他没有再发表论著。1894 年，他接受了布雷斯劳(今属波兰)大学的聘请。在那里，他一直工作到 1905 年。然后，他又转到哈雷大学。在这期间，他设计了句子的完形测验。这一测验通常被认为是对高级心理过程的第一个成功的测验。这个测验经过修改，现在仍然用于认知能力的测试。

1902 年，艾宾浩斯写了一本成功的心理学教科书，书名为《心理学原理》，书是为了纪念费希纳而撰写的。1908 年，他出版了《心理学概要》，这是写给普通大众的。这两本书都经过几次再版。艾宾浩斯在 1909 年因患肺炎去世以后，其他学者又对这两本书作了修订。

艾宾浩斯没有对心理学作出理论贡献。他没有创立正式的体系，没有任何追随者，没有建立任何学派，似乎他也从未想这么做。他不但在他所开创的学习和记忆研究方面具有重要性，而且对整个实验心理学而言，也是如此。

全面衡量一位科学家历史重要性的标准是他的观点能否经受住时间的考验。从这个标准来看，艾宾浩斯比冯特更有影响。艾宾浩斯的工作给学习的研究带来了客观性、数量化与实验的方法。研究在 20 世纪的大部分时间里在心理学中都占据着中心的地位。正是由于艾宾浩斯的远见和奉献，联想的探讨由对其特性的推论变成了一项正式的科学研究。他有关学习和记忆特性的许多研究结论，在提出一个世纪之后的今天，仍然是有效的。

历史在线

http://www.thoemmes.com/psych/ebbing.htm

有关艾宾浩斯研究方法的讨论。

http://psychclassic.yorku.ca/Ebbinghaus/

艾宾浩斯的《论记忆：对实验心理学的贡献》一书的全文。

弗兰兹·布伦塔诺(1838—1917)

大约在 16 岁那年，布伦塔诺开始了作为牧师的训练。他先后在德国的柏林大学、慕尼黑大学和图宾根大学读书，1864 年从图宾根大学获得了一个哲学学位。同一年，他被任命为教士，两年之后，他开始在符兹堡大学讲授哲学。在那里，他也编写和讲授亚里士多德的论著。1870 年，罗马梵蒂冈教会接受教皇无过错的教义，这一观念是布伦塔诺所反对的。因此，他辞去了教授职务，并且正式脱离了教会，虽然他已经被任命为牧师。

布伦塔诺最著名的著作是《从经验的观点看心理学》，出版于 1874 年。而这一年恰好是冯特的《生理心理学原理》第二卷出版的那一年。布伦塔诺的书直接与冯特的观点相矛盾。这也证明了新心理学中的分歧已经明朗化了。也是在同一年，布伦塔诺被任命为维也纳大学的哲学教授。他在奥地利工作了20年。在这段时间，他的影响有了很大增长。他是一个受学生欢迎的老师。在他的学生中，有些人后来成为心理学的名人，如埃伦费斯(C. V. Ehrenfels)和弗洛伊德等人。[1] 1894年，他从教学岗位上退休，但是他还在瑞士和意大利两地继续研究和写作。

由于布伦塔诺多样化的兴趣，他成为心理学早期的重要人物之一。我们将会看到，他是格式塔心理学和人本主义心理学的先驱。他同冯特一样有着使心理学成为一门科学的目标。冯特的心理学是实验的，而布伦塔诺的心理学是经验的。依照布伦塔诺的观点，心理学的基本方法应该是观察而不是实验。尽管他并不完全拒绝实验方法。他认为经验方法更具有普遍性，范围更广泛，因为经验方法既承认来自观察和个体经验的数据，也接受实验方法提供的数据。

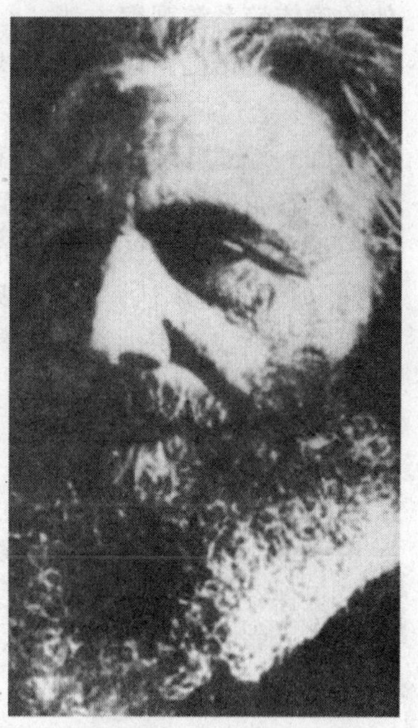

弗兰兹·布伦塔诺

意动的研究

布伦塔诺反对冯特有关心理学应该研究意识经验内容的基本观点。他认为，心理学的适当研究对象是心灵的活动，如看的心理活动，而不是一个人所看到的心理内容。因此，布伦塔诺的**意动心理学**(act psychology)对冯特有关心理过程涉及内容或元素的观点提出了质疑。

布伦塔诺认为，在作为结构的经验和作为意动的经验之间应该有一个界限。例如，在观察一朵红花时，红色的感觉内容不同于体验或感觉红色的活动。对布伦塔诺来说，体验红色的活动是心理学的真正研究对象的一个例子。他指出，色彩是一种物理性质，但是看色彩的活动是一种心理性质或活动。当然，活动必然要涉及一个对象。某一感官的内容必须存在，因为没有可看的东西，那么看的活动就没有任何意义了。

布伦塔诺对心理学研究对象的这一新的界定就需要一种不同的研究方法。因为与感觉内容不同，意动是冯特及其弟子在莱比锡实验室所使用的内省或内部知觉的方法不能触及的。意动的研究在更大的程度上需要的是观察(即自我观察的[2])。因此我们看到，对于他的意动心理学来说，经验方法和实验方法相比，布伦塔诺更偏爱经验

〔1〕 弗洛伊德跟随布伦塔诺学习过5门课程，他后来称布伦塔诺为“天才”和“那个该死的聪明家伙”(Gay, 1988, p. 29)。
〔2〕 译者注。

方法。当然,他并不倡导返回思辨哲学。请记住,布伦塔诺的方法论不是实验的,但是他的确依赖系统观察方法。

布伦塔诺提出以两种方式研究意动:

(1) 通过记忆,即回忆涉及某一特定心理状态的心理过程;

(2) 通过想象,即想象一种心理状态,观察与之相伴随的心理过程。

尽管布伦塔诺的观点吸引到了部分追随者,但冯特的心理学仍维持着它的优势地位。由于冯特出版的论著比布伦塔诺的要多得多,因而冯特的观点更广为人知。同样,心理学家也承认,与运用观察研究更为难以捉摸的意动相比,使用心理物理学的方法研究感觉或意识内容更加容易。

历史在线

http://www.formalontolo.it/brentanof.htm

这里保存着布伦塔诺的《从经验的观点看心理学》(1874)一书的前两章,有关他的研究的文章目录。另外,它可以链接到《布伦塔诺研究国际年鉴》(德文出版物,但是有少量的英文文章)。

卡尔·斯顿夫(1848—1936)

由于出生在德国巴伐利亚的一个医学家庭,卡尔·斯顿夫(Carl Stumpf)很小就开始熟悉科学了。但却对音乐产生了兴趣。7 岁那年,他开始学习小提琴,并最终掌握了 5 种乐器。到 10 岁的时候,他已经开始作曲了。在符兹堡大学读书时,他对布伦塔诺的研究产生了兴趣,开始把注意力放在哲学和科学上。在布伦塔诺的建议下,他转到哥庭根大学,1868 年在那里获得博士学位。在随后的一些年里,斯顿夫在从事新心理学研究期间,曾经在几所大学从事学术工作。

卡尔·斯顿夫

1894 年,斯顿夫在柏林大学得到了德国心理学中最荣耀的教授教职。在柏林大学工作的这段时间是他最多产的时期。在那里,他把原来只有 3 个小房间的实验室建设成为一个大型的且重要的心理学机构。尽管他的研究计划在规模上从没有赶上冯特,但是斯顿夫却被人们认为是冯特的主要竞争对手。斯顿夫培养了两位心理学家,他们后来建立了一个与冯特的观点相对立的思想学派——格式塔心理学(第十二章)。

斯顿夫在心理学中的早期论著是有关空间知觉的。但他最有影响的著作是他的《乐音心理学》,这与他毕生对音乐的兴趣相一致。这是一个两卷本的著作,分别出版于1883和1890年。这一工作以及后来的音乐研究使得他在听觉领域赢得了仅次于赫尔姆霍茨的地位。这些研究被认为是音乐心理学研究中的先驱性工作。

现象学

布伦塔诺的影响可以解释为什么斯顿夫采用了冯特所认为的合适的方法相比不那么严格的方法。斯顿夫认为,心理学的基本数据是现象(phenomena)。**现象学**(phenomendogy),斯顿夫所赞赏的一种内省的学问,指的是对无偏见的经验,即那种如其所是而产生的经验的考察。他不同意冯特把经验分解为元素的作法。斯顿夫认为,通过还原把经验分解为内容或元素的这种对经验的分析,会使得经验变成人为的和抽象的,因而不再是自然的经验。[1]

在一系列发表的论著中,斯顿夫和冯特就音调的内省问题展开了激烈的争战。斯顿夫在理论层次上挑起了这场争论,但是冯特却把争论染上了更多的个人色彩,用"伤人的恶语"调侃这场论战。(Stumpf, 1930/1961, p. 441)问题的实质是:哪一个内省者的报告更可信?当报告乐音的体验时,是应该接受冯特训练有素的实验室观察者的报告,还是接受专家型的音乐家的内省结果呢?斯顿夫完全不接受冯特莱比锡实验室的有关研究结果。

在连续不断地撰写关于音乐和声学方面论著的同时,斯顿夫也开始搜集世界各地的原始音乐记录,并为此建立了一个研究中心。他建立了柏林儿童心理学协会。他还出版了有关情绪理论的文章和著作,试图把感情还原为感觉。这一观点同当代的情绪认知理论是有关的。因此,斯顿夫是独立于冯特之外,极力扩展心理学的研究范围的德国心理学家中的一个。

奥斯沃德·屈尔佩(1862—1915)

屈尔佩最初是冯特的追随者,后来,他领导了一帮学生掀起了一场抗议运动,反对他所发现的冯特心理学中的那些局限。在他的整个心理学研究生涯中,屈尔佩关注的都是冯特心理学所忽视的问题。

1881年,屈尔佩开始了他在莱比锡大学的学习。他原本计划学习历史,但是在冯特的影响下,他转向了哲学和实验心理学,而那时实验心理学还只不过处在婴儿期。毕业以后,他成为副教授并作了冯特的助手,在心理学实验室里从事研究工作。有一

[1] 斯顿夫的学生胡塞尔后来倡导了现象学哲学。现象学运动是格式塔心理学的先驱。

位学生称他为冯特实验室的“慈祥母亲”，因为他总是愿意帮助学生解决各种各样的问题(Kiesow，1930/1961，p. 167)。

奥斯沃德·屈尔佩

屈尔佩写了一本导论性的教科书《心理学大纲》(1893)，并把它奉献给冯特。在这本书中，屈尔佩将心理学定义为依赖于经验者的经验事实的科学。

1894 年，屈尔佩接受了符兹堡大学的一个教授教职。两年之后，他在那里建立了一个心理学实验室。这个实验室很快在重要性上成了冯特实验室的竞争对手。在被吸引到符兹堡大学的学生中间，有几个美国人，其中包括詹姆斯·罗兰德·安杰尔(James Rowland Angell)。安杰尔后来成为机能主义思想学派(第七章)产生和发展的关键人物。在屈尔佩的一生中，他把自己的一切都奉献给了他的学生和他的研究。他没有结过婚，并且喜欢用“科学就是我的新娘”这句话对之加以解释(引自 Ogden，1951，p. 4)。

屈尔佩与冯特的不同

在《心理学大纲》中，屈尔佩并没有讨论思维过程。因为那个时候他的观点与冯特的观点是一致的，都认为高级心理过程是不能实验的。但是仅仅几年之后，屈尔佩就开始相信，思维过程的确可以进行实验研究，毕竟艾宾浩斯正在研究另外一个高级心理过程，即记忆。如果记忆可以在实验室里进行研究，为什么思维不能呢？对这个问题的追问明显意味着屈尔佩在向冯特心理学所设定的范围挑战。

系统实验内省

符兹堡大学和莱比锡大学心理学研究的另外一点不同与内省法有关。屈尔佩发展了一种他称之为**系统实验内省**(systematic experimental introspection)的方法。这种方法首先要求被试执行一项复杂任务，如在概念之间建立逻辑联系等，然后要求被试作出有关他在完成任务期间认知过程是怎样进行的回顾报告。换言之，被试进行某种心理过程，如思维或判断，然后被试考察他们是怎样思维和判断的。冯特在他的实验室中是禁止使用这类回顾性报告或事后报告(after the fact)的。冯特研究那些进行中的意识经验，而不是在它发生之后对它的回忆。因此，冯特对屈尔佩的方法极为不满，以至于他把屈尔佩的方法看成是“假冒的”内省。

屈尔佩的方法是系统的，因为整个经验通过划分成几个时间段而可以得到精确的描述。多次重复同样的任务，因而使得内省的报告可以得到更正、验证和扩展。通过附带的一些提问也可以补充这些内省报告，这些提问引导被试的注意力指向特定的要点。

屈尔佩与冯特所使用的内省法还存在着其他一些不同。冯特反对让被试详细地描述主观意识经验。他的大部分研究关注的是客观的、数量化的测量,如反应时或心理物理学研究中的重量判断等。与之相比,屈尔佩的系统实验内省强调的是被试对思维过程特性详细的、主观的、定性的内省报告。屈尔佩要求他的被试不仅仅对刺激强度作简单判断。他要求被试描述他们在完成实验任务期间进行的复杂的心理操作。

你可以看到,在屈尔佩的系统实验内省中,实验者在研究过程中扮演着更为积极的角色。在冯特的实验室里,实验者的作用被限制于呈现刺激材料和记录被试的观察结果。因此,冯特的实验者并不干涉实际的观察。然而,在屈尔佩的研究中,实验者直接地询问有关的问题,引导观察者对实验刺激作出具体反应。

这样的询问需要观察者更加努力地去仔细和精确地描述他们所体验到的复杂心理事件。屈尔佩从被试那里想要得到的信息比反应时、重物与轻物的判断,或者其他数量化的测量更多。一位历史学家认为,屈尔佩真正扩展了冯特内省形式的狭隘范围(Danziger,1980)。

因此总的来说,屈尔佩的方法的直接目标是研究被试在意识经验期间心灵中所发生的那些事件。他公开宣称其目标是扩展冯特心理学的研究范围,把高级心理过程包括进来,完善内省方法。

无意象思维

屈尔佩所发动的这场扩展心理学的研究对象、完善心理学研究方法的运动取得了哪些成果呢?冯特试图把意识经验还原为它的组成部分,即感觉和意象(image)。冯特指出,所有的经验都是由感觉和意象组成的。但是屈尔佩对思维过程所作的直接内省结果却支持了与此相反的观点——思维可以在没有任何感觉和意象内容的条件下发生。这一发现被称作是无意象思维。**无意象思维**(imageless thought)代表了这样一种观念,即思维过程中的意义并不必然涉及具体的意象。屈尔佩的研究揭示出了意识的非感觉一面。

符兹堡实验室中的研究课题

屈尔佩和他的学生对各种课题进行了实验研究。其中一个重要贡献是卡尔·马尔比(Karl Marbe)有关重量比较判断的研究。马尔比发现,尽管在进行重量判断期间感觉与表象是存在的,但是在判断的过程中似乎不起任何作用。被试并不能报告他们是怎样获得孰轻孰重判断的。这一发现同那些公认的观点是矛盾的。依据那些公认的观点,进行这类判断时,被试保持着第一个重物的心理意象,并且把它与第二个重物的感觉印象进行比较。

亨利·瓦特(Henry Watt)的研究表明,在字词联想任务中(请被试对刺激词作出反应)，被试无法报告任何与判断的意识过程相关的信息。这一发现更进一步支持了屈尔佩有关意识经验不能仅仅被还原为感觉和意象的观点。瓦特的被试在作出反应时，即使没有觉察到任何反应的意愿，也能正确地作出反应。瓦特得出结论认为，任务开始进行之前，在听到和理解了指令的时候，意识的工作已经完成了。

一旦理解了指令，瓦特的被试就明显建立了一种无意识定势或决定倾向(determining tendency)，以一种他们希望的方式作出反应。当被试理解了任务的规则，形成了决定倾向，那么实际任务的操作就几乎不需要任何意识努力了。这一研究表明，从意识中产生的倾向能以某种方式控制意识活动。这样一来，经验不仅依赖于意识元素，而且同样依赖于无意识决定倾向。这显示出，无意识心灵对人类行为有一定影响。这一观念后来为弗洛伊德的精神分析思想学派所采纳。

评论

我们可以看到，就在心理学正式建立之后不久，分裂和争论就席卷了整个心理学领域。然而，尽管存在着分歧，早期的心理学在建设独立的心理科学这一目标上是一致的。尽管冯特、艾宾浩斯、布伦塔诺、斯顿夫和其他一些人在心理学的研究对象和研究方法上观点不同，但他们的工作无可逆转地改变了人性研究的性质。一位作者指出，由于这些学者的努力，心理学不再是

> 对灵魂的研究，而成为利用观察和实验对人类有机体的某种反应进行的研究，这样一些研究没有包含在其他任何学科中。就此而言，尽管有许多分歧，德国心理学家从事着一个共同的事业。他们的能力，他们的勤奋以及共同努力的方向，所有这些使得德国的大学成为心理学中那场新运动的中心(Heidbreder，1933，p.105)。

但是德国并没能长久地保持这一新运动中心的地位。不久以后，冯特的学生铁钦纳把这位建立者的心理学理论带到了美国。

问题讨论

1. 为什么冯特，而不是费希纳被认为是新心理学的建立者呢？在科学中，“建立”和“创造”有什么区别？
2. 什么是冯特的文化心理学？它怎样导致了心理学的分裂？为什么文化心理学对美国心理学没有什么影响？
3. 德国生理学家和英国的经验主义者怎样影响了冯特？描述意志主义概念。
4. 什么是意识元素？它们在心理生活中有什么作用？

5. 区分直接经验和间接经验。描述冯特的方法论和他为内省制定的规则。他赞成定性的内省还是定量的内省？为什么？
6. 区分内部知觉和外部知觉。统觉的目的是什么？统觉概念同詹姆斯·穆勒和约翰·穆勒的研究有什么联系？
7. 追溯冯特心理学在德国的命运。冯特的理论在什么背景中受到批评？
8. 描述艾宾浩斯对学习和记忆的研究。费希纳是如何影响了他的研究的？
9. 布伦塔诺的意动心理学同冯特的心理学有什么不同？在内省法和在把经验还原为元素方面，斯顿夫与冯特有什么不同？
10. 什么是屈尔佩的系统实验内省？屈尔佩的方法怎样不同于冯特？无意象思维的概念怎样挑战了冯特的意识经验概念？

建议阅读

Baldwin, B. T. (1921). In memory of Wilhelm Wundt by his American students. *Psychological Review*, *28*, 153—158

冯特的美国学生回忆录。

Benjamin, L. T., Jr., Durkin, M., Link, M., Vestal, M. & Acord, J. (1992). Wundt's American doctoral students. *American Psychologist*, *47*, 123—131.

列举了从冯特那里得到博士学位的美国学生，描述了冯特对他们随后职业生涯的影响。

Danziger, K. (1980). A history of introspection reconsidered. *Journal of the History of the Behavioral Sciences*, *16*, 241—262.

描述了冯特的内省法怎样局限于对感觉刺激的简单反应，以及这一方法怎样被其他心理学家所扩展，从而包括了对实验问题的主观反应。

Langfeld, H. S. (1937). Stumpf's "Introduction to psychology." *American Journal of Psychology*, *50*, 33—56.

描述了斯顿夫 1906—1907 年在柏林大学讲授的心理学入门课程。

Lindenfeld, D. (1978). Oswald Kulpe and the Wurzburg school. *Journal of the History of the Behavioral Sciences*, *14*, 132—141.

描述了屈尔佩的哲学观点对他的心理学观的影响，并且评价了他在这一领域发展中的重要性。

Ogden, R. M. (1951). Oswald Kulpe and the Wurzburg school. *American Journal of Psychology*, *64*, 4—19.

有关屈尔佩对现代心理学的贡献的另外一种观点。

Posrman, L. (1968). Herman Ebbinghaus. *American Psychologist*, *23*, 149—157.

描述了艾宾浩斯对记忆的实验研究的贡献。

第五章 构造主义

尽管铁钦纳声称自己是冯特的忠实追随者，但是当他把冯特的心理学从德国带到美国时，他戏剧性地改变了冯特的心理学体系。铁钦纳提出了他自己的方法，称之为构造主义。但是他仍然声称它代表着冯特所提出的心理学。事实上，两个体系大相径庭。“构造主义”这一标签或许只适合于铁钦纳的心理学。构造主义在20年的时间里，一直在美国颇引人注目，直到被其他新的运动所颠覆。

冯特承认意识元素或内容的存在，但是冯特最为关心的问题是元素的组织，即元素通过统觉综合成较高水平的认知过程。在冯特看来，心灵具有一种力量，这种力量可随意地组织心理元素。这一观点同英国经验主义和联想主义所赞赏的被动、消极的解释形成对照。

铁钦纳关注的是意识的元素或内容，以及它们通过联想过程而形成的机械联结。他抛弃了冯特的统觉学说，关注的仅仅是元素本身。在铁钦纳看来，心理学的基本任务就是去发现元素性的意识经验的特性，亦即将意识分析成它的组成成分，并由此而决定它的构造。

爱德华·布莱德弗特·铁钦纳(1867—1927)

铁钦纳最富有成果的那些年月是在纽约的康奈尔大学度过的。他总是穿着牛津大学的学者袍来到课堂，他讲的每一节课都非常富有成效。他的助手在他的监督下仔细地准备好讲台上的一切。那些资历较浅的教员被要求听他全部的讲课，他们从一扇门鱼贯而入，在前排找一个位置，而铁钦纳教授则从另一扇门进入，直接走向讲台。尽管他跟从冯特学习只不过两年，但是他在许多方面都类似他的指导老师，模仿老师的贵族风格、讲课形式，甚至连胡子的样式也酷似冯特。

铁钦纳的生平

铁钦纳出生于英格兰的奇彻斯特的一个破落贵族家庭。他依靠杰出的才能赢得了一笔奖学金才进了大学。他先在马尔文学院读书，后来转到牛津大学。在那里，他学习哲学和古典文学，并且担任了生理学的研究助理。他逐渐对冯特的心理学产生了兴趣，在这所大学里，既没有其他人对这一心理学有热情，也没有人鼓励这一兴趣。很明显，他一定要去莱比锡——这一科学朝圣者的“麦加圣地”——跟随冯特学习。1892年，他在莱比锡获得博士学位。在读书期间，铁钦纳同冯特及其家庭建立了亲密的友谊。他经常被邀请到冯特的家里做客，至少有一年的圣诞节是与冯特的家人在山里的别墅度过的。(Leysæ Evars, 1990)

爱德华·布莱德弗特·铁钦纳

一旦获得了博士学位，铁钦纳就希望成为冯特的新实验心理学的英国的先行者。然而，当他返回牛津大学后，他发现他的同事仍然对使用所谓的科学方法研究他们所喜爱的哲学问题充满怀疑。仅仅几个月之后，铁钦纳就意识到，对他来说更好的机会不在英国，而在其他什么地方。因此，他离开英国，来到美国的康奈尔大学，讲授心理学和指导实验室的工作。那时，他只有25岁。此后，他一直在康奈尔，直到60岁那年因脑肿瘤而去世。

1893到1900年这段时间，他的主要精力用于建立实验室，进行实验研究和撰写学术论文。最终，他发表了60多篇文章。随着他的心理学吸引了更多的学生来到康奈尔，他不再参与到具体的实验研究中，而是指导他的学生来做。因此，通过指导学生进行研究，他的系统理论观点发展到了顶峰。在康奈尔的35年中，他指导了50多位心理学博士研究生。这些学生的博士论文大都带有他的思想观念的印迹。在学生的课题选择上，铁钦纳行使了绝对的权威，他把自己好奇的课题分配给学生。以这种方式，他建立了自己的构造主义体系。后来，他把自己的体系称作是“惟一的名副其实的科学心理学”(引自 Roback，1952，p. 184)。

铁钦纳把冯特的著作从德文译成英文。当他完成冯特的《生理心理学原理》第三版的翻译时，冯特已经出版了第四版。当铁钦纳又翻译了第四版时，又得知不知疲倦的冯特已经出了第五版。

铁钦纳自己出版的论著包括《心理学大纲》(1896)、《心理学初级读本》和4卷本的《实验心理学：实验室实践手册》(1901—1905)。这套手册——后来这套书的单卷本也被称为手册——刺激了美国心理学实验室研究的发展，影响了一代实验心理学家。铁钦纳的教科书得到广泛的使用，并且被翻译成俄语、意大利语、德语、西班牙语和法语。

铁钦纳的业余爱好分散了他在心理学方面的时间和精力。他每周的星期日晚上在家中举行小型的音乐会，在音乐系正式成立之前的许多年里，他被称为康奈尔大学“负责音乐的教授”。他搜集钱币的嗜好使得他学习了中文和阿拉伯语，以便于解读钱币上的文字。他经常与许多同事通信，大多数信件是用打字机打出的，但是附注是用手写的。

随着年龄的增大,铁钦纳从社会和学校生活中退了出来。他成为康奈尔大学的一个活的传奇,尽管许多员工从没有碰到或见到过他。他喜欢在家中的书房里工作。1909年之后,他只在春季学期的星期一晚上授课。他的妻子帮他筛选所有的电话避免他被打扰。学生们都知道,如果不出现紧急情况,就不能给他打电话。

尽管保持着典型的德国教授的贵族风格,但只要他的学生和同事给他以他认为应该得到的尊敬和尊重,铁钦纳就对他们非常和蔼,并且愿意提供帮助。据说夏天的时候,年轻教师和他的研究生到他家里帮助他洗车和安装窗帘,之所以这样做并不是因为铁钦纳的要求,而是出于对铁钦纳的敬仰。

铁钦纳以前的一个学生,卡尔·达伦巴克(Karl Dallenbach)曾经引证铁钦纳的话说:"一个男人若不会抽烟就不要指望成为心理学家(Dallenbach, 1967, p. 85)。"因此,许多学生开始抽雪茄,至少在铁钦纳的面前如此。(达伦巴克第一次抽雪茄的时候,觉得非常不舒服)。

铁钦纳的另外一个博士研究生,科拉·弗里德恩曾经报告了她与铁钦纳的这样一件事:

> 她在铁钦纳的办公室里正在与铁钦纳讨论她的研究计划,突然,铁钦纳的那个永远叼着的雪茄烧到了他的胡子。而此时,铁钦纳正在高谈阔论,他的威严的(imposing)姿态使科拉不愿打断他。最后,她对铁钦纳说道:"对不起,铁钦纳博士,你的胡子着火了。"火被扑灭后才发现,他的衬衫和内衣已经被火烧坏了。[1]

当学生离开康奈尔以后,铁钦纳仍关心着他们,并且仍然影响着学生的生活。达伦巴克博士毕业以后,原准备去医学院,但是铁钦纳为他在俄勒冈大学找了教师的位置。本来他以为铁钦纳会赞同他去医学院,但是他想错了。"我不得不去俄勒冈,因为铁钦纳不想让他对我的训练和栽培浪费掉(Dallenbach, 1967, p. 91)。"

铁钦纳的学生,E. G. 博林曾经回忆道,并非所有的学生都喜欢铁钦纳监督他们的生活。"他的一些能力较强的学生会抱怨铁钦纳的干涉和控制,最后开始反叛铁钦纳,但是很快会发现自己落到了圈子之外,被逐出了那个团体,感到痛苦,回头已是不可能了(Boring, 1952, pp. 32—33)。"

铁钦纳同他圈子以外的心理学家的关系有时也有点紧张。1892年,他被推选为美国心理学会的特权会员(charter member),但是不久以后就因为学会拒绝开除一个他认为有抄袭行为的会员而辞职了。据说他的一位朋友多年来一直替铁钦纳交会费,

[1] 这一材料来自美国心理学史档案馆。

以便于铁钦纳的名字能保留在会员名单中。

铁钦纳的实验主义者协会：不接纳女性

1904 年，一群自称“铁钦纳实验主义者”的心理学家定期聚会，讨论他们的研究笔记。课题和参加会议的人都由铁钦纳选定，并渐渐地支配了这个聚会。他的规定之一是不允许女性参加。博林曾说，铁钦纳想要的是“在充满烟味儿的、没有妇女的房间作的可以被打断、可以持不同意见和能被批评的口头报告……妇女太纯洁了，不能吸烟”(Boring，1967，p. 315)。

一些来自宾州拜伦·麻沃学院的女学生试着参加这个聚会，但是立刻被命令离开。有一次，她们在会议期间藏在桌子下面，而博林的未婚妻和另外一位女性则在旁边一个房间，“半开着门，想听一听这些大男人心理学家到底干些什么。”博林回忆道，她们并没有受到“伤害”(Boring，1967，p. 322)。

克里斯汀·莱德-弗兰克林(Christine Ladd-Franklin，1847—1930)写信给铁钦纳，要求给她一个机会，参加实验主义者协会的 1912 年会议，宣读她的实验报告。她在德国哥庭根大学缪勒的实验室和柏林大学赫尔姆霍茨的实验室从事色觉研究。在此之前，她在霍普金斯大学已经修完了数学方面的哲学博士课程，完成了论文，但是因为她是一位女性，霍普金斯大学拒绝授予她学位。44 年之后，霍普金斯大学校方才发了善心，补授莱德-弗兰克林博士学位。

当铁钦纳拒绝她参加 1912 年会议请求的时候，莱德-弗兰克林写道：“我得知在这种年月，你仍然排除女性参加实验心理学的会议感到非常震惊。这种观念是多么的陈旧(引自 Furumoto，1988，p. 107)！”然而，莱德-弗兰克林在争取参加会议的活动中并没有退缩，多年来她一直在抗议着，称铁钦纳的政策是不道德的和非科学的。

在给朋友的一封信中，铁钦纳写道：“由于不让女性参加这个会议，我一直被莱德-弗兰克林的斥责所烦扰。她威胁要当面和发表文章质问我。或许，她能成功地破坏我们的聚会，逼我们不得不像兔子那样转到地下某个昏天黑地的地方来举行我们的会议(引自 Scarborough & Furumoto，1987，p. 126)。”

尽管铁钦纳一直排除女性参加他的实验主义者协会的会议，但是他鼓励和支持女性在心理学中的发展。在康奈尔，他接受女性读他的博士研究生，而此时，哈佛和哥伦比亚大学是拒绝接纳女性研究生的。在铁钦纳所授予的 56 名博士中，有三分之一是女性(Furumoto，1988)。在授予女性博士学位方面，铁钦

玛格丽特·弗洛伊·沃什伯恩

纳比那个时代的任何一个男性心理学家都多(Evans, 1991)。铁钦纳同样支持雇佣女性教师。在这一点上,连他的同事都认为他太激进了。有一次,他不顾系主任的反对,坚持聘用了一位女教授。

在心理学中,第一个获得博士学位的女性是玛格丽特·弗洛伊·沃什伯恩(Margaret Floy Washburn)。她也是铁钦纳的第一个博士研究生。她曾经回忆道:"他并不太知道怎样与我相处(Washburn, 1932, p. 340)。"沃什伯恩毕业以后,在比较心理学方面写了一本重要的书,即《动物心灵》(1908)。她成为第一个被推选进美国科学院的女性心理学家。她也当选过美国心理学会主席。

我们简要地提及沃什伯恩的成功,以强调铁钦纳对心理学领域中女性的不断支持。尽管铁钦纳没有允许女性参加他的实验主义者协会的会议,但是他的确对女性敞开了大门,而这扇门在大多数男性心理学家那里,一直是紧闭的。[1]

意识经验的内容

依据铁钦纳的观点,心理学的研究对象是依赖于经验者的意识经验。这种经验不同于其他科学家所研究的经验。例如,物理学家和心理学家都研究光和声。物理学家从光和声所涉及的物理过程的角度研究这些现象,而心理学家则从人类如何观察和体验这些现象的角度来研究这些现象。

其他科学是独立于经验着的人的。从物理学的角度,铁钦纳列举了温度的例子。比如说一间房子中的温度是华氏 85°而无论有没有人在房间中经验这种温度。然而,当把一个观察者置于房间之内,这个观察者报告他感觉太热时,这种感觉——对热的体验——是依赖于那个经验着的个体的,即在房间中的人。对于铁钦纳来说,这种类型的意识经验是心理研究惟一适当的关注点。在 1909 年的《心理学教科书》中,铁钦纳描绘了独立经验和依赖经验的差别。

原著精选

有关构造主义的原始资料:选自《心理学教科书》(1909)

E. B. 铁钦纳

人的所有知识都来自经验,没有其他的知识来源。但是就像我们所知道的那样,人的经验可以从不同的视角进行考察。假定我们采取两种尽可能不同的观点,我们就

[1] 实验主义者协会直到 1929 年,即铁钦纳逝世两年之后,才废除了拒绝女性参加会议的政策。

会发现,在这两种条件下经验是什么样的。首先,我们把经验看做是完全独立于特定个人的,我们假定,无论有没有人在那里体验这种经验,这种经验都是持续存在的。其次,我们把经验看做是完全依赖于特定个人的,我们假定,只有当某个人在那里体验时,这个经验才是存在的。我们几乎无法找到比这两种观点差别更大的观点了。从这两种观点来看,经验有什么么不同呢?

首先,我们选择在物理学中你最先知道的三种东西,即空间、时间和物质。物理空间,即几何学的、天文学的和地质学上的空间,是恒定的,总是并且在任何地方都是同一的。空间的单位是厘米,而每一厘米,不管应用于何时何处,都是严格地等值的。物理时间同样是恒定的,它的恒定单位是秒。物质也是恒定的,它的单位是克,总是并且无论哪里都会保持同一。在这里,我们有了空间、时间和物质的经验,这些经验都被认为是独立于经验它们的人的。

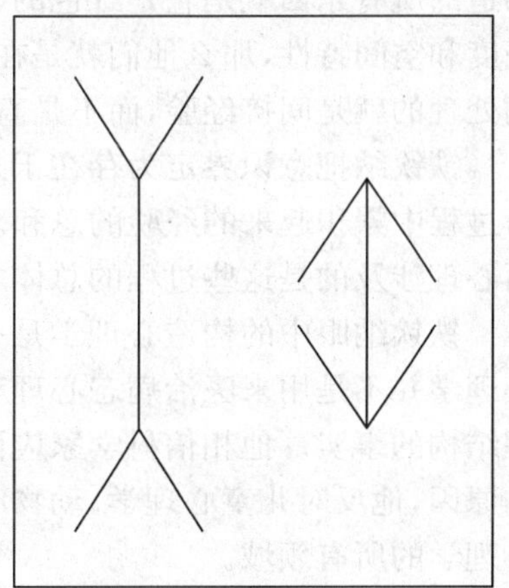

图5.1

然后,我们转到另外一种观点,把经验着的人考虑进去。图5.1中的两条直线在物理上是相等的,以厘米作为单位来测量是相等的。对于观察它们的你来说,它们却不相等。你用在乡村车站候车室等车的时间和你用在看一场令人捧腹的演出的时间在物理上是相等的,以秒作为单位来测量是等值的。但是对于你来说,一种时间过得很慢,另一种时间却过得很快,它们并不相等。取两种不同直径的圆形纸盒(如直径2厘米和直径8厘米),放入沙子,直到两者的重量都是50克。两种物质的重量在物理上是相等的,放在天平的两个盘子上,它们会保持平衡。但是如果你用两手把它们拿起来,或者用一只手轮流拿起它们,那个较小直径的纸盒就感到明显地重一些。在这里,我们又有了依赖于经验者的人的空间、时间和物质的经验。我们现在讨论的经验都是同样的经验,但是第一种观点给了我们物理学的事实和定律,第二种观点给了我们心理学的事实和定律。

现在,我们来看物理学教科书上讨论过的另外三个问题,即热、声和光。物理学家告诉我们,热本身是分子运动的能。也就是说,热是由物体内部分子运动而产生的一种能量的形式。辐射热和光一样属于所谓的辐射能。这种辐射能是由充满空间的发光以太的波动传播的。声是由物体的振动而产生的能量形式,是由某些弹性介质、固体、液体或气体的波动传播的。简而言之,热是分子的跳跃,光是以太的波动,声是空气的波动。

物理世界的这些经验类型被认为是不依赖于经验着的人的。物理世界既不温暖,也不寒冷;既不黑暗,也不明亮;既不安静,也不吵闹。仅仅当经验被认为依赖于某个人时,我们才有了温暖和寒冷、黑色和白色、彩色和灰色,也才有了乐音、嘶嘶声和砰砰声,而这些就是心理学的研究对象。

在意识经验的研究中,铁钦纳警告说,不要犯所谓的"**刺激错误**"(Stimulus Error)。刺激错误是指混淆了心理过程和被观察的对象。例如,观察者看到一只苹果,然后就把这个对象描述为苹果,而不是报告体验到的色彩、亮度和形状等经验元素,这就是犯了刺激错误。观察的对象不能用日常语言来加以描绘,而是要根据基本的意识经验内容来作出报告。

若观察者注意的是刺激对象,而不是意识内容,他们就无法在过去已知的有关这一对象的知识(例如,它被称为苹果)和自己的直接经验之间作出区分。一个观察真正知道的所有东西就是它是红色的、亮亮的和圆形的。如果他们描述的不是这些色彩、亮度和空间特性,那么他们就是在解释这一对象,而不是观察这一对象。这样一来,他们处理的就是间接经验,而不是直接经验。

铁钦纳把意识界定为存在于某一特定时间的经验的总和,而把心理界定为整个生命过程中累积起来的经验的总和。除了意识所涉及的是产生于特定时刻的心理过程,而心理涉及的是这些过程的总体之外,意识和心理是类似的。

铁钦纳眼中的构造心理学是一门纯科学。他并不关心心理学知识的应用。他说心理学并不是用来医治病态心理和改革社会的。心理学的惟一合法目标就是发现心理结构的事实。他相信科学家应该避免对自己工作的实践价值进行推测。基于这样的原因,他反对儿童心理学、动物心理学以及那些不适于他的意识经验内容内省实验心理学的所有领域。

内省法

铁钦纳的内省法,或自我观察法依赖于受过严格训练的被试。这些被试描述意识状态的元素而不是用一个熟悉的名称报告观察或体验到的刺激。铁钦纳意识到,每一个人都能学会根据刺激来描述经验,如称一个红色、闪亮的和圆形的东西为苹果。因为在日常生活中这样做是有益的,也是必要的。然而,在心理学的实验室中,这一作法却是要不得的。

铁钦纳采用了屈尔佩的说法,即系统实验内省来描述自己的方法。像屈尔佩那样,铁钦纳使用了被试在内省活动期间对心理活动详细、定性和主观的报告。他反对冯特那种客观的、量化测量的方法,因为他认为冯特的方法不利于揭示意识的基本感觉和意象,而这恰恰是他的心理学的核心。

换言之,铁钦纳不同于冯特,因为铁钦纳的兴趣在于将复杂的意识经验分析为元素性的组成成分,而不在于通过统觉而进行的元素的综合。铁钦纳强调的是部分,而冯特强调的是整体。铁钦纳同大部分英国经验主义者和联想主义者是一致的,那就是发现所谓的心灵原子。

很明显，在前往莱比锡跟随冯特学习之前，铁钦纳的内省方法显然已经形成了。一位历史学家认为，当铁钦纳还在牛津大学读书的时候，他就受到了詹姆斯·穆勒著作的影响(Danziger，1980)。

铁钦纳同样受到机械主义精神的影响，从他看待观察者的方式中我们可以清楚地看出这一点。在铁钦纳看来，观察者就是在实验室中提供研究数据的。在铁钦纳发表的研究报告中，被试被称为"催化剂"(reagents)。在化学家那里，催化剂指的是某种物质，这种物质因为具有某种反应能力，而被用来测试、检查或测量其他的物质。催化剂往往是被动的，它的作用是诱发或促使某些其他物质的反应。

由于以这样一种方式看待他实验室里的观察者，因而我们可以看出，铁钦纳是把被试当作机械的记录仪，通过记录他们所观察的刺激的特征客观地作出反应和应答。被试不过是一台无偏见的、超然的机器。同冯特一致的是，铁钦纳认为经过训练的观察会变得如此机械化和习惯化，以至于不再意识到他们正在进行着一个意识过程。铁钦纳写道：

> 在集中注意于所观察现象的时候，心理学的被试就像物理学的被试那样，完全忘了给这种观察状态以主观性注意……就像我们知道的那样，观察者已经受过了训练，"观察状态"已经机械化了。(Titchener，1912a，p. 443)

如果实验室中的观察者被认为是机器，那么就很容易使人认为所有的人都是机器。这一思维方式显示出伽利略-牛顿机械宇宙观的持续影响。这种影响并没有随着构造主义的最终消亡而停止。如心理学史所呈现的那样，我们会看到人作为机器这一形象在20世纪上半期一直是实验心理学的特征。

铁钦纳的实验法

在心理学的内省观察中，铁钦纳倡导了一种实验的方法，他一丝不苟地遵循着科学实验法的规则。他指出：

> 实验是一种可被重复、分离和加以改变的观察。你越是能经常地重复一个观察，你越有可能清楚地看到被观察的东西，因而也越有可能精确地描述你所看到的东西。你越是能严格地把一个观察分离出来，观察的任务就变得越为容易，你被无关条件引入歧途和把重点放到错误点上的危险就越小。改变观察的范围越是广泛，经验的一致性就显示得越是清晰，发现规律的机遇也就越大。(Titchener，1909，p. 20)

铁钦纳实验室中的"催化剂"或被试对各种各样的刺激进行内省,并且就意识经验元素的观察作冗长的和详细的报告。内省过程极其艰苦,他的研究生为此付出了很多。铁钦纳的学生科拉·弗里德兰(Cora Friedline)回忆了一项有关有机体敏感性的研究。在那个研究中,被试要在早晨吞下一根胃管,在全天中正常活动,直到晚上才可以取出。最初,许多学生呕吐不止,慢慢地才适应了胃管。这些被试在一天中固定的时间前往实验室,往胃管里灌注热水,然后对他们的感觉进行内省。之后,再使用冰水重复这一过程。在另外一项研究中,研究生们需要随身携带着一个笔记本,记录他们在大便和小便时的感觉和感受。

被遗失的历史数据涉及性的研究。已婚的学生被要求记录他们在性交期间的基本感觉和感受,并且在身上带一个测量仪器记录其间的生理反应。这项研究在当时并没有公开发表(1960 年科拉·弗里德兰才透露了这一事实)。然而,当时的康奈尔大学校园里都知道这回事,以至于把心理学实验室看成是一个不道德的地方。女生宿舍的女舍监在天黑以后不会允许学生到心理学实验室去。当人们听说研究生吞噬的胃管上套着保险套时,宿舍里的学生们都认为实验室"对于任何人都不是一个安全的地方"。

意识的元素

铁钦纳为心理学设定了三个基本问题:(1)把意识过程还原为最简单的元素成分;(2)确定这些意识元素结合的定律;(3)把这些元素同它们的生理条件联系起来。

因此,铁钦纳构造主义心理学的目标同自然科学的研究目标是一致的。科学家决定了要研究自然界的哪一个部分之后,他们便开始探索组成这个部分的元素,论证这些元素怎样复合为复杂的现象,并且提出支配这些现象的定律。铁钦纳的大部分研究涉及的都是第一个问题,即发现意识的元素。

铁钦纳界定了三种基本的意识状态,即感觉、意象和情感状态。感觉是知觉的基本元素,发生在声、光、味以及由存在于环境中的物理对象引起的其他经验中。意象是观念的元素,可以在那一时刻实际上没有呈现出来的经验过程中找到它们,如对过去经验的记忆。情感状态,或情感是情绪的基本元素,可以在爱、恨和伤心这样一些经验中找到它们。

在 1896 年的《心理学大纲》一书中,铁钦纳提供了一个经他的研究所发现的意识元素的清单。这一清单包含了将近 44 500 种个别的感觉性质,其中,32 820 种属于视觉范畴,11 600 种属于听觉范畴。每一种元素都被认为是有意识的和区别于所有其他元素,同时也可以与其他元素结合在一起形成知觉和观念。

心理元素的特征

心理元素尽管是基本的和无法进一步还原的,但是就像化学元素那样,是可以进行分类的。这些元素尽管简单，但是仍有一些特性使我们可以把它们与其他的元素相互区别。铁钦纳在冯特的性质和强度两个特征之外，又给心理元素增加了另外两个特征，即持续性和清晰度。他认为这四个特征是所有的感觉都具有的，因为在某种程度上，它们呈现于所有的经验中。

(1) 性质(quality)指的是"冷的"、"红的"这样一些特征，这些特征使得每一个元素区别于其他的元素。

(2) 强度涉及感觉的力量，如虚弱、响亮或明亮等。

(3) 持续性指的是感觉的时间过程。

(4) 清晰性涉及注意在意识经验中的作用。那些处在意识中心的经验比那些没有得到注意的经验更清晰。

感觉和意象具有这四个特征，但是情感状态仅仅有三个，即性质、强度和持续性。情感状态缺乏清晰度这个特征。为什么呢？铁钦纳认为注意是不可能直接聚焦于情感或情绪元素的。当我们试图这样作的时候，情感的性质——如伤心和愉快——就消失了。某些感觉过程，特别是那些涉及视觉和触觉的，具有另外一个特征，即广延性，因为它们占有空间。

所有的意识过程都可还原为上述特性之一。来自于符兹堡屈尔佩实验室有关无意象思维的发现并没有使得铁钦纳改变自己的观点。他发现在思维的过程中有某些说不清楚的性质，但是他认为这些仍然属于感觉和意象。对于铁钦纳来说，屈尔佩的被试明显犯了所谓的刺激错误，因为这些被试更多地注意了刺激对象，而不是他们的意识过程。

康奈尔大学的研究生们就情感状态问题进行了大量的实验。实验的结论使得铁钦纳拒绝接受冯特的情感三维说。铁钦纳认为，情感仅有一个维度，那就是愉快/不愉快。他否认了冯特的紧张/松弛和兴奋/抑制这两个情感维度。

在他的晚年时，铁钦纳开始从基础上改造他的构造心理学，并试图对他的体系进行一个全新的解释。大约在1918年，他在讲课时就放弃了心理元素的概念，认为心理学研究的不应该是基本元素，而是心理生活的更大维度和心理过程。这些维度或过程包括性质、强度、持续性、清晰度和广延性等。过了几年之后，他在给一位研究生的信中写道："你必须放弃根据感觉和情感进行思维的方式。10年之前那些都是正确的，但是现在……它已经完全过时了……你必须学会根据维度而不是根据诸如感觉那样的系统概念进行思考(Evans, 1972, p.174)。"

到1920年的时候，铁钦纳开始对"构造心理学"这一术语产生疑虑，开始称他的理论体系为"存在心理学"(existential psychology)。他开始重新思考他的内省方法，赞成一种现象学的方法，考察自然发生的经验，而不是尝试把经验破解为它的元素。

这些都是铁钦纳理论观点的戏剧性变化。如果铁钦纳能活得更久一些，去贯彻这些观点，那么构造心理学的面貌和命运就会彻底改变。这些观念显示出科学家的那种开放性和灵活性。科学家乐意认为自己具有这些特性,但不是所有人能将它们表现出来。历史学家经过对铁钦纳的信件和讲义的仔细考证,搜集和整理了这类变化的证据(Evans, 1972; Henle, 1974)。尽管这些观念并没有正式纳入铁钦纳的体系,但是它们显示出铁钦纳的发展方向。他的去世使他没能实现自己的目标。

对构造主义的批评

人们往往因为挑战一种传统的观点而在历史上获得声誉,但是在铁钦纳那里,情形却恰好相反。当其他人都离他而去时,他却丝毫不动摇。到20世纪的第二个十年的时候,美国和欧洲心理学的学术思想氛围已经改变了,但是铁钦纳体系的正式出版物依然保持不变。其结果是,许多心理学家都把铁钦纳的构造心理学看成是顽固坚持已经过时的原则和方法的一种徒劳的努力。心理学家詹姆斯·吉布森(James Gibson)在铁钦纳逝世之前的一段时间拜访了这位伟人。吉布森写道:"尽管铁钦纳令人敬畏……但是我们这一代已经不再需要他的理论和方法。他的影响在逐渐衰退(Gibson, 1967, p. 130)。"

铁钦纳相信他为心理学建立了一种基础,但是他的努力被证明仅仅是心理学史的一个阶段。铁钦纳逝世以后,构造主义的时代就结束了。它之所以维持如此长的时间,全是因为铁钦纳威风凛凛的人格。

对内省法的批评

对内省法的直接批评更多地与铁钦纳和屈尔佩实验室中所用的那种观察有关——这种观察涉及意识元素的主观性报告——而不是指向冯特所使用的内部知觉方法,这种方法更多地涉及对外部刺激的客观和量化反应。

广义的内省法几个世纪以前就开始使用了,对这一方法的批评也并非什么新鲜事。早在铁钦纳的研究的一个世纪之前,德国哲学家康德就曾经写道,任何内省的尝试都必然改变被研究的意识经验,因为内省把一个观察变量引入了意识经验的内容。

实证主义哲学家奥古斯特·孔德(Auguste Comte)曾经攻击内省法,认为如果心灵能观察自己的活动,它就不得不把自身分成两个部分:一个部分进行观察,另外一个部分则被观察。孔德认为,这根本就是不可能的(Wilson, 1991)。

> 除了它自身之外,心灵可以观察所有的现象……在这里,观察的器官和被观察的器官是同一的,因而它的作用不可能是纯粹的和自然的。为了进行观察,你的思想必须暂停活动,然而,你想要观察的恰恰就是这个活动。如果你不能停止这种活动,你就无法观察;如果你停止了这个活动,你就没有什么东

西可以观察。这种方法的研究结果同这种方法的荒谬性成正比。(Comte，1830/1896，Vol. 1，p. 9)

对于内省法的另外一个批评来自英国医生亨利·马兹里(Henry Maudsley)。关于心理病理学，他写道：

> 内省主义者之间几乎不能达成任何一致意见。在那些能达成一致的地方，又是因为这样一个事实，即内省主义者受过极其细致的训练，因而使得偏见成了他们观察的一部分……由于心灵本身的缺陷，因而自我报告几乎是不可相信的。(Maudsley，1867，p. 11)

因此，即使在铁钦纳矫正和完善内省法，使之符合科学的要求很久之前，人们对内省法就已经存在着严重的疑虑。尽管铁钦纳的内省法变得更为精确了，但对这一方法的攻击仍然持续着。

第一种批评是针对内省法的概念的。在精确地定义他所谓的内省法方面，铁钦纳显然有困难。他试图通过把内省法与特定的实验条件联系起来定义内省法：

> 观察者遵循的路线随被观察的意识的性质、实验的目的和实验者的指示语而在细节上有所不同。因此，内省是一个一般的术语，包含着极其众多的具体方法程序。(Titchener，1912b，p. 485)

构造主义的内省者被训练得刻板地回答问题，是铁钦纳方法论所遭到的第二个批评。作为观察者，铁钦纳的研究生必须学会忽略某种类型的词语(即所谓的意义词)，但这些词语早已成为他们词汇中一个固定的部分。例如，诸如“我看见一张桌子”这个句子对于构造主义者来说就没有任何科学意义。因为“桌子”是一个意义词，它是以有关我们学会确认和称呼一张桌子的感觉的特殊结合的知识为基础的，这些知识早先已经形成并且已达成了广泛的一致。因此，“我看见一张桌子”这样一种观察，不能给构造心理学家提供任何有关观察者意识经验方面的知识。构造主义者对于在一个意义词中所概括的感觉集合物并不感兴趣，他感兴趣的是特定的基本经验形式。那些声称“我看见一张桌子”的观察者就是犯了刺激错误。

但是，如果从词汇中剔除了日常词语，那么受过训练的被试怎样描绘他们的经验呢？这样一来，就不得不发展一种内省语言。因此铁钦纳(和冯特)都强调实验的外部条件必须小心地加以控制，以便可以精确地确定意识的内容。这样一来，两个观察者之间的经验就可以相互确证了。由于在控制条件下出现的经验极其相似，建立一种摆脱意义词的工作词汇，在理论上是有可能的。毕竟日常生活中的经验具有共同性，因而我们能对熟悉的词语取得一致的理解。

但是,建立一种内省语言这一想法从没有得以实现。即使当实验的条件得到最严格的控制,观察者也经常产生分歧。不同实验室的观察者报告了不同的结果,甚至在同一实验室对同一刺激材料进行内省的被试,也经常不能得出相似的观察结论。然而,铁钦纳认为,最终的一致是可以达到的。或许如果在内省结果上有足够的一致性,构造主义学派可能就比现在能持续更长的时间了。

内省法还被指责为实际上是回顾(retrospectio)的一种形式,因为在经验本身与报告经验之间必然经历一段时间间隔。我们记得艾宾浩斯曾经证明经验之后紧接着出现的遗忘速率是最快的,因此,极有可能在进行内省和内省报告之前某些经验已经被遗忘了。构造心理学家以两种方式回应了这种指责:首先,明确指出观察者是在最短的时间间隔后进行报告的;其次,他们认为存在着一种基本的心理意象。这种心理意象一直把经验保持到观察者进行报告的时候。

前面我们曾经指出,以内省的方式考察经验的这种活动可能以某种方式改变了这种经验。例如,设想一下对愤怒的意识状态进行内省所面临的困难。在理性地注意和尝试分解愤怒经验成为它的基本成分的过程中,愤怒可能已经平息或消失了。然而,铁钦纳坚持他的信念,认为一个训练有素的内省者经过持续的实践训练可以自动完成观察任务,而不会有意识地改变这种经验。

弗洛伊德在20世纪初时提出的无意识心灵概念引起了对内省法的另外一个批评。如果像弗洛伊德声称的那样,部分心理功能是无意识的,那么显然在探索无意识的过程中,内省法是毫无用处的。一位历史学家写道:

> 内省分析的基础是这样一种信念,即所有的心理功能都是可以进行有意识的观察的。因为除非人的思维和情绪的各个方面都可以进行观察,否则内省法提供的至多是对心理功能的一种不完全和零零碎碎的描述。如果意识仅仅是海洋中冰山可见的一角,心灵的大部分区域都永远地遮挡在强大的防御障碍之后,那么内省法的命运就显而易见地注定了。(Lieberman, 1979, p. 320)

对铁钦纳体系的其他批评

内省并非惟一的靶子,构造主义运动同样因为试图把意识过程分析为元素而被指责为具有人为性和枯燥无味。批评者们指出,经验的整体性并不能通过事后对基本组成成分的联想和联结而得以恢复。他们认为,经验呈现给我们的并不是个别的感觉、意象或情感状态,而是一个统一的整体。在任何分析意识经验的人为努力中,意识经验中的一些东西不可避免地要丢失掉。格式塔心理学派(第十二章)正是有效地利用了这一点，发起了一场反对构造主义的革命。

构造主义的心理学概念也受到攻击。到铁钦纳晚年时，心理学的范围已经包含了受到构造主义心理学者排斥的一些领域，因为这些领域不符合他们的心理学观念。我们曾经指出，铁钦纳认为动物心理学和儿童心理学根本不是心理学。他的心理学概念过于狭隘，以至于无法包容心理学家所从事的新研究和所探索的新方向。心理学正在超越铁钦纳，而且其速度是非常迅速的。

构造主义的贡献

尽管存在着这些批评，历史学家还是对铁钦纳和构造主义心理学家的贡献给予了应得的荣誉，他们的研究对象，即意识经验，界定得非常清楚。他们以观察、实验和测量为基础的研究方法，属于最高的科学传统。由于对于意识最完善的知觉来自具有这种意识经验的人，因而研究这一经验和这一对象的最适当方法就是自我观察法。

尽管构造主义者的研究对象和目标已经不再具有生命力，但是如果我们从广义上界定内省法，把内省法看做是基于经验的言语报告，那么这种方法在今日心理学的许多领域仍然在使用着。心理物理学的研究者让被试报告第二个声调是否听起来比第一个声调更强或者更弱。那些暴露于非同寻常环境，如空间飞行中失重状态中的人，被要求进行自我报告。来自于病人的临床报告，对人格测验和态度量表进行的回答等在本质上都是内省的。

涉及推理等认知过程的内省报告在今日的心理学中仍然经常使用着。例如，工业和组织心理学家从公司的雇员那里得到一些内省报告，了解他们与计算机终端互动的情况。这些信息被用来设计一些方便使用者的计算机部件和符合人机工程学原理的座椅。这样一些基于个人经验的言语报告是搜集数据的一种合理形式。由于认知心理学恢复了对意识过程研究的兴趣，它也赋予了内省法以更大的合法性(第十五章)。因此，尽管已经不同于铁钦纳的那种内省法，但是内省法在今天仍然具有很强的生命力。

构造主义的一个重要贡献是它起到了批评的靶子的作用。构造主义提供了一个牢固的、已确立起来的正统学说，为了反对这种正统性，心理学中的其他新兴运动奋起抗争。这些新兴的思想学派之所以兴起，在很大程度上应归功于对构造主义观点的进步性改造。我们已经指出，科学需要某种东西与之抗争。心理学把构造主义作为一种抗争的对象。在这一过程中，快速地超越了铁钦纳最初的界限。

问题讨论

1. 比较铁钦纳与冯特的心理学。描述铁钦纳有关女性在心理学中地位的观点。
2. 按照铁钦纳的观点，心理学合适的研究对象是什么？这种研究对象与其他学科的研究对象有什么不同？

3. 什么是刺激错误？铁钦纳怎样划分了意识和心理的界限？
4. 描述铁钦纳的内省法。它同冯特的内省法有什么不同？
5. 铁钦纳使用“催化剂”这一术语说明了什么？这一术语怎样表明了他对被试和一般人的看法？
6. 描述铁钦纳的意识的三种基本状态和心理元素的四个特征。在他研究生涯的后期，铁钦纳怎样修改了他的理论？
7. 举例说明铁钦纳认为依赖于经验着的人的和不依赖于经验着的人的经验类型。
8. 铁钦纳怎样区分了检查（inspection）和内省？依据铁钦纳的观点，回顾在心理学研究中的作用是什么？
9. 讨论对内省法的批评。除此之外，对铁钦纳的构造主义还有哪些批评？铁钦纳的构造主义对心理学有哪些贡献？

建议阅读

Angell，F.（1928）. Titchener at Leipzig. *Journal of General Psychology*，*1*，195—198. 铁钦纳的一个同学描述了铁钦纳在莱比锡时的个人特性和研究兴趣。

Boring，E. G.（1953）. A history of introspection. *Psychological Bullentin*，*50*，169—189. 详细描述了铁钦纳对内省法的应用，并描述了内省报告在后来的思想学派中的使用情况。

Danziger，K.（1980）. The history of introspection reconsidered. *Journal of the History of the Behavioral Sciences*，*16*，241—262. 回顾了来自英国、德国和美国心理学体系的各种内省理论与实践。

Evans，R. B.（1972）. E. B. Titchener and his lost system. *Journal of the History of the Behavioral Sciences*，*8*，168—180. 描述了构造主义思想学派，并且探讨了铁钦纳在其研究生涯的晚期心理学观的变化。

Hindeland，M. J.（1971）. Edward Bradford Titchener：A pioneer in perception. *Journal of the History of the Behavioral Sciences*，*7*，23—28. 讨论了铁钦纳有关感觉和知觉研究中的实验方法。

Lieberman，D. A.（1979）. Behaviorism and the mind：A (limited) call for a return to introspection. *American Psychologist*，*34*，319—333. 对历史上有关内省的争论作了评述，指出对于内省法的指责大多是无效的，已经不再适用。文章认为，现代心理学应在更广泛的范围里使用内省法。

第六章 机能主义：先行的影响

机能主义的抗争

顾名思义，机能主义关心的是心灵怎样发挥它的功能，或者有机体怎样利用心灵去适应环境。机能心理学运动关注的是一个很实际的问题：心理过程做了什么？机能主义并不从心灵的组成成分——它的元素或结构——的角度研究心灵，而是把心灵看做是各种机能和过程的聚合或累积，这些机能和过程在现实世界中能引起实际结果。铁钦纳和冯特的研究没有揭示任何心理活动的结果和机能，因此，不符合机能主义的目标。机能主义的这种功利主义目标与心理学中的纯科学方法是不一致的。

作为第一个独特的美国式的心理学体系，机能主义是对冯特的实验心理学和铁钦纳的构造心理学的有意对抗。在机能主义看来，这两种心理学的范围都过于狭隘，它们都无法回答机能主义者提出的问题，即心灵做什么？心灵怎样工作？

由于强调心理功能的研究，因而机能主义者对心理学的潜在应用价值感兴趣，认为心理学可用于解决人们在不同的环境中如何活动，如何适应不同的环境这样的日常生活问题。应用心理学在美国的迅速发展被认为是机能主义运动最重要的遗产。

机能主义的先驱

在这一章中，我们考察机能心理学运动的根源，包括了达尔文、高尔顿的研究和动物行为的早期研究等。指出这些机能主义先驱者提出他们的观点的时间是很重要的，这些时间或者在新心理学最初出现之前，或者在其形成的过程中这段时间。

达尔文关于进化的开创性的著作《物种起源》(1859)的出版时间，比费希纳的《心理物理学纲要》(1860)早了一年，比冯特在德国的莱比锡建立心理学实验室早了 20 年。高尔顿 1869 年就开始研究个体差异问题，而冯特在 1873 年至 1874 年才出版了他的《生理心理学原理》。动物心理学的实验研究早在 19 世纪 80 年代就开始了，这个时间也早于铁钦纳从英格兰到德国跟随冯特学习心理学的时间。

因此，有关意识的机能、个体差异和动物行为的主要研究早就在进行之中了，而在同一时间里冯特和铁钦纳却要把这些领域从他们的心理学概念之中排除出去。直到心理学家把这门新科学带到了美国，心理机能、个体差异以及用白鼠进行实验，才在心理学中占据了优势地位。

进化革命：查尔斯·达尔文(1809—1882)

1859年，达尔文出版了《物种起源》一书。这本书是世界上最重要的著作之一。在这一著作中他提出的进化理论，对当代美国心理学产生了巨大影响。可以说当代美国心理学在形式和内容方面都更多地受到了达尔文的影响，其程度超过了其他任何思想和人物。[1]

查尔斯·达尔文

进化论的基本观念是生物随时间的变化而变化。这一思想并非达尔文的首创。早在公元前5世纪的时候，就有了这一思想观念的雏形，但是直到18世纪晚期才有人在这一方面进行了系统研究。英国生理学家伊莱斯莫斯·达尔文(Erasmus Darwin)，即达尔文和高尔顿的祖父，曾经写道，一切热血动物都是由一种活的丝虫进化而来，造物主给了它们活力。[2]

1809年，法国自然学家拉马克(Jean-Baptiste Lamarck)提出了行为的进化理论。拉马克强调，动物躯体上的变异是由于有机体努力适应环境而形成的。拉马克认为，这些变异通过遗传而被有机体的后代所继承。例如，长颈鹿的长颈是由于好多代的长颈鹿要从愈来愈高的树枝上获取食物而形成的。

19世纪中期，英国地理学家查尔斯·莱尔(Charles Lyell)将进化概念引入了地理学理论。他指出，地球在进化到它目前的结构的过程中，经过了不同的发展阶段。

许多世纪以来，人们一直接受圣经上关于创世纪的解释，为什么学者们这个时候开始寻求另外的解释了呢？其中的一个原因是，科学家们更多地了解了生活在地球上的其他物种，探险者们发现了先前不被人所知的动物生命形式。因此，一些人不可避免地要问，圣经中的诺亚怎么能把每一种动物都成双成对地放入他的方舟内

---

〔1〕在第十三章中我们会看到，进化论同样对弗洛伊德的研究产生了极为重要的影响。

〔2〕伊莱斯莫斯·达尔文是个又高又胖的人，在体重达到336磅以后，他再也不愿意称体重了。他是位医生，在前往病人房间的时候，他的司机总是走在他的前面，以确定地板能否承受得住。他写过一些情诗，有两个妻子、14个孩子和一个女管家。有关他的生活和工作可以在 http://www.ucmp.berkeley.edu/history/Edarwin.html 这一网页找到。

呢？所发现的物种实在太多，以至于使学者们无法继续相信圣经中的那个故事。

早在1501年，在经过环南美洲海岸的第三次航行之后，意大利探险家阿默里格·维斯普西(Amerigo Vespucci)写道："我不知道该怎样形容那种类繁多的野生动物：数不清的美洲豹、美洲狮和野猫，这些动物并不像西班牙的那些，有些可能恰恰相反；那里有许许多多的狼、红色的鹿、猴子和类似于猫的动物，以及许多种类的小猴子和大蟒蛇。这么多的物种不可能都进入诺亚方舟的(引自 Boorstin, 1983, p. 250)。"

19世纪30年代，英格兰和欧洲大陆上的人们第一次看到了那些令人不安的类似于人类的动物物种。在此之前，只有少数勇敢的探险者曾经见到过诸如猩猩或类人猿这类动物。1835年，即达尔文经过5年的探险航行返回的前一年，一个被称作"托米"的黑猩猩在伦敦动物园展出。1837年，一只猩猩展示给公众，两年之后，另一只猩猩也在动物园公开展示。两只猩猩的名字都是"詹尼"。

动物管理员给托米和两个詹尼穿上了儿童服装。他们教会动物"坐在桌子旁边使用勺子、盘子、茶杯吃饭和喝水，并能理解管理员对它们讲的话，知道它们被允许干什么和不能干什么。参观者们急于看到这些动物像儿童那样的行为，但是几乎所有的人都感到这样的场面令人不安"(Keynes, 2002, p. 38)。1842年，当维多利亚女王参观了动物园之后，她在她的杂志上写道：詹尼似乎表现出"痛苦的和令人不愉快的人性"(引自 Keynes, 2002, p. 40)。19世纪50年代的时候，一只雄性猩猩被运往英格兰和苏格兰的各个城市进行巡回展览。展览的目的是宣传猩猩的智慧行为一点也不比人类逊色。

1853年，英国博物馆把一具大猩猩的骨骼和人的骨骼放到一起展览，其类似程度如此令人震惊，以至于许多参观者说他们感到不安。在这个时候，他们还能坚持认为人是独一无二的，与其他物种完全不同吗？可能不会了。

探险家也发现了一些动物的骨骼和化石，这些骨骼和化石与现存的物种无法匹配。这些骨骼和化石明显属于那些曾经在地球上漫游但已经从地球上消失的动物。这些发现既吸引了科学家，也吸引了普通民众。许许多多的人开始搜集化石。

> 在18世纪的英国，拥有和展示所搜集的化石是高贵的标志和高雅的嗜好，并不仅仅因为这些东西本身的稀有和漂亮……单单拥有这些物品就暗示了一种对知识的渴望，显示了对自然哲学的意识和对地球各种神秘过程的深邃理解。(Winchester, 2001, p. 106)

人们想了解这些骨骼和化石对于人类的起源所揭示的意义。对于科学家来说，这类东西的逐渐积累意味着生命形式不能再被看做是自时间开始以来静止不变的，而是可以变化和变异的。旧的物种明显地灭绝了，新的物种又出现了，其中某些物种改变了它们原有的形式。大自然中的每一个物种都是变化的结果，而且仍然处于进化的过程之中。

不仅思想和科学领域观察到了不断变化观的影响，这种影响也在日常生活中存在。社会的时代精神已经被工业革命改变了。随着大量的人口从农村地区和小城镇迁移到飞速发展的城市制造业中心，多少世代以来一直保持不变的价值观、人际关系和文化规范突然瓦解和破碎了。

科学日益增长的优势地位也全面而深刻地影响了大众的态度。人们不再满足于将自己有关人类本性和社会的观念置于圣经和古代权威所宣称的真理基础之上，而是愿意甚至渴望转变原有的信仰，用科学来建立自己的信念。

变化是那个时代的主旋律。它影响到农民的生活。他们的生活不再仅仅受到季节的影响，而是不得不适应机器的速率。科学家也是如此，他们花费许多的时间，面对一套新出土的骨骼苦思冥想。时代的思想氛围使得进化的观念不仅在科学上得到了尊重，而且也使之成为一种必要的观念。然而，长时期以来，科学家们思索、推测，形成了各种假设，却没有提供任何支持性的证据。此时，达尔文的《物种起源》提供了如此有序的数据，以至于人们再也不能忽视进化理论了。时代精神需要这样一种理论，达尔文成为时代精神的代言人。

达尔文的生平

儿童时代的达尔文一点也没有显示出日后世界所熟知的那种思想敏锐、勤恳努力的科学家的迹象。少年时代的达尔文顽皮、粗暴，喜欢恶作剧，经常说谎，有时甚至偷窃以获得他人的注意。他的传记作者报告说，达尔文早期的记忆之一是怎么从房间破窗而出。他因过错而受到惩罚，被反锁在房间里(Desmond & Moore, 1991)。他看起来没有什么前途，因此，他的父亲，一位富裕的医生，对他如此失望，以至于焦虑地认为年轻的达尔文会玷污家族的名誉。在学校里，达尔文成绩很差，但是他显示出对自然历史和搜集硬币、贝壳和矿石的兴趣。他的父亲把他送到爱丁堡大学学习医学，但是不久之后他就宣称医学太乏味。这样一来，他的父亲认为他应该成为一名教士。

达尔文在剑桥大学学习了三年。他认为在剑桥的三年是浪费时间，至少从学术的角度看来是如此。然而，从社会生活的角度看来，这段时间是他整个生活中可怕的和最幸福的时期。他的全部时间都花在饮酒、唱歌和打牌上。他描述同他一起玩乐的那些人是放荡的和低能的。在那段时间，他也搜集和制作昆虫标本。

达尔文的一位老师，植物学家亨斯洛(John Stevens Henslow)，让达尔文作为一个博物学家乘当时英国政府准备作环球科学航行的比格尔(Beagle)号船去进行科学考察。这次著名的航行从1831年持续到1836年，从南美洲水域开始，到塔希提岛和新西兰，经阿森新岛和亚速尔群岛返回英格兰。然而，由于达尔文的鼻子的形状，他差点被拒绝登船。船长罗伯特·菲茨罗伊(Robert Fitzroy)骄傲地认为他可以通过一个人的面部特点判断他的性格。他坚持认为达尔文的鼻子表明达尔文是个懒惰的家伙。因此，达尔文不得不设法改变这一印象。菲茨罗伊是一个宗教信仰十分强烈的人，他想找一个博物学家在航程中寻找支持圣经《创世纪》理论的证据。但是他选错了对象。

这次旅行为达尔文观察各种各样的植物和动物提供了一个独一无二的机会，利用这个机会，他可以搜集各种标本和大量的数据。这次旅行似乎也改变了达尔文的性格。他不再是一个受兴趣驱使的业余爱好者，当他返回英格兰时，他已经成为一个具有献身精神的科学家，其爱好只有一个，那就是建立进化论。

达尔文 1839 年结婚。三年以后，他与妻子迁到距伦敦 16 英里的一个农庄。在那里，他可以集中注意于他的工作，而不会受到城市生活的侵扰。由于达尔文的身体一直都不是太好，因而各种身体疾病开始困扰达尔文。他经常呕吐，肠胃不适，脓肿、皮肤疱疹、头昏、颤抖，并不时地体验到抑郁。他的家"成了一个疗养院，家中人都不是那么健康。在这里，疾病成为常事，健康倒成了令人奇怪的苦恼"(Desmond，1997，p. 291)。

达尔文的各种症状在起因上明显属于神经症的，任何对他的刻板生活的侵扰都会引起这些症状的出现。一旦外部世界干扰了他的生活，使得他无法继续工作，这些疾病就降临了。在这里，疾病倒成了一个有用的工具，使得达尔文可以摆脱日常琐事，过一种隐居的生活，并且专心致志。这对他创造和发展自己的理论是必需的。一位作者把达尔文的这种状态称之为"创造性病症"(Pickering，1974)。

> 他割断与外部世界的联系，躲避晚会，拒绝会见外人；他甚至在书房的窗户上安装了一个反射镜，窥视着那些沿着车道走来的来访者。一天又一天，一周又一周，肠胃病折磨着他……他是一个焦躁不安的人。(Desmond & Moore，1991，pp. xviii—xiv)

达尔文的焦躁不安是有着充分理由的。教会中保守的权威人物正在抨击着进化的观念，甚至在学术圈中也是如此。那些教士们认为进化观点在道德上是堕落的和破坏性的，如果人被描绘为与动物没有什么不同，那么其行为也会相应如此，这样的野蛮行为的结果必然会使文明毁灭。

达尔文把自己称为"魔鬼的牧师"。他告诉一位朋友说，研究进化理论就像坦白谋杀(Desmond & Moore，1991)。达尔文深知，当他的著作最终出版之后，他会被诅咒为"异教徒"。他也意识到，对自己这一工作的关切是他持续的身体病痛的原因之一。用他自己的话来说，"我的肉体是大部分疾病的承担者"(引自 Desmond，1997，p. 245)。在把自己的观点呈现给公众之前，达尔文等待了 22 年，他要确信在著作出版以后，进化理论会得到确凿的科学证据的支持。因此，在理论的创建过程中，达尔文的进展极为缓慢，极其地小心谨慎。

1842 年，达尔文写出了 35 页的进化理论纲要，两年以后，他又把它扩充为 200 页的论文。但是他仍然感到不满意。对于自己的大部分工作，达尔文一直保守着秘密，仅仅在私下里告诉最亲密的朋友，即地理学家莱尔和植物学家约瑟夫·胡克尔(Joseph Hooker)。此后，达尔文又用了 15 年的时间，对他的数据加以复核、详细地阐述和修改。他坚持认为，他的观点的所有方面都应该是无懈可击的。

如果不是 1858 年 6 月达尔文收到一封令他感到震惊的信，没有人知道达尔文还会耽搁多久才出版他的著作。这封信来自阿弗里德·罗素·华莱士(Alfred Russel Wallace)。华莱士是一位博物学家，比达尔文小 14 岁。华莱士曾经因疾病在东印度疗养，以在东印度的经验为基础，他勾画了进化理论的轮廓，其观点与达尔文的理论非常类似，尽管他的理论并不像达尔文理论，以积累起来的丰富数据为基础的。对于达尔文来说更为糟糕的是，华莱士说他的理论观点的形成只用了 3 天时间。华莱士询问达尔文的意见，并请达尔文帮助发表。

多少年以后，华莱士写道，他的那篇短文"几乎令达尔文惊呆了"，华莱士的传记作者写道："仿佛达尔文在阅读自己的理论。""他在这一观点上的优先权没有了，他的独创性也不复存在了(引自 Raby, 2001, p. 137)"。

像大多数科学家那样，达尔文也具有极高的抱负和雄心。在日记中他写道："我多希望能把虚名看得轻一些……我讨厌为获得优先权而写作的念头，然而，如果其他人在我之前发表了我的思想观点，那的确会令我烦恼(引自 Merton, 1957, pp. 647—648)。"达尔文告诉他的朋友莱尔说，如果自己帮助华莱士发表了他的论文，那么，这么多年以来的艰苦努力，更为重要的是首创进化理论这一荣誉，就全部丧失了(Benjamin, 1993)。

当达尔文被他应该怎样帮助华莱士以及是否应该尽快出版自己的著作所折磨时，达尔文 18 个月的儿子不幸死于猩红热。在绝望之中，达尔文反复掂量着华莱士信件的意义和摆在自己面前的选择。最后，他以一种略带嫉妒的公正感决定："将失去多年以来在这一理论上的优先权，这对我来说是非常难过的，但是我认为这并不会影响这件事情的公正解决……对我来说，在这个时候发表我的观点是不光彩的(引自 Merton, 1957, p. 648)。"

莱尔和胡克尔建议，华莱士的论文和达尔文的那本即将问世的著作的若干章节，一起在 1858 年 7 月 1 日(同一天他的儿子下葬)召开的林耐协会(以瑞典博物学家林耐[Linnaeus]的名字命名的一个协会)会议上宣读。至于其他一切就留给历史评判了。达尔文的《物种起源》第一次印刷的 1 250 本书在出版的当天即销售一空。这本书立刻引起了舆论大哗，并引起了争论。虽然达尔文成为严厉批判的对象，但他却赢得了"虚名"。

这本著作出版以后，达尔文又被新的疾病所困扰。他描绘这种疾病是"长时间令人恐怖的呕吐，焦躁以及极度的不安，感觉非常难受和心烦意乱”(引自 Desmond，1997，p. 257)。他不得不逃到英格兰北部的一个有温泉的地方，在那里隐居了两个月之久。华莱士提出了与达尔文类似的观点，但是他没有获得像达尔文那样的声誉，然而华莱士从来没有因为这一点而表达过任何悲伤情绪。事实恰恰相反，当他得知他的工作和达尔文的工作共同在林耐协会上公布以后，华莱士认为他得到了“比自己应当得到的更多的声誉和信任”。当他听说，由于他寄给达尔文论文，而“无意识地促使达尔文集中于进化论的研究”，从而写完了这本历史上最有影响的书籍之一以后，华莱士感到非常满足。

历史在线

http：//www. wku. edu/-smithch/index1. htm

华莱士的生平信息和一些有关的参考文献和编年表，以及华莱士著作的摘录，此外这里还提供了有关他的访谈录的全文等等。

经由自然选择的物种起源

达尔文的进化理论已为人们所熟知，因此，在这里，我们仅概括这一理论的几个基本观点。从同一种系的个体成员之间存在着差异这一显而易见的事实出发，达尔文推理道：这种自然的差异是通过遗传获得的。在大自然中，自然选择过程使得那些最能适应环境的有机体生存下来，而那些不能适应环境的有机体则被淘汰，从而导致灭亡。生存斗争持续发生着，那些最终存活下来的是成功地适应或调节所处的环境条件的生命形式。概括地说，那些不能适应环境的有机体无法生存下来。

在阅读了马尔萨斯(Thomas Malthus)的《人口论》(1789)之后，达尔文提出了生存斗争(the struggle for survival)和最适者生存(survival of the fittest)的观念。马尔萨斯是一位经济学家。他指出，世界上的食物供应呈算术级数增长，而人口却呈几何级数增长。因此，一个不可避免的结果——马尔萨斯将之描述为“具有阴郁色彩”——是许多人将生活在濒临饥饿的状态。只有那些最强有力的、最机敏的和最能适应环境的人才能生存下去。

达尔文把马尔萨斯的原理扩展到所有的生命有机体，提出了他的自然选择概念。他认为，那些在生存斗争中存活并且成熟的生命形式，倾向于把那些使得它们茁壮生成的特殊技能和优势遗传给它们的后代。而且，由于变异是遗传的一种普遍法则，那么在它们的后代将会显示出变异。也就是说，某些后代将具有一些有用的品质，可以发展到比它们的父母更高的程度。这些品质倾向于保存下来，经过多代，这些变化就会出现。这些变化如此广泛，以至于可以解释今天在同一物种之间所见到的差异。

自然选择并非达尔文所发现的进化的惟一机制。达尔文同样赞同拉马克的观点。拉马克曾经提出，动物一生由经验所产生的形态变化可以遗传给以后的子孙后代。

赫胥黎和进化论的争论

许多领域的学者开始支持这一理论，也有一些人将其斥责为异端邪说。达尔文本人则身居幕后，对参与这一不断扩大的争论不感兴趣。进化论的一位强有力的辩护者是托马斯·亨利·赫胥黎(Thomas Henry Huxley，1825—1895)。赫胥黎是一位雄心勃勃的生物学家，也是英国科学发展的推动者。他渴望参与到有关进化论的争论中去。

达尔文称赫胥黎是"进化论传播的优秀和善良的代言人"(引自 Desmond，1997，p. xiii)。赫胥黎总是毫不畏惧地同科学的敌人展开争斗——这一次面对的是进化论的敌人。他是一个雄辩的和富有魅力的演说者，在大众中具有很强的感染力，特别是在蓝领工人中间更是如此。在这些工人中间，赫胥黎把科学描述为一种新的宗教和获得拯救的一个新的途径。赫胥黎的传记作者写道："留着浓密胡须、手上带着水疱的工人蜂拥而至，倾听他的演讲……他对人群的吸引力仿佛是个福音传教士，或者今日的摇滚明星(Desmond，1997，p. xvii)。"人们在大街上拦住他，请他签名，出租车司机也不会收取他的车费。

《物种起源》出版后还不到一年的时间，英国科学发展协会在牛津大学举办了一次有关进化论的辩论会。达尔文的支持者和他的朋友都敦促达尔文参加，但是达尔文无法忍受在一个公众场合为自己辩护的情景。他的朋友坚持要他参加，由此产生了激烈的冲突。达尔文的传记作者写道：最终，"他的肠胃拯救了他，在辩论会的前两天，他的健康状况恶化，从没有一场病比此更受欢迎"(Browne，2002，p. 118)。

在辩论会上，发言的人是赫胥黎，他为达尔文和进化论辩护；为《圣经》辩护的是主教塞缪尔·维勃福司(Samuel Wilberforce)(因为他的演讲冗长啰嗦而得了个肥皂泡塞姆的绰号)。

> 提及达尔文的思想，维勃福司庆幸他自己……不是一只猴子的后代。赫胥黎的回答是："如果必须选择，我宁愿是一只低级猴子的后代，而不愿意是那种利用自己的知识和口才来曲解献身于寻求真理者的那种人的后代。"(White，1896/1965，p. 92)

在牛津辩论会上的另一个发言者是罗伯特·菲茨罗伊，即达尔文进行科学考察的贝格尔号船的船长。菲茨罗伊为支持了达尔文的研究而自责，因为他同意达尔文在船上担任了博物学家(尽管他有那样的一个鼻子)。在发言时，菲茨罗伊挥动着

《圣经》，劝说听众相信上帝的话，并且对给达尔文提供机会去搜集支持其理论的证据表达了一种深深的歉意和忏悔。但是没有人对他的忏悔感兴趣。“屋子里一片沉默”，达尔文的传记作者写道。菲茨罗伊“垂头丧气地回到他的座位，几乎无人理睬”(Browne，2002，p. 123)。

5 年后的一个星期天的早晨，当起身准备去教堂做礼拜的时候，这位满腹忧思的船长用刮胡刀片割断了自己的喉咙。达尔文的妻子写道，达尔文感觉“对菲茨罗伊非常抱歉，但是一点也不感到奇怪。他记得在贝格尔号时，有一次菲茨罗伊就几乎精神失常”(引自 Browne，2002，p. 264)。后来达尔文给菲茨罗伊贫困寡居的妻子送去了一大笔钱。

达尔文一直与维勃福司相处很好。他发现这位主教的评论“非常聪明，尽管在科学上没有任何价值”(gould，1986，p. 31)。赫胥黎却依然冷嘲热讽。当维勃福司因落马撞击了头部而致死以后，赫胥黎评论说：“可怜的塞姆！……一旦他的大脑与现实相互接触，其结果就要了他的命(引自 Desmond，1997，p. 431)。”

进化论对宗教形成的挑战

尽管教会的某些领袖愿意接受进化论的思想观念，但是他们中的大多数人把进化的观念看做是一个威胁，因为他们相信进化的观念对圣经有关创世纪的解释构成了挑战。一位有名的牧师称进化的观念是“一种推翻上帝的企图……如果达尔文的理论是真实的，那么创世纪说就是一个谎言……我们基督教徒所知的上帝对人类的启示就是一个幻觉”(引自 White，1896/1965，p. 93)。有关这一问题的争论在那时非常激烈，而且现在这一问题的争论仍未结束。

1925 年，美国田纳西州的代顿市进行了著名的“猴子审判”。在那个审判中，一位高中教师约翰·斯古普斯(John T. Scopes)因讲授了进化理论而受到指控。几乎半个世纪之后，即在 1972 年，田纳西州的一位牧师指控达尔文的理论“孕育了腐败、淫欲、不道德、贪婪以及吸毒、战争和种族灭绝等这样一些残暴和堕落行为”(引自 1972 年 10 月 1 日的纽约时报)。1968 年，美国最高法院废除了一项禁止在公立学校讲授进化论的法律。然而 1985 年的一项调查显示出：在被调查的美国成人中，有一半的人拒绝接受进化论(华盛顿邮报，1986 年 6 月 3 日)。

1987 年，美国最高法院否决了路易斯安那州的一项议案。这项议案规定如果在公立学校中讲授进化论，那么也必须用同样多的时间讲授“创世纪说”(圣经对物种起源的解释)。1990 年，得克萨斯州教育委员会通过了论述进化论的科学教科书，但是其成员中超过三分之一的人投了反对票。

1999 年，堪萨斯州教育委员会通过投票，决定在公立学校中从科学课程中删除所有论及进化的地方。在报道这一争论时，报纸援引了反进化论运动的一位领导人的话。这位领导人宣称，进化论告诉学生，“我们就像动物那样处在生存斗争中。它会产生一种无助、无目的的意识，我认为它会导致人们痛苦、谋杀和自杀这样的事情。”因此，一个半世纪之前由达尔文肇始的这场争斗仍然在持续着。

关于白种人优越性的争论

在达尔文的著作出版之后，对进化论进行攻击的另外一种观点来自那些相信白人具有优越性的人。这些人认为白色人种天生就具有优越性，因而其他种族就是劣等的。这种观点得到了在美国南北战争期间支持南方联盟的一些著名学者的赞同，这些学者在他们的讲话和作品中煽动白人公众，这种种族主义言论斥责黑人和白人是从一个共同的祖先进化而来的观念。因为如果所有的种族有着共同的起源，那么白人怎么能比其他人种优越呢？赫胥黎和达尔文都成为那些愤怒的报刊文章和充满敌意信件攻击的靶子。但赫胥黎反驳说，种族纯粹性的言论只不过是“骗子”的学说。

达尔文的其他研究

不久以后，达尔文就把注意力从他那个时代的争论中转到别处，开始进行一些对心理学来说重要的研究。他在进化方面的第二个主要的报告是《人类的祖先》一书。在这本书中，他搜集了大量有关人类是从低等生命形式进化而来的证据，强调动物心理和人的心理过程之间的类似性。这本书很快就变得非常受欢迎。一位著名的杂志作家评论道：“在起居室里，这本书可以与最新的小说进行竞争，但在书房里，它却使诸如科学家、道德学家和神学家感到苦恼。无论从哪一方面，它都激起了愤怒、好奇和崇拜相交织的暴风雨(引自 Richards，1987，p. 219)。”

达尔文对人与动物的情绪表现进行了深入细致的研究。他认为不同情绪状态的典型的手势与姿态的变化，可以用进化的术语进行解释。在 1872 年出版的《人类与动物的表情》一书中，他认为情绪表现是曾经发挥过实际功用的动作的痕迹。

达尔文争辩说，面部表情和所谓的身体语言都是内部情绪状态所“固有的、无法控制的表现”。例如，痛苦通常伴随着面部肌肉的抽动，愉快伴随着微笑。达尔文提出，人和其他动物的这些情绪表现都是通过进化的方式产生的。达尔文的传记作者写道：“对他来说，这些在人类面部所展现的表情都是人具有一个动物祖先的日常的、活生生的证据(Browne，2002，p. 369)。”

达尔文同样在儿童心理学研究方面作出了较早的贡献。他写下了有关他儿子婴儿时期的日记。在日记中，他仔细记载了这个孩子的发展，并且在《心灵》杂志上发表了题为《一个婴儿的传略》(1877)的文章，公布了记录的素材。这本日记对发展心理学而言，是一个重要的先导。它展示了达尔文这样一种观点，即儿童经历了类似于人类进化的一系列发展阶段。

历史在线

http：//www. bbc. co. uk/education/darwin/index. shtml

在这里，你几乎可以找到有关达尔文和进化论方面你所想知道的一切；此外，这里还给你提供一个机会，让你设计一个人工的生命进化实验。

http：//www. literature. org/authors/darwin-charles/

你可以在这里在线阅读下列书籍：《贝格尔号的航行》、《物种起源》和《人类的祖先》。

http：//pages. britishlibrary. net/charles. darwin/

有达尔文的主要著作。它也提供了达尔文的生平信息、照片和文献目录，并且可以链接到其他有用的网站。

http：//www. ucmp. berkeley. edu/history/evolution. html

它提供有关进化思想发展的一些信息，包括达尔文和华莱士的一些思想观念。

http：//www. darwinfoundation. org/about/main. html

这是达尔文基金会的网站。达尔文基金会的宗旨是保护加拉帕戈斯群岛的生态系统，并提供当代以及正在进行的有关进化论研究的信息。

鸣雀的嘴巴：正在进行中的进化

当达尔文在南美洲海岸的加拉帕戈斯群岛考察的时候，他就对物种之间和同一种系之间的变异作了大量观察。他观察到同一种系的动物怎样为适应不同的环境条件而向不同的方向进化。

遵循达尔文的路线，普林斯顿大学的生物学家皮特·格兰特(Peter Grant)和罗丝玛丽·格兰特(Rosemary Grant)带领一群勤恳的研究生再次考察了加拉帕戈斯群岛，监测13种鸣雀在适应剧烈变化的环境时，其后代所产生的适应性变化。这一研究计划始于1973年，持续时间长达20多年之久。研究者目击到鸣雀行为方面的进化，观察到幼雀与另一代鸣雀之间的差异。格兰特夫妇得出的结论认为，达尔文低估了自然选择的力量。就鸣雀这一事例来说，进化过程比人们期望的更快。

他们观察到，在严酷的干旱条件下，一种鸣雀开始产生变异，因为干旱严重影响了鸣雀的食物供给，使得它们的食物只剩下了坚硬带壳的种子。只有那些长着厚厚的喙——约占这种鸣雀的15%——的鸣雀才能啄开硬壳，获得其内的种子作为食物。许多长着细长嘴巴的鸣雀，由于无法破开种子，很快就死亡了。因此，在这种干旱的条件下，厚厚的喙是适应环境的必要的工具。

当那些有着厚喙的鸣雀生育后，它们的后代通过遗传获得了这个特征，其喙比干早前的祖先的喙平均大出4%到5%。仅仅经过了一代，自然选择就发挥了作用，产生了能更好地适应环境的一代。

然后那个地方开始下雨，暴雨和洪水冲击着这个群岛，冲走了那些较大的种子，鸣雀的主要食物源仅仅剩下了那些很小的种子。现在有着厚喙的鸟开始处于不利地位，无法获得足够数量的食物。很明显，细长嘴巴对于生存是必要的了。你可以猜测接下来所发生的事情。皮特·格兰特写道：

> 自然选择的钟摆已经向另一个方向运动，开始对那些鸣雀产生不利影响。长着大喙的大鸟面临着死亡，细长喙的小鸟却繁荣起来。自然选择发生了逆转循环。（引自 Weiner，1994，p.104）

到随后的一代，鸣雀喙的平均长度明显变小了。这一种系再次进化，适应着环境中所发生的变化。就像达尔文所预测的那样，只有那些最能适应环境的才能生存下来。

机器的进化

在第二章中我们注意到，机器被创造出来，复制人类的动作（回忆一下那些自动机），而且复制了人类的思维（例如巴贝基的计算机器）。有没有这样一种可能，机器进化到更高的形式，就像人和动物那样？当1859年达尔文发表他的研究成果的时候，人类生活的机械比喻已经在思想和社会领域广泛地为人们所接受，因此，产生这样的疑问似乎是不可避免的。

提出这样一种问题，并且把进化论扩展到机器的是塞缪尔·巴特勒（Samuel Butler，1835—1902）。巴特勒是一位古怪的英国作家，也是一位画家和音乐家。1859年，他移居新西兰养羊。巴特勒和达尔文两人之间在理论上有着广泛的一致。

在一篇题为《机器中的达尔文》的文章中，巴特勒写道，机器的进化已经产生了。我们只要把那些原始的和粗糙的杠杆、锲子和滑车与工业制造业中的机械和蒸汽驱动的海洋巨轮进行比较，就可以清楚地看出这一点。

巴特勒认为，机器进化的发生经过了与引导人类进化的同样的过程，即自然选择和生存斗争。发明者不断地创造出新的机器，以便获得竞争上的优势。新机器的出现使得旧的、性能低劣的机器被淘汰，因为这些机器在生存斗争中不再具有竞争的优势，即无法在市场上占据一个份额。其结果是，过时的机器消失了，就像恐龙从地球上灭绝那样。

巴特勒清楚地意识到，技术的飞速发展使得机器的进化比动物的进化更快。他反复思索这一结果。他作出预测：总有一天，机器变得可以自我调节、自动的，可以模拟人类的信息加工能力，即人类的智慧。因此就产生了这样一种可能性，即机器最终进化为一种超级存在物，甚至变成一个魔鬼，主宰人类的生活。巴特勒警告说，人类正处在完全依赖机器的危险之中，离开了机器，人类就将无法生存。只要再往前迈出小小的一步，我们就可以预测到机器将变得有意识。巴特勒写道：

> 谁也无法保证机器最终不会产生意识……谁又能说蒸汽机没有某种类型的意识呢？意识从哪里开始，又在哪里结束？谁能在这之间划上一个界线？（引自 Mazlish，1993，p. 153）

今日的某些社会批评家对计算机这种高度进化的机器形式产生了类似的疑问。在第十五章中，我们会进一步考察这一问题。

巴特勒在一些文章中进一步阐述了这一思想。但是由于这些文章都发表在一些冷僻的杂志上，因而对主流科学思想几乎没有产生任何影响。1872 年，巴特勒把机器进化的观念写进了他的小说《艾里霍恩》（*Erewhon*）中，因而得到了广泛的注意。这部小说描述了一个乌托邦社会。在那个社会中，人们捣毁机器，因为机器产生了心智能力，对人类的生活原则构成了威胁。巴特勒小说的畅销说明了 19 世纪人们对机器和人性的机械形象的迷恋。这些观念成了新出现的心理科学的核心。

历史在线

http://hoboes.com/html/FireBlade/Butler/Erewhon/

巴特勒的小说《艾里霍恩》的全文。

达尔文对心理学的影响

达尔文在 19 世纪后半叶所做的工作对当代心理学产生了如下影响：

- 关注动物心理，形成了比较心理学的基础。
- 强调意识机能的研究而不是意识构造的研究。
- 促使心理学接受来自许多不同领域的数据和方法。
- 关注个体差异的描述和测量。

进化理论提出了在人和低等动物心理机能之间存在连续性的有趣问题。如果人的心灵是从更为原始的心灵进化而来的，那么动物和人的心灵之间不是存在着类似的特点吗？两个世纪之前，笛卡尔曾经坚持认为，动物和人之间存在着鸿沟。现在这个结论应该重新思考了。

心理学家意识到，动物行为的研究对于人类行为的理解具有至关重要的意义，而且他们关注动物心理机能的研究，从而为心理学的实验室研究引入了一个新的课题。动物心理的研究将对心理学领域的发展产生深远的影响。

进化理论同样导致了心理学研究对象和研究目标的变化。构造主义思想学派的关注点是意识内容的分析。达尔文的工作促使部分在美国工作的心理学家开始考虑意识所发挥的作用。对于许多研究者来说,探究意识的作用或机能似乎比揭示所谓的意识结构因素更为重要。这样一来,随着心理学家越来越多地关注人和动物如何适应他们的环境,那种心理元素的繁琐研究——由冯特和铁钦纳开始的——失去了吸引力。

达尔文的思想观念对心理学的影响之一是扩展了心理学的方法论,使得这门新科学有了更多的合法方法。在德国莱比锡冯特的实验室中所使用的方法主要来源于生理学,使用得最多的是费希纳的心理物理法。达尔文的方法所揭示的研究结论既可以应用于人类,又可以应用于动物,这种方法与以生理学为基础的方法没有任何的类似性。达尔文所搜集的数据来源于许多渠道,如来自地质学、考古学和人口学和来自于野生和圈养动物的观察,以及动植物的培育。来自所有这些领域的信息为达尔文的理论提供了有力支持。

这些都是科学家可以使用不同的方法和技术,而不使用实验内省法来研究人性的强有力证据。按照达尔文这样一种研究模式,那些接受进化论、强调意识机能的心理学家在研究方法上变得更为折衷,因而扩大了心理学家搜集数据的范围。

进化论对心理学的另一个影响是心理学越来越关注个体差异。在贝格尔号上航行期间,达尔文观察到许多物种和物种形式,因此,在同一物种的成员之间存在着变异这一事实对他而言是显而易见的。如果物种的每一代都与它的祖辈相同,那么就不会有进化。因此,变异,即个体差异,是进化论的重要原则。

因此,当构造心理学家继续探究支配所有心灵的一般定律的时候,受达尔文影响的心理学家开始研究个体心灵在哪些方面产生了不同,而且在不久以后,他们就发明了测量这些差异的技术。

下面,作为调节,我们从达尔文的自传中选择了一些素材。这些素材讨论的并非他的研究或理论,而是他的自我形象和他对促使他成功的个人品质的看法。

原著精选

有关进化论的原始资料:
选自《达尔文自传》(1876)

查尔斯·达尔文

我的书主要在英格兰销售,但是已经被翻译成许多语言,且在国外已经再版多次。据说,一本著作在国外的成功一般是它具有不朽价值的最好的证据,对此我有一些怀疑。但是如果以这个标准来看，我的名声应该能持续一些年头。因此，尽管分析那些导致我成功的心理品质和条件或许是有价值的，尽管我意识到，没有人能够正确地做到这一点。

我并没有那种敏锐的智慧和理解能力，而这些品质在赫胥黎等一些聪慧的人那里是非常明显的。因此，我是一个蹩脚的评论家，每当第一次阅读一部书或一篇文章时，一般都使我激动，激发我的崇拜，只有当经过反复的思考之后，我才能发现其中的弱点和不足。我的那种长时间的、纯粹的抽象思维的能力非常有限，因此在形而上学和数学方面我决不会取得任何成功。我的记忆是广泛的，但又是模糊的。它仅仅足以以模糊的方式提醒我，我所观察到的或阅读到的某种东西同我得到的结论一致或者相反；或者在经过一段时间之后，让我能回忆起在哪里能找到我的根据。在某种意义上，我的记忆可以说是如此糟糕，以至于从来没有记住一个日期或一行诗歌超过几天的时间……

就有利的一面来说，我认为在那些不易引起常人注意的细枝末节方面，以及在对这类事物进行精细的观察方面，我的能力是他人所不能及的。在观察和事实的搜集方面，我的勤勉可以与任何人相比。更为重要的是，我对自然科学的热爱是稳固的和热切的。

这种纯粹的热爱又为我的雄心所加强，我渴望得到同行的尊敬。从青年时代的早期开始，我就有一种强烈的欲望，去理解和解释我所观察到的东西，即把我所观察到的事实归纳在某些一般的定律之下。这些都给了我耐心，使得我能对任何无法解释的问题苦思冥想数年之久。根据我的判断，我不易对其他人产生盲从。我一直努力不给我的心灵设置任何的束缚，以便于放弃任何假设。不管这个假设多么惹人喜爱（我无法抗拒就每一个问题形成一个假设），只要事实证明与之相反，我就会毫不犹豫地抛弃它。的确，我必须采取这种方式，没有其他的选择，因为在我的记忆中，除了珊瑚礁(Coral Reefs)的假设外，没有任何最初提出的假设在经过了一段时间之后不被放弃或者加以较大程度修改的。这自然导致了我对所有一切的不信任。另一方面，我并不是一个怀疑论者。我认为怀疑论这种信念对于科学的进步是有害的。对于一个科学家来说，充满怀疑是明智的，因为它可以避免时间的巨大浪费，但是我曾经碰到过许多人，我感觉他们因为对一切充满怀疑，因而不愿意进行实验和观察，而实际上观察和实验直接或间接地证明是有用的……

我的习惯是办事有条不紊，这对我的工作极为有益。最后，我也有大量的业余时间，不需要为糊口而工作。我的健康状况不佳，虽然它已消耗了我生命的一些年头，却使我摆脱了社交的和娱乐的分心和困扰。

因此，根据我的判断，我作为科学家所取得的成功是由复杂的和多种多样的心理品质和条件决定的。在这些品质和条件中，最重要的是对科学的热爱，是那种对任何问题进行长时间思索的巨大耐心，是在观察和搜集事实方面的勤勉。就我这样一个仅仅具备中等程度能力的人来说，在某些重要的方面能对科学家的信念产生如此大的影响，实在令人惊奇。

个体差异：弗兰西斯·高尔顿(1822—1911)

高尔顿(Francis Galton)在心理遗传、能力的个别差异方面的工作把进化论的精神有效地带给了新心理学，对新心理学产生了重要的影响。在高尔顿之前，个体差异现象很少被认为是一个适当的研究课题。

认识到在能力和态度方面存在着个体差异的早期科学家之一是西班牙医生朱安·胡阿特(Juan Huarte，1530—1592)。在高尔顿致力于这一问题研究的300年前，胡阿特就出版了一部书，书名为《天才个体的研究》。在这部书中，他提出人类的能力存在着广泛的个体差异(引自Diamond，1974)。胡阿特建议，儿童的研究在生命的早期就应该开始，以便于根据个体状况，有计划地安排与他们能力相一致的教育。例如，在经过适当的评估以后，那些在音乐方面有着较高能力的学生应该得到在音乐及其相关领域学习的机会。

胡阿特的书在当时受到一定的欢迎，但是他的思想观念却没有得到有效的贯彻，直到高尔顿的时代后，这一状况才有了改变。尽管韦伯、费希纳和赫尔姆霍茨在他们的实验研究结果中报告了个体差异，但是他们没有系统地研究这一问题。而冯特和铁钦纳甚至并不认为个体差异是心理学的一个合法部分。

高尔顿的生平

高尔顿具有超群的智慧，其智商估计有200。在他的头脑中，总是具有丰富的新观念。他所研究过的课题有：指纹(被警方采纳，用于鉴别的目的)、时尚、美女的地理分布、举重和祈祷的有效性。他发明了早期的电传打印机和一种潜望镜。在游行时，他可以用这种潜望镜从人群的头上观看游行。

高尔顿1822年出生于英格兰伯明翰附近。他是家里9个孩子中最小的一个。他父亲是个富裕的银行家，其家族由那些富有且具有显赫社会地位的重要人物组成，政府、教会和军队等。16岁的时候，在他父亲的坚持下，高尔顿开始在伯明翰总医院学习做一名医生。他发放药丸、研读医学书籍、接骨、截手指、拔牙、给儿童接种疫苗，且时常通过阅读文学经典来调节生活。然而，就整体来说，这里的生活经历并不是那么令人愉快，只是由于他父亲连续不断的压力，他才没有离开那里。

在他学医期间所发生的一件事可以看出高尔顿的好奇心。由于他想了解药房中各种药物的效果，高尔顿开始按步骤地从以字母A开头的每一种药物中取出小剂量亲自尝试，并记录自己的反应。这一科学的探险结束于以字母C开头的药物。当他尝试了一种烈性泻药巴豆油(Croton oil)时，引起了剧烈的腹泻，他不得不结束了他的科学探险。

在医院学习了一年之后，高尔顿在伦敦皇家学院继续接受医学教育。但是到了第二年，他改变了计划，注册到剑桥大学三一学院继续他的医学学习。在那里，在牛顿半身塑像的注视之下，他又将兴趣转向了数学。尽管在这期间由于严重的精神疾病而不得不中断学习，但是他却努力去获得学位。然后他又返回到他所讨厌的医学学习中，直到他父亲去世之后，他才从那个职业中最终解脱出来。

高尔顿现在又开始对旅行和探险产生兴趣。他游遍了整个非洲，并出版了他的游记，这些游记使他获得了皇家地理学会的奖章。在19世纪50年代的时候，他停止了旅行，其原因据他自己说是婚姻和健康，但他还是保持着对探险的兴趣，并且写出了一本畅销的旅行指导手册，书名为《旅行的艺术》。这本书非常成功，以至于在随后的8年中印刷了8次，而且在2001年时再次重印出版。高尔顿还组织了探险队，并且为接受训练到海外驻扎的士兵作报告。

他那不知疲倦的精神使他又转向气象学，并设计了测定气象资料的仪器。这一领域的研究使他发明了气象图，这种气象图今天仍在使用。高尔顿把他的研究成果在一本书中作了总结，这本书被认为是绘制大规模气象图的第一次尝试。

当他的表兄达尔文出版《物种起源》时，高尔顿被这一新的理论所吸引。他写道："就像它在人类思想中发生了普遍影响一样，这本书在我自己精神的发展中也开创了一个新的纪元(引自 Gillham，2001，p. 155)。"进化的生物学方面首先吸引了他的注意，他研究了兔子之间输血的效应，想通过这种研究确定获得的特性是否可以遗传。尽管进化的遗传方面并未使他产生长久的兴趣，但是他在随后的工作中关注这一理论的社会意义，因而决定了他在现代心理学中的影响。

心理遗传

高尔顿对心理学产生影响的第一部著作是《遗传的天才》(1869)。当达尔文读了这本书以后，他写信给高尔顿说，这是他读到的最有意思和最富创意的书。高尔顿试图证明，家族中出现的伟人或天才并不能仅用环境的影响来解释。概括地说，他认为杰出的人会有杰出的儿子(在那个时候，除了通过嫁给一个重要人物以外，女儿几乎没有机会出名)。

《遗传的天才》一书中记载的大多是一些传记研究。这些传记研究中所报告的大多数都是他对与他同时代的有影响的科学家和医生的先人的调查。所提供的数据显示出，每一个杰出的人才不仅通过遗传获得了才能，而且获得的是一种特殊形式的才能。例如，一个杰出的科学家所出生的家庭早已在科学上有过杰出的成就。

高尔顿的目标是鼓励那些在社会上更为杰出，或更强健的人生育，而劝阻那些不强健的人生育。为了实现这个目标，他建立了"优生学"(eugenics)。优生学这个词是他创造出来的。他写道：优生学研究的是"希腊语中的'优种'(Eugenes)有关的问题。所谓优种指的是天资优良、通过遗传获得了高品质的物种"(引自 Gillham，2001，p. 207)。高尔顿试图改善人类的遗传品质。他认为人就像家畜一样，可以通过人工选择而加以改善。如果选择有相当才能的男女，一代一代加以婚配，那么其结果就是造就天资极高的人种。他倡导智力测验，以便于挑选杰出的男女进行选择性的生育。他提议说，那些在智力测验上得分高的人应该得到财政支持，鼓励他们结婚和生孩子。[1]

为了验证他的优生学理论，高尔顿研究了测量和统计中的一些问题。在他的《遗传的天才》一书中，他把统计概念应用于遗传问题，把他取样中的杰出人士根据在人口中表现的能力水平进行分类。他的数据显示，与普通人相比，杰出人士更有可能生育出天资聪颖的子嗣。他的样本包含了 977 个著名人士，他们如此的杰出，以至于在 4 000人中才有一个。在随机选择的基础上，这个样本中预计仅有一个重要的亲戚，但是实际的数量是 332 个。

在某些家庭中，杰出人物的概率不够高，因此高尔顿对任何优越的环境、良好的教育机会，或者社会优势可能带来的影响，没有给予认真考虑。他认为杰出，或者不够杰出，都完全是遗传的作用，而不是机会的作用。

在此之后，高尔顿又出版并发表了《英国科学家》(1874)、《自然遗传》(1889)和 30 多篇有关遗传问题的论著和论文。他创办了《生物统计学》杂志，在伦敦大学学院建立了优生学实验室，并且建立了一个组织，以便推广他改善人类心理品质的观念。

在下面这段摘录于《遗传的天才》的文字中，高尔顿讨论了由遗传带给我们每一个人的生理和心理发展上的局限性。他指出，无论一个人在生理或心理上怎样努力，他或她都不能超越其遗传的禀赋。

原著精选

选自高尔顿的《遗传的天才》：对它的法则和结果的研究(1869)

弗兰西斯·高尔顿

在那些意在教育儿童成为好孩子的故事和传说中，人们偶然地或含蓄地表达着这样一种假设，即婴儿生来都是一样的，造成儿童与儿童、成人与成人之间差异的仅有的力量是持续的勤奋和个人道德上的努力。对这样的假设我无法容忍。我全然地反对那种自然禀赋平等的假设。托儿所、学校、大学和职业经历所获得的经验似乎都同我的主张相反。我也坦率地承认教育和社会影响在增强心灵的积极力量上的巨大作用，就像我承认铁匠臂膀的使用增强了臂膀上的肌肉一样，但也仅此而已。不管铁匠怎样劳动，他

[1] 高尔顿没有孩子，他的兄弟同样如此，问题明显是遗传学上的。

总会发现力量上的局限性，这种力量是大力神本身具有的，尽管大力神并不活动。

每一个进行体育锻炼的人都会精确地发觉他的肌肉有多大的力量。当他开始竞走、划船、举哑铃，或者跑步的时候，他会惊喜地发现，日复一日，他的肌肉的力量和忍耐力不断得到改善。只要他是一个新手，他就可以高兴地发现对肌肉的训练几乎没有什么明确的限制。但是，每天获得的进步很快就变得很小了，最后则完全消失了。最大程度的操作变成了一个固定不变的量值。当训练达到极限时，他能非常清楚地知道了自己究竟能跳多高、多远，也充分认识了自己在一个压力计上究竟能施加多大的力量。他可以拳击冲击仪，让冲击仪上的指针达到某个刻度，但是超过了这个刻度，他就无能为力了。在跑步、划船、竞走和其他各种形式的体育运动中同样如此。每一个人的肌肉力量都有一个固定的限度，这个限度是教育和训练所不能超越的。

这一点同学生所获得的心理能力方面的经验是非常类似的。当那个渴望获得知识的小男生初入学校并在学习上遇到困难时，他会对自己的进步感到惊奇。他为自己新近获得的心智能力和不断增长的应用知识的能力而倍感荣耀，他或许天真地以为自己有朝一日可以成为对世界历史发生影响的英雄之一。随着时间的流逝，他不断地在小学、中学和大学的考试中与他的同伴竞争着，很快就找到了自己的位置。他知道他能击败哪些对手，也知道自己能和哪些人打个平手，更了解了有些人的智力技能是他永远不能及的……

因此，带着他重新燃起的希望和22岁的年龄的所有雄心，他离开大学，进入了一个更大的竞争领域。在那里，他曾经体验过的同样的经历在等待着他。那里有很多机会，机会面前人人平等，但是他发现自己却抓不住这些机会。他尝试着，并且在许多方面作着尝试。几年之后，除非他无可救药地被自己的自负所蒙蔽，否则他就会清楚地知道他能做什么和不能做什么。当他变得成熟以后，他就仅仅会在某些范围和知识领域表现出自信，或者说应该知道了自己有哪些弱点和哪些无可否认的长处，同这个世界对他的判断一致起来。此时，他不再沉溺于那些被过度虚荣心所错误激起的毫无希望的努力，而是把他的事业限制在力所能及的范围之内，以一种诚实的和令人信服的方式发现了真正的心理上的从容，即他能把工作做得如此的好，这是他的本性(nature)所许可的，是他的能力所能及的。

统计方法

除非能以某种方式将所获得的数据量化和从统计学上进行分析，否则高尔顿就不会对问题的解决产生满意之感，如果必要，他甚至自己设计统计方法。

比利时统计学家阿道夫·奎特莱特(Adolph Quetelet，1796—1874)，是第一个使用统计方法和常态分布曲线分析生物和社会资料的学者。常态曲线曾经被用于分析科学观察中测量和误差的分布情况，但是直到奎特莱特证明10 000个被试身高的高度接近于常态曲线以后，常态曲线才被应用于分析人类的变异性。他提出了“一般人”(the average man)这一术语，用来表示这样一种发现，即大多数生理测量所获得的数据都聚集在平均数附近或处在分布曲线的中部，趋向两端的则较少。

历史在线

http：//www. maps. jcu. edu. au/hist/stats/quet/index. htm

有关奎特莱特生平和研究的各种信息。

高尔顿对奎特莱特的数据产生了深刻的印象，并且假定，心理特征的分布也呈同样的状态。例如，高尔顿发现大学考试中的分数也符合常态曲线。由于常态曲线的简洁性以及它在许多特性方面的一致性，高尔顿建议任何大规模的测量，或者人的特征，都可以由两个数值来描绘其意义：分布的平均值(算术平均数)和离中趋势或距这一平均值的偏离范围(标准差)。

高尔顿在统计学方面的工作产生了科学上最重要的量数之一——相关。他称之为“相关”的第一个报告出现于1888年。现代决定测验信度和效度的统计技术以及因素分析方法，是高尔顿有关“相关”研究的直接结果，而相关是他从这样的观察中得到的，即遗传特征倾向于向它们的平均数回归。他指出，一般来说，身材高大人的人身高的平均数不如他们的父亲，而个子矮的人所生的儿子，其平均身高要高于他们的父亲。他使用图示法来表示相关系数的基本性质，并且为计算相关系数设计了一个公式，尽管这一公式现在人们已经不再使用了。

在高尔顿的鼓励之下，他的学生卡尔·皮尔逊(Karl Pearson, 1857—1936)提出了计算相关系数的一个公式(皮尔逊积差相关系数)，这个公式目前仍在使用。相关系数的符号是r，它取自regression这个单词的第一个字母。表示承认高尔顿的发现，即人类遗传特征有回归到平均数的趋势。

相关是社会科学、行为科学、工程和自然科学的一个基本方法。此外，其他一些统计技术也源于高尔顿的先驱性工作。

心理测验

心理测验这个术语是詹姆斯·麦基恩·卡特尔(James McKeen Cattell)发明的。卡特尔是高尔顿的美国的追随者和冯特的学生。然而，高尔顿最早提出心理测验的概念。高尔顿认为，可以依据一个人的感觉能力测量人的智力，智力越高，感觉机能的水平就越高。他的这一观念是从洛克的经验主义中推演出来的。洛克曾经提出，所有的知识都来源于感觉。如果洛克是正确的，就可以得出结论说最聪明的人将具有最敏锐的感觉。

为了达到这个目的，高尔顿需要发明一些仪器，以便于能快速地和精确地对大量的人进行感觉测量。例如，为了测定听觉范围内的最高频率，他发明了一种哨子，用于动物和人的听觉能力。他把哨子固定在空心拐杖上，拐杖的一端有一个橡皮球。在伦敦动物园漫步的时候，他挤压橡皮球，使哨子发出响声，以观察动物的反应。“高尔顿哨”一直是心理学实验室中标准的实验设备，直到1930年之后，才被更为复杂的电子装置所取代。

高尔顿所使用的其他仪器包括：光度计，用于测量被试以怎样的精确程度来匹配两种色彩；分度钟摆，用以测量被试对声和光的反应速度；一系列不同重量的物体，让被试依据重量的秩序进行排列，测量被试的运动感觉和肌肉的敏感性。高尔顿还制作了带有可变距离标度的棒，用以测量对视觉广度的估计。并且设计了一套盛有不同物质的瓶子，用以测量嗅觉辨别力。高尔顿的大多数测验都成为后来的心理学实验室所使用的标准设备的原型。

由于有了这些新的测验，高尔顿因而可以搜集大量的数据。1884年，他在国际卫生展览会上建了一个人体测量实验室，后来这个实验室又迁到伦敦南部的肯辛顿(Kensington)博物馆。在以后的6年里，这个实验室一直很活跃，高尔顿从9 000多人中采集了各种数据。在实验室中，进行人体和心理测量的各种仪器放在一张长桌子上，长桌放在一个宽6英尺，长36英尺的狭长房间的一头。只要付一点注册费，人们就可以沿着长桌，接受服务人员的各种测量，并把数据记录在一张卡上。

除了上面所提到的各种测量外，实验室的工作人员还记录了高度、重量、肺活量、拉力和握力、拳击的速度、听觉、视觉和色觉等等。每个人一共要接受17项测验。高尔顿进行大规模测验的目的就是试图确定整个英国人口的能力范围，测定英国人口的集体心理资源。

一个世纪之后，美国的一些心理学家分析了高尔顿的数据(Jonhnson et al., 1985)，他们发现了显著性检验和重测的相关。这表明高尔顿所获得的数据在统计学上是可信的。此外，高尔顿的数据提供了所测人口在儿童期、青春期和成熟期的发展趋势的有关信息。诸如对重量、臂长、肺活量和握力的测量所获得的数据，同现代心理学文献中所报告的数据是类似的。当然，这些数据也显示出，在高尔顿的那个时代，人们的发展速度略微慢于现代人。现代心理学家的结论是，高尔顿的数据现在仍然具有指导性意义。

观念的联想

在联想领域中，高尔顿研究了两个问题：一是观念联想的多样性问题，二是反应时间，即联想所需的时间问题。

在研究联想的多样性方面，高尔顿的方法之一是沿着帕尔大道(这条大道位于伦敦，在特拉法尔加广场和圣雅各宫之间)走450码，在走路的时候集中注意于一个物体，直到产生一个或两个联想的观念为止。

第一次尝试所产生的联想的数量令他感到惊异，这些联想来自他观察到的300个物体。在这些联想中，许多都是过去经验的回忆，其中包括一些他认为早已忘记的事件。几天之后当他再次在这条大道上行走时，他发现许多联想与第一次行走时产生的联想出现了重复。这样一来，他对这一问题失去了兴趣，而转向反应时间的实验。这一实验导致了更有用的结果。

高尔顿准备了一个由 75 个单词组成的词表。一个星期之后，当他每次看这些单词的时候，都用计时器记录一个单词产生两个联想所需要的时间。他的许多联想都是单个的词，但是某些联想是表象或心理图像，这些表象或心理图像需要用几个单词才能加以描述。下一步的工作是测定这些联想的起源。他发现，40% 的联想可以追溯到儿童和青少年时代，这一研究较早地论证了儿童早期经验对成人人格的影响。

在研究中，许多他认为早已忘记的事件浮现到了意识的层面，这使他对无意识思维过程产生了深刻的印象。他指出，他开始相信"我的大脑最完善的工作完全独立于意识"(引自 Gillham，2001，p.221)。在一篇文章中，他指出了无意识的重要意义。这篇文章发表在 1879 年的《大脑》杂志上。弗洛伊德在无意识的重要性方面有他自己的看法。但是在维也纳，弗洛伊德订阅了这本杂志，因而明显地受到了高尔顿有关这一研究的影响。

高尔顿研究联想的实验方法比他的研究结果更具有重要意义。现在他的这一研究方法被称为"字词联想测验"。就像我们在第四章中谈到的那样，冯特在他的莱比锡实验室中改造了这一实验技术，把被试的反应限制于一个单词。分析心理学家卡尔·荣格(Carl Jung，第十四章)完善了这一技术，发展了他自己的字词联想测验，用于人格的研究。

心理表象

高尔顿对心理表象的研究标志着心理问卷的第一次广泛使用。在高尔顿的研究中，被试被要求回忆一个场景，例如回忆那天早晨的餐桌，并尝试形成它的表象。被试被要求报告表象是清晰还是模糊，明亮或阴暗，有无色彩等等。让高尔顿惊奇的是，他的第一组被试，即一些他熟悉的科学家，报告说没有产生任何清晰的表象。某些人甚至不能确定高尔顿在说些什么。

当选用其他行业的人作为被试时，高尔顿才获得了清晰、轮廓分明的意象的报告，这些报告富有色彩，并且细节丰富。妇女和儿童所描述的表象更为具体和细致。通过统计分析，高尔顿认定，就像人的其他许多特征那样，心理表象在人口中的分布状况也符合常态曲线。

高尔顿有关心理表象的研究起因于他不断地试图论证遗传的类似性。他发现，兄弟姐妹之间比没有亲属关系的人之间，更有可能产生表象的类似性。

其他一些研究

高尔顿的多才多艺表现在他研究的丰富性上。为了了解妄想狂病人的心理状态，他想象着所看到的每一个人和每一个物体都在监视着自己。一位历史学家指出，当高尔顿早晨散步时就进行这样的想象，其结果是"似乎每一匹马都直直或令人怀疑地注视着他，但又有意地装成心不在焉的样子"(Watson, 1978, pp. 328—329)。

那时，达尔文的进化论与原教旨主义神学的争论正处在白热化状态。高尔顿用典型的客观方法研究了这一问题，得出结论认为，尽管大量的人有强烈的宗教信仰，但是这并不足以证明这些信仰的有效性。

他研究了祈祷者祈祷结果的效力，得出结论认为，祈祷在医生治愈病人、气象学家祈求天气变化，甚至在教士影响他们的日常生活等方面，是没有任何效用的。他相信，在人们究竟能活多久、他们怎样与其他人打交道，或者怎样处理自己的问题方面，有宗教信仰的人和无宗教信仰的人没有任何的差异。高尔顿表达了这样一种希望，即一种更为有效的信仰应该以科学为基础。他认为通过优生学来促进人类的进化和发展，应该是社会的目标，而不应该把希望寄托在天堂里的某一个地方。

高尔顿热衷于数量化和统计分析，这一点经常表现在他对于计数的喜爱上。在讲课和在剧院的时候，他观察并记录听众打呵欠、咳嗽的次数并将其结果作为测量厌烦的指标。有一次，一位画家为他画像，在这一过程中，他记录了画笔点击画面的次数，即大约有 20 000 次。他决定用气味而不是用数字来计算，因此，他训练自己忘记数字的意义。他给薄荷等气味赋以量值，通过思考这些气味而进行加减。从他的这些思维训练中，他写了题为《通过嗅觉进行的计算》的论文。这篇论文发表在美国的《心理学评论》杂志的第一卷上。

历史在线

http://www.mugu.com/galton/

在这里，你可以看到高尔顿的和有关高尔顿的各种研究，包括他在许多学术领域的贡献，也有一些照片和说明。

http://www.maps.jcu.edu.au/hist/stats/galton/

提供了高尔顿生平和工作的信息。

http://www.abelard.org/galton/galton.htm

高尔顿的《祈祷效能的统计调查》的全文，他的传记的大纲，以及他在指纹、优生学方面的工作的概述和他有关非洲的探险。

评论

高尔顿用了 15 年的时间研究心理学问题。尽管他并非一个真正的心理学家，但是他的努力对新心理学的方向产生了重要作用。他智慧超群，其才能和气质并没有为任何单一的学术领域所限制。他的兴趣领域和方法包括了适应、遗传与环境、物种的比较，儿童的发展、问卷方法、统计技术、个体差异和心理测验。我们将会看到，在对美国心理学发展的影响方面，高尔顿的研究比心理学的建立者冯特的研究影响更大。

动物心理学与机能主义的发展

有证据表明，达尔文的进化论刺激了动物心理学的发展。在达尔文出版《物种起源》之前，科学家没有任何理由关注动物心灵，因为动物被认为是自动机，没有心理或灵魂。毕竟笛卡尔曾经强调指出，动物与人类没有类似的特性。

达尔文的研究改变了这个令人惬意的观点。由他的证据可以得到这样的结论，即在人的心灵和动物心灵之间并不存在泾渭分明的界线。因此，科学家们可以设想在人与动物的心理和生理的各个方面之间都存在着连续性，因为人类是在经过连续的进化发展过程后从动物衍生而来的。达尔文写道："在心理官能方面，人和高等哺乳动物之间没有基本的差别(Darwin, 1871, p. 66)。"他相信低等动物也能体验到愉快和痛苦、幸福和悲伤。它们也具有生动的梦境，甚至也有一定程度的想象。达尔文写道，即使对于蠕虫来说，在摄取食物时也会表现出愉快，同时也表现出性的激情和一些社会性的感受。这些都是某种形式的动物心灵存在的证据。

如果能证明动物存在着心理能力，如果动物心灵和人的心灵之间存在连续性的假设能得到证明，那么就可以否证笛卡尔所倡导的人/动物的两分法。因此，科学家受到了挑战，必须寻求动物智慧的证据。

在《人与动物的情绪》(1872)一书中，达尔文捍卫了他有关动物智慧的观点。在这本书中，他认为人的情绪行为产生于遗传的行为，这些行为过去对动物有用而现在与人无关。这方面的一个例子是，人在表示轻蔑的时候，就会撇嘴。达尔文认为这是狂怒的动物露出尖牙的一种残迹。

《物种起源》出版之后，动物智慧不仅在科学家那里，而且在公众领域都成为一个热门话题。在 19 世纪 60 年代和 70 年代，许多人写文章给科学杂志和通俗杂志，报告一些动物行为的事例，支持动物心理能力的假设。一些故事也广泛流传开来，讲些宠物猫、狗、马、猪、蜗牛和鸟在智慧方面令人惊叹的技艺。

即使是伟大的实验主义者冯特也没能完全摆脱这种倾向。1863 年，也就是在冯特成为世界上第一个心理学家之前，冯特就对从甲虫到海狸等多种动物的智慧能力作了记述。他认为即使那些仅仅具有最小的感觉能力的动物也有判断和意识推理能力。的确，低等动物不应该被认为是低下的，它们与人类的差别与其说在于能力，不如说是因为它们受到了较少的教育和训练。30 年之后，在赋予动物以智慧方面，冯特就不那么慷慨了，但是在一段时间里，冯特的声音的确支持了那种认为动物与人在心理方面具有同样天赋的观点。

乔治·约翰·罗曼尼斯(1848—1894)

英国生理学家乔治·约翰·罗曼尼斯(George John Romanes)将动物智慧的研究

作了形式化和系统化。当还是个孩子的时候，他的父母认为他“极其的愚蠢”(Richards，1987，p. 334)。作为年轻人，达尔文的著作给他留下了深刻印象。后来，两人成为朋友。达尔文把他有关动物行为的笔记送给了罗曼尼斯，意欲让罗曼尼斯去继承他的工作，即应用进化论去研究心灵问题，就像达尔文自己把进化论应用于身体方面的问题那样。罗曼尼斯是一个值得信任的继承者。罗曼尼斯是个富有的继承人，因此无需担心生活。他惟一的工作是爱丁堡大学的业余讲师，而这个工作仅需要他每年工作两周的时间。冬天他在伦敦和牛津度过，夏天就到海滨，在那里，他建了一个私人实验室，其设备不亚于大学的实验室。

1883年，罗曼尼斯出版了《动物的智慧》一书。它被认为是比较心理学的第一本著作。他搜集了有关原生动物、蚂蚁、蜘蛛、爬虫、鱼、鸟、大象、猴子和家畜等各种动物的行为资料。他的目的是论证动物有着高水平的智慧以及证明动物智慧同人类心理功能的类似性，以便解释心理发展的连续性。正如罗曼尼斯所说，他力图证明“螃蟹的推理行为与人的任何推理行为在种类上没有任何的差异”(引自 Richards，1987，p. 347)。

他设计了一个他称之为“心理阶梯”的图表。在这个图表上，他把各种种系的动物按照心理功能高低的秩序加以排列(表 6.1)。你会看到，他甚至赋予海蜇、海胆和蜗牛等这样一些低等生命形式以高级心理功能。他的这些令人吃惊的观点是通过**轶事法**(anecdotal method)搜集资料而形成的。轶事法是使用那些有关动物行为的观察报告和叙述，而观察往往是随意的。罗曼尼斯所接受的许多报告都来自于未加鉴别的和未受训练的观察者，这些人的观察可能是粗心的和带有偏见的。

表 6.1 罗曼尼斯的心理功能阶梯

种 系	智慧发展水平
类人猿、狗	模糊的道德感
猴子、大象	工具的使用
鸟类	图画辨别、字词的理解
蜜蜂、黄蜂	观念的交流
爬虫类	人的识别
大虾、螃蟹	推理
鱼类	类似联想、
蜗牛、乌贼	接近联想
海星、海胆	记忆
海蜇、海葵	意识、愉快、痛苦

罗曼尼斯对动物智慧的发现源自这些轶事性的观察，轶事性观察是通过一种出于好奇的、最终被抛弃的称作**类比内省**(introspection of analogy)的方法而进行的。在

使用这一技术时，研究者假定发生于自己内心的心理过程，同样也发生于被观察的动物心灵中。因此，一种特定的心理过程存在与否，可以通过观察动物的行为以及类比——已知的人类心理过程和假设的在动物的心灵中发生的过程之间的对应和关系——进行推论。

> 从对自己个人心理操作和由这些操作激发的各种心理活动的主观了解出发，从其他有机体所表现的可观察的活动中进行类比，我推知了这样一个事实，即这种心理操作是以这些活动为基础或与这些活动相伴随。（罗曼尼斯，引自 Mackenzie，1977，pp. 56—57）

利用类比内省技术，罗曼尼斯得出结论，认为动物能像人那样进行同样的思维、形成观念、复杂地推理、加工信息和解决问题。他的某些追随者甚至认为动物的智慧水平要高于人类智慧的平均水平。

罗曼尼斯相信，除了猴子和大象之外，猫是所有的动物中最聪明的。他写了许多他的驾驶员的一只猫的故事。通过一系列复杂的动作，这只猫可以打开通向马厩的门栓。经过类比内省，罗曼尼斯得出结论说：

> 在这种条件下，猫对门的机械性质具有非常明确的观念。它们知道怎样打开门，甚至当门栓打开以后，知道门需要被推动……首先，这些动物必然观察到，需要抓住门的把手，才可移动门栓。接下来，动物必须通过感觉的逻辑（the logic of feelings）进行这样的推理，即既然一只手可以完成这样的工作，为什么一只爪子不能呢？……因此，那种压住门栓，用后腿推门必定是推理的结果。（Romanes，1883，pp. 421—422）

可以看出，罗曼尼斯的研究缺乏现代科学的严格性。在他的数据中，事实和主观解释之间的界线经常是模糊的。然而，尽管科学家看出了罗曼尼斯的数据和方法中的缺陷，但是罗曼尼斯仍然受到尊敬，因为他的开拓性的努力刺激了比较心理学的发展，为动物行为的实验研究开辟了道路。我们已经看出，在许多科学领域中，对观察数据的依赖先于更为复杂的实验方法论。正是罗曼尼斯开创了比较心理学的观察阶段。

历史在线

http：//www. pigeon. psy. tufts. edu/psych26/romanes. htm

提供罗曼尼斯怎样编纂有关动物智慧轶事的信息，以及一些轶事的样本和罗曼尼斯提出的动物心灵存在的标准。

康维·劳埃德·摩根(1852—1936)

康维·劳埃德·摩根

康维·劳埃德·摩根(Conwy Lioyd Morgan)清楚地认识到轶事法和类比内省所固有的缺陷。他曾经是罗曼尼斯指定的继承人，也曾经是赫胥黎的学生，担任过英格兰的布里斯托大学的心理学和教育学教授。他也是那个城市里最早骑自行车的人之一。他同样对地质学和动物学感兴趣。为了对抗那种赋予动物以过度智慧的流行趋势，他提出了**吝啬律**(law of parsimony)，又称为摩根定律(Morgan's Canon)。

依据吝啬律，当动物的行为可以依据较低的心理过程解释时，就不要将它解释为高级心理过程的结果。1894年，摩根提出了这个观点，但是也可能他是受了冯特的影响。两年之前，冯特描述了一个类似的吝啬律。冯特曾经指出："只有当更为简单的原理已被证明不充分时，才能使用复杂的原理进行解释(Richards，1980，p. 57)。"

摩根的意图并非完全从动物行为报告中排除拟人论(anthropomorphism)。他的目的是减少拟人论的应用，为比较心理学的方法奠定一个更为科学的基础。摩根同意罗曼尼斯的观点，认为主观报告是不可避免的，但是在他的研究中，摩根力争把轶事性的推理减少到最低限度。摩根写道：

> 关于罗曼尼斯对轶事的搜集……毫无疑问，我的观点同他的观点一样，认为一门科学的比较心理学不能建筑在这类轶事的基础上。这些故事中的大部分都仅仅是一种随意的记录，伴之以一个一知半解的观察者的外行解释，这些观察者的心理学训练几乎等于零。因而我怀疑从动物的心灵中是否能获得一门科学所必需的数据。(Morgan，1930/1961，pp. 247—248)

从本质上讲，摩根遵循的是罗曼尼斯的路线：观察动物的行为，然后通过对自己心理过程的内省考察来对动物的行为进行解释。但是，由于使用了吝啬律，当动物的行为可以用较低过程进行解释的时候，摩根就可以不再把高级心理过程赋予动物了。

摩根相信动物的大部分行为导源于以感觉经验为基础的学习或联想。较之理性思维或思维能力，这种类型的学习是一个低水平的过程。由于有了摩根的吝啬律，类比内省方法得到了一些改善，因而提供了一些有用的数据。但是最终，这种方法为其他更为客观的方法所取代了。

摩根是第一个大规模地从事动物心理实验研究的科学家。尽管他的研究并没有像今天的科学研究那样处在严格的控制条件之下，但是除了一些作了人为性的修改以外，大多数的观察是在自然环境中进行的。尽管这些研究没有像实验室实验那样有严格的控制条件，但是对于罗曼尼斯的逸事方法来说，这是一个重要的进展。

历史在线

http://www.psychclassics.yorku.ca/Morgan/murchison.htm

摩根自传的全文。

评论

比较心理学的最初的研究是在英格兰进行的，但是这一领域的领先地位却很快转到了美国。罗曼尼斯在40多岁的时候死于脑肿瘤，摩根则由于担任了学校的行政职务而放弃了比较心理学的研究工作。

达尔文提出，在人与动物之间存在着连续性，这一观点一方面令学者们激动，另一方面又引起了广泛的争论，比较心理学正是在这样的背景下产生的。达尔文的观点中最基本的观念是机能。达尔文宣称，随着种系的进化，生存所必需的条件便决定了这一种系的生理结构。这一假设使得生物学家把解剖结构看做整个生命中的机能或功利性的元素。当心理学家以同样的方式考察心理过程时，它就为一个新的运动，即机能心理学，奠定了基础。

问题讨论

1. 机能主义研究意识的哪一个方面？他们反对冯特的心理学和铁钦纳的构造主义的依据是什么？
2. 为什么说19世纪中期进化理论的提出和接受是不可避免的？时代精神怎样促进了达尔文观点的成功？
3. 解释鸟喙的研究是如何支持了进化理论的。
4. 马尔萨斯的人口和食物供应学说怎样影响了达尔文的自然选择概念？
5. 描述赫胥黎在推动达尔文的进化论方面所起的作用？为什么白人种族优越主义运动攻击达尔文的进化论？
6. 讨论机器进化的观点。为什么机器的进化被看做对人类的威胁？
7. 达尔文的数据和观念以怎样的方式改变了心理学的研究对象和方法？
8. 朱安·胡阿特的工作怎样预示了高尔顿的研究？洛克的经验主义观点怎样影响

了高尔顿有关心理测验的工作？

9. 高尔顿创立了什么样的统计工具用于测量人类的特征？描述高尔顿有关遗传天才的研究。
10. 高尔顿是怎样研究观念的联想的？他是怎样进行智力测验的？
11. 达尔文的进化论怎样刺激了动物心理学的发展？冯特对这一发展的最初反应是什么？
12. 描述轶事法和类比内省。罗曼尼斯的心理阶梯是什么？
13. 摩根是怎样限制类比内省的使用的？在下列技术中，摩根使用了哪一种技术研究动物心灵：(a) 搜集轶事；(b) 实验研究；(c) 根除法；(d) 电刺激法

建议阅读

Angell, J. R. (1909). The influence of Darwin on psychology. *Psychological Review*, *16*, 152—169. 讨论达尔文的进化论观点及其对机能心理学发展的影响。

Boring, E. G. (1950). The influence of evolutionary theory upon American psychological thought. In S. Persons (Ed.), *Evolutionary theory in America* (pp. 268—298). New Haven, CT: Yale University Press. 描述了达尔文的研究对美国心理学家鲍德温、杜威、霍尔、詹姆斯和华生的影响。

Browne, J. (2002). Charles Darwin: The power of place. New York: Knopf. 这是达尔文生平传记的第二卷。它包含了达尔文对华莱士的研究的反应、《物种起源》的出版和达尔文的思想对维多利亚时代的冲击。第一卷是 Charles Darwin: Voyaging，出版于 1996 年。

Costall, A. (1993). How Lioyd Morgan's Canon backfired. *Journal of the History of the Behavioral sciences*, *29*, 113—122. 讨论摩根和罗曼尼斯对动物行为的研究。

Diamond, S. (1977). Francis Galton and American Psychology. *Annals of the New York Academy of Sciences*, *291*, 47—55. 讨论了高尔顿对美国机能心理学先驱者的影响。

Larson, E. J. (1997). Summer for the gods: The Scopes trial and America's continuing debate over science and religion. New York: Basic Books. 记录了达尔文主义与基督教原教旨主义之间持续不断的争论。

Morgan, C. L. (1961). Autobiography. In C. Murchison (Ed.), A history of psychology in autobiography (Vol. 2, pp. 237—264). New York: Russell & Russell. 该书最初出版于 1930 年，是摩根对自己生活和有关动物心理学研究的记述。

Shermer, M. (2002). In Darwin's shadow: The life and science of Alfred Russel Wallace. New York: Oxford University Press. 这一对历史心理学的传记研究，显示出进化论的共同发现者华莱士具有非凡的人格魅力，并且主要依靠自学，能够打破科学常规模式。

Weiner, J. (1994). The beak of the finch: A story of evolution in our time. New York: Alfred A Knopf. 描述了生物学家皮特和格兰特对鸟喙进化的研究。他们发现，为了适应环境条件和食物的供给状况，鸟喙出现了明显的进化。结论是种系特征的自然变化比达尔文猜测得要更普遍，其速度也更快。

第七章 机能主义：发展与建立

机能主义在美国的传播

大约到1900年的时候，美国心理学已经具备了它自己的特点，既区别于冯特的心理学，也不同于铁钦纳的构造主义。这两种心理学没有一个关注目的或效用，即意识的功能。而源于达尔文和高尔顿研究的机能主义运动则关注意识过程是怎样操作的，它不关心意识的结构和内容。现在，我们把关注的焦点从英格兰转向美国，因为作为一个正式的学派，机能主义是19世纪末和20世纪初在美国发展起来的。

为什么机能心理学在美国发展起来，而不是在机能主义精神的发源地——英格兰发展起来的呢？答案在于美国人的精神气质，以及美国独特的社会、经济和政治特征。美国的时代精神为接受进化论及由此产生的机能主义态度做好了准备。

赫伯特·斯宾塞(1820—1903)

赫伯特·斯宾塞(Herbert Spencer)是个自学成材的英国哲学家。他经常带着耳罩，以防外部世界干扰他的思维。1882年，62岁的他到达美国，美国人像接待民族英雄那样接待了他。在纽约，美国大富豪、钢铁工业巨头安德鲁·卡内基(Andrew Carnegie)会见了他。卡内基盛赞这位哲学家为救世主。在美国商业、科学、政治和宗教的许多领导人眼中，斯宾塞的确是救世主般的人物。他受到隆重的接待，为他举行的宴会接连不断，各种荣誉和赞赏接踵而至。

达尔文称斯宾塞为"我们的哲学家"。斯宾塞的思想对美国人产生了重大的影响。他的思想极富创造性，同时，他也是一个多产的作家，写出了大量的著作，而许多著作是他在打网球中间休息的时候，或者在游艇上休息的时候口授给秘书的。通俗杂志连载他的著作，他的书也售出成千上万册，大学里几乎每一个学科，都讲授他的哲学体系。他的传记作者指出，"斯宾塞对美国大学的冲击就像19世纪60年代早期照明设备给美国社会带来的影响一样。他的思想支配美国人长达30年之久"(Peel, 1971, p. 2)。他的思想观念吸引了社会各个阶层的人们，影响了一代美国人。如果那个时候有电视的话，斯宾塞肯定会出现在电视的谈话节目中，因而会获得更大名气和更多的称赞。如果不是在他35岁那年患了神经官能症，他可能会写出更多的著作。由于经常要会见一些他不愿见到的人，以及他的日常生活受到了严重的干扰，因而加重了他的神经官能症症状。他经常带着耳罩，确保自己不会受到噪音的侵扰，只有这样，他才能进行工作。一旦外部世界扰乱了他的生活秩序，他就抱怨说出现了失眠、心悸和消化系统紊乱。就像达尔文一样，正当他开始建立他为之奉献终生的理论体系时，他的身体问题就出现了。

社会达尔文主义

给斯宾塞带来荣誉和声望的哲学是达尔文主义，即进化和最适者生存的观念。斯宾塞将其扩展，并远远超越了达尔文的研究。

在美国，人们对达尔文的进化理论产生了强烈的兴趣，人们如饥似渴地吸收着达尔文的思想观念。不仅大学和学术圈热衷进化理论，通俗杂志，甚至某些宗教出版物也是如此。

斯宾塞强调指出，宇宙所有方面的发展，包括人的性格、社会风俗等，都是进化，都遵循"最适者生存"(斯宾塞创造了这个词组)的原则。正是这种被称为"社会达尔文主义"的思想——把进化论应用于人性和社会——获得了美国人的热情。

从斯宾塞的乌托邦式的观点来看，如果让最适者生存原理自由发挥作用，那么只有那些最优秀的才能生存下来。这样一来，只要不采取行动干涉事物的自然秩序，人类将不可避免地趋向完善。在这种体制中，最关键的是个人主义和自由的经济体系，政府任何调节工商业和福利(甚至对教育、住房和穷人的资助)的努力都是不被允许的。

人们和社会组织以自己的方式发展自身，就像其他物种适应自然环境、促进自身发展那样。来自国家的任何干涉都会打乱这个自然进化过程。那些不能适应的人、规划、商业或机构就不适合生存，为了社会的整体利益，应该允许它们自然灭亡(或灭绝)。如果政府持续资助那些经营不善的企业，那么这些企业就会存在下去，最终会弱化社会，违反最强壮、最能适应的人或物才可以生存的基本自然定律。斯宾塞强调，只有确保那些最优秀的生存下来，社会最终才能发展和完善。

这些思想观念同美国个人主义精神相吻合。因此，"最适者生存"、"生存斗争"很快成为美国民族意识的一个部分。铁路业巨头詹姆斯·希尔(James J. Hill)反复强调了斯宾塞的观念，认为"铁路公司的命运是由最适者生存定律决定的"。约翰·洛克菲勒也认为，"一个大企业的发展仅仅表现了最适者生存的道理"(均引自Hoffstadter, 1992, p. 45)。上述这些言辞清楚地反映了19世纪晚期美国社会的状况。可以说，美国是斯宾塞思想的一个活的例证。

在美国这个开拓性的国家居住的都是一些吃苦耐劳的人们。他们信奉自由的冒险精神、自足并且不依赖政府的法制。从日常生活中，他们完全理解了最适者生存的道理。那些有勇气、精明和有能力的人可以自由地得到土地，并以此来生活。自然选择的道理在日常生活的经验中得到了生动的表现，特别是在西部开发地区，生存和成功完全依赖于个人怎样适应充满敌意的环境。那些不能适应的人无法生存下去。

美国历史学家弗莱德里克·杰克森·特纳（Frederick Jackson Turner）用这样一些词语描绘了那些生存下来的人：

> 粗犷、有力，伴之以精明和探寻精神；讲求实用、头脑富有创造性和能很快地找到解决问题的对策；熟练获得物质性的东西……有效地实现伟大的目标；好动、精力充沛和支配欲强的个人主义。（Turner，1947，p. 235）

美国人的倾向是讲求实际、效用和功用。在美国的开拓阶段，美国心理学也反映了这些品质。由于这些原因，美国比其他任何民族更愿意接受进化理论。美国心理学之所以成为机能心理学，是因为进化和机能精神符合美国人的基本气质，以及斯宾塞的观点与美国精神相一致，所以他的哲学体系影响了学术研究的每一个领域。美国著名传教士亨利·沃德·比彻（Henry Ward Beecher）在给斯宾塞的信中写道："美国社会的特定条件使得你的论著在这里比在欧洲更有成效，更快地为人们所接受（引自 Hofstadter，1992，p. 31）。"

综合哲学

斯宾塞称自己的理论为**综合哲学**（synthetic philosophy）。在这里，综合的含义是组合或结合，而不是指某种人为的、非自然的东西。他的整个体系以在应用进化原则于人类知识和经验为基础。他的这些思想都包含在一个 10 卷本的系列著作中，这 10 本著作在 1860 到 1897 年之间陆续出版。这些著作被那个时代的许多重要学者看做是天才之作。摩根写信给斯宾塞指出，"没有一个人比你的思想对我影响更大"。华莱士以斯宾塞的名字给他的第一个孩子命名。在阅读了斯宾塞的一本著作之后，达尔文指出，斯宾塞"要比我优秀许多倍"（引自 Richards，1987，p. 245）。

综合哲学中的两卷构成了《心理学原理》。它出版于 1855 年，后来，威廉·詹姆斯把它作为在哈佛开设的第一门心理学课程的教材。在这部书中，斯宾塞提出了这样一种观点，即心灵之所以呈现出这种形式，是它曾经并且持续不断地努力适应各种环境的结果。他强调了神经系统和心理过程的适应特性，认为经验和行为逐渐增加的复杂特性是常规进化过程的一个部分。有机体若要生存，就必须适应它的环境。

历史在线

http：//www. utm. edu/research/iep/s/spencer. htm

斯宾塞生平和工作的一些信息、对他贡献的评价，以及他的生平传记。

机器的持续进化

在第二章中我们曾经指出，若要持续存在下去，机器和人类都需要适应它们的环境。适应和进化的这一连续不断的过程特别明显地表现在那些用于模仿或复制人的认知功能的机器那里。19 世纪末的时候，巴贝基的计算机器已经不再适用了。对人和机械计算器方面的要求，使更为适当的计算机器成为需要，1890 年的美国人口调查强化了这一需要。

10 年之前曾经进行过人口调查。那次调查如此复杂，以至于用了整整 7 年的时间才完成。1 500 个工作人员用手工统计每一位（他们希望如此）美国公民的年龄、性别、族裔来源、居住地和其他一些特征，调查的结果汇集在一份长达 21 000 页的报告中。在这期间，美国的人口急速增长。因此，统计和调查的程序明显需要改进。否则，只有到了 1900 年的下一轮调查开始以后，1890 年的调查结果才能出来。设计一种新的、经过改进的信息加工机器因而成为一种必要。

亨利·霍勒里斯与打孔卡

亨利·霍勒里斯（Henry Hollerith，1859—1929）是一位工程师，他发明了一种新的并且经过改进的加工信息的方法。追溯计算机起源的两位历史学家这样记录了霍勒里斯的创造性方法。霍勒里斯的方法是：

> 把搜集上来的每一个人的数据在一个打孔的纸带上，或一套打孔的卡片上作为一种模式记录下来。这有点像那个时代的街头演奏者（如钢琴手）在一串打孔的卡上记录乐谱。这样就可以使用机器自动地计算孔的数量并制成图表。（Campbell-Kelly & Aspray，1996，p. 22）

霍勒里斯使用了 5 600 万张卡片记录了从 6 200 万多人那里获得的结果。每一卡片上储存了 36 个 8 位数的二进制信息（Dyson，1997）。

这样一来，1890 年的人口普查所获得的信息比以往任何一次人口普查都要丰富，而且仅仅用了两年的时间，比人工计算的方法节约了 500 万美元的经费开支。霍勒里斯的打孔卡系统彻底改变了这类信息的加工方式，使得人们再一次对机器有朝一日会复制人类认知功能产生希望（或者恐惧）。畅销杂志《科学美国人》上的一篇文章的副标题是这样写的："纸带怎样赋予无生命机器以它们自己的大脑"（Dyson，1997）。

1896 年，霍勒里斯开办了他自己的公司——制表机器公司。1911 年，他卖掉了这个公司。新的公司 1924 年取名为"计算—制表—记录公司"。这就是我们今天所知道的"IBM"公司。

威廉·詹姆斯(1842—1910)：机能心理学的先驱

詹姆斯及其在美国心理学中的角色有许多自相矛盾的地方。他的研究对美国机能主义心理学而言是先驱性的，同时，他也是美国新科学心理学的先锋。他逝世80年后，对美国心理学史家的一次调查表明，在心理学的重要人物中，他仅次于冯特而排在第二位，并且被认为是美国最主要的心理学家之一(Korn，Davis & Davis，1991)。

然而，詹姆斯的一些同事却把他看做是科学心理学发展中的一种消极力量。他公开表示了对心灵感应、千里眼、招魂术、同去世的人沟通以及其他一些神秘事件的兴趣。包括铁钦纳和安杰尔在内的许多美国心理学家批评詹姆斯，因为詹姆斯对一些唯灵论的和超自然的现象表示了极端的热情。而作为实验心理学家，他们正是在努力把这样一些现象排除在心理学的范围之外。

詹姆斯没有建立任何正式的体系，也没有训练出任何追随者，更没有所谓的詹姆斯学派。尽管他尝试着把他所从事的心理学形式尽量科学化和实验化，但他自己在态度和行为上都不是一个实验主义者。他称心理学为“令人作呕的小科学”，与冯特和铁钦纳不同，心理学并非他毕生的追求。他在心理学领域中工作了一段时间之后，就转向别处了。

在他生命的后期，这位对心理学作出如此巨大贡献、富有人格魅力、复杂的人物却背离了心理学。一次，他在普林斯顿大学讲学，他请求不要把他介绍为心理学家。他甚至坚持认为心理学仅仅是一些“显而易见事实的精致化”。尽管他放弃了在心理学中的领导地位，任心理学自行发展，但是他在心理学发展史上的地位是重要的和确定的。

美国心理学带有浓重的机能主义色彩，虽然詹姆斯并没有建立机能心理学，但是他在机能主义的氛围中清楚、有效地阐述了自己的观念。在这一过程中，他激发了下一代的心理学家，从而影响了机能主义运动。

威廉·詹姆斯

詹姆斯的生平

詹姆斯出生在阿斯特旅馆里，这是一个纽约城市酒店。他的家庭极其富有，同时又有显赫的名望。那时，他的父亲在美国富人排行榜上名列第二。对于孩子的教育，他的父亲给予了极大的关注，尽管这种关注时断时续。他让孩子们在欧洲和美国之间交替接受教育。因此，詹姆斯早期的学校教育是在英国、法国、德国、意大利、瑞士和美国接受的。这些令人兴奋的经验让他对英国和欧洲其他国家的思想和文化有了清楚的了解。

在他的一生中，詹姆斯经常到国外旅行。如果家庭的哪个成员生病，他父亲喜欢的方法是送他去欧洲，而不是去医院。他的母亲也只有当孩子们生病以后，才给予关心和注意。这样一来，詹姆斯的健康状况不佳也就不足为奇了。

尽管老詹姆斯并不希望他的孩子们为生计费心，但是他的确鼓励了詹姆斯对科学的早期兴趣。他给了詹姆斯一套化学实验器具，包括“一只燃烧器和几瓶神秘的液体，詹姆斯把这些液体加以混合、加热。这些液体沾在他的手指和衣服上，让他的父亲感到烦恼，有时甚至引起了惊人的爆炸(Allen, 1967, p. 47)。”

18岁的那年，詹姆斯决定成为一个艺术家。他在画家威廉·亨特(William Hunt)的工作室学习了半年之后，亨特劝告詹姆斯说，尽管他的技术不错，但是若要成为一个真正的艺术家，他还缺乏足够的才能。因此，詹姆斯决定进入哈佛的劳伦斯理工学院读书。那时，美国的南北战争开始了。后来，詹姆斯报告说，他曾经想加入军队，但是他的父亲阻止了他。他的父亲告诉他，没有什么政府或事业值得詹姆斯牺牲自己的生命。

到达哈佛后不久，他的健康状况和自信心开始恶化减弱，令他陷入了一种给他带来极大麻烦的神经症状态。此后，神经症的症状伴随了他一生大部分时间。他放弃了对化学的爱好，因为他无法满足实验室工作的细致要求。于是，他转到了医学院。然而，他对医学没有一点激情。他指出：

> 在那里，有许多欺骗行为……除外科有时完成一些有积极意义的事情外，医生所做的主要事情就是在精神方面对病人及其家属施加影响，而不是干些其他有意义的事情。他们也从病人那里榨取钱财。(引自 Allen, 1967, p. 98)

詹姆斯中断了他的医学学习，到动物学家路易丝·阿加西斯(Louis Agassiz)的探险队帮助考察巴西亚马逊河流域，搜集海洋动物的标本。这次旅行给了詹姆斯一个尝试生物学工作的机会，但是很快他就发现，他无法忍受严谨的搜集和分类工作，他的身体也不能适应野外工作。在给家里的一封信中，他坦诚：“我来到这里是个错误，现在我相信，我更适合思辨的，而不是激烈的生活”(引自 Simon, 1998, p. 93)。他对化学和生物科学工作的反应预示了他日后对心理学领域中实验方法的厌恶。

尽管医学并不比他1865年去巴西探险之前更有吸引力，但詹姆斯还是勉强地恢复了他的医学学习，主要原因是没有什么其他学科可以吸引他。他经常生病，抱怨心情压抑、消化紊乱、失眠、视觉障碍和背部乏力。“每个人都明显看出，他在美国感到痛苦，惟一的治愈方法是去欧洲(Miller & Buckhout, 1973, p. 84)。”

在德国的温泉中，他的健康有所恢复。他沉浸于文学中，给他的朋友写很长的信，但是他的抑郁却一直持续着。他在柏林大学听了生理学的讲座，这些讲座让他感觉到或许“心理学成为一门科学的时候到了”(引自 Allen，1967，p. 140)。那时他也指出，如果他能从疾病中痊愈而活过那个冬天，他或许有兴趣从著名的赫尔姆霍茨和某个叫做冯特的人那里学习更多的心理学。詹姆斯的确活过了那个冬天，但在那个时候他没有会见冯特。然而，他曾经听说过冯特这一事实表明，在冯特建立实验室之前的 10 年，詹姆斯就觉察到了科学和思想领域的发展趋势。

1869 年，詹姆斯从哈佛大学获得医学学位，但是他的焦虑和抑郁却加重了。无名的恐惧困扰着他，令他甚至想到自杀。他的恐惧如此强烈，以至于夜晚不敢单独出去。他躲到了麻省的萨默维尔的一个避难所，但是无论怎样治疗都不能减轻他的痛苦(Townsend，1996)。在那个时代，詹姆斯并不是惟一遭受这种痛苦的人。

神经衰弱的流行

美国神经学家乔治·比尔德(George Beard)发明了“神经衰弱”(neurasthenia)这个术语，它指的是一种美国特有的神经质状态。他列举的神经衰弱的各种症状是：失眠、忧郁、头痛、皮疹、神经衰竭以及某种称之为“脑崩溃”的东西(Lutz，1991)。詹姆斯称这些症状是“美国式的”(Ross，1991)。

> 19 世纪下半叶，许多观察家称之为“神经衰弱”的疾病席卷了社会的上层……从字面上讲，神经衰弱指的是神经力量的缺乏，即一种僵化的抑郁和意志的丧失。那些受过良好教育和具有自我意识的人最有可能患上这种疾病。中产阶级家庭中，那些丧失能力的儿子拖延选择职业谋生。这成为他们的一种共同经历。(Lears，1987，p. 87)

詹姆斯的许多朋友、亲戚和同事都患上了这种令人苦恼的疾病。他的一位朋友写道：“我在想，在新英格兰是否有谁在活到 35 岁的时候没有想过自杀。”詹姆斯也指出：“我敢说在受过教育的人中，几乎所有人都轻率地产生过自杀的念头(引自 Townsend，1996，pp. 32—33)。”这类疾病的发病范围在美国社会的富裕阶层和接受过高等教育的人中如此普遍，以至于一本通俗的出版物取名为《是人都有神经衰弱》(Miller，1991)。很明显，在罹患神经衰弱方面，詹姆斯并不孤独。

莱克塞尔医药公司充分利用了神经衰弱疾病给它带来的机会。这个公司生产了一种高效药物，称为“美式万灵药”(Americanitis Elixir)，将其用于治疗神经功能紊乱、衰竭和其他美国特有的疾病(Marcus，1998)。

女性患者通常是些知识分子和女权主义者，这些人被劝告“躺在床上 6 个星期或者更多的时间，什么工作都不做，也不要读书或社交，吃高脂食物以增肥”。男性不需要如此限制自己的生活方式，他们的治疗方案包括“旅行、探险，进行大运动量的体育锻炼”(Showalter, 1997, pp. 50, 66)。

发现心理学

在1869年那些忧郁的日子里，詹姆斯开始建构一种生活哲学。之所以如此，并不是由于追求知识的好奇心，而是出于对生活的绝望。他阅读了许多哲学，包括查尔斯·雷努维叶(Charles Renouvier)论自由意志的文章，这使得詹姆斯相信自由意志的存在。他断定，他的自由意志的第一个行动就是相信自由意志。接下来，他决心通过相信自由意志的力量而治愈他的抑郁症状。很明显，在一定程度上，他获得了成功。因为在1872年，他接受了哈佛大学的一个生理学教职。他评论这件事说：“承担某种有责任的工作对于一个人的精神是件崇高的事情”(James, 1902, p. 167)。然而，仅仅过了一年之后，他就请假去意大利游览，但是他后来的确又返回了教学岗位。

大约在同一时间，詹姆斯开始对某些可以改变心灵状态的化学药品产生了兴趣。他读了一些人在亚硝酸氧化钠（即所谓的笑气）和亚硝酸盐影响下而体验到的所谓“启示”。这些化学药品影响大脑的氧气供应，因而使人感到激动。他决定自己尝试这些东西。他的传记作者写道：这是“詹姆斯许多有关改变意识状态实验中的第一个，因为身体变化影响意识的方式令他着迷”(Croce, 1999, p. 7)。

在1875—1876年的教学工作期间，詹姆斯开设了第一门心理学课程。他称这个课程为“生理学和心理学的关系”。因此，哈佛成为美国第一个讲授新实验心理学课程的大学。詹姆斯从来没有学过一门心理学课程，他所参加的第一个心理学讲座是他自己的。为了教学，他向大学申请经费购买实验室设施和心理学实验的演示设备，学校给了他300美元。

1878年，詹姆斯的生活中发生了两个重要事件：一是他同艾丽斯·吉宾斯(Alice H. Gibbens)结了婚，这个婚姻是他父亲做的主；二是他同亨利·霍尔特(Henry Holt)签订了出版合同由此产生了心理学的经典著作之一。他用12年的时间才完成了这本书，而这本书的写作从他蜜月旅行时就开始了。

完成这本书之所以花费了他这么多年的时间，其原因之一就是他对旅行难以抑制的热爱。经常的情况是，如果他不在欧洲，就是在纽约州或新罕布什尔的深山里。

> 他的信件给人以这样的印象，即家庭关系让人感到厌倦，他经常感觉到独处的需要。对付这种不安的重要方式就是去旅行。每一个孩子出生以后，他都给自己安排一次旅行，当然，过后又会感到内疚。在圣诞节、元旦、生日等等节日里，人们经常找不到他。如果可以的话，他就会到很远的新港去……詹姆斯逃避家庭实际上是对人际纠缠的逃避，他需要回归大自然，需要独处，需要神秘的信仰。(Myer, 1986, pp. 36—37)

对于詹姆斯这种敏感气质的人来说，孩子的出生是最让他感到不安的事情。这个时候，他感觉无法工作，抱怨他的妻子只注意那个新生儿。第二个孩子出生以后，他在国外度过了一年，从一个城市到另一个城市，到处漫游。

他在威尼斯给他的妻子写信，告诉她，他同一个意大利女性坠入了爱河。他向他的妻子保证："你会习惯于我的这些激情，并且对这些激情产生好感(引自 Lewis, 1991, p. 344)。"但是艾丽斯却心烦意乱。她说詹姆斯具有同一切熟人和家里的仆人调情的倾向。当詹姆斯告诉她，他曾经吻过一个女仆时，艾丽斯变得怒不可遏。然而詹姆斯却认为他的多情应该令他的妻子感到高兴。他解释说，他经常具有亲吻他人的欲望(引自 Simon, 1998, pp. 215—216)。

如果他在家，他就经常去哈佛教学。1885 年，他被提升为哲学教授。4 年以后，他又转成心理学教授。到那时，詹姆斯已经会见了许多欧洲心理学家，其中包括冯特。他称冯特给他"留下了愉快的印象，他的声音悦耳，随时会露出微笑"。但是几年之后，詹姆斯又指出：冯特"并不是一个天才，他仅仅是一个教授，一个职责是了解一切事物和对一切发表看法的教授"(James, 引自 Allen, 1967, pp. 251, 304)。

詹姆斯的著作《心理学原理》最终在 1890 年出版，共两卷。它获得了巨大的成功，被证明是对心理学的重要贡献。在它出版几乎 80 年之后，一位心理学家写道："无疑，詹姆斯的《心理学原理》是英语或其他任何语言中最清晰流畅、最令人兴奋，同时也是最富有知识性的心理学著作(Macleod, 1969, p. iii)。"对于几代心理学的学生来说，《心理学原理》都是心理学中最有影响的著作。时至今日，那些并没有被要求读它的人仍然读着这本著作。

并不是每个人都称赞这本书。冯特和铁钦纳就不喜欢它，因为詹姆斯在这本书中批评了他们的观点。冯特写道："这是文学作品，写得很漂亮，但它不是心理学(引自 Bjork, 1983, p. 12)。"冯特一直对詹姆斯的心理学研究持批评的态度。根据冯特莱比锡实验室的美国学生贾德(C. H. Judd)的记述：

> 那里对那些没有在莱比锡受过训练的美国心理学领袖没有任何的尊敬。对詹姆斯更是具有一种公开的厌恶。詹姆斯所做的事情被认为极端出格，这不仅是因为詹姆斯批评了冯特，而是因为詹姆斯采取了一种幽默的挖苦形式。这太过分了……在这里，詹姆斯没有被看做是一流的思想家。(Judd, 1930/1961, p. 215)

詹姆斯对自己这本书的反应同样也不积极。在给出版商的一封信中，他描绘书稿"令人厌烦、充满水分、庞杂、凌乱，不过证明了两件事情：首先，没有一门科学心理学这样一种事物；其次，詹姆斯是个无能之辈"(引自 Allen, 1967, pp. 314—315)。

《心理学原理》出版以后，詹姆斯认为在心理学方面他已经没有更多的东西要说了。此外，他对领导哈佛大学的心理学实验室也不再有兴趣了。他安排了德国弗赖堡大学的雨果·芒斯特伯格(Hugo Munsterberg)担任了哈佛大学心理学实验室的主任，并讲授心理学课程。但是闵斯特伯格从来没有完成詹姆斯期望他完成的角色。詹姆斯期望他领导哈佛大学的心理学实验研究，但是闵斯特伯格感兴趣的是各种现实问题，对实验室关注不够。他对心理学的重要性表现在他宣传了心理学，并使得心理学成为更注重应用的学科(参阅第八章)。

尽管詹姆斯建立和装备了哈佛大学的心理学实验室，但他不是一个实验主义者。他从来没有相信过实验室工作的价值，个人也不喜欢实验室工作。他曾经说过，美国大学有太多的实验室。在《心理学原理》中他评论说，实验室工作的结果与实验室工作付出的艰苦努力不成比例。因此，他对心理学没有贡献任何重要的实验工作也就不足为奇了。

詹姆斯生命的最后 20 年主要用来完善他的哲学体系。到 19 世纪 90 年代的时候，他已经被公认为美国主要的哲学家。在他出版的主要哲学著作中有一本是《宗教体验种种》(1902)。他的那本《给教师的谈话》(1899)标志着教育心理学的开始。在这本给教师的书中，他阐述了有关心理学怎样应用于课堂学习的思想。

历史在线

http://www.emory.edu/EDUCATION/mfp/james.htm

这里有关于詹姆斯的你想知道的一切，包括他的大部分著作、文章、论文和信件的全文，以及大事年表、照片、传记、评论他的文章和同其他网页的链接。

http://www.ship.edu/-cgboeree/wundtjames.htm

对詹姆斯和冯特的生平、工作和区别的有趣比较。

http://website.lineone.net/-williamjames1/

詹姆斯的生平传记，有关他对心理学影响的评论和《宗教体验种种》的全文。

《心理学原理》

为什么有那么多的学者认为詹姆斯是美国最伟大的心理学家呢？有三个原因可以解释詹姆斯的重要地位和重大影响。首先，詹姆斯明晰的写作风格在科学中是少见的。他的作品自然、迷人，富有吸引力。其次，他反对冯特心理学的目标，即把意识分析为元素。第三，詹姆斯提供了另外一种心理观。这种心理观同心理学的机能主义方法是一致的。概括地说，美国心理学的时代精神已经为接受詹姆斯的学说作好了准备。

在《心理学原理》中，詹姆斯所提供的东西最终成为美国机能主义的中心命题，即心理学的目标并不是发现经验元素，而是研究活生生的人怎样适应环境。意识的机能是服务于生存所必需的目的。在复杂的环境中，意识对于这些复杂的存在是必要的。没有意识，人类的进化就是不可能的。

詹姆斯同样强调了人性的非理性一面。人既具有思维和理性，也具有情绪和激情。即使在讨论纯粹的理性过程时，詹姆斯也强调非理性的存在。他指出，思想受到身体的生理条件的影响，信念是由情绪因素所决定的，理性和概念形成受到人的欲望和需要的影响。因此，詹姆斯并不认为人是一个纯粹的理性存在物。

心理学的研究对象：新的意识观

詹姆斯在《心理学原理》一开头就指出："心理学是心理生活的科学，包括它的现象和条件(James，1890，Vol. 1，p. 1)。"就心理学的研究对象来说，关键词是现象和条件。现象一词的含义是，应该在直接经验中发现心理学的研究对象，条件指的是身体，特别是大脑在心理生活中的重要性。

根据詹姆斯的观点，意识的生理结构构成了心理学的一个基本部分。意识必须在它的自然构造中来加以考察，这个自然构造就是生理性的人。他的这种生物学意识，即强调脑对意识的影响，是詹姆斯心理学的一个典型特征。

詹姆斯反对冯特心理学的人为性和狭隘性。他相信意识经验就是意识经验，不是元素的组合或聚集。通过内省分析而发现的那些分离的元素，并不能表示这些元素独立于受过训练的观察者。心理学家在经验中发现的东西，可能仅仅是他们的理论告诉他们的东西。

受过训练的品味师学会了在一种味道中辨别出个别的元素，但是没有受过训练的人却无法做到。未受训练的人体验到的是各种味道元素的融合物，各种成分的完全混合，这是无法进行分析的。同样地，在心理学实验室中某些人分析了他们的意识经验，但是这并不意味着他们所报告的在意识中存在的元素可以出现在任何其他处在同样条件下的人意识中。詹姆斯认为这种假设是"心理学家的谬误"。

詹姆斯宣布，简单的感觉并不存在于意识中，而仅仅是某些循环推理或抽象的结果，这击中了冯特的要害。詹姆斯坦率而又富有雄辩力地写道：

> 没有人曾经有过单一的简单感觉。从我们出生开始，意识就是一个对象和关系的多重交织物。我们称之为简单感觉的不过是辨别性注意的结果，同时这个结果又经常地被夸大了。(James，1890，Vol. 1，p. 224)

为了替代意识经验的人为分析和还原，詹姆斯呼吁心理学确立一种新的思路。心理生活是一个整体，是变化着的总体经验。意识是一种连续不断的流动，任何把意识分成独立的、暂时的阶段的尝试都注定扭曲意识。詹姆斯创造了**意识流**(stream of consciousness)这个词组来表示这一观念。

由于意识总是在变化着，因而我们不能重复体验同一个思想和同一感觉。我们可以在不止一个场合思考一个对象和受到同一刺激的作用，但是我们的思维在每一次都是不一样的，它们因为介于其中的经验的不同而不同。因此，意识是累积的，而不是重复发生的。

心理同样是连续的。在意识流中没有突然的中断。我们可能注意到意识在时间上的间隙，如我们睡着了，但是当我们醒来以后，我们又可以毫不困难地将意识流连接起来。此外，心理是具有选择性的。由于我们仅仅能注意经验世界中很小的一个部分，因而心灵在众多的刺激中加以选择。它过滤着一些经验，将他们联结或分隔、结合或分离，选择或拒绝。选择的重要标准是相关性。心灵选择相关的刺激，以便于意识的操作符合逻辑。因此，一个系列的观念可以产生理性的结论。

从总体上讲，詹姆斯强调了意识的机能或目的。他相信，意识必定具有某些生物学上的效用，否则它就不会存在下来。意识的机能是通过给予我们以选择能力，而使我们适应环境。为了贯彻这一思想观念，詹姆斯在意识选择和习惯之间作出区分。他认为习惯是不随意的和无意识的。当我们遇到了一个新问题，需要选择新的应对方式时，意识的作用就产生了。这一对目的的强调反映了进化论的影响。

原著精选

有关意识的原始资料：选自詹姆斯的《心理学简明教程》(1892)

威廉·詹姆斯

意识处于连续不断的变化之中。这句话的意思并不是说任何心理状态都没有持续性，如果是这样，这种观点很难站住脚。我在这里要强调的是，没有一种出现过的状态可以重现，可以与以往的状态完全一样。我们一会儿观察、一会儿倾听、一会儿推理、一会儿产生意愿、一会儿回忆、一会儿期待、一会儿爱、一会儿恨，这些心理活动也可以以其他数百种方式交替进行。但是有人可能会说，所有这些心理活动都是复杂状态，是由简单的状态结合而成的；难道简单的状态遵循着与复杂状态不同的规律？例如，我们从同一对象获得的感觉难道不总是一样的吗？同一琴键，用同样的力量，我们听到的声音不是一样的吗？难道同样的绿草给我们的不是同样的绿色感觉，同样的天空不是同样的蓝色吗？难道无论多少次我们用鼻子闻同一瓶科隆香水得到的不是同一种香气吗？如果说不是的话，似乎有点形而上学的诡辩。

然而，对这些事件的深入考察揭示出，没有什么证据证明同一电流可以给我们的身体造成两次同样的感觉。

我们两次得到的只是同一个对象。我们反复听同一音调，看到同一性质的绿色，嗅同一种客观存在的芳香，或者体验同一种类的痛苦。我们相信现实是永久存在的，无论这种现实是抽象的还是具体的，是精神的还是物质的，似乎都持续不断、反反复复地出现在我们的思想中，使得我们无意中假定有关它们的“观念”也是同样的观念……从窗口向外望去，绿草在阳光下和在树阴处看起来都是一样的绿色，但是画家为了获得真实的感觉效应，却不得不把一个部分画得暗一些，另一个部分画得亮一些。经常的情况是，我们一点也注意不到，同一事物在不同的距离或在不同的条件下看起来、听起来或闻起来，是不一样的。事物的同一性是我们主观认定的，一旦我们认定事物是同一的，那么由此而产生的感觉就被认为是同样的了。

这就是有关不同感觉的主观一致性的一些随手可得的证据，它们作为事实的证据几乎没有什么价值。整个感觉研究的历史都表明了我们无法辨别所感受到的两种感觉的质是否完全地相同。引起我们注意的远不是一个印象的绝对的质，而是在同一时间两个不同印象的比率问题。当所有的物体都是暗的，那么那个不太暗的就被我们感觉成白色。赫尔姆霍茨推测到，一幅画中，表现月光下建筑物景色的白色大理石，当从日光下进行观察时，比在真正的月光下要明亮10到20倍。

这样一些差异是不能从感觉上体验到的，如果要想了解这一点，就必须间接地予以推论。这样一来就使我们相信，我们的感受性一直处在变化中，因此，同样的对象很难给予我们两次同样的感觉。当我们处在睡眠状态，或者处在清醒状态，饥饿状态或吃饱以后，精力充沛或疲劳不堪，或者在夜晚或清晨，夏日或冬天，我们对事物的感觉是不一样的。除此之外，儿童时代、成人以后和进入老年期以后，对事物的感觉也会不同。但是我们从来没有怀疑我们的感觉可以展现同样的世界，用同质的感觉，用同样的感觉到的事物来把握这个世界。感受性的差异在不同的年龄阶段对事物的感情体验方面，或者在不同的机体状态中表现得最为明显，原来带来欢快和激动的事物变得乏味、无聊和无益。鸟的歌声变得枯燥无味，微风变得凄凄惨惨，天空令人悲伤……

显而易见的事实是，心理状态从来没有完全地同一。从严格的意义上讲，我们对一个特定事实的每一个思维都是独一无二的，它们只是同其他对同一事实的思维有一些类似。当同一事实重新出现时，我们必然以一种新的方式思考它，从不同的角度观察它，从与上次的不同的关系中理解它。那个用于认识它的思维是一种处在一定关系中的思维，这种思维里渗透着所有模糊的背景因素的意识。在同一问题上，我们自己也会对前后观点的奇怪差异感到震惊。我们也奇怪上个月为什么会对一件事形成那样的观点。现在，我们已经超越了那种思维的可能状态，但是我们并不知道怎样超越的。一年又一年，我们总是以新的眼光看待事物。原来假的东西现在真实了，原来激动人心的现在乏味了，原来我们关心的朋友、原来那个神圣的姑娘、星星、树林、河流，现在怎么都变得如此的乏味和平常！

心理学的方法

由于心理学研究的是个人的和直接的意识经验，因而内省法必然是基本的方法。詹姆斯写道："内省观察是我们首先和长久要依赖的方法，……内省法让我们内观我们的心灵，报告我们在那里发现的一切。每一个人都同意，我们在那里可以发现意识状态(James, 1890, Vol. 1, p. 185)。"詹姆斯意识到内省方法的困难，他承认内省法是一种不够完善的观察方法。然而，他认为通过测查和不同观察者之间的比较，可以验证内省的结果。

尽管詹姆斯没有广泛地使用实验方法，但是他承认实验是获得心理学知识的一条重要路径，主要被用于心理物理学研究、空间知觉的分析和记忆研究。

作为对内省和实验方法的补充，詹姆斯推荐使用比较方法，通过研究不同人群和种系，如动物、婴儿、原始人或情绪紊乱的病人的心理机能，心理学可以揭示心理生活上的有意义的差别。

詹姆斯在《心理学原理》中列举的方法体现了构造心理学和机能心理学的差异：机能主义运动并不像冯特或铁钦纳那样只有内省一种方法，它不把自己局限在一种方法上，愿意接受和应用其他的方法。这种方法中立的取向极大地扩展了美国心理学的研究范围。

实用主义

詹姆斯强调了**实用主义**(pragmatism)对心理学的价值。实用主义的基本信条是，主张观念或概念的效度是由它的实际结果决定的。实用主义观点的通俗表达就是"有用即真理"。

实用主义是19世纪70年代由查尔斯·皮尔斯(Charles S. Peirce)提出的。皮尔斯是一位数学家和哲学家，也是詹姆斯的一位终生的朋友。直到詹姆斯1907年撰写了《实用主义》一书，皮尔斯的著作才为人所知。詹姆斯的《实用主义》一书促成了实用主义运动的正式开始。(皮尔斯是第一个介绍新心理学的人。他于1869年撰写了一篇文章，向美国学者介绍了费希纳和冯特的新心理学)

情绪理论

詹姆斯的情绪理论最初以论文的形式在1884年发表，后来又写进了《心理学原理》一书。他的理论在情绪状态的性质方面与流行的观点相反。心理学认为，情绪的主观心理体验先于身体表现或行动。传统的范例是：我们看到一只野兽，因而感到恐惧，所以我们逃跑。这表明了这样一种观点，即情绪（恐惧）先于身体反应（逃跑）。

詹姆斯颠倒了这个顺序。他指出，生理反应的唤醒先于情绪的出现，特别是对于他称之为“粗糙”的情绪，如恐惧、愤怒、悲伤、爱等等。例如，我们看到野兽、逃跑，然后才体验到恐惧的情绪。“对身体变化的感觉就是情绪（James，1890，Vol. 2，p. 449）。”

为了支持他的观点，他引证了内省观察的例子。他指出，如果没有急速的心跳、喘粗气和肌肉紧张，就没有情绪的发生。詹姆斯的情绪观点激起了许多争论，同时也刺激了大量研究。[1]

习惯

《心理学原理》中有关习惯的那一章再次表现了詹姆斯对生理学影响的兴趣。詹姆斯指出，所有的动物都具有“众多的习惯”（James，1890，Vol. 1，p. 104）。重复的和习惯性的活动影响到神经系统，起到增强神经物质可塑性的作用。其结果是，习惯使得之后的重复性行为变得更加容易，不再需要较多的有意注意。

习惯具有巨大的社会意义。下面这段话阐述了这一观点：

> 习惯……使得我们把自己限制在传统的风俗习惯的范围之内……它使我们按照教养为我们指定的或我们早年选择的道路奋斗到底，就是对于不适宜的事业也要尽力而为，因为我们已经不适宜做其他的事情了，改弦更张已经太迟了……
>
> 你会看到，在25岁的时候，那些年轻的商务旅行者、年轻的医生、年轻的牧师、年轻的律师已经表现出职业风格。你可以从他们的性格、思维的技巧和偏见中看出一条主线，你不要指望他们能突然产生什么新的风格，就整体上来说，他们最好不要脱离原来的风格。这样对这个世界和我们大家都有利。不管怎么说，到30岁的时候，性格已经像石膏那样，不可能再软化了。（James，1890，Vol. 1. p. 121）

《心理学原理》对美国心理学产生了重要影响，对它的赞誉即使在它出版的一个世纪之后仍然没有中断（Donnelly，1992；Johnson & Henley，1990）。它影响了成千上万个美国学生，促使心理学家将心理科学遵循构造主义的观点转向了机能主义学派的正式构建。

〔1〕1885年，丹麦生理学家卡尔·兰格（Carl Lange）发表了与詹姆斯同样的理论。两个理论的类似性导致人们称这种情绪理论为“詹姆斯—兰格情绪理论”。

女性在机能上的不均等

玛丽·惠顿·卡尔金斯(1863—1930)

詹姆斯在帮助玛丽·惠顿·卡尔金斯(Mary Whiton Calkins)接受研究生教育方面起到了重要作用，并且还帮助她克服了对妇女的偏见和歧视。后来，卡尔金斯发明了记忆研究中的配对联想技术，对心理学作出了重要和持久的贡献(Madigan & O'Hara, 1992)。她成为美国心理学会的第一位女性理事长。1906年，她在50个美国最重要的心理学家中排名第12位。对于一个曾经被拒绝给予博士学位的人来说，这是来自同行很高的荣誉了。

玛丽·惠顿·卡尔金斯

哈佛大学从来没有正式接纳过卡尔金斯。但是詹姆斯欢迎她参加他的学术讨论会，并敦促哈佛大学授予她学位。当遭到校方的拒绝后，詹姆斯给卡尔金斯写信，告诉她"这足以让你和所有的女性感到无法接受，我希望和相信你的申请能冲破这个障碍，我将尽我所能帮助你"(引自 Benjamin, 1993, p. 72)。但是尽管詹姆斯作出了努力，但哈佛大学还是拒绝授予女性博士学位。詹姆斯和其他一些教师对卡尔金斯进行了一个非正式的考试，考试的结果被描述为哈佛大学的博士生考试中最优秀的，但是校方仍然不改初衷。

7年以后，当卡尔金斯成为威利斯大学的教授，并开始了自己的记忆研究以后，哈佛表示愿意从莱德克里夫学院授予卡尔金斯一个学位。莱德克里夫学院是哈佛为女性的本科教育而设立的，这遭到了卡尔金斯的拒绝。因为她已经在哈佛而不是在莱德克里夫，完成了获得博士学位所需要的一切课程。哈佛大学歧视她，仅仅因为她是个女性。但是哈佛大学忽视了她为自己应该获得的学位而不断做出的请求。最终，哥伦比亚大学授予了她名誉博士学位(Demark & Fernandez, 1992)。

卡尔金斯的经历说明了高等教育中对女性的歧视。这种状况一直持续到20世纪以后。即使如此，与以往的女性相比，卡尔金斯还算是幸运的。因为以往的女性根本不可能进入大学。在欧洲和美国的大多数学术领域，传统上学院都拒绝接纳女性。哈佛在1636年建立的时候，不接受女性学生。一直到1830年以后，美国的某些学院才放松了对女性的限制，开始接受女性为本科生。

这一限制的主要原因是人们一般认为男性在智慧上具有自然的优越性。根据这一观点，即使女性得到了同男性一样的教育机会，天生的智力发展上的劣势也使得她们不可能从受到的教育中获益。达尔文等19世纪的著名科学家和那个时代的大部分美国心理学家都同意这一观点。

今天，在心理学中获得博士学位的研究生大部分都是女性，硕士研究生和本科生的情况也是如此。然而，我们已经看到，心理学的历史是由男性支配的。前面我们曾经提到，仅仅因为是女性，玛格丽特·沃什伯恩就被拒绝接受为哥伦比亚大学的学生。一直到1892年，耶鲁大学、芝加哥大学和其他几个机构才同意接受女性研究生。心理学作为一门科学正式建立之后的近20年里，女性在成为心理学家方面面临着障碍，她们没有机会对这一领域的发展作出重要贡献。

认为男性在智力上具有优越性的神话源自所谓的**变异假设**（Variability Hypothesis）。变异假设是以达尔文的雄性变异性观念为基础的（Shields，1892）。达尔文发现，在许多种系中，雄性在生理特征和能力上，都比雌性有更大的发展。雌性的特征和能力大多处在平均值的水平。雌性处在平均值水平的倾向被认为是女性不能从所受到的教育中获益，因而不大可能在思想和学术领域作出成就的原因。从这种观点出发，就很容易得出这样一个结论，即女性的大脑在进化上不如男性。因为男性显示出更多的才能，他们可以适应多变的环境，并从中获益。因此，在成功地适应环境要求方面，女性被认为在生理方面和成功地适应环境的心理机能方面都不如男性。这样一来，人们就广泛地接受了两性在机能上不均等的观念。

与此相关的一个流行的观点认为，如果女性的教育超出了基础教育的范围，那么这些女性就容易在生理和情绪上受到伤害。某些心理学家认为，对女性实施教育会损害她们生物学方面的规律，因为过多的教育会扰乱她们的月经周期，遏制她们的女性冲动。一位心理学家写道，如果女性要受教育，"就应该教育她们怎样做一个母亲"（G. S. Hall，引自 Diehl，1986，p. 872）。

哈佛大学医学院的一位教授写道，对于女性的教育将会使"头大但身体瘦弱；大脑活动过度但消化不良；思想流动但便秘"（引自 Scarborough & Furumoto，1987，p. 4）。这位教授同时警告说，"两性的同等教育是在上帝和人性面前的犯罪"（Clarke，1873，p. 127）。

20世纪的早期，两位女性心理学家成功地挑战了两性机能不均等的观念。利用机能心理学的经验技术，伍利（H. B. T. Woolley）和霍林沃斯（L. S. Hollingworth）证明了达尔文和其他一些人在认识女性方面的错误。

海伦·布拉德福德·汤普森·伍利(1874—1947)

伍利1874年出生于芝加哥。她的父母支持对女性进行教育的观念，因此他们家的三个女儿都上了大学。1897年，伍利在芝加哥大学获得本科学士学位，1900年获得博士学位。她的老师主要有 J. R. 安杰尔和约翰·杜威（John Dewey）。杜威称她是他所教过的最聪明的学生之一（引自 James，1994）。在巴黎和柏林从事过博士后工作以后，她担任了马萨诸塞特州蒙特·豪利亚克学院的心理学实验室主任。

海伦·布拉德福德·汤普森·伍利

她的丈夫是位医生，结婚以后，她随丈夫去了菲律宾。她的丈夫在那里是一个实验室的主任。1908年，夫妻二人迁到了俄亥俄州的辛辛那提。伍利在那里担任了公立学校系统职业局的指导，负责儿童福利工作。她的有关童工效应的研究促进了州的劳动法的改革。那时，在美国的许多州，年仅8岁的儿童一周工作6天，每天工作10个小时。在年龄、工作时间和儿童的最低工资方面，几乎没有哪个州有保护性的法规。1921年，伍利担任了美国职业指导学会的理事长。

同一年，伍利迁到密西根的底特律。在那里，她进入了梅里尔—帕尔默研究所，并创办了一所幼儿园，以便研究儿童的发展和心理能力。1924年，她成为哥伦比亚大学儿童福利研究院的主任，继续从事她在儿童早期学习、职业指导、学校指导咨询方面的工作。

达尔文曾经提出，从生物学上讲，女性不如男性。在当时，这个观念似乎非常明显，不需要任何的科学研究。伍利的博士论文第一次对这一问题进行了实验验证。她的实验被试是25个男性和25个女性，测量的是运动能力、感觉阈限(包括味觉、听觉、痛感和视觉等)、思维能力和人格特性等。

研究结果显示出，在情绪功能上，两性没有差异。在思维能力上仅有极小差异。所得的数据还表明，在记忆和感知觉方面，女性稍微优于男性。伍利一反传统的解释，认为这些差异的原因是社会和环境因素——对儿童的养育方式和社会对男孩和女孩的期待不同所造成的，而不是生物因素决定的(rossiter，1982)。

在《性别的心理特征：男性和女性正常心理的实验研究》(Thompson，1903)一书中，伍利发表了她的研究结果。她的研究结论在男性的学院心理学家中并没有受到欢迎。斯坦利·霍尔(G. Stanley Hall)指责她对数据进行了女权主义的解释(Hall，1904)。事实是，一个女性的研究表明，女性在生物学意义上并不亚于男性。后来，伍利为著名的《心理学公报》撰写了两篇性别差异心理学研究文献的综述(woolley，1910，1914)。

在30年的时间里，伍利一直在儿童发展和教育领域担任着教师、研究者和指导者。后来，由于健康原因和令人痛苦的离婚事件，她早早地退休了，把对女性心理的关注留给了其他人。

莱斯塔·斯泰特·霍林沃斯(1886—1939)

霍林沃斯出生于美国的内布拉斯加州。大学生涯是在内布拉斯加大学度过的，1906年毕业，并获得了PBK联谊会[1]的嘉奖，然后她在一所高中教了两年书。在此期间，他的未婚夫哈里·霍林沃斯在哥伦比亚大学的J. M.卡特尔的指导下获得心理学的博士学位。1908年他们两人结了婚。哈里到纽约市的巴纳德大学任教。但是，按照法律规定，已婚的妇女不能在公立学校教书，霍林沃斯对此十分吃惊而又感到懊丧。

莱斯塔·斯泰特·霍林沃斯

霍林沃斯于是转向文学创作。但是她发现连短篇小说也发表不了。因此，两人的生活过得非常拮据。哈里不得不接受了一份咨询工作，以便于存下足够的钱，让霍林沃斯去研究院读书。1916年，她在爱德华·桑代克的指导下从哥伦比亚大学的师范学院获得了博士学位。然后，她作为一个心理学家而工作于纽约市民事服务中心。5年以后，由于她对妇女心理学的贡献而在《科学美国人》期刊上受到了赞誉。

霍林沃斯对所谓的"变异性假设"进行了广泛的实验研究。根据这一假设，在生理、心理和情绪机能方面，女性比男性更显示出一致性和均等的特点，相互之间显示出较小的差异。霍林沃斯在1913到1916年间利用各种各样的被试，从生理和感觉运动机能，以及思维能力方面对这个假设进行了研究。她的被试包括婴儿、男性和女性大学生、月经期的妇女(因为那时人们相信这个自然的生理过程影响女性的心理和情绪状态)等。她的研究获得的数据表明，变异性假设和其他一些女性劣势观念是站不住脚的。例如，她发现月经周期同知觉、运动机能和思维能力上的操作缺陷之间并没有联系，而长期以来，人们一直认为两者之间有直接的关系。

霍林沃斯也对母性固有本能的概念提出挑战。她对女性只有通过抚养孩子才能获得满足的传统观点提出质疑。她也斥责了这样一种观念，即女性在婚姻和家庭之外的领域获得成就的愿望是变态的和不健康的。她认为是社会和文化的态度，而不是生物因素导致了女性无法成为对社会有重要贡献的人(Benjamin & Shieds, 1990; Shields, 1975)。霍林沃斯同时告诫那些职业指导和咨询者，不要劝说女性把自己的雄心限制在儿童抚养和家政等社会认可的领域。因为在这样的领域里，你就无法成为杰出的和引人注目的人物。她写道："没有人知道谁是美国最优秀的家庭主妇，著名的

〔1〕 PBK联谊会，即Phi Beta Kappa，为美国大学优秀生和毕业生的荣誉组织，成立于1776年。——译者注

家庭主妇不会也不可能存在(引自 Benjamin & Shields, 1990, p. 177)。"

霍林沃斯对临床、教育和学校心理学也作出了重要贡献。特别是在"天才"儿童的教育和情绪需要的研究方面，她做了大量的工作。天才儿童一词是霍林沃斯创造的。但是，尽管她的研究范围广，并具有较高的质量，但是她从来没有获得过研究基金的资助(Hollingworth, 1943)。霍林沃斯积极参与了争取妇女选举权的运动，为争取妇女投票的权力进行了不懈努力，她经常参加在纽约举行的争取妇女权益的游行和示威。

历史在线

http：//www. webster. edu/-woolflm/marycalkins. html

有关卡尔金斯的生平、工作和贡献的信息。

http：//psychclassics. yorku. ca/

有关变异性假设和女性心理特征的研究；点击"CHP Special Collections"。

http：//www. website. edu/-woolflm/letahollingsworth. html

有关伍利和霍林沃斯生活和工作的信息。

机能主义的建立

与机能主义建立有联系的学者并没有创建一个新思想学派的野心。他们反对心理学的冯特的观点以及铁钦纳构造主义的局限和限制，但是他们并不想以另外一种"主义"取代它们。之所以如此，不是由于意识形态的原因，而是个人的原因：机能心理学的主要倡导者没有一个声称具有建立一种类似于冯特和铁钦纳那样一种运动的雄心。最终，机能主义的确具有了作为一个学派应该具有的许多特征，但是这并不是机能主义领导人的目标。他们似乎满足于矫正现存的正统观念，而不是去积极地取代它。

因此，机能主义从来没有像铁钦纳的构造主义那样是一个严格的和界限分明的理论体系。构造心理学是惟一的，但是机能心理学从来就不是惟一的。几种机能心理学同时存在，尽管相互之间有些不同，但是它们在研究意识的机能方面有着共同的兴趣。此外，由于机能主义强调心理机能的研究，因而机能主义者对心理学潜在的应用价值感兴趣，认为它可以用以解决人们在不同的环境中如何活动和如何适应的日常生活问题。应用心理学在美国的飞速发展可以看做是机能主义运动留下的最重要的遗产(参阅第八章)。

令人不可思议的是，机能主义抗议运动的形成是由构造心理学的建立者铁钦纳所推动的。当铁钦纳在《构造心理学的公设》一文中，把"构造的"和"机能的"两个词对立起来时，他间接地成为了机能心理学的建立者。这篇文章发表在 1898 年的《哲学评论》上。在这篇文章中，铁钦纳指出了"构造的"心理学与"机能的"心理学的不同，认为构造主义是惟一适当的心理学形式。

通过确立机能主义作为他的对立面，铁钦纳无意识地给了机能主义一个身份和地位。如果不是铁钦纳，或许机能主义不能获得这种身份和地位。"在铁钦纳给它命名之前，被他所攻击的这场运动是没有名称的。是铁钦纳使这场运动凸现出来。在机能主义成为心理学中的一个通用语方面，铁钦纳的功劳比任何一个人都大(Harrison，1963，p. 395)。"

芝加哥学派

机能心理学的建立并不全是铁钦纳的功劳，但是有一点是肯定的，那就是那些被称之为机能心理学建立者的人至多是些不情愿的建立者。有两位心理学家在机能主义学派建立方面作出了直接的贡献，他们是约翰·杜威(John Dewey)和 J. R. 安杰尔。1894 年，他们二人到达新建立的芝加哥大学，后来，这二人都出现在著名的《时代》杂志的封面上。恰恰是詹姆斯后来宣称杜威和安杰尔是一个新体系的建立者。詹姆斯称这个新体系为"芝加哥学派"(参阅 Backe，2001，p. 328)

约翰·杜威(1859—1952)

杜威的早年生活没有什么突出的地方，直到进入佛蒙特大学以后，他才表现出一点学术方面的才能。从大学毕业以后，他在高中教了几年书，并且自学了哲学，撰写了几篇学术文章。后来，他进入了位于巴尔的摩的霍普金斯大学的研究生院，1884 年获得博士学位，开始在密西根和明尼苏达大学从事教学工作。1886 年，他在美国出版了新心理学方面的第一本教科书，书名比较适当地称为《心理学》。这本书非常受欢迎，直到 1890 年詹姆斯出版了《心理学原理》之后，才略显逊色。

约翰·杜威

在芝加哥大学，杜威工作了 10 年的时间。他建立了一所实验学校，进行教育方面的激进改革。这所实验学校成为进步教育运动的基石。1904 年，他到了纽约哥伦比亚大学。在哥伦比亚大学，他继续从事把心理学应用于教育和哲学问题方面的工作。他的这些工作再一次显示了许多机能心理学家的实用倾向。

杜威是个有才气的人。但是他并不算是一个好老师，他的一个学生回忆道：他总是戴着一顶绿色的贝雷帽：

他来到教室，在讲台前坐下，把他的绿色贝雷帽就摆到他的正前方，然后就以一种枯燥的声调对着贝雷帽开始了他的讲课……如果有什么东西可以令学生昏昏欲睡，那就是他的讲课。但是如果你能注意这个家伙讲的内容，他的课还是很有价值的。(May, 1978, p. 655)

反射弧

杜威的《心理学中的反射弧概念》一文发表于《心理学评论》(1896)。这篇文章被认为是机能心理学的起点。一位心理学史家称这篇文章为机能心理学的"发令信号"(Bergmann, 1956, p. 268)。这篇文章受到热烈的欢迎，以至于被推选为"在前50卷的《心理学评论》中最有影响的文章"(Backe, 2001, p. 329)。

在这篇重要的文章中，杜威批判了反射弧问题上的分子主义、元素主义和还原论。这些观点都认为反射弧在刺激和反应之间有着明显的区别。杜威认为，行为和意识都不像冯特和铁钦纳声称的那样，可以还原为元素。因此，杜威攻击的是铁钦纳和冯特心理学方法的核心。反射弧的倡导者认为，行为的任何单元都止于对刺激的反应，当儿童从火苗上缩回手时就是这种情况。杜威认为，由于儿童知觉到火苗的变化，因而火苗起到了一个不同的作用，因此，与其说是形成了一个反射弧，不如说是形成了反射的环。

最初，火苗吸引了儿童，但是感觉到触摸火苗的结果以后，儿童就被火苗吓退了。这个对火苗的反应改变了儿童对刺激(火苗)的知觉。因此，知觉和运动(刺激与反应)必须被看做是一个整体，而不是个别的感觉和反应的合成物。

因此，杜威认为反射性反应中的行为在意义上不能再分成基本的感觉—运动成分，正像意识不能从意义上再分析为它的基本构成成分一样。

对行为进行人为的分析与还原会使行为失去一切意义，最后所留下来的只不过是存在于心理学家头脑中的抽象而已。杜威指出，不应该把行为当作人为的科学概念，而应该根据它在有机体适应环境中的意义加以研究。因此，杜威得出结论认为，心理学的适当研究对象是在环境中活动的整个有机体。

评论

杜威的观念受到进化论的强烈影响。在生存斗争的过程中，意识和行为都对有机体发挥着作用；意识产生了使得有机体得以生存的恰当的行为。因此，机能心理学研究的是发挥功能的有机体。

有趣的是，杜威从来没有称他的心理学为机能主义。很明显，尽管他攻击构造主义的基本前提，但是他显然不相信将构造和机能分开有什么意义。声称机能主义和构造主义是两种对立形式的是安杰尔和其他心理学家。杜威对心理学的重要意义在于他对心理学家和其他学者的影响，也在于他为这个新的思想学派奠定了一个哲学基础。当他1904年离开芝加哥大学以后，机能主义运动的领导任务就落到了安杰尔的肩上了。

历史在线

http：//www. radicalacademy. com/phidewey. htm

有关杜威生平、工作和对心理学、哲学和教育的贡献的信息。

http：//psychclassics. yorku. ca/Dewey/reflex. htm

杜威论反射弧问题的全文

詹姆斯·罗兰·安杰尔（1869—1949）

安杰尔将机能主义运动塑造成一个发挥效力的思想学派。他使芝加哥大学心理学系成为那个时代最有影响的心理系科，成为机能心理学家的主要训练营地。

安杰尔的生平

安杰尔出生于佛蒙特的一个书香世家。他的祖父曾经担任过罗德岛的布朗大学的校长。他的父亲是佛蒙特大学的校长，后来还担任了密西根大学的校长。在密西根大学跟从杜威学习的同时，他也阅读了詹姆斯的《心理学原理》。并且说詹姆斯的这本书对他的影响比他读过的其他任何书都要大。后来，他到哈佛大学与詹姆斯一起工作了一年，并且于1892年在那里获得硕士学位。

詹姆斯·罗兰·安杰尔

然后安杰尔去了德国的哈雷大学和柏林大学继续他的研究生学习。在柏林，他听了艾宾浩斯和赫尔姆霍茨的课。他希望能到德国莱比锡去学习，但是恰好那一年冯特无法再接受更多的学生。在哈雷大学，他无法完成他的博士论文工作，因为他用德语写出的论文在语言上不够规范，只有用德语重新修改了以后才能被校方接受。但是如果在那里进行修改，那么他就没有任何经济来源。因此，他决定接受明尼苏达大学的任命。虽然在明尼苏达大学的工资不高，但是对于一个想要结婚的年轻人来说，有工资总比什么都没有好。他已经订婚4年了，不能再拖下去了。安杰尔从来没有获得博士学位，但是他授予了许多人以博士学位。在他的职业生涯中，他还获得了23个名誉博士学位。

在明尼苏达大学工作了一年之后，他又接受了芝加哥大学的一个教职，在那里工作了25年的时间。按照家族的传统，他后来成为耶鲁大学的校长，帮助耶鲁大学建立了人际关系研究所。1906年，他被推选为第15届美国心理学会主席。从学术岗位退下来以后，他供职于美国全国广播公司(NBC)的董事会。

机能心理学的范围

安杰尔1904年出版了名为《心理学》的教科书。这本书将机能主义取向具体化了。这本书如此成功，以至于在4年中出版了4版。这也体现了机能主义观点的号召力。在这本书中，安杰尔指出，意识的机能是完善有机体的适应能力。心理学的目标是研究心灵怎样帮助有机体适应环境。

1906年，安杰尔担任了美国心理学会会长，在他的就职演说中，他勾画了机能心理学的范围。后来他的演讲发表在《心理学评论》上。前面我们曾经指出，只有同某个正在流行的观点相关联，或者与之相对抗，一个新的运动才能获得生命力和动力。安杰尔在新理论和旧理论之间画下了明确的界线，但是他的结论却是谦虚的："我正式宣布放弃任何开始一个新计划的意图；我要做的是一种对实际状况不带任何偏见的总结(Angell，1907，p. 61)。"

安杰尔指出，机能心理学并不是一种新的东西，从最早的时候开始，它就是心理学的一个重要部分。倒是构造心理学离开了心理学的较古老的、真正普遍的机能形式。安杰尔描绘了机能主义运动的三个基本主题：

第一，同构造主义相比，机能心理学是心理操作的心理学，而构造主义是心理元素的心理学。铁钦纳的元素主义方法仍然有许多追随者，因此，安杰尔与铁钦纳直接对立，推进机能主义。机能主义的任务是发现心理是如何操作的，它完成了什么，以及心理过程是在什么条件下产生的。

第二，机能心理学是意识基本功效的心理学。因此，从效用的精神来看，意识的作用是协调有机体的需要和环境要求之间的关系。有机体有结构和机能两者的存在能够使有机体适应环境，因而可以生存下来。安杰尔指出，既然意识存在下来了，那么它必然会对有机体产生一些基本的作用。机能心理学需要去发现这些作用究竟是什么，这不仅是为了了解意识，也是为了了解更为特殊的心理过程，如判断和意志等。

第三，机能心理学是心理物理关系(心-身关系)的心理学。它关注有机体与环境的整体关系。机能主义研究所有的身心机能，并且认为心-身之间并没有真正的区别。它认为心-身属于同一序列，两者之间可以很容易地实现相互沟通。

评论

安杰尔演说的时间恰恰是在机能主义精神已经普遍为人们所接受的时候。安杰尔把这种精神发展成了一种引人注目的、积极的运动。他建立了实验室，搜集了大量数据，组织了一支富有激情的教师队伍，形成了一个热心奉献的研究生培养中心。在指导机能主义成为一个正式学派的过程中，安杰尔为机能心理学设计了目标和形象，使机能心理学变得更富有成效。然而，他一直坚持认为，机能主义并没有真正构成一个独立的思想学派，也不应该被认为只限于芝加哥大学的那种心理学。尽管如此，机能心理学在美国繁荣起来，并且经常被称作"芝加哥学派"，因而永久性地与芝加哥大学所教授和运用的那种心理学联系到了一起。

历史在线

http：//spartan. ac. brocku. ca/-lward/Angell/Angell _ 1906/Angell _ 1906 _ 00. html

安杰尔的书《心理学：人类意识的构造与机能的基本研究》的全文

哈维·卡尔(1873—1954)

哈维·卡尔(Harvey Carr)是在印第安纳州的德普大学和科罗拉多读的大学。他所学的专业是数学。由于他喜欢讲授心理学课程的那位教授，因此他对心理学产生了兴趣。他写道："我决定成为一个心理学家，尽管实际上我对这门学科的性质一点也不了解(Carr，1930/1961，p. 61)。"科罗拉多大学没有心理学实验室，因此，卡尔转到了芝加哥大学。在芝加哥大学，他在实验心理学中所学的第一门课程是年轻的助教安杰尔讲授的。

在芝加哥大学学习的第二年，卡尔担任了实验室助理，与 J. B. 华生(John B. Watson)一起工作。那时，华生是那里的教师，后来，他成了行为主义学派的创始人。在华生的指导下，卡尔学习了动物心理学。

1905 年获得博士学位以后，卡尔到得克萨斯州的一所高中教书，之后又到了密西根的州立师范学院。1908 年，他返回芝加哥大学，接替华生的位置。那时，华生接受了霍普金斯大学的邀请。最终，卡尔接替安杰尔成为芝加哥大学心理学系的系主任。在卡尔担任系主任期间(1919—1938)，心理学系授予了 150 多人博士学位。

机能主义：最后的形式

卡尔完善了安杰尔的理论观点。他的工作代表了这样一种机能主义，即已经停止了对构造主义的讨伐，机能主义凭借自己的实力打败了对手，获得了公认的地位。在卡尔的领导下，芝加哥大学的机能主义达到了它的顶峰。卡尔认为，机能心理学就是美国心理学。在他看来，那时出现的心理学的其他形式，如行为主义、格式塔心理学，以及精神分析等，研究的仅仅是这一领域有限的方面。卡尔认为这些观点不能给无所不包的机能心理学增加任何东西。

由于卡尔1925年出版的教科书《心理学》以一种最完善的形式介绍了机能主义，因此我们在这里考察这本书的两个主要观点是有意义的。

第一，卡尔把心理学的研究对象界定为心理活动，如记忆、知觉、感情、想象、判断和意志等过程。

第二，心理活动的机能在于获得、确定、保持和评价经验，并利用这些经验来决定行动。卡尔把心理活动出现于其中的那种特殊活动形式称之为"适应的"或"调节的"行为。

在卡尔的思想观点中，我们看到了我们熟悉的那种倾向，即机能心理学强调心理过程，而不是强调意识元素或意识内容。我们也看到，对心理活动的描述是根据在使有机体适应环境的过程中做了什么。到1925年的时候，这些问题已经成为一种事实，不再需要为此而争论不休，这一点很重要。此时，机能主义已经成为心理学的主流。

> 既然大多数心理学家多多少少都承认自己是机能主义者，那么机能主义这个标签就失去了它的意义。持机能主义观点的研究者就是心理学家；机能主义的态度已经深入人心，不需要再为此争辩什么，这种态度已经成为心理学家的一个部分。(Wagner & Owens, 1992, p.10)

像冯特那样，卡尔既接受来自内省法的数据，也接受来自实验法的数据。卡尔认为，某一种文化的文学和艺术创作能够提供某种创造它们的心理活动的信息。机能主义尽管并不像构造主义那样，把自己限制在一种方法上，但是在实践中，机能主义者都强调了客观性。当使用内省法的时候，机能主义者尽可能地利用客观控制方面对内省法加以限制。此外，机能主义者既用人做被试，也用动物做被试。

机能主义的芝加哥学派也促进了心理学从只研究主观的意识状态转向客观的、外显的行为研究。机能主义促使美国心理学最终仅仅研究行为，完全抛弃了心灵的研究。在这种意义上，机能主义在构造心理学和华生的行为心理学之间起到了一种桥梁作用。行为主义成为美国心理学的下一次革命运动。

哥伦比亚大学的机能主义

我们曾经指出，构造心理学是单一的，但是机能心理学的形式却不是单一的。尽管机能主义学派的建立和发展主要是在芝加哥大学，但是在哥伦比亚大学，还存在着机能主义的另外一种取向。哥伦比亚大学的机能主义以罗伯特·吴伟士（Robert

Sessions Woodworth)为代表。此外，哥伦比亚大学也是另外两个具有机能主义倾向的心理学家的学术基地。一是麦金·卡特尔(McKeen Cattell)，他在心理测验方面的工作体现了美国机能主义精神(参阅第八章)；另外一位是桑代克(E. L. Thorndike)，桑代克有关动物学习的研究强化了机能主义的客观化倾向。

罗伯特·吴伟士(1869—1962)

在形式上，吴伟士并不属于安杰尔和卡尔传统下的机能主义学派。他不喜欢任何思想学派给成员施加的思想限制。然而，吴伟士所写出的东西大部分都体现了芝加哥学派的机能主义精神，而且他也为机能主义添加了一些重要观点。

吴伟士的生平

作为一位研究者、受学生喜爱的老师、作家和编辑，吴伟士在心理学领域中活跃了60多年的时间。从马塞诸塞州的阿姆荷斯特学院获得学士学位以后，他先是在一所高中讲授物理，然后又到了一所小学院讲授数学。在那段时间里，有两件事改变了他的生活。第一，他听说著名心理学家斯坦利·霍尔(Stanley Hall)要来这里发表演讲；第二，他读了詹姆斯的《心理学原理》。因此，他决定成为一个心理学家。

罗伯特·吴伟士

他进入了哈佛大学学习心理学，在那里他获得了硕士学位，然后又进入了哥伦比亚大学。1899年，在卡特尔的指导下，他获得博士学位。毕业之后，吴伟士到纽约市立医院讲授生理学。在那里工作了三年之后，又到了英国与生理学家谢林顿(C. S. Sherrington)一起工作了一年。1903年，他返回哥伦比亚大学，在那里，他一直工作到他1945年第一次退休。他的讲课非常受学生的欢迎，直到他89岁那年第二次退休之前，他一直为学生开大班课。

他的一个学生，加德纳·墨菲(Gardner Murphy)回忆道，吴伟士是他学心理学过程中所见到的最好的老师。就像墨菲描述的那样，吴伟士“穿着一身松松垮垮的旧西服，脚上穿着军用皮靴走进教室。”他走到黑板前，“所讲出的言语充满无与伦比的洞见和智慧，我们把这些话记在笔记本上，在以后的10年里都不会忘记”(Murphy, 1963, p. 132)。

在他的几篇文章和《动力心理学》(1918)、《行为动力》(1958)两本书中，吴伟士描述了他的心理学观点。1921年，他撰写了《心理学》。这是一本导论性的心理学教科书，在 25 年的时间里再版了 5 次。据说，他的这本教科书的销售量超过了那个时代其他任何心理学教科书。他的《实验心理学》(1938、1954)同样成为了经典教科书。1956 年，“作为心理学知识的综合者和组织者，由于在塑造科学心理学的命运方面做出的无可比拟的贡献”，吴伟士被美国心理学基金会授予金质奖章。

动力心理学

吴伟士认为，他的心理学所采取的方法并不新颖，实际上，即使在心理学成为一门科学之前，一个好的心理学家在探讨心理学问题时，也遵循与他的方法同样的步骤。心理学知识的获得必然始于对刺激和反应性质的研究，也就是说，心理学研究始于客观的、外部的事件。但是当心理学家解释行为时，如果仅仅考虑刺激和反应，那么他们就会错过研究中最重要的部分，即活生生的有机体本身。刺激并非一个特定反应的全部原因。有机体自身的能量水平，他现在和过去的经验，都决定着反应。

心理学必须将有机体刺激和反应之间的介入物加以考虑。因此，吴伟士建议，心理学的研究对象必须既包括意识，也要包括行为。这一观点后来为人本主义心理学和社会学习理论所采纳。

外部刺激和有机体的外显反应是可以进行客观观察的，但是有机体内部发生的东西只有通过内省才能得知。因此，除了观察和实验方法外，吴伟士也接受内省作为一种有用的工具。

吴伟士把**动力心理学**(dynamic psychology)引入了机能主义。动力的概念是吴伟士从杜威和詹姆斯那里得来的。杜威早在 1884 年，詹姆斯在 1908 年就在心理学的问题上使用了“动力”的概念。动力心理学研究的是动机。吴伟士的意图是建立一门他所说的“动力学”(motivology)。

尽管我们可以在吴伟士的观点和芝加哥的机能主义之间发现一些类似之处，但是吴伟士强调了行为背后的生理事件。他的动力心理学关注的是行为的因果关系。他的主要兴趣是发现驱动或激发人的力量。他认为心理学的目标应该是测定人们为什么这样行为，而不是那样行为。

吴伟士并没有依附在一个单一的体系上，他也不想建立他自己的思想学派。他的观点不是建立在反对其他体系的基础上。他从不同的取向中进行着选择，选择那些他认为适当的东西，然后再进行扩展、完善和综合，从而建立自己的理论。

历史在线

http：//psychclassics. youku. ca/Woodworth/murchison. htm

吴伟士自传的全文

对机能主义的批评

构造主义者迅速地、充满义愤地对机能主义运动发起了攻击。美国的新心理学第一次分裂成两个战斗的阵营，即康奈尔大学的构造主义和芝加哥大学的机能心理学。在两个阵营之间，不断地发生相互的非难、指控和反指控，每一方都充满着正义感，相信只有自己才握有真理。

对机能主义的批评之一是“机能”这一术语本身没有得到清楚的界定。铁钦纳的一个名叫拉克米克(C. A. Ruckmick)的学生考察了 15 本导论性质的心理学教科书，以便测定每个作者怎样界定“机能”这一术语。他发现最经常的用法是“活动”和“过程”，以及对其他过程的作用或对整个有机体的作用(Ruckmick，1913)。

在第一种用法上，机能基本上等同于活动。例如，记忆和知觉的活动是机能。在第二种用法上，机能的界定参照的是某种活动对有机体的效用，如消化食物的机能或者呼吸的机能。拉克米克指责机能心理学家在这一问题上是不一致的和模棱两可的。有时机能被用于描述一种活动，有时又是指活动的效用。

直到 17 年之后，机能主义思想学派才有人站出来回应这个挑战。卡尔于 1930 年指出，两个概念并非不一致，因为两者指的都是同一过程(Carr，1930)。机能心理学家既对一个特定活动本身(第一个概念)感兴趣，也对它与其他条件和其他活动的关系(第二个概念)感兴趣。卡尔指出，生物学家经常遵循同样的路线。然而，“机能主义首先使用这样的概念，然后再界定它；这种顺序是机能主义运动的特征”(Heidbreder，1933，p. 228)。

来自铁钦纳及其追随者的另外一个批评与作为整体的心理学的定义有关。构造主义者声称，机能主义根本就不是心理学。为什么呢？因为机能主义没有坚持构造主义的研究对象和研究方法！因此，在铁钦纳看来，任何一种心理学，只要它偏离了意识元素的内省分析，就不能被称为真正的心理学。当然，这一定义恰恰是机能主义所质疑的。

批评者们同样指责机能心理学家对实践问题的兴趣，这样一来，再次唤起了长久以来存在于纯科学和应用科学之间的争论。构造主义者蔑视心理学知识在现实世界中的任何应用，而机能主义者对维持作为一门纯科学的心理学一点也不感兴趣，因此从来没有为自己对实践的兴趣而表示歉意。

卡尔认为，纯科学和应用科学都可以坚持同样严格的科学程序，在工厂、办公室、课堂和大学实验室中进行的研究都具有同样的效度。恰恰是方法，而不是对象决定了任一研究领域的科学价值。现在，有关纯科学和应用科学之间的争论在美国心理学中已经不像以前那么激烈了，这主要是由于应用心理学已经渗透到了每一个领域。把心理学的知识应用于解决现实生活中的问题是机能主义最重要的和最持久的贡献。

机能主义的贡献

机能主义对构造主义的强有力抗议对心理学在美国的发展产生了重要的作用。从重构造到重机能的转变对美国心理学的发展产生了长远影响。其结果之一就是动物行为成为心理学的研究领域之一，而这一领域并非构造主义的一个部分。

机能主义扩展了心理学的范围，包容了婴儿、儿童、有心理缺陷者的研究。机能心理学家用其他方法获得的数据补充内省法，其方法包括了生理研究、心理测验、调查问卷和对行为的客观描述。这些为构造主义者所拒斥的方法，成了心理学中受人尊重的信息来源。

到 1920 年冯特逝世和 1927 年铁钦纳逝世的时候，他们的心理学方法在美国已经变得不那么引人注目了。到 1930 年的时候，机能主义实际上已经获得了完全的胜利。在第八章中我们会看到，机能主义在当代美国心理学中留下了深刻的烙印，而留下这种烙印的主要途径是把心理学的方法和发现应用于解决实际问题。

问题讨论

1. 描述斯宾塞的社会达尔文主义。为什么社会达尔文主义在美国如此受欢迎？
2. 为什么 19 世纪中期由巴贝基发明的计算机器到 19 世纪末期时不再适用了？描述霍勒里斯使用机器加工信息的方法。
3. 描述神经衰弱的症状。19 世纪的哪个时期美国社会最可能罹患这种疾病？所推荐的治疗方法对男性和女性有什么不同？
4. 为什么说詹姆斯是美国最重要的心理学家？描述他对实验室工作的态度。
5. 詹姆斯的意识观与冯特的意识观有什么不同？依据詹姆斯的观点，意识的目的是什么？
6. 詹姆斯认为什么方法适合于意识的研究？实用主义对新心理学的价值是什么？
7. 描述变异性假设及其对男性优越观念的影响。伍利和霍林沃斯的研究怎样驳斥了这些观念？
8. 在什么意义上可以说铁钦纳和杜威都对机能心理学的建立作出了贡献？为什么不像单一的构造主义那样，没有一个单一的机能主义？
9. 根据安杰尔的观点，机能主义的三个基本主题是什么？卡尔认为什么样的研究方法适合于机能心理学？
10. 描述吴伟士的动力心理学和他对内省的看法。吴伟士是否认为自己是机能心理学家？为什么？
11. 比较机能主义和构造主义各自对心理学的贡献。为什么应用心理学在机能主义，而不是在构造主义中发展起来？

建议阅读

Campbell-Kelley，M. & Aspray，W.（1996）. Computer：A history of the information machine. New York：Basic Books. 从霍勒里斯为 1890 年人口普查设计的打孔卡开始谈起，追溯了计算机的发展。

Carr，H. A.（1961）. Autobiography. In C. Murchison（Ed.），A history of psychology in autobiography（Vol. 3，pp. 69—82）. New York：Russell & Russell. 卡尔的回忆录。

Crissman，P.（1942）. The psychology of John Dewey. *Psychological Review*，*49*，441—462. 对杜威心理学的评价。

Furumoto，L.（1991）. From "paired associates" to a psychology of self：The Intellectual odyssey of Mary Whiton Calkins. In G. A. Kimble，M. Wertheimer & C. White（Eds.）Portraits of pioneers in psychology（pp. 57—72）. Washington，D. C.：American Psychological Association. 描述了卡尔金斯在女子学院的学术背景中从事的实验心理学研究。

Lewis，R. W. B.（1991）. The Jamese：A family narrative. New York：Farrar，Straus and Giroux. 描述了詹姆斯家族的情况，包括詹姆斯本人（心理学家）、亨利·詹姆斯（小说家）、艾丽丝·詹姆斯（政治激进分子）。

Lutz，T.（1991）. American nervousness，1903：An anecdotal history. Ithaca，N. Y.：Cornell University Press. 讨论了神经衰弱症，认为这是 20 世纪初期美国流行的文化不适症，并且推测了这种病症对詹姆斯的影响。

McKinney，F.（1978）. Functionalism at Chicago-Memories of a graduate student：1929—1931. *Journal of the History of the Behavioral Sciences*，*14*，142—148. 描述了芝加哥大学心理学系的教师、学生、课程、工作和学术氛围。

Ryan，A.（1995）. John Dewey and the high tide of American liberalism. New York：W. W. Norton. 考察了杜威的实用主义及其有关个人自由可以导致社会完善的观点。

Simon，L.（1996）. William James remembered. Lincoln：University of Nebraska Press. 由詹姆斯的家庭成员、朋友和詹姆斯时代的思想领袖人物所做的詹姆斯回忆录文集。

Thorne，F. C.（1976）. Reflections on the Golden Age of Columbia's psychology. Journal of the History of the Behavioral Sciences，12，159—165. 描述哥伦比亚大学心理学系的教师和研究兴趣。

第八章 应用心理学：机能主义的遗产

实用心理学的发展

到 19 世纪末期时，进化思想及由此产生的机能心理学迅速在美国扎下根来。我们已经看到，美国心理学更多地受到达尔文和高尔顿，而不是冯特思想的影响。这是一种看起来有点奇怪，甚至有些荒谬的历史现象，因为第一代美国心理学家大部分都是接受的冯特式的心理学的训练。但是他们却极少把冯特的思想观点带回国。冯特的这些弟子，即这些新心理学家返回到美国以后，他们着手建立的心理学与冯特所教的几乎没有任何相似之处。因此，就像一个生物物种那样，这门新科学正在改变自身，适应着新的环境。

冯特的心理学和铁钦纳的构造主义不能以它原来的形式在美国的思想氛围——美国的时代精神——中生存下来，因此，它进化为机能主义。冯特和铁钦纳的心理学不是一种实用心理学，他们不研究运用中的心灵，因此不能解决日常生活中的问题，不能满足日常生活的需要。而美国的文化定向是实用，人们看重的是那些能发挥作用的东西。美国应用心理学的先驱斯坦利·霍尔（Stanley Hall）写道："我们需要的是一种能用的心理学，冯特式的思维决不会适应这里的环境，因为它们与美国的精神和气质相抵触（Hall，1912，p. 414）。"

新的美国心理学家以一种好胜的美国方式改革了德国种系的心理学。他们不是研究心灵是什么，而是研究心灵做什么。当詹姆斯、安杰尔和卡尔等著名的美国心理学家在学院实验室中建立机能主义时，其他心理学家则开始把心理学应用于大学以外的情境。这一面向实用心理学的运动与机能主义作为一个独立思想学派的建立是发生在同一时间的。

应用心理学家把心理学带入了现实世界，带到了学校、工厂、广告公司、法庭、儿童指导诊所、心理健康中心等多种场合。在这一过程中，应用心理学家就像机能主义的理论建立者那样，彻底改变了美国心理学的性质。那一时期的专业文献就反映了这种影响。大约在 1900 年的时候，发表在美国心理学刊物上的 25%的研究论文涉及的是应用心理学，不到 3%的论文使用的是内省法（O'Donnell，1985）。冯特和铁钦纳的心理学，就其本身来说在不久之前还被称作"新"心理学，但是却很快为更新的心理学所取代。甚至铁钦纳这位伟大的构造心理学家也察觉出美国心理学中这种势不可挡的变化。1910 年他写道："如果请求某个人用一句话概括在过去 10 年中美国心理学的趋势，那么这个人的回答会是这样的：心理学正坚定地向着应用的方向发展(引自 Evans，1992，p.74)。"

美国心理学的成长

在美国，心理学不断地成长和繁荣，1880 年至 1900 年期间美国心理学的蓬勃发展是科学史上引人注目的事件。

第一，1880 年，美国没有心理学的实验室；到 1900 年的时候，已经有了 41 个，而且其装备上比德国的实验室更好。

第二，1880 年，美国心理学没有自己的期刊，到 1895 年的时候，有了三种心理学期刊。

第三，1880 年，美国人不得不到德国学习心理学；到 1900 年的时候，大部分美国人选择在国内读心理学研究生。

第四，从 1882 年到 1904 年，美国心理学中有 100 多人获得博士学位，除化学、动物学和物理学外，这是最多的。

第五，1910 年，在心理学刊物上发表的论文中，有超过 50%的使用的是德语，英语的仅占 30%；到 1933 年的时候，所发表的论文中有 52%的使用英语，德语的仅占 14%(Wertheimer & King，1994)。[1]

第六，英国 1913 年出版的《科学名人》(Who's Who in Science)指出，在心理学方面，美国占据优势地位，世界上主要的心理学家中，美国占了 84 位，比德国、英国、法国的总和还要多。

心理学在欧洲开始以后短短 20 年的时间里，美国心理学就在这一领域中获得了无可争议的领导地位。在 1895 年的美国心理学会主席的就职演说中，卡特尔(J. M. Cattell)说：

> 在过去的 5 年里，美国心理学在学术方面的成长几乎是史无前例的……在本科课程中，心理学是一门必修课……在大学的课程中，在吸引的学生的数量方面和原创的学术著作方面，心理学都可以与其他主要学科进行竞争。(Cattell，1896，p.134)

但是哈佛的一位心理学教授却感叹道："我的基础心理学课程……有 360 个学生……这个国家需要这么多心理学家吗？(引自 Brown，1992，p.65)。"

必须指出，尽管在 1900 年的时候，心理学的课程极其受欢迎，但是这些课程大部

〔1〕 到 20 世纪末时，英语已经成为国际会议和出版的文献中占支配地位的语言。美国心理学会的《心理学摘要》期刊不再收录非英语的文献(Draguns，2001)。

分是在哲学系中讲授的。在那个时候，仅仅有极少数的独立心理学系科。到 1900 年的时候，仅有克拉克大学、哥伦比亚大学、芝加哥大学和伊利诺伊大学建立了心理学的学术性系科，从事心理学的教学。尽管许多大学开设心理学课程，也授予这一领域的本科学位和研究生学位，但是直到几十年之后，才真正建立了独立的心理学系，使设立心理学系成为一种常规而不是特例。哈佛大学培养了许多著名心理学家，但是直到二十世纪 30 年代，它才有了一个心理学系。

随着越来越多的学生对心理学产生兴趣，心理学实验室的数量也有了飞速的增长。1900 年的时候，美国的 41 所心理学实验室代表了世界上主要的心理学实验室，而欧洲国家的心理学实验室总数不超过 10 个(Benjamin, 2000a)。因此，在课堂、实验室和现实世界中，美国心理学正在稳步发展。

在 1893 年的芝加哥世界博览会上，心理学第一次出现在热切盼望的美国公众面前。在一个类似于高尔顿在英国的人体实验室那样的活动中，美国心理学家组织了一个研究设备和实验室测验的展示会，在这个展示会中，参观者只要付一点点费用就可以测量他们的感觉能力。1904 年在密苏里州的圣·路易斯举行的贸易展览会上，更多的心理学设备展示给了公众。这次活动还邀请了那个时代的一些主要心理学家，如铁钦纳(E. B. Titchener)、摩根(C. LIoyd Morgan)、珍尼特(Pierre Janet)、霍尔(Stanley Hall)、华生(J. B. Watson)等，可以说是名人云集。心理学的这些展示活动是不可能得到冯特支持的，当然也不可能在德国举行。心理学的大众化反映了美国人的气质，它有力地促进了冯特式的心理学转变成机能心理学，使心理学远远超出了实验室的范围。

因此，美国人以极大的热情接纳了心理学，并迅速地把心理学迎接到大学课堂和日常生活中。今天，这一领域远远超出了它的建立者所能想象的范围，甚至也超出了他们认为的理想的范围。

经济对应用心理学的影响

尽管美国的时代精神，即那一时代的精神气质和思想氛围促进了应用心理学的产生，但是其他实用性的背景力量也起到了不可忽视的作用。在第一章中，我们曾经讨论了美国心理学在从纯科学研究到应用研究的过程中，经济因素所发挥的作用。在 19 世纪末期，当心理学实验室的数量不断增加的同时，获得心理学博士学位的美国人的数量也在不断增加，甚至增长得更快。这些新的博士学位获得者，特别是那些没有独立收入来源的人，不得不在大学范围以外，寻找赖以生存的经济来源。

例如，心理学家哈里·霍林沃思(Harry Hollingworth, 1880—1956)在纽约的巴那德学院教书，年收入是 1 000 美元，依靠这些收入根本无法生活。他不得不在其他的大学兼课，50 美分一个小时帮助别人监考，举办培训广告从业人员的讲习班，以资助自己的研究与学术活动。很快他就发现，他不得不成为一个应用心理学家，以便养家糊口。

在这一方面，哈里并不是惟一的一个。应用心理学的其他一些先驱人物进入这一领域也是出于经济上的需要。这当然并不意味着他们在实用性的工作中没有感到挑战和刺激，他们中的大多数人对此都有感受，认为人的行为和认知活动在现实环境中的研究同大学实验室里的研究一样有效。同样，某些心理学家选择在应用领域里工作完全是出于内心的愿望，但是美国第一代应用心理学家中的许多人的确是为了避免生活的窘迫而被迫放弃纯学术实验研究的梦想的。

那些在中西部和西部地区获得捐助较少的大学中教学的心理学家面临的情况更加糟糕，1910 年时，三分之一的美国心理学家处境都是如此。随着心理学家数量的增加，从事实用性工作的压力也越来越大，他们因此也向学校的行政领导和州的立法者证明，心理学的这一新领域具有某些经济上的价值。

1912 年，拉克米克(C. A. Ruckmick)调查了美国心理学家，得出结论认为，尽管学生们喜爱心理学课程，但是心理学在大学和学院中受重视的程度不高。心理学课程得到的资助偏低，实验室设备欠缺，而且看起来几乎没有改善的希望。似乎改善心理学系财政状况和增加员工工资的惟一方式就是向校领导和政客证明，心理科学可以帮助社会治愈疾病。霍尔劝说中西部的同事们，要把心理学的影响扩大到“大学以外的地方，免得那些不负责任和感情用事的人和政党在立法委员会上批评心理学。”卡特尔敦促同事，“从事实践应用，建立一种应用心理学的职业”(引自 O'Donnell，1985，pp. 215，221)。

解决问题的方法很明显：通过应用，使心理学变得更有价值。但是把心理学应用到何处呢？幸运的是，人们很快找到了答案。公立学校的入学率正在急速增加，在 1870 年至 1915 年间，入学人数从 700 万增长到 2 000 万，政府花在公立教育上的经费从 6 300 万增加到 6 亿 500 万(Siegel & White，1982)。教育成为一个庞大的事业，这引起了心理学家的注意。

霍尔声称，“心理学的一个主要和直接的应用领域是教育(引自 Leary，1987，p. 323)。”威廉·詹姆斯(William James)并不是一个应用心理学家，但是他也写了一本书，书名为《与教师的谈话》，内容是有关心理学在课堂中的运用(James，1899)。到 1910 年的时候，超过三分之一的美国心理学家表达了运用心理学于教育方面的兴趣。而那些称自己为应用心理学家的人当中，有四分之三已经在这一领域中工作了。心理学在现实世界中找到了自己的位置。

在这一章中，我们将讨论 5 位应用心理学家的成就和贡献。他们把心理学这门新科学应用于教育、商业、工业、测验、犯罪和司法系统、心理健康诊所等。这些心理学家在德国莱比锡接受过冯特的训练，本来可以成为学院心理学家，但是当他们开始在美国大学的职业生涯以后，他们都偏离了冯特的教诲。他们提供了一些明显的例证，证明美国心理学更多地受到达尔文和高尔顿的影响，而不是受到冯特的影响。这些事例也证明，冯特的心理学移植到美国的土壤之中以后，就被改造了。我们也会描述应用心理学三个主要领域，即心理测验、临床心理学和工业—组织心理学的开端。

斯坦利·霍尔(1844—1924)

在美国心理学中，霍尔拥有一系列"第一"的杰出记录。他是在美国第一个获得心理学博士学位的人；他声称是世界上第一个心理学实验室建立的第一年中的第一个美国学生[1]；他创建了被认为是美国的第一个心理学实验室；他创办了第一份美国心理学杂志；他是美国克拉克大学的第一任校长；他组织了美国心理学学会，并且成为第一任主席；他也是第一批应用心理学家中的一员。

斯坦利·霍尔

霍尔的生平

霍尔出生在马塞诸塞州的一个农场中，从很小的时候起，就野心勃勃。14岁的时候，他发誓要为这个世界做点什么，并成为世界上的重要人物(引自Ross, 1972, p. 12)。17岁的时候，美国南北战争爆发了，他的父亲花钱免除了他的军役，对此他深感羞耻。霍尔指出，他感到一种赎罪的需要，想通过苦行为自己没有在军队中履行职责而赎罪。

1863年，他进入威廉学院读书。到他毕业的时候，他已经赢得了不少的荣誉，并被推举为班级中最聪明的学生。他对哲学产生了强烈的兴趣，特别是对于进化论。后来，进化论对他的心理学研究生涯产生了深深的影响。霍尔写道："我年轻的时候一听到'进化'这个词，我就被它陶醉了，对我来说，它就像音乐一样(Hall, 1923, p. 357)。"毕业以后，由于不清楚自己应该选择什么职业，他进了纽约的联合神学院。但是他缺乏成为牧师的强烈愿望，他对进化论的兴趣在此方面显然对他不利。很快他就明白了，宗教的正统性显然不可能令他出名。据说，当霍尔第一次在教师和学生面前尝试布道的时候，神学院的校长跪了下来，为霍尔的灵魂祈祷。

在著名的传道士亨利·沃德·比彻(Henry Ward Beecher)的劝说下，霍尔去了德国波恩大学学习哲学

〔1〕 后来的历史数据揭示出，他实际上是冯特实验室中的第二个美国学生，参阅 Benjamin, Durkin, Link, Vestal & Acord, 1992。

和神学。后来，他又到柏林大学学习生理学和物理学。在这段时间里，他经常去剧院和酒吧，挑战那些宗教性的说教。当他看到一位神学教授礼拜天在酒吧喝酒时，他记录下了自己的欢乐。他同样也记录了一些罗曼蒂克的插曲，指出这些动情的事件揭示出自己的一些内在能力，即"迄今为止一直处在休眠和压抑状态的那些能力，同时这也使得生活变得更加丰富和更有意义"(引自 Lewis, 1991, p. 317)。很明显，霍尔的欧洲之旅是非常自由的。

1871 年，他极不情愿地返回了美国。他的一位传记作者认为，返回的原因是他的父母不再给他任何资助(White, 1994)。那个时候，霍尔已经 27 岁了，没有获得任何学位，却背了一身债务。他完成了他的神学院的学习(虽然没有被委任为牧师)，然后去了一个乡村教堂当了 10 个星期的牧师。在作为私人教师工作了一年以后，他在俄亥俄州的安提克学院获得了一个教职。在那里，他讲授英国语言文学、法国和德国语言文学、哲学，当图书管理员、带唱诗班，并且在一所教堂布道。

1874 年，冯特的《生理心理学原理》一书唤起了他对这门新科学的兴趣，再次令他对自己的职业生涯产生了困惑。他离开了安提克学院，定居于马塞诸塞州的剑桥，到哈佛教授英语。后来，他开始读研究生，在哈佛大学医学院从事研究。1878 年，他提交了有关空间知觉的博士论文，因而获得了美国心理学的第一个博士学位。

一旦获得学位，他就再次去了欧洲，先是在柏林学习生理学，然后又到了莱比锡成为冯特的学生。在莱比锡，他与费希纳住隔壁。实际上，在莱比锡期间，霍尔与冯特在一起工作的时间并不多，尽管霍尔认真听冯特的课，并在实验室中做被试，但是他自己的实验更生理学化。霍尔后来的研究生涯也证明，从根本上讲，冯特对他没有多少影响。

两年以后，当霍尔返回美国以后，他发现就业的前景并不看好。然而 10 年之内，他就成为了全国的名人。霍尔发现，实现自己雄心的机会在于把心理学应用于教育。1882 年，他在全美教育学会上发表演讲，认为儿童心理研究应该是教学工作的一个主要部分。他利用一切机会不断重申他的这一主张。哈佛大学校长邀请他做一个系列讲座，每个星期天上午就教育问题发表演讲。这个讲座提高了霍尔的知名度，因而被霍普金斯大学邀请去担任非全职的教师。5 年之前，霍普金斯大学兴建于巴尔的摩，它是美国的第一个研究生院。

在哈佛的讲座获得了巨大成功，霍普金斯大学因而聘请他担任了那里的教授。1883 年，他在霍普金斯大学正式建立了通常被认为是美国的第一个心理学实验室。他称这个实验室是"心理生理学实验室"(Pauly, 1986, p. 30)。他培养的学生中，有些后来成为美国著名心理学家，如约翰·杜威(John Dewey)和麦金·卡特尔(McKeen Cattell)。

http://www.cnss.montclair.edu/psychology/museum/museum.htm

在线的网络博物馆,展示了包括霍尔实验室在内的早期心理学实验室的各种设备。

1887年,霍尔创办了《美国心理学杂志》。这是美国心理学的第一本刊物,即使在今天,仍然是美国心理学的重要出版物。它为理论和实验观念的发表提供了一个平台,也显示了美国心理学的独立和团结一致。出于极度的热情,该刊物的第一期印刷数量过多,以至于用了5年时间才收回第一期的出版费用。

接下来的这一年,霍尔成为克拉克大学的第一任校长。克拉克大学位于马塞诸塞州的伍斯特。在上任之前,他到国外四处旅行,考察欧洲大学,为这所新的学校招募员工。在记录克拉克大学100年的历史时,一位作者写道,霍尔的旅行实际上是一个"为他还没有开始的工作而进行的一次公费旅游……他停留的地方许多都与所要进行的工作没有任何关系,如俄国军校、古希腊历史遗址等等"(Koelsch, 1987, p. 21)。

霍尔野心勃勃地想要按照霍普金斯大学和德国的大学的模式,把克拉克大学建成研究型的,而不是教学型的大学。他既担任校长,又担任心理学的教授,在研究生院从事着教学工作。他用自己的钱创办了《教育学评论》杂志(现在该杂志的名称为《发生心理学杂志》),用于发表儿童研究和教育心理学的成果。1915年,他建立了《应用心理学杂志》。这样一来,美国心理学的杂志就达到了16种。

主要由于霍尔的努力,1892年成立了美国心理学会。在他的邀请下,大约有12个心理学家聚集在他的家中,讨论建立一个组织。这些心理学家选举霍尔为第一任主席。到1900年的时候,美国心理学会已经有了127个会员。

霍尔一直维持着他对宗教的兴趣。他建立了克拉克大学的宗教心理学学院,创办了《宗教心理学杂志》(1904),该杂志出版了10年。他写了一本名叫《从心理学的观点看耶稣基督》的书,但是他把耶稣描述为"少年超人",这是宗教机构所不能接受的。

霍尔也是最早对弗洛伊德(Sigmund freud)精神分析产生兴趣的心理学家之一。美国人对弗洛伊德的早期兴趣主要是由于霍尔的原因。1909年,为了庆祝克拉克大学成立20周年,霍尔邀请了弗洛伊德和荣格(Carl Jung)参加庆祝大会。这个邀请是个大胆的举动,因为那时许多科学家对精神分析持怀疑的态度。霍尔也邀请了他以前的老师冯特(Wilhelm Wundt),但是冯特谢绝了,因为他年事已高,也因为他已计划在莱比锡大学成立500周年庆祝会上发表特殊演讲。

在霍尔的领导下,克拉克大学的心理学迅速发展。霍尔在克拉克大学的36年间,有81个人获得了心理学博士学位。他的学生都记得每个星期一的早晨在霍尔家中举行的那令人筋疲力尽但却令人兴奋的讨论会。在那个讨论会上，霍尔和其他老师以及研究生们对那些博士候选人进行测试。长达4个小时的讨论会以后，家中的仆人会提来一大桶冰激凌。

霍尔对学生论文的评价有可能是毁灭性的，刘易斯·推孟（Lewis Terman）回忆道：

> 霍尔会以他渊博的知识和丰富的想象力作出概括，这经常令我们吃惊，使我们感觉到他随手拈来的想法也比学生辛辛苦苦地埋头工作几个月所获得的观点不知道要优越多少倍。回到家以后，我总是陶醉在刚刚经历的场景中，往往不得不洗个热水澡平息自己紧张的神经，然后里床上翻来覆去数小时，在脑子中重现刚才的场面，想象出我该讲但是却没有讲的话。（Terman, 1930/1961, p. 316）

只要学生尊重他，霍尔就极力地栽培那些有才能的学生。他经常是慷慨的和友好的。有一段时间，据说大部分美国心理学家都或者在克拉克大学，或者在霍普金斯大学与霍尔有联系。当然，这并不是说大部分美国心理学家都是在霍尔的鼓励下才走上心理学道路的。霍尔个人的影响力可以从这样一个事实上反映出来，即霍尔三分之一的博士生最终像霍尔一样走上了高校行政领导岗位。

在接受女性、少数民族学生方面，霍尔使得克拉克大学比那个时代美国的任何其他大学都更开放。尽管他也像大部分美国人一样，不赞成在本科阶段实行男女生的共同教育，但是他的确接纳女性为研究生，并且吸收女性加入教师队伍。他采取不同寻常的步骤，鼓励日本学生到克拉克读书，并且拒绝限制雇佣犹太人教师，而那个时候的其他大学是不可能雇佣犹太人的。霍尔同样也鼓励黑人接受研究生教育。

第一个在心理学中获得博士学位的非裔美国人是弗兰西斯·萨默（Francis Sumner），他是霍尔的学生。萨默后来成为华盛顿的霍华德大学心理学系的系主任，在霍华德大学，萨默采取了强有力的方法引介了许多黑人学生进入心理学领域（Dewsbury & Pickren, 1992）。此外，萨默从德语、西班牙语和法语杂志翻译了几千篇文章，把它们做成摘要，发表在美国的心理学杂志上。

1920年霍尔从克拉克大学退休以后，他仍然继续写作，4年之后逝世，而在他逝世前的几个月，他刚刚被第二次推选为美国心理学会主席。有人对有关霍尔对美国心理学的贡献进行了问卷调查，在收到的120份问卷中，99个人把霍尔列入世界上前10位心理学家。许多人都赞扬了霍尔的教学才能和推进心理学发展方面的贡献，也称赞了他对传统的蔑视和挑战。但是，他们和其他一些霍尔的熟人对霍尔的个人品质也提出了批评。这些人描绘霍尔在人际关系上是困难的和不值得信任的、放荡不羁和极度自私。威廉·詹姆斯称霍尔是“我所认识的人中伟大和渺小的最奇怪的结合(引自Mayers, 1986, p. 18)”。但是，即使是他的批评者也不得不同意调查的结论，即“霍尔所写的东西和所进行的研究比这一领域任何其他三个人的总和都要多(引自Koelsch, 1987, p. 52)。”

儿童发展的进化与复演理论

尽管霍尔的兴趣是多方面的，但是他在学术领域中的漫游是有着单一的主题——进化论。他的工作都围绕着这样一种信念，即心灵的正常发展都经历了一系列进化阶段。由于使用了进化论作为理论思考和实践应用的基本框架，霍尔在教育心理学方面比在实验心理学方面作出了更多的贡献。他只是在他职业生涯的早期关注实验心理学。他承认实验方法对于心理学的重要性，但是对实验方法的局限性却极不耐烦。对于霍尔的更为一般的目标来说，新心理学的实验工作被证明具有太多的限制。

霍尔经常被称为是发生心理学家(a genetic psychologist)，因为他关心的是人与动物的发展及其相关的适应问题。在克拉克大学，霍尔对发生心理学的兴趣使他走向了儿童的心理研究，并使其成为他的心理学的核心。在1893年芝加哥的世界博览会的演讲中他指出：“迄今为止，我们一直去欧洲寻找心理学；现在，让我们把儿童放在注意的中心，以便建立美国自己的心理学(引自Siegel & White, 1982, p. 253)。”霍尔倾向于把他的心理学应用到真实世界中的儿童身上。他以前的一个学生在回忆他时十分妥当地描述道，“儿童成为霍尔的实验室”(Averill, 1990, p. 127)。

在他的研究中，霍尔广泛使用了问卷调查法，这一方法是他在德国学到的。克拉克大学儿童研究的历史证明，霍尔和他的学生设计和应用了194种问卷，覆盖了许多问题(White, 1990)。在美国，这一方法一度与霍尔的名字联系到了一起，尽管这一技术实际上是很早以前由高尔顿(Francis Galton)发明的。

儿童的早期研究激起了公众极大的热情，导致了儿童研究运动的形成。然而，几年之后这一运动就消失了，因为研究质量存在着问题。被试的样本不充分，问卷设计不规范，数据搜集者没有受过严格训练，数据分析不正确，以至于这些努力被看做是“极为糟糕的心理学，不精确、不一致和易产生误导”(引自Berliner, 1993, p. 54)。尽管这些批评是正确的，但是儿童研究运动推动了对儿童的经验性研究，确定了心理发展的概念。

霍尔最重要的著作是两卷本、1 300多页的《青春期的心理学及其与生理学、人类学、社会学、性、犯罪、宗教和教育的关系》(1904)。这一百科全书式的著作全面论述了霍尔的心理发展的**复演论**(recapitulation theory)。霍尔认为，从本质上讲，儿童个人的发展重复了人类种族的生活史，即从婴儿和儿童时期近乎野蛮的状态到成年时代理性文明的状态。

《青春期》这本书激起了激烈的争论，因为心理学家认为这本书过度地和过于热情地关注了性的问题，霍尔被指责为爱好色情。在一篇书评中，心理学家桑代克(E. L. Thorndike)写道："这本书以一种在英语科学中史无前例的方式讨论了源于性的常常是病态的行动和情感。"在给同事的一封信中，桑代克的批评更为严厉，他指出，霍尔的书"充满着谬误、手淫和耶稣，他简直疯了(引自 Ross, 1972, p. 385)。"霍尔计划在克拉克大学就性的问题发表一系列演讲，即使他不允许妇女参加，这一行为也被看做是丑闻。最终，他的演讲没有举行，因为"有太多校外的人拥入，甚至在门外偷听(Koelsch, 1970, p. 119)。"安杰尔在给铁钦纳的信中写道："难道没有什么其他的东西可以转移他对性的热衷吗？在我看来，从道德上讲，这是不良行为；从学术上讲，不需要对此如此的滔滔不绝(引自 Boakes, 1984, p. 163)。"实际上，霍尔的心理学同事不需要如此焦虑，多产和精力充沛的他很快就将注意力转到了其他方面。

随着年龄的增长，霍尔自然地开始对人生较晚的发展阶段产生好奇。78 岁的时候，他出版了《衰老》一书，这本书第一次对老年心理问题进行了大规模的探讨。在他生命的最后几年中，霍尔写了两本自传，一本是《一个心理学家的再造》(1920)，另一本是《一位心理学家的生活和自白》(1923)。

评论

曾经有一次在听众面前，主持人介绍霍尔是心理研究方面的达尔文。霍尔显然对这种说法很高兴，这表现了渗透于他的工作中的那种野心和态度。在另一个场合，他被介绍为"儿童研究方面最高的权威"，据说霍尔也认为这个赞扬是正当的(Koelsch, 1987, p. 58)。在他的第二本自传中，他写道："我全部积极的自觉的生活是由一系列爱好和狂热构成的，有些强，有些弱；有些持续很久……其他的则昙花一现(Hall, 1923, pp. 367—368)。"这是一个明智的评论。霍尔是勇敢的、多才多艺的和富有雄心的，他经常与同事产生分歧，但是他从来不会消沉。

历史在线

http://www.jhu.edu/demo/review_of_higher_education/20./goodchild.html

霍尔的生平及其在高等教育领域的贡献。

詹姆斯·麦金·卡特尔(1860—1944)

卡特尔的生活和工作同样很好地体现了美国机能主义的精神。在心理过程的研究方面，卡特尔倡导了一种实用的、测验取向的方法。卡特尔的心理学关心的是人的能力，而不是意识的内容，因此，在这一方面，他接近于机能主义者。

卡特尔的生平

卡特尔出生于宾夕法尼亚州的伊斯顿。1880 年，他在拉法耶特学院获得学士学位，他的父亲是这所学院的院长。根据当时的习惯，他去了欧洲读研究生，先是到了哥庭根大学，然后又去了莱比锡，到了冯特那里。

1882 年，他的一篇哲学方面的论文使他成了霍普金斯大学的研究员。在这个时候，他的主要兴趣还在哲学。他在霍普金斯大学的第一个学期时，还没有开设心理学课程。卡特尔对心理学产生兴趣是由于他自己的一个药品的实验。他尝试了各种物质，如大麻、吗啡、鸦片、咖啡因、烟草和巧克力等，发现这些结果既具有个人的意义，也具有专业的意义。某些药品，如大麻，令他感到极度兴奋，因而减少了他的压抑。在一本杂志上，他发表了药品对他的认知功能影响的研究。

詹姆斯·麦金·卡特尔

后来，卡特尔写道："我感觉我自己正在做出科学和哲学方面的杰出发现。我惟一的担心是，早晨醒来以后，我能否记得它们。阅读变得十分枯燥，在写作的时候，常常心不在焉，我要花费很长的时间才能写下一个单词。这令我感到十分困惑（引自 Sokal, 1981, pp. 51,52）。"然而，卡特尔还没有困惑到不能发现各种药物的心理学意义，他观察着自己的行为和心理状态，并且对自己的研究越来越痴迷。"我似乎是两个人，其中的一个对另一个进行着观察，甚至对另一个进行着实验（引自 Sokal, 1987, p. 25）。"

卡特尔在霍普金斯大学的第二个学期时，斯坦利·霍尔开始在那里讲授心理学课程，卡特尔上了霍尔的实验课。他选择的实验是反应时实验，这一实验测量的是不同心理活动之间的时间差异。这一实验工作的结果强化了他成为心理学家的愿望。

1883 年，卡特尔返回冯特的莱比锡实验室。有关这一事件，心理学史上有一个传说，这个传说也提供了历史数据怎样被扭曲的另外一个事例。卡特尔声称，他出现在莱比锡的心理学实验室，大胆地向冯特宣称："尊敬的教授，你需要一个助手，而我就是你需要的那个人（Cattell, 1928, p. 545）。"但是卡特尔清楚地告诉冯特，他将选择他自己的研究课题，这就是个体差异。个体差异是冯特式的心理学不太关注的一个问题。据说冯特评价卡特尔和他的研究计划是"典型的美国风格"。如果冯特真是这么说的，这倒是一句具有预言性的话。对个体差异的兴趣是关注进化论观点的一个自然结果，这一直是美国心理学的特征，而不是德国心理学的特征。

同样，人们认为卡特尔给了冯特一台打字机，这是冯特的第一台打字机，冯特的大部分著作都是用这台打字机写出的。由于这一礼物，卡特尔的同事嘲弄卡特尔说他"对冯特造成了严重的损害……因为它使得冯特写出的著作比原来可能写出的多了两倍(Cattell，1928，p. 545)。"

关于卡特尔的信件和杂志的档案研究对这些故事和传说提出了质疑(参阅Sokal，1981)。那些信件和杂志上的文章并没有支持卡特尔在事件发生多年以后所作的叙述。实际情况是，冯特非常看重卡特尔，1886年任命他为实验室助理。没有任何证据表明在那个时候卡特尔想研究个体差异问题。卡特尔告诉冯特怎样使用打字机，但是并没有送给冯特。

1886年卡特尔获得博士学位以后，他返回美国，在布赖恩·玛尔学院和宾夕法尼亚州大学讲授心理学。他也曾到剑桥大学进行演讲，在那里，他遇到了高尔顿，他们二人都对个体差异感兴趣。那时，高尔顿正值声名显赫，他"给卡特尔指出了一个科学目标，那就是人与人之间心理差异的测量(Sokal，1987，p. 27)。"卡特尔钦佩高尔顿兴趣的广泛性和他对统计与测量的重视，在高尔顿的影响之下，卡特尔成为强调数量化、等级法、评估方法的第一批美国心理学家之一，虽然卡特尔个人在数学方面是非常糟糕的，在加减法上也会犯简单的错误(Sokal，1987，p. 37)。卡特尔发明了广泛使用的等级评定法(order of merit ranking method，在这一章的后面会加以描述)，他也是第一位讲授对实验结果进行统计分析的心理学家。

冯特并不喜欢统计技术，因此卡特尔重视统计技术显然是受了高尔顿的影响。后来，重视这一方法成为新的美国心理学的一个典型特征。这一方法也解释了为什么美国心理学家关注大样本的研究，因为只有使用大样本，才能进行统计比较，而不是像冯特那样仅仅关注个体被试。一位历史学家指出：

> 心理学家们一直为提高科学研究的信度渴望着一种数量化的方法，1900年左右统计学的飞速发展为心理学家们提供了这样一种精确的工具。这样一来，在心理学和统计学之间就建立了一种协同关系：新的统计技术为心理学开辟了新的研究领域，而心理学家高度膨胀的野心也刺激了新的统计技术的发展。这些新的统计技术能够满足心理学家所从事的新任务。(Richards，1996，p. 26)

19世纪末时，高尔顿、艾宾浩斯、霍尔和桑代克也经常使用数据的图示显示法。相关系数计算公式的发明人、英国统计学家卡尔·皮尔逊(Karl Pearson)1900年发明了卡方检验。这两种统计技术在美国都比在英国得到了更加广泛的应用。1907年，斯坦福大学的心理学家约翰·埃德加·科弗(John Edgar Cover)第一个倡导使用实验组和控制组(Dehue, 2000; Smith, Best, Cylke & Stubbs, 2000)。

除了统计学之外，卡特尔同样对高尔顿的优生学产生了兴趣。他认为应该对罪犯和所谓有缺陷的人实施绝育手术，并认为如果健康和聪明的人相互通婚的话，应该受到鼓励。他对他的七个孩子承诺说，如果谁与大学教授的孩子结婚，可以得到1 000美元的奖励(Sokal, 1971)。

1888年，卡特尔被宾夕法尼亚州大学任命为心理学教授。这项任命是他父亲安排的：当得知该校要设立一个受资助的教授职位时，他的父亲找到学校主管，也是他的一个老朋友，进行游说，为他的儿子争取到了这个教授的职位。他父亲同时敦促卡特尔发表更多的文章，以便提高专业声望。卡特尔甚至到了德国冯特那里以获得冯特的推荐信。他的父亲告诉学校主管，由于家庭比较富裕，工资并不重要，因此，卡特尔得到了这项任命，但是薪水却非常低(O'Donnell, 1985)。后来，卡特尔声称，这是世界上第一个心理学教授职位，但实际上他是在哲学系中获得这项任命的。卡特尔在宾夕法尼亚州大学仅仅工作了3年的时间，然后就去了哥伦比亚大学，在那里，他担任了心理学教授和心理学系的系主任，并工作了26年。

由于对霍尔创办的《美国心理学杂志》不满，1894年他与马克·鲍德温(Mark Baldwin)一起创办了《心理学评论》。后来，他从贝尔(A. G. Bell)那里接手了《科学》周刊，那时这个杂志由于经费问题正准备停刊。5年以后，这份杂志就成为了美国科学发展学会(AAAS)的会刊。1906年，卡特尔编纂了一系列大型参考书，包括《科学美国人》(American Men of Science)、《教育领导人》等。1900年，他购买了《通俗科学月刊》，1915年，他卖掉了刊物的名称，改名《科学月刊》后继续出版。1915年，他还创办了另一个周刊，即《学校与社会》。组织和编辑这些刊物无疑占用了他大量的精力，因而必然削弱了他在心理学研究方面的贡献。

卡特尔在哥伦比亚大学任职期间，在这里获得心理学方面博士学位的人比美国其他任何一所学校都要多。卡特尔倡导独立工作，给他的学生以充分的自由去作他们自己的研究。他认为作为一名教授应该与学校事务保持一定距离，因此，他把家安排在距学校40英里远的地方。他在家中建了一个实验室和一个编辑部，每周只有几天到学校去。

这种对学校事务的冷淡是他与学校行政领导关系紧张的原因之一。他主张教师参与决策，认为应该由学校的教师，而不是行政人员对学校的管理进行决策。为了实现这个目标，他同其他人合作建立了美国大学教授协会(AAUP)。很明显，他没有处理好与哥伦比亚大学校领导的关系，因而被那些人描述为"难以交往的、粗鲁的、无可救药的和缺乏礼貌的(Gruber, 1972, p. 300)。"

1910年至1917年间，哥伦比亚大学的董事会曾三次考虑迫使卡特尔退休。第一次世界大战爆发以后，卡特尔写信给美国国会议员，抗议美国派兵参战，这种观点在当时是很不得人心的，但卡特尔仍然坚持，因此，校方以对国家不忠的名义开除了卡特尔。他控告校方诽谤，尽管他得到了 40 000 美元（在当时这是很大的一笔钱）的年薪，但是职位却没有恢复。此后，卡特尔远离他的同事，写了一些讽刺校方的小册子，变得愤世嫉俗，因而树了很多敌人。他再也没有返回到以前的学院生活，而把大部分精力都放在他的刊物出版上，并参加美国科学发展协会和其他一些学会的活动。这些活动提高了心理学的地位，使得这门新科学在科学社团中站稳了脚跟。

1921 年，卡特尔实现了他的雄心之一，即推进应用心理学的商业化。他组建了心理学公司，由美国心理学会的成员购买该公司的股票。这个公司的宗旨是为工业、心理学群体和公众提供心理学服务。最初，这个公司的经营是失败的，在公司的头两年中仅仅获得了 51 美元的利润。在卡特尔经营该公司期间其状况一直都没有得到改善。然而，到 1969 年的时候，该公司销售额已经达到 500 万美元，出版商哈考特·布雷斯（Harcourt Brace）买下了该公司。10 年之后，该公司报告说销售额已经达到 3 000 万美元。

心理测验

在 1890 年发表的一篇文章中，卡特尔使用了“心理测验”这个术语。在宾夕法尼亚大学期间，他给学生进行了一系列这样的测验。卡特尔写道：

> 除非建立在实验和测量的基础上，否则心理学就无法达到物理科学那样的精确性和确定性。朝向这一方向发展的步骤之一是把一系列心理测验和测量应用于大量的个体。（Cattell，1890，p. 373）

这正是卡特尔想要做的事情。在哥伦比亚大学，他持续不断地实施着他的测验计划，从几个新生班级中搜集数据。

在尝试测量人类能力的范围和差异的过程中，卡特尔所使用的测验方法与后来心理学家使用的智力和认知能力测验是不同的。后来的智力测验要求被试在心理能力方面完成更为复杂的任务。像高尔顿那样，卡特尔的测验主要是基本的感觉运动能力的测量，包括握力、运动速度、皮肤两点阈限、前额耐痛力、重量的最小可觉差、对声音的反应时、色彩命名反应时等等。

到 1901 年的时候，卡特尔已经采集了足够的数据，因而可以对测验分数和学生学业成绩作相关统计分析。但是，就像个体测验之间的相互关系那样，测验分数与学业之间的相关程度异常的低。由于在铁钦纳的实验室中所得到的结论与这个结论类似，因此卡特尔认为，在预测大学生的学业成就，或者说在预测学术能力方面，这种类型的测验是没有效的。

评论

卡特尔对美国心理学的最重要影响主要是通过他作为心理科学和实践的组织

者、执行者和行政管理者而发挥作用的。他在心理学和其他更大的科学社团之间建立了牢固的联系，充当了心理学的"大使"，发表文章，编辑杂志，促进了这一领域的实践应用。

以高尔顿的工作为基础，卡特尔使用等级评定方法研究了科学能力的性质和起源。根据对每个刺激项目的一系列判断的平均数，安排刺激项目的最后等级。这种方法被应用于评定美国科学家的知名度，即由每一个科学领域中有成就的人评定这一领域中杰出的同事，把这些人依次定出等级，《科学美国人》就产生于这样的研究。尽管这本杂志的名称是《科学美国人(Men)》，但也收录了美国科学家中的女性。在1910年的《科学美国人》中，有19位女性心理学家，大约占到列举于其中的心理学家的10%。

卡特尔也通过他的学生而对心理学的发展作出了贡献。我们曾经指出，在哥伦比亚大学期间，他培养的心理学研究生比美国其他任何大学都要多。其中有几位，包括罗伯特·吴伟士(Robert Woodworth)和桑代克后来都成为这一领域的名人。通过他在心理测验、个体差异的测量方面的贡献和对应用的推进，卡特尔有力地强化了美国心理学的机能主义运动。当卡特尔逝世的时候，心理学史家博林(E. G. Boring)在给卡特尔孩子的信中写道："在我看来，你的父亲比威廉·詹姆斯对美国心理学的贡献还要大，因为他使得美国心理学有了自己的特色，使它不同于德国心理学，而美国心理学原来是从德国心理学中产生的(引自 Bjork, 1983, p. 105)。"

历史在线

http://www.indiana.edu/-intell/jcattell.html

对卡特尔主要贡献的评价，以及卡特尔1890年论心理测验的论文和1898年论生理和心理测验的论文的全文。

http://elvers.stjoe.udayton.edu/history/people/cattell.html

卡特尔的生平传记，以及对他的贡献的评论。

心理测验运动

比奈、推孟与智力测验

尽管卡特尔创造了**心理测验**(mental tests)这个术语，但是第一个真正的心理能力测验却是由阿尔弗雷德·比奈(Alfred Binet, 1857—1911)发明的。比奈出生在一个富裕的家庭，是一位自学成才的法国心理学家。他写过的文章和著作有200多种，并且创作了4个话剧，这些话剧都曾在巴黎剧院公演。通过使用比卡特尔更为复杂的测量方法，比奈为人类认知能力的测量提供了一种有效方法，标志着现代智力测验运动的开始。[1]

比奈不同意高尔顿和卡特尔的方法，因为他们的方法是用感觉运动过程来测量智力。比奈认为，对记忆、注意、想象和理解等认知机能的评价可以更为有效地测量智力。他的这一结论是通过在家里对两个女儿的研究得出的。最初，他使用了与高尔顿和卡特尔同样的感觉运动测量方法，但是他发现在这些方面，他的孩子与成人没有太大的差别。因此，他转向认知能力的测量。对于这类任务，他的确发现他的女儿与成人被试之间存在显著差异。

1904 年，由于实践的需要，比奈得到了一个证明他的观点的机会。法国公众教育部任命了一个委员会，研究那些在学校中学习困难儿童的能力问题，比奈和西蒙(Theodore Simon，是一位精神病学家)也是这个委员会的成员。他们二人一起研究了不同年龄阶段的大多数儿童能完成的智力工作，从这些特定年龄阶段大多数儿童能完成的智慧工作中，他们设计了一个智力测验。这个智力测验由 30 个问题组成，按照难度由易而难排列。这一测验重在考察三种认知机能，即判断、理解和推理。

三年以后，他们修改和扩充了这个测验，并引入了**心理年龄**(mental age)这一概念，心理年龄指的是中等能力儿童可以完成某项特殊任务的那个年龄。例如，一个 4 岁儿童通过了 5 岁儿童应该通过的所有测验条目，那么这个 4 岁儿童的心理年龄就是 5 岁。

1911 年，这个测验进行了第三次修订。但是比奈逝世以后，智力测验的重心转到了美国，比奈的工作在美国比在法国更加受欢迎。直到 1940 年之后，大规模的智力测验才在法国为人们广泛接受。

1908 年，美国心理学家亨利·戈达德(Henry Goddard)把比奈的智力测验翻译和引入了美国。戈达德是霍尔的学生，他在新泽西州的一所私人学校里教智力落后的儿童。戈达德称比奈的这个智力测验为“比奈—西蒙智力测量量表”。在他有关智力测验的论文中，他同样引入了“轻度低能”(moron)这个词，这个词来自希腊语，意思是“迟钝”(slow)。

历史在线

http://www.psy.pdx.edu/PsiCafe/KeyTheorists/Binet.htm

有关比奈的生活和工作，另外也有一些他的文章和著作。

http://www.vineland.org/history/trainingschool/history/eugenics.htm

戈达德的生平传记以及有关他的优生学的讨论。

[1] 比奈因在智力测验方面的工作而著名，但是他在发展、实验、教育和社会心理学领域同样进行了大量研究(Nicolas & Rerrand，2002)。

1916 年，霍尔的学生刘易斯·推孟推出了一种测验。这一测验现在已经成为标准的智力测验。推孟称这个测验为斯坦福—比奈智力测验。推孟是斯坦福大学的老师。在他推出的这个智力测验中，他使用了**智商**（intelligence quotient，简称 IQ）的概念。智商指的是心理年龄与实际年龄的比率，这个概念最初是由德国心理学家威廉·斯腾提出的。推孟的斯坦福—比奈智力量表经历了多次修订之后，仍然继续被广泛使用。

刘易斯·推孟

第一次世界大战与团体测验

1917 年美国加入第一次世界大战的那一天，铁钦纳主持的实验心理学家协会的一次会议在哈佛大学举行。当时的美国心理学会主席罗伯特·耶基斯（Robert Yerkes）敦促这个学会考虑怎样帮助美国赢得这场战争。铁钦纳拒绝参与，因为他认为自己是一个英国公民，他拿起自己的椅子，退出了会场，不愿意卷入关于战争的讨论。实际上，铁钦纳对此缺乏热情的更可能的原因是他不喜欢把心理学应用于实践，因为他担心心理学会“为了技术而出卖科学”（O'Donnell，1979，p. 289）。

随着美国军队的总动员，军事领导人面临着评估大量新兵智力水平的问题，以便对这些新兵进行分类，给其分配合适的任务。斯坦福—比奈智力测验是个体智力测验，而且这一测验的施测人员必须受过严格培训才能正确施测。很明显，在短时间内测量这么多人，这个测验是无法胜任的，军队需要的是简单易行的团体测验。

在一个军事委员会的带领下，耶基斯召集了 40 位心理学家，准备设计一个团体的智力测验。他们审查了送来的一些测验，认为没有一个可以广泛使用。最后，他们选择了阿瑟·奥蒂斯（Arthur Otis）准备的一个测验作为他们工作的基础。奥蒂斯曾经是推孟的学生，他对测验最重要的贡献是多重选择问卷。在耶基斯的带领下，这些心理学家编制了“军队 α”和“军队 β”测验。军队 β 测验是为不懂英语的人和文盲准备的非文字测验，它不使用口头指示语，而是使用图示或动作表情进行说明。

这一计划进行得非常缓慢，直到战争结束前三个月，才下达了对新兵实施测验的正式命令。最终，有一百万人接受了测验，但是那个时候军队已经不再需要测验的结果了。然而，尽管这一计划对于战争的努力没有产生任何直接的作用，但是它对心理学的影响却是巨大的，它提高了心理学的知名度，而且这一军队测验成为后来许多团体测验的原型。

心理学家为战争所做的工作同样激起了人们把团体测验应用于人格特征测量的

兴趣，以往，仅仅有少数人尝试过评估人格。19世纪末期，冯特的一个学生，德国精神病学家埃米尔·克里佩林(Emil Kraepilin)曾经使用了他称之为“自由联想测验”的方法评估人格，这个方法是要求病人使用所想到的第一个词对刺激词作出反应(高尔顿发明的技术)。1910年，卡尔·荣格(Carl Jung)设计了一个类似的方法，他使用字词联想测验测定病人的人格情结(参阅第十四章)。这两种方法都是个体人格测验。当军方对筛选新兵中的神经症患者表现出兴趣时，吴伟士编制了一个个人数据表(Personal Data Sheet)，表中列举了神经症的症状，要求填写表格的人指出哪些症状与自己相符。像军队α和军队β两种测验一样，个人数据表也为团体测验的进一步发展提供了一种原型。

在战争中，心理测验赢得了它自己的胜利，即被公众所接受。上百万的雇员、学龄儿童和大学入学申请者都作了这类测验，这些测验结果决定了他们今后的生活道路。在1920年至1930年间，每年所售出的智力测验问卷或量表大约有400万份，其中大多数都是在公立学校使用的。1923年，推孟的斯坦福—比奈智力测验卖出了50万份。在美国，公众教育系统围绕着智商的概念进行了重新组织，智商成为对学生编班和衡量学生学业进步的最重要标准。

到20世纪20年代的时候，心理学家利·科尔(Lue Cole)和西德尼·普雷西(Sidney Pressey)这对夫妻发明了47种不同的测验。从总体上讲，总共有1 200多万学龄儿童接受了他们的测验，以便测定认知水平(petrina，2001)。最终，许多心理学家从心理测验的设计和应用中找到了能赚钱的就业机会。

某些企业型的心理学家甚至希望通过测验去发现潜在的棒球手。著名棒球运动员巴贝·鲁思(Babe Ruth)同意在哥伦比亚大学的心理学实验室接受测试，以便测定使他成为杰出棒球手的那些特征。测验者测定的是他的感觉和运动技能。这一研究最后无果而终，但是就像一位史学家所指出的：

> 心理学是一门科学，可以发现杰出技能的基础这一信念证明了，心理学在确立学科的公众认同方面所获得的成功，它告诉公众，它具有给这些问题提供答案的科学能力。(fuchs，1998，p. 153)

测验如流行病一般席卷了整个美国，但是在匆匆忙忙地回应商业和教育的需求时，某些粗制滥造的测验必然会导致令人失望的结果。一个臭名昭著的事例就是受人尊重的著名发明家托马斯·爱迪生宣称的一次智力测验，这个所谓的智力测验发表于1921年。爱迪生仅仅搜罗了一系列他认为简单的问题，例如：世界上什么望远镜最大？在长、宽、高各为20、30、10英尺的房间里，空气的重量是多少？在洗衣机的制造方面，美国的哪一个城市发展得最快？

这些问题对于天才的爱迪生可能并不难，但是对于他测试的36个大学毕业生，则未必很容易。他们仅仅正确地回答了其中几个问题，因而爱迪生评论道："我发现从大学毕业的这些学生极端的无知，他们似乎什么都不知道(引自 Dennis，1984，p. 25)。"爱迪生的测验受到媒体的广泛关注，《纽约时报》在一个月里，围绕这一问题发表了23篇相关文章，结果导致公众对测验失去了信心，损害了心理学的科学形象。爱迪生和其他一些人粗糙、草率的工作使得许多组织抛弃了心理测验。

来自于医学与工程的观念

为了给这一新的事业增加权威性和科学可信度，智力测验的从业者们采用了来自医学和工程等其他更为成熟的学科的术语。他们的目的是说服人们相信心理学就像其他传统学科那样是合法的、科学的和基本的。心理学把那些接受测验的人描述成病人而不是被试，测验类似于使用体温计。在那个时候，体温计只有受过训练的医生才能使用。因此，就像没有受过训练的人不能使用体温计一样，没有受过严格的训练的人也不能从事测验工作。这些人把测验夸大为像X光机器那样，使得心理学家可以看穿人的心灵，对病人的心理机制进行解剖。"心理学家听起来越像个医生，公众也就越愿意把他们像医生那样看待"(Keiger，1993，p. 49)。

来自于工程的一些比喻也被采用。学校被说成是教育工厂，测验是检查工厂产品(学生的智力水平)的一种方式。社会就像一所大桥，智力测验就是一种科学工具，通过检查桥的最不结实的部分(弱智的公民)而保护大桥的实力。甄别出的弱智者被从社会中排除出去，接受专门的教育。

戈达德的工作就是专门负责那些智障儿童，他写道：

> 智力测验使我们了解了人的基本原料，即心理的力量。如果机械工程师不知道他的原料的力量，不知道每一个载重单位能支撑多少重量，那么他永远不会建成一座桥梁或一所房屋。因此，当我们尝试去建设一个社会的结构时，了解社会基本原料的重要性有多么大，你就可想而知了。(引自 Brown，1992，pp. 116—117)

通过这些比喻以及同其他学科的类比，心理学家希望提高学科的可信度，以便于将心理测验应用于社会的各个层次和水平。

智力上的种族差异

智力测验的发展在社会上引起了激烈争论，这一争论今天仍然没有结束。1912年，翻译比奈智力测验的戈达德访问了纽约的艾丽丝岛。艾丽丝岛是上百万欧洲移民到达美国的第一站。戈达德相信，测验将是一个有用的筛选工具，防止那些"有智力缺陷”的人进入美国。在戈达德第一次访问艾丽丝岛时，他选择了一个年轻的移民作为测验的对象。他认为这个年轻人看起来属于那种智力有缺陷的人，然后他在一个翻译的帮助下对这个年轻人实施了比奈智力测验，并以此确定了自己的判断。尽管翻译指出，他在最初到达美国时，也不能回答这些问题，因为，这些测验对于非英语国家的人和不熟悉美国文化的人是不公平的，但是戈达德对这种说法并不认同。

后来的移民测验(所有这些移民对测验中所用的英语都掌握的非常有限)显示出，大部分移民——87%的俄国人，83%的犹太人，80%匈牙利人，79%的意大利人——都有不同程度的弱智，这些人的心理年龄不到 12 岁(Gould, 1981)。测验所得的这些数据后来被用于支持一项联邦法律，这项法律规定，限制那些在智力上低下的种族群体向美国移民。

1921 年，当来自参加第一次世界大战新兵的智力测验结果公开以后，种族智力差异的观念得到了更多的支持。这些数据显示出，新兵和整个白人人口的心理年龄仅有 13 岁。而黑人和来自地中海国家、拉丁美洲国家的移民智商更低，只有那些来自北欧国家的移民与美国白人的智商相等。这些测验结果在科学家、政客和新闻记者之中引起了疑问：如果其公民都如此弱智，那么通过民主选举选出的政府怎么能存在下去呢？该不该允许低智商的人参加选举？政府应不应当允许来自低智商国家的人移民美国？人生而平等这一观念还有没有意义？

早在 19 世纪 80 年代，美国人就提出了不同种族之间存在智力差异的问题。当时，许多人呼吁对来自地中海和拉丁美洲国家的移民实行限额。认为美国黑人智力低下的观念早在智力测验发明之前就已广为人们所接受了。

邦德(H. M. Bond, 1904—1972)对这一观念提出了明确的批评。邦德是一位非裔美国学者，也是宾夕法尼亚州林肯大学的校长。他从芝加哥大学获得教育学的博士学位，出版发表了一些书籍和文章，认为任何白人与黑人在智商上记录到的差异都是由环境造成的，而不是遗传的。他的研究显示出，来自于美国北部的黑人在智力测验上得分比来自南部的白人要高。这一研究结果有力地抨击了黑人天生卑下的观点(Urban, 1989)。

许多心理学家也参与了这一问题的争论，认为测验是有偏见的，但是最终这一争论慢慢地被人们遗忘了。然而随着 1994 年《贝尔曲线》(Herrnstein & Murray, 1994)一书的出版，这个问题再次引起了人们的关注。《贝尔曲线》的作者坚持认为，根据智力测验的分数，黑人在智力上就是不如白人。大量的证据显示出，正确编制的智力测验在重要方面并没有文化偏见(Rowe, Vazsonyi & Flannery, 1994, Suzaki & Valencia, 1997)。此外，52 位主流测验专家同意这样一个结论：“智力测验对于美国黑人、土著人和其他说英语的美国人并没有文化的偏见，相反，智商的分数对于所有这些美国人都是极为平等的，不管他们的种族和社会阶层如何(Gorrfredson, 1997, p. 14)。”

美国心理学会科学事务委员会的一份报告认为，今天的认知能力测验并不歧视少数民族群体，但是在数量的表达上，反映了社会多年累积而成的歧视(Neisser et al.，1996)。

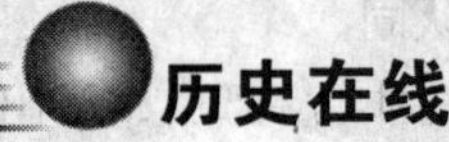

http：//www.indiana.edu/-intell/hottopics.html
回顾了自柏拉图以来智力理论和智力测验的发展史，并讨论了这一领域当前的几个问题。

http：//psy.pdx.edu/PsiCafe/Areas/Developmental/intelligencetesting
提供了智力测量、智力测验运动中的主要人物、有关智力的种族差异和性别差异的争论等方面的信息，此外还有在线的智力测验。

女性对测验运动的贡献

我们曾经指出，在心理学史的大部分时间里，女性都被排斥在大学教席之外。基于这样一种原因，许多女性心理学家都在应用领域寻找就业机会，从事临床和咨询心理学、儿童指导和学校心理学等助人的职业，并在这些领域中，特别是在心理测验的编制和应用方面，女性更是作出了重要贡献。弗洛伦斯·古迪纳夫(Florence L. Goodenough)1924 年从哈佛大学获得博士学位以后，编制了画人像(Draw-A-Man)测验，现在称为古迪纳夫—哈里斯图画测验(Goodenough-Harris Draw Test)，这是为儿童设计的非语言智力测验，已经得到了广泛的应用。作为测验设计方面的先驱，古迪纳夫在明尼苏达大学的儿童发展研究所工作了 20 多年的时间。她曾经对测验运动的历史进行了详细的回顾，并且写出了几本著作，讨论儿童心理学的问题。

玛德·梅里尔·詹姆斯(Maude A. Merrill James)是加利福尼亚儿童心理诊所的主任。1937 年，她与刘易斯·推孟一起修订了斯坦福—比奈智力测验。这个测验就是后来人们熟知的推孟—梅里尔测验(Terman-Merrill Test)。西尔马·格温·瑟斯顿(Thema Gwinn Thurstone)1927 年从芝加哥大学获得博士学位后，与 L. L. 瑟斯顿结了婚。像许多其他与丈夫一起工作的女性一样，她发现她的贡献被人们忽略了，没有得到应得的名誉。她是北卡罗来纳大学的教育学教授和心理测量实验室主任，她帮助她的丈夫编制了一套基础心理能力测验，这个测验属于团体智力测验。她的丈夫说她是“测验编制方面的天才”(Thurstone，1952，p. 317)。

普赛克·卡特尔(Psyche Cattell)是麦金·卡特尔的女儿，1927 年，她从哈佛大学获得教育学方面的博士学位。她对测验运动的贡献包括在年龄上向下扩展了斯坦福—比奈测验的范围，她编制了卡特尔婴儿智力量表（Cattell Infant Intelligence Scale），这个量表可用于3个月大婴儿的智力测量。

安妮·阿纳斯塔西（Anne Anastasi，1908—2001）在福特海姆大学工作了很长时间，她是心理测验方面的权威。在青少年时代，她就非常成功，15岁时进入大学，21岁时获得博士学位。由于受到哈里·霍林沃斯教授的影响，她决定成为一个心理学家。阿纳斯塔西写出了150多种书籍和文章，包括非常受欢迎的心理测验教科书（Anastasi，1988，1993）。1971年，她成为美国心理学会主席。她获得许多职业荣誉，包括全美科学奖章。一项调查认为阿纳斯塔西是英语国家中最著名的女性心理学家（Gavin，1987）。1930年从哥伦比亚大学毕业以后，她在巴纳德学院找到了一个教书的职位，年薪仅有2 400美元！1947年，阿纳斯塔西转到了福特海姆大学，1979年作为荣誉教授退休（Reznikoff & Procidano，2001）。

尽管女性在像心理测验这样一些领域中获得了成功，但是在应用心理学领域工作给女性带来了许多不利。非学术机构的工作很少能为研究提供充足的时间和财政上的支持，在这里从事研究和撰写学术论文也没有必要的研究生助手，而这一点对于提高专业知名度是非常必要的。在商业机构或者在诊所里工作，一个人的贡献和影响往往很难超出工作的小圈子。

虽然应用心理学在美国的飞速发展（心理学的机能主义学派的遗产）给女性提供了就业的机会，但是这也意味着她们远离了主流的学院心理学，而大部分理论、研究和思想学派都是在主流学院心理学中发展起来的。

许多学术心理学家对应用工作都持否定的态度，认为应用工作是不体面的和低级的。应用领域中比如咨询这样的工作，被一些人轻蔑地称为“女人的活儿”。公开出版的心理学史倾向于低估应用心理学和女性心理学家的贡献，因为这些女性心理学家大都工作在医院、诊所、商界、研究机构、军队和政府部门。有趣的是，尽管到1941年时，美国应用心理学学会的会员三分之一是女性（Rossiter，1982），但是从来没有一个女性被推选为学会的主席。此外，那个时候，在教育和临床领域工作的心理学家中，将近一半是女性（Gilgen，Gilgen，Koltsova & Oleinik，1997）。

莱特·威特默（1867—1956）

当霍尔将心理学知识应用于儿童和课堂而使美国心理学的性质发生了永久性的变化的时候，卡特尔则把心理学应用到心理能力的测量方面，而卡特尔和冯特的一个学生把心理学应用到变态行为的评估和治疗上。就在冯特界定和建立新的心理科学的17年之后，他以前的一个学生再次以特殊的方式使用了心理学，这种方式同冯特的意向是不一致的。

莱特·威特默（Lighter Witmer）在宾夕法尼亚州大学讲授心理学，他是在卡特尔去了哥伦比亚大学以后，填补卡特尔的空缺的。威特默被他人描述为好斗、反社会和自负的，他建立了他称之为“临床心理学”的领域。1896 年，他开设了世界上第一个心理诊所。

莱特·威特默

在他的诊所中所用的那种心理学并非今天我们所知道的临床心理学。威特默没有用过心理治疗技术，他讨厌心理治疗技术，对此也一无所知（Taylor，2000，p. 1029）。他所感兴趣的是评估和治疗学校儿童的学习和行为问题，这一应用领域现在被称为学校心理学。作为一个独立的研究领域，当代临床心理学面对的是不同年龄层次的从轻度的到严重的各种心理疾病。尽管威特默在临床心理学建立的过程中发挥了作用，并且自由地使用着临床心理学这个术语，但是这一领域已经变得比他设想的要大得多。

威特默在大学中第一个开设了临床心理学课程，创办了临床心理学的第一份杂志《心理诊所》，主编这份杂志达 29 年之久。他也是心理学的机能主义取向的先驱之一。他相信这门新科学应该帮助人们解决问题，而不是研究意识的内容。

威特默的生平

威特默 1867 年出生于美国费城，其父亲是一个富裕的药商，但是非常重视教育的价值。1884 年，威特默从宾夕法尼亚大学毕业，然后在费城的一所私立学校教历史和英语。后来，他又返回宾夕法尼亚大学学习法律课程。很明显，那个时候他从来没有考虑过从事心理学的工作，但是后来由于经济方面的原因使他改变了决定：他想找一个有工资的助理工作，而心理学系的卡特尔恰好需要一个助手。在这里，我们再次看出经济因素的作用。威特默的传记作者写道：

> 威特默之所以进入心理学，部分的原因是由于获得额外收入的现实需要，助理工作给他提供了这个机会。（Mcreynolds，1997，p. 34）

威特默开始研究反应时上的个体差异，打算在宾夕法尼亚大学获得博士学位。但是卡特尔却有着另外一套打算，他非常看重威特默，并有意把他作为自己的继承人。对于这个年轻人来说，这是一个非常好的机会。然而卡特尔提出的条件是，威特默必须去德国莱比锡从冯特那里获得博士学位，由于德国的博士学位具有很高的声誉，威特默同意了。

在德国，威特默与冯特和屈尔佩一起工作，铁钦纳是他的同学。但是威特默并不赞同冯特的研究方法，认为这些方法有些凌乱。他曾经描绘冯特怎样迫使铁钦纳重复一个观察，"因为铁钦纳获得的结果同冯特的不一样"(引自 O'Donnell，1985，p. 35)。后来威特默曾经说过，他在德国莱比锡除了获得博士学位外什么也没有学到。冯特拒绝他继续从事他早已同卡特尔一起开始作的反应时研究，把他的研究限制在意识元素的内省研究方面。

然而，1892 年夏天，威特默的确获得了博士学位。他返回宾夕法尼亚大学，获得了一个新的岗位。与此同时，铁钦纳也获得了博士学位，到了康奈尔大学。冯特的另外一个学生，闵斯特伯格在威廉·詹姆斯的邀请下，也在那一年到了哈佛大学。此外，霍尔也是在那一年建立了美国心理学会，威特默是其中的主要成员之一。这些事件可以使我们看出，机能的、应用的精神开始主导美国心理学。

在随后的两年时间里，威特默一直作为实验心理学家而工作着。他从事各种实验研究，撰写了有关个体差异和痛觉心理的文章。同时，他也在寻找着机会，把心理学应用于变态行为。1896 年 3 月，机会降临了，这个机会来自于那个时代的经济机遇：美国政府决定增加教育投入。

许多州的教育委员会都在学院一级设置了教育学系，开设教学方法和教学原理的课程。心理学家被邀请去为教育学专业的学生和那些准备获得更高学位的公立学校教师讲授心理学。政府敦促心理学家从实验室研究中走出来，把关注点放在学生的培训上，让学生成为教育心理学家。这样一来，心理学系的经费大大增加了，因为无论过去还是现在，系科经费的多少都取决于学生的入学率。

威特默在宾夕法尼亚州大学为公立学校的教师开设了一些心理学课程。1896 年，其中的一位名叫玛格丽特·马圭尔(Margaret Maguire)的公立学校教师就一个 14 岁儿童的问题咨询威特默：尽管这个学生在一些科目上能取得进步，但是在拼写方面存在着困难。心理学能帮助解决这个问题吗？威特默写道："在我看来，如果心理学对我和其他人有一点价值的话，那么它应该在这个儿童智力迟钝个案上助教师一臂之力(引自 McReynolds，1997，p. 76)。"于是，威特默建了一个临时诊所，开始了这一毕生的职业。

在几个月之内，威特默就开始准备有关治疗心理上有缺陷、视觉障碍和行为紊乱儿童的方法的课程。他在《小儿医学》杂志上发表了一篇文章，题目是《心理学中的实践工作》，主张心理学可以应用于实际问题的解决：

> 心理学的实践方面值得专业心理学家给予认真的关注。心理学的实践就像医学实践那样，是一种必须经过培训才能从事的职业。(引自 McReynolds，1997，p. 78)

就这一问题，他向美国心理学会年度会议提交了一篇论文，第一次使用了"临床心理学”这个术语。1907 年，他创办了《心理诊所》杂志，这是临床心理学领域第一份，也是许多年间惟一的一份杂志。在杂志的创刊号上，威特默倡导了临床心理学这一新的职业。第二年，他创办了一所寄宿学校，接收发育迟缓和行为紊乱的儿童。1909 年，他把他那个大学的心理诊所扩大成了一个独立的行政单位。

威特默一直在宾夕法尼亚州大学从事着临床心理学的教学和实践工作，着力促进临床心理学的发展。1937 年从该大学退休，1956 年去世，享年 89 岁。他是斯坦利·霍尔于 1892 年创办美国心理学会时聚集在霍尔书房中的心理学家中最后一个离世的。

儿童评估诊所

作为世界上第一个临床心理学家，威特默没有榜样或先例可以借鉴，因此，他开发了他自己所需要的诊断和治疗方法。“由于没有任何可供学习的原理，我不得不直接投身于这些儿童的研究，在研究过程中找到自己的方法(Witmer, 1907/1996, p. 249)。”

对于他的第一个案例，即那个拼写困难的儿童，威特默对他的智力、推理和阅读能力进行了评估，发现他阅读能力存在着缺陷。经过对所获得数据的详细分析，威特默得出结论，认为该儿童患视觉—词语遗忘症。尽管这个儿童可以回忆几何图形，但是在记忆词语方面存在困难。威特默制订了周密的治疗计划，治疗取得了一些效果，但是该患者从没能在阅读和拼写上达到流利的程度。

被送往威特默诊所的那些儿童表现出多种多样的问题。他们中的某些人被诊断为多动症、学习障碍、语言和运动发展不全等等。随着经验和信心的不断增强，威特默建立了标准的评估和治疗计划，并在诊所的员工中增加了医生、社会工作者和心理学家等。

威特默认识到，情绪和认知机能受到生理问题的影响，因此，他首先请医生对这些儿童进行检查，确定是否由于营养不良、视觉或听觉缺陷导致了儿童行为上的困难。然后再由心理学家他们进行测验和访谈，社会工作者则根据患者的家庭背景，准备个案资料。

最初，威特默认为，遗传因素是行为和认知障碍的主要原因，但是后来他认识到，环境因素更为重要。他预见到在儿童生命的早期，应该为儿童提供丰富的感觉经验。他相信应该让家庭和学校加入到患者的治疗中，认为如果家庭和学校的生活条件改善了，儿童的行为也会得到相应的改善。

评论

不久以后，许多心理学家开始效仿威特默。到 1914 年，有接近 20 个心理诊所在美国开业，大部分诊所采取的都是威特默的模式。此外，威特默培养的学生传播他的方法，培养了临床工作的新一代学生。威特默的影响也传播到特殊教育领域。他的一个学生，莫里斯·维特莱斯(Morris Viteles)扩展了威特默的工作，建立了职业指导中心，这是美国第一所这种类型的机构。威特默的其他一些追随者则把他的临床方法应用于成人患者。

历史在线

http：//psychclassics. yorku. ca/Witmer/clinical. htm

威特默 1907 年文章的全文。

临床心理学运动

除了威特默把心理学应用于变态行为的评估与治疗之外，另外两本书也为这一领域的发展提供了动力。克里福德·比尔斯(Clifford Beers)曾经是一位心理疾病患者，1908 年，他出版了《一颗找回自我的心》一书。这本书受到公众极大的欢迎，使公众的注意指向怎样以人道的方式治疗精神疾病患者。雨果·闵斯特伯格 1909 年出版了《心理治疗》一书，这本书广泛流传，它描述了各种心理疾病的治疗技术。闵斯特伯格通过描述帮助心理疾病患者的特殊方式，提升了临床心理学的地位。

1909 年，芝加哥精神病学家威廉·希利(William Healey)建立了第一个儿童指导中心，随后，更多的这类机构纷纷出现。这类机构的目的是尽早地治疗儿童的疾病，以使早期的问题不会演变为成年时代更为严重的障碍。这些中心使用威特默的会诊方法，即医生、心理学家、精神病学家和社会工作者相互合作，评估患者所面临问题的各个方面。

弗洛伊德(Sigmund Freud)的观点对于临床心理学的发展起到了关键的作用，使得这一领域超越了威特默诊所实践的范围。弗洛伊德的精神分析既吸引了、也触怒了心理学的临床分支和美国公众。他的观点为临床心理学家提供了最初的心理治疗技术。

然而，临床心理学作为一种职业却发展得异常缓慢。直到 1918 年，也就是弗洛伊德访问美国 9 年以后，临床心理学方面没有招收过研究生。1918 年，对这一领域感兴趣的心理学家曾开过一次会，在会议上，亨利·戈达德询问并回答了下面这样的问题："什么是临床心理学？恼人之处在于——没有人知道答案(引自 Routh，2000，p. 237)。"

即使到了 1940 年，临床心理学仍然是心理学领域中微不足道的一个部分。在那些已经建立的治疗机构中，很少有为成人患者服务的。其结果是，临床心理学家的工作机会少得可怜，临床心理学的培训规划也十分有限，临床心理学家的工作也不过就是对患者进行几项测验。然而，当 1941 年美国加入第二次世界大战以后，情形就改变了。世界大战刺激了临床心理学，使得临床心理学很快变成了一个十分活跃的应用领域。军队建立了几个培训基地，培养了几百个临床心理学家，以便于治疗军事人员的情绪障碍。

战争过后，对于临床心理学的需要甚至变得更大。退伍军人管理局（现在的退伍军人事务部）发现，它必须为被诊断为患有精神疾病的 40 000 多退伍军人负责。300 多万其他的退伍军人需要职业和个人咨询，以便顺利返回平民的正常生活，大约 315 000余名残疾退伍军人需要接受帮助，对于心理健康职业的需求远远超出了这个职业能承受的程度。

为了适应这些需求，退伍军人事务部在大学启动了研究生培养规划，为那些愿意毕业后到荣军医院、诊所工作的研究生提供学费。这些规划的结果之一就是临床心理学家要接触不同类型的病人。在战争之前，大多数临床心理学家工作的对象都是有行为或适应问题的儿童，但是现在他们面对的将是更为严重的情绪障碍问题。今天，退伍军人事务部仍然是美国心理学家的最大雇主。

现在，临床心理学家工作在心理健康中心，商业、私人诊所等领域。临床心理学是心理学中最大的应用领域。在心理学所有的研究生中，超过三分之一的是在临床心理学范围里。美国心理学会一些较大的分支都关注心理健康问题的学术探讨和应用研究。美国心理学会会员的 70%工作在健康服务领域，超过三分之一的美国心理学会会员从事私人医疗业务。心理学中新的博士学位获得者有 44%受雇于医院、疗养院和私立医疗机构（Fowler，2002；Smith，2002b）。

沃尔特·迪尔·斯科特（1869—1955）

斯科特（Walter Dill Scott）也是冯特在莱比锡的学生。他离开纯粹的内省心理学，将这门新科学应用于广告和商业。斯科特把他的大部分精力贡献给了心理学的应用研究，尝试怎样令市场和工作场所更能获得效益，以及商业领袖怎样调动员工的积极性和吸引消费者。

斯科特的工作反映了心理学的机能主义学派对实践问题的关心。一位心理学史家指出：

> 从冯特的莱比锡实验室返回到世纪之交的芝加哥以后，斯科特的著述由德国式的理论转到了美国式的应用。他不是一般性地解释动机和冲动，而是描述怎样影响他人，包括消费者、听众和工人。（Von Mayrhauser，1989，p. 61）

斯科特有许多令人印象深刻的第一，包括：

- 第一个将心理学应用于员工选拔、管理和广告，也是这一领域第一本著作的作者；

- 第一个拥有应用心理学教授的头衔；
- 第一个心理咨询公司的建立者；
- 第一个获得美国陆军杰出服务勋章的心理学家。

斯科特的生平

斯科特出生于伊利诺伊州诺莫尔城附近的一个农场中。一次，正在田里犁地的时候，年轻的斯科特突然想到了工作的效率问题。由于他的父亲经常患病，12 岁的他承担起了这个小型家庭农场的大部分工作。有一天，他在犁地时在地头停下来让两匹马休息，他出神地望着远方伊利诺伊州诺莫尔大学的校园建筑，突然意识到，如果他准备在这个世界上获得点什么成就，他就不能再这样浪费时间。在犁地的时候，他每小时歇马的时间有 10 分钟，而他正在浪费这 10 分钟。这 10 分钟要累积起来，每天就是一个半小时，这个时间他完全可以用于学习。因此，斯科特决定随身带着书本，利用休息的每一分钟来进行阅读。

沃尔特·迪尔·斯科特

为了挣够大学的学费，他摘黑刺莓并罐装出售，打捞废铁卖钱和做临工，得到的钱除了存起来的之外都用于买书。19 岁的时候，他进入诺莫尔大学，开始了他摆脱农场生活的人生的长途跋涉。两年以后，他获得了一笔奖学金，进入了西北大学读书。在那里，他兼职作家教以获得额外的收入。他参加了学校的球队，并且遇到了安娜·米勒，安娜后来成了他的妻子。

他同样选择着自己未来的职业。他打算成为一名传道士，去中国传道，这意味着他需要再学习三年。斯科特从芝加哥一所神学院毕业的时候，做好了去中国的准备，但是发现已经没有了传道士的空缺——去中国的传道士已经足够了，这个时候，他才想到转向心理学。他曾经学过心理学课程，喜爱这门学科，也曾经在杂志上读过介绍冯特莱比锡实验室的文章。奖学金的节余、家教的收入和勤俭节约的风格使他存下了几千美元，足够他赴莱比锡和结婚之用。

1898 年 7 月 21 日，斯科特同他的新娘同赴欧洲。他在莱比锡跟冯特学习，他的妻子安娜则在哈雷大学攻读文学博士学位，两人相距 20 英里，他们二人经常仅仅在周末才可见面。两年以后，两人都获得了博士学位。斯科特回到美国西北大学担任了心理学和教育学的教师，这显示出他已经受到把心理学应用于教育的趋势的影响。

几年以后，斯科特的兴趣改变了。一位广告商找到他请他尝试把心理学原理应用于广告，以便让广告产生更大的效果，这一想法激起了他的兴趣。随着他将心理学应用于现实生活问题，他离冯特的心理学越来越远，而与美国机能主义的精神保持着一致。

1903年，斯科特出版了《广告的理论与实践》一书。这是有关广告方面的第一本著作。此后，他又写了其他一些书籍和文章。很快，他在商业领域的专业知识、名望和关系迅速地提高和扩展。他同样把注意力指向员工选择和管理问题。1905年，他被提升为教授，1909年，成为西北大学商学院的广告学教授。1916年，他被任命为应用心理学教授和位于匹兹堡的卡内基技术大学销售研究办事处主任。

当1917年美国加入第一次世界大战以后，斯科特愿意用他的技能为军队选择军事人员提供服务。最初，人们对他的建议并没有多少兴趣，因为并不是每个人都相信心理学的实用价值。与斯科特打交道的军事将领极为愤怒，对斯科特表示了不信任。"他认为我根本就不可能取得任何进步，他指出，我们正在与德国进行战争，没有时间受这些实验的愚弄(引自 Von Mayrhauser, 1989, p. 65)。"斯科特想方设法使他平静下来，与他一起共进午餐，劝说他相信他所选择的方法的价值。很明显，斯科特是成功的，后来，军队授予他杰出服务勋章。

战争以后，斯科特开办了自己的公司，称之为斯科特公司。这个公司为那些希望在人员选拔和工作效率方面得到帮助的公司服务。1920～1939年间，他担任了西北大学的校长，这所大学的斯科特厅就是以他和他的妻子的名字命名的。

广告与人的可暗示性

斯科特接受过冯特生理学取向的实验心理学训练，这种训练在斯科特身上留下了不可磨灭的印记；同时，斯科特又尝试把在冯特那里学到的东西应用于实际问题的解决。这两种倾向都反映到了他有关广告的作品上。例如，他指出，人的感官是：

> 灵魂的窗口。我们从物体获得的感觉越多，我们就越是能更好地了解这个物体。神经系统的机能是使我们觉察到环境中物体的视觉、声音、感受、味道等等。那些不能对声音或其他感觉品质作出反应的神经系统是有缺陷的。
>
> 广告有时被人们称为商业世界的神经系统。那些不能唤起声音表象的乐器广告是有缺陷的广告……就像神经系统可以给我们提供来自物体的所有可能的感觉，与神经系统一样发挥作用的广告必须能在广告的受众那里唤起与物体本身所能激发的同样多的不同种类的表象。(引自 Jacobson, 1951, p. 75)

斯科特认为，由于消费者的行为并非总是理性的，因而他们易于受到影响。他认为情绪、同情、多愁善感等因素强化了消费者的可暗示性。像那个时代人们经常认为的那样，他同样也相信女性比男性更容易被说服。依据他的可暗示性定律，他建议使用直接的命令式的说法，如"使用香梨皂"，来推销产品。他推荐使用返回式赠券，因为这种方式要求消费者采取一些直接的行动，如从报纸上撕下赠券，填上自己的姓名和住址，邮寄回公司以便获得样品等等。这些技术都被广告商采纳了，到 1910 年的时候，这些技术得到了全面的推广。

雇员选拔

为了选拔更好的雇员，特别是选择最合适的销售人员、商业经理或军事人员，斯科特设计了分类评估量表和团体测验，对那些在这个领域已经获得成功的人员进行测量。

像威特默一样，斯科特在临床心理学中也没有先例可以借鉴。他询问军官和商业经理，请他们就下属的外貌、行为举止、忠实性、工作能力、性格和对组织的价值等进行评估，然后根据有效进行某项工作所需要的品质，斯科特就对申请者进行评价。这个程序与今天所使用的方法相类似。

斯科特编制了心理测验去测量智力和其他能力，但他不是评估个体申请者，而是对群体进行测试。当短时间内有大量的申请者需要加以评估时，群体的测验就更有效也可以降低费用。

斯科特的测验不同于卡特尔和其他应用心理学家所设计的测验。斯科特不仅测量一般的智力，而且他也对一个人怎样运用智力感兴趣。换言之，他想要了解人们怎样加工信息和在日常生活中智力是怎样发挥作用的。他对智力的界定不是根据特定的认知能力，而是使用一些实用的术语，如判断、敏捷、精确性等等，这些特征都是完善地从事一项工作所必需的。他把申请者的测试分数与那些成功雇员的测试分数进行比较，而对于测验分数所代表的心理元素方面的意义不感兴趣。

评论

像威特默那样，斯科特在心理学史上并未受到长久的关注。对他的这种相对忽视有这样几个原因：就像大多数应用心理学家那样，斯科特没有提出任何理论，也没有建立任何思想学派，更没有训练出忠实的追随者去继续他的工作。他几乎没有做什么实验研究，在主流刊物上也没有发表过什么文章。他为私人公司和军队所做的工作都是以解决问题为宗旨的。许多学院心理学家，特别是那些在好的大学和设备精良的实验室拥有固定工作的教授们，瞧不起应用心理学家的工作，因为他们认为应用工作对于作为科学的心理学的发展没有什么贡献。

斯科特和其他应用心理学家反对这样一种观点。他们认为在心理学的应用和心理学作为科学的发展之间并不存在冲突。应用心理学家认为，让公众了解心理学更证明了心理学的价值，反过来可以促进人们对学院实验室中心理学研究的承认。因此，应用心理学的这些先驱们体现了美国机能主义的精神，使心理学变得对人们更为有用。

历史在线

http：//www.lib.umd.edu/ETC/ReadingRoom/Speeches/ScottWD/

斯科特的《增进商业中人的效能》一文的全文。

工业—组织心理学运动

两次世界大战的影响

第一次世界大战促进了工业心理学的发展，使得工业心理学在研究范围上进一步扩展，声望有了进一步提高。我们曾经指出，斯科特志愿为美国军队服务，他以对商业领导人的评估为基础(参阅表 8.1)，编制了选择军官的评估量表。战争结束的时候，他已经对 300 万士兵进行了评估，再一次证明了心理学的实用价值，并引起了公众的广泛注意。因此，战争结束以后，商业和工业组织、政府部门都强烈要求工业心理学家的服务，帮助他们重新安排人事程序，使用心理测验帮助他们选择最合适的雇员。

第一次世界大战同样也影响了欧洲的工业心理学(Viteles，1967)。英国和德国的心理学家开发了军事人员的选择技术，设计了诸如火炮跟踪器等军事装备，因而对自己处于战事中的国家作出了贡献。战后，对工业心理学的兴趣继续增长。1921 年，英国国家工业心理学研究所得以建立，德国的许多主要城市也建立了类似的应用心理学研究所，许多公司还开办了自己的心理学实验室(Van Strien，1998)。

第二次世界大战再次把心理学家带入战争中。心理学家编制测验，对新兵进行筛选和分类。此外，这个时候的战争武器，如高速飞行器等，已经越来越复杂，需要技术更加娴熟的人去操作它们。鉴别这类军事人员，测量这类人员是否具备掌握这类技能的能力，以便于完善选择和训练程序，就成为心理学家的重要任务。战争的这些需要促进了在工业心理学中产生了一个新的专业领域，这一专业领域有不同的名称，如工程心理学、人类工程学、人的因素工程学，或者工效学。工程心理学家与武器系统工程师紧密合作，提供人的能力和局限方面的信息，他们的工作直接影响了军事装备的设计，使得这些装备更符合使用者的能力。今日的工程心理学家不仅致力于军事硬件方面的研究，同时，他们也参与到诸如计算机键盘、办公室家具、家用电器和汽车仪表板等消费产品的设计工作中。

霍桑研究和组织问题

20 世纪 20 年代时，工业心理学家关心的主要问题是对求职者的选择和安置问题，即把合适的员工安排到合适的工作岗位上去。1927 年，由西部电器公司在伊利诺伊州的霍桑工厂所进行的一项创造性的研究大大扩展了这一领域的研究范围(Roethlisberger & Dickson，1939)。这项研究超出了选择和安置的范围，使人们更加注意到人际关系、动机和士气等问题。

这项研究在开始时就是调查物理工作环境，如照明和温度条件对员工工作效率的影响。研究的结果令心理学家和工厂管理者感到吃惊。他们发现工作场所的社会和心理因素比物理条件产生了更重要的影响。

表 8.1 斯科特的评估量表

1. 外表特质 体型、穿戴、整洁、声音、精力和耐力，考察他在这些方面怎样给人留下深刻印象。	最高 高 一般 低 最低	15 12 9 6 3
2. 智力 精确性、快速学习的能力、迅速理解上级意图的能力、发布清晰、易理解的指令的能力、评估一个新的情境和在危急时刻迅速作出明智决定的能力。	最高 高 一般 低 最低	15 12 9 6 3
3. 领导风格 创新、坚定、自信、果断、处事机敏、鼓动能力、威信、忠诚、合作。	最高 高 一般 低 最低	15 12 9 6 3
4. 个人特质 勤劳、可靠、忠诚、愿意为自己的行为承担责任、无私、不欺骗、合作的意向和能力。	最高 高 一般 低 最低	15 12 9 6 3
5. 对公司的一般价值 专业知识、技能、经验、作为管理者和指导者所获得的成功、获得结果的能力。	最高 高 一般 低 最低	15 12 9 6 3

霍桑研究使得心理学家开始关注社会—心理工作环境，包括领导者的行为、非正式工作群体、员工态度、员工与管理者之间的交流模式以及其他一些能够影响动机、生产效率、满意度的因素。企业的领导者很快就认识到这些因素对雇员的影响，愿意接受这种理论观点。今日的心理学家研究组织的不同类型、这些组织的交流、组织风格，以及组织中的正式和非正式社会结构。由于意识到组织因素的重要性，美国心理学会工业心理学分会改名为工业和组织心理学协会。

历史在线

http://www.siop.org

美国工业和组织心理学协会的网页。

女性对工业—组织心理学的贡献

从历史上讲，作为职业的工业和组织心理学为许多女性提供了就业机会。在这一领域第一个获得博士学位的是莉莲·吉尔布雷思（Lillian M. Gilbreth，1878—1972），她1915年从布朗大学获得博士学位。她与她的丈夫弗兰克·吉尔布雷思（Frank Gilbreth）一起，提出了时间—运动分析技术，以提高工作效率。然而，那个时代的许多企业领导人拒绝接受女性心理学家为雇员。当莉莲和弗兰克合作写出了有关工业效率的著作后，出版商拒绝让莉莲的名字出现在封面上，并解释道，女性的名字会降低这本书的可信度。而当她自己写出了一本管理心理学的著作后，她必须使用名字的缩写（即L.M.吉尔布雷思），出版商才同意出版。出版商认为，如果人们看到一个女性的名字，就不会买这本书。莉莲克服了诸如此类的障碍，成功地在这一领域工作了很长时间（Kelly & Kelly，1990），她的肖像甚至出现在美国的邮票上。

安娜·伯利纳（Anna Berliner）是冯特惟一的女学生，她也是工业心理学的另外一个先驱人物。她到了莱比锡，向冯特作了自我介绍。她告诉冯特，她已经听说冯特不招收女性学生，但是她仍然想来这里进行研究工作。

很明显，冯特被她的自信所打动，同意了她的请求（Guthrie & Wesley，1991）。后来，伯利纳作为工业心理学家在日本工作，写了一本论述日本新闻广告方面的书。她在德国从事市场研究，后来又移居美国，在奥里根大学任教，并进行了影响学习的视力测定和视觉问题研究。

现在，工业—组织心理学领域的博士研究生超过一半的都是女性。

雨果·闵斯特伯格（1863—1916）

雨果·闵斯特伯格这位刻板的德国教授一度在美国心理学界和美国公众眼中代

表着令人羡慕的成功。他为通俗杂志撰写了几百篇文章，并完成了将近24本著作。他经常前往白宫，拜会罗斯福总统和塔夫脱(W. H. Taft)总统，是总统的座上宾。闵斯特伯格是企业和政府领导人的一个有影响力的顾问。他有许多朋友，这些朋友富有并且有名气，其中包括德国的克莱舍·威尔海姆(Kraiser Wilhelm)、钢铁巨头安德鲁·卡内基(Andrew Carnegie)、哲学家罗素(Bertrand Russell)，以及大小电影明星和知识分子。

雨果·闵斯特伯格

闵斯特伯格曾经是哈佛大学的荣誉教授，并曾经被推选为美国心理学会和美国哲学学会的主席。他是美国和欧洲应用心理学的建立者，也是被指控为"间谍"的两个心理学家之一(Spillmann & Spillmann, 1993)。

闵斯特伯格曾经被描述为"应用心理学的一位多产的宣传者"(O'Donnell, 1985, p. 225)。据他的传记作者介绍，闵斯特伯格同样是一个成功的时事评论家。"他具有超人的天赋，整个生命可以被看做是由一系列推动所组成，即推动自身，推动科学，推动祖国(德国)(Hale, 1980, p. 3)。"

在他生命的晚期，闵斯特伯格变成了一个冷嘲热讽、尖酸刻薄的人物，成为报纸和漫画丑化的对象，成为他服务多年的大学里的一个尴尬人物，也成为"美国最令人憎恨的人物之一"(Benjamin, 2000b, p. 113)。当他1916年逝世的时候，没有任何颂词留给这位曾经的美国心理学巨人。

闵斯特伯格的生平

1882年，当他19岁的时候，闵斯特伯格离开了他的出生地——德国的丹茨格，到了莱比锡，他打算在莱比锡大学学习医学。但是，当听了冯特的心理学课程以后，他改变了主意。心理学这门新科学令他激动和振奋，所显示出的前景是医学研究或医学实践所没有的。1885年，他在冯特的指导下获得博士学位。两年之后，他又从海德堡大学获得医学博士学位。他希望两个学位可以为他在学术研究领域寻找工作提供更好的机会。他接受了弗赖堡大学的一个教职，并且在自己的家中建了一个实验室，当然一切花费都是自己支付的，因为大学缺乏合适的设备。

闵斯特伯格撰写了有关心理物理学方面的研究论文，但是受到了冯特的批评，因为冯特认为这些研究探讨的是心灵的认知内容，而不是感觉状态。但是闵斯特伯格的研究吸引了许多追随者，不久以后，来自欧洲各地的学生就挤满了他的实验室。他晋升教授的前景十分看好，有望成为受人尊敬的学者。

1892 年，威廉·詹姆斯诱惑他离开这个岗位，提供高收入邀请他到哈佛大学担任心理学实验室的主任。为了闵斯特伯格能到哈佛任职，詹姆斯说了许多好话，他写信给闵斯特伯格，告诉他哈佛是美国最好的大学，他们需要一个天才来主持实验室工作。按照闵斯特伯格的意愿，他是想留在德国，但是事业心使他接受了詹姆斯的邀请。

从德国迁移到美国，从纯粹的实验心理学转到应用心理学是件困难的工作。最初，闵斯特伯格并不赞成应用心理学领域的扩展，他指责校方付给学者们的工资太少，以至于他们不得不从事一些实用性的工作。他批评那些为普通大众写文章的美国心理学家，指责那些给企业领导人讲课赚钱的学者，和那些从事服务工作而收费的人。然而，不久以后，闵斯特伯格就开始了同样的工作。

在哈佛大学工作了 10 年之后，或许是由于意识到德国的任何大学都不可能再聘用他为教授，闵斯特伯格撰写了他的第一本英文著作《美国的特性》，这本书是对美国社会的心理、社会和文化分析。他是一个天才的作者，写书的速度非常快，他可以在不到一个月的时间里，口授给秘书一本 400 页书的内容。詹姆斯评论说，闵斯特伯格的大脑从来没有疲劳过。

公众对于他的书的热烈反应促使闵斯特伯格把随后的作品的写作方向直接指向普通大众，而不是心理学的同事。他为通俗杂志而非心理学期刊撰写了大量的文章。他放弃了心理内容的心理物理学研究，转而探讨心理学家所能解决的日常生活问题。他的文章内容覆盖了法庭审判、司法系统、消费产品的广告、职业咨询、心理健康、心理治疗、教育、商业和工业中的问题，甚至包括了动画心理。就学习和商业方面的问题，他准备了函授课程。他还制作了一些心理测验的影片，在全美的电影院放映。

闵斯特伯格永远都处在争论的中心。在一个轰动一时的谋杀案审判中，他对一个已经坦白的谋杀了 18 个人的杀人犯实施了近 100 个心理测验。这个杀人犯指控劳工领袖花钱雇佣他杀人。以测试的结果为基础，闵斯特伯格宣称，即使在陪审团还没有对劳工领袖作出裁决之前，杀人犯的坦白已经意味着劳工领袖的罪名是成立的。当陪审团宣布劳工领袖无罪后，闵斯特伯格的信誉被彻底毁了，报纸给他起了一个"搞怪教授"的绰号。

1908 年，闵斯特伯格卷入了禁酒运动事件，这场运动是要禁止酒精饮料的销售。但闵斯特伯格却反对禁酒，他以一个心理学专家的身份，认为适度的酒精饮料对人是有益的。德裔美籍啤酒酿造者阿道弗斯·布希(Adolphus Busch)和格斯塔夫·帕布斯特(Gustave Pabst)非常高兴得到了闵斯特伯格的支持，捐助给闵斯特伯格一笔可观的钱用于提高德国在美国的形象。在闵斯特伯格撰写了一篇反对禁酒运动文章的几个星期之后，布希捐助给闵斯特伯格 5 万美元，用于建造德国式的博物馆。选择这个时间捐款十分不利和可疑，两者之间的巧合在新闻媒体上受到了广泛的注意。

闵斯特伯格关于女性的观点也引起了许多争论。在哈佛大学，他支持了几位女研究生的学习，包括卡尔金斯(Mary W. Calkins)他的实验助理、埃塞尔·帕夫(Ethel

Puffer）等人。但是闵斯特伯格认为，研究生的工作对于女性来说太勉为其难。他宣称不应该训练女性成为职业工作者，因为这样一来就使她们远离了家庭。女性也不应该在公众学校做教师，因为女教师无法给男孩子树立合适的榜样，而且他还认为女性不能进入陪审团，因为她们不能进行理性的思考，这一说法后来成为国际上许多报纸的头版头条。

哈佛大学校长和闵斯特伯格的大多数同事对他就有争议的问题对媒体发表耸人听闻的言论大为不悦。他们也不赞成闵斯特伯格在应用心理学方面的兴趣。哈佛大学校长劝说他不要回答记者的问题，劝告他"选一些有意思的户外训练课程，在周末经常离开坎布里奇，改换一下环境，转变一下思维（引自 Benjamin，2000b，p. 119）。"

第一次世界大战期间，当闵斯特伯格明确地为他的祖国德国进行辩护时，他与美国人的空前地紧张。美国的公众舆论明显是反对德国的。德国在这场已经夺去几百万人生命的战争中是侵略的一方，但是作为一个德国公民，闵斯特伯格公然为德国辩护。报纸报道说闵斯特伯格是一个隐蔽的特务，是个间谍，是一个高级德国军官。舆论要求闵斯特伯格从哈佛大学辞职。伦敦的一家报纸称他是克莱舍·威尔海姆派到美国的特工。他的邻居怀疑闵斯特伯格的女儿在后院养的鸽子是用来在间谍中间传递情报的。哈佛的一个校友声称，如果哈佛开除闵斯特伯格，他就给学校捐赠 1 000 万美元。闵斯特伯格提出，如果校方立即付给他 500 万美元，他立刻就辞职，这使得校方更加尴尬（Spillmann & Spillmann，1993）。

同事们都斥责闵斯特伯格，他甚至收到了一封对其进行死亡威胁的信件，公众充满恶意的攻击和排斥使他的精神崩溃了。但是，1916 年 12 月 16 日，报纸上刊登了一些有关和平谈判的推测。闵斯特伯格告诉他的妻子说，"春天的时候，和平就会降临了"（Munsterberg，1922，p. 302）。然后，他踏着厚厚的积雪，步行到学校上早晨的课。到达讲课大厅的时候，他已经精疲力竭了。走进教室，他开始了他的授课。"大约半小时以后，他似乎犹豫了一下，然后朝讲台伸出右手，仿佛支撑自己的身体（New York City Evening Mail，December 16，1916）。"他无声地跌倒在地板上，由于心脏病而溘然去世了。

司法心理学与目击者证词

司法心理学研究的是心理学和法律的一些问题。闵斯特伯格为一些杂志撰写文章，探讨犯罪预防、使用催眠法审讯疑犯、使用心理测验测查罪犯以及目击证词的可信度等问题。他对后一问题特别感兴趣，认为目击犯罪事件和随后对这一事件回忆的不可靠性。

他对模拟犯罪进行研究。在这一过程中，要求目击者在目睹了犯罪之后，立即描述所发生的事件。即使被试刚刚形成记忆，但在细节问题上仍然争论不休。闵斯特伯格然后问道，如果这个事件发生在几个月之前，那么在法庭上的目击证词又有多大的精确性呢？

1908年，他出版了《论目击者证词》一书。该书描述了有可能影响审判结果的心理因素，包括假口供、对目击者交叉询问中暗示的作用、生理测量（心率、血压、皮肤电阻）在测定疑犯和被告紧张情绪状态中的效用等等。由于对他所提出的这些问题再次产生兴趣，这本书在出版了几乎70年后，即1976年，又被重新印刷出版（参阅 Loftus，1979；Loftus & Monahan，1980）。也是在那个时候，美国心理学—法律学会也建立了起来。这个学会隶属于美国心理学会，它的宗旨是促进司法心理学的基础和应用研究。

心理治疗

1909年，闵斯特伯格出版了《心理治疗》一书，探讨了心理学的另一个应用领域。他在心理学的实验室，而不是在诊所里治疗病人，而且从不收费。他坚持认为，他的位置给了他某种权威，使他有权就怎样治愈病人提出直接的建议。他认为，心理疾病是一种行为适应不良方面的问题，而不像弗洛伊德主张的那样，是什么无意识冲突的结果。闵斯特伯格宣称："没有什么下意识（引自 Landy，1992，p. 792）。"当1909年，应斯坦利·霍尔的邀请，弗洛伊德访问克拉克大学的时候，闵斯特伯格离开美国，避免与弗洛伊德碰面，弗洛伊德返回欧洲以后，他才从国外回来。

闵斯特伯格的治疗方法是迫使病人忘掉那些令人苦恼的想法，压制不称心和引起麻烦的行为，敦促病人遗忘情绪方面的难题。他治疗了酗酒、药物滥用、幻觉、强迫思维、恐惧症和性行为错乱。他一度也使用催眠方法，但是当一个女患者用枪威胁他以后，他就再也不使用这种方法了。这个故事再次引起了媒体的关注，哈佛大学校长也要求闵斯特伯格不要再对女性实施催眠。

他的这本有关心理治疗的著作极大地促进了公众对临床心理学的关注，但是威特默对此评价却不高，威特默在几年之前就已经在宾夕法尼亚州大学开设了心理诊所。威特默从没有获得过也从未想过得到公众给予闵斯特伯格的喝彩。在他创办的《心理诊所》杂志上的一篇文章中，威特默抱怨闵斯特伯格"廉价化"了这一职业。闵斯特伯格推销心理治疗有些像市场上的沿街叫卖。他认为闵斯特伯格比那种"信则灵"的庸医好不了多少，因为"这位哈佛的心理学教授以华而不实的方式招摇于美国，声称在他的心理实验室中治愈了上百种这样或那样形式的神经疾病"（引自 Hale，1980，p. 110）。

工业心理学

闵斯特伯格同样也是工业心理学的推动者。1909年，他开始从事这一领域的工作，撰写了《心理学与市场》一文，论述了心理学可以有所作为的几个领域，包括职业指导、广告、人事管理、心理测验、员工动机、疲劳和单调对工作表现的影响等等。

他担任了几个公司的顾问，为这些公司进行了一系列实用研究。在《心理学与工业效率》（1913）一书中，他发表了他的研究成果。这本书的对象是普通大众，成为当时的畅销书。闵斯特伯格认为，增加工作效率、提高生产率和员工满意度的最佳方式是为员工选择适合他们心理能力和情绪的岗位。怎样做到这一点呢？他认为就是要编制一些适当的心理选择技术，如心理测验和工作模拟，用来评估申请者的知识、技能和能力。

闵斯特伯格对众多的职业进行了研究，如船长、公交司机、接线员、销售商等，以此来证明他的选择技术怎样改善了他们的工作表现。他的研究显示出，工作时谈话会降低工作效率。他的解决方法不是去禁止工人之间的谈话，因为那样会引发敌意，他建议重新设计工作场所，让工人难以相互交谈。他提议增加车间中机器的间距，用隔板隔开办公室工作人员的办公桌。可以说，他是现代小隔间办公室的先行者。

评论

闵斯特伯格没有提出任何理论，也没有建立任何思想学派，成为一位应用心理学家以后，就再也没有从事过学术研究。他的研究服务于商业目的，其性质是实用性的，是一种以某种方式帮助他人为指导的实用性研究。尽管他受过冯特内省法的训练，但是他批评那些不愿意使用其他方法和研究成果服务于人性改善的心理学同事。闵斯特伯格丰富多彩和富有争议的职业生涯的全部特征就是认为心理学是有实用性的。尽管他具有德国人的气质，但他却是美国机能心理学家中的典范，他的工作反映并展现了他那个时代的时代精神。

历史在线

http://www.muskingum.edu/-psychology/psycweb/history/munsterb.htm

有关闵斯特伯格的生平和工作的信息，此外还有他的生平传记。

美国的应用心理学：一种民族的狂热

第一次世界大战中心理学家的贡献"着实让心理学家风光了一番"（卡特尔，引自O'Donnell，1985，p. 239）。霍尔写道，战争"成为应用心理学家的巨大动力，就整体上来说，对整个心理学的发展都有利……我们一定不要太学术化"（Hall，1919，p. 48）。在战争期间，诸如《实验心理学杂志》等刊物停止出版发行，但是《应用心理学杂志》却越办越红火。1918年战争结束的时候，应用心理学在整个职业领域中已经变得更加令人尊敬。桑代克宣布，"应用心理学是一种科学工作，让心理学为商业、工业和军队服务比让心理学为其他心理学家服务要困难得多，这需要更高的才智"（引自Camfield，1992，p. 113）。

学院心理学同样得益于战争中应用心理学的成功。多年来，大学里的心理学家第一次有了足够的工作岗位和经费支持，新的心理学系科、新的建筑和新的实验室得以建立，更多的基金可以用于支付教职员工的薪金。美国心理学会的会员增加了3倍，从1917年的336人，增加到1930年的1 100人(Camfield, 1992)。但是，大多数学院心理学家仍然瞧不起应用心理学。编制斯坦福—比奈智力测验的莱维斯·推孟曾经回忆说，“许多老脑筋的心理学家以轻蔑的眼光看待智力测验运动……我有这样一种感觉，我几乎不能算是一个心理学家”(Terman, 1961, p. 324)。

1919年，由心理学的学院分支控制的美国心理学会，修改了会员入会条件，规定申请者必须发表过实验研究报告。事实上，这就排除了大部分应用心理学家入会的可能性，女性心理学家同样如此，因为女性心理学家大都在应用领域工作。

尽管在学院心理学家方面存在着对应用心理学的这种消极态度，应用心理学在大众中受欢迎的程度仍然是前所未有的。它甚至演变为一种“民族的狂热”(Dennes, 1984, p. 23)。人们相信，心理学家可以搞定一切事情——从婚姻的不和谐到对工作的不满意；可以帮助售出一切商品——从汽车到牙膏。一些新的杂志的出现也推进了这一领域的进展，其中最受欢迎的是《现代心理学家》，另外一个杂志的名称听起来更加令人振奋，即《心理学：健康、幸福和成功》(Benjamin & Bryant, 1997)。《纽约时报》1923年的一篇编者按指出，“新心理学正在进入人类活动的一个又一个领域，不断地证明着它的价值”(引自 Dennis, 2002, p. 377)。

不断增强的解决现实问题的呼吁也使得更多的心理学家离开学术研究，投身到应用领域。卡特尔1923年版的《科学美国人》中，所列举的心理学家有75%的是从事应用工作的，而1910年的时候，这个数字是50% (O'Donnell, 1985)。20世纪20年代早期美国心理学会纽约分会的会议上，代表们提交的论文中探讨应用问题的论文数量要大大高于战前(Benjamin, 1991)。

然而，30年代世界经济的大萧条让应用心理学处在了受攻击的地位，应用心理学的批评者们指责它没有实现它的诺言。企业领导人抱怨说，工业心理学家并没有治愈公司的各种疾病，例如，所设计的员工选择测验过于糟糕，通过这种方法选择的员工不能胜任工作。

或许是对心理学的期望过高，或许是由于心理学客户对心理学家的期待太大，不管原因是什么，最终，人们对应用心理学的幻想破灭了。一个强有力的批评者是格雷斯·亚当斯(Grace Adams)，她是铁钦纳的学生。在一个通俗杂志上的题为《美国心理学的衰落》的文章中，亚当斯认为心理学已经“抛弃了它的科学根基，因而只有个别的心理学家或许可以获得拥戴和成功”(引自 Benjamin, 1986, p. 944)。《纽约时报》和其他一些有影响的报纸批评心理学家过度夸大自己的能力，没有治愈经济萧条所带来的隐忧，公众对心理学的注意迅速下降。直到1941年，心理学的形象才开始恢复，那时，美国加入了第二次世界大战。这样一来，我们再次看到了战争是影响心理学发展的一个背景因素。

第二次世界大战(1941—1945)给心理学提出了一系列不同的问题使这一领域复苏并扩大了影响。25%的美国心理学家直接参与了战事，其他许多人也通过其研究和著述间接地作出了贡献。女性心理学家没有机会参与战争，她们中的许多人被建议参与了社区志愿者工作。在美国军队服务的 1 006 名心理学家中，仅有 33 名女性(Gilgen et al., 1997)。具有讽刺意味的是，战争使德国心理学得到了复活，而在此之前，由于纳粹党徒驱逐了所有犹太心理学家，使他们不能从事自己的职业，德国心理学遭到了重创。德国的军事需要给心理学家提供了新的机会，心理学家帮助军队选择军官、飞机驾驶员、潜艇人员等。

战争结束以后，美国心理学经历了成长的高潮，而最重要的进展发生在应用领域。应用心理学超过了多年来一直居于支配地位的学院性的和以研究为定向的心理学，昔日那种大多数心理学家在大学里面工作，从事实验研究工作的景象再也不存在了。在二战之前，心理学中的博士学位 70%都是实验心理学的，而到 1984 年的时候，这个数字降到了 8% (Goodstein, 1988)。战争之前，具有博士学位的心理学家有 75%在学术机构工作，而 1996 年的时候，这个数字减少到了 34% (Borman & Cox, 1996)。这一趋势的结果之一是美国心理学会中权力的转变。在现在的美国心理学会中，应用心理学家(特别是临床心理学家)占据着统治地位。1988 年，一群学院和以研究为定向的心理学家对此加以反抗，他们建立了自己的组织，即美国心理学协会(APS)。

评论

自从霍尔、卡特尔、威特默、斯科特和闵斯特伯格在德国跟从冯特学习，并把那种心理学带到美国以来，美国心理学的性质已经发生了巨大的变化。心理学不再局限于教室、图书馆和实验室，而是扩展到日常生活的许多领域。今天，应用心理学在测验、教育心理学、学校心理学、临床和咨询心理学、工业与组织心理学、司法心理学、社区心理学、消费心理学、人口与环境心理学、健康与康复心理学、家庭服务、锻炼和运动心理学、军事心理学、媒体心理学、成瘾行为、宗教、文化和对少数民族群体的关怀等领域都在发挥着重要作用。

如果心理学依然仅关注意识经验的心理元素或心理内容，那么所有这些领域都是不可能的。本书第六章到第八章所讲述的机能主义思想学派的人物、观念和事件促使美国心理学超越了冯特莱比锡实验室的局限。

请考虑下列因素的作用：

- 达尔文的适应和机能概念；
- 高尔顿的个体差异测量；
- 美国人对实用的和有用的事物的关注；
- 由詹姆斯、安杰尔、卡尔、吴伟士所引领的，学院实验室中从内容研究到机能的转变；

● 经济和社会因素与战争的促动。

所有这些因素合力孕育了积极的、自信的、具有吸引力和影响力并改变我们时代的心理科学。美国心理学中这一朝向实用的运动又被心理学革命中的下一个思想学派所强化，它就是我们所知的行为主义。

问题讨论

1. 经济因素怎样影响了应用心理学的发展？若没有这些因素，你认为应用心理学会发展吗？
2. 为什么冯特和铁钦纳的心理学没有在美国发展起来？为什么心理学在美国发展得如此迅速并且广为美国公众所接受？
3. 斯坦利·霍尔在美国有哪些"第一"？霍尔的工作怎样受到了达尔文进化论的影响？
4. 实用方面的何种事务使霍尔成为一个成功的心理学家？描述他的心理发展复演理论。
5. 卡特尔的工作怎样改变了美国心理学的性质？他如何向公众倡导心理学的？
6. 比较卡特尔和比奈的智力测验方法。描述第一次世界大战对测验运动的影响。
7. 医学和工程的类比怎样被用于提高智力测验的科学权威性？
8. 美国的智力测验怎样被用于支持智力的种族差异和移民智力低下的观点？
9. 讨论女性在智力测验运动中的作用。为什么她们的工作在专业方面处在不利地位？
10. 威特默和闵斯特伯格的工作怎样影响了临床心理学的发展？他们在对临床心理学的看法上有何不同？
11. 讨论斯科特和闵斯特伯格在工业—组织心理学产生方面的作用。
12. 霍桑研究和战争如何影响了工业—组织心理学的发展？在工业和组织心理学的发展过程中，女性起到了什么样的作用？
13. 描述闵斯特伯格对司法心理学的贡献。
14. 比较应用心理学在20世纪20年代、30年代和第二次世界大战以后的发展和兴盛的状况。

建议阅读

Benjamin, L. T., Jr. (1991). Harry Kirke Wolfe: Pioneer in psychology. Lincoln: University of Nebraka Press. 沃尔弗是冯特和艾宾浩斯的学生。他在尼布拉斯加大学建立了心理学实验室，培养了许多学生，在儿童研究运动中扮演了重要

角色。

Fuchs，A. H.（1998）. Psychology and "The Babe." *Journal of the History of the Behavioral Sciences*，*34*，153—156. 描述了心理学应用于体育的一个事例。最为著名的棒球运动员巴贝鲁思曾经在哥伦比亚大学接受测试。测试者希望通过测验获得一些量化指标，以便为发现潜在的杰出棒球运动员服务。

Kunda，D. P.（1976）. The concept of suggestion in the early history of advertising psychology. *Journal of the History of the Behavioral Sciences 12*，347—353. 讨论了早期由斯科特和其他一些人提出的广告和暗示的心理学理论。

Landy，F. J.（1992）. Hugo Munsterberg：Victim or Visionary? *American Psychologists*，*47*，787—802. 考察了闵斯特伯格对应用心理学的贡献。

McReynolds，P.（1997）. Lightner Witmer：His life and times. Washington，DC：American Psychological Association. 描述了威特默的生平和工作，以及他在宾夕法尼亚州大学心理诊所的发展状况。

Sokal，M. M.（Ed）.（1991）. The origins of The Psychological Corporation. *Journal of the History of the Behavioral Sciences*，*17*，54—67. 追溯了美国应用心理学的产物——心理公司的历史发展。

Spillmann，J. & Spillmann，L.（1993）. The rise and fall of Hugo Munsterberg. *Journal of the History of the Behavioral Sciences*，*29*，322—338. 描述了闵斯特伯格的生平、他在哈佛大学的心理学实验室和他对司法心理学和工业心理学的贡献。

Von Mayrhauser，R. T.（1989）. Making intelligence functional：Walter Dill Scott and applied psychological testing in World War Ⅰ. *Journal of the History of the Behavioral Sciences*，*25*，60—72. 描述了斯科特、桑代克和其他一些学者在编制团体智力测验方面的努力。

White，S. H.（1990）. Child study at Clark University：1894—1904. *Journal of the History of the Behavioral Sciences*，*26*，131—150. 描述了由霍尔发起的有关儿童发展问卷的研究。

Zenderland，L.（1998）. Measuring mind：Henry Herbert Goddard and the origins of American intelligence Testing. New York：Cambridge University Press. 回顾了戈达德对智力测验运动的贡献以及美国对智力测验的广泛应用。

第九章

行为主义：先行的影响

走向行为科学

到 20 世纪第二个十年的时候，也就是距冯特正式建立心理学之后还不到 40 年时，心理学这门学科已经发生了翻天覆地的变化。所有的心理学家都不再相信内省的价值，以及心理元素的存在和心理学作为一门纯科学的必要性。机能心理学正在修改心理学的规则，其从事心理学研究的方式往往是莱比锡和康奈尔大学所无法接受的。

机能主义运动与其说是革命性的，不如说是进化的。机能主义者并非有意地摧毁冯特和铁钦纳所经营的一切，他们只是想对其进行改造，在这里增加一点，在那里改变一些，因而随着时间的进展，一种新形式的心理学产生了。机能主义的这种方式更多的是从内部的蚕食，而不是从外部的攻击。

机能主义运动的领导人并不热衷于将自己的观点形式化，他们认为自己的任务并非打破旧的传统，而是把自己的理论建筑在传统观点的基础上。因此，由构造主义向机能主义的转变过程并不是那么惹人注目。在 20 世纪第二个十年的美国心理学中，机能主义逐步成熟，但构造主义的势力依然强大，虽然它已经不再是独一无二的势力了。

但是到 1913 年的时候，一个新的观点产生了，它公开向构造主义和机能主义宣战。它是一场有意识的抗议运动，其目的就是要彻底摧毁传统的观点，这一新运动的领导人既不想对传统的观点进行矫正，更不想与其妥协。这一革命运动就是我们所知的行为主义。它的领导人是 35 岁的心理学家约翰·华生(John B. Watson)。就在 10 年之前，华生在芝加哥大学师从于安杰尔(James Rowland Angell)，获得了博士学位。芝加哥大学是机能心理学的中心，而机能主义是华生要摧毁的两个运动之一。

华生行为主义的基本宗旨非常简单、直接和大胆。他呼吁建立一种科学的心理学，这种科学的心理学研究的是能用"刺激"、"反应"这些术语进行客观描述的、可观察的行为动作。此外，华生的心理学拒绝一切心灵主义的概念和术语，那些由过去的心灵哲学继承而来的词语，如"表象"、"感觉"、"心灵"、"意识"等，对于华生所关注的行为科学没有任何的意义。

在拒绝意识概念上，华生特别地激烈，他认为意识对行为心理学没有任何价值。再者，他指出，意识“从来没有被观察、触摸、嗅、品尝或者推动过，它不过是一种假设，就像古老的灵魂概念那样无法证明”(Watson & McDougall, 1929, p.14)。对于行为科学来说，假定了意识过程存在的内省法对行为科学而言是无关的，也是没有用处的。

行为主义运动的基本观念并非华生的创造，这些观念在心理学和生物学中早已经存在一段时间了。像所有的创立者那样，华生把那些早已为时代精神所接受的观念和问题加以组织和宣传。因此，我们将考察华生有效地组织起来形成他的行为主义心理学的主要动因：

- 客观主义和机械主义的哲学传统
- 动物心理学
- 机能心理学

强调心理学的客观性具有悠久的历史，它可以追溯到笛卡尔，他对身体操作的机械论解释是人类朝向客观科学所迈出的步骤之一。在客观主义的历史中，一位更为重要的人物是法国哲学家孔德(Auguste Comte, 1798—1857)，孔德是实证主义运动的建立者，实证主义强调实证的知识(事实)和那些无可争议的事实(参阅第二章)。依据孔德的观点，惟一有效的知识是社会性的和可以客观观察的。这样的标准排除了依赖于个人的私有意识，不能客观观察的内省法。

到20世纪早期的时候，实证主义已经成为科学时代精神的一个部分。华生在其论著中极少提到实证主义，那个时代的大多数心理学家也是如此。但是正如一位心理学史家指出的，华生和那些心理学家的“行为方式像实证主义者，虽然他们并不使用这个标签”(Logue, 1985, p.149)。因此，到华生着手行为主义的研究时，客观主义、机械主义和唯物主义的影响已经如此地渗透到思想和学术领域，以至于不可避免地导致了一种新形式的心理学，这种心理学没有意识、心灵或者灵魂，它关注的仅仅是能被观察、倾听或触摸的东西，其结果就是一种行为的科学，一种把人看做机器的科学。

动物心理学对行为主义的影响

华生对动物心理学与行为主义的关系作了明确的论述。在他看来，“行为主义是20世纪初期动物行为研究的直接结果”(Watson, 1929, p.327)。因此，我们可以说，华生行为主义的最重要的先驱是动物心理学。动物心理学是从进化论发展而来的，进化论导致人们尝试证明：(1)低等生物体心灵的存在；(2)动物心灵和人的心灵是连续的。

在第六章中，我们曾经指出动物心理学的两个先驱人物，即罗曼尼斯(George John Romanes)和摩根(Conwy LIoyd Morgan)的研究。摩根的吝啬律和摩根更加依赖实验而不是轶事技术的倾向使得动物心理学变得更加客观，尽管意识仍然是它的关注对象。虽然研究对象并没有改变，但是动物心理学从方法论上已经变得更为客观了。

例如，1889 年，比奈（Alfred Binet）出版了《微生物的心理生活》一书。在这本书中，比奈认为单细胞原生物具备对物体的知觉和辨别能力，并且表现出有目的的行为。1908 年，弗兰西斯·达尔文（查尔斯·达尔文的儿子），探讨了意识对植物的作用。在美国动物心理学早期的研究中，人们对动物的意识过程一直很有兴趣。罗曼尼斯和摩根的影响持续了很长时间。

雅克·洛布(1859—1924)

在动物心理学迈向客观化的重要一步要归功于雅克·洛布（Jacques Loeb）。洛布是德国生理学家和动物学家，他的一个嗜好是在下雨天浇灌他的草坪。他曾经在美国的几个机构工作，其中包括芝加哥大学。他反对拟人论的传统和类比内省法。因此洛布以**向性**（tropism）概念为基础，提出了一种新的动物行为理论。向性是一种不随意的强迫性运动，洛布相信，动物对刺激的反应是直接的和自动的，因此，行为反应是被迫的，是被刺激迫使的，行为的解释不需要根据所谓的动物意识。

尽管洛布的研究代表了那个时代动物心理学中最客观的和机械的方法，但是洛布并没有全部抛弃动物心理学的传统。他并不否认在进化的阶梯上处在较高水平上的人和某些动物具有意识（loeb，1918）。洛布认为，**联想记忆**（associative memory）揭示了动物意识的存在，也就是说，动物学会了以某种合意的方式对某个刺激作出反应。例如，当动物通过反复到某个地方获得食物，学会了对它的名字或者某个特殊的声音作出反应时，就说明它具有了某种心理联结，即联想记忆。因此，即使在洛布的机械主义的取向中，他仍然没有放弃意识的观念。

华生在芝加哥大学听过洛布的课，他希望在洛布的指导下从事研究工作，显示出对洛布机械主义观点的好奇。安杰尔和神经学家唐纳森（H. H. Donaldson）劝说华生放弃这个打算，他们认为洛布是个不安全的人。“不安全”这个词可以作很多种解释，但是这或许显示了他们不赞成洛布的客观主义。

老鼠、蚂蚁和动物心灵

到 20 世纪开始时，实验动物心理学家都在勤奋地工作。1900 年，罗伯特·耶基斯（Robert Yerkes）开始使用许多种类的动物进行实验研究。他的研究强化了比较心理学的地位，增强了比较心理学的影响。

同样是在 1900 年，克拉克大学的威拉德·斯莫尔（Willard Small）在动物实验中引入了白鼠迷宫（图 9.1）。白鼠和迷宫成了研究学习的标准方法。然而，即使使用白鼠跑迷宫的方式研究动物行为，意识仍然在动物心理学中占有一席之地。在解释白鼠的行为时，斯莫尔使用心灵主义的术语，记述白鼠的观念和表象。

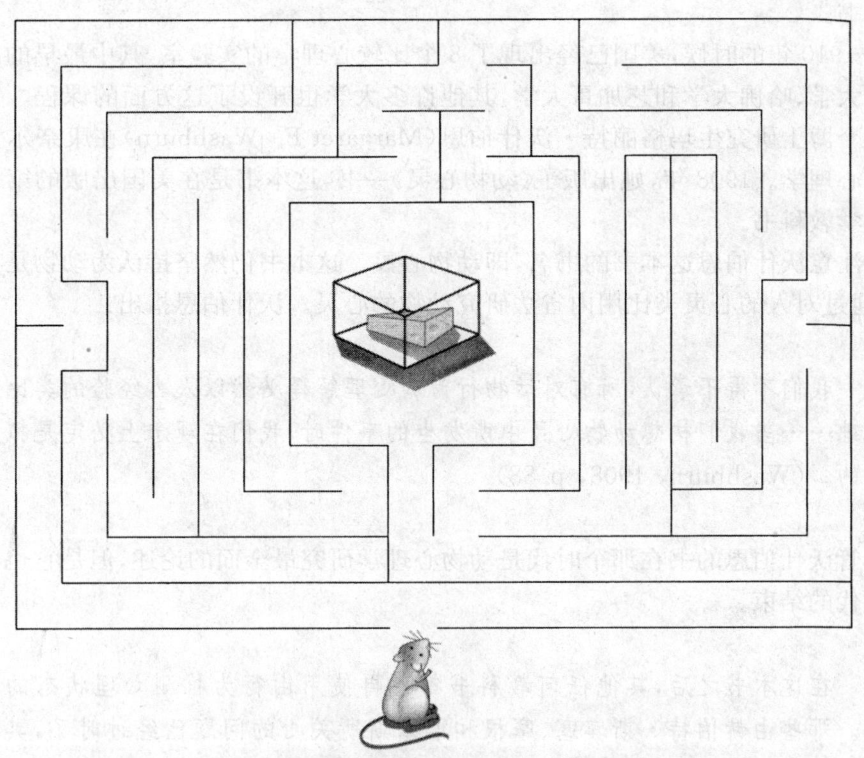

图 9.1 研究白鼠使用的迷宫图。一只饥饿的白鼠被放入迷宫中，它到处寻找通往食物的路径。

尽管较之罗曼尼斯式的拟人化研究，斯莫尔的结论更为客观，但是反映了动物心理学家对心理过程和心理内容的关注。即使华生在他职业生涯的早期，也受到这一影响。他 1903 年完成的博士论文，其题目是《动物教育：白鼠的心理发展》。1907 年的时候，他还讨论白鼠的意识经验问题。

1906 年，还在芝加哥大学读研究生的亨利·特纳(Henry Turner, 1867—1923)发表了一篇文章，题为《蚂蚁行为初探》。华生在心理学的著名刊物《心理学公报》上对这篇文章作出评论，给予其高度赞扬。在这篇评论文章中，由于受到特纳这篇文章标题的启发，华生首次使用了“行为”这个词语，这或许是华生在公开的出版物中首次使用行为这个词语，尽管此前在申请基金时曾经在申请报告中使用过它(Cadwallader, 1984, 1987)。

特纳是非裔美籍学者，1907 年从芝加哥大学获得动物学方面的博士学位。尽管他是在动物学方面获得学位的，但是他在心理学的刊物上发表了许多动物心理学和比较心理学的研究报告，以至于心理学家把他看做是自己的同事。然而你们还记得，对于少数民族心理学家来说，工作机会是非常少的，特纳只能在密苏里州和佐治亚州的学院教书。

到1910年的时候，美国已经出现了8个比较心理学的实验室，其中最早的出现在克拉克大学、哈佛大学和芝加哥大学，其他许多大学也开设了这方面的课程。铁钦纳的第一个博士研究生玛格丽特·沃什伯恩(Margaret F. Washburn)在康奈尔大学讲授动物心理学。1908年，她出版了《动物心灵》一书，这本书是在美国出版的第一本比较心理学教科书。

请注意沃什伯恩这本书的书名，即动物心灵。这本书仍然坚持认为动物是有意识的，且通过对人的心灵类比用内省法研究动物的心灵。沃什伯恩指出：

> 我们不得不承认，所有对动物行为的心理解释必然以人类经验的类比为基础……当我们构想动物心灵中所发生的事件时，我们在观念上必定是拟人化的。(Washburn, 1908, p. 88)

尽管沃什伯恩的书在那个时代是动物心理学研究最全面的论述，但是它也标志着那个时代的结束。

> 在这本书之后，其他任何教科书都不再使用由行为推测心理状态的方法。那些由赫伯特·斯宾塞、摩根和耶基斯所关心的问题已经过时了，其中大部分已经从文献中消失了。几乎这一领域所有随后的教科书在倾向上都是行为主义的了，所关心的问题都是学习方面的了。(Demarest, 1987, p. 144)

历史在线

http://www.webster.edu/-woolflm/washburn.html

包含了玛格丽特·沃什伯恩的生平传记以及有关她的生活和工作的出版物的目录。

http://psychclassics.yorku.ca/Washburn/murchison.htm

包含沃什伯恩的自传

无论研究心灵还是研究行为，作为一个动物心理学家都是不容易的。州的立法者和学校的管理者总是关注基金的使用情况，不愿意考虑那些没有实用价值的领域。哈佛大学校长认为，“耶基斯式的比较心理学没有前途，它名声不好，且花费太多，与实用的公共服务似乎没有任何关系”(Reed, 1987a, p. 94)。耶基斯写道：

> 人们温和、巧妙地劝告我说……教育心理学对我提升教授而言，能提供更为广阔和直接的途径，它比我的比较心理学这一特殊领域更能增加学术上的效用，我或许应该考虑实现这种转变。(Yerkes，1930/1961，pp. 390—391)

耶基斯在他的实验室中培养出来的学生不得不到应用领域寻找工作，因为他们无法找到一个比较心理学的岗位。而那些在大学里找到一个位置的人非常明白，他们是心理学系科中最不稳定的人员。在经济困窘的时候，动物心理学家可能是最先被解雇的。

华生自己在他职业生涯的早期也面临着同样的问题。他写信给耶基斯说，"现在，我的研究面临着重重障碍，我们根本就没有地方存放动物；如果有了地方，又没有经费运营这个'流动动物园'"(引自 O'Donnell，1985，p. 190)。

1908 年，仅有 6 篇动物研究报告发表在心理学刊物上，仅占那一年所有心理学研究论文的大约 4%。接下来的那一年，在美国心理学会的会议上，当华生向耶基斯建议所有的动物心理学家在一起聚餐时，他知道一张桌子就足够了，因为只有 9 个人。在卡特尔 1910 年的《科学美国人》上列举的 218 位心理学家中，仅有 6 个人声称积极参与了动物研究，职业的前景非常黯淡。然而，由于坚守在这一领域的那些学者们的奉献精神，这一领域还是得到了扩展。

历史在线

http://psychclassic.yorku.ca/Yerkes/murchison.htm

包括耶基斯的自传以及他的职业生涯中面临的问题。

1911 年，《动物行为杂志》开始出版发行，后来，这一刊物又更名为《比较心理学杂志》。1906 年，《科学》杂志重印了巴甫洛夫(Ivan Pavlov)的一篇演讲稿，把巴甫洛夫的工作介绍给了美国读者。耶基斯和一个俄罗斯学生瑟吉厄斯·莫古里斯(Sergius Morgulis)发表了一篇更为详尽地阐述巴甫洛夫的方法论及其研究结果的文章。这篇文章发表在 1909 年的《心理学公报》上。

巴甫洛夫的研究支持了一种客观的心理学，特别是华生的行为主义。因此，动物心理学的地位稳固了，并且在研究对象和研究方法上日益客观化。动物研究者所描述的意识经验的种类越来越少，最终从出版的文献中完全消失了。但是在我们考察对华生行为主义影响的其他因素之前，我们先来讲述一个心理学中最著名的马的故事。

聪明的马——汉斯

在 20 世纪早期，西方世界几乎每一个有文化的人都读到过一个名字叫汉斯的神奇的马的故事。这匹神奇的马无疑是所有四蹄动物中最聪明的一个，它居住在德国柏林，可以说是整个欧洲和美国的"名人"。人们写了许多有关这匹马的歌曲、书籍和杂志文章，广告商用这匹马的名字推销产品，可以说，汉斯曾经是轰动一时的"人物"。

这匹马可以做加法和减法，可以使用分数和小数，能阅读、拼写、告诉你时间、辨别物体颜色、分辨物体，并且表现出惊人的记忆力。它回答问题的方式是用蹄子轻击地面，敲出特定的次数，或者向选对的物体点头。

> "这里有多少绅士戴着草帽?"人们询问这匹马。
>
> 聪明的汉斯用右脚点击出答案，留意不把戴草帽的女士计算在内。
>
> "那位女士手里拿着什么?"
>
> 汉斯点击出"Schirm"，意思是阳伞，它指出了由特殊的图案所标识的字母。汉斯总是能成功地区别手杖和阳伞，以及草帽和毡帽。
>
> 更重要的是，汉斯可以自己进行思考。当人们询问它一个全新的问题，如一个圆形中有多少角时，它把头摇来摇去，表示没有。(Fernald, 1984, p. 19)

没有什么奇迹更令人感到困惑，没有什么奇迹能令汉斯的主人，威尔海姆·冯·奥斯顿(Wilhelm Von Osten)更加高兴。奥斯顿是一位退休数学教师，他用了几年的时间教汉斯人类智慧的最基本知识，他的这一艰苦努力的动机纯粹是科学的，目标是要证明达尔文观点的正确。达尔文曾经认为，人与动物具有类似的心理过程。奥斯顿相信，马和其他动物之所以看起来没有人类聪明，其惟一的原因是没有受到足够的教育。他确信，通过正确的训练，这匹马可以证明它是一个具有智慧的动物。奥斯顿并没有从汉斯的表演中获得任何经济收益。在他居住的院子里进行表演时，他从来没有收过费，他也没有从公众的宣传中获得过任何收益。

政府组成了一个委员会，专门考察聪明汉斯的能力，判断是否其中存在着欺骗和诡计。这个委员会包括一个马戏团经理、兽医、驯马人、一位贵族、柏林动物园主任和来自柏林大学的心理学家卡尔·斯顿夫(Carl Stumpf)。

1904 年 9 月，在经过了长时间的调查之后，委员会得出结论认为，汉斯并没有从它的主人那里得到任何有意识的信号或线索，不存在虚假，也没有欺骗。但是斯顿夫对此并不完全满意，他对这匹马为什么能回答如此众多的问题感到奇怪。他把这个问题交给了一个名字叫奥斯卡·芬斯特(Oskar Pfungst)的研究生去解决。芬斯特用一个实验心理学家的严谨方式开始了这个问题的探讨。

业已证明，即使训练者不在场，这匹马也可以正确回答问题。因此，芬斯特设计了一个实验来测试这个现象。他把给马提问题的人分成两组，一组知道问题的答案，一组不知道答案。结果证明，只有当提问题的人知道答案时，马才能作出正确反应。很明显，无论谁给它提问题，汉斯都从他那里获得了某种信息，即使提问题的是个陌生人。

经过一系列设计周密的实验之后，芬斯特得出结论认为，汉斯已经被他的主人奥斯顿无意识地条件化了。一旦它知觉到奥斯顿的头出现最轻微的向下运动，它就开始敲击它的蹄子。当敲击的次数达到正确的数字时，奥斯顿的头会自动抬起，马的行为立刻停止。芬斯特证明，每一个人，即使是那些从来没有接触过马的人，当同马说话的时候，都会有这种难以觉察的头部运动。

因此，心理学家证明了汉斯并没有知识的储存库。它只是被训练得每当它的提问者做出某种运动时，它就开始敲击蹄子，或者把头转向某个物体，而当提问者做出相反的运动时，它就停止了蹄子的敲击。在训练的时候，每当马做出正确的反应以后，奥斯顿就会给汉斯胡萝卜或糖块，从而强化了它的反应。随着训练过程的进展，奥斯顿发现他不再需要强化每一个正确的行为，因此，他开始偶尔地给汉斯的正确反应提供奖赏。行为心理学家斯金纳(B. F. Skinner)后来证明了在条件反射形成的过程中这种部分的或间歇强化的重大效用。

奥斯顿怎样看待芬斯特的报告呢？他极端地困惑和惊愕！他觉得

> 被欺骗和利用了，患了重病。但是他并没有把愤怒指向芬斯特，而是对汉斯感到愤怒。他相信汉斯以某种方式欺骗了他。奥斯顿说，这匹马的欺骗行为使他生了病。奥斯顿的确患了重病，医生诊断其患了肝癌。(Candland, 1993, p. 135)

奥斯顿再也没有原谅汉斯的背叛，他诅咒这匹马，发誓要让它拉灵车度过它的余生。在芬斯特揭示了真相的两年以后，奥斯顿去世了，在他逝世前，他仍然认为这匹忘恩负义的马应该为他的疾病负责。明显地，他还是认为汉斯具有智慧能力。

聪明汉斯的事例展示出实验方法对动物行为研究的价值与必要性，它使得心理学家对那种声称动物具有智慧的主张产生更多的怀疑。然而，它同样也显示出，动物可以进行学习，通过条件化改变它们的行为。因此，人们逐步认识到动物学习的实验研究比早期的那种声称对动物心灵的意识操作推测更有用。芬斯特的实验报告为华生所关注，华生写了一篇评论文章，刊登在《比较神经学和比较心理学杂志》上。芬斯特的研究结论影响了华生，使得华生更倾向于建立一种心理学，这种心理学仅仅研究行为，而不关注意识(Watson, 1908)。

历史在线

http://www.dogtrainig.co.uk/hans.htm

有关聪明汉斯的信息和芬斯特的研究。这一研究结束了这匹马的荣耀生涯。

爱德华·李·桑代克(1874—1949)

桑代克是动物心理学发展史上最重要的研究者之一。他提出了一种机械的、客观的学习理论,这一理论所关注的仅仅是外显的行为。桑代克相信,心理学必须研究行为,而不是心理元素或者意识经验。因此,桑代克强化了由机能主义者所开创的客观化倾向。他不以主观的方式解释学习,虽然他也允许对意识和心理过程作某些参照,但是他主要是根据刺激和反应之间的具体联结对学习加以解释的。

桑代克的生平

桑代克是在美国完成全部教育的首批心理学家之一。在美国完成全部的教育很重要,因为他不再需要远赴欧洲去读研究生,而这一切发生在心理学正式建立之后仅 20 年。就像其他许多心理学家那样,当阅读了詹姆斯的《心理学原理》之后,桑代克对心理学的兴趣被唤醒了,那时他还是康涅狄格州韦斯勒延大学的本科生。后来,他到了哈佛大学,在詹姆斯的指导下学习心理学,开始了他有关学习的研究。

爱德华·李·桑代克

桑代克本来打算使用儿童做被试进行学习的研究,但是校方禁止他这样做,因为校方仍然为一桩丑闻而心有余悸。有人指控一位人类学家脱掉儿童的衣服测量他们的身体。当桑代克得知他无法使用儿童作为被试时,他选择了小鸡。摩根曾经描绘过他使用小鸡进行的研究,桑代克听过摩根的课,他可能受到了启发。

桑代克用书籍摆成临时的迷宫,训练小鸡从中穿越。曾经有这样的传说,桑代克无法找到一个地方存放他的小鸡。女房主不允许他把小鸡放在卧室里,因此,桑代克请求詹姆斯的帮助。詹姆斯在实验室或者在学校的博物馆里也无法找到一个空间供桑代克使用,所以他让桑代克和小鸡迁到了他的地下室里,这让詹姆斯的孩子非常高兴。

桑代克在哈佛没有完成他的学业。由于认为一位年轻的姑娘没有对他所给予的关注作出回应,他向哥伦比亚大学的卡特尔提出申请,以便远离波士顿。卡特尔给他提供了全额奖学金,因此桑代克带着他的两只训练最好的小鸡到了纽约。在哥伦比亚大学,他继续从事动物研究,他自己设计了迷箱,以猫和狗作为实验对象。1898 年,他获得博士学位。他的论文题目是《动物智慧：动物联想过程的实验研究》,这篇论文发表在《心理学评论》上,并且获得了用动物为被试的第一篇博士论文(Galef，1998)的美誉。在此之后，桑代克发表了大量有关小鸡、鱼、猫和狗的联想学习的实验研究。

桑代克野心勃勃，好胜心强。在给未婚妻的信中，他写道："我决定用5年的时间达到心理学的顶峰，再教十多年的学，然后就急流勇退(引自 Boakes，1984，p. 72)。"他并没有作多长时间的动物心理学家。他承认，他对动物心理学不真正感兴趣，之所以一直在进行动物研究，是因为想完成他的学位和确立自己的声望。动物心理学对于一个雄心勃勃的人来说，并不是一个合适的领域。就像我们前面指出的，应用领域比动物研究领域具有更多的工作机会。

桑代克作了哥伦比亚大学师范学院的教师。在那里，他使用人类被试研究学习问题，改造他的动物研究方法，使之符合对儿童和青年人的研究(Beatty，1998)。后来，他的研究领域扩展到了教育心理学和心理测验，写出了几本教科书。1910年，他创办了《教育心理学杂志》。1912年，他达到了心理学的顶峰，这一年，他被推选为美国心理学会主席，他编制的测验和撰写的教科书给他带来不少的版税收入，使他变得富裕起来。1924年的时候，他的年收入接近70 000美元，在当时，这几乎是个天文数字(Baskes，1984)。

桑代克在哥伦比亚大学的50年极为多产，几乎是心理学发展史上出版成果最多的人，他出版的书和文章的目录有507条。尽管他在1939年的时候就退休了，但是他仍然坚持工作，直到他10年之后去世。

联结主义

桑代克称他的研究联想的实验方法为**联结主义**(connectionism)。他写道，如果他要分析人的心灵，他就会去寻找：

> 在以下两者之间强度不同的联结，即(a)情境、情境的元素和情境的复合物，以及(b)反应、反应定势、异化、抑制和反应的方向。如果所有这些都能够完全地归类编目，理清在每一种可以想象的情况下，他会想什么和做什么，什么令他满意，什么令他烦恼，那么对我来说似乎没有什么被漏掉了……学习就是联结，心灵就是人的联结系统。(Thorndike，1931，p. 122)

这一观点是传统联想哲学思想的直接扩展(参阅第二章)，但是有一点重要的差别：所谈的不是观念的联结，而是可以客观验证的情境和反应的联结。

尽管桑代克在一种更为客观的参照框架下形成了他的理论，他仍然继续求助于心理过程。当讨论实验动物的行为时，他提到了满意、烦恼和不适等，这些术语都带有较多的心灵主义而不是行为主义的色彩。因此，桑代克保持了罗曼尼斯和摩根的影响。他对动物行为的客观分析经常吸收一些有关动物意识经验的主观性判断。但是我们曾经指出，同洛布一样，桑代克并没有像罗曼尼斯那样毫不吝啬地赋予动物以高水平的意识和智慧。我们可以看出，动物心理学从开始至桑代克时期，意识的重要性在逐步减少，而应用实验方法研究行为的趋向逐步增强。

尽管桑代克的工作带有心灵主义的色彩，但他的方法毫无疑问属于机械主义传统。他认为必须把行为还原为最简单的元素，即刺激—反应的单位。他同构造主义和英国经验主义一样，采取了一种机械的、分析的和原子论的观点，认为刺激—反应的单位是行为(不是意识)的基本元素，复杂的行为是由简单行为复合而成的。

迷箱

桑代克使用旧的条木箱和木棒设计和做出了最初的迷箱，用于他的动物学习的研究(图 9.2)。为了逃出迷箱，动物不得不学会操作一个门栓。用迷箱作为动物学习研究工具这一思想观念，是受了罗曼尼斯和摩根的启发。他们在一个轶事报告中提到动物的这一行为，描述了猫和狗怎样打开门栓，逃出了笼子(Galef，1998)。

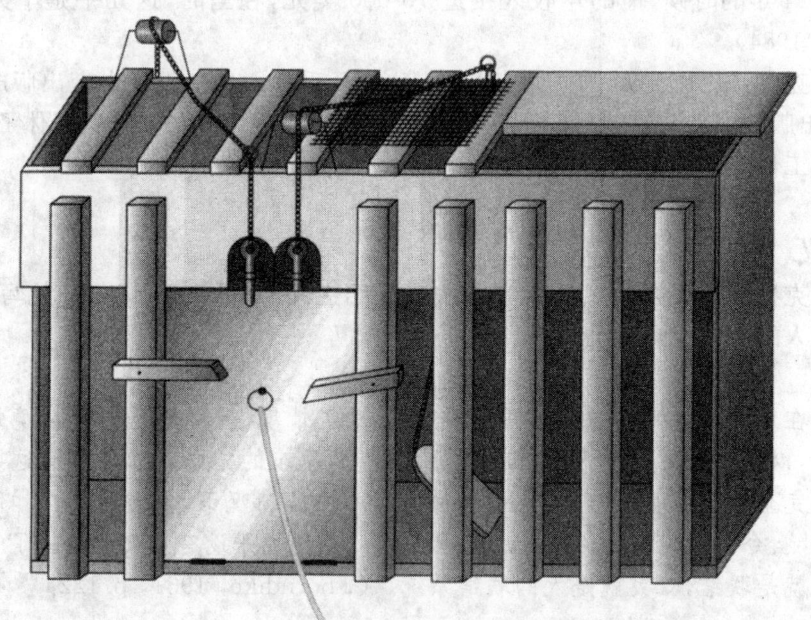

图 9.2 桑代克的迷箱

在一个系列的实验中，桑代克把一只被剥夺食物的猫放到一个石板做成的迷箱中，迷箱外面放着食物，如果猫从箱中逃了出来，就可以获得食物奖赏。这只猫必须拉动一个杠杆或者一条链子，或者必须进行一系列动作才能拉动门栓，打开箱门。

最初，这只猫表现出随机行为，拨弄、嗅、抓，试图获得食物，最终，猫作出正确的行为反应，打开了门。在第一次尝试期间，其行为完全是偶然性的，在随后的尝试中，随机的行为越来越少，直到最后完成学习的过程，此时猫一旦进入迷箱中，就表现出适当的行为。

为了记录数据，桑代克使用了学习的数量化测量方法。其中一种方法是记录错误行为的次数，即记录那些不能使猫逃出迷箱的行为，在一系列实验中，这种行为逐步减少。另一种方法是记录动物从进入迷箱到逃出迷箱所花费的时间，随着学习过程的进展，这个时间也逐渐缩短。

桑代克写道，一种反应倾向究竟是“留下印记”(stamping in)还是“抹去印记”，(stamping out)依赖于它产生有利的结果还是不利的结果而定。那些不成功的反应倾向，即那些在使动物逃出迷箱方面没有帮助的行为反应趋于消失，在经过一系列尝试之后被抹掉了。而那些导致成功的反应倾向在经过一系列尝试之后留下了印记。这种类型的学习被称之为**尝试—错误学习**(Trial-and-error learning)，而桑代克更喜欢称之为尝试—偶然成功(trial-accidental-success)。

学习律

桑代克用效果率(law of effect)，正式表述了有关一种反应倾向究竟是留下印记、还是是抹去印记这一思想：

> 在一个特定的情境中导致了满意感的任何动作，就会与这个情境联结起来，因而当这一情境再次出现时，那个动作也就会比以前更可能发生。反过来，在特定的情境中导致了不适的任何动作，就与这个情境产生了分离的趋向，因而当这个情境再次出现时，这个动作较之以往就更不容易发生。(Thorndike, 1905, p. 203)

一个与之伴随的定律是**练习律**(law of exercise)或者**使用和失用律**(law of use and disuse)。依据这一定律，在特定情境下作出的反应就同这个情境联系起来。反应在这一情境中使用得越多，则它与这一情境产生的联系就越强。反之，若这个反应长期不使用，两者之间的联系就趋于减弱。

换言之，在一个特定的情境中简单地重复一个反应加强了这一反应。但进一步的研究使得桑代克相信，对反应的结果给予奖赏(导致满足的情境)比对一个反应的简单重复，在效果上要更明显。

通过以人为被试的深入细致的研究，桑代克后来重新考察了效果律。研究结果显示出，奖赏一个反应的确加强了反应的力量，但是惩罚一个反应并没有导致类似的负效果。因此，桑代克修改了他的理论，更加强调奖赏的作用，而给予惩罚以较少的重视。

评论

桑代克有关人和动物学习的研究是心理学发展史上最重要的研究之一。

> 桑代克分析动物心灵的新方法开创了动物学习研究的一个富有成果的世纪。它同样也是一种平衡力，抵消了那种对动物心灵的模棱两可的赞颂，这种现象在后达尔文时代来临之际，经常出现在诸如罗曼尼斯这些人的作品里。(Candland，1993，p. 242)

桑代克的工作标志着美国心理学中学习理论的兴起，桑代克在他的研究中所表现出的客观主义精神是对行为主义的重要贡献。华生写道，桑代克的研究为行为主义奠定了基础。巴甫洛夫同样对桑代克表示了称赞：

> 以我们的新方法开始工作若干年之后，我得知一些类似的实验已经在美国进行了，而且主持这些实验的不是生理学家，而是心理学家……我必须承认，在这条道路上迈出第一步的荣誉应该属于 E. L. 桑代克。他的实验先于我们的实验两到三年的时间。无论就它对于一项巨大任务提出的大胆看法来说，还是就其研究结果的精确性来说，他的书都应该被看做是经典。(引自 Joncich，1968，pp. 415—416)

1998 年，《美国心理学家》出版了一个专号，庆祝桑代克有关动物智慧的博士论文出版 100 周年。桑代克被描述为心理学中最多产和最有影响的人物之一，桑代克的工作“标志着心理学从思辨到实验的转变”(Dewsbury，1998，p. 1122)。

历史在线

http://www.psy.pdx.edu/PsiCafe/KeyTheorists/Thorndike.htm

这里有你想知道的有关桑代克的一切，包括他的生平和著作、主要出版物的全文、对他的理论的评价、著作年表和生平传记。

伊凡·彼得罗维奇·巴甫洛夫(1849—1936)

巴甫洛夫有关学习的研究促进了联想主义的转变。传统上，联想主义重视的是主观的观念，由于巴甫洛夫的工作，联想主义转而开始重视诸如腺体分泌和肌肉运动等客观、量化的生理事件。其结果是，巴甫洛夫的工作为华生提供了研究行为，并进而尝试控制和矫正行为的有效方法。

伊凡·巴甫洛夫

巴甫洛夫的生平

巴甫洛夫出生于俄罗斯中部的瑞亚湛镇，他的父亲是位乡村牧师，他是 11 个孩子中最大的一个。在这样的一个大家庭中处在这样的位置促使他很早就形成了责任意识和努力工作的动力，一生中他都保持着这种特点。他上学的时间耽误了几年，因为 7 岁的时候在一次事故中头部受了伤，因此，他的父亲在家中指导他学习。后来，他进入了神学院，准备将来做个牧师，但是读了达尔文的理论之后，他改变了主意。他决定去圣彼得堡大学学习动物生理学，他步行了几百里路，到了圣彼得堡大学。

由于有了大学的训练，巴甫洛夫成为知识分子中的一名成员。知识分子是当时的俄罗斯社会新出现的一个阶层，它既区别于贵族阶层，也区别于农民阶层。一位历史学家指出：

> 对于他出身的农民阶层来说，他受到太多的教育和具有太多的智慧，但是对于他无法进入的贵族阶层来说，他又太普通、太贫穷了。这些社会条件经常会造就特别具有奉献精神的知识分子，这种知识分子的整个生命都围绕着学术追求，只有这样才能证明自己的存在。因此，正是俄罗斯农民的那种质朴和干劲，使得巴甫洛夫几乎狂热般地投身于纯科学和实验研究工作。(Miller，1962，p. 177)

1975 年，巴甫洛夫获得了大学的学位，并且开始了他的医学训练。但是从事医学训练并不是为了当个医生，而是希望能够从事生理学研究。他到德国学习了两年，然后回到圣彼得堡，作为实验室助理工作了几年的时间。

巴甫洛夫完全投入到他的研究工作之中，他不愿为工资、衣着、生活条件等实际问题分心。他于 1881 年结婚，他的妻子萨拉为他作出奉献，承担了一切家务，使他免受世俗琐事的干扰。在结婚时，他们二人约定，萨拉处理一切日常事务，不会允许任何琐事干扰巴甫洛夫的工作；作为回报，巴甫洛夫许诺不酗酒或打牌，只有在星期六和星期天晚上才进行一些社交活动。巴甫洛夫严格地遵守工作计划，从 9 月至次年 5 月每周工作七天，夏天则在乡村度过。

从这样一个故事可以看出巴甫洛夫对实际问题的漠不关心：萨拉不得不经常提

醒巴甫洛夫领取他的工资。萨拉说，她不相信巴甫洛夫会为自己买一件衣服。在巴甫洛夫 70 多岁的时候，有一次他乘电车去实验室，由于过于激动，他不等电车停下来就跳了下去，结果摔断了腿。“站在他旁边的一位妇女看到他跳了下去，说道：‘上帝！这是一个天才，但是他不知道该怎样下车才不至于摔断他的腿’(Gantt, 1979, p. 28)。”

在 1890 年之前，巴甫洛夫一家人都生活得非常窘迫。直到 1890 年，也就是在巴甫洛夫 41 岁的时候，他被圣彼得堡军事医学科学院聘为药理学教授，他家的生活境况才有所改善。几年之前，他还在准备博士论文的时候，他的第一个孩子出生了。可是，不幸的是医生告诉他，除非母亲和孩子住到农村去，否则这个脆弱的婴儿活不了几天。当巴甫洛夫终于借到了足够的钱，准备把母子送到农村时，一切都太迟了，孩子已经病死了。当第二个孩子出生的时候，母子不得不住到亲戚家，而巴甫洛夫自己则每晚睡在实验室的窄床上，因为他付不起一套房子的租费。

巴甫洛夫的一些学生知道他的经济窘境之后，以请他讲课付讲课费为借口，给了他一笔钱。但是巴甫洛夫没有把钱留给自己，而是把钱花在了实验室的狗的身上。他似乎从来没有在意生活的艰辛，据说他从不为此而烦神。

尽管实验室研究是巴甫洛夫高于一切的志趣所在，但他却极少自己动手亲自进行实验，他通常监督其他人做实验。从 1897～1936 年，有大约 150 多位研究者在巴甫洛夫的指导下进行工作，共写出 500 多篇科学论文。

> 巴甫洛夫把研究者组织成一个类似于工厂的组织。他基本上是把这些人作为自己的手和眼：他给他们指定课题，提供给他们适当的用狗做实验的研究技术，指导他们进行研究，解释所得到的研究结果，仔细地修改他们写出的东西。(Todes, 1997, p. 948)

巴甫洛夫的坏脾气是出了名的。他经常对他的研究助手发出长时间的、言辞激烈的评价。在 1917 年布尔什维克革命期间，他严厉训斥一个助手，因为这个助手迟到了 10 分钟，而那个时候外面到处是枪声。他认为街道上的枪声并不能作为干扰实验研究的借口。通常，那些激烈的言辞过后很快就被巴甫洛夫忘掉了。他的研究者知道巴甫洛夫心里想什么，因为巴甫洛夫会毫不犹豫地告诉他们。在与他人的交往中，如果说巴甫洛夫考虑的不是那么周到，但他是诚实的和坦率的。巴甫洛夫很清楚自己的这种坏脾气。一次，一位实验室工作人员再也无法忍受他的无礼，请求辞职，“巴甫洛夫回答说，自己的这种暴躁行为仅仅是一种习惯……这不能成为离开实验室的理由(引自 Windholz, 1990, p. 68)。”实验的任何失败都会令巴甫洛夫变得沮丧，但是成功却使得巴甫洛夫非常高兴，以至于他不仅祝贺他的助手，而且祝贺那条实验用的狗。

来自波兰的一位心理学家杰西·科诺斯基(Jersey Konorski)一直在巴甫洛夫的

实验室里工作，他回忆说，巴甫洛夫的学生把巴甫洛夫视为王公贵族。科诺斯基写道：

> 巴甫洛夫的学生对与之关系亲密的人，表示明显的嫉妒。如果巴甫洛夫能与谁多说几句，那么这个人就会感觉很荣耀……巴甫洛夫对某人的态度，在更大程度上决定了这个人在这个群体中的地位。(Konorski，1974，p.193)

巴甫洛夫是俄罗斯很少的几位允许女性和犹太人在自己实验室工作的科学家之一，任何反犹太人的提议都会使他愤怒。他颇具幽默感，知道怎样从笑话中获得乐趣，即使是开他自己的玩笑。在他接受剑桥大学荣誉学位的仪式上，坐在楼厅上的学生用绳子吊了一条玩具狗，放到了巴甫洛夫的膝盖上。巴甫洛夫一直把这个玩具狗放在家中的书桌上。

那时还是耶鲁大学博士研究生的希尔加德(E. R. Hilgard)，曾于1929年听过巴甫洛夫在第9届国际心理学大会上的演讲，那次大会是在康涅狄格州的纽黑文召开的。巴甫洛夫用俄语进行演讲，并不时地停顿下来，以便翻译把他的话译成英文。后来那位翻译告诉希尔加德说，"巴甫洛夫会停下来对我说，'你知道我说了什么，请把这些告诉他们，我继续说下去，谈一些其他的事情'(引自Fowler，1994，p.3)。"

巴甫洛夫同苏联政府的关系不好。他公开批评1917年的俄罗斯革命和苏联的政治和经济体系，他写信给杀害和流放了数百万人的专制独裁者斯大林表示抗议，他拒绝参加苏联的科学会议，以表示对苏联政府的不满。直到1933年之后，他才承认苏联取得了某些成功。尽管如此，巴甫洛夫一直可以接到来自苏联政府的慷慨资助。他可以自由地从事研究，而不受政府的干扰。

巴甫洛夫一直保持着一个科学家的态度。生病时，他就进行自我观察，即使在他逝世的那一天也不例外。肺炎使他非常虚弱，他唤来了医生，描述自己的症状："我的大脑似乎不好使了，有一些异常的感觉和无法控制的动作，死亡似乎就要降临了。"他同医生谈论了一会儿他的状态，然后就睡着了。当他醒来以后，从床上坐了起来，用他一生都表现出来的、带有焦躁不安的活力开始寻找衣服。"是起床的时候了，"他高声说道，"来帮帮我，我必须穿衣服！"说完之后，就倒在枕头上，永远地离开了人世(Grantt，1941，p.35)。

条件反射

在他杰出的研究生涯中，巴甫洛夫一直在研究三个问题。第一个是与心脏神经的功能有关，第二个涉及主要的消化腺。有关消化腺的研究给他带来了世界性的声誉，赢得了1904年的诺贝尔奖。使他在心理学发展史中占有重要地位的第三个研究领域是有关**条件反射**(conditioned reflexes)的研究。

就像许多科学突破那样，条件反射的发现纯属偶然。在研究狗的消化腺时，巴甫洛夫使用了外科暴露的方式，让消化腺分泌物流出体外，以便进行观察、测量和记录(Pavlov, 1927/1960)，这样做是要研究唾液的功能，在这个过程中，每当食物放入狗的嘴巴中，唾液就会自动分泌出来。巴甫洛夫注意到，有时即使在喂食物之前，狗的唾液也会分泌。看到食物，或者听到那个定时给它提供食物的人的脚步声，都导致了唾液分泌。非习得性的唾液分泌反应以某种方式与以前和喂食相联系的那些刺激联结到了一起，或对其形成了条件反射。

心理反射

巴甫洛夫最初称这些反射为心理反射。这些在实验室中的狗身上产生的心理反射不是由原初物(即食物)，而是由刺激引起的。巴甫洛夫推测道，之所以产生这样的反应，是因为这些刺激(如喂食者的形象和声音)经常地与喂食联系到了一起。

由于受到动物心理学中占优势地位的时代精神的影响，巴甫洛夫最初像桑代克、洛布和他之前的其他动物心理学家那样，主要关注实验室动物的心理体验。我们可以从他最初使用的"心理反射"这一术语看出这一倾向，后来他才改称其为"条件反射"。巴甫洛夫对动物的愿望、判断、意志等作了论述，以主观的和人类的术语解释动物的心理事件。最终，巴甫洛夫放弃了这种心理主义的倾向，转而接受一种更为客观的和描述的方法。

> 最初，在我们的心理实验中……我们煞费苦心地力图通过想象动物的主观状态来解释研究的结果。但是除了徒劳无益的争论和无法达成一致的相异的观点之外，我们一无所获。因此，我们除了在一种纯粹客观的基础上进行研究外，其他别无选择。(引自 Cuny, 1965, p. 65)

在他那本经典著作《条件反射》(1927)的英文版中，巴甫洛夫把反射的概念归功于300多年之前的笛卡尔(Rene Descartes)。他指出，笛卡尔的神经反射概念就是他研究的起点。

巴甫洛夫用狗作的第一个实验非常简单。他在手里拿着一块面包，在给狗吃之前，先让狗看到。最终，狗只要一看到面包，唾液就开始分泌。食物放到口中以后的分泌反应是消化系统的自然反应，它的发生不需要学习。巴甫洛夫称这种反应为先天的或无条件反射。

但是，看到食物后的分泌反应并不是无条件反射，而是需要学习的。巴甫洛夫现在称这种反应为有条件的反射(而不是早些时候他所称的心理反射)，因为它依赖于狗看到食物和随后的进食之间形成的联想或联结。

在把巴甫洛夫的著作从俄语翻译成英语的过程中，巴甫洛夫的美国追随者甘特

(W. H. Gantt)使用了“条件化的”(conditioned)，而不是“有条件的”(conditional)一词。甘特后来对他的这一修改感到后悔，但是条件反射已经成为一个公认的术语。

巴甫洛夫和他的助手们发现，任何刺激都可以引起实验室动物的条件性唾液分泌反应，只要那个刺激能够引起动物的注意而不至于让它害怕或愤怒。他们用蜂鸣器、光线、哨子、音调、沸腾的水和节拍器等等作了测试，都取得了类似的效果。

巴甫洛夫研究计划的完善和精确可以从他用以搜集唾液的复杂设备上而得到证实。一条橡皮管同狗的面颊上的一个通过外科手术形成的开口相联结，唾液经过橡皮管流到一个平台上，这个平台下面装有一个灵敏的弹簧，当每滴唾液落到平台上时，就会启动旋转鼓上的一个标记器(图 9.3)，这种安排使得有可能精确地记录唾液的滴数和落下时的精确时间。它只是巴甫洛夫遵循科学方法的艰苦努力的范例之一。换言之，力图使他的研究的实验条件标准化，严格地对实验加以控制，排除产生错误的根源。

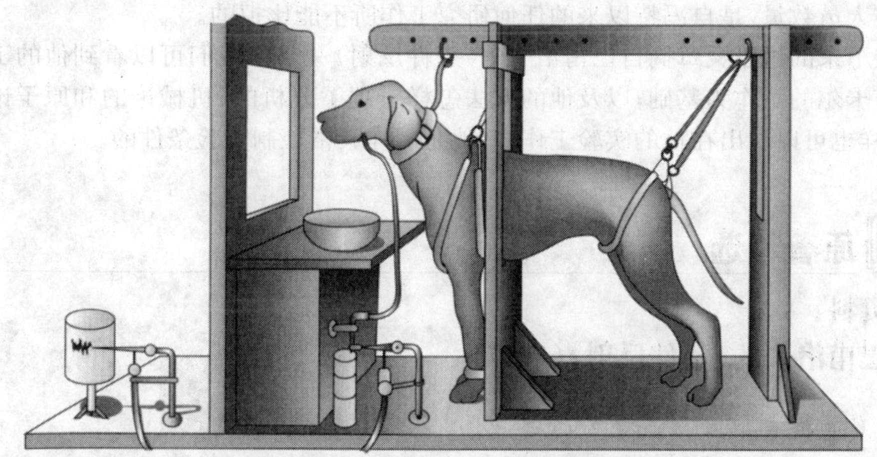

图 9.3 巴甫洛夫研究狗的条件唾液分泌反应的实验装置

沉寂之塔

巴甫洛夫对外部的干扰很关注，防止它们影响实验的效果，因此，他设计了特殊的隔间：实验动物在这一隔间里，实验者在另一隔间里。研究者可以操作各种条件刺激、搜集唾液和给动物提供食物，但动物却看不到这一切。

这些预防措施并不能使巴甫洛夫完全满意。他担心其他的环境刺激可能会污染研究结果。利用一位俄罗斯商人提供的基金，巴甫洛夫设计了一个三层楼的研究大楼，被称为“沉寂之塔”。在这栋大楼里，窗户的玻璃是加厚的，每一房间都有双层铁门，当门关上以后，就形成了一个密闭的空间。铁梁埋在地板下的沙土里，四周围绕着填满稻草的壕沟。振动、噪声、温度变化、气味和风声都被排除了。除了施加给动物的实验刺激之外，巴甫洛夫不想让任何其他的因素影响实验动物。

条件反射实验

现在让我们来看看巴甫洛夫实验室中的一个典型的条件反射实验。首先呈现条件刺激，例如光线等，在这一例子中，就是打开灯光。紧接着，实验者提供无条件刺激，即食物。光和食物经过多次配对呈现之后，动物只要看到光就会产生唾液分泌，光和食物之间的联想已经形成了，动物对条件刺激形成了条件反射。除非在光线之后跟随着食物，而且重复多次，否则条件反射，或者学习就不可能产生。因此，**强化**（reinforcement）（喂食物）对于学习的发生是必不可少的。

除了研究条件反应的形成之外，巴甫洛夫和他的副手也研究了其他一些相关的现象，如强化、反应的消除、自发恢复、泛化、分化和高级条件反射等等，所有这些课题都是今天这一领域熟悉的课题。总的来说，巴甫洛夫的实验研究所持续的时间和所涉及的研究人员数量，是自冯特以来的任何研究工作所不能比拟的。

接下来的这段文章摘自巴甫洛夫的《条件反射》一书。我们可以看到他的工作怎样以笛卡尔的工作为基础，以及他的方法怎样表现了分析的、机械论的和原子论的倾向，同样也可以看出在他的实验工作中，他是怎样严格控制实验条件的。

原著精选

原始资料：
选自巴甫洛夫的《条件反射》(1927)

伊凡·巴甫洛夫

我们的起点是笛卡尔的神经反射观念。这是一个真正的科学概念，因为它蕴含着必然性。或许可以像下面这样来概括它：一个外部或内部刺激对这个或那个神经感受器产生作用，因而引起了一个神经冲动。这个神经冲动沿着神经纤维传输到中枢神经系统。在那里，由于存在着各种神经联结，又引起了一种新的神经冲动。这一新的神经冲动沿着传出神经到达活动器官。在那里，它激活了细胞结构的特定活动。因此，刺激似乎必然地与确定的反应相联结，就像原因和结果之间的联系那样。有机体的整个活动都似乎明显地遵循确定的法则。

反射是永恒平衡机制的基本单位。生理学家以前和现在都在研究有机体的这种为数众多、类似于机器、无法避免的各种反应，即那些由于神经系统的固有组织和从动物出生时就存在的各种反射。

反射就像人设计的机器传送带……

在研究的开始时，我们曾经认为在实验的过程中，只要让实验者和狗孤立在实验隔间里，不让其他任何人的进入就足够了。但是现在发现这个预防措施根本就不能达到要求，因为对于实验者来说，无论他怎么努力，他自己本身都是一个连续不断的刺激源。他的那些最轻微的动作，哪怕是眨眼或者眼球运动、姿势、呼吸等等，都形成一种刺激，都会对狗产生作用，因而极有可能污染实验结果，使得实验结果的精确解释变得极为困难。

为了尽可能地排除实验者的这些不应有的影响，他必须要在狗所处的房间之外。即使这样的预防措施在那些不是特别为研究某种反射而设计的实验室里也是不成功的。即使狗被关在自己的房间里，动物的环境也是一直处在变化之中。路人的脚步声、隔壁房间偶然的谈话声、关门声、过路汽车所引起的颤动、街道上的喊叫声，甚至通过窗户投射过来的影子等等这些未受控制的、偶然的刺激都会对狗的感受器发生作用，干扰它的大脑半球的活动，因而对实验产生不利的影响。

为了排除这些干扰因素，彼得格勒实验医学研究所建立了一个特殊的实验室。建这个实验室的基金是由一个热情的、具有公益精神的莫斯科商人提供的。建立这个实验室的主要目的是保护狗免受非控制下的外来刺激的影响。为了达到这个目的，在这个建筑物的周围挖了一条壕沟，并利用了其他一些特殊的结构装置。在建筑物里面，每一层4个房间，每个房间之间都有交叉的走廊使其相互隔离。研究用的房间位于顶层和底层，二者之间有中间层相分隔。每一个研究用的房间都用隔音材料分成两个小隔间：一个是安置动物的，另一个是实验者使用的。为了刺激动物和记录相应的反射性反应，实验者使用电子记录的方法和风动传输的方法。利用这种安排，才能确保环境条件的稳定性，这对于一个成功的实验是至关重要的。

有关特威莫的注解

一个历史的旁注涉及另外一例独立的、同时的科学发现。1904年，一位名叫埃德温·B.特威莫(Edwin B. Twitmyer)的年轻美国学者在美国心理学会年度会议上提交了一篇论文。特威莫是威特默(Lightner Witmer)以前的一个学生。他的这篇论文以两年前完成的博士论文为基础，其内容涉及的是膝跳反射。特威莫注意到，他的被试开始对其他刺激而不是原初刺激产生膝跳反射，原初刺激是用小锤轻叩膝盖下部。他描述被试的这种反应是一种新的和不同寻常的反射，认为这应该成为进一步研究的课题。

会议上没有人对特威莫的报告产生兴趣。当他报告完以后，没有人提问，他的研究结果被忽略了。因此，特威莫感到沮丧，再也没有继续这一问题的研究。

历史学家认为，特威莫的贡献之所以被人们忽视有这样一些原因：美国心理学的时代精神或许还没有为接受条件反射概念做好准备；抑或特威莫太年轻和没有经验，或者缺乏必要的技能和经济资源来持续他的研究和宣传他的观点；也有可能是他的报告时间太不合适。特威莫有关条件反射的报告正好在午饭之前，是条件反射系列报告之中的一个，由詹姆斯主持会议。会议显然超出了设定的时间，或许是由于饿了，或许是由于已经累了，詹姆斯没有给他的报告留下多少时间供与会者评论。

每过一段时间，历史学家就会披露某个科学家的悲剧性故事，这位科学家本来可以因作出在整个心理学史上最重要的发现而闻名于世。“当他意识到他可能给心理学留下什么样遗产的时候……特威莫必定痛悔终生(Benjamin, 1987, p. 1119)。”

巴甫洛夫工作的另外一个先驱相对来说人们知道得较少，他就是阿洛伊斯·克赖多(Alois Kreidl)。克赖多是一位奥地利生理学家。1896 年他就论证了条件反射的基本原理，比特威莫的报告早了 8 年。克赖多发现，金鱼从实验室助手走向鱼缸相联系的刺激中学会了对喂食的预期。克赖多得出结论认为，金鱼看到喂食的人走近，“通过喂食人的脚步所导致的水的颤动而预期到进食，因而变得活跃起来(引自 Logan, 2002, p. 397)。”然而，克赖多的主要兴趣在感觉过程，而不是在条件反射或学习，因此没有在科学的领域中对这些发现进行探究。

评论

巴甫洛夫证明，动物被试的高级心理过程可以在不提及意识的条件下，用生理学的术语来加以描述。他的条件反射方法在行为矫正这样一些领域被广为采用。约瑟夫·沃尔普(Joseph Wolpe)，行为治疗的创建者，称巴甫洛夫的条件反射原理是他的方法的基础(Wolpe & Plaud, 1997)。巴甫洛夫的研究同样也促进了心理学在研究对象和研究方法上向着更为客观化的方向转变，促进了心理学向着机能和实用方向的发展。

巴甫洛夫延续了机械主义和原子论的传统，这种传统从一开始就深深影响了新心理学的发展。对巴甫洛夫来说，所有种类的动物，不管是实验室的狗还是人，都是机器。他承认，动物和人是复杂的机器，但是像一位历史学家所说的那样，巴甫洛夫相信人和动物“像其他任何机器一样的听话和顺从(Mazlish, 1993, p. 124)。”

巴甫洛夫的条件反射技术给心理学提供了一种基本的和可操作的行为单位，以此为基础，心理学家可以对复杂的行为进行还原，可以在实验室条件下进行实验。华生接受了行为的这种单位，并使之成为他的理论体系的核心。巴甫洛夫指出，他对华生的工作很满意，美国心理学中行为主义的发展是对他的观念和方法的一种确证。

具有讽刺意味的是，巴甫洛夫的最大影响是在心理学领域，而巴甫洛夫本人对心理学并不赞同。他很熟悉构造主义和机能主义思想学派，也了解詹姆斯的工作，并且与詹姆斯一样，认为心理学可以自称是一门科学，但是还没有达到科学的阶段。因此，巴甫洛夫把心理学从他的科学研究中排除了出去。他的一位实验助理使用心理学的术语，而没有使用生理学的术语解释实验工作，结果巴甫洛夫对这位实验助理课以罚金。后来，巴甫洛夫改变了对这一领域的态度，偶尔地称自己为实验心理学家。但是无论如何，他对心理学最初的那种消极态度并没有妨碍心理学家有效地利用他的研究成果。

1997年，为纪念巴甫洛夫的著作《主要消化腺机能讲义》出版100周年，《美国心理学家》和《欧洲心理学家》杂志出版了专号，对巴甫洛夫的贡献给予了极高的评价。

历史在线

http://www.top-psychology.com/0024-Ivan%20Pavlov/

巴甫洛夫简要的生平传记和有关他的工作的讨论，一个工作纪事年表和一段他的著作的摘录。

http://www.crystalinks.com/pavlov1.html

巴甫洛夫生活和工作的概述。

http://www.nobel.se/medicine/laureates/1904/pavlov-bio.html

1904年巴甫洛夫在诺贝尔奖授奖仪式上的演讲。有关他对条件反射的研究，以及对他的演讲的正式的介绍和生平传记的一个大纲。

弗拉迪米尔·别赫捷列夫(1857—1927)

弗拉迪米尔·别赫捷列夫(Vladimir Bekhterev)是动物心理学发展过程中另外一位重要人物，他促进了这一领域从主观的观念向客观观察的外显行为的转变。尽管他没有像巴甫洛夫那么有名气，但是这位俄罗斯生理学家、神经学家和神经病学家是几个研究领域的先驱人物。他是一个政治上的激进分子，公开批评沙皇和俄罗斯政府。他接受女性和犹太人作为学生和同事，而那个时候这些人都是被拒斥于俄罗斯大学之外的。

1881年，别赫捷列夫从圣彼得堡军事医学科学院获得学位。他在莱比锡大学跟从冯特进行研究工作，并且在柏林和巴黎的其他一些大学选修了一些课程，然后返回俄罗斯，在卡赞大学担任了精神医学的教授。1893年，他被任命为军事医学科学院的精神和神经科的主任，在那里，他组建了一所精神病院。1907年，他建立了心理神经病学研究所，现在这个研究所是以他的名字命名的。

当巴甫洛夫发表了一篇批评别赫捷列夫著作的文章后，两个人成了敌人。

别赫捷列夫和巴甫洛夫之间的敌意如此公开化，以至于他们会在街上公开侮辱对方。如果他们碰巧在同一个会议上见面，那么要不了多久两人就陷入争吵之中。由于两人形成了派系，相互进行着指责和谩骂，因而他们卷入

> 了无休止的争吵,揭露对方的错误和弱点。一旦别赫捷列夫的一个弟子公开发表一项言论,巴甫洛夫立刻予以反击,这种反应实际上就像条件反射。(Ljunggren, 1990, p. 60)

1927年,也就是推翻沙皇的布尔什维克革命后的10年,别赫捷列夫应召到莫斯科,去为斯大林看病。据说斯大林患了严重的抑郁症。别赫捷列夫对这位独裁者进行了检查,告诉斯大林他患了严重的妄想狂症。令人可疑的是,就在那天下午,别赫捷列夫就去世了,在没有尸检报告的情况下,他的遗体很快就被火化。据说,是斯大林毒杀了别赫捷列夫,以报复别赫捷列夫对他所作的精神病诊断。斯大林后来命令别赫捷列夫所作的研究工作全部停止,并且处死了别赫捷列夫的儿子(Ljunggren, 1990)。1952年,即斯大林逝世的前一年,苏联发行了一枚邮票纪念别赫捷列夫。

联合反射

巴甫洛夫的条件反射研究几乎完全局限在腺体分泌上,而别赫捷列夫的兴趣在运动条件反应上。换言之,他把巴甫洛夫的条件反射原理应用于肌肉活动。别赫捷列夫的主要发现是**联合反射**(associated reflexes),这是他通过运动反应的研究而得到的结果。他发现,反射运动,如从电击源缩回手指,不仅可以由无条件刺激(即电击)所引起,而且可以由与原初刺激相联合的其他刺激所引起。例如,若电击的时刻伴随蜂鸣器作响,那么不久以后这种声响本身就可以引起缩回手指的反射。

联想主义者是根据心理过程来解释这种联结的,但是别赫捷列夫认为这种反应是反射性的。他相信,更为复杂的高级行为也可以根据同样的方式进行解释,即使用低级运动反射的累积或复合解释高级行为。思维过程也是类似的,因为思维过程依赖于言语肌肉的内部活动。这一观念后来为华生采纳。别赫捷列夫认为,心理学应该采用完全客观的方法处理心理现象,他反对使用心理主义的术语和概念。

在《客观心理学》一书中,他描述了这些观念。这本书1907年出版,1913年被翻译成德文和法文,第三版于1932年用英文出版,书名为《人类反射学基本原理》。

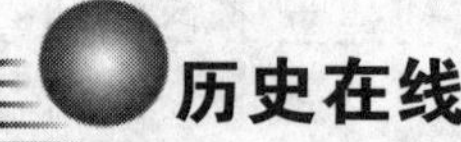

历史在线

http://www.whonamedit.com/doctor.cfm/905.html

包括别赫捷列夫的生平传记和对他的死亡的神秘状态的讨论。

自罗曼尼斯和摩根以来,动物心理学在研究对象和方法论方面向着更加客观化的方向稳定发展。这一领域最初的研究涉及意识和心理过程,更多地依赖主观的研究方法，但是到20世纪早期的时候，动物心理学在研究对象和方法上已经完全客观化了。腺体分泌、条件反应、动作、行为这些术语清楚无疑地表明动物心理学已经抛弃了主观性的过去。

动物心理学很快成为了行为主义的模型。行为主义的领导人华生在他的心理学研究中更喜欢用动物做被试，而不是用人做被试。华生使得动物心理学的成果和技术成为行为科学的基础，这些成果和技术既适用于动物，也适用于人。

动物心理学和动物权力运动

动物研究很快成为了动物权力活动家攻击的靶子。反对使用活体解剖和其他外科技术搜集数据的抗议运动，早在动物心理学成为一个独立领域之前就已经出现了。最初的批评直接指向了一些主要大学和医学院的生理和生物学系。

动物权力运动开始于英格兰。1824年，反对残暴对待动物协会(SPCA)在英格兰正式成立。美国的相应组织，即反对残暴对待动物美国协会(ASPCA)也于1866年得以成立。以动物为被试进行心理和生理研究的机构和团体不断增多，这激发了动物权力保护者的勇气。

达尔文本人也卷入到这场有关残暴对待动物的争论之中。尽管达尔文承认他是一个动物爱好者，也是SPCA的一个主要捐款人，但是他为活体解剖辩护，认为这是一种科学技术，如果动物研究遭到禁止，那么就会阻碍我们对生理机能的理解。罗曼尼斯和赫胥黎(Thomas H. Huxley)都支持达尔文的观点。

威廉·詹姆斯也加入了这场讨论。他描述活体解剖是一项“痛苦的责任”，但是对于科学的进步却是必需的。然而，他的确也对某些动物的医学实验提出批评，认为这些实验“太过分，令人作呕(引自Dewsbury, 1990, p. 318)。”巴甫洛夫对实验室的狗比较人道，他相信活体解剖和其他外科方法是科学研究中不可避免的，因为有时这是研究生理机能的惟一方式。为此，他受到了动物权力保护者的猛烈抨击。然而，就像我们将会在第十章中看到的那样，在美国，动物权力保护者发泄愤怒的主要目标是约翰·华生。

机能心理学对行为主义的影响

行为主义的另一个先行者是机能主义。尽管机能主义并不能称为一个完全客观性的思想学派，但是在华生时代的机能心理学的确比它之前的心理学更能代表心理学的客观化倾向。卡特尔和其他机能主义者强调行为和客观性，并且表达了对内省法的不满(参阅第八章)。马克·阿瑟·梅(Mark Arthur May, 1891—1977)1915年的时候是哥伦比亚大学的研究生，他回忆了卡特尔访问他的实验室的情境：

> 梅给卡特尔展示了他的设备，给卡特尔留下了深刻印象，但是当梅试图

> 展示从被试那里获得的内省报告时，卡特尔咕哝着："一文不值！"然后就大踏步地走出了实验室。（引自 May，1978，p. 655）

应用心理学家几乎不使用意识和内省，他们各自的专业领域基本上构成了客观的机能心理学。即使在华生出现之前，机能心理学家就已经开始偏离冯特和铁钦纳的纯粹意识经验心理学。在其论著中和讲课的过程中，某些机能心理学家明确地呼吁一种客观心理学，即一种研究行为、而不是意识的心理学。

1904 年在密苏里州的圣路易斯举办的世界博览会上，卡特尔在演讲中指出：

> 我并不相信心理学应该局限于意识的研究……有一种相当流行的观念，即如果没有内省，就没有心理学；但是这种观点已经为雄辩的事实所驳倒。在我看来，在我的实验室中所做的大部分研究工作都像物理学和动物学那样独立于内省的使用……我看不出有什么理由不能像 19 世纪物理科学应用于物质世界那样，在本世纪把系统化的知识应用于人性的控制。（Cattell，1904，pp. 179—180，186）

在卡特尔演讲时，华生也是听众之一。华生后来的主张与卡特尔的这个演讲有惊人的相似性。一位历史学家认为，如果说华生是行为主义之父，那么卡特尔就应该被称为行为主义的祖父（Burnham，1968）。

在华生正式建立行为主义之前的那个 10 年里，美国的思想氛围支持了一种客观心理学的观念。的确，美国心理学的整个运动就是朝向行为主义方向的。哥伦比亚大学的吴伟士（Robert Woodworth）写道："美国心理学家正在与行为主义一起慢慢地向我们走来，从 1904 年开始，越来越多的人表现了对将心理学界定为行为科学的偏爱，而逐渐远离了那种试图对意识的描述（Woodworth，1943，p. 28）。"

1911 年，铁钦纳以前的一个学生，沃尔特·皮尔斯伯里（Walter Pillsbury）在他的教科书中将心理学界定为行为的研究。他认为，把人同物理宇宙中其他的事物一样进行客观的研究是可能的。马克斯·迈耶（Max Mayer）出版了题为《人类行为基本定律》一书。1912 年，威廉·麦独孤（William McDougall）出版了《心理学：行为的研究》一书。奈特·邓拉普（Knight Dunlap）是霍普金斯大学的心理学家，他建议心理学应该禁止内省法的使用，而那个时候，华生正在霍普金斯大学教书。

同样是在 1911 年，威廉·蒙塔古在美国心理学会纽约分会上提交了一篇论文，题为《心理学已经丢掉心灵了吗？》。蒙塔古建议心理学应该抛弃"心灵和意识的概念，以行为作为心理学的研究对象（引自 Benjamin，1993，p. 77）。"

或许最具有革新精神的机能心理学家、芝加哥大学的安杰尔预言道，美国心理学已经为接受更大的客观性作好了准备。1910 年他评论说，意识这一术语似乎有可能从心理学中消失，就像灵魂这一术语已经从心理学中消失了那样。三年之后，就在华生发表他的行为主义宣言之前，安杰尔建议，如果人们忘记意识，以对动物和人的行为作客观描述取而代之，对心理学是有益的。

因此，心理学应该是行为科学这样一种观念已经深入人心。华生的伟大并不在于第一个倡导了这一观念，而是比其他任何人都清楚地意识到了时代精神的呼唤。作为一场革命的代言人，他大胆地、明确地对这种呼唤作出了回应。这场革命是不可避免的和注定会取得成功的，因为它早已在进行之中了。

问题讨论

1. 描述华生行为主义的基本宗旨，谈谈华生的行为主义与冯特和铁钦纳的观点有什么区别，解释华生反对内省法的原因。
2. 华生综合了哪三种主要的力量，从而形成了他自己的新观点？在 20 世纪的时代精神中，实证主义扮演了什么角色？
3. 描述罗曼尼斯和摩根以来的动物心理学的发展。为什么作为动物心理学家如此困难？
4. 描述洛布、沃什伯恩、斯莫尔、特纳怎样影响了新动物心理学。
5. 讨论聪明汉斯事件对动物心理学的影响。芬斯特的实验证明了什么？
6. 谈谈桑代克的联结主义与传统哲学的联想观念的关系。
7. 描述桑代克的迷箱研究及其从研究结果中得出的学习律。
8. 描述巴甫洛夫的条件反射研究。讨论他最初对心理主义经验的重视和控制外部影响的努力。
9. 巴甫洛夫的工作怎样影响了华生的行为主义？比较巴甫洛夫的条件反射概念与别赫捷列夫联合反射概念的异同。
10. 为什么心理学史家对特威莫感兴趣？
11. 描述动物权力运动的起因和动物研究者的反应。
12. 以构造主义和机能主义的思想为背景，讨论 20 世纪 20 年代美国心理学的时代精神。机能主义学派怎样影响了华生的行为主义？

建议阅读

Bitterman, M. E. (1969). Thorndike and the problem of animal intelligence. *American Psychologist*, *24*, 444—453. 讨论了桑代克在哥伦比亚大学的职业生涯和他用迷箱进行的学习实验。

Dewsbury, D. A. (1990). Early interaction between animal psychologist and animal activists and the founding of the APA Committee on Precautions in Animal

Experimentation. *American Psychologist*, *45*, 315—327. 回顾了比较心理学与动物权力运动的冲突；叙述了媒体对霍尔、巴甫洛夫、桑代克和华生等动物研究者的攻击。

Fernald, D. (1984). The Hans legacy: A story of science. Hillsdale, NJ: Erlbaum. 叙述了聪明汉斯的故事和对科学研究的意义。

Windholz, G. (1990). Pavlov and the Pavlovians in the laboratory. *Journal of the History of the Behavioral Sciences*, *26*, 64—74. 描述了巴甫洛夫实验室的日常工作以及他对他的助手和学生的影响。

Yerkes, R. M. (1961). Autobiography. In C. Murchison (Ed.), A history of psychology in autobiography (Vol. 2, pp. 381—407). New York: Russell & Russell.（原书出版于 1930 年）。耶基斯对自己在比较心理学中工作经历的叙述。

Yerkes, R. M. & Morgulis, S. (1909). The method of Pavlov in animal psychology. *Psychological Bulletin*, *6*, 257—273. 使得美国心理学家注意巴甫洛夫工作的那篇文章。

第十章 行为主义:开端

约翰·华生(1878—1958)

我们已经讨论了在华生(John B. Watson)创建行为主义思想学派时,对他产生影响的几种趋势。华生意识到,建立同创造是不一样的。因此,他把他的努力看做是心理学中早已出现的一些思想观念的具体化。就像心理学的第一个推动和建立者冯特(William Wundt)那样,华生宣称他的目标就是要建立一个新的学派。这种有意识的努力把他与那些被历史记载为行为主义先驱的人清楚地区别开来。

华生的生平

华生出生于南卡罗莱纳州格林维尔的一个农场。他早年的教育是在一个只有一间教室的学校完成的。他的母亲是个笃信宗教的人,但是他的父亲却恰恰相反。老华生酗酒,醉酒之后经常打人,而且还有几桩婚外情。由于他干什么工作都不能持久,因而其家庭一直处在贫困线上,仅仅依靠农场的一点收入糊口。邻居以遗憾和鄙视的眼光看待他们。当华生13 岁的时候,他的父亲与另外一个女人私奔了,从此再也没有回来。在华生的一生中,他一直怨恨父亲。许多年以后,当华生富裕并出了名,他的父亲前往纽约看他,但是华生拒绝见他的父亲。

约翰·华生

在少年和青年时代,华生可以说是个“问题少年”。他描述自己说,他是懒惰的和难以管教的,在学校的成绩从来就是刚刚及格。老师回忆说,他是一个懒惰、爱吵嘴、有时无法控制的孩子。他经常打架,并且曾两次被捕,其中一次是在市区范围内鸣枪。然而,在他 16 岁那年,他进入了地处格林维尔的天主教会创办的伏尔曼大学,准备将来做一个牧师,这是他给予母亲的承诺。在那里,他学习哲学、数学、拉丁文、希腊语,并期望大学毕业以后进入普林斯顿神学院继续深造。

在伏尔曼大学高年级的时候,发生了一个奇怪的事情。一位教授警告学生说,任何一个人在最后考试的时候,如果交上来的试卷页码是颠倒的,那么就会得到一个不及格的分数。华生接受了这一挑战,他把试卷的页码从后往前排列交了上去,结果考试没有及格。至少华生是这样讲述这个故事的。但是后来相关历史数据的考察发现华生的这门特殊课程的成绩是及格的。他的传记作者认为,华生选择如此讲述这个故事揭示了他人格中的某些东西,"他对成功充满着矛盾心理。他渴望成就和赞扬,但是这种行为又经常为他的倔强和冲动所伤害(Buckley, 1989, p. 11)。"华生的另外一位教授记得他是个喜欢挑战传统的人,"聪明但有点懒惰和无礼的学生,有点胖但却很帅,太自负,只对自己的观念感兴趣(Brewer, 1991, p. 174)。"

华生在伏尔曼大学继续学习了一年,1899 年获得硕士学位,但是就在那一年,他的母亲去世了。这倒使得华生不必再履行他成为牧师的诺言了,他没有到神学院继续深造,而是去了芝加哥大学。他的传记作者指出,那个时候的华生:

> 是个野心勃勃的、有很强的地位意识、急于在这个世界上留下自己印记的年轻人,但是他不清楚自己应该选择什么职业,又缺乏财力和社会经验,这使他极度地惴惴不安。他缺乏达到目的的方式和社会所需要的那种老练。当到达芝加哥大学校园时,他的名下只有 50 美元。(Buckley, 1989, p. 39)

他选择在芝加哥大学跟随著名的杜威(John Dewey)学习哲学,完成他的研究生学业。但是不久以后他就发现,他无法理解杜威的讲课。"那时,我从来不知道他在说些什么,"华生后来说道,"而且不幸的是,现在我仍然不知道(Watson, 1936, p. 274)。"所以,华生对哲学的热情全部消失也就不奇怪了。他被机能心理学家安杰尔(J. R. Angell)的心理学所吸引,同时也跟随洛布(Jacques Loeb)学习生物学和生理学。从洛布那里,他熟悉了机制(mechanism)的概念。

华生同时干着几份兼职工作。他在食堂做招待,在实验室照看白鼠、看大门、为安杰尔清理书桌等等。在接近毕业的时候,他患了严重的焦虑症,如果房间里没有灯光,就无法入眠。

1903 年,在他 25 岁的时候,华生获得了博士学位。在当时的芝加哥大学历史上,他是最年轻的获得博士学位的人。尽管他毕业时获得了很多赞誉,但是他也体验到深深的自卑感,因为安杰尔和杜威告诉他,对他的博士论文考核说明他不如三年前毕业的海伦·伍利(Helen Woolley)(参阅第七章)。华生写道:"那时我奇怪,是否有谁能赶上她。这种嫉妒感存在了很多年(Watson, 1936, p. 274)。"

也是在那一年,华生与他的一个学生,19岁的玛丽·伊基斯(Mary Ickes)结了婚。伊基斯出身于一个在社会上和政治上都很显赫的家庭。她在考试卷上给华生写下了长篇的爱情诗歌。这次考试她得了多少分我们不清楚,但是我们清楚的是,她的确得到了华生。

华生的学术生涯

作为教师,华生一直在芝加哥大学工作到1908年。他出版了他的有关白鼠神经和心理成熟的博士论文。这项研究显示了他早期对动物被试的偏爱。

> 我从不愿意使用人类被试,我也讨厌做个被试。我不喜欢给予被试的那种令人沉闷的和人为的指导语。以人为被试,我总感觉不自在,行动不自然,但对于动物被试,我却驾轻就熟了。在研究动物时,我才感觉脚踏实地,感觉靠近生物学,思想才如泉水般地涌现:难道通过观察动物我不能发现其他学生使用人类被试所得到的一切吗?(Watson, 1936, p. 276)

华生的同事回忆说,在内省方面,他总是不能成功。华生缺乏使用这种技术所需要的才能和气质,但是这种缺乏或许有助于他转向客观的行为心理学。毕竟,如果他无望使用内省——他的研究领域的主要方法,那么他的职业前景就很黯淡了,他必须开发其他的技术。同样地,如果他追寻自己的理想,把心理学看做是仅仅研究行为的科学(当然,这门科学可以用动物,也可以用人做实验),那么他就可以把动物心理学家的专业兴趣带到主流心理学中来了。毕竟行为的科学是通过对动物和人的行为的实验研究而进行的。

1908年,巴尔的摩的霍普金斯大学聘请华生为教授。尽管华生并不想离开芝加哥,但是霍普金斯大学允诺的晋升、物质待遇的提高和指导实验室的机会让他别无选择。事实证明,在霍普金斯的12年是他在心理学方面最富有成果的时候。

邀请华生去霍普金斯大学工作的心理学家是鲍德温(J. M. Baldwin, 1861—1934)。鲍德温与卡特尔一起创办了著名的《心理学评论》杂志。在华生到达霍普金斯大学的第二年,鲍德温由于一桩丑闻而被迫辞职。鲍德温在警察突击检查一家妓院时被捕,而鲍德温对此的解释不能令霍普金斯大学的校长感到满意。鲍德温说,“晚饭以后,我愚蠢地接受了一个提议,去参观一家妓院,看看里面到底在做些什么,在去之前,我并不知道那些伤风败俗的女人藏匿于此(引自Evans & Scott, 1978, p. 713)。”然而,当他被捕时,他的确报了个假名字。鲍德温自此被逐出了美国心理学界,他在英格兰和墨西哥度过了余生,1934年在巴黎去世。鲍德温被解职的11年之后,历史又重演了。华生也由于一桩丑闻而被同一个校长勒令辞职。

鲍德温辞职以后,华生成为了该心理学系的系主任和很有影响的刊物《心理学评论》的主编。因此,31 岁的时候,华生因天时和地利而成为美国心理学的重要人物。他非常受霍普金斯大学学生的欢迎。他们把毕业纪念册奉献给华生,选举华生为最帅的教授,这在心理学史上倒是一个独一无二的荣誉。此时的华生雄心勃勃并充满热情。他经常担心自己会失去控制,使自己过于疲劳。

在霍普金斯大学工作的早期,华生想研究酒精和性教育电影对青少年积极的和消极的作用(Simpson, 2000),但是学校行政当局对此感到不悦,他们认为这类研究太危险,坚持要华生停止。幸运的是,华生又找到了其他途径来实现他的抱负和理想。

1903 年左右,华生开始认真考虑一种更为客观的心理学。1908 年,在耶鲁大学的一次演讲和在南部心理学与哲学学会的年会上的一篇论文中,他公开阐述了这些观点。华生争辩说,精神的和心理的概念对于科学的心理学没有任何价值。1912 年,应卡特尔的邀请,华生在哥伦比亚大学作了一系列演讲。第二年,他在《心理学评论》上发表了那篇著名的文章(Watson, 1913),行为主义正式开始了它的历程。

1914 年,他出版了《行为:比较心理学引论》一书。在这本书中,他呼吁人们接受动物心理学,并且描述了在心理学研究中使用动物被试的有利之处。许多年轻的心理学家和心理学的研究生为他的行为主义心理学所吸引,坚持认为华生抛弃了从哲学那里遗传下来的神秘,清除了心理学中的沉闷、污浊空气,使心理学焕然一新。

那时,玛丽·琼斯(Mary C. Jones, 1896—1987)还是一个研究生,后来她成为美国心理学会发展心理学分会的主席。她回忆道,华生的每一本书出版都会引起一阵激动,"华生的行为主义动摇了传统上由欧洲人孕育的心理学的基础,我们对此表示欢迎……它为脱离扶手椅上的心理学和心理学的改革指出了一条道路,被人们欢呼为是心理学的灵丹妙药(Jones, 1974, p. 582)。"但是老的心理学家通常并不为华生的心理学思路所吸引,他们中的大部分人都拒绝华生的方法。

在《心理学评论》上的那篇文章发表后仅仅两年,华生被推选为美国心理学会主席。他之所以能被推选为美国心理学会主席,与其说是对他地位的官方认可,不如说是他的知名度和他在许多知名的心理学家中所建立的个人关系网所起的作用。

华生力图使他的新行为主义具有实用价值。他的思想观念并不仅仅是为实验室,而且也是为了真实的世界而建构的。他大力推进心理学应用领域的工作,担任了一个大的保险公司的人事顾问。在霍普金斯大学,他给商学院的学生讲授广告心理学,并且培训工业心理学的研究生。

在第一次世界大战期间,华生到军队服役,担任了少校的职务。在军队中,他设计了知觉和运动能力测验,用于选择飞行员,他也研究了高空缺氧对飞行员的影响。战后,华生和一位医生开办了工业服务公司,为商业界提供人员遴选和管理咨询方面的服务(DiClemente & Hantula, 2000)。

尽管他活跃在应用心理学的这些领域,但是华生工作的重点依然是要把行为主义的方法发展成心理学思想。1919 年,他出版了《行为主义立场的心理学》一书,他把这本书献给了卡特尔。这是一本更加全面地论述行为主义的书,在这本书中,他认为他所建议使用的动物心理学的研究方法和原理同样适合人的研究。

与此同时,华生的婚姻出现了裂痕。他的不忠令他的妻子感到非常愤怒。华生写信给安杰尔说,玛丽不再关心他,"她对我的抚摸感到本能的反感……难道我们的生活还不够乱吗(引自 Buckley, 1992, p. 27)?"然而,他的生活就要变得更加糟糕。

华生与一个比他的年龄小一半的研究生助理罗莎莉·雷纳(Rosalie Rayner)堕入了爱河,雷纳出生于一个富裕的巴尔的摩家庭。这个家庭曾经给这所大学捐赠了一大笔钱。华生写了许多肉麻的、但是却带有点科学味道的情书,其中的 15 封被他的妻子发现了。在接下来轰动一时的离婚诉讼中,他的情书被摘录登在巴尔的摩的《太阳报》上:

> 我的每一个细胞都属于你,一个一个地并且全部地;
> 我的全部反应都是热烈的并且是给予你的;
> 我的心脏的每一次跳动同样是为了你;
> 即使外科手术把我们联成一体,我也更多地属于你。(引自 Pauly, 1979, p. 40)

充满希望的大学职业生涯就这样结束了。他被迫辞去在霍普金斯大学的一切职务。他的传记作者写道:"华生被惊呆了,直到最后,他都不愿意相信他真的会被开除……他一直相信,他的学术地位将使他不会因个人私生活而受到任何影响(Buckley, 1994, p. 31)。"尽管他与罗莎莉·雷纳结了婚,但是他再也没有被允许返回学术岗位获得一个全职工作。由于与他的名字联系在一起的这桩丑闻,没有大学还愿意接纳他。很快,华生就意识到他必须开始一种新的生活。"我可以从商,"他写信给朋友说,"但是坦率地讲,我爱我的工作,我感觉我的工作对心理学是重要的,如果我离开,那么我为心理学的未来所保持的那么一点热情就会熄灭(引自 Pauly, 1986, p. 39)。"

他的许多学术同行,包括他在芝加哥的指导老师安杰尔,都公开批评了华生。华生对此感到十分痛苦,他甚至认为这些人背叛了他。此时,倒是康奈尔大学的铁钦纳在华生个人危急期间表达了感情上的支持。考虑到他们在气质和理论观点上的明显不同,这颇具讽刺意味。"我为华生的孩子们感到非常遗憾,"铁钦纳在给罗伯特·耶基斯(Robert Yerkes)的信中写道,"我也为华生本人感到遗憾,如果他还想返回心理学领域的话,我担心他首先不得不从这一领域消失 5 到 10 年(引自 Leys & Evans, 1990, p. 105)。"

华生的商业生涯

霍普金斯大学解雇了他,法庭判决他用以往工资的三分之二赡养他的前妻和孩子,在这种条件下,华生开始了他的第二个职业生涯,作为一个应用心理学家在广告领域工作,1921 年,他加入了沃尔特·汤姆森广告代理公司,年薪为 25 000 美元,是他在大学里工资的 4 倍。他挨家挨户做商业调查、销售咖啡、在商店里做营业员,以此来熟悉商业世界。由于他的独特才能和强烈的进取心,3 年之后他就成为了公司的副总经理。1936 年,他加入了另外一个广告代理公司,直到他 1945 年退休。

华生相信,人的行为同机器的动作没有什么不同。因此,人作为商品和服务的消费者,其行为像其他机器那样,是可以预测和控制的。他指出,为了控制消费者,

> 你只要使用基本的、或者条件性的情绪刺激……告诉他一些与恐惧联系在一起的东西,或者告诉他一些能激起中等程度生气的事物,或者引发情感或爱的反应,或者能触及其心理或习惯的需要的东西。(引自 Buckley, 1982, p. 212)

华生提倡消费行为的实验室研究。他强调指出,广告信息的重点应该放在风格上,而不是内容上,应该能传达一种新的和经过改进的形象。这样做的目的是让消费者对他们正在使用的产品产生不满,灌输寻求新产品的愿望。

多少年以来,人们一直认为华生最先倡导产品宣传中的名人效应,认为华生设计了那些控制我们动机和情绪的技术。后来的研究显示出,尽管他强烈地提倡这些技术的应用,但是实际上在他加入广告公司之前,这些技术就已经在使用了(参阅 Coon, 1994; Kreshel, 1990)。然而,华生的确对广告宣传做出了重要的贡献,不久以后就给他带来了声望和财富。

1920 年之后,华生和学院心理学仅仅有一些间接的接触。此时,他通过演讲、广播讲话、通俗杂志上的文章来向普通大众推销他的行为心理学思想。这样一来,他的知名度提高了,当然,这也包括了他的恶名。例如,在一篇论公众消费的文章中,他预言了婚姻制度的结束。"我相信,一夫一妻制就要结束了,我们将冲破束缚,在自由的道路上轻松地前进(引自 Simpson, 2000, p. 64)。"如果华生想制造轰动效应,无疑他是成功的。

在他的通俗杂志文章中,华生向公众传达有关行为主义这种严肃问题的信息。他的文风清晰、简洁,具有很强的可读性。在他的自传中,他评论说,尽管专业心理学的杂志不会接受他的文章,他看不出有什么理由不把"他的东西卖给公众(Watson, 1936)。"这一态度导致了他更进一步远离了学术领域。"那些本来就无法忍受心理学的一般应用,特别是那些不能容忍行为主义思想的人,对华生所发起的这场推广行为主义的战役无法忍受(Kreshel, 1990, p. 56)。"

华生后来在纽约社会研究学院作了一个系列讲座,这是他同学院心理学极少的正式接触中的一次。这个讲座的讲稿形成了他的《行为主义》(1925/1930)一书的基础。

在这本书中,他描述了他的社会改革计划。

儿童养育实践

1928 年,他出版了《婴儿和儿童的心理学关怀》一书。在这部书中,他勾画了一种控制性的,而不是自由放纵的儿童养育体系,这一观点同他的环境决定论主张是一致的。这部书站在行为主义的立场上,给养育儿童提出了许多严厉的告诫。他提出,父母永远不要

> 拥抱和亲吻儿童,永远不要让他们坐在你的膝盖上。如果必须的话,那么当他们说晚安的时候亲吻他们的额头一下。早晨起床后和他们握握手。如果他们出色地完成了一项极为困难的工作,就在头上轻拍一下,以示赞扬……这样一来,你会发现你可以多么容易非常客观地对待他们,同时又不失你的慈爱。你会为以往的那种令人作呕的、多愁善感的养育方式而感到十分的羞愧。(Watson, 1928, pp. 81—82)

这本书改变了美国的儿童养育习惯。整整一代儿童,包括他自己的孩子,都是按照这种规定养育大的。他的儿子,后来成为加利福尼亚商人的詹姆斯·华生(James Watson)回忆说,华生从没有对他和他的兄弟表达一些爱。他对华生的描述是这样的:

> 冷淡、情绪上无法沟通,从不表达他自己的任何感受和情感,对别人的也不作反应。我认为,他不自觉地剥夺了我和我兄弟的任何一种感情的基础。他深信,任何柔情和爱心的表达都会对我们产生不利的影响。他严格地贯彻着他作为行为主义者的那种基本哲学理念。他从未亲吻过我们,或者把我们当成儿童看待。我们也从没有表示出任何情感上的亲密。因为在家中这是绝对禁止的。当晚上睡觉的时候,我记得父母同我们握手……我和我的兄弟从没有想过要在身体上亲近父母,因为我们都知道,那是一个禁忌。(引自 Hannush, 1987, pp. 137—138)

华生的妻子罗莎莉为《父母杂志》写了一篇文章,题目是《我是行为主义者的儿子的母亲》,在这篇文章中,她公开批评华生的儿童教养方式。"在某些方面,我对行为主义科学非常崇拜,但是在其他一些方面,我不敢苟同。我曾暗地里希望,在孩子的情感方面,当他们长大以后,会稍微脆弱一些,他们会因为诗歌、描写生活的戏剧以及爱情的激动,而眼中充满泪水……我喜欢欢快和愉悦,希望有那种咯咯的笑声,而行为主义

者却把咯咯的笑声看成是适应不良的标志(引自 Simpson, 2000, p. 65)。"罗莎莉同样认为，她发现很难控制对孩子的爱，偶尔地会想到突破这个行为主义的规则。但是他的儿子詹姆斯·华生不记得有这样的事情发生。

华生的晚年生活

华生充满智慧、善于表达、帅气和富有魅力，这些品质使他成为一位名人。他经常出现在公众的视线中，吸引并乐于接受公众的注意。他衣着讲究，经常参加划艇比赛，与纽约社会的上层相处融洽。他把自己看做是伟大的情人和罗曼蒂克的探险者。在酒会上，他敢于接受任何人的挑战。在康涅狄格州，他买了一栋大厦，雇了许多仆人在大厦内服务。但是，他也喜欢穿着旧衣服，在院子里做些家务活儿。

> 华生非常喜欢一些男人的活动，如打猎、钓鱼和其他一些可以让成人和儿童展示他们勇气和个人能力的活动。在这些活动中，他感觉自己才像个海明威式的人物，因为他崇尚能力、勇敢和男性气质。(引自 Hannush, 1987, p. 138)

1935 年，年仅 37 岁的罗莎莉去世了。詹姆斯·华生回忆说，这是他惟一一次看到父亲哭泣，华生短暂地拥抱了一下他的儿子们。之后不久，纽约的一位心理学家默特尔·麦格劳(Myrtle McGraw)恰巧碰到了华生，华生告诉她，对于罗莎莉的去世，他一点准备都没有。由于比罗莎莉大 20 岁，他一直认为自己会走在她的前面。他同麦格劳交谈了很长时间，询问他应该怎样面对自己的悲痛(McGraw, 1990)。很快，华生隐居起来，断绝了与外界的一切联系，全身心地投入了工作。他卖掉了那座大房子，搬进了一所类似于他孩童时代家园的一间木屋里。

1957 年，当华生 79 岁的时候，美国心理学会嘉奖了他，赞扬他的工作是"现代心理学的内容和形式中最关键的因素……是富有成果的、持久的研究路线的出发点"。一位朋友开车把华生送到了纽约宾馆，授奖仪式将在那里举行。

> 但是到了最后一分钟，华生拒绝走进举行仪式的房间，坚持要他的大儿子代他参加……华生担心的是，在那一时刻，他会控制不住自己的情绪，担心控制行为的中枢会崩溃，因而会当众哭泣。(buckley, 1989, p. 182)

在第二年华生逝世之前，他焚烧了所有的信件、手稿和笔记。他一件一件地把它们放到火炉里，不愿把它们留给历史。

叙述华生行为主义思想学派的最好方式是首先阅读下面的摘录。这段摘录取自华生的那篇行为主义宣言。在下面这段话中,华生讨论了他的新心理学的概念和目标,阐述了他对构造主义和机能主义学派的批评。他同样也解释了这样一种观点,即应用心理学领域应被视作是科学的,因为应用心理学寻求的是预测和控制行为的普遍规律。

原著精选

有关行为主义的原始资料
选自华生的《行为主义者眼中的心理学》(1913)

约翰·华生

就行为主义的观点来看,心理学是自然科学的纯客观的实验分支。他的理论目标是行为的预测与控制。内省并不是它的方法的主要部分,它的数据的科学价值也不依赖于这些数据是否易于根据意识来进行解释。在其力图获得动物反应统一图式的努力中,行为主义看不出人兽之间有什么明确的界线。人的行为虽然精细而复杂,也仅仅是行为主义总的研究规划中的一个部分……

我不想过分地批评心理学。我认为,心理学在它存在的50多年中,作为一门实验科学,并没有在世界上获得如毫无争议的自然科学那样的地位。很明显,它是失败的。就像普遍认为的那样,心理学在研究方法上具有某种神秘性。如果你未能重复我的发现,这并不是因为你的工具或你对刺激的控制有问题,而是因为你的内省没有受过正式的训练。因此,批评的对象是内省的观察者,而不是实验情境……

心理学必须放弃所有对意识的参照,这个时机好像已经到来。那种欺骗自己,让心理状态成为观察对象的做法再也没有必要了。我们已经如此纠缠于一些思辨性的问题,如心灵的元素、意识内容的特性……以至于作为一个实验型的研究者,我感觉我们的前提和由此而提出的问题类型,有什么地方搞错了……

我坚定地相信,从现在开始到200年以后,除非抛弃内省法,心理学将仍然在听觉是否具有广延性、色彩是否具有强度特性、表象和感觉之间是否存在结构上的差异等等其他具有类似特征的问题上产生分歧……

我在心理学方面的争论并不仅仅单独针对系统的和构造心理学。在过去的15年里,我们已经看到了被称之为机能心理学的成长。这种类型的心理学反对从构造主义那种静态意义上使用心理元素,它强调意识过程的生物学意义,不主张把意识状态分析为在内省上可以分离的元素。

我曾经尽力理解机能心理学和构造心理学的差异。但是我不仅没有澄清两者的差别,倒是更加困惑了。像感觉、知觉、感情、情绪和意志这样一些术语,在机能心理学家那里与在构造心理学家那里使用的是一样多……的确,如果从内容的观点来看,这些概念是难以捉摸的话,那么从机能的角度来看,这些概念则具有更多的欺骗性,特别是当机能是由内省法得到的时候,情形更是如此……

之前某个时候,当我打开沃尔特·皮尔斯伯里的书,看到心理学被定义为"行为科学"的时候,我感到非常吃惊。一本更新的教科书指出,心理学是"心理行为的科学"。当我看到这些充满希望的观点时,我想,现在可以肯定的是,我们将会有基于不同思路的教科书了,但是仅仅几页过后,行为科学就被抛弃了,你会发现还是那种对感觉、知觉、想象等现象的传统的论述,只不过强调的重点有所变化,增加了一些事实,而这些事实也只是作者为了增强个人印象而已。

我相信我们可以写一本心理学,按照皮尔斯伯里的定义,但是决不会退回到心理学现在的定义,即绝不使用意识、心理状态、心灵、内容、内省上可证实、表象等等术语……,我们使用的是刺激和反应,根据习惯形成、习惯综合等来写这部心理学。而且我相信现在进行这样的尝试的确是有价值的……

行为主义是一个可以为之辩护的观点,我对此充满希望。之所以如此,是因为这样一个事实,即已经部分地脱离它们的母体的那些心理学分支——实验心理学以及那些已经不太依赖内省的心理学,目前正处于繁荣状态。实验教育学、药物心理学、广告心理学、法律心理学、测验心理学和心理病理学现在正茁壮成长。有时,这些领域被错误地称为"实用的"和"应用的"心理学,的确没有比这更糟糕的称呼了。未来或许会出现一个真正运用心理学的职业管理局。但是目前,这些领域属于真正科学的领域,因为它们寻求的是一般规律,其目的是对行为进行控制。

例如,通过实验方法我们可以确定,在现有的几段诗行中,是一次全部学习的效果好,还是每次学一段,然后再转到下一段的学习更有利。我们并没有尝试应用研究的结果。就教师来说,这些原理的应用完全是自愿的。

在药物心理学中,我们可以证明某种剂量的咖啡因对行为的效应。我们可以得出结论,认为咖啡因对工作的速度和精确性有很大的影响。但是这都是一些一般性的原理。至于使用还是不使用这些原理那就是个人的事情了。

同样,在法律证词中,我们测验近因对于证人报告的可靠性的效应。我们所测验的是同运动物体、静态物体和色彩等等有关的那个报告的准确性。这要依赖那个地方的审判机制来断定这些事实是否可以接受。

对于一位"纯"心理学家来说,他可能对这些科学分支里产生的问题不感兴趣,因为这些问题同心理学的这些应用没有直接的联系。这首先表明,他没有理解研究这些问题的科学目的,其次也表明,他对一个涉及人生的心理学不感兴趣。在这样学科中我所发现的惟一错误就是它们的大多数材料都是根据内省而阐述的,但是依据客观结果的理论陈述或许会更有价值。无论什么学科,都没有理由什么都求助于意识,在实验过程中,也没有什么理由非要寻求内省的数据,在发表研究结果时也没有什么必要一定要内省的数据。

特别是在实验教育学中，我们可以看到把所有的结果保持在客观的水平上有多么理想。如果能做到这一点，有关人类的研究就可以直接地与对动物的研究进行比较。例如，霍普金斯大学的尤里奇先生曾经用白鼠做被试，获得了某些研究结果。他研究的是学习过程中努力的分配。他准备在动物每天解决一次问题、每天解决三次问题以及每天解决五次问题上所产生的效果方面，提出可以相互比较的结果。究竟是让动物每次学习一个问题适当一些，还是同时学习三个问题更加适当。我们还需要对人类进行类似的实验，但是，在实验的过程中，我们一点也不关心他的"意识过程"，就像我们在白鼠的实验中，一点也不关心这些过程一样。

对于心理学我所赞成的计划实际上导致了对现代心理学家所使用的那种意识的忽略。实际上我是否认这些精神领域是可以进行实验研究的。在这个问题上我不想做进一步的探讨，因为那样不可避免地会导致形而上学。如果你授权给行为主义者可以像其他自然科学家那样使用意识，即不把意识看做是一个特殊的研究对象，那么你就会接受了我的论点所要求的一切了。

对华生行为主义的反应

对于许多心理学家来说，华生对传统心理学的攻击，以及他对一种新方法的呼吁具有很大的蛊惑力。让我们来重新审议一下他的主要观点：心理学是行为的科学，而不是意识的内省研究；心理学是纯客观的、实验的自然科学；它既研究人的行为，也研究动物的行为；心理学家应该抛弃心理主义的观念，仅仅使用刺激和反应这样一些行为概念；心理学的目标是对行为的预测和控制。

然而，尽管它对某些人具有吸引力，华生的行为主义并没有立刻得到广泛的接受。最初，在心理学的专业杂志上，行为主义相对来说仅仅得到极少的注意。直到1919年，华生的《行为主义立场的心理学》一书出版以后，行为主义运动才真正产生了重要冲击力。

玛丽·卡尔金斯(Mary W. Calkins)是反对华生的行为主义观点的心理学家之一，她质疑华生对内省法的拒绝。她同许多心理学家一样，认为某些心理过程只有通过内省才能进行研究，有关内省法的争论在心理学中持续了多年。玛格丽特·沃什伯恩(Margret Washburn)强烈反对华生的观点，称华生是心理学的敌人。

不可避免的，支持华生的人越来越多，特别是在年轻的心理学家中间。到20世纪20年代以后，大学里开始开设有关行为主义的课程，行为主义这一术语在心理学的专业杂志上得到认可。在那些老一代的心理学家中，威廉·麦独孤(William McDougall)对于华生行为主义的流行提出公开的警告。铁钦纳抱怨说，行为主义就像一股巨浪吞没了美国。到1930年的时候，华生可以骄傲地宣称，行为主义已经如此重要，以至于没有任何大学可以不讲授行为主义。

当然，行为主义的确取得了成功，但是华生在1913年呼吁的变化却没有来得那么快。而当这种变化真的到来时，华生的行为主义已经不是行为主义的惟一形式了。

行为主义的方法

我们已经看到，当科学心理学创立之时，心理学家渴望与那些传统的、成熟的和更受人尊敬的自然科学结盟。新心理学试图改造自然科学的方法，使之符合自己的需要，这一倾向在行为主义那里表现得最为明显。

华生坚持认为，心理学应该把自身严格地限制在自然科学的数据上，限制在那些可以观察的东西上。简单地说就是：心理学应该把自身限制在行为的客观研究上。在行为主义的实验室中，只有那些严格遵循客观程序的研究方法才是可以接受的。对于华生来说，这些方法包括：

- 使用和不使用仪器的观察；
- 测验法；
- 言语报告法；
- 条件反射法。

观察是其他方法的一个必要基础。客观测验法已经为人们所使用，但是华生认为，测验的结果应该被看做是行为的样本，而不是心理品质的指标。对于华生来说，测验并不是测量智力或者人格，而是测量被试对刺激情境的反应，仅此而已。

言语报告法引起了较多的争议。由于华生如此强烈地反对内省，因而在实验室中言语报告法的使用使他受到了不少批评。一些心理学家认为，言语报告法是华生对内省法的妥协，华生从前门把内省法赶了出去，又从后门偷偷地把它放了进来。

为什么华生接纳了言语报告法呢？因为尽管华生厌恶内省，但是他不能忽视心理物理学家的工作，而心理物理学家的工作使用的是内省法。因此华生认为，由于语言反应是可以客观观察的，因而它就像其他运动反应那样，对于行为主义是有意义的。"说就是做，换言之，说就是行为。出声的言语和对我们自己的言语(思维)就像打棒球那样也是一种客观行为(Watson，1930，p. 6)。"

然而，行为主义的言语报告法是对内省法的让步，因而受到了广泛地挑战。反对者认为，华生在玩弄概念游戏，仅仅进行了一个语义上的变化。华生也承认，言语报告法是不完善的，并不是客观观察的一个令人满意的替代物。他把言语报告法的使用严格地限制在那些可以进行验证的情境，如报告声调的差异，不可验证的言语报告，如无意象思维或情感状态的叙述等则被排除在外了。

在行为主义正式建立的两年之后，即1915年，华生采纳了条件反射法。在此之前，条件反射法已经得到了有限的使用，美国心理学家广泛使用条件反射法的功劳应该归功于华生。华生告诉心理学家希尔加德(Ernest Hilgard)，他对条件反射法的兴趣来源于他对别赫捷列夫的研究,但是后来,他承认也受到了巴甫洛夫的影响。

华生用刺激替代(stimulus substitution)来描述条件反射。当一种反应同一个原始刺激之外的刺激联系或联结在一起时,那么这个反应就是条件反射了,例如,巴甫洛夫的狗听到铃声,而不是看到食物就产生唾液分泌,那就是一种条件反射。华生之所以选择这种方法,是因为它提供了分析行为的客观方法,它使得人们在分析行为时,可以把行为还原为它的基本单位,即刺激反应 S-R 的联结。由于所有的行为都可以还原为这些元素,因而条件反射法使得心理学家可以对复杂的人类行为进行实验室研究。

因此,华生延续了由英国经验主义确立且被构造心理学家采纳的那种原子主义和机械主义传统。他倾向于按照物理学家研究宇宙的方式,把整体分解成原子和元素,以这种方式来研究人的行为。

对于心理学来说,这种对客观方法的绝对依赖和对内省法的排斥意味着心理学实验室中人类被试特性和作用的变化。对于冯特和铁钦纳来说,被试既是观察者,又是被观察者,因为他们观察的是自己的意识经验,他们的角色无疑比实验者更为重要。

在行为主义那里,被试本身变得不那么重要了,他们不再进行观察,相反,他们被实验者观察。有了这种变化,那些原来被称为观察者的实验室被试现在成了真正的被试。真正的观察者是实验者,即那些从事研究的心理学家,他们确立实验条件,记录被试的反应。

因此,人类被试的地位降低了。他们不再积极地观察自己的特征,而是仅仅做出行为。婴儿、儿童、心理和情绪障碍的人、鸽子或老鼠等等个个都会产生行为。这种观点强化了心理学的那种人是机器的形象。就像一位历史学家指出的:"你把刺激放到一个槽中,就会出现一捆反应(Burt, 1962, p. 232)。"

行为主义的研究对象

华生行为主义的主要研究对象是行为的元素,即身体的肌肉运动和腺体分泌。作为一门行为科学,心理学只研究那些可以客观描述的动作,同时又不使用主观的或心理主义的术语。

尽管华生宣称的目标是把所有的行为都还原为刺激—反应(S-R)的单位,但是行为主义者最终必须争取理解有机体的整个行为。例如,尽管反应可以简单得像一个膝跳,但是它也可以非常复杂,华生称这些更为复杂的反应为"动作"(acts)。这些反应性的动作包括这样一些事件,如饮食、写作、跳舞,或者建房子等等。换言之,动作涉及有机体在空间中的运动。很明显,华生是从完成影响环境的某些目标来考虑动作的,而不是仅仅把动作看做肌肉元素的联结。然而,无论行为动作有多么复杂,它都可以还原为较低水平的运动或腺体反应。

反应既可以是外显的,也可以是内隐的。外显的反应是公开的和可直接观察的,内隐反应则发生于有机体的内部,如心跳、腺体分泌和神经冲动等,这些反应尽管不是公开的,它们仍然属于行为。由于包括了内隐反应,华生就扩展了可观察行为的范围,使他的研究对象不再局限于外显和公开的行为反应。他承认某些行为在潜在的意义上讲是可以观察的,因为那些发生于有机体内部的运动和反应通过仪器是可以观察的。

就像行为主义所研究的反应那样,刺激既可以是简单的,也可以是复杂的。刺激视网膜的光波相对来说比较简单,但是刺激同样可以更复杂一些,就像会聚在一个活动中的反应丛(constellation)可被还原为它的分子反应那样,刺激情境也可以分解为特定的分子刺激。因此,华生的行为心理学研究与环境处于一定关系的整个有机体的行为。华生建议说,首先把刺激—反应结(complexes)分析为基本的刺激和反应单位,然后才可以获得特定的行为定律。

在方法和对象上,华生的行为主义尝试建立一种像物理学那样客观的、摆脱主观概念和主观方法的行为科学。让我们来看看华生是怎样看待本能、情绪和思维这三个问题的。就像所有的有计划成体系的理论家那样,华生所建立的心理学与他的基本信念是一致的,那就是行为的所有领域都可以使用客观的刺激—反应术语来加以考察。

本能

最初,华生接受本能对行为的影响。在他的 1914 年的《行为:比较心理学导论》一书中,他描绘了包括控制随机行为的 11 种本能。他在弗罗里达州海岸旁的一个群岛上研究了一种水鸟燕鸥的本能行为,同他一起去的还有卡尔·拉什利(Karl Lashley),拉什利那时还是霍普金斯大学的学生,拉什利声称,这次探险活动由于他们缺乏雪茄和威士忌酒而突然中止了。

到 1925 年的时候,华生修改了他的观点,全面排除了本能的概念,此时他认为,那些看似本能的行为实际上是社会化的条件反应。他接受这样一种观点,即学习或条件反射是理解人的发展的关键因素。这样一来,华生就走向了极端的环境决定论。而且华生在此基础上更进一步:不仅否认本能,而且在他的理论体系中不接纳任何种类的遗传的能力、气质和才能。

那些看似遗传的行为可以追溯至儿童早期的训练。例如,儿童天生并不具备成为伟大的运动员或音乐家的能力,这些能力是儿童的父母或其他养育者对那些适当的行为进行鼓励和强化的结果。华生对家庭和社会环境的教育作用所给予的无与伦比的重视是他的理论观点受到热烈欢迎的原因之一。华生简单地,乐观地认为,可以把儿童训练成任何他想要他们成为的那种人,遗传因素不起作用。

在强调环境影响比任何天生的特质或者潜能都更重要这一观点上,华生并不孤独。贬低本能对行为影响的观点在心理学中早已流行,因此,华生的观点只是反映了一种正在展开的理论思潮。此外,他的观点或许也受到了 20 世纪早期美国心理学中应用倾向的影响。除非认为行为是可以改变的，否则心理学就无法应用于行为的改变。由本能控制的行为是无法矫正的，只有那些依赖于学习或训练的行为才可以进行矫正。

情绪

对华生来说，情绪只不过是对特定刺激的生理反应。刺激（如突然有人威胁你对你进行身体侵害）造成了内部生理变化，如心跳加快和其他适当的外显习得反应。这一对情绪的解释否认了任何对情绪的意识知觉和来自内部器官的感觉的作用。

每一种情绪都涉及到一种特定的生理变化模式。尽管华生注意到情绪反应确实涉及外部运动，但是他相信内部反应是占优势地位的。因此，情绪是内隐行为的一种形式，在这种内隐行为中，内部反应明显地表现在诸如面红耳赤、呼吸加速或心率加快等等生理表现上面。

华生的情绪理论比威廉·詹姆斯（William James）的情绪理论要简单多了。在詹姆斯的理论中，身体反应直接跟随着对刺激的知觉，而对这些身体变化的感受就是情绪。华生批评詹姆斯的观点，他抛弃了对情境的知觉和感受状态的意识过程。华生声称，完全可以根据客观的刺激情境、外显的身体反应和内部的生理变化来描述情绪。

在一个经典研究中，华生研究了引起婴儿情绪反应的刺激。他认为儿童有三种基本的非习得性情绪反应模式：恐惧、愤怒和爱。巨响和支持的突然丧失可以造成恐惧；对身体运动的限制可以引起愤怒；对皮肤的抚摸或者摇晃和轻拍引起爱。华生同样发现了对这些刺激的典型反应模式。其他的情绪反应是这些基本情绪通过条件反射过程而形成的，这些情绪反应可能与原来并不能诱发它们的那些刺激建立联系。

艾伯特、皮特与兔子

华生对一个 11 个月大名叫艾伯特（Albert）的男孩进行了实验研究，以论证他的情绪条件反应理论。在这个实验中，通过条件反射，艾伯特形成了对白鼠的恐惧（而在实验之前，他并没有这种恐惧。）恐惧是通过制造巨大的噪声（用铁锤击打铁棒）而形成的，每当艾伯特看到一只白鼠的出现，在他的背后就会出现一声巨响，没过多久，只要看到白鼠就导致了艾伯特极度的恐惧。这一条件性的恐惧逐渐泛化到类似的刺激上，如兔子、白皮领和作为礼物的圣诞老人。华生认为，成人的所有诸如此类的恐惧、厌恶和焦虑都是在儿童早期通过条件反射而形成的，它们并非像弗洛伊德（Sigmund Freud）声称的那样，起源于无意识冲突。华生拒绝了整个无意识概念，因为就像意识一样，无意识也是不能客观观察的。最初，华生为弗洛伊德的许多概念所吸引，但是最终，他把精神分析斥之为“巫毒术”（引自 Rilling，2000，p. 302）。

华生把这一研究仅仅看成是一个初步的、领航性的研究，然而，此后再没有人成功地复制这个研究。尽管心理学家早就注意到这一研究中存在的方法论缺陷，但是艾伯特的研究结果仍然被接受为科学证据,而且实际上几乎所有的心理学基础教科书都引证了这一研究。

尽管通过条件反射,艾伯特产生了对白鼠、兔子和圣诞老人的恐惧,但是当华生准备去消除艾伯特的恐惧时,艾伯特已经找不到了。这一研究之后不久,华生离开了学术圈。后来他在纽约的广告公司工作的时候,有一次演讲时谈到了这一研究。听众中有华生的妻子罗莎莉的同学玛丽·琼斯(Mary C. Jones),华生的谈话激发了琼斯的兴趣,她想要知道是否条件反射技术可以应用于消除儿童的恐惧。她请求罗莎莉介绍她认识了华生,然后就开始了她的研究,这一研究现在已经成为心理学发展史上的另一个经典。

琼斯的被试是3岁大的皮特(Peter)。皮特表现出对兔子的恐惧,当然,这一恐惧并不是在实验室中造成的。当皮特吃饭时,一只兔子被带进房间,但是与皮特保持足够的距离,以便不会引起皮特的极度恐惧反应。经过几周的一系列尝试之后,兔子与皮特的距离越来越近,而且总是出现在皮特吃饭的时间。最终,皮特习惯了兔子的存在,可以触摸兔子且不会表现出恐惧反应。对类似兔子的物体的那种泛化的恐惧反应通过这个程序也被消除了。

琼斯的研究被认为是行为矫正的先驱。行为矫正是把学习原理应用于改变适应不良的行为。这一技术在琼斯研究的50年之后变得非常受欢迎。琼斯一直在加利福尼亚大学儿童福利研究所工作。1968年,因对发展心理学的杰出贡献,她获得斯坦利·霍尔奖。

历史在线

http://psychclassics. yorku. ca/Watson/emontion. htm
http://psychclassics. yorku. ca/Jones/
这些网页都有一些文章,介绍了对艾伯特和皮特恐惧条件反射的研究。

思维过程

根据思维过程的传统观点,思维发生于大脑之中,“它们如此微弱,以至于没有任何神经冲动传导到联结肌肉的运动神经,因而不会在肌肉和腺体中产生任何反应”(Watson, 1930, p.239)。依据这一理论,由于思维过程的发生并不伴随肌肉运动,因而无法进行观察和实验。思维被看做是不可捉摸的东西,完全属于精神范畴,没有任何的物理参照点。

华生的行为主义体系力图把思维还原为内隐的运动行为。他争辩说,就像人类的所有其他机能那样，思维也是一种感觉运动行为。他推论说，思维这种行为必然包括内隐的言语反应或运动，因此，他把思维还原为无声的言语，与我们习得的外显的言语反应一样依赖于同样的肌肉运动习惯。随着我们的成长，这些肌肉运动习惯就变得既听不见也看不见了，因为我们的父母和老师告诫我们不要大声对自己说话。这样一来，思维变成了默默说话的一种方式。

华生认为，思维这种内隐行为的大部分都与舌头和喉部（所谓的音箱）的肌肉有关。此外，我们也通过姿势来表达思想，如皱眉头、耸肩等，这些表达思想的行为都是对刺激的外显反应。

支持华生理论的一个明显证据是，当我们思维时，大部分人都会自言自语。一项对大学生内省报告的研究表明，73％的被试思维时会自言自语（Farthing，1992）。然而，这类证据是行为主义所不能明确地接受的，因为这是内省的结果，华生肯定不愿意用内省来支持行为主义的理论。行为主义需要内隐言语运动的客观证据，因此，华生用实验方法尝试记录思维时的舌头和喉部肌肉运动。

这些测量揭示了在被试思维的某些时间里，的确存在着轻微的运动反应。来自那些使用手语的听力障碍者的指头和手的测量也揭示出思维过程的某段时间里存在运动反应。尽管华生无法得到更可靠的研究结果的支持，但是他确信内隐言语运动反应是存在的。他坚持认为，当有了更为精致的实验室设备后，是可以证明他的观点的。

行为主义的公众吸引力

为什么华生这种大胆、鲁莽的声明在公众中吸引了那么多追随者？的确，大部分人并不在乎心理学的意识观：某些心理学家认为人是有意识的，另外一些心理学家则宣称心理学丧失了它的心灵，此种争论与他们毫无关系。公众中的多数人也不关心思维究竟是产生于大脑，还是存在于脖颈。这些问题在心理学家中间引起了相当的评论，但是公众对这些问题几乎没有什么兴趣。

刺激公众的是华生对一种全新社会的呼吁。这种社会建立在对行为的科学塑造和控制的基础上，而不是以神话、风俗和传统的行为为基础。这样的观点给那些已经对传统观念丧失信心的人带来了新的希望。在一片狂热的追求声中，行为主义蒙上了一层宗教色彩。围绕着华生的行为主义，出现了成百上千的文章和书籍，其中有一本书名是《一个名为行为主义的宗教》（Berman，1927）。时年 23 岁的斯金纳（B. F. Skinner）读了这本书，写了一篇书评，并寄给了通俗文学杂志。“他们并没有发表我的书评，但是在写作的过程中，我或多或少地第一次把我自己界定为行为主义者（Skinner，1976，p. 299）”。多年以后，斯金纳继承了华生的事业，并完善和扩展华生的工作（参阅第十一章）。

从报纸对华生的《行为主义》（1925）的评论上，可以看出华生的观念所引起的骚动。《纽约时报》宣称，“它标志着人类思想史上一个划时代的转变”（August 2,

1925)。《纽约先驱论坛》称这本书是“人类有史以来最重要的书,给人带来巨大的希望,同时又让人感到昏眩”(June 21, 1925)。

之所以给人带来巨大希望,是因为华生强调了儿童环境中的教养的影响对行为的决定作用,同时又贬低了遗传倾向的影响。下面这段话摘自《行为主义》,经常被用来阐述华生的观点:

> 给我一打健康、健全的婴儿,并让我自己设定一个特殊的世界去抚养他们,我敢保证随机选择其中的任何一个,把他训练成为我们选定的任何一种专家:医生、律师、艺术家、商界首领,甚至乞丐和小偷,而不考虑他的才能、嗜好、倾向、能力、职业和他祖先的种族。(Watson, 1930, p. 104)

通过对诸如艾伯特条件反射实验的研究,华生得出结论认为,成人的情绪障碍是由婴儿期、儿童期和青少年期的条件反应而形成的。如果成年期的障碍是由于儿童时代不良条件反射的结果,那么对儿童时代的条件反应进行适当的规划就可以防止成年期障碍的出现。因此华生认为对儿童行为的实际控制不仅是可能的,而且是必需的。以他的行为主义原理为基础,他提出了一个改善社会的计划,也是一种实验伦理学的计划。

没有人给他一打健康的婴儿,以便让他测试他的主张。后来华生承认,他的环境论观点有点过头了,但是他指出,那些反对他的人也没有证明自己的观点。主张遗传因素比环境因素更重要的人所阐述的观点几千年来也没有提供过真正的证据。

下面这段话引自《行为主义》。这段话显示出华生所描述的行为主义社会体系所具有的一种活力,它或许有助于你理解为什么有那么多的人把行为主义当成一种新的信仰。

> 行为主义应该是一门科学。这门科学可以让男性和女性理解他们自己的行为原理。它应该让男性和女性渴望重新安排自己的生活,特别是渴望完善自身,以便于以健康的方式抚养自己的孩子。我希望我能给你们描述一个丰富的、富有活力的个体,我们应该让每一个健康的儿童都成为这样的个体,只要我们让他们适当地塑造自己,给他们提供一种世界。这个世界是一个没有被几千年前发生的荒诞无稽的民间传说所束缚的世界,是一个摆脱了让人丢丑的政治史的世界,是一个废除了那些本身毫无意义,但仍然像一条绷紧的钢索禁锢着人们的愚蠢的风俗和习惯的世界。
>
> 在这里,我并不是呼吁人们进行一场革命。我也不是请求人们跑到某个上帝遗忘的地方,建立一块殖民地,去过一种裸体的社区生活。我不是让人

> 们改变自己的生活习惯，而改吃野草和树根，更不是主张“自由的爱情”。我不过是在你们面前呈现一个刺激，一个语言刺激，如果付诸行动，你就能逐渐改变这个世界。因为如果你不把儿童放在花花公子的自由王国里，而是放在行为主义的自由王国（对这一王国我们知之甚少，我们甚至不能用语言来表述它）里进行教育的话，那么这个世界就会产生变化。难道不就是这些具有更优良思维和生活方式的孩子们反过来接替我们，组成下一代的社会，并以更为科学的方式抚养他们的孩子，最终达到一个更适合人居住的世界吗？（Watson，1930，pp. 303—304）

华生的计划是以行为主义为基础的实验伦理学取代宗教为基础的伦理学。这一计划仅仅是一个愿望，从没有贯彻执行。他勾画了这一规划，给其他人打了个基础。多年以后，斯金纳贯彻华生的精神，详细设计了一个科学的乌托邦。

历史在线

http://www.psy.pdx.edu/PsiCafe/KeyTheorists/Watson.htm

与华生的生平、研究、理论和一些主要论文相关的网页链接，以及一些艾伯特研究的图片和幻灯片等。

http://alpha.furman.edu/-einstein/watson/watson1.htm

对华生生平的简要介绍，包括了他的少年时代、教育、学术和职业生涯。

http://www.brynmawr.edu/Acads/Psych/rwozniak/watson.html

有关华生的生平和工作的文章。

心理学的高潮

到了 20 世纪 20 年代，心理学已经紧紧抓住了公众的注意力。鉴于华生本人的领导气质、个人魅力、信服力，以及给公众展示出的希望，普通大众为他的心理学所倾倒，以至于一位作者称心理学爆发了“高潮”（outbreak）。大部分人相信，心理学提供了通往健康、幸福和繁荣的途径。心理顾问或咨询专栏出现在每日出版的各种报纸上。

心理学家约瑟夫·贾斯特罗（Joseph Jastrow，1863—1944）成为最活跃的心理学科普工作者。他于 1886 年从霍普金斯大学获得博士学位，之后在很长的一段时间里他一直在威斯康星大学从事学术研究工作。同时，他也写了大量的文章，介绍心理学。他认为“心理学的科普工作对于公众的理解和官方的支持是一项基本的工作”(Jastrow, 1930/1961, p. 150)。他论及的问题包括了怎样治愈忧郁、小偷的心理、恐惧和焦虑、智力测验分数的意义、自卑情节、家庭冲突和为什么喝咖啡等等，显然，由冯特和铁钦纳的实验室工作出发，心理学在走向公众时，还有很长的路要走。

贾斯特罗在报纸上开设了一个专栏，名称是《保持心理健康》，这些专栏文章后来被编辑成150页的书籍。他参与了NBC全国广播网每周一次的广播讲座。他甚至写了一本通俗心理学手册，书名为《生活导航：作为舵手的心理学家》。这本书成为当时的畅销书。

另外一个心理学科普工作者是艾伯特·威格姆(Albert Wiggam)。尽管他不是一个心理学家，但是他开设了一个专栏，称之为《探索你的心灵》。下面这段话表明了他的工作特点：

> 男性和女性从没有像现在这样需要心理学。年轻的男女需要心理学，以便了解自己的心理特性和能力，从而尽早和明智地进行职业选择……商人需要心理学，以便于选择雇员；父母和教育工作者需要心理学的帮助，以便于抚养和教育孩子；总之，所有的人都需要心理学，以便于获得最大和最高的效率和幸福。如果你不了解心理学家提供给我们的这些新知识，你就无法全面地、完善地完成这些工作。(引自 Benjamin, 1986, p. 943)

加拿大幽默作家史蒂芬·利科克(Stephen B. Leacock)指出，心理学曾经安全地栖息在大学校园里，对研究它的人没有任何伤害，但是与现实也没有任何联系。但是到1924年的时候，到处都有了心理学。利科克写道：“几乎在每个行业里，我们都很自然地需要心理学专家的服务，就像在管道煤气突发事件中我们需要专家的服务一样。在每一所大城市，要么已经有了，要么很快就会有这样一个招牌，上面写着：开启明天的心理学家(引自 Benjamin, 1986, p. 944)。”

因此，心理学在整个美国都受到了热烈的欢迎，而华生对传播心理学所作的贡献或许比任何一个人都要多。

华生与动物权力运动

尽管华生的行为主义给未来展示了一种乐观主义的远景，受到美国公众的热烈欢迎，但是华生个人却被动物权力的倡导者所诅咒和批评。20世纪早期的杂志和报纸对动物心理学展开了一场声势浩大的征讨运动。当1906年华生在纽约的美国心理学会议上提交了一篇有关老鼠跑迷津的研究报告之后，《纽约时报》大力加以渲染，使之成为轰动一时的事件。

华生曾使用不同的外科程序破坏白鼠的各种感觉能力，研究白鼠怎样学习跑迷津。他使用麻醉手段，有选择地破坏白鼠的眼睛、听觉器官、嗅觉器官和胡须，或者对白鼠的脚底进行麻醉处理，以观察白鼠究竟是怎样学会跑迷津的。《纽约时报》指责华生为了满足荒谬的好奇心，或者为了测试他那微不足道的理论而折磨动物（Dewsbury, 1990, pp. 320—321）。一家倡导动物权力的杂志指责华生在策划对人类进行类似的工作。它建议华生对自己进行这样的实验。

华生并没有继续这种类型的研究。当他到了霍普金斯大学以后，他开始应用条件反射法作为实验技术，以儿童作为被试。然而，动物权力运动的倡导者们仍在抗议动物心理学的工作。作为一种回应，美国心理学会于 1925 年成立了一个专门的委员会，负责防止在动物实验中虐待动物，这一委员会的成员包括了耶基斯（Robert Yerkes）和托尔曼（E. Tolman）。该委员会采纳了美国医学学会有关动物实验的指导规则，心理学杂志的编辑也被告诫不要接受那些在实验设计中违反这些规则的研究报告。美国心理学会动物研究与伦理委员会一直在促使人们遵守这些规则。

1990 年，美国心理学会和美国科学促进会联合做出一项决议，支持动物研究。“动物研究一直是应用领域的一种基础研究……可直接地临床应用于人和动物”（引自 Plous, 1996, p. 1167）。然而，由于来自动物权力运动活动家不断增强的压力（其中也包括一些主张动物伦理的心理学家），动物研究的数量急剧减少。有些人估计大约下降了 50%。此外，美国约有 15%的培养研究生的心理学系关闭了动物研究实验室。

卡尔·拉什利(1890—1958)

尽管行为主义吸引了美国心理学家的注意，但是并非每一个人都接受华生的观点。包括卡尔·拉什利在内的一些心理学家提出了他们自己的行为心理学，使得这个思想学派转向了不同的方向。

拉什利是华生在霍普金斯大学的学生，他在霍普金斯大学获得博士学位。作为一个生理心理学家，他曾经在明尼苏达大学、芝加哥大学、哈佛大学任教，最后到了耶基斯的灵长目动物实验室工作。拉什利继承了自心理学建立以来的那种机械主义传统。

卡尔·拉什利

拉什利告诉人们，当他还是个孩子的时候，他就对人的构造感到困惑。在玩积木等机械玩具方面,他非常熟练。他指出,当他发现在人和机器之间存在着巨大的相同点时,他喜欢上了心理学。(引自 Robinson, 1992, p.213)

尽管拉什利有关白鼠脑机制的研究对华生的基本观点之一造成了挑战,但他却是华生行为主义的倡导者。在1929年出版的《大脑机制与智慧》一书中,他概括了他的研究结论,提出了两个著名的原理:

整体活动定律

这一定律指出,学习是大脑皮层的整体功能的结果,大脑皮层组织越多,学习效果越好;

均势定律

这一定律指出,在对学习的贡献上,大脑皮层的一个部分与另一个部分所发挥的作用是等同的。

本来,拉什利期待他的研究能使他在大脑皮层中找到特定的感觉和运动中枢,以及在感觉通道和运动通道之间相应的联结。因为这样的研究结论将会支持作为行为的基本单元的反射弧的首要性和简单性。然而,他的研究结论却给华生关于反射弧中点对点联结的观念造成了挑战。根据这个观点,大脑仅仅起到了把传入的感觉冲动转换成外导运动冲动的作用。拉什利的研究揭示出,大脑在学习中起着比华生所设想的更为积极的作用。因此,拉什利拒绝了华生的假设,并不认为行为是累积的条件反射的结果。

尽管拉什利的研究使人们对华生的理论体系的基础产生了怀疑,但是它并没有削弱行为主义的客观研究趋向。相反,拉什利的工作更加确认了心理学中客观方法的价值。

对华生行为主义的批评

任何一种体系,如果它倡导了一种激进的转变,毫不留情地攻击现存的秩序,或者表示要抛弃原先的真理,那么,它必然受到批判。我们知道,当华生建立行为主义之际,美国心理学正在向着更加客观化的方向前进,但是并非所有的心理学家都愿意接受华生所提倡的那种极端客观化倾向。包括那些支持客观原则的那些心理学家在内,许多人都认为华生忽略了感觉和知觉过程这样一些重要因素。

威廉·麦独孤(1871—1938)

麦独孤(William McDougall)是华生最强有力的反对者之一。他是一位英国心理学家,1920年来到美国,最初在哈佛大学工作,以后又到了杜克大学。麦独孤因他的本能理论和他有关社会心理学的书籍而闻名。

麦独孤对社会心理学做出了如此多的贡献，但是他本人却不是一个社会化的人。他写道：

> 我从没有融入任何社会群体，也从没有发现自己能对一个党派或一个理论持完全赞成的态度；虽然对群体生活、群体体验和群体思维的影响并非不敏感，但是我总是站在群体之外，对群体不满意，持一种批评态度。(McDougall, 1930, p. 192)

威廉·麦独孤

对于一些不受欢迎的东西，他倒是一个支持者，如他支持了自由意志、日耳曼民族优越性、灵魂和巫术等的研究。因此，他的书经常被出版社拒绝。心理学界也诋毁麦独孤，因为他批评行为主义，而在 20 世纪 20 年代的时候，大部分心理学家愿意接受行为主义的影响。

麦独孤的本能理论认为，人的行为源于思维和活动的固有倾向。最初人们接受这一观点，但是随着行为主义观点的流行，他的本能理论丧失了基础。华生拒绝本能的观念，在这样一些问题和其他问题上，两人之间爆发了冲突。

华生与麦独孤的争论

1924 年 2 月 5 日，华生和麦独孤两人在华盛顿心理学俱乐部举行了一场公开的辩论。华盛顿的心理学俱乐部并不隶属于任何大学，是一个独立的单位，这一事实也证明了那时心理学受欢迎的程度。有上千人参加了这次辩论会，但是其中只有很少的心理学家。那时，美国心理学会也只有 464 个会员，因此，从辩论会的规模上也可以看出华生的行为主义在公众心目中的地位。然而，这次辩论会的裁判却宣布麦独孤是辩论的赢家。两人辩论的内容收录在 1929 年出版的《行为主义的战斗》一书中。

麦独孤以乐观主义的态度开始了他的辩论。“对于华生博士，我具有一种基本的优势”。麦独孤说道，“这种优势如此之大，以至于我感觉有些不公平，那就是所有具有常识的人从一开始就会站在我这一边”(Watson & McDougall, 1929, p. 40)。麦独孤同意华生的观点，认为行为是心理学研究合适的对象，但是他争辩说，意识同样也是不可缺少的。后来的人本主义心理学家和社会学习理论家也持同样的观点。

麦独孤质问道：如果心理学家拒绝了内省法，那么他们怎样判定被试反应的意义或言语行为（华生称之为言语报告法）的准确性呢？如果没有自我报告，我们怎么能了解白日梦和幻想呢？我们又怎么理解或欣赏审美体验呢？麦独孤挑战华生的观点，质问行为主义者究竟怎样解释欣赏小提琴音乐会的体验。麦独孤说道：

> 我走进这个大厅，看到一个人坐在台上，正在用马尾鬃擦提琴的弦；台下一千多人安静地、全神贯注地坐着，突然又爆发出雷鸣般的掌声。行为主义者会怎样解释这些奇怪的事件呢？由琴弦发出的振动刺激使上千人处于绝对的安静和沉寂状态，对这样一种事实，行为主义将怎样解释呢？同时，刺激的停止似乎又成为发狂活动的刺激，对此，行为主义又该作何解释呢？
>
> 常识和心理学会同意接受这样一种解释，即听众以高度愉悦欣赏着音乐，又用呼喊和掌声表达他们对艺术家的感谢和崇拜。但是行为主义者对痛苦和愉悦，崇拜和感谢毫无所知。他们把所有这些都斥之为"形而上学的实体"而弃之如敝屣，因而他们必然寻找另外的解释。那么我们就看看他们怎么寻找吧。答案的寻求过程对他们不会有什么伤害，但足够他们忙活几个世纪了。(Watson & McDogall, 1929, pp. 62—63)

根据华生的假设，人的行为完全是被决定的，我们所做的一切都是过去经验的直接结果，因而一旦我们了解了这些过去的经验，就可以预测人的行为。麦独孤对华生的这个假设提出质疑，他认为，这样一种心理学没有给自由意志和自由选择留下任何空间。如果这种决定论的观点是正确的，即人类没有自由意志，不必为他的行动负责任；如果每一种思想和行为都是由过去的经验所决定的，那么人就不会有任何创造和创新的努力，就不会有任何改善自我和社会的愿望。没有人会去尝试阻止战争，减少犯罪，或者追求任何个人或社会的理想。

华生言语报告法的使用也受到批评。人们指责他前后不一致，即当言语报告法能验证的时候，就接受它；当言语报告法无法验证的时候，就拒绝它。当然，华生所持的就是这样一种观点，这也是行为主义的整个目标，即：仅仅使用那些可以验证的数据。

华生和麦独孤的论战发生在华生正式建立行为主义的 11 年之后。麦独孤预测道，过不了几年，华生的行为主义将会消失得没有一点踪迹。在出版他们辩论内容的那本书的后记里，麦独孤写道，他的预测看来是太乐观了，"看来我是太高估了美国公众的智慧……华生博士作为他自己国家的一个深受尊重的发言人，仍然继续在发布着他的观点"(Watson & McDougall, 1929, pp. 86—87)。

华生行为主义的贡献

虽然华生在心理学中的多产生涯仅仅持续了不到 20 年的时间，但是他对心理学的发展产生了深刻的影响。他是时代精神强有力的代言人。这个时代变化不仅表现在心理学中，而且也表现在公众对科学的一般态度上。19 世纪目睹了科学各个分支的重要进展，20 世纪则展现出更多的希望。那时的科学家认为，只要有足够的时间，他们就可以为任何问题找到解决的方法，给任何问题提供答案。

华生使得心理学在方法和术语上更为客观。然而虽然他在具体问题上的主张刺激了许多研究，但是，他的最初的一些观点已经没有什么用处了。作为一个独立的思想学派，华生的行为主义已经为建筑于其上的其他形式的客观主义所取代。在第十一章中，我们会详细地了解这些。心理学史家博林(E. G. Boring)在 1929 年指出，行为主义的黄金时期已经过去。由于革命运动依赖于反抗来展现力量，而行为主义在它产生 16 年之后，已经不再需要反抗来证明自身了。

华生的行为主义有效地击败了早期心理学中的主流观点。1926 年的时候，威斯康星大学的一个研究生报告说，很少有学生听说过冯特和铁钦纳(Gengerelli，1976)。客观方法和客观语言已经成为美国心理学的标志，因此，华生的行为主义像其他获得成功的运动那样，是该消亡了，因为他们的观点已经被吸收到主流思想中，成为现代心理学的概念和思想基础。

尽管华生的行为主义没有实现它那野心勃勃的目标，但是华生作为行为主义建立者的作用得到了人们广泛的承认。1979 年 4 月，人们为他举行了诞辰 100 周年纪念活动，恰好这一年也是科学心理学诞生 100 周年。为此，弗尔曼大学举行了一个学术讨论会，吸引了来自美国各大学的心理学家。弗尔曼大学的心理学实验室是以华生的名字命名的。在讨论会上，斯金纳作了发言，报告的题目是“华生对我来说意味着什么”。但是华生家乡的居民对华生的记忆没有那么积极。许多人回忆华生是个“自负和不信教的家伙，背叛了南方的传统和天主教对他的抚养”(Greenville News，April 5，1979)。1984 年，在华生出生地的高速公路旁，人们为他树了一块纪念碑。

在某种程度上，人们接受华生的行为主义是因为他富有魅力的人格。作为一个领导人物，华生以热情、乐观和自信推广着他的观点。他是一个富有吸引力的演说家，无情地讽刺传统，拒绝那时流行的心理学。这些个人品质，加上他运用自如的时代精神，使得华生成为心理学的先驱人物。

问题讨论

1. 在离开学术圈以后，华生以怎样的方式对心理学作出了贡献？描述他有关儿童养育实践的观点。
2. 在华生 1913 年的那篇文章中，华生怎样批评了构造主义和机能主义？在什么基础上他认为应用心理学是科学的？
3. 年轻一代的心理学家怎样看待华生的观点？
4. 华生接受什么样的方法为科学心理学的研究方法？
5. 为什么华生对言语报告法的应用引起了争论？行为主义怎样看待人类被试的任

务和作用?

6. 讨论华生的研究对象和方法怎样延续了原子论、机械论和经验主义传统。
7. 华生是怎样划分反应和行动、外显反应和内隐反应之间的区别的?
8. 讨论华生有关本能和思维过程的观点。艾伯特和皮特的研究怎样支持了华生有关情绪的观点?
9. 讨论行为主义流行的原因。麦独孤是怎样批评行为主义的?
10. 为什么动物权力活动家抗议华生的工作?当代心理学家对动物研究持什么样的观点?
11. 描述拉什利的整体活动定律和均势原则。在怎样的意义上拉什利的研究结果否认了华生的部分观点?
12. 你认为如果没有机能心理学的早期工作,华生的行为主义能如此流行吗?为什么?

建议阅读

Brewer, C. L. (1991). Perspectives on John B. Watson. In A. Kimble, M. Wertheimer & C. White (Eds.), *Portraits of pioneers in psychology* (pp. 171—186). Washington, DC: American Psychological Association. 回顾了华生的生平及其对心理学的贡献,描述了弗尔曼大学在认可华生的重要地位方面所作出的努力。

Buckley, K. W. (1989). Mechanical man: John B. Watson and the beginnings of behaviorism. New York: Guilford. 描述了华生的学术和商业生涯,以及华生在心理学科普化中的作用。

Duke, C., Fried, S., Pliley, W. & Walker, D. (1989). Rosalie Rayner Watson: The mother of a behaviorist's sons. *Psychological Reports*, *65*, 163—169. 描述了华生的妻子。她与华生一起进行了条件情绪反应的研究,并且帮助华生完成了有关儿童教养的著作。

Hannush, M. J. (1987). John B. Watson remembered: A interview with James B. Watson. *Journal of the History of the Behavioral Sciences*, *23*, 137—152. 同华生的儿子的谈话,以便于把心理学家的生活和他提出的理论观点联系在一起。

Harris, B. (1979). Whatever happened to Little Albert? *American Psychologist*, *34*, 151—160. 讨论了有关条件恐惧反应的经典研究,论述了这一研究的实验设计、解释和对它的理解。

Jastrow, J. (1961). Autobiography. In C. Murchison (Ed.), *A history of psychology in autobiography* (Vol. 1, pp. 135—162). New York: Russell & Russell. 包含了贾斯特罗对心理学科普工作的看法。

Samelson, F. (1981). Struggle for scientific authority: The reception of Watson's behaviorism, 1913—1920. *Journal of the History of the Behavioral Sciences*, *17*, 399—425. 报告了华生的行为主义宣言出版后对心理学所造成的冲击。

第十一章 行为主义：建立之后

行为主义的三个阶段

华生所期望的革命并没有在一夜之间改变心理学。这场革命所花费的时间比他期望的要多得多。但是到1924年，也就是华生正式建立行为主义11年的时候，即使华生最大的敌人铁钦纳也承认行为主义已经吞噬了整个美国心理学。到1930年的时候，华生就有足够的理由宣称行为主义已经取得了完全的胜利。

华生的行为主义是行为主义思想学派的第一阶段。第二阶段是新行为主义，时间大约是从1930年至1960年。新行为主义包括了托尔曼、赫尔和斯金纳的工作，这些人在下面这些问题上持共同观点：

- 心理学的核心是学习的研究；
- 大部分行为，无论多么复杂，都可以用条件反射定律进行解释；
- 心理学必须采纳操作主义原理。

行为主义革命的第三阶段是新的新行为主义（neo-neobehaviorism）或称社会行为主义（sociobehaviorism），时间大约从1960年到现在。这一阶段包括了班杜拉（Albert Bandura）和罗特（Julian Rotter）的工作。它与传统行为主义的区别是重新考虑认知过程的作用，同时，它的主要关注点在对外显行为的观察。

操作主义

信奉**操作主义**是新行为主义的一个主要特点。操作主义的目标是使科学语言和科学术语更客观、更精确，使科学摆脱那些“虚假问题”，即那些不能进行实际观察和物理验证的问题。操作主义认为，任何科学发现和理论概念的有效性依赖于达到那个发现的操作的有效性。

操作主义的倡导者是哈佛大学物理学家珀西·布里奇曼（Percy W. Bridgeman，1882—1961），他曾获得诺贝尔物理学奖。布里奇曼1927年出版了《现代物理学的逻辑》一书，阐述了操作主义思想，引起了许多心理学家的注意。布里奇曼坚持认为，物理概念应该得到精确的界定，任何缺乏物理参照的概念都应该被抛弃。

> 我们可以通过考察长度概念来解释这一点。当我们谈到某个物体的长度时，我们的含义是什么呢？如果我们能辨别所有物体的长度，那么我们显然就知道我们所说的长度是什么含义。对于一个物理学家来说，这就足够了。为了确定一个物体的长度，我们必须执行某种物理操作。因此，当测量长度的操作被规定了的时候，长度的概念也就固定下来了。这就是说，长度的概念只不过是测量长度的操作；概念与相应的一组操作是同义语。(Bridgeman, 1927, p. 5)

因此，物理概念等同于一组操作，或者等同于测定它的程序。许多心理学家相信这个原则对他们的工作是有用的，因而渴望应用这个原则于心理学研究之中。

布里奇曼坚持抛弃虚假问题，即那些不能通过任何已知的客观测试得到答案的问题。这一点对行为心理学家具有很强的吸引力。那些不能进行实验测试的命题，如灵魂的存在和灵魂的性质等，对于科学是没有意义的。什么是灵魂？怎样才能在实验室里观察它？它能在控制条件下进行测量和操纵，以便于测定它对行为的影响吗？如果不能，那么灵魂的概念对于科学来说，没有意义或用处，也没有任何关系。

基于这种推理，个体或私人的意识对于科学心理学来说也是一个虚假问题。因为意识的特征和存在不能使用客观的方法进行测定，甚至无法使用客观方法进行研究。那么根据操作主义的观点，科学的心理学中没有意识的位置。

批评者们认为，操作主义只不过是心理学早已使用的用物理参照物界定概念这种做法的正式表述而已。布里奇曼的书所表述的操作主义思想都可以追溯到英国的经验主义。美国心理学长期以来在研究对象和方法论上一直存在着客观化趋势，因此，操作主义的方法论早已为许多心理学家所接受了。

然而，自从冯特时代以来，物理学一直是新心理学追求的科学典范。当物理学家宣称他们接受操作主义为指导思想时，许多心理学家才感觉不得不接受这种理论模型。最终，心理学家比物理学家更广泛地使用了操作主义。其结果是，20 世纪 20 年代后期和 30 年代早期出现的新行为主义把操作主义纳入了他们的研究方法之中。

布里奇曼生活了足够长的时间，以至于不仅看到了心理学接纳他的操作主义，也看到了心理学后来又抛弃了他的操作主义。在 79 岁的那一年，由于知道病入膏肓、来日不多，布里奇曼完成了他的 7 卷本文集的索引工作，并把它寄给了出版社，然后开枪自杀了。他担心如果再不自杀，他可能就会丧失自杀的能力了。在他的遗书中，他写道："或许，这是我能结束自己生命的最后一天了(引自 Nuland, 1994, p. 152)。"

爱德华·托尔曼(1886—1959)

爱德华·托尔曼(Edward C. Tolman)是较早转向行为主义的人。最初，他在麻省理工学院学习工程学，后来转向了心理学，1915 年他在哈佛大学获得博士学位。在1912 年夏天的时候，托尔曼到了德国跟从格式塔心理学家考夫卡（Kurt Koffka）学习心理学。托尔曼在研究生院的最后几年里，虽然接受的是铁钦纳构造心理学传统的训练，但他开始熟悉了华生的行为主义。托尔曼早就怀疑内省法的科学效用。在他的自传中，托尔曼回忆道，华生的行为主义对他来说既是一种巨大的刺激，又是一种安慰（Tolman，1952，p. 326）。

爱德华·托尔曼

毕业之后，他成为伊利诺伊州的西北大学的教师，1918 年到了加利福尼亚大学的贝克莱分校。他在贝克莱讲授比较心理学，对白鼠进行学习的实验研究。就是在这段时间里，他产生了对华生行为主义的不满，并开始建立他自己的行为主义。在第二次世界大战期间，托尔曼服务于美国战略服务办公室，这个机构是美国中央情报局的前身。50 年代早期，他与其他人一起领导了教职员工反对加利福尼亚州的效忠宣誓。

目的行为

在 1932 年出版的《动物和人的目的行为》一书中，托尔曼论述了他的行为主义方法。乍看起来，**目的行为主义**（purposive behaviorism）这个术语是两个矛盾观念令人奇怪的结合，即目的和行为。赋予有机体的行为以目的似乎意味着意识，而意识是心理主义的概念，在行为心理学中没有它的位置。然而，托尔曼清楚地指出，在研究对象和方法论上，他绝对是个行为主义者。他并不是在敦促心理学家接受意识。像华生那样，他拒绝内省，对那些假设的和无法进行客观观察的内部经验没有丝毫的兴趣。

行为的目的性可以用客观的行为术语来加以界定，而不必求助于内省或主观感受的报告。对于托尔曼来说，所有的行为都是指向某种目的的，如猫尝试跑出心理学家的实验迷箱；鼠尝试了解迷津；儿童尝试学习弹钢琴或者踢足球等等。

换言之，托尔曼认为行为“包含着”目的，指向某个目标，或者学习达到目的的手段和途径。白鼠持续不断地跑迷津，所犯的错误越来越少，以更快的速度达到了目标。在这一事例中，所发生的事情就是白鼠正在学习。学习这一事实，无论在动物被试和人那里，都是目的的客观行为证据。请注意，托尔曼谈的是有机体的客观反应，他所测量的是作为学习函数的行为反应的变化，这些测量提供的都是客观数据。

华生式的行为主义者很快就对这种把目的归属于行为的观点提出批评。他们坚持认为，任何对目的性的参照都意味着承认意识过程。托尔曼回应道，对于他来说，动物或人有没有意识并不相干，如果有什么意识的话，与目的行为联系在一起的意识经验也不会影响有机体的行为反应。托尔曼关心的仅仅是外显的反应。

中介变量

作为行为主义者，托尔曼相信无论是行为最初的原因，还是作为最后结果的行为，都必须能被客观观察和进行操作定义。他列举了 5 个自变量作为行为的原因：

(1) 环境刺激；(2) 生理驱力；(3) 遗传；(4) 以往的训练；(5) 年龄。行为是这 5 个变量的函数。托尔曼用数学公式表述了这个观念。

在这些可观察的自变量和相应的行为变量(即可观察的因变量)之间，托尔曼假设了一组不可观察的因素，即**中介变量**(interventing variables)。中介变量是行为的实际决定因素，这些因素是联结刺激情境和可观察反应的内部过程。行为主义的 S-R 命题因而应该改作 S-O-R。中介变量就是发生于有机体(O)内部，使得有机体对特定情境产生行为反应的所有一切。但是，由于中介变量不能进行客观观察，因而除非它们可以与实验变量(自变量)和行为变量(因变量)直接联系，否则它们对心理学就没有意义。

中介变量的经典研究范例是有关饥饿的研究。在人和实验动物身上，我们并不能实际看到饥饿的存在，但是饥饿可以精确地、客观地与实验变量联系起来，如上次进食以来的时间；饥饿也可以与客观反应或者行为变量联系起来，如消耗食物的数量和进食的速度。因此，不可观察的饥饿变量可以参照经验变量进行精确的描绘，使得这个不可观察的变量得以数量化和进行实验操纵。

通过精确地界定自变量和因变量这些可观察的事件，托尔曼由此可以给那些不可观察的内部状态提供操作定义。在选择到较为精确的术语“中介变量”之前，最初，他曾把自己的方法统称为操作行为主义。

学习理论

学习问题形成了托尔曼目的行为主义的一个主要部分。他拒绝桑代克的效果律，认为奖赏和强化对学习没有什么影响。托尔曼提出了一个学习的认知解释，认为对任务的重复操作加强了环境线索和有机体的期待之间习得性的关系，通过这种方式，有机体了解了它的周围环境。托尔曼称这种习得性的关系为“符号格式塔”，符号格式塔的建立是通过对任务的重复操作而完成的。

让我们来观察迷津中的饿鼠。白鼠在迷津中跑动，在正确的胡同和死胡同中进行着探索。最终，白鼠发现了食物。在随后的尝试中，目标(发现食物)给白鼠的行为提供了目的和方向。在每一个选择点上，白鼠都会产生期待。白鼠逐渐了解了与选择点相联系的特定线索是否可以导向食物。

当白鼠的期待得到确认，获得了食物以后，符号格式塔(与特定选择点相联系的线索期待)得到了加强。由于动物了解了迷津中所有的选择点，因此动物就形成了迷津的认知地图，即符号格式塔的模式。这个模式是动物通过学习得到的，是迷津的地图，而不仅仅是一组运动反应。动物的大脑中形成了一个迷津或任何熟悉的环境的综合图像，使得它可以从一个地方到另外一个地方，而不是局限于一组特定的身体运动。

验证托尔曼学习理论的一个经典研究是调查在迷津中跑动的白鼠究竟是形成了认知地图，还是形成了一组运动反应。在一个十字形的迷津中，一组白鼠总是在同一位置上发现食物，即使从不同的出发点出发，食物的位置总是同一的。白鼠有时需要右转，有时需要左转，才能到达食物的地点。这就是说，运动反应不同，但是食物总在同一位置。

第二组白鼠从出发点来说，总是需要做出同样的反应，但是食物在不同的位置。从十字形迷津的一端出发，白鼠必须右转才能找到食物，从另一端出发，也必须右转才能发现食物。

结果显示出，位置学习者(第一组)的学习结果比反应学习者(第二组)要好得多。由此托尔曼得出结论认为，同样的现象也发生在那些熟悉他们的邻近地区或城镇的人身上，由于他们已经对整个地区形成认知地图，因而他们可以由不同的路线到达同一地点。

评论

托尔曼被认为是现代认知心理学的先驱。他的工作，特别是有关学习问题的研究和中介变量的概念具有重要影响。由于中介变量是对不可观察的内部状态进行操作定义的一种方式，它使得不可观察的内部状态成为科学研究可接受的对象。新行为主义者赫尔和斯金纳等都使用了中介变量。

托尔曼的另一个贡献是对白鼠作为心理学被试的全力支持。在其职业生涯的初期，托尔曼对于使用白鼠并不热心，他曾经说，“我不喜欢它们，它们让我感到恶心”(引自 Innis, 1992, p. 191)。

但是到了 1945 年的时候，托尔曼的态度改变了：

> 必须指出，白鼠是生活在笼子里的，在一个人计划对它们的实验之前，它们不会进行狂欢；它们不会在战争中自相残杀；它们不会发明毁灭性武器，如果它们能发明的话，它们就不会愚笨得不会操纵这些武器了；它们不会进入阶级冲突或种族冲突状态；它们也避开政治、经济和心理学的论文。它们是神奇的、纯洁的和愉悦的。(Tolman, 1945, p. 166)

由于托尔曼和其他一些人的工作，白鼠成为 1930 年至 1960 年左右新行为主义者和学习理论家的主要研究对象。人们假定，对于白鼠的研究不仅对了解白鼠，而且对了解其他动物和人的行为机制提供有益的启示。就像一位现代研究者指出的，“白鼠被认为是简单的，但却是有用的模范动物，通过对它们的研究，心理学可以以前所未有的精确方式了解大脑、行为、情绪和学习的基本原理”(Logan, 1999, p. 3)。如果有那么多的白鼠可以使用，谁还需要人类被试呢?

克拉克·赫尔(1884—1952)

从20世纪40年代到60年代，克拉克·赫尔(Clark L. Hull)及其追随者支配了美国心理学。或许没有其他心理学家像赫尔那样关注科学方法问题。赫尔出奇地熟悉数学和形式逻辑，他把这些东西应用于心理学理论，在这一方面超过他此前的任何人。赫尔的行为主义形式比华生的行为主义更精致、更复杂。他喜欢告诉他的学生说，“华生太朴素了，他的行为主义过于简单和粗糙”(引自 Gengerelli, 1976, p. 686)。

赫尔的生平

赫尔的整个一生都为虚弱的身体和糟糕的视力所折磨。24岁的时候，他患了脊髓灰质炎，导致一条腿残废，一生不得不带着他自己设计的铁拐杖。他的家庭贫困，因此几次不得不中断学业，做兼职教师以养家糊口。他最大的资本是具有较高的成就动机，在困难面前，他能排除障碍、坚持到底。

克拉克·赫尔

1918年，在34岁这一相对较高的年龄，他才从威斯康星大学获得博士学位。在转向心理学之前，他主要研究采矿工程。在以后的10年里，他一直在威斯康星大学任教。他早期的研究兴趣预示了他毕生对客观方法和函数定律的强调。赫尔研究了概念形成、烟草对行为效能的影响、测验和测量。他出版了一本论述能力测验的教科书(Hull, 1928)。他发展了一种统计分析方法，并且发明了一种与计算相关的机器，这台机器曾经在华盛顿的一所博物馆里展出。他花了10年的时间研究催眠和受暗示性，并且发表了32篇相关论文，出版了一本书概括他的研究成果。

1929年，他接受耶鲁大学的聘请，成为了一名研究教授，以巴甫洛夫的条件反射定律为基础进行行为理论的创建工作。几年之前，他曾经读过巴甫洛夫的著作，激起了他对条件反射和学习问题的兴趣。赫尔认为巴甫洛夫的《条件反射》是一本“伟大的著作”，决心使用动物被试从事他的研究工作。此前，他没有进行过白鼠实验，因为他不喜欢白鼠实验室的气味。但是到了耶鲁大学以后，他发现耶鲁大学由希尔加德饲养的白鼠干净、整洁，因此他看着白鼠，“深深吸了一口气，说道，他想他可以使用白鼠了”(Hillgard, 1987, p. 201)。

30 年代的时候，赫尔发表了一些关于条件反射的文章，认为复杂、高级的行为可以用基本的条件反射原理进行解释。1943 年，赫尔出版了《行为原理》一书，勾画了一个解释所有行为的综合理论框架。很快赫尔成为这一领域被引用率最高的心理学家。40 年代，在美国两个主要的心理学刊物上，所有实验研究中的 40%和学习与动机研究的 70%的文章都引用了赫尔的工作（Spence，1952）。赫尔把他的理论假设放到实验中进行检验，把研究结果吸收到理论体系之中，不断地修改着他的体系，其最终发表在 1952 年出版的《行为体系》一书当中。

机械主义精神

赫尔用机械化的术语描述了他的行为主义和人性本质的图像。他把人的行为看做是自动的，认为行为的语言可以还原为物理学的语言。按照赫尔的观点，行为主义者应该把被试看成是机器。他同意这样的观点，即有朝一日，人制造的机器也可以进行思维，展现人类的其他认知机能。1926 年，赫尔写道，“许多次，我都感到吃惊，人的有机体是最神奇的机器，然而不过是个机器。我不止一次地想到，只要我们不断地思考，我们可以制造一台机器，这台机器可以进行身体所能做的每一件基本事情”（引自 Amsel & Rashott，1984，pp. 2—3）。我们可以看到，由欧洲的机械人、机械钟和自动机所代表的 17 世纪机械主义精神忠实地反映到了赫尔的工作之中。

客观主义方法论与数量化

赫尔的机械、还原、客观的行为主义清楚地规定了他的研究方法。首先，这些研究方法应该是客观的；此外，它们应该是数量化的，行为的基本定律应该是用精确的数学语言表达的。在 1943 年出版的《行为原理》一书中，赫尔解释了怎样建立一个数学方法界定的心理学。很明显，赫尔体系的追随者将需要严密、投入和韧性。

> 进步存在于辛劳地写作，一个一个地写出几百个方程式；进步存在于一个一个地用实验去判定包含在这些方程式中的几百个经验常数；存在于设计出实用的单位，以便用这种单位测量由方程式所表示的数量；存在于客观地定义这些方程式中出现的符号；存在于根据定义和方程式来进行严密的、一个一个的推理，推演出几千个定理和推论；存在于精细地完成几千个关键的数量化实验。（Hull，1943，pp. 400—401）

赫尔提出了四种他认为对科学研究有用的方法。其中三种已经在广泛使用了，这就是简单观察、系统控制观察和对假设的实验检验。赫尔所提出的第 4 种方法是**假设—演绎法**（hypothetico-deductive method）。这种方法是根据一组先验地确定的公式进行演绎，它涉及确立一些公设，并由此演绎出通过实验可以检验的结论，然后把这些结论放到实验中进行验证，如果没有得到实验证据的支持，就必须进行修改；如果它们得到支持，通过了验证，就可以被纳入科学体系之中。赫尔相信，如果心理学准备像其他自然科学那样，成为真正客观的科学（这是行为主义的基本原则），那么惟一适当的方法就是这种假设—演绎的方法。

内驱力

对赫尔来说，动机的基础是身体的需要状态，这种需要状态是由于偏离了理想生物条件而引起的。然而，赫尔并没有把生物需要的概念直接纳入他的体系中，他假设了“内驱力”这个中介变量的存在。内驱力这个术语早已在心理学中使用了，赫尔把它界定为一种由组织需要状态引起的刺激，其功能是引起或激活行为。在赫尔看来，内驱力的减低或满足是强化的惟一基础。内驱力的力量可以由剥夺时间的长短来经验地进行测定，或者通过相应行为的强度、力量和能量耗费进行测定。赫尔认为剥夺时间的长短是一个不完善的量度，他更强调反应的力量。

赫尔假设了两种类型的内驱力。原初内驱力（Primary drive）与固有的生物需要有关，对于有机体的生存起着关键的作用。它包括这样一些生理需要，如食物、水、空气、体温调节、排便、排尿、睡眠、活动、性交和减轻疼痛等等。然而，赫尔承认，有机体的动力可能并非来自原初内驱力。因此，他又提出了习得性内驱力（Learned drive）或次级内驱力（secondary drive）。这种内驱力与情境和环境刺激有关，而这些情境与环境刺激是与原初内驱力的减低联系在一起的，因而成为内驱力本身的一个部分。这样一来，原来中性的刺激可能获得了内驱力的特点，因为它们可以诱发类似于由原初内驱力或原来的需要状态所唤起的那种反应。

一个简单的例子是触摸火炉并且被烧伤。由对身体组织的物理伤害而导致的疼痛导致了原初内驱力，即减轻疼痛的愿望。与这个原初内驱力相关的环境刺激，如火炉的视觉，在以后一旦产生了这种视觉刺激，便可能会导致迅速地缩回手。这样一来，火炉的视觉成为习得性恐惧内驱力的刺激。这些促动行为的次级或习得性内驱力是由原初内驱力发展而来的。

学习

赫尔的学习理论关注强化原则，而这个强化原则本质上是桑代克的效果律。依据赫尔的**原初强化律**（law of primary reinforcement），如果一种刺激—反应的关系伴随以需要的降低，那么以后同样的刺激就更有可能引起同样的反应。奖赏或强化不是根据桑代克的满意概念界定的，而是依据原初需要的减少界定的。这样一来，原初强化（原初内驱力降低）对于赫尔的学习理论就是一种基本的东西了。

就像他的体系中包含着次级或习得性内驱力那样，他的体系中也包含着强化作用。如果刺激的强度由于一个次级内驱力而降低，那么这个内驱力就作为次级强化而发挥作用了。

> 由此得出的结论是，持续同强化情境相联系的任何刺激都会通过这种联结而获得引起条件性抑制的力量，即刺激强度上的降低。而这种降低本身就会产生强化作用。由于这种间接的强化力量是通过学习获得的，因此可称之为次级强化。(Hull, 1951, pp. 27—28)

刺激—反应的联结可以通过所发生的强化次数而得到加强。赫尔称刺激—反应联结的力量为**习惯力量**(habit strength)，它是强化的函数，指的是条件反射的持续性。

缺乏强化，学习就不能产生，而强化对于内驱力的降低是必要的。这种对强化的重视体现了赫尔体系的特色，即它是一种需要降低理论，同托尔曼的认知理论是对立的。

评论

作为新行为主义的一个主要代表，赫尔自然成为那些攻击华生和其他行为心理学家的人攻击的靶子。那些反对任何行为主义取向的心理学家把赫尔视为“敌人阵营”中的一员。

赫尔的体系因缺乏普遍性而受到批评。在他尝试以数量化的术语精确地界定变量时，赫尔必然把自己局限在了一个狭窄的范围内。他经常利用单一实验的结果形成假设，反对者争辩说，基于这种特殊的实验论证而推论至所有行为的做法是靠不住的。如形成人类眼睑条件反射的最适宜的时间间隔(公设 2)；或者形成白鼠条件反射所需要的食物克数(公设 7)(引自 Hilgard, 1956, p. 181)等，这些观点的适用范围都是非常狭隘的。尽管数量化是值得赞赏的，但是赫尔的极端化做法减少了其研究结论的可应用范围。

然而，赫尔对心理学的影响却是实实在在的。由他的工作所激起的研究纯粹的数量以及受他影响的心理学家之多，都确立了他在心理学史上的地位。赫尔守护、扩展、论证着行为主义的客观方法，其投入的精力是他人不可比拟的。一位心理学史家写道，“任何领域出现一个真正的理论天才并不是常有的事，而在心理学界极少数这样的人物中，赫尔必定可以排列在第一位”(Lowry, 1982, p. 211)。

伯尔赫斯·弗雷德里克·斯金纳(1904—1990)

几十年以来，斯金纳一直是世界上最有影响的心理学家。1990 年斯金纳逝世时，《美国心理学家》杂志的主编称赞斯金纳是“我们学科的巨人之一，在心理学上留下了永恒的烙印”(Fowler，1990，p. 1203)。斯金纳在《行为科学史杂志》上的讣告将斯金纳描述为“这个世纪行为科学的领头人物”(Keller，1991，p. 3)。

从20世纪50年代开始，斯金纳成为美国行为心理学的具体体现。他吸引了大批的信徒和狂热的追随者，创立了一种社会行为控制计划，倡导了行为矫正技术，发明了一种可以照顾婴儿的自动床，他的小说《沃登第二》即使在出版几十年后仍然受到欢迎。他1971年的那本书，即《超越自由与尊严》，成为美国的畅销书，让斯金纳有机会在电视节目上阐述他的观点。他成为一个名人，不仅心理学家熟悉他，普通公众也熟悉了他的名字。1972年，《今日心理学》杂志指出，“在美国历史上，或许第一次一位心理学教授获得了影视明星那样的知名度”(引自Rutherford，2000，p. 372)。

斯金纳的生平

斯金纳出生于美国宾夕法尼亚州的一个小镇。他回忆他童年时代的环境是温馨的和稳定的。高中时，他所上的学校就是他父母毕业的那个学校。从儿童时代开始，他就喜欢建造东西，如四轮马车、竹筏、飞机模型、蒸汽大炮，这个蒸汽大炮可以把土豆和胡萝卜射到屋顶。他花费了几年的时间想建造一台永动机，但是没有成功。他阅读了关于动物的书，对火鸡、蛇、鳄鱼、蟾蜍和花栗鼠等进行了分类。在乡村的一个展览会上，他看到鸽子表演，多年以后，他训练鸽子执行任务。

伯尔赫斯·弗雷德里克·斯金纳

斯金纳的心理学体系映射出他早年的生活经验。依据斯金纳的观点，生活是过去强化的产物。他声称，他的生活都是注定的和有秩序的，就像他的体系规定了人类生活一样。他相信，他的经验可以完全地、直接地追溯到他的环境中的刺激。

斯金纳进入了纽约汉密尔顿学院读书。但是那里的生活并不快乐。他写道：

> 我从没有适应学生生活。我加入了博爱协会，但我对它根本不了解。我不擅长运动，害怕在冰球运动中腿部受伤，或者那些好的球员用篮球击中我的颅骨，使我遭受痛苦……学院以那些不必要的苛求逼迫着我(如每天的唱诗)，令我感到不满。几乎大部分学生都没有显示出学术兴趣。(Skinner，1967，p. 392)

斯金纳以一些恶作剧嘲弄校方，破坏学校的秩序，他公开批评那里的员工和领导。

斯金纳毕业时获得了英语方面的学位，成为荣誉学会的会员。他渴望成为一名作家。在夏天的写作学习班上，诗人罗伯特·弗罗斯特(Robert Frost)对斯金纳的诗歌和故事给予了积极的评价。毕业后的两年时间里，斯金纳奋力写作，但到后来，他感觉没有更多的东西可以说了。缺乏成功令他感到压抑，因此，他曾想向精神病学家进行咨询。他感觉自己像个失败者，自信心受到打击，爱情方面也令他失望，曾经有 6 位姑娘拒绝了他。

他阅读了华生和巴甫洛夫的条件反射实验，这唤醒了他对人性的科学而不是文学的兴趣。1928 年，斯金纳进入哈佛大学，成为心理学的研究生，尽管此前他连心理学的课程也没有学过。三年以后，他获得了博士学位，接着又完成了博士后研究。1936 至 1945 年之间，他在明尼苏达大学任教，1945 年至 1947 年，他到了印第安纳大学，然后返回了哈佛。

他的博士论文的论题预示了他毕生的追求。他提出，反射就是刺激和反应之间的相关，仅此而已，不需要画蛇添足。他指出了反射概念在行为描述中的作用，并把这一功劳大部分归于笛卡尔。

1938 年，他出版了《有机体的行为》一书，描绘了他的基本观点。4 年中间，这本书仅仅售出 80 本，8 年中间售出了 500 本。对这本书的评价大多是消极的。然而，50 年之后，这本书被评价为“改变心理学面貌的为数不多的几本书中的一本”(Thompson, 1988, p. 397)。使得这本书从最初的失败到获得压倒一切成功的因素是它对教育心理学和临床心理学这样一些应用领域的效用。斯金纳的理论观点具有如此广泛的实践应用价值是不奇怪的，因为他一直对解决现实世界的问题具有浓厚的兴趣。他后来的那本《科学与人的行为》(1953)成为斯金纳行为心理学的基本教科书。

直到他 86 岁逝世那年，斯金纳一直是多产的。在他家的地下室里，他给自己建造了一个斯金纳箱，即一个可以提供积极强化的受控环境。他睡在一个巨大的、黄色塑料制成的箱子里，箱子很大，里面放着一个床垫，几个书架和一台小电视。他每天晚上 10 点钟睡觉，睡眠 3 小时后起床，工作 1 小时，再睡 3 个小时；早晨 5 点钟起床，再工作 3 个小时，然后走到办公室去做其他的工作，每天下午通过欣赏音乐，对自己实施自我强化。

他喜欢写作，认为写作给他提供了许多积极的强化。78 岁的时候，他写了一篇文章，题目是《老年人思想的自我管理》，以他自己的经验进行个案研究(Skinner, 1983)。他指出，对于老年人来说，有必要每天工作较少的时间，以便于克服记忆和思维的障碍。当他听说在心理学的文献中他的引用率已经超过弗洛伊德时，他非常高兴。一位朋友问他，这是否就是他写作的目标，斯金纳简单地回答道，“以前我就认为我能做到这一点”(引自 Bjork, 1993, p. 214)。

1989 年，斯金纳被诊断为白血病，还有两个月的生命。在一次广播采访中，他描绘了自己的感受：

我并不信教，因此我用不着为死后会发生什么而感到焦虑。当听到我患了这样的疾病，只还有几个月的时间，我一点也不感到有什么不平静的心绪，没有丝毫的痛苦、恐惧或焦虑……惟一令我吃惊的是，当我考虑这些问题的时候，我眼睛里充满了泪水，我不得不告诉我的妻子和女儿……我的生活一直非常幸福，如果还抱怨什么，那是非常愚蠢的。因此，我会像以往一样，享受这最后的几个月。（引自 Catania，1992，p. 1527）

在他逝世前的八天，尽管十分虚弱，斯金纳在美国心理学会 1990 年波士顿年会上宣读了他的论文。他充满激情地批驳认知心理学，因为认知心理学对他的行为主义造成了挑战。在他死前的那天晚上，他还在写作着他最后的那篇论文，即《心理学能成为心灵的科学吗》(Skinner，1990)。在这篇文章中，他再次批驳了对他的心理学观点造成威胁的认知运动。

斯金纳的行为主义

斯金纳的观点在某些方面再现了华生的行为主义。一位心理学史家写道，“华生的精神是不灭的，这种精神得到净化和纯化，通过斯金纳的作品而继续存在”(Macleod，1959，p. 34)。尽管赫尔也被认为是一个严格的行为主义者，但是在赫尔和斯金纳的观点之间存在着差异。赫尔强调的是理论的重要性，而斯金纳强调的是经验体系，它并不需要一个理论框架作为其研究工作的基础。

斯金纳以下面这种方式概括了他的方法：“我从来不会依靠建立假设来解决问题。我也从不会演绎出定理，然后付诸实验验证。就我知道的来说，我没有什么预想的行为模型，不管这个模型是生理的，还是心理的。我不相信概念模型(Skinner，1956，p. 227)。”

斯金纳的行为主义研究的是行为反应。他关心的是描绘，而不是解释行为。他的研究涉及的仅仅是可观察的行为。他相信科学研究的任务是确立实验者控制的刺激条件和有机体随后反应之间的函数关系。

斯金纳不关心有机体体内发生了什么，他不愿对此进行推测。他的研究规划中不包含内部实体的假设，不管这种假设涉及的是中介变量、内驱力还是生理过程等。在刺激和反应之间不管发生了什么，都不是斯金纳行为主义关注的那种客观数据。因此，斯金纳的这种纯粹描述性的行为主义被人们称为“空洞有机体”的方法不是没有理由的。人的有机体被环境中的力量所控制，是受外部世界而不是它们自己的内部力量所决定的。我们注意到，斯金纳并不否认内部生理或者心理条件的存在，他所否认的只是这些内部条件对行为科学研究的效用。他的一位传记作者强调说，斯金纳的观点“并不是否认心理事件的存在，而是拒绝将它们作为解释的工具”(Richelle，1993，p. 10)。

同他许多同时代的人相比，斯金纳并不认为有必要使用大量被试，或者对被试群体的平均反应进行统计比较，他的方法是对单一被试进行综合研究。

> 根据平均数得出的预见，对研究一个特定个体价值极小或者根本就没有价值……一门科学只有当它的规律是针对个体的时候，它的规律对个体才有帮助。仅仅关心群体行为的行为科学对于我们理解特定案例是不可能有帮助的。(Skinner，1953，p.19)

1958年，斯金纳的行为主义群体创办了《行为实验分析杂志》。创办该杂志的原因主要是针对主流心理学期刊对统计分析和被试样本大小的一个不成文的要求。《应用行为分析杂志》后来也开始发行，主要刊载斯金纳心理学的应用成果，即行为矫正方面的研究。

下面这段文字摘录于斯金纳的《科学与人的行为》一书。在这段话中，斯金纳描绘了17世纪笛卡尔的工作和机械人怎样影响了他的心理学方法。这里我们会看到使用历史的一个很好范例，即一位20世纪的心理学家怎样把他的工作建立在300年前工作的基础上。这段摘录同样显示了机器的持续进化，变得越来越生命化。

原著精选

原始资料：
选自斯金纳的《科学与人的行为》(1953)

B. F. 斯金纳

行为是生物的主要特征。我们几乎把行为等同于生命本身。能运动的任何东西都有可能被称之为有生命的——特别是当运动具有方向或者动作改变了环境。任何一个模型如果会运动，就增加了逼真度。当木偶运动时，它就具有了生命；那些能运动和呼出烟火的木偶特别能激发人的敬畏。机器人和其他一些机械物之所以能取乐于我们，就是因为它们会动。"动画卡通"这个词的词源具有十分重要的意义。

机器看似有生命之物，仅仅因为它们会动。蒸汽推土机的魅力曾经有着神奇的传说。那些我们不太熟悉的机器实际上可能更加令人恐怖。我们可能认为，只有那些原始人才会把它们误认为今天的生物，但是一度我们都不熟悉它们。当19世纪的诗人威廉·华滋华斯(William Wordsworth)和塞缪尔·泰勒·科尔里奇(Samuel Taylor Coleridge)经过一台蒸汽机时，华兹华斯评论道，它很难不让人想到它会有生命和意志。科尔里奇说道，"是的，它是一个拥有单一观念的巨人"。

模仿人类行为的机械玩具导致了我们现在称之为反射活动的理论。在17世纪初期，某些运动的木偶经常会安装在私人或公众花园里，供人们娱乐。它们是通过水压系统而运作的。穿过花园的一位年轻女士可能踏上了一块隐藏的平板。这会打开某个阀门，水流进一个活塞，一个令人恐惧的木偶会摇摇晃晃地从灌木丛中升起，做出吓唬她的动作。笛卡尔了解这些木偶怎样工作，他也知道这些木偶在多大程度上类似于生物。他想到，如果水压系统可以解释一种事物，那么它或许也可以解释另外的事物。当四肢运动时，肌肉膨胀，或许这种膨胀是因为某种液体，而这种液体来自源于大脑的神经。那些从身体表面通往大脑的神经或许就是开启阀门的弦。

笛卡尔并没有宣称人类有机体也总是以同样的方式运作。他更喜欢把这种解释应用在动物身上。或许是出于宗教的压力，他为"理性灵魂"保留了一块活动空间。然而，没过多久，就有人在此基础上更进一步，宣布了"人是机器"的思想。这种思想并没有把它受到的欢迎归因于自身的勉强合理性，而是从它令人震惊的形而上学理论基础上的暗示中找到了支持的证据。当然，笛卡尔的理论也没有令人信服的证据。

自从那时以来已经发生了两件事情：机器变得更加生命化，而生命有机体已经被发现更像机器了。当代的机器不仅更加复杂，而且它们被有意设计成以类似于人的方式运作。"几乎同人一样"的发明已经是我们日常生活经验的一个部分。门看到我们走来，开门迎接我们；电梯记住我们的命令，停在正确的楼层；机械手把那些不合格的产品从传送带上挑出来，另外一些机械手写下颇易理解的信息；机械或电子计数器可以解答一些对数学家来说太难或者太耗费时间的方程。概括地说，人类以自己的形象创造了机器。其结果是，生命有机体丧失了它的某些独特性。同我们的祖先相比，我们已经不太可能对机器产生敬畏，也不太可能仅仅赋予巨型机器以单一的观念。同时，我们已经越来越多地发现生命有机体的工作方式，更多地了解了它类似于机器的性质。

操作条件反射

多少年以来，许多心理学的学生都学习过斯金纳的**操作条件反射**（operant conditioning）以及这种条件反射与巴甫洛夫研究的应答行为的区别。在巴甫洛夫的条件反射情境中，一个已知的刺激在强化条件下与一个反应进行配对，这种行为反应是由一个特定的可观察刺激引发的，斯金纳称这种行为反应为应答行为。

操作行为产生于没有任何可观察的先行刺激的条件下。有机体的反应似乎是自发的，同任何已知的可观察刺激没有关联。当然，这并不意味着没有诱发反应的刺激，而是说当反应发生时没有刺激被觉察到。然而，从实验者的角度来看是没有刺激的，因为他们并没有实施刺激，因而看不到刺激的存在。

应答和操作行为的另一个区别是操作行为作用于有机体的环境；应答行为则没有这个特点。当实验者呈现刺激(食物)时，巴甫洛夫实验室中被固定起来的狗什么都做不了，只能应答(即分泌)，狗不能自己产生某种行为去获得食物。然而，斯金纳箱[1]中的白鼠的操作行为对于获得刺激(食物)是工具性的，即有用的。当白鼠揿压杠杆时，它就获得食物，且只有揿压杠杆才能获得食物，这样一来，它就作用于环境。斯金纳相信，操作行为能更好地代表学习情境。由于行为大多是操作类型的，因而对于行为科学来说，最有效的方法是研究操作行为的形成与消除。

为了研究操作条件反射，斯金纳建造了"斯金纳箱"，以消除无关刺激的影响。他的经典实验涉及白鼠在斯金纳箱中揿压杠杆：一只剥夺食物的白鼠被放进箱子中，让它在里面自由探索，在探索的过程中，白鼠最终偶然压到了杠杆，激活了某种机制，释放出一个食物丸到了食物盘上，获得一些食物丸(强化物)之后，条件反射通常很快就形成了。我们注意到，白鼠的行为(揿压杠杆)对环境产生了作用，因而对于白鼠获得食物是有帮助的。因变量既简单又直接：它就是反应速率。

从这个简单的实验中，斯金纳推论出**获得律**(law of acquisition)。依据这一定律，如果操作行为之后伴随着强化刺激的呈现，则操作行为的力量就得到加强。尽管在确立高速率杠杆揿压方面练习是重要的因素，但关键的变量是强化。练习本身并不会增加反应的速率，练习只是提供了一个机会，使得额外的强化可以发生。

斯金纳的获得律与桑代克和赫尔的学习观点是不同的。斯金纳并不像桑代克那样关注任何愉快/痛苦或者满意/烦恼的强化结果，而且斯金纳也不像赫尔那样尝试根据内驱力降低来解释强化作用。桑代克和赫尔的体系是解释性的，而斯金纳的体系是描述性的。

强化的模式

在斯金纳箱中对白鼠揿压杠杆行为的最初研究论证了强化对操作行为的作用。白鼠的每一个揿压杠杆的行为都得到强化，换言之，每一次正确的反应之后，白鼠都会获得食物。然而在现实世界中，强化不会总是一致的和持续的，但即使强化是间歇的，学习还是会发生，行为也会持续下来。斯金纳写道：

> 当我们去滑冰或者滑雪时，并不总是遇到好的冰或雪……在餐馆里，由于厨师的行为总是在变化，我们并不总是能吃到可口的饭菜。当我们给朋友打电话的时候，并不总是能找到朋友，因为朋友并不总是在家……工业和教育的强化特征几乎总是间歇性的，因为强化每一个反应对于控制行为是不可

〔1〕 斯金纳不喜欢"斯金纳箱"这个标签。这个术语是1933年克拉克·赫尔首先使用的。斯金纳喜欢把他的实验设备称为操作条件反射装置。然而，"斯金纳箱"这个术语已经变得很流行，成为一个公认的术语。

行的。(Skinner，1953，p. 99)

考虑一下你自己的经验。即使你持续不断地学习，你也不可能每一次考试都得到A；在工作问题上，即使你付出了最大的努力，你也不能总是受到赞扬或者工资每天都能晋升。因此，斯金纳想了解行为究竟怎样受到不同强化的影响。一种**强化模式**(reinforcement schedules)在决定有机体的行为方面是否好于另外一种模式？

这一研究的动力并不出于学术上的好奇，最初，它仅仅是个权宜之计。有时，科学的运作往往与教科书上的理想化方式恰好相反。在一个星期六的下午，斯金纳注意到白鼠食物丸的供给不充足了。而在30年代的时候，这些食物丸并不是简单地从实验室供给公司购买，实验者(通常是研究生)不得不亲手制造，这个过程既耗费时间，又耗费精力。斯金纳不想把整个周末都耗费在制造这些食物丸上，因此他想，如果他不管白鼠反应的次数如何，仅仅在每分钟里强化一次，会出现什么样的情况呢？如果按照这种安排，那么这个周末所需要的食物丸就大大减少了。因此，斯金纳设计了一系列实验来测定不同的强化速率和不同强化时间的作用(Ferster & Skinner，1957；Skinner，1969)。

在一组研究中，斯金纳对那些每次反应都获得强化的动物的反应速率和那些经过一段固定的时间间隔之后才获得强化的动物的反应速率进行了比较。后一种条件是固定间隔强化模式，这种强化模式可以是每分钟强化一次，或者每4分钟强化一次，关键之处在于动物只有在经过一个固定的时间段之后才能获得强化。每周支付一次工资或每月支付一次工资的工作提供的就是固定间隔模式，雇员获得薪水不是根据所完成工作的数量，而是根据过去了多少天或多少星期。斯金纳的研究显示出，两次强化之间的时间越短，动物反应的速率越高，随着两次强化之间间隔的增大，反应速率下降。

强化的频率同样影响着反应的消退。那些持续不断地获得强化的行为，一旦强化停止，就比那些仅仅获得间歇强化的行为更容易消除。那些最初以间歇强化为基础建立操作反射的鸽子，当强化停止以后，可以继续做出10 000多次操作行为反应。

在固定比例模式中，强化物的呈现不是根据固定的时间间隔，而是根据预先设定的反应次数。动物的行为决定着它获得强化的次数，在它最初的反应之后，可能需要经过10次或20次反应后才能获得另外一次强化。那些以固定比例模式为基础建立操作条件反射的动物比以固定间隔强化模式为基础建立了操作条件反射的动物，反应要快得多。在固定间隔模式基础上的快速反应并不能带来额外的强化，以固定间隔模式为基础建立操作条件反射的动物可以在揿压杠杆5次或50次以后，仍然要在特定的时间间隔过后才能获得强化。以固定比例模式为基础而导致的快速反应对白鼠、鸽子和人都起作用。在固定比例强化模式的工作场所中，雇员的工资是根据完成任务的数量。只要比例定得不是太高，不是要求了一个不可能完成的工作量，且所提供的强化是值得努力的话，这种固定比例强化模式就是有效的。

言语行为

依据斯金纳的观点，在说话时我们发出的声音是一种行为，这些言语行为反应可以被其他的言语声音或动作姿势所强化，其方式与白鼠揿压杠杆的行为受到食物的强化是一样的。言语行为需要两个人的互动，一个说，另一个听。说话者做出反应（发出声音），听者通过强化或不强化，或者惩罚说话者所说的东西，控制了说话者随后的行为。

例如，如果说话者每次说到某个词，听者都微笑，那么听者就增加了说话者再次使用那个词的可能性。如果听者皱眉头，或者举起手，表示出敌意，或者做出否定的评价，那么听者就增加了说话者避免未来再次使用这个词的可能性。

当儿童学习说话时，我们可以看到父母行为中的这种过程。那些不可接受的词语、不正确的用法，或者糟糕的发音所诱发的反应完全不同于那些礼貌用语、正确用法和清晰发音所诱发的反应。父母以这种方式教会了儿童适当的语言，至少是父母或其他照顾者认为适当的语言。

由于言语是一种行为，因而它受到强化的制约，并且像其他行为那样，是可以预测和控制的。在1957年出版的《言语行为》一书中，斯金纳概括了他的研究成果。斯金纳曾经认为，言语行为的研究是他对心理学最重要的贡献。（Wiener, 1996）

充气婴儿床、教学机器和鸽子导航的导弹

操作条件反射装置使得斯金纳在心理学家中颇具声望，但是充气婴儿床这种自动照顾婴儿的装置让斯金纳在公众中"臭名远扬"（Benjamin & Nielsen-Gammon, 1999）。当斯金纳和他的妻子准备生第二个孩子的时候，他的妻子说婴儿的头两年需要太多的令人讨厌的劳动。因此，斯金纳设计了一种机械化的环境，以减轻父母的琐碎任务。尽管斯金纳所发明的这种充气婴儿床曾经在商店里出售，但是它并不是一个成功的产品。斯金纳的女儿是在这个充气婴儿床中抚养的，倒也没有造成什么明显的伤害。

1945年，斯金纳在《女士家庭杂志》上撰文描绘了这个装置，后来这段文字又出现在他的自传中。他写道：

> 这是一个有床那样尺寸的一个居住空间，我们称它为"婴儿看管者"。它的墙是隔音的，有一个大的图片式的窗户。空气经过滤后从底部进入，经过加温和加湿以后，向上沿着帆布顶棚向四周扩展。帆布充满空气充当床垫。其中的清洁设施可以在几秒钟之内通过一个轴承安装到位……。（Skinner,

1979，p. 275）

斯金纳所推崇的另外一种装备是教学机器。教学机器是西德尼·普雷西（Sidney Pressey）在20年代发明的，不幸的是，这一装置太超前了，当时人们缺乏足够的兴趣去推销它（Pressey，1967）。时代背景的力量可能要为人们对它缺乏兴趣负责，同时，也是由于时代背景的力量，这一装置在30年后又引起了人们极大的热情。当普雷西引入这种装置时，他向人们许诺，这种机器的教学速度将更快，而且不再需要那么多老师，然而，那时教师是过剩的，也不存在公众压力要求改善学习过程。[1] 但是在50年代的时候，当斯金纳推广类似的装置时，学生过多，教师太少，且存在着公众的压力，要求改革教育，以便于使美国在空间探索中与苏联竞争。在1968年出版的《教学技术》一书中，斯金纳概括了他在这一领域的研究成果。教学机器在50年代和60年代得到了广泛使用，直到后来被计算机辅助的教学方法所取代。

在第二次世界大战中，斯金纳设计了一种导航系统，导引从战机落下的炸弹准确击中地面的目标。他把鸽子放到导弹的前部突出部位，这些鸽子经条件反射的训练后，会啄目标的图像，鸽子的这些反应影响到导弹的角度，因而可以使导弹击中正确的目标。斯金纳证明了这些鸽子可以获得高度的精确性，但是美国军事部门明显对此不感兴趣，不愿意把鸽子也纳入到他们的武器库中。

沃登第二：一种行为主义社会

斯金纳设计了一种行为技术。他尝试把实验室中的发现应用于整个社会。华生曾经用笼统的词语谈到通过条件反射为一种更为健全的生活打下基础，斯金纳则详细地描述了这些社会的操作方法。在1948年的小说《沃登第二》一书中，他描述了一个有1 000个成员的社区生活，在这个社区中，行为是通过积极强化而受到控制的。这本书也是斯金纳个人中年生活危机的一个产物。41岁的时候，他遭受了抑郁的痛苦，他想通过恢复大学毕业后的作家生涯来解决他的矛盾冲突，于是他开始小说的创作，试图通过小说中的主人公来表达他内心的冲突与绝望。他写道，"《沃登第二》中的大部分生活都是我那时自己的生活体验，我让故事的主人公说出了我自己想说，但还没有准备好的东西"（1979，pp. 297—298）。[2]

斯金纳的小说所描绘的社会是建立在他关于人性假设基础上的。斯金纳一直认为人与机器是类似的，这种观点可以追溯到伽利略和牛顿，通过英国经验主义到了现代的华生和斯金纳。斯金纳的这种机械的、分析的、决定论的自然科学取向得到了他

---

〔1〕 斯金纳报告说，在他发明教学机器时并不知道普雷西的工作，但是一旦知道了以后，就把这个功劳归于普雷西了。

〔2〕《沃登第二》的手稿完成3年后，斯金纳才找到了一个出版商愿意接受它。许多出版商拒绝了这本书，因为他们认为这本书啰嗦、节奏慢、过长，结构组织太糟糕。最终，斯金纳答应出版商写一本行为心理学的教科书，这本书就是受人欢迎的《科学与人的行为》，出版商这才答应出版《沃登第二》。该书销售了300多万册。

有关条件反射实验研究结果的支持，也使得许多行为心理学家相信，在确定了环境条件之后，应用积极强化策略，就可以指导、矫正和塑造人的行为。

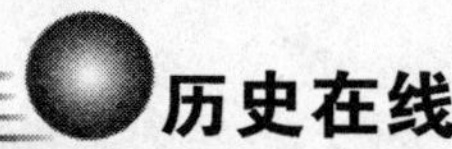

历史在线

http://www.twinoaks.org/

弗吉尼亚州的一个真实生活社区，1967 年开始开办，这个社区遵循斯金纳的小说所倡导的原则。

http://www.sparknotes.com/lit/walden2/

《沃登第二》的概要，另有评论和解释。

行为矫正

斯金纳所推崇的这种以积极强化为基础的社会仅仅存在于小说中，但是对于人类行为的控制与矫正，无论是针对个体的，还是小群体的，都已经得到了广泛的应用。通过积极强化而进行的**行为矫正**(behavior modification)在精神病院、工厂、监狱和学校中已经被广泛地应用于改变不良行为，使其变成更能接受的行为形式。行为矫正对人起作用的方式同操作条件反射改变鸽子和白鼠的方式是同样的，也就是说，它们之所以导致了行为的改变，都是因为强化理想行为和不强化非理想行为。

考虑一下这样一个儿童，他通过发脾气而得到食物或吸引注意，当父母顺从他的要求，那么父母就强化了他令人不快的行为。在行为矫正情境中，踢打、尖叫这样一些行为从来都不会受到强化，只有那些社会接受的行为才能得到强化。经过一段时间以后，儿童的行为就会产生变化，因为发脾气不再能导致奖赏，而更和善的行为才能获得奖励。

操作条件反射和强化曾经被应用于工作场所，用于减少旷工、改善工作表现和遵守安全章程、传授工作技能等等。行为矫正也已经成功地使用在精神病院的病人身上。通过奖赏病人适当的行为和不奖励消极的或破坏性的行为，促进了积极的行为变化。不像传统的临床技术那样，行为心理学家并不关心病人的心灵中究竟发生了什么。他们同动物实验者是一样的，并不关心斯金纳箱中白鼠的心理活动，他们关心的只是外显行为和积极的强化。

研究证明，行为矫正计划通常仅仅在那些贯彻行为矫正原理的机构和组织中才能发挥作用。行为矫正的效果很少能迁移到外面的情境，因为，如果想让理想的行为坚持下去，强化的计划就必须贯彻到底，至少也要保持间歇性的强化。对于病人来说，如果他们的监护者在家中能以微笑、赞扬和其他情感和赞许方式强化理想行为，那么积极的行为反应就能维持下去。

惩罚不是行为矫正计划的一个部分。根据斯金纳的观点，人们不应为没有操作理想行为而受到惩罚，相反，当行为以积极的方式产生变化时，应该受到强化或奖赏。斯金纳的观点是，积极的强化在改变行为方面比惩罚更有效，这一点已经为许多以人或动物为被试的研究所支持。〔1〕

应用动物心理学：智慧动物园

玛丽安·布里兰(Marian Breland)和凯勒·布里兰(Keller Breland)是斯金纳以前的学生，他们二人证明了操作条件反射可以走出动物实验室，应用到真实世界中。他们的研究结果你可能早就看到了。他们开始训练动物进行表演，并且在阿肯色州的温泉胜地开办了一个旅游乐园，他们称之为"智慧动物园"。

在智慧动物园中，"小鸡走钢丝、分发礼品……随着自动点歌机翩翩起舞，甚至打棒球。兔子……驾驶冒火的卡车，鸣汽笛，并且旋转幸运轮盘，挑出幸运顾客。鸭子在鼓上击打节奏、弹钢琴。小熊打篮球，鹦鹉骑自行车"(Gillaspy & Bihm, 2002, p. 292)。他们二人也培训海豚和鲸鱼进行表演。

他们二人训练了150多种、6 000多只动物，进行了商业电视演出、拍电影和舞台表演等等。顾客范围非常广泛，既有来自美国军队的军人，也有来自迪斯尼乐园的企业家。或许他们最独特的演出是一只小鸡被训练玩一种Tic-Tac-Toe游戏，在游戏中，小鸡从没有输过，即使在与斯金纳的对阵中也当仁不让。(Breland & Breland, 1961)

对斯金纳行为主义的批评

对斯金纳行为主义的批评直接指向了他极端实证主义和他对理论的拒绝。反对者认为，排除所有的理论工作是不可能的，不论实验多么简单，规划一个实验的细节都是需要理论化的工作。而斯金纳接受基本条件反射原理作为其研究的基础本身就构成了一定程度的理论化工作。

从他的操作条件反射观点出发，斯金纳对经济、社会、政治和宗教问题作出了充满自信的断言。1986年，他写了一篇文章，文章的题目涵盖的内容非常广泛，叫作《西方世界的生活出了什么问题?》。在这篇文章中他指出："西方世界中人的行为越来越虚弱，但是通过运用源自行为实验分析获得的原理可以加强西方人的行为。"(Skinner, 1986, p. 568)这种从数据进行推论的意愿，特别是有关复杂社会问题解决方法的建议同他一贯的反理论立场是不一致的，它证明斯金纳在提出他的社会改革蓝本时超出了可观察的数据。

〔1〕 斯金纳写道，从孩提时代开始，他的父亲就没有惩罚过他，而他的母亲只惩罚过他一次，原因是他说了脏话。他的母亲用肥皂和水冲洗他的嘴巴。斯金纳没有讲过惩罚在改变行为方面是否有效。

斯金纳认为所有的行为都是通过学习而获得的。这种观点受到了布里兰动物训练工作的挑战。布里兰发现猪、小鸡、大鼠、海豚、鲸鱼、牛和其他一些动物都表现出一种“本能漂流”的趋势，这意味着，动物倾向于以本能行为取代受到强化的行为，即使当本能行为受到食物的干扰，这种情况也会出现。

用食物作为强化物，猪和浣熊很快就建立了捡玉米、把玉米带到某个地方、把玉米放进玩具筐的条件反射。然而，过了一会儿，动物开始做出一些不理想的行为。

> 猪停在路上，把玉米埋进沙子里，然后用嘴巴把它挖出来；浣熊用了很长时间玩耍玉米，做出它那著名的类似于清洗的动作。最初，这看起来很逗乐，但是最终，它太费时间了，让观众感觉表演不完善。从商业角度来看，这是一场灾难。(Richelle，1993，p. 68)

这里所发生的事情就是“本能漂流”。动物回归到固有的行为，固有的行为比习得的行为更具有优势，即使这会延迟食物的获得。在这种条件下，强化显然并不像斯金纳所声称的那样有力。

斯金纳有关言语行为的观点和他对婴儿学习语言的解释也受到批评。批评者坚持认为，某些行为必定是遗传的。婴儿不可能通过每一个正确的用法和发音受到强化而习得语言，实际上，婴儿掌握的是造句的语法规则，建造这种规则的潜力是遗传的，而不是通过学习而获得的(Chomsky，1959，1972)。

斯金纳行为主义的贡献

尽管对斯金纳的行为主义存在着许多批评，但是从50年代到80年代，斯金纳一直是行为心理学无可争议的领袖人物，在这段时间里，没有任何其他心理学家对美国心理学的影响可以超过他。1958年，美国心理学会授予斯金纳杰出科学贡献奖，认为斯金纳是“对心理学的发展和年轻一代心理学家产生如此深刻影响的极少心理学家中的一位”。1968年，斯金纳获得民族科学奖章，这是美国政府对科学贡献给予的最高荣誉。美国心理学基金会授予了斯金纳金质奖章，斯金纳的肖像也出现在美国《时代》杂志的封面上。1990年，斯金纳获得了心理学终身成就奖。

斯金纳的全部目标是完善人类的生活和改革社会。尽管他的体系具有机械论的性质，但他却是一个人道主义者，这表现在他力图在家庭、学校、企业、机构等现实世界中矫正人的行为。他期待他的行为技术可以减轻人类的痛苦。当他听说尽管他的理论受到欢迎和具有影响力，但是却没有得到适当和广泛的应用的时候，他感觉非常痛苦。

历史在线

http://www. lafayetteedu/-allanr/post. htm

斯金纳详细的生平传记及其对他的工作的评论。

http://www. ship. edu/-cgboeree/skinner. html

对斯金纳生活和工作的讨论。

http://www. bfskinner. org/index. asp

斯金纳基金会对斯金纳贡献的调查，以及斯金纳的生平传记、照片、录音和一个以斯金纳的原理为基础的自我教学程序。

尽管斯金纳式的行为主义仍然应用在实验室、临床、组织和其他一些真实情境中，但是它已经受到新的新行为主义的挑战。这些新的新行为主义者包括了艾伯特·班杜拉和朱利安·罗特等人，他们采取的是一种社会行为主义的方法。

社会行为主义：认知的挑战

班杜拉、罗特及其社会行为主义的追随者本身都是一些行为主义者，但是这种行为主义同斯金纳的行为主义有很大的不同。他们质疑那种对心理的或认知过程的拒绝，而倡导了一种社会学习的或社会行为主义的方法，这反映了心理学中认知运动的影响。社会学习理论标志着行为主义思想学派发展的第三个阶段，即新的新行为主义阶段。我们将在第十五章中讨论认知运动的起源与影响。

艾伯特·班杜拉

艾伯特·班杜拉(1925—)

班杜拉出生在加拿大的一个小镇上。这个小镇如此之小，以至于他所读的那所高中只有 20 个学生和两位老师。毕业之后，他同育空河地区的建筑工人一起工作，在阿拉斯加的高速公路上填洞，维护公路。"他发现自己处在各式各样令人奇怪的人当中，这些人大部分是逃债的、离婚后逃避赡养费的、假释犯等等。由此，班杜拉对日常生活中的心理病理学有了深刻了解，心理学的兴趣之花似乎在这片冻土上绽放了(Distinguished Scientific Contribution Award, 1981, p. 28)。"

1952 年，班杜拉在美国依阿华大学获得博士学位，然后到了斯坦福大学当了老师。在 60 年代初期，他倡导了另一种形式的行为主义，最初，他称之为社会行为主义，后来改称社会认知理论(Bandura，1986)。

社会认知理论

同斯金纳的行为主义相比，班杜拉的行为主义显得不是那么极端，它反映了时代精神的影响。在那个时代，心理学家对认知因素重新产生了兴趣。然而，班杜拉的观点依然是行为主义的，因为他的研究焦点在于观察互动中的人类行为，他从不使用内省，强调了奖赏或强化在获得行为和矫正行为方面的影响。

除了是一种行为理论外，班杜拉的体系也是认知的，他强调信念、期待等思维过程对外部强化模式的影响。根据班杜拉的观点，行为反应并不像机器和木偶那样是由外部刺激自动引发的，对刺激的反应是自我激发的，是由受刺激的人决定的。外部强化物之所以能改变行为，是因为这个人意识到反应获得了强化，预期到在同样情境中，下一次的行为反应可以获得同样的强化。

尽管班杜拉像斯金纳一样，认为人的行为可因强化而改变，但是他同样认为，并且从经验上证明了，个体实际上可以在没有直接强化的条件下学会任何类型的行为。我们并不总是依赖于强化才能学会某种东西，我们同样可以通过**替代强化**(vicarious reinforcement)而进行学习，即通过观察其他人怎么做，以及其他人的行为获得了什么样的结果而进行学习。

这种通过范例和替代强化进行学习的能力假定了我们具有预期的能力，可以理解我们观察到的其他人的行为结果，即使我们自己对结果并没有亲身体验。通过想象一个特定行为的结果，做出意识的决定，决定是像他人那样做还是不像他人那样做，从而调节了自己的行为。班杜拉认为，在刺激和反应或者行为与强化之间，并不像斯金纳认为的那样，是一个直接的联结。实际上，在刺激和反应之间有一个中介机制，这个中介机制就是人的认知过程。

因此，认知过程在班杜拉的社会认知理论中扮演了一个强有力的角色，也正是由于这一点，他的理论明显区别于斯金纳的观点。对于班杜拉来说，对行为改变产生影响的不是实际的强化模式，而是人们怎么看待强化模式；不是通过对强化的直接体验进行学习，而是通过“示范”(modeling)而进行学习，即观察其他人，模仿他人的行为。对于斯金纳来说，谁控制了强化，谁就控制了行为；但是对于班杜拉来说，谁控制了社会的榜样，谁就控制了行为。

班杜拉对影响人类行为的榜样特征进行了广泛而深入的研究。我们更有可能模仿同性别、同年龄或同伴的行为，模仿那些所面临的问题同我们相似的人的行为；我们同样倾向于受到那些地位高、威信大的榜样的影响；行为的类型也影响到模仿学习过程，那些简单的行为比极端复杂的行为更容易被人们模仿；敌意的和攻击性行为更容易被人们模仿，特别是在儿童那里(Bandura，1986)。此外，在现实生活中和媒体中看到的东西也决定了我们的行为。

班杜拉的方法是一种"社会的"学习理论，因为他是在社会情境中研究行为的形成和改变。他批评斯金纳的观点，认为斯金纳仅仅使用单一个体被试(大多数是白鼠和鸽子)，而不是在人与人的互动中研究人的行为。没有人处在孤独的社会隔离状态，因此，班杜拉认为，那些忽视社会互动的研究成果是不可能获得科学结论的。

自我效能

班杜拉对**自我效能**(Self-efficacy)进行了大量的研究。自我效能被描述为自尊、自我价值感，指的是在解决问题的过程中我们对自己的能力、效率和信心的认识(Bandura，1982)。他的研究已经证明，那些具有较强自我效能感的人相信他们可以对付生活中的各种事件，认为自己能克服障碍。这些人寻求挑战，并能坚持到底，对自己的能力充满信心，认为自己可以成功，能控制自己的命运。

自我效能感低的人感觉无助、无望，认为自己几乎没有什么机会能影响所面临的情境。当他们面临问题时，如果最初解决问题的努力失败，那么就可能放弃。他们不相信自己的能力，认为自己几乎没有什么机会控制自己的命运。

班杜拉的研究证实，自我效能感影响着我们生活的许多方面。例如，自我效能感高的人比自我效能感低的人更易于获得较好的成绩，有更好的职业前景，在工作上有更多的成功机会，设定更高的个人目标，具有更好的身心健康状态。一般来说，在自我效能感上，男性高于女性。对于男性和女性两种性别的人来说，自我效能感在中年时达到顶峰，60岁以后开始下降。

很明显，高度的自我效能感实际上可以导致生活各个方面的积极效应。研究证明，自我效能感高的人比自我效能感低的人感觉更好、更健康，更少地为生活压力所困扰，更能忍受生理上的病痛，更容易从疾病和外科手术中恢复。自我效能感同样影响着课堂和工作上的行为表现。例如，自我效能感高的雇员比自我效能感低的雇员对他们的工作更满意，对自己隶属的组织更忠诚，在工作和训练中上进心更强(Salas & Cannon-Bowers，2001)。

班杜拉同样发现，群体也具有集体的效能水平，且影响着各种任务上的行为表现。有关球队、公司部门、军队单位、城市中的住户群体、政治活动小组等的研究发现，"人们所感觉到的集体效能水平越高，群体的上进心越强，动机水平相应更高；在面临障碍和挫折时，群体的效能水平越高，则群体的士气越高，对压力的韧性越大，行为成就也就越大"(Bandura，2001，p. 14)。

历史在线

http://www.emory.edu/EDUCATION/mfp/effpage.html
这里有有关自我效能感你想知道的所有一切，包括最新的研究发现，书籍、手稿和测量你的自我效能水平的量表等等。

行为矫正

班杜拉建立行为主义社会认知方法的目的是改变或矫正那些被社会认为是变态的和不理想的行为。他认为，如果人们的所有行为是观察其他人、模仿他人行为的结果，那么那些不理想行为的改变和矫正也可以通过同样的方式。像斯金纳那样，班杜拉关注外部的行为，而不关注假设的意识过程和无意识冲突。对于班杜拉来说，治疗症状就是治疗失调，因为症状和失调是同一的。

示范技术同样可以用于改变行为。让被试观察一个榜样，榜样在引起被试焦虑的情境中从事各种行为，利用这种方法，可以有效地减轻被试的焦虑。例如，怕狗的儿童看到一个和他同样年龄的儿童接近和触摸狗。首先让被试处在一个安全的距离上进行观察，这些怕狗的儿童看到榜样越来越接近狗、通过围栏抚摸狗、进入围栏同狗一起玩耍。通过这个观察学习的过程，可以减少儿童对狗的恐惧，此外，也可以采用另外一种稍有不同的方法。例如让被试观察榜样与一个令被试恐惧的对象（如蛇）一起玩耍，然后被试本人逐步接近这个对象，直到最后他自己完全消除了对它的恐惧。

班杜拉的行为治疗被广泛地应用于临床、商业、课堂教学等情境，且被上百个实验研究所支持，在消除个体对蛇、封闭空间、开阔空间和高度的恐惧方面非常有效，在治疗强迫症、性功能紊乱和某些形式的焦虑方面也有疗效，且可以应用于提高一个人的自我效能。

班杜拉这一方面的工作被改编成广播和电视节目，用于防止和解决许多社会问题，如预防意外怀孕、控制艾滋病传播和提高文化素质等等。这些电视节目以一些虚构人物为榜样，促使听众或观众进行模仿，以改变他们的行为。有关广播、电视的研究结果显示出，节目播出以后，安全性活动、家庭计划和促进妇女地位提高这样一些理想行为有了显著的增长(Smith, 2002a)。

评论

正像你预期的那样，传统的行为主义者批评班杜拉的社会认知行为主义，认为信念和期望这样一些认知过程对行为没有因果影响力。班杜拉的反应是：“激进的行为主义者认为思维过程没有因果影响力，但是他们却花费大量的时间发表演讲、撰写著作和文章，力图说服其他心理学相信他们的思维方式，这让人感到滑稽可笑”(引自Evan，1989，p.83)。

社会认知理论在心理学中被广泛地接受为实验室中研究行为、临床实践中矫正行为的有效方式。此外，班杜拉的贡献也得到了同行的广泛认可：1974年，他担任了美国心理学会主席，1980年，他获得美国心理学会的杰出科学贡献奖。他的理论及其示范治疗方法体现了当代美国心理学的机能和实用精神。他的方法是客观的、精确的和实验的，顺应了当代关注内部认知变量、解决现实问题的思想潮流。

http://psy.pdx.edu/PsiCafe/KeyTheorists/Bandura.htm

有关班杜拉的生活、研究和理论的各种信息，在这里还可以看到他的一些出版的著作和文章。

http://www.emory.edu/EDUCATION/mfp/bandurabio

有关班杜拉生活和工作的一些素材，此外还有他的一些照片。

朱利安·罗特(1916—)

朱利安·罗特是在纽约布鲁克林区长大的。在1929年世界经济大萧条开始之前，他的家庭生活一直都非常舒适，但在大萧条开始以后，他父亲的生意破产了。经济环境上的这种不幸变化成为13岁的罗特的生活转折点，他写道：“它使我毕生关注社会的不公正，并让我深刻地了解了人格和行为怎样受到情境条件的影响”(Rotter，1993，p.274)。

高中时，他读了弗洛伊德和阿德勒(Alfred Adler)有关精神分析的一些书籍。作为一种游戏，他开始对他的朋友进行梦的分析，并决定成为一个心理学家，但是他后来失望地听说，心理学的工作机会少得可怜，因此他在布鲁克林学院选择了化学专业。然而，一旦在那里碰到了阿德勒之后，他就转到了心理学专业，尽管他也知道学心理学专业并不实用。他希望走学术研究之路，但是对犹太人的偏见使他难以如愿以偿。“在布鲁克林学院以及随后的研究生院，我总是被告知，无论取得什么样的学历，犹太人都不可能获得学术职位，这种告诫不是没有理由的(Rotter，1982，p.346)。”

1941年从印第安纳大学获得博士学位后，罗特在康涅狄格州立精神病院找了一份工作。第二次世界大战期间，他作为一位心理学家服务于美国军队。战争结束后，他在俄亥俄州州立大学当教师，1963年转到了康涅狄格大学。1988年，他获得美国心理学会颁发的杰出科学贡献奖。

认知过程

罗特是第一位使用“社会学习理论”这一术语的心理学家(Rotter, 1947)。他提出了一种认知形式的行为主义，这种行为主义像班杜拉的观点那样，包含了对内部主观经验的参照。因此，与斯金纳的行为主义相比，他的行为主义与班杜拉的行为主义一样是一种不太激进的形式。罗特批评斯金纳在孤立的情境下研究个体的被试，认为行为主要是通过社会经验而获得的。罗特的实验室研究严密地控制实验条件，具有行为主义运动的典型特征。他只在社会互动中研究人类被试。

在对认知过程的强调上，罗特要甚于班杜拉。罗特相信我们是把自己看做是一个有意识的存在物，可以影响我们自己的生活经验。我们的行为是被外部刺激和刺激所具有的强化作用所决定的，但是这两种因素的影响都要通过认知过程的中介作用。罗特界定了控制行为结果的四个原则：

- 我们根据强化的数量和类型形成对行为结果的主观解释；
- 我们估计着某种行为方式导致一个特定强化的可能性，并据此调节我们的行为；
- 对于不同的强化物，我们给予不同的价值，并且评价着它们对于不同情境的相对价值；
- 由于任何一种机能都产生于特定的心理环境中，而这种心理环境对于每一个人都是独一无二的，因而同样的强化对于不同的人具有不同的价值。

因此，对于罗特来说，我们的主观期待和价值观这样一些内部认知状态决定了不同的外部刺激和强化物对我们的影响。

控制点

罗特就有关我们对强化源的信念进行了大量研究。某些人相信强化作用依赖于他们自己的行为，这些人被认为具有**内部控制点**(internal locus of control)；另外的人相信强化作用依赖于外在的力量，如命运、运气或者其他人的活动等等，这些人被认为具有**外部控制点**(external locus of control)(Rotter, 1966)。

很明显，这些对控制源的知觉对行为产生了不同的影响。对于外部控制点的人来说，自己的能力和行为在他们获得强化方面几乎不发挥作用；由于相信自己对外在的力量无能为力，这些人几乎不愿意尝试改变或改善他们的情境。但是内部控制点的人期待着自己能掌控自己的生活，因而在行为上做出相应的努力。

罗特的研究证明，内部控制点的人比外部控制点的人在生理和心理上更健康。一般来说，内部控制点的人血压较低，患心脏病的少，更少体验到焦虑和压抑，能更好地应对压力。在学校中，他们能获得更好的成绩，并相信自己具有更多的选择自由。他们更受欢迎，社交能力强，自尊水平高。此外，罗特的工作显示出，控制点是儿童从父母或其他抚养者那里通过学习而获得的。内部控制点的成人表现为对孩子是支持的，在表扬孩子方面毫不吝啬（积极强化）。他们在管教孩子方面前后一致、始终如一；在态度上是民主的，而不是独裁的。

罗特编制了一个测验去测量控制点。这一测验由 23 对二择一的问题组成，被试必须从每对问题中选择一个最适合自己信念的答案（参阅表格 11.1）。

历史在线

http://www.admissions.louisville.edu/orientation/locus.html

为了看看你在控制点坐标中的位置，做做这个在线测验。它类似于罗特编制的那个测验。

表 11.1 控制点测验的某些条目

1. 人们生活中许多不幸的事情大部分是由于运气不好。
   人的坏运气是由他们自己所犯的错误导致的。
2. 造成战争的主要原因之一是因为人们对政治缺乏足够的兴趣。
   无论人们怎样努力，战争都不可避免。
3. 从长远的观点来看，人们会得到他在这个世界上应该得到的尊敬。
   不幸的是，无论人们怎么努力，个体的价值也可能得不到承认。
4. 那种认为教师对学生不公平的观念是没有依据的。
   大部分学生没有意识到，他们的成绩经常受到偶然事件的影响。
5. 如果没有适当的突破，一个人就不会成为有效的领导。
   那些有能力，但是却没有当上领导的人是因为他们没有抓住机会。
6. 无论你怎么努力，某些人都不会喜欢你。
   那些不能使别人喜欢自己的人是因为他们不了解怎样与别人相处。

机遇

我们曾经提到过，斯金纳关于强化模式的发现纯粹是偶然的，他是出于方便，不想把整个周末都花费在实验室中为白鼠准备食物丸。我们也曾经指出，科学的发展并不总是像教科书上所描述的那样，是理性的、系统的方式，随机的因素也塑造着一个研究领域的发展。罗特的控制点概念曾被他看做是自己最重要的发现，但是他的同事却认为仅仅是个偶然。

罗特进行了一个实验。在这个实验中，被试被告知对一组卡片的背面进行猜测，猜一猜背面的图形是圆还是方。被试得知，这是在评估他们的超感觉能力。在完成一组卡片的猜测之后，他们被要求对下一组猜测的成功率进行估计，感觉一下自己会获得多大的成功。

某些被试报告说，他们会做得更差，因为他们认为自己在第一轮中的成功完全是运气。其他一些被试认为他们会做得更好，因为他们认为自己在第一轮中的成功建筑在他们超感觉能力的基础上，他们相信随着练习次数的增加，这种能力会有所改善。

那时，罗特也在实验现场，他正在指导杰里·法里斯(E. Jerry Phares)进行临床训练。法里斯告诉罗特，一位病人为他缺乏社会生活而感到痛苦。在法里斯的鼓励下，这个病人与几位女性进行了约会、跳舞等。但是即使有了这些社交生活上的明显成功，他的思想观念却没有改变，而是认为自己仅仅是幸运，“这种事情不会再发生”。

听了这个故事以后，罗特产生了下面这样一些观念，他意识到：

> 在我们的实验中，总是有一些被试像这位病人那样，即使在成功之后期望也不会提高。我和我的研究生进行过各种实验，在这些实验中，我们暗中操纵志愿者的成功或失败……对于某些志愿者来说，不管我们告诉他们在大多数时间里他们是错的还是对的，都不会改变他们的期望，认为自己在下一组测试中大部分肯定都是错误的。另外一些人，不管我们讲什么，他们都会认为自己在下面的测试中会做得更好。
>
> 那时，我把我的工作的两个方面放到一起考虑——既作为一个实践者，也作为一个科学家，做出了这样的假设，即某些人认为发生在他们身上的事情都是由这种或那种外部因素控制的；另外一些人认为发生在他们身上的事情更多的是自己的努力和技能决定的。(引自 Hunt，1993，p. 334)

我们不禁要问，如果法里斯的病人在跳舞之后改变了他有关自己是否受欢迎的思想观点的话，罗特是否还会产生控制点的想法呢？

评论

罗特的社会学习理论吸引了许多追随者。这些追随者原来就是实验取向的，并且认为认知变量在影响行为方面发挥着重要作用。他根据研究对象的要求，尽可能使他的实验方法精密、严格和可控制。他对概念的界定尽可能地精确，以便进行实验验证。大量的实验研究，特别是有关内部控制点的研究都支持了他的观点。罗特声称，控制点“已经成为心理学和其他社会科学中研究最多的变量之一”(Rotter，

1990，p. 489）。

历史在线

http://www. psych. fullerton. edu/jmearns/rotter. htm

回顾了罗特的生活和理论，外加一个出版物的目录。

行为主义的命运

尽管认知挑战成功地从内部改变了自华生开始一直到斯金纳的行为主义运动，但是我们必须记住，班杜拉、罗特和其他支持认知方法的新的新行为主义者仍然认为自己是行为主义者。我们或许可以称他们为"方法论的行为主义者"，因为他们把内部认知过程看做是心理学研究对象的一个部分，而"激进的行为主义者"认为心理学只能研究外显的行为和环境刺激，不能研究任何假定的内部状态。华生和斯金纳是激进的行为主义者，而赫尔、托尔曼、班杜拉和罗特则可以归入方法论的行为主义者范畴。

斯金纳式的行为主义的优势地位在 80 年代达到顶峰，1990 年斯金纳逝世后开始走下坡路。即使由斯金纳在 1948 年创办的哈佛大学著名的鸽子实验室 1998 年也关闭了（Azar，2002）。斯金纳承认，他的行为主义已经失去了基础，认知取向的冲击越来越强。其他的学者也同意这一点，认为"主要大学的学者中现在有更少的人承认自己是传统意义上的行为主义者，事实上，行为主义已经成为过去式"（Baars，1986，p. 1）。

在当代心理学，特别是在应用心理学中发挥重要作用的行为主义已经不是华生 1913 年的行为主义宣言和斯金纳逝世之前这段时间之间的那种行为主义了。就像科学和自然中其他的进化那样，物种在连续不断地进化，在这种意义上，它的建立者所设想的那种行为主义不存在了，但是行为主义的精神仍然存在。

问题讨论

1. 描绘行为主义的三个阶段。什么是操作主义？它对 20 世纪 20 年代和 30 年代的新行为主义有哪些影响？
2. 什么是虚假问题？为什么虚假问题的概念对行为主义者那么有吸引力？
3. 什么是中介变量？怎样给中介变量下操作定义？请举例说明。
4. 目的行为主义对于托尔曼意味着什么？描述支持托尔曼理论的经典实验。
5. 赫尔的行为主义同华生的观点和托尔曼的观点有什么不同？机械论在赫尔的行为主义体系中扮演了什么角色？

6. 界定赫尔的原初内驱力和次级内驱力、原初强化和次级强化。
7. 什么是假设—演绎方法？谈谈对赫尔体系的一些批评。
8. 描述斯金纳对理论、机械论精神、中介变量和统计方法的看法。
9. 区分操作条件反射和应答条件反射，怎样使用操作条件反射矫正行为？
10. 固定间隔强化模式与固定比例强化模式有什么区别？请举几个例子加以说明。
11. 斯金纳的体系为什么受到批评？
12. 班杜拉和罗特关于认知因素的观点与斯金纳有什么不同？怎样使用示范作用改变行为？
13. 自我效能感低的人与自我效能感高的人有什么不同？依据对行为的影响，区分自我效能和控制点的作用。

建议阅读

Bandura, A. (1976). Albert Bandura. In R. I. Evans (Ed.) *The Making of Psychology: Discussions with creative contributors*. New York: Knopf. 班杜拉的访谈录，班杜拉就自己的生活和工作发表的谈话。

Catania, A. C. (1992). B. F. Skinner, organism. *American Psychologist*, *47*, 1521—1530. 描述了斯金纳与达尔文在生活和思想观点上的一些共同之处。

Guttman, N. (1977). On Skinner and Hull: A reminiscence and projection. American Psychologist, 32, 321—328. 描述了斯金纳与赫尔在思想观点上的异同之处，预测了斯金纳的影响会持续更长的时间。

Pressey, S. L. (1967). Autobiography. In E. G. Boring & G. Lindzey (Ed.), A history of psychology in autobiography (Vol. 5, pp. 313—339). New York: Appleton-Century-Crofts. 普雷西有关自己工作的叙述，包括他对教学机器的发展。

Skinner, B. F. (1953). Science and Human Behavior. New York: Free Press. 斯金纳对人类行为的科学分析。

Smith, L. D. & Woodwad, W. R. (Eds.) (1996). B. F. Skinner and behaviorism in American culture. Bethlehem, PA: Lehigh University Press. 分析了斯金纳的社会哲学和技术学观点，估价了斯金纳对美国社会的冲击，此外该书还包含了一些生平传记和自传材料。

Tolman, E. C. (1922). A new formula for behaviorism. Psychological Review, 29, 44—53. 托尔曼讨论了一种较少生理学化色彩的行为主义。认为这种行为主义能使心理学家更为全面地探讨动机和情绪问题。

Walter, M. (1990). Science and culture crisis: An intellectual Biography of Percy Williams Bridgeman (1882—1961). Stanford, CA: Stanford University Press.

介绍了布里奇曼的生活和工作，描述了他怎样以他的操作主义思想而不情愿地成为了科学哲学中的一个主要人物。

Wiener，D. N. (1996). B. F. Skinner：Benign anarchist. Boston：Allyn & Bacon. 在同斯金纳的被试、同事和学生广泛交谈的基础上，描述了斯金纳的心理学观点。

第十二章 格式塔心理学

格式塔革命

我们已经追溯了心理学的发展。心理学的这一发展始于冯特和铁钦纳对冯特理论的完善,中间经历了机能主义思想学派和应用领域的发展,然后是华生和斯金纳的行为主义及其在行为主义内部的认知挑战。大约在美国的行为主义集聚力量的同一时间,格式塔革命席卷了德国心理学。这是对冯特心理学进行反抗的另一场运动。这也再次证明了冯特思想观念的重要性,即它激发了新观点,为心理学中新体系的产生奠定了基础。[1]

在攻击心理学既定传统的过程中,格式塔心理学主要关注冯特心理学的元素主义性质。我们记得,感觉元素是冯特心理学的基础。格式塔心理学把这一点作为他们攻击的目标。沃尔夫冈·科勒(Wolfgang Koler)这位格式塔心理学的建立者写道:"我们对这样一种观点感到十分震惊,即所有的心理事实……都是由一些毫无关联、惰性的元素组成,把这些元素结合在一起,因而导致活动的惟一因素就是联想(Kohler, 1959, p. 728)。"

为了理解格式塔心理学的抗议性质,让我们先返回到1912年。那个时候,华生的行为主义正在开始对冯特、铁钦纳和机能主义的攻击。来自于桑代克和巴甫洛夫的动物研究已经产生了重要影响。弗洛伊德的精神分析(参阅第十三章)已经出现了10年之久。尽管格式塔心理学家反对冯特的心理学运动在时间上平行于美国行为主义的兴起,但是两者是相互独立的。虽然两个思想学派都始于对冯特元素主义研究方式的抗议,但最终两者之间也成为两个敌对的阵营。

格式塔心理学与行为主义之间的不同很快就变得明朗化了。尽管格式塔心理学家批评那种把意识还原为元素的尝试,但是他们接受意识的价值,而行为主义拒绝承认意识概念对科学心理学的任何效用。

格式塔心理学家认为冯特的方法(像他们理解的那样)是砖和灰泥的心理学,也就是说,元素(砖)通过联想的灰泥而组

〔1〕 格式塔心理学与格式塔心理治疗并不是同一回事。后者流行于20世纪60年代。两者之间并不存在概念上的联系,只是都使用了"格式塔"这个术语。

合到一起。他们认为，当我们从窗户向外看去，我们真正看到的是树木和天空，而不是看到所谓的以某种方式联合起来的感觉元素，如亮度、色调等等。

此外，冯特认为对象的知觉仅仅是一束感觉元素的聚合或组合物。格式塔心理学家对此提出责难。他们认为，当感觉元素组合起来以后，就形成了一种新的形式或模式。例如，如果你把许多单个的音符放到一起，这些音符的结合就形成了一种新的曲调或音调。这一新的曲调或音调并不存在于任何一个单一的音符中。这一观点的一个通俗表达方式是：整体不同于部分的集合。公平地说，在他的创造性综合理论中，冯特已经认识到了这一点。

知觉远多于眼睛所接受的刺激

为了解释格式塔方法与冯特方法在知觉研究方面的不同，设想一下你是 20 世纪初期冯特风格的德国心理学实验室中的学生。主持实验的心理学家请你描述你在桌上看到的东西。你回答说：

"一本书。"

"是的，当然是本书，"他同意你的观点，"但是你究竟看到了什么？"

"你是什么意思，'我究竟看到了什么？'"你困惑不解地问道，"我告诉你我看到了一本书，书不大，有一个红色的封面。"

这位心理学家坚持问道，"你真正知觉到的是什么？尽可能精确地描绘给我听。"

"你的意思是说它不是一本书吗？我们在干什么，在跟我开玩笑？"

实验者变得有点不耐烦了。"是的，它是一本书，没有人跟你开玩笑。我只是想让你精确地描绘你看到的东西，既不要添加什么，也不要减少什么。"

现在你的猜疑更大了。"好吧，"你回答说，"从这个角度来看，书的封面看起来好像是一个暗红的四边形。"

"对！"他高兴地说，"你在平行四边形上看到暗红色，还有呢？"

"它下面有一条灰白色的边，在那下面有另一同样暗红色的细线。在细线下面，我看见桌子——"他向后退了一点，"在它周围，我看见一些闪烁着淡褐色的杂色条纹，这些条纹大致是平行的。"

"很好，很好。"他向你的合作表示感谢。

当你站在那里看着桌上的那本书时，你为这个固执的家伙让你做出这样的分析而感到难堪。他使得你如此地谨慎，以至于你都不敢确定你真正看到了什么和你认为你看到了什么……由于你的谨慎，你开始用感觉的术语谈论起你看到的东西，而在刚才，你十分确定桌上放着的就是一本书。

你的沉思突然被一位心理学家的出现而打断，这位心理学家看起来有点像威廉·冯特。"谢谢你，你帮助我们再次确证了知觉理论。你已经证明，"他说道，"你看到的书不过是元素性感觉的复合。当你力图精确、细致地告诉我们你真正看到的东西时，你的回答必须根据一块块颜色而不是物体。色觉是最基本的，且每一视觉对象都可以还原为色觉。你对书的知觉是由这样的感觉构成的，就像分子是由原子组成的一样。"

这段简短的谈话显然是一场战斗开始的信号。"胡说！"一个声音从大厅的另一头喊道。"简直是胡说！任何一个呆子都知道书是最初的、直接的、立即的和不容置疑的知觉事实！"你看到发出这声喊叫而向你走来的这位心理学家有点像威廉·詹姆斯，但是他似乎带点德国口音。你不敢肯定他的脸是否由于愤怒而涨得通红。"你一直在谈论的这种把知觉还原为感觉的方法只不过是一种智力游戏。物体并不仅仅是一束感觉。任何人在应该看到书的地方，却看到了一块一块的暗红色，那么他肯定是一个病人！"

当这场争斗开始进入高潮时，你轻轻地带上门溜走了。你已经得到了你所需要的解释，即有两种态度和两种不同的方法，他们对感觉提供给我们的信息进行了不同的解释。(Miller, 1962, pp. 103—105)

格式塔心理学家相信，知觉远多于眼睛所接受到的刺激。换言之，我们的知觉超越了感觉元素，这些感觉元素只不过是我们感官得到的基本物理数据。

对格式塔心理学的先行影响

就像所有其他运动那样，格式塔运动也具有它早期的思想根源。格式塔心理学的基础，即它对知觉整体的强调，可以追溯到德国哲学家康德的工作。康德是一个喜欢穿着睡衣和拖鞋写作的哲学家。他认为，当我们知觉那些我们称之为物体的东西时，我们的心理状态似乎是由零碎的东西组成的。这些零碎的东西就像我们在第二章中讨论的英国经验主义和联想主义所倡导的感觉元素。然而对于康德来说，这些元素之所以能组成有意义的形式，并不是通过某些机械联想过程，而是知觉过程中心灵的作用，由于心灵的作用，这些感觉元素组成了一个整体经验。因此，知觉并非像经验主义和联想主义所说的那样，是一个被动的印象和感觉元素的组合，而是一个积极的组织过程。它把元素组合成连贯的经验。正是以这种方式，心灵赋予知觉原始材料以形式和组织。

维也纳大学的布伦塔诺(参阅第四章)反对冯特对意识经验元素的强调。他认为心理学研究的是经验的动作(act)。他认为冯特的内省是人为的东西，而赞成一种对自然经验的更为直接的观察。布伦塔诺的方法非常接近于后来格式塔心理学所使用的方法。

厄恩斯特·马赫(Ernst Mach，1838—1916)是布拉格大学的物理学教授。他的《感觉的分析》(1885)一书对格式塔思维产生了更为直接的影响。在这本书中，马赫在谈到空间形式和时间形式的感觉时，把几何图形这样的空间模式和曲调这样的时间模式都看做是感觉。他认为这些空间形式和时间形式的感觉与它们的个别元素无关。例如，圆形可以是白色的或黑色的，也可以是大的或小的，但都保持着圆的元素性质。

马赫认为，即使我们改变观察的角度，对物体的知觉也不会变化。无论我们从上面，还是从一边，或者其他什么角度，桌子总是桌子。同样地，即使曲调的时间形式变化了，即演奏得更快或更慢，曲调在我们的知觉中依然保持不变。

克里斯琴·埃伦费尔斯(Christian V. Ehrenfels，1859—1932)对马赫的观念进行了加工和完善。他认为经验的性质是不能通过感觉元素的结合而解释的。他称这些性质为格式塔质(Gestalt qualities)或形质(form qualities)。形质是一种知觉，这种知觉以大于个别感觉元素的结合的某种东西为基础。例如，一支曲调是一个形质，因为即使改用不同的键演奏，它听起来还是同一曲调。因此，曲调是独立于组成它的那些感觉的。对于埃伦费尔斯和他的追随者来说，形式本身是一种元素。这种元素是心灵作用于感觉元素而产生的。因此，心灵可以从元素性的感觉中创造形式。格式塔运动的三个主要创建者之一魏特海默曾经在布拉格大学跟从埃伦费尔斯学习。他曾经指出，格式塔运动的最大刺激来自埃伦费尔斯的工作。

威廉·詹姆斯反对心理学中的元素主义倾向。他同样可以作为格式塔学派的先驱。詹姆斯把意识的元素看做是人为的抽象。他指出，人们所看到的物体是一个整体，而不是一束感觉。格式塔心理学的另外两个建立者，即考夫卡和科勒在跟从斯顿夫读书时，曾经听说了詹姆斯的工作。

对格式塔心理学的另外一个早期影响是德国哲学和心理学中的**现象学**(phenomenology)运动。现象学主张对自然发生的直接经验进行无偏见的描述。经验不能分析、还原为元素或者进行人为的抽象。现象学所涉及的几乎是朴素的常识性经验，而不是那种由受过某一体系特殊训练的内省者所报告的经验。

在1905～1915年间，一些现象学的心理学家工作在德国的哥庭根大学。这个时期也是格式塔运动开始兴起的时间。这些现象学心理学家的工作预示了格式塔心理学的方向。后来，格式塔心理学采纳了这些心理学家的方法。

物理学中变化的时代精神

对格式塔心理学的发展产生重要影响的是时代精神，特别是物理学的思想氛围。19世纪末期，随着人们对**力场**(fields of force)概念的承认与接受，物理学的观念已经变得不那么原子主义了。力场指的是由诸如电流这样的力线(lines of force)贯穿于其间的区域或空间。

经典的例子是“磁力”。以传统的伽利略—牛顿术语是难以理解力场的性质的。例如，当铁屑随着一张纸下面的磁石移动的方向移动时，铁屑排成了一种独特的模式。铁屑并不接触磁石，但是它们显然是受到磁石周围的力场影响的。光和电的活动方式也被认为是同样的。这些力场被认为是新的结构实体，而不是个别元素或粒子效应的总和。

因此，这种在新的科学心理学建立时期如此具有影响力的原子主义或元素主义在物理学中已经受到了质疑。物理学家描述场和有机整体，给格式塔心理学家以革命的方式看待知觉提供了弹药和武器。格式塔心理学反映了新物理学的观点，因此，我们再次看到心理学家努力模仿成熟的自然科学。

新物理学对格式塔心理学的影响也具有个人的原因。科勒曾经跟从现代物理学的创造者之一马克斯·普朗克(Max Planck)学习物理学。他写道，由于普朗克的影响，他注意到场物理学与整体格式塔概念之间的联系。科勒在物理学中直接看到了物理学不断增强的远离原子主义以及以较大的力场概念取代原子概念的趋势。科勒指出，“格式塔心理学已经成为场物理学在心理学基本部分的应用”(1969, p. 77)。

相比较而言，华生明显没有受到新物理学的训练。他的行为主义思想学派通过对行为元素的强调保持了还原论的传统。这种观点同物理学的传统原子论方法是一致的。

似动现象：对冯特心理学的挑战

格式塔心理学产生于1910年魏特海默的一项研究。假期乘火车在德国旅行的途中，魏特海默突然产生了一个想法，对运动实际没有发生，但却看到运动的现象进行实验。他立刻中止了他的旅行计划，在法兰克福下了车，买了一个动景器玩具，在旅馆的房间里对他的观念进行了初步的验证。后来，魏特海默在法兰克福大学对这一现象进行了更为广泛的研究。另外两位心理学家，即考夫卡和科勒也加入了这个实验。

魏特海默以考夫卡和科勒为被试，对没有实际发生明显的物理运动条件下的运动知觉进行了实验探讨。魏特海默称这个现象为运动的“印象”。魏特海默使用速示器通过两条细缝投射出两条光线，一条垂直，另一条和这个垂直线成20或30度的角。如果先通过一条细缝显示出光线，然后再通过另一条细缝显示另一条光线，且在两条光线之间有一相对较长的时间间隔(大于200毫秒)，被试看到的似乎是两条相继出现的光线：首先这一条出现，然后另一条出现。当两条光线的时间间隔较短，被试看到的似乎是两条连续的光线。如果两条光线处在一个较为理想的时间间隔上，即相距大约60毫秒，被试看到的就是一条单一的光线，这条单一的光线似乎从这个细缝向另一个细缝运动，然后又返回来。

这些发现在你看起来似乎很平常。多少年之前，科学家就已经察觉到这个现象了。然而，根据心理学中由冯特所支配的占优势的观点，所有的意识经验都可以被分析成感觉元素。那么这种似动知觉在仅仅存在两个静止光缝的条件下，怎么能用个别感觉元素的总和来解释呢？难道一个静止的刺激加到另一个静止刺激上就会产生运动感觉吗？显然，这是不可能的。而这恰恰就是魏特海默简单、巧妙地证明了的观点。他的这种解释对冯特理论的解释提出了挑战。

魏特海默相信，他在实验室中验证的现象就其本身来说，和感觉一样是一种基本的东西，但是它又明显不同于一个感觉或一系列感觉。他把这个现象称之为**似动现象**(phi phenomenon)。当那个时代的心理学家都无法对这个现象进行解释的时候，魏特海默是怎样解释的呢？他的回答与他的实验一样巧妙：似动现象不需要解释，它就像你知觉到它那样存在着，不能被还原为任何更简单的东西。

根据冯特的观点，对于刺激的内省将导致两个相继的光线，不会产生任何更多的东西。但是不管人们如何严格地内省两条呈现出来的光线，运动中的单一光线的经验都持续存在着，任何更进一步的分析必然要失败。从这一条线到另一条线的似动现象是一个整体的经验，它不同于它的部分(两条静止的线)的总和。因此，联想的、元素的心理学受到了严肃的挑战，而且那种元素心理学无法应对这个挑战。

1912 年，魏特海默发表了他的研究结果，题目为《运动知觉的实验研究》。这篇文章被认为标志着格式塔心理学思想学派的正式开始。

马克斯·魏特海默(1880—1943)

魏特海默出生于布拉格，18 岁之前，他一直在本地学校读书。在布拉格大学，他最初学习法律，后来又改学哲学。他听过埃伦费尔斯的课。以后，他转到柏林大学学习哲学和心理学。1904 年，他在符兹堡大学屈尔佩的指导下获得博士学位。然后他到法兰克福大学担任了讲师，并从事研究工作，1929 年晋升教授。在第一次世界大战期间，他进行了军事研究，帮助军队为潜艇和海港设计监听装置。

在库尔特·戈尔茨坦(Kurt Goldstein)和汉斯·格鲁勒(Hans Gruhle)的帮助下，魏特海默、考夫卡和科勒创办了《心理学研究》杂志。这份杂志成为格式塔心理学思想学派的官方刊物。1938 年，纳粹政府迫使该刊物停刊，1949 年恢复出版发行。

魏特海默是首批从纳粹德国逃亡美国的难民学者。1933 年到达纽约，加入了社会研究新院。此后，他一直在那里从事研究工作，直到 10 年后逝世。尽管在美国期间他是多产的，但是魏特海默感觉难以适应新的语言和文化环境。

魏特海默给年轻的心理学家亚伯拉罕·马斯洛(Abraham Maslow)留下了深刻印象。马斯洛对魏特海默如此敬畏，以至于开始研究他的个人特征。从对魏特海默和其他人的观察中，马斯洛提出了自我实现概念。后来，马斯洛建立了人本主义心理学思想学派(参阅第十四章)。

历史在线

http://www.geocities.com/hotsprings/8646/about.html

魏特海默简短的生平传记，1924 年在柏林有关格式塔心理学讲座的全文，以及有关他的书籍、文章的目录。

库尔特·考夫卡(1886—1941)

考夫卡出生于柏林。他是格式塔心理学创立者中最善于写作的。早年他就对科学和哲学产生兴趣。他的大学时代是在柏林大学度过的。他跟随卡尔·斯顿夫学习心理学，1909 年获得博士学位。第二年到了法兰克福大学，开始了他与魏特海默和科勒长久的、富有成果的友谊。考夫卡写道：

> 我们之间相互喜欢，我们具有同样的热情、同样的背景，每天聚在一起讨论天底下的每一种问题……我现在仍然可以感受到当想到似动现象真正意味着什么的时候而产生的激动……最终，整体成为一个可以研究的课题，它已经进入了心理学体系之中。(引自 Ash, 1995, pp. 120, 131)

1911 年，考夫卡到离法兰克福大学 40 英里的基赞大学任教，他在那里一直工作到 1924 年。在第一次世界大战期间，他在精神病诊疗所工作，帮助治疗脑损伤和失语症病人。

战争过后，由于敏锐地觉察到美国心理学家开始关注德国格式塔心理学的发展，考夫卡给美国心理学杂志《心理学公报》撰写了一篇文章，题目是《知觉：格式塔理论引论》(Koffka，1922)。在这篇文章中，他介绍了格式塔心理学的基本概念及其研究结论和意义。

尽管这篇文章对于美国心理学家第一次全面理解格式塔运动起到了重要作用，但是也许对格式塔心理学却弊大于利。因为文章题目中的"知觉"一词给人造成了持久的误解，认为格式塔心理学仅仅研究知觉问题，与心理学的其他领域无关。实际上，格式塔心理学关心的是更为广阔的认知过程的问题，包括思维、学习和意识经验的其他方面。马克斯·魏特海默的儿子，心理学家米契尔·魏特海默(Michael Wertheimer)解释了为什么格式塔心理学早期关注知觉问题。他指出：

> 早期格式塔心理学家的出版物集中在知觉领域的主要原因是那时的时

代精神：遭到格式塔主义者反抗的冯特心理学所获得的支持大多数来自感觉和知觉的研究，因此，格式塔心理学家选择了知觉领域，以便于在冯特的堡垒中击败冯特。(Michael Wertheimer, 1979, p. 134)

1921年，考夫卡出版了《心之成长》。这是一本有关儿童发展心理学的著作，在德国和美国都获得了成功。此后，考夫卡作为访问教授在康奈尔大学和威斯康星大学讲授格式塔心理学。1927年，他被任命为马塞诸塞州史密斯学院的教授，此后他一直在那里工作，直到1941年去世。1935年，他出版了《格式塔心理学原理》一书，这本书深奥难懂，因而没有像他愿望的那样，成为格式塔心理学的界定性论述。

历史在线

http://psychclassics.yorku.ca/koffka/Perception/intro.htm

有关考夫卡1922年的那篇文章，《知觉：格式塔理论引论》的介绍。

http://www.marxists.org/reference/subject/phiosophy/works/ge/koffka.htm

考夫卡1935年出版的《格式塔心理学原理》一书的第一章。

沃尔夫冈·科勒(1887—1967)

科勒是格式塔心理学的代言人。他的著作简明、精炼，成为格式塔心理学的标准著作。科勒曾经跟随物理学家普朗克学习，物理学方面的训练使他相信心理学必须与物理学结盟。格式塔(形式或模式)不仅发生于物理学中，也发生于心理学中。

科勒出生于爱沙尼亚，5岁那年举家迁至德国北部。他的大学时期是在图汀根大学、伯恩大学和柏林大学度过的。1909年，在斯顿夫指导下，他在柏林大学获得博士学位。恰恰就在魏特海默和他的玩具动景器到达法兰克福之前，科勒来到了法兰克福大学。

1913年，应普鲁士科学院的邀请，科勒到非洲西北海岸的康那利群岛的特纳利夫岛进行黑猩猩研究。到达那里6个月之后，第一次世界大战爆发了。科勒报告说，他无法离开那个地方，而此时其他德国公民在战争爆发的那一年都设法返回了德国。一位心理学家通过对历史数据的独特研究，认为科勒或许是一个德国间谍，他的研究工作仅仅是从事间谍活动的外衣(Ley, 1990)。有人指控说，在科勒居住房屋的顶层隐藏了一个大功率的半导体发报机。科勒使用它传送同盟国船只的信息。然而，支持这一主张的证据都不够充分，科勒的追随者和一些历史学家也对此提出了质疑(参阅

Lück，1990)。

无论是间谍还是被战争所困的科学家，科勒花费了随后7年的时间在岛上研究黑猩猩的行为。在1917年出版的《猿的智慧》一书中，科勒报告了他的工作。1924年，这本书出了第二版。它现在已经成为经典著作，早就被翻译成了英文和法文。尽管科勒最初感觉黑猩猩的研究非常有趣，但是他很快就对与动物呆在一起感到厌倦。他写道："两年中间，每一天都与黑猩猩在一起，我感觉我已经被黑猩猩同化了……现在我很难注意到动物的什么东西(引自Ash，1995，p.167)。"

1920年，科勒返回德国。他把黑猩猩卖给了柏林动物园。但是这些黑猩猩由于无法适应变化的环境，没过多久就死去了。两年之后，科勒接替斯顿夫而成为柏林大学的心理学教授。他之所以能获得这个令人羡慕的任命，最可能的原因是他的《静态的物理格式塔》一书。这本书因它的高学术含量而受到广泛赞誉。在这本书中，科勒主张格式塔理论是自然的一个基本定律，应该被扩展到一切科学领域。

20世纪20年代中期，科勒同他的妻子离了婚，娶了一个年轻的瑞典学生。从那以后，他就再也没有见过第一次婚姻的4个孩子。他的手臂开始颤抖，在他生气时会颤抖得更加厉害。每天早晨，他的实验室助手都会注意他颤抖的手臂，以便猜测他的心境。

1925—1926年的学术假期间，科勒在哈佛大学、克拉克大学开设讲座，业余时间也教研究生跳探戈。1929年，他出版了《格式塔心理学》，这是一本对格式塔运动进行全面阐述的著作。

1935年，由于同政府产生冲突，科勒离开纳粹德国。在他的讲课中，他批评德国当局，这导致一帮纳粹杀手闯入教室，对他进行威胁。但是这个威胁并没有阻止他对纳粹政府的批评，而这种批评很容易招致死刑。由于对开除一位犹太教授感到愤怒，他勇敢地写了一封反纳粹的信给柏林的报纸。信被发表的那天晚上，他和几个朋友在家中等待着，期待着盖世太保来逮捕他。但是那招致死亡的敲门声却没有出现。

当代一位历史学家指出，科勒是对开除犹太教授提出公开抗议的惟一的一位非犹太心理学家(Geuter，1987)。大多数教授和他们的学生从一开始就充满激情地支持德国政府。一位员工称独裁者希特勒是一位"伟大的心理学家"，另外一个员工赞扬希特勒是"有远见的、勇敢的和情绪上深刻的"(引自Ash，1995，p.342)。德国心理学学会的领导给予纳粹政府直接的支持，即使在禁犹的法律没有颁布之前，他们就驱赶了犹太籍的杂志主编，并公开赞誉希特勒。在学会的会议上，他们高声宣布着犹太人的"罪恶影响"(Mandlet，2002b，p.197)。

移居美国以后，科勒在宾夕法尼亚州斯瓦太莫学院从教。他又出版了几本书，并主编格式塔心理学的《心理学研究》杂志。1956年，他获得美国心理学会的杰出科学贡献奖，1959年被推选为美国心理学会主席。

历史在线

http://psychclassics. yorku. ca/kohler/today. htm

科勒 1959 年的一篇文章，题目是《今日的格式塔心理学》。

格式塔革命的性质

格式塔心理学的观念与德国心理学的大部分学术传统都是相抵触的。在美国，行为主义对冯特的心理学和铁钦纳的构造主义的反抗并不是那么直接，因为机能主义已经导致了美国心理学的基本变化。但是在德国，没有这种缓冲的力量为德国心理学的格式塔革命铺平道路。格式塔心理学家的观点无异于一种异端邪说。

像大多数学术革命那样，格式塔领导人需要的是对旧秩序完全地改写。科勒写道：

> 我们为我们发现的东西感到兴奋，当想到我们可以揭示更多的事实时，我们更是感到兴奋不已……这并不仅仅是因为我们事业的新性质激励了我们，也是因为我们感到如释重负——我们仿佛刚刚从监狱逃出。这个监狱就是我们还是学生的时候在大学中所讲授的心理学。(Kohler, 1959, p. 278)

在魏特海默研究了似动知觉之后，格式塔心理学就开始了其他知觉现象的研究。**知觉恒常性**(perceptual constancies)经验给他们的观点提供了另外的支持。当我们站在窗户前面，一个矩形就投射到我们眼睛的视网膜上，但是如果我们站在窗户的一边，视网膜的映像就变成了梯形，我们仍旧把窗户知觉为矩形。即使感觉数据(投射在视网膜上的映像)变了，我们对窗户的知觉依然保持不变。

同样的情形也适用于亮度和大小的恒常性，感觉元素可能产生变化，但是我们的知觉不变。在这些事例中，如同在似动现象中那样，知觉经验具有整体或完形的性质。这些整体或完形的性质在任何构成成分中都是没有的。因此，在感觉刺激的特征和实际的知觉特征之间存在着差异。知觉不能被简单地解释为元素的集合或部分的总和。

知觉是一个整体，是一个格式塔，任何分析和还原都会破坏这种整体性。

> 从元素开始，意味着从错误开始；因为这些元素是反省和抽象的产物，

是从它们用来解释的直接经验辗转推演出来的。格式塔心理学尝试返回朴素的知觉,返回到直接经验……它坚持认为,它发现的不是元素的集合,而是统一的整体;不是感觉的群集,而是树木、天空、云彩。对于这种主张,任何人只要张开眼睛,以日常生活的方式看看这个世界就可以得到验证。(Heidbreder, 1933, p. 331)

"格式塔"这个术语也造成了一些问题。它不像机能主义或行为主义,其术语本身已经指明了这个运动的含义是什么。格式塔在英语里找不到精确的对应词,尽管它现在已经成为心理学日常语言的一个部分。格式塔通常使用的同义词有形式、形状、结构等。

在1929年的《格式塔心理学》一书中,科勒指出了格式塔一词在德语里的两种使用方式。一种用法指的是作为物体性质的形状或形式。在这种意义上,格式塔指的是一种一般的性质,第二种用法指的是一个整体或一个具体的实体,它具有一种特定形状或形式的性质。

因此,格式塔既可以用来指物体,也可以用来指它们的独特形式。这一术语并不仅仅限于视觉或整个感觉领域,它或许也包含着学习、思维、情绪和行为(kohler, 1947)。正是在这个词的这种一般的、机能的意义上,格式塔心理学家试图涉足心理学的整个领域。

格式塔的知觉组织原则

1923年,魏特海默发表了一篇论文,提出了格式塔心理学学派的知觉组织原则。他宣称,我们对物体的知觉同对似动现象的知觉是一样的,都是作为统一的整体,而不是一束个别的感觉。这些格式塔原理本质上是我们用以组织知觉世界的规则。

一个基本前提是,无论何时,一旦我们感觉到各种形状或模式,知觉的组织作用立刻就会发生。知觉场中的分离部分连接到一起,形成区别于背景的结构。只要我们看或听,知觉的组织作用就是自发的和不可避免的。我们并不像联想主义者主张的那样,需要通过学习才能形成模式。当然,一些高级知觉,如用名称标记物体,的确是依赖学习的。

依据格式塔理论,大脑是一个动力系统,这一系统中所有的元素在特定时间里处在积极的相互作用中。大脑的视觉领域并不是独自对视觉输入的元素作出反应,同时通过某些机械的联想过程把这些元素连结起来。实际上,那些类似的或接近的元素倾向于结合到一起,而那些没有类似性或者分离的元素倾向于不进行这种结合。

下面列举的是知觉的几个组织原则,图 12.1 是这些原则的图示:

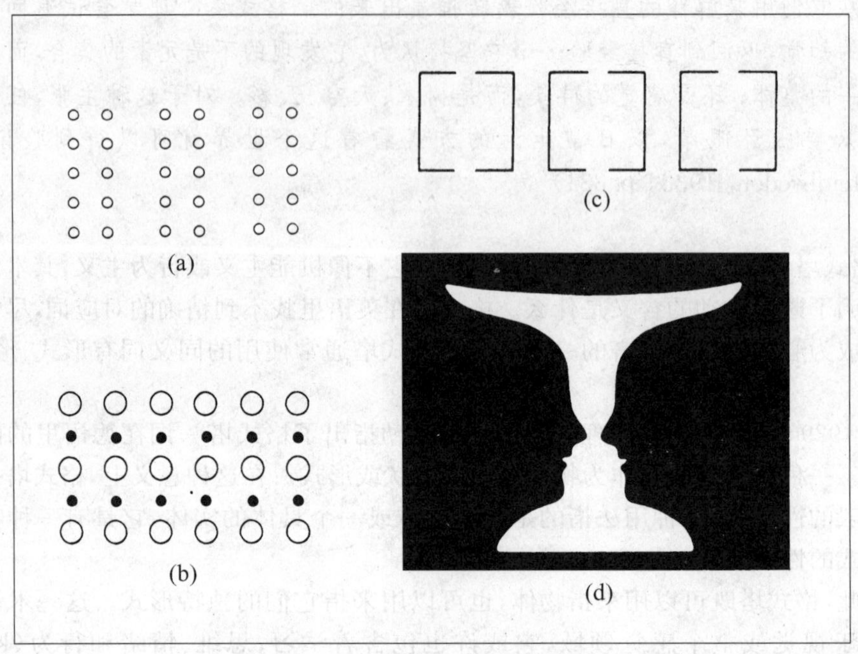

图 12.1 知觉组织作用范例

接近原则

在时间或空间上紧密在一起的部分似乎是相属的，倾向于被知觉为一体。在图12.1(a)中，你看到的是三对纵列的圆圈，而不是视为一个大的集合体。

连续原则

我们的知觉有追随一个方向的倾向，以便把元素联接在一起，使它们看起来是连续的，或者向着一个特定的方向。在图12.1(a)中，你倾向于沿着圆圈的纵列，从上到下进行知觉。

类似原则

类似的部分倾向于被统一知觉为一组。在图12.1(b)中，圆圈和黑点各自属于一个整体，你倾向于按照成排的圆圈和成排的黑点进行知觉，而不是根据纵列进行知觉。

封闭原则

我们的知觉有一种完成不完善图形、填补缺口的倾向。在图12.1(c)中，即使三个正方形是不完全的，你仍然倾向于知觉它们为正方形。

简单原则

在各种刺激条件下，我们都倾向于尽可能地把图形知觉为好的图形。格式塔心理学家称之为完好形式。一个好的格式塔是对称的、简单的和稳定的，已经不可能再简单、再整齐。图 12.1(c)是完好格式塔，因为它们被清晰地知觉为完善的和有组织的。

图形和背景

我们倾向于把知觉组织成被观察的对象（图形）和对象赖以产生的背景。图形似乎更加实在，从背景中凸现出来。在图 12.1(d)中，图形和背景是可反转的。你可以看到两张面孔，或者一个花瓶，这依赖于你怎样组织你的知觉。

这些组织原则并不依赖于高级心理过程或过去的经验，而是存在于刺激本身。魏特海默称它们为外周因素。但是魏特海默同样也承认，有机体的中枢因素影响着知觉。例如，我们知道，态度、熟悉这样一些高级心理过程的确影响知觉。然而一般说来，较之学习和经验的效应，格式塔心理学家更多地关注知觉组织作用的外周因素的影响。

历史在线

http://psy.ed.asu.edu/-classics/Wertheimer/forms/forms.htm

魏特海默 1923 年的论文《知觉形式中的组织定律》一文的全文和解释。

学习的格式塔研究：顿悟与类人猿的智慧

我们曾经提到过科勒于 1913～1920 年间在特纳利夫岛进行的黑猩猩研究。他在那里研究了黑猩猩在解决问题时所表现出来的智慧。这些研究都是在动物居住的笼子里或者在笼子周围的地方进行的。所涉及的仅仅是一些简单的实验用具，如笼子的栏杆（起路障作用），香蕉、把香蕉拉进笼内的棍子，以及一些箱子。这些箱子可供动物攀爬，以获取从天花板上悬挂下来的水果。科勒根据整个情境和刺激之间的相互关系来解释这些动物实验结果，其解释与知觉的格式塔观点是一致的。他认为问题解决的关键是重新建构知觉领域。

在一项研究中，一只香蕉被置于笼子之外，一根绳子连着香蕉，可以把香蕉拉进笼子里。黑猩猩毫不犹豫地拉动绳子，把香蕉拉进了笼子里。科勒得出结论认为，在这一情境中，作为整体的问题很容易为动物知觉到。然而，如果有几根绳子都通向香蕉，黑猩猩就不能很快地辨别出拉动哪一根绳子可以获得香蕉。科勒认为整个问题没有被清楚地认识到。

在另外一项研究中,水果放在了笼外黑猩猩恰恰拿不到的地方。如果一根棍子放在栏杆前靠近水果的地方,棍子和食物就被知觉为同一情境的部分,因此,动物很快就会使用棍子把食物拖进笼子里。但是如果棍子被放在笼子的后面,那么棍子和香蕉就不太容易被知觉为同一问题的部分。在这种条件下,黑猩猩就必须重新建构知觉领域,才能解决问题。

另外一个实验设计是把香蕉放在笼子外黑猩猩拿不到的地方,并且在笼子里放了几根空的竹竿,每根竹竿都太短,不足以够到笼子外的香蕉。要解决这个问题,就必须把两根竹竿接起来(一根的末端插进另一根的前端),以便使得竹竿变得足够长。因此,为了解决这个问题,动物必须在两根竹竿之间看出一种新的关系。

下面这个段落选自科勒的著作。它描述了有关黑猩猩学习的其他一些研究和观察。科勒讨论了黑猩猩学习使用工具去获取食物的努力,否则它们就无法获得那些食物。这些实验讲述了动物怎样使用箱子达到刺激对象,而这些刺激对象通常是从笼顶悬挂下来的香蕉。科勒在描述他的工作时使用的是非技术语言。他关注的是他的被试的个性特征和个体差异。他使用的不是正式的实验设计和测量,也没有严格的实验处理、控制组或者统计分析。他所描述的仅仅是他的观察,记录的是动物对他所创设的情境的反应。

原著精选

有关格式塔心理学的原始资料
选自科勒的《类人猿的智慧》(1927)

沃尔夫冈·科勒

黑猩猩并不是天生就具有某种特殊倾向,使其可通过堆积任何建筑材料,帮助它们自己获得放在高处的物体。但是,当情境需要,且有材料可资利用的时候,它们可以主要通过自己的努力,达到这个目标。人们总是倾向于忽视黑猩猩在这种情境中的真正困难。因为他们假定添加第二个建筑材料到第一个上需要的仅仅是动作的重复,即重复把建筑材料放在地上的第一个动作(在目的物的下面)。当第一只箱子站立在地上以后,箱子的平面就成为与地面一样的东西。因此,在这个建筑过程中,惟一的新因素就是实际的叠加,因而所留下来的惟一问题就是动物的行为是否利落,叠加箱子的动作是否笨拙等等……

然而,当苏丹(Sultan)第一次尝试叠加时,我们就会看出还存在着其他特殊的困难:当苏丹(被认为是最聪明的黑猩猩)第一次抓起第二只箱子,它举起这只箱子,莫名其妙地在第一只箱子上来回挥动，并不把第二只箱子放在第一只箱子上。第二次的时候，它把第二只垂直放到第一只箱子上，似乎没怎么犹豫，但是这个建筑仍然太低，因为目的物不巧悬挂得太高了。

实验随即继续进行。目的物被悬挂在距一边两米远的笼顶较低的地方。苏丹的建筑还是放在原处，但是苏丹前面的失败似乎有一种干扰性的后效，在很长时间里，它与原来的情形完全相反，根本就不注意箱子，而是发现了一种新的方法，并反复使用……

实验继续进行，但是令人奇怪的事情发生了：动物回归到以前的老方法。它用手拉着看守人到目的物下，看守人拿掉它的手，它又来尝试我，也被我拒绝了。看守人告诉我，如果苏丹再来拉他的话，他感觉就无法抗拒了，但是一旦动物爬到了他的肩膀上，他就蹲了下来，不让动物有机会够到食物。

事情变成了这个样子：苏丹把看守人拉到目的物下，仍然爬上他的肩膀，看守就弯下腰来。动物跳下来，报怨着，然后用两只手拉看守人，用力试图让他挺立身体。这真是一种奇怪的方式，它在尝试着改善人这个工具。

由于苏丹曾经独立发现了这一问题的解决方法，而现在却再也不注意箱子，因此，现在似乎应该消除它原来失败的原因。我把箱子相互叠加起来，而且就放在目的物下面，就像它第一次尝试的那样，然后让它拉下了食物。

至于苏丹尝试把看守人推到挺立的位置，我想在一开始就要驳斥那种"解读动物心思"的误解。这一过程就如同描述的那样，没有任何误解的可能性。这个事例并非惟一的一次……在这里，我再描述一些类似的事情：

苏丹无法解决这样一个问题，在这个情境中，目的物置于它够不到的地方，我在笼子里距它不远。经过各种徒劳的尝试之后，它向我走来，用手抓住我，把我推向栏杆，然后又用力拉我的手，试图把我的手伸向栏杆之外获得目的物。由于我不去抓食物，动物就走向看守人，尝试同样的事情。

过了一会，它又尝试同样的过程，但差别是，它首先必须用忧伤的恳求把我呼唤到栏杆前，因为我站在外面。在这种条件下，我就像第一次一样态度坚决，让动物毫无办法。苏丹拉着我的手不放松，除非我的手碰到了目的物。但是为了以后的实验，我并不帮助它获得食物。

我还要提另外一件事情。有一天，天气非常炎热，动物们不得不比通常等待更多的时间才有水送来。最后，动物们干脆抓住看守人的手、脚或膝盖，尽最大的力量把看守人推向门边。通常，水坛就放在门后面。这种行为一度成为它们的习惯。如果人们持续给它们喂食香蕉，奇卡(Chica)就会平静地把香蕉从他手中拿走，放到一边，然后拉着他走向门口(奇卡总是干渴)。

在这些事情上，如果认为这些黑猩猩无知和愚笨，那就错了。这些动物特别能辨别那些不穿外套，仅仅穿着衬衫和裤子的土著服装。如果有什么东西让它们感到困惑，它们就会进行探查。任何打扮或外表上较大的变化(如留胡子)都会令格兰德

(Grande)和奇卡立刻进行审查。

经过对苏丹的鼓励性帮助以后,箱子再次被放到了一边。一个新的目的物被放在屋顶的同一个地方。苏丹立刻把箱子叠加起来,但是却放在了目的物原来在的那个地方,也就是它原先叠加箱子的地方。在它上百次尝试中,这次是它最笨拙的一次。显然,苏丹感到非常困惑,而且或许也非常疲劳了,因为在这样炎热的天气里,实验已经持续了1个多小时。当苏丹漫无目的地把箱子推来推去时,我们只好再次为它建筑好箱子,它跳上去,得到了香蕉。我看它仅仅在一个时候好像困惑和不安。

第二天,我清楚地意识到,问题本身有特殊的困难。苏丹把一只箱子搬到目的物下,但是却不知道再把第二只搬来。最终,我们为它建筑好,它就跳上去,达到了目的。然后我们把建筑拆掉,再进行同样的实验,可是并没能诱发它进行建筑工作。它持续不断地尝试使用观察者作为它的脚凳,最后,我们只好再次为它摆好箱子。在第三个目的物下,苏丹放了一只箱子,把另外一只箱子拉过来,放在一边,但是在最关键的时候却停了下来,它持续看着目的物,同时摆弄着第二只箱子,突然,它坚定地抓起箱子,十分干脆地把它放在了第一只箱子上面。这一快速的解决方法与它长时间的困惑形成了鲜明的对比。

两天以后,实验重复进行。目的物被再次悬挂在一个新的位置上。苏丹把一只箱子放在了目的物下面旁边一点的地方,然后拿来了第二只箱子,开始准备叠加。这次它观察着目的物,又把箱子丢在了一边。在经过其他的一切动作(爬上顶棚,拉观察它的人等)之后,它又开始建筑。它在目的物下小心地把第一只箱子直立起来,又花费了巨大努力把第二只放到了第一只上,并不停地转动和扭动那只箱子。第二只箱子扣到了第一只上面,但是位置摆放得不太合适。因此,当苏丹爬了上去,整个建筑就倒了下来。

由于过于疲劳,它躺在房间的一角,从那个地方可以看到箱子和目的物。过了很长时间以后,它重新开始工作。它把一只箱子直立,然后跳上去试图达到目的物;跳下来,抓住另外一只箱子,以一种固执的神态,成功地把第二只直立在第一只箱子上,但是第二只箱子摆放得过于靠边,每次想爬上去,建筑就要倒塌。在经过长时间的、盲目的尝试之后,最终上面的箱子牢牢站住了脚。苏丹爬了上去,得到了食物。

在经过这次尝试之后,苏丹总是立刻使用第二只箱子,而且也明白应该把它摆在什么地方。

评论

科勒认为这些研究和其他一些类似研究为顿悟提供了证据。顿悟指的是一种对关系的自发的把握或理解。苏丹在经过多次尝试之后,通过把握箱子和悬挂在头上香蕉之间的关系而对问题最终形成了顿悟。在德文中,科勒描述这一现象的术语是Einsicht,英文的意思是顿悟或理解。美国动物心理学家罗伯特·耶基斯也在同一时期独立地发现了这一现象，他在猩猩身上发现了支持顿悟概念的证据，但他称这个现象为“观念学习”(ideational learning)。

在20世纪30年代，巴甫洛夫复制了科勒的某些研究。在这些研究中，巴甫洛夫也是使用类人猿把一只箱子放到另一只箱子的上面，以便获取天花板上悬挂下来的食物。他发现解决这个问题花费了这个动物几个月的时间。科勒认为类人猿对情境产生了一种顿悟，但是巴甫洛夫质疑这种观点，认为动物所谓的问题解决行为是混乱的。巴甫洛夫认为这些类人猿的反应与桑代克研究中的尝试与错误学习没有什么区别。

1974年，科勒的黑猩猩的看守人曼纽尔·加西亚(Manuel G. Garcia)向一位来访者描述了那些研究。他讲述了许多动物的故事，特别是关于苏丹的故事。苏丹通常可以帮助看守人分发食物。看守人经常给苏丹一束香蕉，然后口头告诉它，每个(动物)两只。苏丹就会到每个笼子前，给每个黑猩猩两只香蕉(引自 Ley，1990，pp. 12—13)。

有一天，苏丹观察到看守人在用油漆漆门。当看守人离开以后，苏丹拿起刷子，开始模仿它观察到的动作。在另外一个场合，科勒的小儿子坐在笼子前，徒劳地尝试着把一只香蕉从两根栏杆中拖出来，苏丹在笼子里，而且显然那个时候没有饥饿，它把香蕉转了一个90度的弯，以便让香蕉能顺利地从两根栏杆中通过。科勒告诉他儿子，苏丹比他要聪明。

科勒相信，黑猩猩表现出的顿悟和解决问题能力与桑代克所描述的尝试与错误学习是不同的。科勒批评桑代克的工作，认为桑代克的实验条件是人为的，只能让被研究的动物表现随机行为。科勒指出，桑代克迷箱中的猫无法了解整个逃出机关(整个情境中的所有有关因素)，因而只能表现出尝试与错误反应。

同样地，迷津中的动物不能看到整个模式或模型，它每次碰到的仅仅是单一的胡同。因此，动物没有别的办法，只能每次尝试一条道路。以格式塔的观点来看，为了形成顿悟学习，有机体必须能知觉到问题各个部分之间的关系。

有关顿悟的这些研究支持了格式塔心理学家“总的”行为的概念。总的行为的概念与行为主义者所倡导的分子或原子行为概念是对立的。这些研究同样也强化了学习涉及心理环境重组或重构的格式塔观念。

历史在线

http://www.pigeon.psy.tufts.edu/psych26/klhler.htm

科勒对《猿的智慧》一书的介绍、来自该书的一些照片，以及他的一些反对桑代克学习观点的文章，另外还有一些有关科勒研究工作的评论和问题。

人的创造思维

魏特海默有关创造性思维的书(Wertheimer，1945)是他去世后才出版的。在这本书中，魏特海默把学习的格式塔原则应用于人的创造性思维。他认为，思维是依据整体的作用完成的。学习者把情境看做一个整体，教师也必须把情境呈现为整体。你可以看出这一观点同尝试与错误方法的不同。依据尝试与错误方法，问题的解决方法是隐蔽的。在某种意义上，学习者在找到正确答案之前会犯错误。

在魏特海默的书中所涉及的事例包含了从儿童解决几何问题的思维过程到物理学家爱因斯坦在建立相对论时所表现出的复杂认知过程。魏特海默在不同的年龄阶段和各种难度水平上都发现证据支持他的观点，即问题整体必须支配部分的一贯观点。他相信，问题的细节必须放在整体情境的关系中来加以考虑。此外，问题的解决过程应该从整体走向部分，而不是从部分走向整体。

例如，在课堂教学情境中，如果教师能把词素和数字的练习安排和组织成有意义的整体，则学生就更容易表现出顿悟，抓住问题的关键，找到问题的答案。魏特海默证明，一旦理解了答案的基本原理，那么这个原理就可以被迁移或应用到其他情境。

他质疑传统的教育实践，对源自联想主义学习方法的机械练习和背诵学习提出挑战。他发现重复不会导致创造性，而且引用了只靠机械方法而不用顿悟方法的学生不能解决变式问题作为证据。然而，他认为诸如姓名、日期这样一些事实应该背诵，通过重复而加强联想。因此，他承认重复对于某些目的是有用的，但是他坚持认为重复只能导致机械操作，而不能导致理解和创造性思维。

同型论

确立了人类知觉到的是有组织的整体，而不是感觉元素的集合这一原理之后，格式塔心理学家就把关注的重心转到了知觉过程的大脑机制方面。他们尝试建立一种有关知觉格式塔的潜在的神经对应物的理论。大脑皮层被描述为一个动力系统，其中的元素在特定的时间相互作用。这一观念与那种把神经活动比作电话接线板，根据联想原理把感觉输入机械地联系在一起的那种机械概念形成鲜明对照。在这种联想主义的观点中，大脑的操作是被动的，是不能积极地组织或矫正所接收到的感觉元素的。后一理论同样意味着在知觉和它的神经副本之间是直接对应的。

从有关似动现象的研究出发，魏特海默认为大脑活动是结构的、整体的过程。由于似动和实际运动在经验上是同一的，那么似动和实际运动的皮层过程必然是类似的。由此可以推出这样的结论，即相应的大脑过程必然发挥作用。

换言之，为了解释似动现象，在心理或意识经验与作为其基础的大脑活动之间必然存在着一致性。这一观念被称之为**同型论**。同型论的原理早已为生物学和化学所接受。格式塔心理学家把知觉比作地图,因为地图对于它表征的地区来说是同型的,但是又不是这一地区的完全的复写。然而,地图却可以为人们提供向导。知觉同样如此,它是通往真实世界的可靠向导。

在 1920 年出版的《静态的物理格式塔》一书中,科勒扩展了魏特海默的理论。他认为,皮层的活动过程类似于力场。就像围绕着磁石的电磁力的活动方式那样,神经活动场可以通过大脑对感觉冲动作出反应的电动机械过程建立起来。

格式塔心理学的传播

到 20 世纪 20 年代中期的时候,格式塔运动已经成为德国团结一致、居于支配地位、强有力的思想学派。当时,格式塔运动以柏林大学的心理学研究所为中心,吸引了来自许多国家的学生。这个研究所位于以前帝国皇宫的侧楼里,自称为世界上最大的实验室之一,其中的设备可以用于来自格式塔观点的各种问题的研究。格式塔心理学的杂志《心理学研究》发行范围很广,且受人尊重。

1933 年纳粹窃取德国政权以后,他们的反学术主义、反犹主义及其镇压活动迫使包括格式塔学派建立者在内的许多学者离开了德国。格式塔心理学的核心转到了美国,格式塔思想通过个人接触和出版的著作而在美国广为传播。即使在这一学派正式建立之前,许多美国心理学家就同这一学派未来的领导人一起学习过,吸收了他们的思想。普林斯顿大学的赫尔巴特·兰菲尔德(Herbert Langfeld)在柏林见到了考夫卡,然后把他的学生托尔曼送到了德国。托尔曼成为考夫卡研究计划中的一个被试。康奈尔大学的罗伯特·奥格登(Robert Ogden)同样碰到了考夫卡。哈佛大学人格心理学家戈登·奥尔波特(Gordon Allport)在德国学习了一年,宣称格式塔实验研究的性质给他留下了深刻印象。

考夫卡和科勒的一些著作已经从德文翻译成了英文,美国心理学杂志也对这些著作进行了评论。美国心理学家哈里·赫尔森(Harry Helson)在《美国心理学杂志》上发表了一系列文章,介绍格式塔心理学,推动了格式塔理论在美国的传播(Helson, 1925, 1926)考夫卡和科勒多次访问了美国,在大学和各种会议上发表演讲。在 3 年中间,考夫卡在美国作了 30 场报告,1929 年,科勒成为在耶鲁大学召开的第九届国际心理学大会的主要发言者。

因此,格式塔心理学正在引起美国的注意,但是由于几个原因导致接受格式塔心理学作为一个思想学派的速度比较缓慢。首先,行为主义正处在其发展的巅峰。其次,存在着语言的障碍。格式塔的主要出版物都是德语的,翻译的需要延缓了格式塔观点在美国全面和快速地传播。第三,就像前面指出的,许多心理学家不正确地认为格式塔心理学仅仅研究知觉。第四,魏特海默、考夫卡和科勒都定居在美国的一些小的学院,这些学院没有培养研究生的博士点,因而很难吸引信徒来贯彻他们的观念。第五,也是最重要的一点是,美国心理学已经远远超越了冯特和铁钦纳的观念,而这些观念是格式塔心理学正在反对的东西。行为主义已经开始成为美国人反抗的第二个舞台。因此,美国心理学已经比德国心理学更加远离了冯特的元素主义观点。美国心理学家相信,格式塔心理学与之战斗的是已经被他们打败的敌人。格式塔心理学家来到美国抗议着某种人们已经不再关心的东西。

这样的情境对于格式塔学派的生存是致命的。在整个心理学历史中,我们已经持续看到一些证据,证明革命性的运动需要某种东西进行对抗。如果他们指望成功地传播自己的观点,就必须有某种能与之抗争的东西。但是当格式塔心理学家来到美国以后,已经找不到与之对抗的东西了。

与行为主义的论战

当格式塔心理学家意识到美国心理学的发展趋势时,他们很容易地找到了新的靶子。如果说攻击已经从美国心理学中消失的冯特心理学是没有意义的,那么他们可以攻击行为主义思想学派的还原论性质。因此,格式塔心理学家争辩说,就像冯特的心理学那样,行为主义研究的同样是人为的抽象物。他们认为,无论是依据内省的还原,把意识分析为心理元素(冯特),还是通过客观的还原,把行为分析为条件化的刺激—反应单位(华生),对于他们来说都没有多大区别。其结果是同样的,都是一种分子的而不是整体的方法。格式塔心理学家同样也质疑行为主义对内省效度的拒斥及其对意识概念的否认。考夫卡指出,像行为主义那样,建立一种没有意识的心理学是没有任何意义的,因为那将意味着心理学不过是一些动物研究的集合。

格式塔和行为心理学家的这场战斗变得具有个人色彩和情绪色彩。1941 年,在费城的一次科学会议之后,赫尔、托尔曼、科勒和其他一些心理学家外出喝啤酒,科勒指出,他曾经听说赫尔在课堂教学中使用了侮辱性的词组"那些该死的格式塔者"。科勒的一番话令赫尔十分尴尬。他回答说,他希望科学上的异议不要转变成个人攻击。

科勒是这样回答的。他说他"愿意以逻辑的和科学的方式讨论大多数问题,但是当人们试图把人变成某种机器的时候,他就不得不战斗了"。他把拳头重重地敲在桌子上,以强调他的观点(引自 Amsel & Rashotte, 1984, p. 23)。

纳粹德国的格式塔心理学

尽管格式塔思想学派的建立者在战争期间逃离了德国,但是他们的一些信徒在纳粹时代一直待在德国,直到 1945 年德国被同盟国击败。这些人坚持格式塔的观点,继续从事研究,探讨了视觉和深度知觉问题。科勒的心理学研究所一直存在于柏林大学,虽然像其他德国大学那样,已经不再是开放的和学术自由的了。1936 年访问该研究所的一位美国人评论道:"格式塔心理学以前的这个堡垒在学术气氛上已经完全地贫瘠了(引自 Ash, 1995, p. 340)。"在第二次世界大战期间,大多数德国心理学家的研究活动都是为战争服务的,主要是从事军事人员的评估。实用的和应用的研究优先于纯科学的和理论的建设。

场论：库尔特·勒温(1890—1947)

我们曾经指出，19世纪晚期科学发展的趋势就是依据场的整体关系进行思维，而不是在一种原子论的或元素主义的框架内进行思维。格式塔心理学反映了这一趋势。心理学中场论的产生类似于物理学中力场概念的产生。在今日的心理学中，当我们使用**场论**这一术语时，通常指的是库尔特·勒温(Kurt Lewin)的观念。勒温的工作在倾向上具有格式塔心理学的特征，但是它超出了正统格式塔心理学的观点，其范围包括了人的需要、人格和对行为的社会影响等。

勒温的生平

勒温出生于德国。他高等教育期间读过的大学有弗赖堡大学、慕尼黑大学和柏林大学。1914年，他在柏林大学卡尔·斯顿夫的指导下获得心理学博士学位。在柏林大学，他同时还学习了数学和物理学。在第一次世界大战期间，他服役于德国军队，并在战争中负伤，获得了德国政府的钢铁十字勋章。他返回柏林大学，从事联想和动机方面的格式塔心理学研究。他对格式塔研究如此热情，以至于人们都认为他是格式塔心理学三个建立者的同事。1929年在耶鲁大学召开的第九次国际心理学大会上，他向美国心理学家报告了他的场论。

因此，当1932年他成为斯坦福大学的访问教授时，他在美国已经是知名人士了。第二年，由于纳粹的肆虐，他决定离开德国。他写信给科勒，指出："现在我相信我已经没有别的选择，只有移民了，即使这样做毁掉了我的生活(引自 Benjamin，1993，pp. 158—160)。"[1]到美国以后，他在康奈尔大学工作了两年，然后到了依阿华大学。他对儿童的社会心理学研究使得他收到了一个邀请，邀请他在麻省理工学院建立一个群体动力学新研究中心。尽管在他到任以后几年就去世了，但是他的工作十分富有成效。现在这个研究中心在密西根大学，依然十分活跃。

生活空间

在他30年的职业生涯期间，勒温投身于一个范围广阔的人类动机领域。他在物理和社会环境中对人的行为进行描述(Lewin，1936—1939)。他的整个心理学概念是实用性质的，关注的是影响我们生活和工作的社会问题。他尝试对那个时代的工厂进行人性化的工作，以便于让工作成为个人满足的源泉，而不仅仅是维持生存的方式。

物理学中的场论知识使得勒温认识到，人的心理活动发生于一种心理场中，后来，

〔1〕 勒温的母亲和姐姐都死在了纳粹集中营里。

他称这种心理场为生活空间。生活空间包含了所有对我们产生影响的过去、现在和未来的事件。从心理学的立场来看，每一个这样的事件在特定的情境中都决定了行为。因此，生活空间是由人与心理环境互动的需要组成的。

由于我们积累的经验数量和种类的不同，因而生活空间显示出不同的发展程度。婴儿缺乏经验，因此婴儿的生活空间是一些未分化的区域。而受到高等教育的、老练的成人具有各种类型的经验，因而具有复杂的、高度分化的生活空间。

勒温寻求用数学模型来表征他关于心理过程的理论概念。由于他对个人(单一案例)而不是群体或平均水平感兴趣，因而统计分析对于实现他的目的没有什么效用。因此，他选择了一种几何学形式，即拓扑学来图示他的生活空间概念，通过图示显示出在任一特定时刻人的可能目标和达到目标的路径。

勒温使用拓扑图形图示所有行为形式和心理现象。在这个拓扑图形中，勒温使用箭头(向量)代表个人朝向目标的运动方向。他赋予这些选择以权重概念，以效价(valences)来表示生活空间中对象的正值和负值。那些具有吸引力或者能满足人的需要的对象具有正的效价，而那些具有恐惧性质的对象具有负的效价。他的图示有时被称为"黑板心理学"。

在图 12.2 这一简单的事例中，一个孩子想去看电影，但是被父母禁止。椭圆代表生活空间；c 代表孩子。箭头是向量，指出孩子的目标是想去看电影。这是一个正的效价。垂直线是达到目标的障碍，是父母设立的，它具有负的效价。

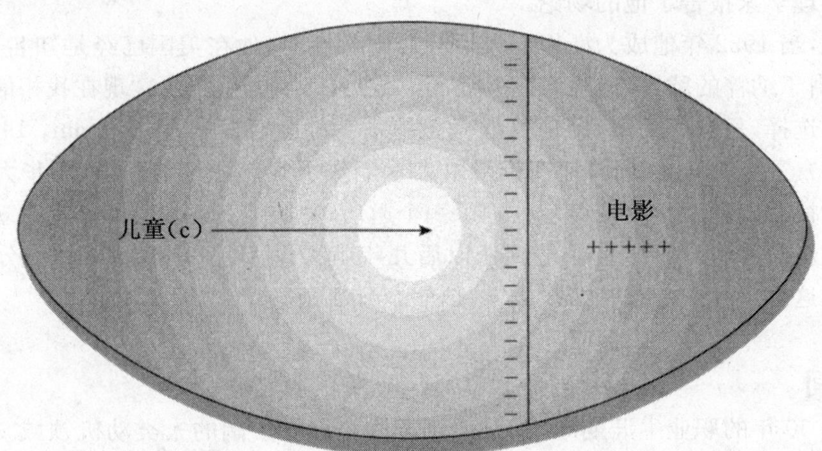

图 12.2 生活空间的一个简化例子

动机和蔡加尼克效应

勒温认为，在人与环境之间存在着一种基本的平衡状态。任何对平衡的干扰都会导致紧张，紧张反过来又导致某些活动，以便努力减轻紧张，恢复平衡。因此，为了解释人的动机，勒温相信行为涉及到一种紧张状态或需要状态，然后是活动和缓和这样一种循环。

验证这一观点的一个早期实验是1927年布鲁马·蔡加尼克在勒温的指导下进行的。在这一实验中，被试需要从事一系列工作，其中一些可以完成，另外一些在完成之前被中止。勒温作出了下列预测：

1. 当被试得到要完成的任务以后，紧张系统开始产生；

2. 任务完成以后，紧张状态消除；

3. 如果任务没有完成，那么紧张状态的持续使得被试更有可能回忆起没有完成的工作。

蔡加尼克的实验结果验证了这些假设。与已完成任务的回忆相比，被试更容易地回忆起那些没有完成的任务。后来人们称这一现象为**蔡加尼克效应**(Zeigarnik effect)。

激发勒温对动机问题研究的是他对心理学研究所街对面咖啡馆的一个男招待的观察。一天晚上，他与他的一些研究生在那个咖啡馆聚会。

> 咖啡馆的男招待可以记住每个人点了些什么，却不需要写下来，有人对他的这一能力感到惊奇。付完账过了一会儿以后，勒温叫来了那个男招待，询问他们都点了些什么。男招待气愤地回答道，他记不起来了(Ash, 1995, p. 271)。

一旦客人付清了账，男招待的任务就完成了，紧张系统解除，他不再需要记住每个人点了什么。

社会心理学

勒温对社会心理学的兴趣开始于20世纪30年代。在这一领域中他的先驱性的工作足以确立他在心理学史上的地位。勒温社会心理学的杰出特点是群体动力学，即把心理学的概念应用于个体和群体行为的研究。就像个体与他的环境形成了心理场一样，群体和它的环境形成了社会场。社会行为发生于，而且导源于同时存在的社会实体，如下位群体(subgroup)、群体成员、障碍和沟通渠道等等。在任意特定时间群体的行为是整个场情境的函数。勒温对各种社会情境中的行为进行了研究。一个现在是经典的实验是在几组男孩中进行的有关专制型、民主型、自由放任型领导风格的实验(Lewin, Lippitt & White, 1939)。研究结果证明，专制组中的男孩变得非常富有攻击性。民主组的男孩相互之间友好，与另外两个组相比，完成的工作更多。勒温的研究开辟了社会研究的一个新领域，刺激了社会心理学的成长。

此外，勒温强调了社会行动研究，这种研究的特点是为引入变化而对相关社会问题进行的研究。勒温个人对种族问题非常关心，为了研究这一问题，他对不同种族混居、平等就业机会以及儿童时代种族偏见的发展及预防等问题进行社区研究。他的研究使用的是严格的实验方法,但是又不像实验室实验那样具有人为性,因此他的工作把这些富有争论的问题转变成了控制性的实验探讨。

勒温倡导对教育者和商业领袖进行敏感性训练,以便降低群体内部冲突,促进个人潜能的发挥。他的敏感性训练组(T-groups)是20世纪60年代和70年代流行的交朋友小组(encounter groups)的先驱。

就一般的意义上来说,勒温的实验计划和他的研究成果比他的理论观点更容易为心理学家所接受。勒温对社会心理学和儿童心理学的影响是深远的,他的许多理论概念和研究技术仍然在人格和动机研究领域得到使用。

历史在线

http://www.muskingum.edu/-psychology/psycweb/history/lewin.htm

有关勒温生平和理论的信息,外加勒温的纪事年表和生平传记。

http://www.sonoma.edu/psychology/os2db/history3.html

有关勒温对美国心理学影响的讨论。

对格式塔心理学的批评

格式塔心理学思想学派的批评者们指出,表现在似动现象中的那种知觉过程的组织作用无法作为一个科学问题进行探讨,对于它的存在只能简单地接受。这有点像用否定问题的存在来解决问题。

此外,实验心理学家认为,格式塔的观点是模糊的,基本概念的定义不严格,其定义概念的方式不具有科学意义。格式塔心理学家反驳说,在那些年轻的科学中,解释和定义或许是不完善的,但是不完善并不能等同于模糊。

其他一些心理学家声称,格式塔的倡导者们过于关注理论,因而牺牲了研究和经验数据。尽管格式塔学派的确一直是理论取向的,它同样强调了实验方法,并进行了大量研究。

与这一观点相关的一个提议是,格式塔的实验工作在档次上不如行为心理学的实验研究,因为它缺乏适当的控制措施,它的非量化数据也无法进行统计分析。格式塔心理学家认为,由于质化研究结论在他们的体系中占优先地位,因而他们的大多数研究都有意地比其他学派更少地具有量化色彩。大多数格式塔研究都是在不同的框架中解释和探讨心理问题的。

科勒的顿悟概念同样受到质疑。有些人尝试验证科勒有关黑猩猩连接两根竹竿的实验结论，结果并没有支持顿悟在学习中的作用。这些后来的研究显示出，问题的解决并不是突然发生的，而是依赖于以前的学习和过去的经验（例如，可以参阅Windholz & Lamal，1985）。

同样，某些心理学家认为格式塔心理学家使用了定义不完备的生理学假设。格式塔心理学家承认他们在这一领域的理论观点是尝试性的，但是他们认为，这些假设是对其体系的有效补充。

格式塔心理学的贡献

格式塔运动给心理学留下了不可磨灭的印记，其影响遍及知觉、学习、思维、人格、社会心理学和动机等领域。它不像它那时的主要竞争者行为主义，格式塔心理学保持着自己独立的身份。它的主要目标并不是要全面融入主流心理学思想。在行为主义占统治地位的时期，它维持了人们对意识经验的兴趣，使意识经验成为心理学的合法领域。

在对意识经验问题的处理上，格式塔心理学不同于冯特和铁钦纳的方式。格式塔心理学的基础是现代现象学。格式塔观点的当代追随者认为，意识经验的确是存在的，是一个合法的研究对象。然而他们承认，意识经验的研究不可能像外显行为的研究那样精确和客观。心理学的现象学方法在欧洲心理学家中比在美国心理学家中得到了更多的认可，但是它对美国人本主义心理学运动的影响是显而易见的（参阅第十四章）。当代认知心理学的许多思想也来源于格式塔心理学。

问题讨论

1. 格式塔心理学家为什么批评冯特的心理学？解释“知觉远多于眼睛所接受的刺激”这句话。
2. 格式塔思想学派有哪些历史渊源？物理学中变化的时代精神有哪些影响？
3. 什么是似动现象？似动现象是怎样形成的？为什么冯特的心理学无法解释似动现象？
4. 为什么一些人错误地认为格式塔心理学仅仅研究知觉？描述知觉组织作用的某些原则。
5. 知觉恒常性的研究怎样支持了格式塔观点？为什么格式塔这一术语给这一运动带来了问题？
6. 描述科勒的顿悟研究。顿悟学习与桑代克描述的尝试与错误学习以及巴甫洛夫所描述的“混乱的方法”有什么不同？
7. 魏特海默怎样使用格式塔的学习原理解释人的创造性思维？同型论怎样把知觉同潜在的神经对应物联系到一起？

8. 什么因素阻碍了美国心理学家对格式塔心理学的接受？格式塔心理学家为什么受到批评？
9. 格式塔心理学家怎样批评了行为主义？纳粹德国的格式塔心理学的命运如何？
10. 描述勒温的场论。它受到物理学的哪些影响？
11. 从场论的观点怎样研究动机和社会心理学？什么是社会行动研究？

建议阅读

Arnheim，R.（1998）. Wolfgang Kohler and Gestalt theory. *History of psychology*，*1*，21—26. 科勒有关物理格式塔的那本书的介绍的英文译文。

Ash，M. G.（1995）. Gestalt psychology in German culture，1890—1967：Holism and the quest for objectivity. Cambridge，England：Cambridge University Press. 描述了格式塔心理学在德国的发展和被人们接受的过程，详细阐述了它赖以产生的时代精神，此外也叙述了格式塔主要领导人丰富多彩的生活史。

Gengerelli，J. A.（1976）. Graduate school reminiscences：Hull and Koffka. *American Psychologist*，*31*，685—688. 作者是威斯康星大学的一位研究生，他回忆了赫尔和考夫卡的课程以及讨论会的情形。

Helson，H.（1925，1926）. The psychology of *Gestalt*. *American Journal of psychology*，*36*，342—370，494—526，37，25—62，189—223. 向美国心理学家介绍格式塔观点的系列文章。

Henle，M.（1978）. One man against the Nazis — Wolfgang Kohler. American *Psychologist*，*33*，939—944. 描述了科勒在柏林大学的最后几年，以及他从纳粹镇压中拯救心理学研究所的努力。

Hele，M.（1987）. Koffka's Princeples after fifty years. *Journal of the History of the Behavioral Sciences*，*23*，14—21. 评价了考夫卡《格式塔心理学原理》一书的影响。

Kohler，W.（1959）. Gestalt psychology today. *American Psychologist*，*14*，727—734. 描述了格式塔心理学与流行的行为心理学的差别。

Seaman，J. D.（1984）. On phi-phenomena. *Journal of the History of the Behavioral Sciences*，*20*，3—8. 对似动现象重新作了评价。

Sokal，M. M.（1984）. The Gestalt psychologists in Behaviorist America. *American Historical Review*，*89*，1240—1263. 描述了格式塔运动在美国的传播。

第十三章
精神分析：开端

精神分析的发展

精神分析这一术语和弗洛伊德的名字为整个现代世界所知晓。心理学史上的其他一些重要人物，如费希纳、冯特、铁钦纳等等，在心理学之外很少有人知道。但是弗洛伊德在普通公众中一直享有较高的知名度。他出现在美国《时代》杂志封面上三次，而最后一次是在他逝世 60 年之后。弗洛伊德无疑会同意这样一种观点，即他是文明发展史上改变人类自我认识方式为数不多的几个人中的一个。

弗洛伊德自己认为，在人类有文字记载的历史上，存在着三次对人类集体自我的巨大打击（Freud，1917）。第一次是波兰天文学家哥白尼（Copernicus，1473—1543）。哥白尼证明，地球并非宇宙的中心，而仅仅是围绕太阳运行的行星中的一个。第二次打击来自 19 世纪的达尔文。达尔文证明，人类并非物种中处于特权地位的一个与其他物种分离的、独一无二的种系，而仅仅是动物种系中的一个较高形式，是从低等动物生命形式进化而来的。弗洛伊德则给人类带来了第三次打击，因为他认为我们并非生活的理性统治者，而是处在无意识力量的控制之下。对于这种无意识力量，我们知之甚少，而且几乎无法加以控制。

从时间上讲，精神分析与其他心理学思想学派是重叠的。1895 年，弗洛伊德出版了他的第一本著作，这本书标志着这一新运动的正式开始。而在这一年，冯特 63 岁，铁钦纳 28 岁。铁钦纳在康奈尔仅仅两年的时间，刚刚开始筹划他的构造心理学。机能主义精神开始繁荣于美国。行为主义和格式塔心理学都没有出现。华生那时 17 岁，魏特海默那时只有 15 岁。

然而到 1939 年弗洛伊德逝世的时候，整个心理学世界已经完全改变了。冯特的心理学、铁钦纳的构造主义和机能心理学已经成为历史。格式塔心理学正在从德国移植到美国。行为主义已经成为美国心理学占支配地位的形式。

尽管在心理学的思想学派之间存在着本质上的冲突，但是这些学派有着共同的学术传统，都受到冯特心理学的激励，在形式上类似于冯特的心理学。它们的概念和方法都是在心理学的实验室、图书馆、课堂中发展和完善起来的，研究的都是感觉、知觉和学习这样一些问题。相比较而言，精神分析既不是大学的产物，也不是纯科学研究的结果，而是产生于医学和精神病学传统，源于对那些被社会认定为心理不健全人的治疗。因此，精神分析过去不是，现在也不是一个可与其他我们已经学习过的思想学派直接进行比较的心理学学派。

从它产生之初，精神分析在研究目标、研究对象、研究方法上就与主流心理学思想有着明显区别。它的研究对象是心理病理，或者变态行为。相对来说这些都是其他学派所忽视的。它的主要方法是临床观察而不是控制的实验室实验。精神分析探讨的是无意识，其他学派实际上都忽略了这一问题的探讨。

冯特和铁钦纳在他们的体系中都拒绝了无意识观念，因为无意识是内省法所不能及的。既然无意识不能进行内省，就无法还原为感觉元素。对于机能心理学家来说，他们只关注意识，虽然詹姆斯承认了无意识过程的概念，但是无意识心灵对他们没有意义。安杰尔在 1904 年出版的心理学教科书里仅仅在最后的两页谈及了无意识；吴伟士在 1921 年出版的教科书里对无意识没有做更多的说明，仅仅把无意识看做是一种"回想"(after-thought)。当然，华生不承认意识，那么在他的行为主义体系中也不会留给无意识更多的空间。他轻视地认为无意识不过是个体没有用语言表达的东西。正是弗洛伊德把无意识概念带到了心理学之中。

精神分析的先行影响

精神分析运动有三个影响源，它们是无意识心理现象的哲学思索、早期的精神病理学观念和进化论。

无意识心灵理论

18 世纪早期，德国哲学家和数学家戈特弗里德·莱布尼兹(Gottfried W. Leibnitz)提出了一种他称之为**单子论**(Monadology)的观点。单子并非物理原子，而是所有实体的个别元素。单子并不是全部由物理学家所主张的那种物质构成的。每一个单子都是一个不具备广延性的精神实体，在本性上是心理的，但是具有某些物理特性。当足够多的单子聚合到一起，它们就具有了广延性。

单子可以类比于知觉。莱布尼兹认为，心理事件(单子的活动)具有不同程度的意识，其范围包括完全的无意识到清晰的意识。较少程度的意识称之为微弱的知觉(petites perceptions)，对这类事件的意识觉察被描述为统觉(apperception)。例如，冲击沙滩的波浪声是一种统觉，它是由个别的水滴(微弱的知觉)组成的。在意识水平上，我们没有知觉到每一滴水珠的声音。但是，当足够多的水珠声集合起来，累加到一起造成了统觉。

一个世纪之后，德国哲学家和教育家约翰·赫尔巴特(Johann Friedrich Herbart,

1776—1841)精炼了莱布尼兹的无意识观点，提出了意识阈的概念。受那个时候力学时代精神的影响，赫尔巴特相信阈限以下的观念是无意识的，当一个观念上升到意识觉察水平时，它就是统觉(使用了莱布尼兹的术语)。但一个观念若要上升到意识水平，那么它就必须与已经在意识中存在的观念和谐一致。不一致的观念不能同时存在于意识。无关的观念被排挤出意识，成为被压抑的观念。这些被压抑的观念(类似于莱布尼兹的微弱的知觉)存在于意识阈之下。依据赫尔巴特的观点，当这些观念奋力争取进入意识觉察水平时，冲突就产生了。赫尔巴特提出了一个数学公式，用来解释观念进入或被逐出意识时的力学机制。

费希纳同样对无意识进行了推测。尽管他使用了阈限的概念，但是他主张心灵类似于冰山，这一观点曾经对弗洛伊德产生较大的影响。费希纳认为，就像冰山的绝大部分那样，心灵的大部分是在水面以下，受到各种无法观察力量的影响。

费希纳的工作曾经对实验心理学产生巨大影响，但有趣的是，费希纳的工作也影响了精神分析。弗洛伊德在他的几本著作中引用了费希纳的《心理物理学原理》，并从中推演出他的几个主要概念，如愉快原则、心理能量和攻击等等。在给儿童时代的一位朋友的信中，弗洛伊德承认在他青少年时代的后期和 20 岁的早期，他喜欢阅读米塞斯博士(费希纳的笔名)的讽刺性文章。费希纳使用米塞斯博士这个名字撰写了许多文章，批评科学和医学中的一些趋势(参阅 Boehlich，1990)。

有关无意识的讨论是 19 世纪 80 年代欧洲学术思想氛围的一个很大部分，而那个时候弗洛伊德正在开始他的临床实践。不仅专业人士对无意识问题感兴趣，在那些受过教育的公众人士中，无意识也是一个时髦的话题。有一本叫作《无意识哲学》的书曾经非常流行，以至于印刷了九次(Hartmann，1869/1884)。在 19 世纪 70 年代，至少有 6 本德文书在书名中包含了"无意识"。

有关无意识力量可能超过甚至支配人的理性存在的观点很快就出现在通俗文学中。在罗伯特・史蒂文森(Robert L. Stevenson)1889 年出版的小说《杰克尔博士和海德先生》(Dr. Jekyll and Mr. Hyde)一书中，一位品行优秀的医生在服了一剂神奇的药之后，暴露出性格的另一面，展示出所有形式的恶习。这一低级的自我，这一强有力的非道德力量逐渐腐蚀了道德的、正直的和理性的自我。

因此，我们可以看到，弗洛伊德并非是严肃认真地讨论人类无意识心灵的第一人。他承认，他之前的作家和哲学家已经就这一问题作了广泛的探讨，但是他也认为，他找到了研究这一问题的科学方式。

有关精神病理学的早期观点

就像我们前面曾经指出的，一场新的运动需要某种东西进行反抗，需要推倒某种东西以获得力量。由于精神分析并不是在学院心理学中产生的，因此，精神分析反对的并不是冯特的心理学或那时流行的任何其他心理学思想学派。为了理解弗洛伊德反对什么，我们必须考察他的工作领域中的流行趋势：即精神病的治疗。

精神病治疗的历史既充满魅力，又令人压抑。对于精神障碍的觉察可以追溯到公元前 2000 年。那时的巴比伦人相信，精神病的原因是魔鬼附体。他们把魔术和祷告结合起来，人道地治疗这种症状。古代希伯来人的文化把精神病看做为对罪恶的惩罚，因此同样使用魔术和祷告进行治疗。古希腊哲学家，即苏格拉底、柏拉图和亚里士多德等人，认为精神病源于思维过程的紊乱，治疗的方法依赖于言语的规劝和治愈力量。

公元 4 世纪基督教确立以后，精神病再次被归咎为邪恶的灵魂。在 1 000 多年的时间里，教堂规定的治疗方法就是对那些被认为魔鬼附体的人进行残酷的折磨或处死。从 15 世纪开始，并在以后的 300 年里，由教会主持的宗教裁判所把精神病看做是异端和巫术，惟一的治疗方法就是残酷的惩罚。

到 18 世纪以后，精神病逐渐被视为非理性行为。精神病患者被关在类似于监狱的机构里。尽管不会把这些人处死，但是不会对其进行任何治疗。有时，这些病人像动物园的动物那样被展示给公众。一些病人在多年的时间里用铁链拴在床上，或者四肢用铁棍拴住。另外一些病人被铁环套住脖子，然后用铁链固定在墙上，同狗和猎犬没有什么两样。这些关押精神病人的地方被称作“疯人院”，被描绘为是那些“仍在喘气的人的墓地”(Scull, MacKenzle & Hervey, 1996, p. 118)。

更为人道的治疗方法

西班牙学者朱安·维韦斯(Juan luis Vives, 1492—1540)是第一个主张以同情、人道的方式治疗精神疾病患者的人。然而，由于语言和地理上的障碍，他对仁慈治疗的呼吁在西班牙之外没有人知晓。直到 18 世纪末以后，他的观点才在其他地方扎下根来。

法国医生菲利普·皮奈尔(Philippe Pinel, 1745—1852)认为精神病是一种自然现象，通过自然科学的方法可以进行治疗。他解开病人的锁链，花费许多时间倾听病人的抱怨，以文明的方式对其进行治疗。他保留了精确的病例档案和治愈率的数据。

> 精神病患者并不是一些应该受到惩罚的罪犯，而是一些病人；他们的悲惨状况值得我们从痛苦人性的角度加以全面考虑。我们应该努力用最简单的方法去恢复他们的理性。(皮奈尔，引自 Wade, 1995, p. 25)

在皮奈尔的指导之下，宣称已经治愈的病人数量急剧增加。依照皮奈尔的做法，欧洲和美国开始解开病人的锁链，精神病的科学研究广泛传播。“科学的启蒙导致……把人当做机器一样进行治疗，机器出现故障以后，需要的是修理。这种修理工作是在精神病院进行的。在那个地方，有着各种精致的机械和器具，反映了工业革命的发明创造(Brems，Thevenin & Routh，1991，p. 12)。”

在美国，精神病院最有影响的改革者是多萝西娅·迪克斯(Dorothea Dix，1802—1887)。迪克斯是一个宗教信仰很强的人，而且患有抑郁症状。由于为皮奈尔的精神疾病治疗方法所感动，她花费了大量的时间和精力来学习皮奈尔的治疗方法。她游走于美国的各个州，恳求州的立法者颁布治疗精神病的人道治疗方法，并且获得了成功。她对那些立法者指出，“我来到这里，代表的是那些无助的、被人遗忘的、精神错乱的、处于白痴状态的男人和女人，他们所生活的条件即使对于那些最冷漠的人来说，也会因恐惧而发抖”(引自 Grob，1994，p. 46)。

第一个在美国开设精神病治疗诊所的精神病学家是本杰明·拉什(Benjamin Rush，1745—1813)，他同时也是美国独立宣言的签署者。他建立了第一个专门治疗情绪障碍病人的医院。由于受到熟悉的机械传统的影响，拉什认为宇宙中的每一种事物，“包括人的心灵和精神，都可以用物理学定律来解释，而且也具备一个科学的和理性的结构”(Gamwell & Tomes，1995，p. 19)。例如，拉什认为某些非理性行为是由血液太多或血液太少导致的。他的治疗方法也非常简单：从病人身上抽血或输血。

他发明了一种转椅，让那些不幸的病人坐在上面，椅子高速旋转。这一程序经常导致病人的昏厥。在一种休克疗法的早期形式中，拉什把病人沉入冰水中。他也是第一个使用镇静技术的人。他用皮带把病人捆绑在镇静椅上，固定住胸部、手腕和脚腕，然后用大的木块夹住病人的头部，往病人的头部施加压力。

尽管这些技术在今天听起来很残酷，但是请不要忘记拉什是在尽力帮助精神障碍患者，而不是像倒垃圾那样把他们送进疯人院。他认识到病人患的是疾病，而不是魔鬼附体。

在 19 世纪期间，精神病学家分成两个阵营：躯体派和精神派。躯体派主张变态行为具有生理的原因，如脑损伤、神经刺激不足或神经过度紧张。精神派接受变态行为的情绪或心理的解释。一般说来，躯体派的观点占支配地位。这种观点也得到了德国哲学家康德的支持。康德讽刺那种认为情绪问题以某种方式导致心理疾病的观点。

精神分析是在反对躯体派的观点中发展起来的。随着精神病治疗方法的发展，某些科学家开始相信情绪因素在导致精神病方面比脑损伤和其他生理原因具有更为重要的作用。

以马内利运动

美国以马内利教会改革运动成功地促进了精神派治疗方法的发展。以马内利运动主张心理治疗方法的使用。这一运动的倡导者关注谈话疗法的效用，使公众和医学群体认识到心理因素作为精神病潜在原因的重要性(Caplan，1998；Gifford，1997)。这一运动的倡导者是埃尔伍德·武斯特(Elwood Worcester)。他是波士顿以马内利教堂的牧师，也是 1906～1910 年间最有影响的人物之一。武斯特是一位不同寻常的教士，因为他曾经在莱比锡大学获得过哲学和心理学的博士学位。在莱比锡大学，他跟从的是冯特。因此，武斯特是偏离了冯特路线的另一个美国学生。他没有受冯特实验心理学方法的限制，开始把心理学应用于现实世界的各种问题。

几个派别的宗教领导人都采用了谈话疗法，用于个体或群体的治疗。他们所依赖的主要是暗示的力量和牧师的道德权威，敦促病人采纳正确的行为方式。很快，这一治疗方法就风行于整个美国。《好管家》杂志也在近两年的时间里出版了一系列文章，盛赞谈话疗法的效用。1908 年，武斯特和他的两个同事出版了《宗教和医学：神经病的道德控制》一书。媒体把这本书吹捧为有关"科学心理治疗最重要的书籍"(Caplan, 1998, p. 297)。

尽管这一运动受到了公众的热烈欢迎，医学领域和威特默以及闵斯特伯格等临床心理学家却反对牧师充当心理治疗专家的做法。然而，正是因为以马内利运动的流行，弗洛伊德 1909 年把精神分析带到美国时，才受到了公众的热烈欢迎。到那个时候，谈话疗法已经成为民族意识的一个部分。

催眠

对于催眠现象的兴趣同样促进了对于心理疾病精神原因的关注。把催眠方法应用于情绪障碍的治疗起源于一位维也纳医生弗兰兹·梅斯麦(Franz A. Mesmer, 1734—1815)。麦斯麦部分是科学家，部分是魔术师，他声称发现了一种神秘的、模糊的力量，他称之为"动物磁力术"。

麦斯麦相信人的身体包含着一种磁力，其运作方式类似于物理学家使用的磁石。动物磁力术可以穿透物体，并可以从一定的距离以外对物体产生作用。通过恢复病人的磁力水平与环境中存在的磁力水平之间的平衡，动物磁力术可以治愈神经疾病。

最初，麦斯麦声称通过让病人紧握磁性铁棒，就可以扭转精神病的症状。后来，麦斯麦认为他所需要做的一切就是触摸或击打病人的手，自己的磁力就会传给病人。毫不奇怪，维也纳医学界认为麦斯麦是个骗子。

在巴黎，麦斯麦获得了巨大成功。他实施的是团体治疗。治疗室里灯光昏暗，屋内充满轻柔的音乐，散发着橘香。他穿着淡紫色的长袍，指挥着病人。那些病人用细绳相互连接，共同围绕着一个桶状物，其内装满磁性液体。每个病人抓住从桶状物伸出的铁棒。麦斯麦和他的助手从病人身边走过，将手放在病人的身体上。通常，病人会体验到痉挛或者进入出神状态，然后恢复意识，其症状神奇地消失了。

当一个调查委员会作出的结论否认了麦斯麦所谓的疗效之后，麦斯麦逃往了瑞士。然而，麦斯麦术却广泛传播开来，特别是在美国，麦斯麦术成为一种聚会的游戏。这一时期的文化历史学家写道，到 19 世纪中期的时候，

> 单单在(美国)东北地区，就有 2 万到 3 万多人讲授麦斯麦术。许多人使

用着……这种力量在经常有两到三千观众的面前去控制被试的行为与态度。(Reynold, 1995, p. 260)

在英国，当詹姆斯·布雷德(James Braid, 1795—1860)把这种出神状态称为神经催眠，催眠这一术语就是从布雷德的描述中衍生出来的。布雷德的谨慎的工作并且由于他反对夸大催眠的作用，为催眠赢得了一些科学的尊重。

由于法国医生琼·沙可(Jean M. Sharcot, 1825—1893)的工作，催眠在医学领域获得了更多的职业认可。沙可是法国巴黎一所为女性精神病人开设的医院的神经医学诊所的主任。他利用催眠治疗歇斯底里病人取得了一些成功。更为重要的是，他使用医学术语描述歇斯底里症状和催眠方法的使用，以便于让这些现象更能为法国科学院所接受。但是沙可的工作主要是神经学的，强调的是麻痹等生理障碍。因此，大部分医生仍然把歇斯底里症归结为躯体的或生理的原因，直到1889年，沙可的学生，皮埃尔·珍尼特(Pierre Janet, 1859—1947)成为那所医院心理学实验室的主任之后，情况才有了改变。

珍尼特反对把歇斯底里看做是生理问题，认为歇斯底里是一种心理疾病，是由记忆损伤、固著的观念和无意识力量所导致的。他选择催眠作为治疗歇斯底里的方法。因此，在弗洛伊德早期的职业生涯中，医学领域正在给予催眠以更多的重视，并开始认识到精神病的心理原因。就像我们将会看到的那样，珍尼特的工作预示了弗洛伊德的许多观念。

在治疗精神障碍方面，沙可和珍尼特的工作促进了精神病学家从躯体(生理)的观点向精神(心理)的观点的转变。医生们开始选择针对心灵而不是身体来治愈情绪障碍。到弗洛伊德开始发表他的观点的时候，“心理治疗”这一术语已经在美国和欧洲广为传播了。

查尔斯·达尔文的影响

1979年，著名科学史家弗兰克·萨洛韦(Frank J. Sulloway)出版了《弗洛伊德：心灵的生物学家》一书。在这本书中，他认为弗洛伊德思维受到了达尔文作品的影响。他的这一结论是以对历史数据的新解释为基础的。他考察了那些存放多年的历史数据，但是他的视角与其他任何人都不相同。萨洛韦所做的就是查阅弗洛伊德个人图书馆中的书籍。在这个图书馆中，他发现了一些达尔文的著作。弗洛伊德阅读了这些著作，并且在书的边缘写下了注解。弗洛伊德曾经在同事面前和自己的出版物中赞扬了达尔文的著作。萨洛韦写道，达尔文“或许比其他任何个体都做了更多的工作，为弗洛伊德和他的精神分析革命铺平了道路”(Sulloway, 1979, p. 238)。新近更多的研究也支持了这样一种观点，认为达尔文影响了弗洛伊德的精神分析理论。在弗洛伊德生活的后期，弗洛伊德坚持认为，达尔文进化论的学习是精神分析学者训练项目的一个基本部分(Ritvo,1990)。

达尔文讨论了几种观念，这些观念后来成为弗洛伊德精神分析的中心问题，如无意识心理过程、冲突、梦的意义、某些行为的隐蔽象征和性激励的重要性等等。就整体来说，达尔文像弗洛伊德后来那样，关注的是思想与行为的非理性一面。

达尔文的理论同样影响了弗洛伊德关于儿童发展的观点。达尔文曾经给了罗曼尼斯(参阅第六章)一些笔记和未出版的材料。后来，罗曼尼斯以达尔文的材料为基础，写出了两本关于人和动物心理进化的著作。萨洛韦在弗洛伊德个人图书馆的书架上发现了罗曼尼斯的著作以及弗洛伊德在书的边缘处写下的评论。罗曼尼斯精炼了达尔文的观点，提出儿童时代至成年情绪的发展具有连续性，并认为 7 周左右的婴儿就表现出性的驱力。这两个观点都成为弗洛伊德精神分析的中心问题。

此外，达尔文坚持认为，人是受爱和饥饿的生物力量所驱动的。达尔文认为这是一切行为的基础。不到 10 年之后，德国精神病学家理查德·克雷夫特—艾宾(Richard V. Krafft-Ebing)也表达了类似的观点，认为性满足和自我保存是人类生理学中仅有的两个本能。因此，那些受人尊重的科学家正在沿着达尔文的道路，把性看做是人的基本动机。

其他影响

在弗洛伊德的大学训练期间，弗洛伊德深受生理学家赫尔姆霍茨力学观念的影响，而赫尔姆霍茨是约翰尼斯·缪勒的学生。两人都主张在有机体内活跃的除了普通的物理和化学力以外没有什么其他的力量。这种机械论观点通过弗洛伊德的老师，厄恩斯特·布鲁克(Ernst Brucke)影响了弗洛伊德。后来，弗洛伊德提出了自己的行为理论，这一理论属于决定论的范畴。弗洛伊德称自己的理论为心理决定论。

反映在弗洛伊德工作中时代精神的另一个方面是 19 世纪维也纳对性的态度。维也纳是弗洛伊德生活和工作的地方。许多人一直错误地认为，由于弗洛伊德的时代如此的压抑，以至于弗洛伊德公开谈论性的问题是令人震惊的。实际上，尽管性的压抑对于弗洛伊德和他的上层与中产阶级的妇女神经病患者是一个典型的特征，但是那并不代表整个文化的态度。那时的维也纳是一个宽松的社会(即使维多利亚时代的英格兰和清教的美国也不像我们认为的那样如此拘谨和压抑)。在 19 世纪 80 年代和 90 年代，维多利亚时代的性升华受到冲击，激情、卖淫和色情文学已经泛滥成灾。

对于性问题的兴趣不仅出现在日常生活中，而且出现在科学文献中。在弗洛伊德提出以性为基础的理论之前的一些岁月里，有关性病理学、儿童性欲、性冲动的压抑及其对心-身健康的影响的研究已经公开出版。1845 年，德国医生阿道夫·帕兹(Adolf Patze)认为，性驱力可以在年仅 3 岁儿童身上测查到。1867 年，英国精神病学家亨利·莫兹利(Henry Maudsley)再次强调了这样一种观点。1886 年，克雷夫特—艾宾出版了轰动一时的著作《性病理心理》。1897 年维也纳医生艾伯特·莫尔(Albert

Moll)出版了作品，论述了儿童性欲和儿童对异性父母的爱，这一工作预示了弗洛伊德的俄狄浦斯情结。

弗洛伊德在维也纳的一个同事，神经学家莫里茨·本尼迪克特(Moritz Benedikt)让患歇斯底里症的妇女谈她们的性生活，结果取得了惊人的疗效。法国心理学家比奈出版了论性反常的著作。即使对弗洛伊德的精神分析有着重要意义的术语"里比多"(libido)也已经为人们所使用，其含义与弗洛伊德基本一致。因此，弗洛伊德工作中的性成分早就以这种或那种形式出现在现实世界中了。恰恰是因为职业领域和公众领域已经是一种开放性的时代精神了，弗洛伊德的观点才得到了广泛的注意。

宣泄(catharsis)的概念在弗洛伊德出版他的著作之前也早已流行。1880 年，也就是弗洛伊德获得医学学位的前一年，他未来妻子的叔叔撰写了亚里士多德的宣泄概念。宣泄是通过让病人回忆或描述无意识冲突来治疗情绪障碍的一种方式。很快，宣泄就成为社会精英谈话中一个流行的话题。到 1890 年的时候，德国有 140 多种出版物论述了宣泄问题(Sulloway, 1979)。

早在 17 世纪时，哲学和生理学中的一些理论就预示了弗洛伊德关于梦象征的观点。尽管弗洛伊德声称他是对梦感兴趣的惟一的科学家，但是历史事实却告诉我们一个完全不同的故事。弗洛伊德同时代的三位学者早已就梦的问题展开工作。沙可认为，病人的梦揭示了与歇斯底里相联系的心理创伤。珍尼特指出，歇斯底里的原因包含在梦中，因此他使用梦的分析作为一种治疗工具。克雷夫特—艾宾争论说，在梦中可以发现无意识性欲望(Sand, 1992)。

尽管我们看到有各种因素影响了弗洛伊德的思维，但是我们不要忘记他的天才特点，这也是所有创立者的特点。这一天才特点表现在他们把各种思想观念和思想倾向会聚到一起，组成一个紧凑、连贯的系统。弗洛伊德自己也承认他的这些先驱者。1924 年他写道，精神分析"并不是从天上掉下来的，在传统的观念中有它的出发点，只不过有了进一步的发展，它是从早期理论中发展出来的，但是它对那些理论进行了完善"(引自 Grubrich-Simitis, 1993, p. 265)。

西格蒙德·弗洛伊德(1856—1939)与精神分析的发展

弗洛伊德 1856 年 5 月 6 日出生于莫拉维亚的弗莱堡(现今捷克共和国的普莱波)。他的父亲是一个羊毛商。在莫拉维亚的生意破产以后，弗洛伊德的父亲将全家迁至莱比锡，在弗洛伊德 4 岁的时候，又迁至了维也纳。弗洛伊德在维也纳生活了近 80 年的时间。弗洛伊德的父亲比他的母亲大 20 岁，性格极为严厉和独裁。从儿童时代开始，弗洛伊德对他的父亲就充满恐惧和爱。弗洛伊德的母亲对他则充满保护和关爱之情。年少的弗洛伊德对他的母亲产生了感情上的依恋。这种对父亲的恐惧和母亲的性吸引力以后成为弗洛伊德俄狄浦斯情结的主要特征。我们会看到，弗洛伊德的大部分理论都是自传性质的，都是从他的早期经验和回忆中衍生出来的。

西格蒙德·弗洛伊德

弗洛伊德的母亲对她的第一个孩子充满了骄傲，给他以无微不至的关怀与支持。她相信他的儿子未来会是一个伟大的人物。弗洛伊德成年以后，其性格中具有自信、雄心、渴望成功、梦想荣耀和名望等特征。他写道："一个一直能得到母亲赞赏的人在他的整个一生中都会有一种征服者的感觉和成功的信心，而这往往又诱发了真正的成功(引自 Jones，1953，p. 5)。"

弗洛伊德是家庭 8 个孩子中的一个，他展现出超强的智能，而这一点受到家庭的鼓励。他居住的房间是惟一可以使用油灯的，为他学习提供较好的照明条件，其他孩子则不能享受这种特殊待遇。弗洛伊德的兄弟姐妹是不能摆弄乐器的，因为乐器的使用会打扰这位年轻的学者。尽管享有这种特殊的待遇，弗洛伊德似乎仍然怨恨他的兄弟姐妹。

弗洛伊德进入学校的年龄比通常早了一年，在学校中被认为是一个优秀的学生。17 岁时他以优异的成绩毕业。在家中，他讲德语和希伯来语；在学校中，他学习了拉丁语、希腊文、法语和英语。此外，他自学了意大利语和西班牙语。达尔文进化论的学习使他产生了对科学知识的兴趣，因此，他决定学习医学。但是，他对做医生并不感兴趣，而是希望获得一个医学学位，以便于从事科学研究工作。

1873 年，他开始在维也纳大学学习。由于他坚持学习哲学等课程，而这些课程并非医学课程的一个部分，因此他花了 8 年时间才获得学位。他集中学习了生物学，解剖了 400 多条雄性黄鳝以研究睾丸的结构。他的研究没有获得什么确定的结论，但是有趣的是，他研究的第一个问题就涉及性。后来他又转到了生理学的研究上，探讨鱼类的脊髓构造。他花费了 6 年的时间，在生理学研究所里利用显微镜进行他的工作。

在大学学习的这段时间，他利用药物可卡因(cocaine)进行实验，那时，可卡因还不是一种非法物质。他把可卡因用在自己身上，把这种药物提供给他的未婚妻、姐妹和朋友，并把这种药物引入了医学实践。他对这种物质充满了热情，声称可以缓解他的抑郁和慢性消化不良。他相信，在可卡因中，他发现了一种神奇的药物。这种药物可以治愈从坐骨神经痛到晕船等所有疾病。他期待这些发现能给他带来渴望已久的名声。然而事实却并非如此。弗洛伊德的一个医学同事卡尔·科勒(Carl Koller)在无意中听到弗洛伊德有关这种药物的谈话以后，进行了自己的实验，发现可卡因可以用于眼睛的麻醉，从而促进了这种药物在眼病手术中的应用。

弗洛伊德发表了一篇论文，论述可卡因的效用。这篇文章被认为应该部分地为可卡因在欧洲和美国的流行负责。可卡因的流行一直持续到 20 世纪 20 年代。弗洛伊德因将可卡因用于除眼部手术以外的用途，而且因释放这种瘟疫受到了严厉的批判。在其生活的其余年月里，他尝试抹去他曾赞成使用可卡因的记忆，并且从他出版的书目中删除了有关可卡因的文献。人们曾经普遍认为，弗洛伊德从医学院毕业以后，就停止了可卡因的使用，但是后来对他信件的考察揭示出，他至少又使用了 10 年或更多的时间，直到他的中年时代（Masson，1985）。

弗洛伊德希望在学术实验室中继续进行他的科学研究，但是弗洛伊德工作的生理学研究所的主任、医学院教授布鲁克出于经济原因劝阻了弗洛伊德。弗洛伊德太贫穷了，在大学中，他需要等待多年，寻求获得一个为数不多的教席的机会，在这期间，他没有经济来源支持自己。弗洛伊德知道布鲁克是正确的，因此，他决定接受医学训练，自己开业，以便改善自己的经济状况。1881 年，他获得了医学博士学位，作为神经学家建立了自己的诊疗所。他发现这一职业并不比他预期的更有吸引力，但是他太需要钱了。因为他已经同马莎·伯奈斯（Martha Bernays）订了婚。由于经济的原因他们已经几次拖延婚期，直到有钱支付结婚的费用。即使到了那个时候，弗洛伊德也不得不借钱，并且典当了他们的手表。

在他们 4 年恋爱的过程中，弗洛伊德嫉妒任何获得马莎的注意和感情的人，即使马莎的家庭成员也不例外。在给马莎的信中，弗洛伊德写道：

> 从现在开始，你仅仅是你的家庭中的一个客人。我不会把你留给任何人……如果你不能给我以足够的喜欢，为我放弃你的家庭，那么你就会失去我，并毁掉你的生活……我的确具有一种专横的癖性。（引自 Appignanesi & Forrester，1992，p. 30，31）

由于弗洛伊德工作的时间很长，因此没有很多时间同他的妻子和 6 个孩子呆在一起。他经常自己外出度假，或者同表姐明娜（Minna）一起去，因为马莎在旅行或游览时总是赶不上弗洛伊德的步伐。

欧安娜的病例

内科医生约瑟夫·布鲁尔（Josef Breuer，1842—1925）由于对呼吸的研究和耳朵中半规管的发现而获得了一定的声望，他同年轻的弗洛伊德成为朋友。这位成功的、老练的布鲁尔给弗洛伊德提出忠告，借给他钱，明显把弗洛伊德看做是一个早熟的小弟弟。对于弗洛伊德来说，布鲁尔是一个父亲般的人物。他们两人经常在一起讨论布鲁尔的病人，其中有一个 21 岁的女病人欧安娜（Anna O）。这个病人成为精神分析发展中的一个关键人物。

欧安娜是一位聪明和有魅力的女性。她患有严重的歇斯底里症，表现为麻痹、记忆丧失、心理颓废、呕吐、视觉和语言障碍等。这些症状最初出现在她照顾病重的父亲的时候。他的父亲非常宠爱她。据说她体验到对父亲的某种爱恋（Ellenberger, 1972, p. 274）。

布鲁尔开始使用催眠法对欧安娜进行治疗。他发现，在催眠状态下，欧安娜可以回忆起导致某些症状的特定经验。在催眠状态下谈及这些经验经常缓和了症状。在一年多的时间里，布鲁尔每天都与欧安娜见面。她向他叙述当天令她烦恼的事件，谈话之后，她有时报告说症状已经消失了。她把与布鲁尔的谈话称作"清扫烟囱"，或者谈话疗法。随着治疗过程的进行，布鲁尔意识到（他是这样告诉弗洛伊德的），欧安娜回忆起来的思想或事件涉及的都是她感到厌恶的。在催眠状态下释放这些令人苦恼的经验缓和或消除了疾病的症状。

布鲁尔的妻子对布鲁尔和欧安娜之间建立的这种情感上的紧密联系逐渐产生了嫉妒。这位年轻的病人对布鲁尔展现出后来被称为积极的**移情**（transference）的东西。换言之，她正在把对父亲的爱转到她的治疗者身上。她的父亲和布鲁尔在身体上的类似性也促进了这种移情的出现。同样，有可能布鲁尔也体验到对他的病人的情绪依恋。一位心理学史家写道，"她的年轻魅力，她的动人的无助，甚至她的名字……都再次唤起布鲁尔对自己母亲的俄狄浦斯情结"（Gay, 1988, p. 68）。最终，布鲁尔体验到一种危险。他告诉欧安娜他不能继续为她治疗了。在随后的几小时里，欧安娜体验到强烈的歇斯底里分娩疼痛。布鲁尔用催眠消除了她的症状。根据传说，布鲁尔然后带上他的妻子去了威尼斯，度他们的第二次蜜月去了，而在这段时间里，他的妻子怀了孕。

这一故事像神话那样在几代精神分析学者和心理学史家中流传。它给我们提供了扭曲的历史数据的又一个例证。在这个事例中，这一故事持续了近100年的时间。布鲁尔和他的妻子可能确实去了威尼斯，但是他们的孩子的生日却揭示出，没有一个孩子是在这段时间怀上的（Ellenberger, 1972）。

对于历史记录的进一步考察揭示出，欧安娜（其真实的名字是伯莎·帕潘海姆）并不是被布鲁尔的宣泄疗法治愈的。在布鲁尔停止会见她以后，她被送进了医院。在医院中，她坐在父亲的画像下，吵着要看父亲的坟墓。她体验到幻觉和痉挛、面部神经痛和反复的语言障碍。她同样产生了对吗啡的依赖。布鲁尔曾经给她开了一些药物，用于缓解她的面部疼痛（Webster, 1995）。

布鲁尔告诉弗洛伊德，欧安娜已经发狂了。他希望她死去，以便结束她的痛苦。欧安娜究竟是怎样克服她的情绪障碍的，人们并不清楚，但是最终她成为了一个社会工作者和女权主义者，支持对女性的教育。她出版了有关女性权利的小说和戏剧，获得了一张德国纪念邮票的荣誉（Shepherd, 1993）。

布鲁尔有关欧安娜的报告在精神分析的发展中起到了至关重要的作用，因为它使得弗洛伊德了解了宣泄法，即所谓的谈话疗法。后来，这种方法成为弗洛伊德工作的一个显著特色。

神经症的性基础

1885年，弗洛伊德获得了一笔研究基金，使得他可以到巴黎同沙可一起工作几个月的时间。他观察沙可使用催眠治疗歇斯底里，很快就开始把沙可看做他生命中的第二个父亲般的人物。他想象着如果他能娶沙可的女儿为妻对他的职业生涯将会多么有利。弗洛伊德甚至写信给马莎，描绘沙可的女儿是多么具有魅力(Gelfand，1992)。

沙可提醒弗洛伊德在歇斯底里症中性的角色。在一个晚会上，弗洛伊德无意中听到沙可说到某个特殊的病人，其症状具有性的基础："在这类病例中，它总是涉及生殖器的问题——总是！总是！总是(引自 Freud，1914，p. 14)！"

返回维也纳以后，他再次受到提醒，情绪障碍可能具有性的基础。著名妇科医生鲁道夫·克罗巴克(Rudolph Chrobak)请求弗洛伊德接受他的一个病人，这位病人体验到强烈的焦虑，只有在每时每刻都知道她的医生的确切地方的时候，焦虑才能缓解。克罗巴克告诉弗洛伊德，焦虑的基础是病人丈夫的性无能。在结婚18年之后，她还是一个处女。弗洛伊德写道，克罗巴克告诉他，"这样一种疾病的治疗方法我们大家都十分熟悉，但是我们无法命令他们"(Freud，1914)。但是克罗巴克后来否认他曾经这样说过(Ritvo，1990，p. 75)。

那时，弗洛伊德已经采纳了布鲁尔的催眠法和宣泄法来治疗病人，但是他对催眠法越来越不满意，最终抛弃了它。尽管这一技术在缓解和消除某些症状上可以获得明显的成功，但是其效果很少能保持持久。许多病人返回来，又有了新的怨言。而且弗洛伊德发现，有些神经症患者不易进行催眠，或者不能进入深度催眠。他保留了宣泄作为一种治疗方法，并从宣泄法中发展出了**自由联想**(free association)技术。

在自由联想中，患者躺在睡椅上。治疗者鼓励患者自由地、无拘束地谈话，对每一种观念都进行完全的表达，不管这种观念听起来多么令人难堪、琐碎或可笑。在精神分析的体系中，弗洛伊德的目标是把那些被压抑的记忆或思维带到意识觉察水平，而那些被压抑的记忆或思维被假定为变态行为的根源。弗洛伊德相信，进入病人心灵的东西都不是偶然的，都是需要在自由联想过程中加以揭示的。因此，那些被患者讲述的经验都是预先被决定的，是患者的意识选择不能阻止的。患者内心的冲突迫使这些素材进入病人的意识，因此它们应该得到表达，让治疗者充分了解。

通过自由联想技术，弗洛伊德发现患者的记忆都回到儿童时代，而那些回忆起来的被压抑经验涉及的都是性的问题。由于弗洛伊德已经对性因素作为情绪紊乱的潜在原因非常敏感，也由于意识到有关性病理学已经有很多文献，弗洛伊德开始越来越注意患者叙述中的性的素材。1898年的时候他写道，他确信"神经症的最直接、最重要的原因和最实用的目的都可以在性生活的各种因素中找到"(引自 Breger，2000，

p. 117）。

有关歇斯底里症的研究

1895 年，弗洛伊德和布鲁尔出版了《关于歇斯底里之研究》一书。尽管弗洛伊德在这本书出版了一年之后才开始使用"精神分析"这一术语（Rosenzweig，1992），但是这本书被看做是精神分析的正式开始。这本书包含着两位作者的文章和包括欧安娜在内的几个案例。它受到了一些消极的评价，但是在整个欧洲的科学和文学杂志上，它受到的主要是赞扬，认为这本书对这一领域是一个有价值的贡献。可以说这是弗洛伊德所愿望的名誉的开始。虽然，这个名誉还仅仅是中等的，但也是稳定的。

布鲁尔并不太愿意出版这本书。就弗洛伊德认为性是神经症行为惟一的原因这一观点，他们二人有争论。布鲁尔有些犹豫，他承认性因素是重要的，但是不愿意相信性因素是惟一的解释。他告诉弗洛伊德，这一结论还缺乏足够的证据。尽管他们决定出版这本书，但是争论已经使得他们的友谊出现了裂缝。

弗洛伊德相信他是正确的，认为没有必要搜集另外的数据去支持他的观点。然而，弗洛伊德不愿意等待更多的研究结果支持他的结论的一个原因是，时间的拖延可能导致其他人发表这一观点，因而在这一方面获得优先权。弗洛伊德的成就野心可能比科学的谨慎占据了更优势的地位，因此，在缺乏足够证据的基础上，他匆忙发表了他的研究结果。

布鲁尔对弗洛伊德的顽固态度感到不满，几年之内，他们的友谊就完全破裂了。弗洛伊德对此感到十分痛苦，然而，在后来出版的作品中，弗洛伊德的确把歇斯底里治疗方面的先驱性工作归功于布鲁尔。到布鲁尔 1925 年逝世的时候，弗洛伊德已经不那么刻板了，他写了一个充满感情的讣告，承认他的指导老师的成就。他同样写了一封吊唁的信给布鲁尔的儿子，指出"你的父亲在我们这门新科学的创立中扮演了一个十分重要的角色"（引自 Hirschmuler，1989，p. 321）。

有关儿童期诱奸的争论

像我们看到的那样，弗洛伊德坚定不移地相信在神经症中，性扮演着决定性的角色。他曾经观察到，大部分女性患者报告了儿童期创伤性的性体验，而这些性体验往往涉及的是家庭成员。弗洛伊德逐渐相信，那些有着正常性生活的人不会产生神经症的症状。

在 1896 年的一篇提交给维也纳精神病学和神经学协会的论文中，弗洛伊德报告说，通过自由联想技术，他的病人泄露出儿童时代被诱奸的体验，诱奸者通常是一个年长的亲属，多数情况下是患者自己的父亲。此外，弗洛伊德主张，这些被诱奸的创伤是成年以后神经症行为的主要原因。他的病人非常犹豫地描述诱奸经验的细节，仿佛这些事件是不真实的，或者根本就没有发生过。病人的犹豫说明她们并没有完全地回忆起这些经验。

收到弗洛伊德论文的这个群体对此充满怀疑。协会的主席，克拉夫特—艾宾指出，它听起来有点像“科幻小说”（引自 Jones，1953，p. 263）。弗洛伊德指出，他的批评者是一群该死的笨驴。人们一般认为，对弗洛伊德论文的这种消极的反应是因为弗洛伊德主张儿童时代的性虐待发生得如此频繁，以至于让听众感到震惊和愤怒。但是当代的一位弗洛伊德学者却不这么看，他认为“对诱奸理论的抗议要么基于占优势地位的神经疾病躯体论观点，要么是因为弗洛伊德达到这一结论的临床程序是不可靠的，且后一种观点更占主导地位”（Esterson，2002，pp. 117—118）。无论怎样解释反对弗洛伊德观点的理由，事实都是这篇论文对于野心勃勃的弗洛伊德来说，不能算是成功之作。

大约一年之后，弗洛伊德改变了他的观点。现在他声称，在大多数病例中，患者所报告的儿童期诱奸体验都不是真实的，实际上根本没有发生过。最初，当意识到患者报告的是幻想，而不是事实的时候，弗洛伊德感到震惊，因为他的神经症理论就是建筑在这样一种信念的基础上，即患者体验到儿童期的性创伤，而这种创伤体验可以解释患者的成人后的非理性行为。然而经过思考，弗洛伊德断定，病人的幻想对于他们自己来说是非常真实的。由于这些幻想涉及的是性的问题，因此，性依然是问题的根源。基于这种推理，弗洛伊德保留了性作为神经症原因的基本观点。

1984 年，即接近一个世纪之后，一位曾经在短时间内担任过弗洛伊德档案馆主任的精神分析学者杰弗里·马森（Jeffrey Masson）认为，在患者的儿童期性经验上，弗洛伊德撒了谎。马森指出，弗洛伊德的患者所报告的性虐待的确发生了，弗洛伊德有意称这些诱奸为幻想，以便于使他的体系更能为同事和公众所接受（Masson，1984）。大多数知名学者反驳了马森的观点，认为马森的证据不能令人信服（参阅 Gay，1988；Krull，1986；Malcolm，1984）。这一争论在全美的媒体上广泛传播。在《华盛顿邮报》的访谈节目中，研究弗洛伊德的学者保罗·罗赞（Paul Roazen）和皮特·盖伊（Peter Gay）描述马森的理论是一种骗局和诽谤，是对“精神分析历史的严重扭曲”。我们必须指出，弗洛伊德从没有放弃他的这一信念，即儿童期的性虐待有时是会发生的。他修改的是那种认为患者报告的经验总是会发生这样一种观点。弗洛伊德写道，“针对儿童的变态行为普遍存在，这样一种观点几乎让人无法相信”（Freud，1954，pp. 215—216）。

后来的证据显示出，儿童期性虐待比弗洛伊德准备接受的更为普遍。一位作者指出，“父女之间乱伦的实际发生率远比职业文献一般愿意承认的要高得多”（Lerman，1986，p. 65）。这种观点使得某些精神分析学者建议，弗洛伊德原先把有关诱奸理论作为神经症的解释或许是正确的。我们并不能确定是否像马森声称的那样，弗洛伊德有意地压抑了真理，或者他是否真的相信他的病人报告的是幻想。

20 世纪 30 年代，弗洛伊德的一个信徒，桑德·费伦兹（Sandor Ferenczi）断定，他的病人报告的俄狄浦斯情结症状导源于实际的性虐待，而不是病人的幻想。当他在

1932 年的精神分析大会上描述他的发现时，弗洛伊德曾经尝试阻止他发言。当尝试失败以后，弗洛伊德领头反对费伦兹的观点。

弗洛伊德之所以反对原先诱奸理论的另一个原因可能是：如果它是真实的，那么所有的父亲，包括弗洛伊德自己的父亲，都会因针对儿童的邪恶行为而被判定有罪(Krull，1986)。

无论最终怎样判断弗洛伊德的诱奸理论，弗洛伊德本人对性都采取了一种消极的态度，并且体验到他本人的性的障碍。他写文章，指出性欲的危险(甚至在那些没有神经症的人中)。他认为，人们应该努力超越这种“普通的动物需要”。他认为性活动是低劣的，玷污了身体和心理。在 41 岁的时候，他放弃了性活动。“性的激动对于我这样的人来说已经没有什么更多的用处了”(Freud，1954，p. 227)。偶然地，他会体验到性无能，有时他会放弃性活动，因为他不喜欢安全套、性交中断等标准的节育技术。

弗洛伊德指责他的妻子应该为结束他们的性生活而负责。他分析了自己的几个梦，指出他对妻子迫使他结束性生活而产生的不满。一位传记作者写道，“他感到怨恨，因为她那么容易怀孕，而在怀孕期间那么经常生病，此外，也因为她拒绝任何非生殖目的的性活动”(Elms，1994，p. 45)。弗洛伊德有关性的冲突明显地导致他为漂亮的女性所吸引，那些漂亮的女性像是被引力吸入他的信徒圈。一位朋友评论道，在弗洛伊德的学生中，“有那么多的漂亮女性，以至于看起来并不是一种偶然的巧合”(Roazen，1993，p. 138)。

很快，弗洛伊德成为自己理论的教科书式的范例。他的性挫折导致了某种形式的神经官能症。在放弃性活动的那一年，他描述了一种主要的神经症症状：“一种奇怪的心理状态，意识无法理解事物，思维模糊，无法确定的怀疑，偶尔这里或那里显现出一缕光线……我不知道究竟是怎么回事”(Freud，1954，pp. 210—212)。这种令他烦恼的生理症状包括周期性头痛、泌尿问题和结肠痉挛等。他担心自己会死去，害怕心脏出了问题，对旅行和空旷的空间产生焦虑。

他对自己的诊断是，由于性紧张的累积导致焦虑神经症和神经衰弱。此前，他曾经得出结论认为，男性的神经衰弱是由手淫导致的，焦虑神经症是由于性交中断或禁欲这样一些变态的性实践引起的。通过给症状贴上这样的标签，“他的个人生活就卷入了这一特殊的理论，有了这一理论的帮助，他就开始尝试着解释和解决自己的问题……因而弗洛伊德的神经症理论就成为他自己的神经症症状的理论”(Krull，1986，p. 14，p. 20)。由于意识到他需要精神分析，因此弗洛伊德开始对自己进行分析。他所选择的方法就是梦的解析。

梦的解析

弗洛伊德早就知道，患者的梦是重要情绪素材的丰富来源，包含着通往障碍深层原因的线索。由于他持有实证主义信念，认为任何事物都是有原因的，因此他认为梦不可能完全没有意义。梦很可能是患者无意识心灵中的某种东西导致的。弗洛伊德意识到，他无法用自由联想技术分析自己，因为他不能同时既是患者又是治疗者。因此，他决定分析自己的梦。每天早晨醒来以后，他就对自己的梦进行分析，他记下前一天晚上梦的内容，然后对其进行自由联想。

通过梦的探索，弗洛伊德意识到，他对父亲存在着严重的敌意。他第一次回忆起儿童时代对母亲的性渴求，以及对大姐的性欲望。对自己无意识的这种深入细致的探索成为弗洛伊德理论的基础。因此，他的精神分析体系的大部分内容都是通过分析自己的神经症症状和儿童时代的经验而形成的。他明智地评论道，“对我来说，最重要的患者是我自己”(引自 Gay，1988，p. 96)。

弗洛伊德的自我分析持续了大约两年的时间，其最后的成果就是 1900 年出版的《梦的解析》一书。这本书现在被认为是他的主要著作。后来他指出，这本书包含着“我有幸作出的各种发现中最有价值的一个”(引自 Forrester，1998)。他第一次勾画了俄狄浦斯情结，其素材主要来自他的早期经验。尽管这本书并没有受到广泛的赞扬，但是还是得到了许多积极的评价。职业杂志评论了这本书，维也纳、柏林和欧洲其他城市的杂志和报纸也登载了一些评论。在苏黎世，卡尔·荣格(Carl Jung)读了这本书，成为了精神分析的皈依者。

弗洛伊德把梦的分析视为标准的精神分析技术，他每天花费睡前的半小时分析自己的梦。有趣的是，尽管他声称梦典型地涉及早期的性欲望，但弗洛伊德在这本书中描述的 40 多个自己的梦几乎没有涉及性的内容。在弗洛伊德的梦中，最重要的主题是野心，而这种个人特质是他拒绝承认的(Welsh，1994)。

成功的巅峰

1900 年之后，弗洛伊德开始扩展他的观念。1901 年，他出版了《日常生活的心理病理学》一书。这本书包含着他对著名的**弗洛伊德式疏忽**(Freudian slip)的描述。弗洛伊德认为，在日常行为中，无意识观念努力表现自己，因而影响着我们的思想与行动。那些看起来似乎偶然的口误或遗忘实际上都是一种真实动机的反映，尽管这种动机没有得到承认。

《性学三论》一书出版于 1905 年。三年之前，一些学生督促弗洛伊德举办每周一次的精神分析讨论会。有报道说，第一次讨论会的主题是制造雪茄的心理(Kerr，1993)。这些早期的信徒包括了荣格和阿德勒。这两人后来建立了重要的理论体系，同弗洛伊德相对立。但是这些信徒中的大多数被认为是“边缘的神经症患者”(Gardner，1993，p. 51)。安娜·弗洛伊德(Anna Freud)称他们是“怪异的人、空想家，以及那些从自己的经验中得知神经症痛苦的人”(引自 Coles，1998，p. 144)。这一群体的成员之一，赫尔巴特·纳恩伯格(Herbert Nunberg)回忆道，“他们不仅讨论其他人的问题，也讨论自己的障碍。他们袒露自己的内部冲突，承认自己的手淫、幻想以及有关父母、朋友、妻子和孩子的回忆”(引自 Breger, 2000, p. 178)。

就弗洛伊德与布鲁尔友谊的中断这一点来说，弗洛伊德是不能容忍任何对他的理论中性的作用提出异议的。对那些不能接受这一观点，或者尝试改变这一观点的信徒和学生，弗洛伊德立刻断绝联系。弗洛伊德写道：“精神分析是我的创造，在十年的时间里，我是惟一关心它的人……没有什么人比我更了解精神分析是什么(Freud, 1914, p. 7)。”

在1900～1910年间，弗洛伊德的地位有所改善。他的私人诊所逐渐繁荣。同事也开始重视他的观点。1909年，斯坦利·霍尔邀请了他和荣格参加克拉克大学20周年校庆活动，在那里发表演讲。弗洛伊德发表了一系列演讲，获得了心理学的名誉博士学位。“或许受弗洛伊德演讲影响最深的人是弗洛伊德自己。在这里，面对比他在欧洲所遇到的远远好得多的听众，弗洛伊德称自己为一个科学家和治疗家，做出了一个重要的经验发现，听众的反应是崇敬和逢迎(Kerr, 1993, pp. 243—244)。”

弗洛伊德会见了美国著名心理学家詹姆斯、铁钦纳和卡特尔等人。他的演讲稿发表在《美国心理学杂志》上，并且被翻译成几种语言(Freud, 1909/1910)。美国心理学会在年度会议上讨论了他的工作。1911年，美国精神分析学会建立，紧接着，纽约、波士顿、芝加哥、华盛顿等也都建立了精神分析协会。

弗洛伊德的无意识心灵概念同样在美国公众中受到了热烈的欢迎。由于加拿大心理学家阿丁顿·布鲁斯(Addington Bruce)的工作，美国人已经开始对弗洛伊德的观点产生兴趣。在1903～1917年间，布鲁斯写了63篇文章和几本书，阐述无意识概念，刺激了公众的兴趣(Dennis, 1991)。

尽管在这次旅行中，弗洛伊德受到了广泛的欢迎，并获得了很高的荣誉，但是他对美国却保留了一些不良印象。他批评美国的烹调质量、缺乏公共厕所、语言障碍和不拘礼节。尼加拉瀑布的一个导游提到他时，竟然说“那个老家伙”，这令他十分生气。他告诉他的传记作者说，“美国是一个错误，一个巨大的错误，它是真实的，但却是一个错误”(Jones, 1955, p. 60)。时间的流逝并没有使他的观点发生改变。访问美国的14年之后，有人问他为什么看起来他好像恨美国，弗洛伊德回答说，“我并不恨美国，我只是为它感到遗憾，我为哥伦布发现了它而遗憾(引自 Rabkin, 1990, p. 34)！”公平地说，弗洛伊德曾声称不喜欢维也纳，但是在那里住了近80年的时间。

由于对弗洛伊德的一些观点持有异议和争论，精神分析大家庭很快就变得四分五裂。这种情境经常导致背叛。1911年，弗洛伊德与阿德勒决裂，三年以后，荣格与弗洛伊德分手，而弗洛伊德曾经把荣格看做是他精神上的儿子和精神分析的继承人。弗洛伊德发怒了，在一个家庭晚会上，他抱怨弟子对他的不忠。他的婶婶评论道，“你的麻烦是你根本就不理解他人”(引自 Hilgard, 1987, p. 641)。

1923年，他的声望达到了顶峰。但在这时，他被诊断患了口腔癌。在以后的16

年中，他忍受着持续的疼痛，进行了33次手术，切除了部分口盖和上颚。他接受了射线的放疗和输精管切除。医生认为输精管的切除可以阻止肿瘤的发展。口腔手术后，不得不在口腔中安装了一些人工装置，这影响了他的发音，使得他的话经常让人难以理解。尽管他仍然接待病人和会见自己的信徒，但是他回避同其他人的接触。即使在诊断患了口腔癌之后，他也没有终止每天抽20根雪茄的习惯。

希特勒在德国掌权以后，纳粹官方对精神分析的态度是非常清楚的：1933年5月，在柏林的一次公开集会上，弗洛伊德的著作被当众焚毁。随着书被扔进火堆，一个纳粹领导人大声喊道："反对为夸大性生活而毁灭灵魂，以人类灵魂高贵的名义，我要把弗洛伊德的书付之一炬(引自 Schur, 1972, p. 446)!"弗洛伊德评论道，"我们的进步有多么大，要是在中世纪，他们会把我也烧掉，而现在仅满足于烧掉我的著作"(引自 Jones, 1957, p. 182)。

到1934年的时候，更多的有远见的犹太心理学家和精神分析学者都移民国外。纳粹在德国根除精神分析的战役是非常成功的。曾经广为流传的弗洛伊德理论几近灭绝。纳粹分子在柏林建立的心理学与心理治疗研究所的一位学生回忆说，"从没有人提到弗洛伊德的名字，他的书被紧紧地锁在书柜里"(The New York Times, July 3, 1984)。在德语中，精神分析的许多重要书籍现在依然是找不到的。

尽管存在着危险，弗洛伊德坚持留在维也纳。1938年3月，德国军队开进了奥地利之后不久，一帮纳粹分子就闯进了弗洛伊德的家。一个星期之后，弗洛伊德的女儿安娜被抓走扣留了起来。[1]这样一来，出于安全的考虑，弗洛伊德终于考虑离开这个国家。部分由于美国政府的介入，纳粹同意让弗洛伊德去英国。为了获得出境的签证，弗洛伊德不得不签署一份文件，证明他受到了盖士太保(秘密警察)的礼遇和关照。他在文件上签了字，据说还添加了一句讽刺性的评论："我可以热心地向任何人推荐盖世太保(引自 Jones, 1957, p. 226)。"弗洛伊德的朋友和传记作者厄尼斯特·琼斯(Ernest Jones)是这样记述的，或许琼斯根据弗洛伊德的叙述记述了这一事件。然而，新近发现的历史数据，即弗洛伊德签署的那份文件的原件表明，上面并没有这段评论(Decker, 1991)。

尽管弗洛伊德在英格兰受到热情的接待，他的健康状况却日益恶化，他已经无法享受他的最后年月了。在日记和给朋友的信中，他写下了癌症扩散给他带来的痛苦。"我不得不停止工作12天，带着痛苦、拿着热水壶躺在睡椅上，让其他人感到不舒服(Freud, 1939/1992, p. 229)。"然而，在精神上，他仍然十分机敏，几乎工作到最后一刻。

几年之前，当他选定马克斯·舒尔(Max Schur)为他的私人医生时，弗洛伊德让舒尔许诺不要让他受不必要的痛苦。1939年9月21日，弗洛伊德提醒舒尔履行他的

〔1〕 弗洛伊德的4个姐妹留在了维也纳，后来死在纳粹集中营里。

诺言。“那个时候你曾经答应我，当那个时候来临时，你不会抛弃我。现在除了忍受折磨之外已经没有任何意义了(引自 Schur，1972，p. 529)。”舒尔在 24 小时的时间里，给他服用了过量的吗啡，因而结束了弗洛伊德多年的痛苦。

原著精选

有关歇斯底里症的原始资料
选自弗洛伊德在克拉克大学的第一次演讲(1909)

西格蒙德·弗洛伊德

女士们、先生们：

来到新世界，作为一个演讲者站在学生面前，对我来说是一种全新的、并令我有点窘迫的经验。我认为，我之所以有这个荣誉，是因为我的名字与精神分析的主题联系到了一起。因此，我要给各位讲述的就是精神分析的有关问题。我将以非常简练的形式，尝试向你们描述这一新的研究和治疗方法的历史和进一步的发展。

假如创立精神分析是一种功劳的话，那么它不是我的功劳。当维也纳的另外一个医生约瑟夫·布鲁尔博士第一次用这种方法治疗一个患歇斯底里症的姑娘(1880—1882)的时候，我还是个学生，正在忙着我的期末考试。现在，我们必须考察这一病例及其治疗的历史，其细节可以在布鲁尔和我共同出版的《关于歇斯底里之研究》中找到。

布鲁尔博士的病人是个才华出众的 21 岁的姑娘，在她患病的两年期间，她产生了一系列不容忽视的身心障碍。她的身体右侧两肢产生了严重的麻痹，麻木而没有感觉；左侧两肢也经常产生同样的症状。她的眼睛运动失调，视力出现了多种障碍，保持头部的端正位置感到困难，经常还伴有无法控制的咳嗽，当她尝试进食时就会出现恶心。有一次，在几个星期的时间里，尽管感到干渴难忍，但是却丧失了喝水的能力。她的语言能力明显降低，这种状况曾经发展得如此严重，以至于她既不能说话，也无法理解自己的母语。最终，她陷入了失神、错乱、呓语的状态，整个人格都发生了改变。这些症状后面我们将加以关注。

当你们听了这一病例，即使你不是一个医生，你也可以得出结论，认为这是一个严重的疾病，或许问题出自大脑，治愈的几率很渺茫，或许会导致病人较早地夭折。然而，医生会告诉我们，在一些有着同样严重症状的病例中，有理由采取另外一种更为乐观的观点。

当一个人发现在一位年轻的姑娘身上存在着这样严重的症状，而通过客观检查，发现她的关键器官(心脏、肾等)都处在正常状态，但是她却遭受到严重的情绪障碍，而且如果她的症状在某些细节方面与人们从逻辑上所期望的有所不同，那么在这种条件下，医生并不会感到十分困惑。他们认为这并不是一种大脑的器质性疾病。从古希腊开始，医生们就把这种难以理解的症状称作为“歇斯底里”，它可以模拟一系列疾病的各种症状。在这种病例中，医生们认为病人的生命没有任何危险，健康可能自己就会恢复。

鉴别歇斯底里与严重的器质性病变之间的不同并非总是非常容易。但是我们并不需要知道如何作出区别性的诊断。你可能非常确定布鲁尔病人的症状就是这样一种状况，任何技能娴熟的医生都不会不认为这是一种歇斯底里症状。关于这个病的起源我们要多加上一句话，那就是这种症状最初出现在患者照顾她病重父亲的时候。她父亲患有严重的疾病，最终导致了死亡。她给了父亲无微不至的照料，但是由于她自己的病症而不得不放弃对父亲的护理。

人们注意到，当这个女患者处在精神改变的“失神”状态时，她通常会对自己嘟哝几句。这些对自己嘟哝的话似乎产生于占据其头脑的某种思绪。医生记下了这些话，然后使患者进入催眠状态，反复地重复这些话给患者听，以便于唤起可能具有的联想。患者受到这种暗示，向医生复述了在她失神时控制她思维的心灵创造物，在这些只言片语中暴露出她的内心世界。那里存在的是一些幻想、深切的悲伤，并经常有着诗一样的美丽，我们或许可以称它们为白日梦(daydreams)。梦的开始通常是一个姑娘坐在父亲病榻旁。一旦她叙述了自己几个这样的幻想，仿佛她就摆脱了病症，恢复了正常的心理生活。这种健康的状态将会持续几个小时，然后在第二天又进入了一种新的失神，通过叙述那些新创造的幻想，病症又以同样的方式消失了。

我们不可能不得出这样的结论，即患者在失神状态下所表现出来的那种精神改变是这些强烈的情绪化幻想刺激的结果。患者本人在疾病状态下，令人奇怪地只能用英语理解和表达。她命名这种新的治疗方法为“谈话疗法”，或戏称为“清扫烟囱”。

医生很快就发现了这样一个事实，即通过这种对灵魂的清扫，能根除而不仅是暂时性地缓解持续、反复产生的心理症状。在催眠状态下，如果患者能回忆起某种症状最早出现的情境及其相关的事件，并让那种情境唤起的情绪能得到表达，那么疾病的症状就可以消失。

在一个酷热的夏日，患者忍受着痛苦的干渴，因为不知怎么回事，她突然无法喝水了。往往她会拿起一杯水，但是一旦水杯碰到嘴唇，她就会把水杯拿开，仿佛患了恐水症。很明显，在这几秒钟的时间里，她处在失神的状态。她只能吃些水果、西瓜等等，以便缓解痛苦的干渴。当这一过程持续了大约 6 个星期之后，在催眠状态下，她谈起了她的女英语家庭教师。她不喜欢这位女教师。她用极其厌恶的口气告诉医生说，她怎样碰巧走进女教师的房间，看到女教师那只令她讨厌的狗从玻璃杯中喝水。出于礼貌，她没有吭声。现在，经过全面地表述她压抑的愤怒以后，她要求喝水，而且毫无困难地喝了大量的水。从催眠状态下醒来时，水杯就在她的嘴唇边。从此，症状就永远地消失了。

请允许我就这个问题多说几句。以往没有任何人以这种方式治愈歇斯底里症状，也没有任何人如此深刻地理解这一疾病的原因。如果其他的，或许大多数病例都是以这种方式引起的，且可以以这种方法来加以消除，那么这无疑是一个重大发现。布鲁尔努力使自己相信这一点，以更为有条理的方式不遗余力地研究其他更为严重症状的病理起因。

事实的确如此，几乎所有的症状都是以这种方式起源的，即形成于情绪体验的残留物，或者情绪体验的沉淀物(precipitates)。基于这样的原因，后来我们称它们为心理创伤。通过考察症状与引发这些症状的情境的关系，症状的特性也变得清楚了。用技术术语来说，它们是由那些记忆残留下来的创伤性情境"决定"的。因此，这种症状不能再被描述为神经症引起的任意的、莫名其妙的产物。

我们必须谈谈一个与我们的期待可能不相同的变数。引发症状的并非总是单个的经验，通常是几个。大量类似的创伤反复出现共同导致了症状的出现。因此，我们有必要根据时间顺序，重复病理起因的整个系列，当然，我们必须采取颠倒的时间顺序，即把最后的放在第一，而把最前的创伤放在最后。如果不首先理清那些最后出现的创伤，我们极有可能不能直接达到第一位的通常也是最本质的创伤。

除了这个由于看到狗从杯子里喝水而不能饮水的歇斯底里例子之外，你们肯定希望听我讲述更多的病例。然而，如果我的演讲按计划进行，那么我就必须把自己限制在极少的几个例子上。例如，布鲁尔说过，他的病人有视觉障碍。这个障碍可以追溯到下列外部原因：患者坐在病床旁，眼睛里充满了泪水，她的父亲突然问她几点钟了。她看不清时间，收紧眼睛用力去看，把手表放到眼睛的近处，因此，表盘看起来非常大。她努力抑制她的泪水，以便不让病重的父亲看到。

所有病源学的印象都产生于她照顾生病的父亲这段时间。有一次，她在夜里看护父亲。父亲发着高烧，她很是着急。她在焦急地等待一位来自维也纳的外科医生为她父亲做手术。她的母亲刚刚出去，她坐在病床旁，右臂挂在椅子的后背上。她进入了一种半睡半醒的幻觉状态。她看到了一条黑蛇，黑蛇仿佛正在从墙上下来，向病人接近，像是去咬他(很有可能房子后面的草地中出现过几条蛇，让她感到恐怖，这些先前的经验为她的幻想提供了素材)。

她试着把蛇赶走，但是仿佛瘫痪了一样。她那挂在椅子背后的右臂似乎"进入了睡眠状态"，变得失去知觉，不能移动。当她看自己的手时，手指变成了长着死人头(手指甲)的小蛇。或许是她试图用她麻痹的右手赶走蛇，因此右手的麻痹就与关于蛇的幻觉联想到了一起。当这一切消失以后，她在痛苦中想要说话，但是却说不出来。她无法用任何语言来表达自己，最后她想到了几句英语的儿歌，从那以后，她就只能用英语思维和表达自己了。当她在催眠中再现了这一情境后，从她患病一开始就产生的右手麻痹就消失了，治疗到此结束。

数年之后，当我开始使用布鲁尔的研究和治疗方法于我的病人时，我的经验完全与此一致……

女士们、先生们：如果你们允许我概括一下的话——在这样简短的介绍中这种概括是必不可少的——我们或许用这样的公式来表达我们迄今为止的结论：歇斯底里患者遭受的是来自记忆的折磨。他们的症状都是一些来自创伤经验的残留物和记忆象征。

作为一种治疗方法的精神分析

弗洛伊德发现，自由联想方法的使用并不是没有限制的。在自由联想法的使用中，病人的回忆经常会达到这样一种情境，即他们不能，或者不愿意继续回忆。弗洛伊德认为，这些**抵抗**（resistances）表明病人已经把那些令人难以启齿的记忆带到了意识觉察水平。因此，抵抗是一种免遭情绪痛苦的保护措施。然而，痛苦的出现表明分析过程已经接近于问题的症结，分析者应该继续沿着这一思路进行探索。

对病人抵抗作用的发现使得弗洛伊德形成了**压抑**（repression）的基本原理。弗洛伊德是这样描绘压抑的，即把那些不可接受的观念、记忆和愿望从意识中驱逐、排除出去的过程，使得这些内容仅仅存在于无意识中。弗洛伊德把压抑看做是对抵抗惟一可能的解释。那些不愉快的观念或冲动不仅被驱赶出意识，它们也被迫处在意识之外。治疗者必须帮助患者把这些被压抑的材料返回到意识觉察中，以便于患者面对这些内容，解决由此引发的问题。

弗洛伊德意识到，对神经症患者的有效治疗依赖于在患者和治疗者之间建立一种亲密的个人关系。前面我们曾注意到欧安娜对布鲁尔产生的移情作用令布鲁尔如此困惑，以至于结束了治疗过程。但是对于弗洛伊德来说，移情是治疗过程的必要部分。治疗的目的是使患者摆脱对治疗者孩子般的依赖，以便于在自己的生活中承担一种更为成人化的角色。

弗洛伊德精神分析中的另外一种重要治疗方法是梦的解析。弗洛伊德相信，梦代表着被压抑欲望的虚假的满足。梦的事件发生在两个水平上，其一是梦的明显内容，它是患者在回忆梦的事件时讲述出来的故事。其二是梦的真实意义，它潜藏于梦的内容中，是梦的隐蔽的、象征的意义。

弗洛伊德相信，当患者描述梦的时候，他们是在以象征的形式表达被抑制的愿望（梦的潜在意义）。尽管许多梦的象征仅仅同报告自己梦的人相联系，但是也有许多梦的象征对我们所有的人都是共同的（参阅表 13.1）。然而，梦的象征尽管存在着明显的共同性，但是在为治疗目的而解释一个特定的梦时，还需要了解患者的特殊冲突。

表 13.1 梦象征或事件及其潜在的精神分析意义

象　　征	解　　释
光滑、耸立的房屋	男性躯体
有阳台、框架的房屋	女性躯体
国王和王后	父母
小动物	儿童
儿童	生殖器官
同儿童玩耍	手淫
秃顶、拔牙	阉割
延长的物体(如树干、雨伞、领带、蛇、蜡烛等)	男性生殖器
封闭的空间(如箱子、烤箱、柜子、洞穴、口袋等)	女性生殖器
爬楼梯、登梯子、驾车、骑马、过桥	性交
洗浴	出生
开始旅行	死亡
在人群中裸体	希望受到注意
飞翔	希望被人崇拜
跌落	希望返回到能获得满足和受到保护的状态(如儿童时代)

并非所有的梦都是由情绪冲突造成的。某些梦的内容源于卧室的温度、同伴侣的身体接触、睡前过多的饮食等较为简单的刺激。因此，并不是所有的梦都包含着被压抑的或象征的材料。

尽管精神分析作为一种治疗方法越来越受欢迎，但是弗洛伊德个人对其体系的潜在治疗价值并不感兴趣。他最主要的关心不在于怎样治愈病人，而在于解释行为的动力。他认为自己更多的是科学家，而不是治疗家。他把自由联想和梦的解析看做是一种搜集个案研究数据的工具。对于弗洛伊德来说，这些技术在治疗中的应用是第二位的，第一位的是它们的科学效用。

或许是由于他对治疗病人相对缺乏兴趣，因而他曾经被描述为客观的，甚至冷漠的治疗者。他把自己的椅子放在精神分析睡椅的头部，因为他不想让病人望着自己。有时在分析的过程中，他会睡着。他承认，“我缺乏咨询的热情”(引自 Jones，1955，p. 446)。他的热情不是在咨询和治疗方面，而是在研究上。他希望的是以这些研究为基础来建筑他有关人格的理论。

在内容和方法上，弗洛伊德的理论同那个时代的实验心理学有着显著的不同。尽管他经受过科学训练，但弗洛伊德并不使用实验研究方法，而是依赖于自由联想、梦的解析和个案史的编纂所提供的数据。他并不从控制的实验搜集数据，也不使用统计去分析研究结果。然而，尽管弗洛伊德并不相信正规的实验方法，但是他坚持认为他的工作是科学的，个案史和自我分析可以给他的结论提供足够的支持。他写道：

> 当我给自己确立这样一个任务，即通过观察人们所说的和所做的，而不是通过催眠状态的强迫性力量，揭示隐藏在人们内心深处的东西时，我认为这一任务比它看起来还要具有科学性。有眼睛可以看、有耳朵可以听的人都相信没有一个凡人能保守内心的秘密。如果嘴唇保持沉默，他的手指会说话，从每一个毛孔中都会透露真实的信息，因此，把心灵中最隐蔽的部分暴露在意识的光芒下是一个非常可能完成的工作。(Freud，1901/1905，pp. 77—78)

弗洛伊德按照自己独特的解释所提供的证据形成理论、修改理论并加以扩展。在他的理论建构中，他自己的评价能力是最重要的向导。他坚持认为，只有那些使用他的方法的精神分析者才有资格判断他的工作价值。他忽略其他人的，特别是那些反感精神分析的人的批评。精神分析是他的体系，只有他自己对这一体系有真正的了解。

作为一种人格体系的精神分析

弗洛伊德的体系并没有包含心理学教科书通常涵盖的那些问题，但是弗洛伊德的确探索了其他心理学家倾向于忽略的那些领域，即无意识动机力量及这些力量之间的冲突、冲突对行为的影响等。

本能

本能(instincts)是人格强迫性的或者动机性的力量。它也是一种可以释放心理能量的生物力量。尽管在英语中“本能”这个词已经成为一个公认的术语，但是它却没有完全传达出弗洛伊德的意愿。在谈到人格时，弗洛伊德所使用的本能概念并不是德文中的对应词 Instinkt。只是当描述动物的先天的驱力时，他才使用 Instinkt。在谈到人的动机力量时，弗洛伊德的术语是 Trieb 。这个词最适当的英文翻译是冲动或驱力(Bettelheim，1982)。弗洛伊德的本能概念并不是遗传倾向，而在英文中，本能这个词恰恰就是这个含义。对于弗洛伊德来说，本能指的是身体内的刺激源。本能的目标就是通过饮食、饮水和性活动等行为消除或降低刺激作用。

弗洛伊德并不打算详细地罗列人类每一种可能的本能。他仅仅把本能归纳为两个一般的范畴，即生本能(life instinct)和死本能(death instinct)。生本能包括饥饿、干渴和性欲。这类本能涉及的是自我保存和种系的生存，因而是维持生命的创造性力量。生本能活动的能量形式被称为**里比多**(libido)。死本能是一种破坏性的力量，向内表现为受虐或自杀，向外表现为仇恨和攻击。随着弗洛伊德年龄的增大，他越来越确信攻击像性欲一样可以成为人的行为的强有力动机力量。

从死本能概念上面，我们再次看到了弗洛伊德体系的自传性质。只是当死亡成为他个人关心的问题时，他才提出了死本能的概念。他的癌症症状加重、他目击了战争的恐怖、他的女儿索菲娅(Sophie)在二十几岁的时候死去，留下了两个年幼的孩子。这一切让弗洛伊德悲痛欲绝。不到三个星期之后，他提出了死本能的概念。

他同样也意识到了自身的攻击倾向。同事描绘他是个真正的仇恨者，他的某些作品也表现出较高程度的攻击性。从他断然断绝与精神分析运动叛逆者的关系这一点上也可以觉察出他的攻击倾向。

精神分析学者更愿意接受作为动机力量的攻击概念，而不太愿意接受他有关死本能的建议。一位精神分析学家写道，死本能的概念应该被"丢进历史的垃圾堆"(Becker, 1973, p. 99)。另外一位精神分析学者认为，如果弗洛伊德是一个天才，那么死本能概念是天才运气不好的那一天的产物(Eissler, 1971)。

人格层次

在他早期的著作中，弗洛伊德认为心理生活由两个部分组成，即意识和无意识。意识部分就像冰山可见的部分，分量很小，且不重要。它代表的仅仅是人格的表层。广袤的、强大的无意识就像冰山水下的部分，它是心理生活的主体，包括各种本能，它们是所有人类行为的驱动力量。

在稍后的作品中，弗洛伊德修改了这种意识—无意识的简单划分，提出了**伊德**(id)、自我(ego)和超我(superego)的划分方式。伊德大致相应于早期的无意识概念，它是人格中最原始的，也是最难以接近的部分。伊德中的强有力力量包括性和攻击的本能。弗洛伊德写道，"我们称它……为充满沸腾刺激的大锅。伊德没有价值判断，没有善良和邪恶，不遵守道德规范"(Freud, 1933, p. 74)。伊德的力量寻求直接的满足，不考虑现实条件。它根据快乐原则运作，只关心怎样通过寻求快乐和避免痛苦来降低紧张。在德语中，弗洛伊德的伊德概念是"es"，意思是"它"(it)。这个观点是一位精神分析学者乔治·格罗代克(Georg Groddeck)提出的。他曾经把他的《关于"它"的学说》的著作手稿送给弗洛伊德。

伊德包含着基本的心理能量，即里比多，它通过缓解紧张来表现自己。里比多能量的增加意味着紧张的增强。它促使我们尝试缓解紧张，使之达到一个更能忍受的水平。为了满足需要和把紧张维持在一个舒适的水平上，我们必须同现实世界相互作用。例如，饥饿的人如果想释放由饥饿导致的紧张，就必须寻找食物。因此，在伊德的需求和现实之间必须确立某种适当的联系。

自我(ego)的作用是在伊德和外部世界之间起中介作用，促进两者之间的互动。

自我代表着理智和理性，同伊德的缺乏思考、混乱的激情形成鲜明的对照。弗洛伊德称自我为“ich”，翻译成英语为“我”(I)。他不喜欢“自我”(ego)，极少使用它。每当伊德盲目地追求欲望的满足，不考虑现实条件，自我就产生对现实的觉察，相应地控制现实，调节伊德。自我遵循的是现实原则，它把伊德寻求愉快的欲望拖延至条件许可，等到有适当的对象才允许伊德的满足，从而达到紧张缓解的目的。

自我并不独立于伊德。的确，自我的力量是从伊德获得的。自我存在的目的是帮助伊德，以便于伊德获得本能的满足。弗洛伊德把自我和伊德的互动比作马上的骑手。马为骑手沿着道路前进提供能量，但是马的力量必须受到指导和控制，否则马就会走错道，或者把骑手掀翻在地。同样地，伊德也必须受到指导和控制，否则就是颠覆理性的自我。

弗洛伊德人格结构的第三个部分是超我。超我是儿童在生命早期通过同化父母或抚养者的行为规则而发展起来的。父母或抚养者通过奖赏或惩罚的体系，促进了儿童超我的形成。那些错误的，因而导致惩罚的行为成为儿童的良心部分，它是超我的一个部分。那些父母和社会群体可接受的、带来奖赏的行为成为理想自我，它是超我的另一部分。因此，儿童时代最初的行为控制是通过父母完成的，但是一旦超我得以形成，行为就是自我控制的了。到那个时候，个人就可以对自己实施奖赏或惩罚。弗洛伊德所使用的超我这个术语是他自己创造的，称为“uber-ich”，字面的意思就是“我之上”(above I)。

超我代表着道德的力量。弗洛伊德描述超我为“倡导趋向完善——概括地说，它就是我们在心理上力争达到的心理生活的高级一面”(Freud, 1933, p. 67)。很明显，超我同伊德处在冲突之中。超我不像自我，自我是拖延伊德的满足至更为适当的时间和地点，而超我倾向于完全抑制伊德的满足。

因此，弗洛伊德设想了存在于人格中持续不断的争斗和冲突，即自我承受着两种不一致的、对立力量的压力。自我必须拖延伊德的性和攻击的冲动，觉察和操纵现实，以便于缓解由此而引起的紧张。同时，它又要应付超我对完善的需求。这样一来，如果自我承受的压力过大，其结果就产生了弗洛伊德所说的焦虑。

焦虑

焦虑的作用是发出警告，告知自我正在受到威胁。弗洛伊德描绘了三种类型的焦虑。客观焦虑产生于对现实世界中实际威胁的恐惧。另外两种焦虑，即神经症的焦虑和道德焦虑都是从客观焦虑衍生出来的。

神经症焦虑产生于认识到伊德本能满足中潜在的危险。它恐惧的并非是本能本身，而是恐惧在不加分辨的、受伊德支配的行为之后而可能到来的惩罚。换言之，神经症焦虑是害怕因表现本能冲动而受到的惩罚。

道德焦虑源于对自己良心的恐惧。当我们做出，甚至想要做出某种同良心的道德价值观相反的行为时，我们就可能体验到内疚和羞愧。道德焦虑的水平依赖于良心的发展水平。品德越差，其体验到的道德焦虑水平越低。

焦虑引起紧张，因而促使个体采取某些行为去缓和焦虑。根据弗洛伊德的理论，自我发展出保护性的防御，即所谓的防御机制。防御机制是一种无意识的否认或者对现实的歪曲。表 13.2 描述了一些防御机制。

表 13.2 弗洛伊德的防御机制

否认

否定外部威胁或创伤事件的存在；例如，患了绝症的人可能不承认死亡的迫近。

移植

把对具有威胁的对象和不可及的对象的本能冲动转到可及的对象上；例如，把对老板的敌意转到孩子身上。

投射

把令人不安的冲动归于其他某个人；例如指出你并不真的恨你的教授，而是他或她恨你。

合理化

对行为重新进行解释，以便使得它更可以接受和更少具有威胁性；例如，认为你被辞退的那个工作毕竟不是真正的好工作。

反向作用

用同内在动机力量相反的行为来表现本能冲动；例如，被性欲望困扰的人可能成为色情文学的激烈反对者。

退化

回归到较早的、较少具有挫折的生活时期，展现出儿童般的、代表更为安全时期的依赖行为。

压抑

否认导致焦虑事物的存在；即不知不觉地从意识中消除了带来不舒适的记忆和经验。

升华

通过把本能的能量转换成社会可接受的行为而改变或移换伊德的冲动；例如，把性能量转换成艺术上的创造行为。

人格发展的心理性阶段

弗洛伊德相信，患者的神经症障碍起源于早期经验。因此，他成为最早强调儿童发展重要性的理论家之一。他认为，成人的人格在 5 岁的时候基本就完成了。

依据精神分析的发展理论，儿童的发展经历了一系列**心理性阶段**(psychosexualstages)。在这段时间里，儿童被认为是自体性欲的。换言之，儿童从刺激身体的性感区(erogenous zones)，或者在正常的抚养活动中性感区受到父母的刺激而获得色欲的愉快。每个发展阶段都集中于某个特定的性感区。

口腔阶段从出生持续到生命的第二年。在这个阶段中，口腔的刺激作用，如吮吸、咬、吞咽等，是色欲满足的主要来源。不恰当的满足（太少或太多）可能导致口腔人格。这种人格类型的人执著于口腔习惯，如抽烟、接吻和好吃等等。弗洛伊德相信，成人的大量行为，从过度的乐观到讽刺和嘲笑都可归因于口腔发展阶段的事件。

在肛门阶段，满足从口腔转到肛门。儿童主要从身体的肛门区域获得快感。这个阶段恰好同排便训练重合。儿童可能有意违背父母的意愿，该排便的时候不排便，不该排便的时候想排便。这一时期的冲突可以造成肛门—逐出型成人。这种人踢蹋、浪费和奢侈；冲突也可能造成肛门—保存型成人，这种人过度的整洁、干净，行为带有强迫性。

性器阶段大约开始于生命的第四年。在这一阶段中，色欲的满足涉及到性的幻想和生殖器的抚弄和暴露。**俄狄浦斯情结**（Oedipus complex）产生于这一时期。弗洛伊德根据希腊神话中的人物俄狄浦斯命名了这一情结。俄狄浦斯在无意中杀死了父亲，娶了自己的母亲。根据这样一个神话故事，弗洛伊德提议，儿童从性上为异性父母所吸引，并对同性父母产生恐惧，因为他或她把同性父母看做自己的竞争对手。弗洛伊德儿童时代的经验支持了他的这一主张。他写道，“就我自己来说，我发现我爱上母亲，并嫉妒我的父亲”（Freud，1954，p. 223）。

通常，儿童通过认同同性父母而克服俄狄浦斯情结。此外，他们以社会更可接受的情感形式替代了对异性父母的性渴望。然而，在这段时间形成的对异性的态度却得以确立，影响着成年之后同异性成员的关系。认同同性父母的结果之一是促进了超我的发展。通过采纳同性父母的态度和行为方式，儿童也接受了父母的超我标准。

顺利通过这些早期阶段的儿童就进入了潜伏期，时间大约从 5 岁至 12 岁，直到青春期的来临，这标志着最后的生殖器阶段的开始。到这个时期以后，出现了异性恋行为，开始为结婚和建立家庭做好准备。

弗洛伊德体系中的机械论和决定论

让我们回顾一下，构造心理学以及后来的行为心理学都把人视为机器。最初是心灵，后来是人的行为都被还原为最基本的元素成分。弗洛伊德从一种完全不同的观点探讨人性，但我们吃惊地发现，他同样受到力学观念的影响。弗洛伊德相信所有的心理事件，包括每一个梦都是预先被决定的，没有什么东西的发生是偶然的或者是被自由意志引发的。在这一点上，他与实验心理学家相比，有过之而无不及。他相信，每一种行动都具有意识的或者无意识的动机或原因。此外，弗洛伊德赞同这样一种观点，即所有的现象都可还原为自然科学的原理。通过把“分析”这一术语纳入他的精神分析体系，弗洛伊德接受了物理学和化学中使用的分析方法。

1895 年，弗洛伊德决定建立自己的科学心理学概念。他尝试证明，心理学必须植根于物理学原理，并认为心理现象显示出许多像它们以之为基础的那些神经生理过程那样的特点。心理学的目标将是"把心理过程表述为在量的方面被确定了的、可以明确说明的物理粒子的状态"(Freud, 1895, p. 359)。他从没能完成他建立科学心理学的计划，但是从他后来的作品中，我们可以看到许多来自物理学，特别是力学、电学和水力学的观念和术语。他有关这一方面的著作和文章是在他逝世50多年之后才被发现的，这也是遗失的历史数据的又一个例证。在此之前，没有人知道弗洛伊德曾经考虑过这样一种心理学的研究方法。

尽管当弗洛伊德发现他所选定的研究对象——人格——不适合物理学和化学的技术时，他改变了原先那种仿照物理学建立心理学的意愿，但他依然是忠于孕育实验心理学的实证主义和决定论的。当然，虽然弗洛伊德受到了实证主义和决定论观点的影响，但他没有受这些观点的限制。一旦他看出有什么地方不合适，他就会改变或抛弃那种哲学。最终，他证明了人性的机械论概念具有多么大的局限性。

精神分析与心理学的关系

精神分析是在主流学院心理学之外发展起来的，而且多年来情况一直如此。"学院心理学基本上选择了对精神分析思想关上大门。1924 年《变态心理学杂志》上一篇未署名的评论悲叹欧洲心理学家无休止地讨论无意识问题"(Fuller, 1986, p. 123)。这篇评论认为这类文章基本没有什么价值。受到这种严厉批评的影响，心理学的职业出版物几乎都不接受有关精神分析的文章，这种状况至少持续了 20 年。

许多学院心理学家对精神分析提出了激烈批评。1916 年，受第一次世界大战中德国侵略行为的影响，德国产生的任何事物都受到怀疑。此时，克里斯廷·莱德—弗兰克林(Christine Ladd-Franklin)写道，精神分析是"落后的德国心灵"的产物。哥伦比亚大学的罗伯特·吴伟士称精神分析是能使得理性的人得出荒谬结论的"离奇的宗教"。华生称精神分析是"巫毒教"(均引自 Hornstein, 1992, p. 255, p. 256)。卡特尔也激烈地反对精神分析。他把弗洛伊德看做是"生活在梦境中，处在性反常妖魔包围之下"的人(引自 Fancher, 2000, p. 1027)。

尽管心理学的领袖们对弗洛伊德的理论进行了无情的攻击，精神分析也被许多人看做是一种狂人的理论，但是弗洛伊德的观念却慢慢地渗透到美国心理学的教科书之中。到 20 世纪 20 年代的时候，防御机制以及无意识心灵、显梦和梦的潜在意义等都在美国心理学中得到严肃认真的讨论(Popplestone & McPherson, 1994)。但在那个时候，行为主义依然是心理学中居于支配地位的思想学派，一般来说，精神分析是受到忽视的。

到 20 世纪 30 年代和 40 年代的时候，精神分析引起了公众的注意。性欲、暴力、隐蔽的动机和治愈多种情绪疾病的希望这些因素加在一起，对公众产生了巨大的、几乎是不可抵抗的吸引力。正统的心理学领域为之震怒，因为人们把心理学和精神分析混淆在一起，认为两个领域是同样的。心理学家讨厌那种认为心理学就是有关性欲、梦和神经症研究的观点。一位心理学史家指出，"到20世纪30年代的时候，心理学家清楚地意识到，精神分析并不是一个昙花一现的时尚，至少在公众的心目中，精神分析是心理学有力的竞争者，威胁着科学心理学的基础"(Morawski & Hornstein, 1991, p.114)。

为了消除这种威胁，心理学家决心使用实验方法作为武器。他们用实验方法测试精神分析的科学合法性。通过几百个实验研究，心理学家宣称，至少在实验心理学家的心目中，精神分析比不上以实验方法为基础的心理学。尽管这些研究的实验设计存在着这样或那样的问题，但心理学家相信他们的研究结果恢复了心理学的尊严。此外，他们的研究证明，学院心理学也可以关注公众关心的事物，因为他们可以像精神分析那样研究同样的问题。

到20世纪50年代和60年代的时候，行为主义者开始把精神分析的术语转译成行为语言。华生较早地迈出了这一步，他把情绪界定为一组习惯，并把神经症行为描述为错误的条件反射的结果。斯金纳则使用操作条件反射的语言对防御机制进行了重新解释。

最终，心理学吸收了弗洛伊德的概念，使之融入主流心理学。无意识的角色、早期经验的重要意义和防御机制的作用等这些精神分析的观念都成为当代心理学不可缺少的一个部分。

精神分析概念的科学效度

就像我们前面指出的，在20世纪30年代和40年代的时候，弗洛伊德的许多概念都被付诸于实验测试，许多研究结果也存在着这样或那样的问题。在随后的一些年里，这类研究的质量有了提高。有2 500个来自精神病学、心理学、人类学和其他一些学科的研究对弗洛伊德理论的科学效度进行的考察(Fisher & Greenberg, 1977, 1996)。

弗洛伊德的许多概念都无法进行科学验证，如伊德、自我、超我、死亡的愿望、里比多和焦虑等等。但是其他一些概念是可以使用科学测试进行考察的。对相关研究的分析表明，弗洛伊德的下列观点得到了实验研究的支持：

1. 某些口腔型和肛门型人格特征；2. 阉割焦虑；3. 梦反映了情绪上关注的东西；4. 男孩的俄狄浦斯情结(与父亲竞争和对母亲的性幻想)。

没有得到实验结论支持的弗洛伊德概念有这样一些：

1. 梦象征性地满足了被压抑的欲望和愿望；2. 在解决俄狄浦斯情结的过程中，出于恐惧，男孩认同了父亲，采纳了父亲的超我标准；3. 女性对自己的身体感到自卑，超我标准不如男性严厉，同一性的获得更为困难。

后来的研究支持了弗洛伊德有关无意识过程对思想、情绪和行为影响的观点，显示出无意识的影响可能比弗洛伊德认为的更加广泛(例如可以参阅 Bornstein &

Pittnan，1992；Bornstein & Masling，1998；Greenwald，1992；Weinberger & Silverman，1990)。在第十五章我们会看到，"认知心理学重新发现了无意识心理过程的存在。实际上，今日每一个主要的认知心理学家都接受这样一个前提，即心理过程是在意识觉察之外进行的"(Cramer，2000，p. 638)。

研究同样支持了压抑的防御机制概念。有关所谓弗洛伊德式疏忽的研究证明，至少某些口误恰恰就像弗洛伊德所说的那样，是无意识冲突和焦虑以一种令人窘迫的方式暴露了自己。

并非所有有关弗洛伊德观点的研究都支持了精神分析理论。有关人格发展的研究并没有确证弗洛伊德的主张。弗洛伊德曾经认为，人格在 5 岁的时候已经形成，在那之后变化极少。心理学家主张，人格随着时间的变化持续发展，在儿童时代之后仍然可以产生显著的变化。当代有关作为人格驱力的本能的研究也表明，弗洛伊德这一方面的理论对于动机的研究也不再是一个有用的模型。那些用科学的方法验证弗洛伊德原理的研究所得到的最重要结论是，至少某些精神分析的概念是可以还原为使用科学方法可以进行验证的命题的。

历史在线

http：//www. freud. org. uk/

访问弗洛伊德在伦敦的博物馆，你可以看到一些照片和对弗洛伊德在英格兰岁月的描述，也可以看到弗洛伊德在维也纳家中的家具，包括著名的精神分析睡椅。

http：//Freud. t0. or. at/

访问弗洛伊德在维也纳的博物馆，你可以看到许许多多弗洛伊德搜集的物品，并且可以听到一段同弗洛伊德的会话。

http：//www. loc. gov/exhibits/freud

1998 年在华盛顿美国国会图书馆举办的弗洛伊德展览会，这里有很多照片和其他一些令人感兴趣的东西。

http：//www. ship. edu/-cgboeree/freud. html

对弗洛伊德生活和工作的回顾。

http：//www. handwriting. org/images/samples/sigfreud. htm

弗洛伊德的手迹。

对精神分析的批评

弗洛伊德搜集资料的方法一直受到激烈的攻击。他从接受分析的病人的反应中概括出他所需要的观点与结论。让我们通过把他的方法与在控制条件下搜集资料的系统实验方法的比较，考察一下他的方法的缺陷。

首先，弗洛伊德搜集资料的条件是不系统的和没有加以控制的。他并不是逐字逐句地记录每一个病人的话，而是看过病人几小时之后，从当时的笔记上，根据回忆写下记录。“完成工作之后，我在晚上从记忆中写下这些记录（引自 Grubrich-Simitis, 1993, p. 20）。”一些原始数据（病人的话）由于记忆的模糊和扭曲、可能的遗漏而肯定会丢失掉。因此，保留下来的数据仅仅是弗洛伊德还记得的。

其次，在回忆病人的报告时，弗洛伊德在那种获得支持性材料愿望的指导下，可能对病人的话进行着重新解释。他回忆和记录的可能仅仅是他想要听到的。同样有可能的是，弗洛伊德的记录是精确的，但是由于这些原始数据已经不再存在，因而我们无从得知。

第三，弗洛伊德基于对患者症状的估价，可能推测，而不是听到患者儿童时代性诱奸的故事。一位作者认为，尽管弗洛伊德声称几乎所有的女病人都说她们曾经被父亲诱奸，

> 但是对弗洛伊德经手病例的考察……表明，没有一个病例真的存在这种事情……没有任何证据表明哪个病人曾经告诉弗洛伊德，她被父亲诱奸过。这只不过是弗洛伊德的推理（Kinlstrom, 1994, p. 683）。

其他批评者认为，弗洛伊德可能使用暗示或其他更具有强迫性的程序诱发或灌输这种记忆，而实际上这种事情根本就没有发生过（Powell & Boer, 1994; Showalter, 1997）。甚至弗洛伊德自己也承认，诱奸的回忆可能是患者编造的幻想，或者有可能是我自己强加给她们的（引自 Webster, 1995, p. 210）。

第四，在弗洛伊德的治疗记录和公开发表的个案史之间存在着不一致。那些个案史应该是以这些治疗记录为基础的，但是研究者们发现，两者之间存在着分析时间的长度、事件的顺序和未经证实的治愈率等方面的差异（Eagle, 1988; Mahony, 1986）。我们现在无法确定究竟是弗洛伊德有意地这样做，以便于给自己的观点提供支持，还是他自己的无意识力量在发挥作用。心理学史家无法通过弗洛伊德未出版的个案研究来考证这些错误，因为病人的大多数档案都已经被弗洛伊德销毁了。另外，同布鲁尔分手以后，弗洛伊德仅仅出版了 6 个个案史。而在这 6 个个案史中，没有一个能给精神分析提供令人信服的支持证据。一位传记作者写道：

> 某些案例提供的支持精神分析的证据如此可疑，以至于人们非常想了解为什么弗洛伊德不怕麻烦而去发表它们……有两个案例是不完全的和没有取得疗效的……第三个案例实际上并不是弗洛伊德主持治疗的（Sulloway,

1992，p. 160)。

第五，即使有精确的、一字一句的治疗记录保存了下来，往往也很难判定患者报告的精确性。弗洛伊德很少想到验证患者有关早期经验叙述的真实性。批评者们指出，弗洛伊德应该向患者的亲属和朋友询问患者所描述的事件。因此，概括地说，弗洛伊德在科学理论建设中的第一步，即资料的搜集，是不完全、不完善和不精确的。

至于下一步，即从所得到的这些资料中概括出结论和进行推理，我们无法对此进行评价，因为弗洛伊德从来没有解释过这个推理过程。由于弗洛伊德的数据不能进行量化和统计处理，心理学史家因而无法确定它们的可信度和统计学意义。

弗洛伊德关于人性的假设也受到了批评。即使支持弗洛伊德的学者也认为他经常自相矛盾。他对关键概念的定义也十分含糊。在他后来的作品中，弗洛伊德承认这个问题。他指出，这部分是由于随着理论体系的进化，他需要对概念和原理进行不断的修正。

学者们也对弗洛伊德关于女性的假设提出挑战。弗洛伊德认为，由于女性缺乏阴茎，她们对自己的身体产生自卑感，超我的发展也受到损害。精神分析学者卡伦·霍妮(Karen Horney)就是因为这一问题离开了精神分析的圈子，建立了自己的理论体系。她不同意女性有阴茎嫉妒这一观点。相反，她主张男性具有子宫嫉妒。当代的大部分精神分析学者都相信弗洛伊德有关女性心理性发展的观点是未经证实的和错误的。在第十四章中，我们将描述其他一些理论家的工作。这些理论家不同意弗洛伊德把生物因素，特别是性作为人格决定因素的观点。我们将会看到，这些理论家考察了社会因素对人格发展的影响。

其他新弗洛伊德主义者也挑战弗洛伊德对自由意志的否定和他关注过去的行为而排除未来希望和目标的观点。某些人批评弗洛伊德仅仅在神经症的基础上建筑他的人格理论，忽视情绪健康者的特性。所有这些观点都被用来建立与弗洛伊德理论竞争的人格学说。这些与弗洛伊德理论不同的观点很快就在精神分析的大家庭中导致了分裂，从而导致了精神分析衍生的思想学派。

精神分析的贡献

为什么在这么多的反对意见中，精神分析还能存在如此之久呢？在某种程度上，所有的行为理论都可以在科学的有效性上受到批评。心理学家在建立理论的过程中，有时必然是以某种标准为基础，而不是根据规范科学的精确性进行选择。那些选择精神分析的心理学家在建设其理论时，并不缺乏支持的证据。精神分析的确提供了证据，但是不是科学通常接受的证据。对于精神分析的接受是以直觉上的合理性为基础的。

弗洛伊德的精神分析对美国的学院心理学产生了深远的影响。美国心理学现在依然对弗洛伊德的理论保持着较高的兴趣。但是如果从接受精神分析治疗的患者数量和那些接受训练、准备成为分析学家的人的数量方面来看，作为一种治疗方法的精神分析，其受欢迎的程度已经大大降低了。昂贵的、费时的弗洛伊德式治疗已经被简短的、花费较少的心理治疗（某些心理治疗是从精神分析发展出来的）以及行为治疗和认知治疗所取代。特别是健康福利计划所实施的经费削减措施更强化了这一趋势。只需看一次医生开一些促动神经药物，这要比持续几个月的心理治疗过程便宜多了。

各种药物的发展降低了人们对某些类型的心理疾病进行心理治疗的需求。例如，某些药物疗法已经导致一些精神病学家和临床心理学家转变了对心理疾病致病原因的看法，他们开始远离心理疾病的精神派而返回到以往的躯体派。

躯体派或生物化学派的方法认为，心理疾病导源于大脑中的化学失衡。如果吃一个药丸就可以感觉更好，为什么要接受昂贵的、费时的心理治疗呢？然而，药物治疗并不能适合所有的症状或所有的病人。有趣的是，弗洛伊德很久以前就预见到这种心理疾病治疗方法的发展。

弗洛伊德对美国大众文化和美国人的意识产生了巨大影响。这种影响自他1909年访问克拉克大学之后立刻就显现了出来。报纸描述了许多有关弗洛伊德的故事。到1920年的时候，有关精神分析的书籍已经出版了200多本。《女性家庭杂志》、《民族》和《新共和国》等刊物开办了精神分析专栏。本杰明·斯波克(Benjamin Spock)博士撰写了婴儿和儿童养育实践的著作。他的书获得了极大的成功。而这本书是以弗洛伊德的教义为基础的。一个主要的电影制造公司MGM，愿意给弗洛伊德10万美元，合作拍一部关于爱情的电影，但是被弗洛伊德拒绝了。1924年10月，弗洛伊德的照片出现在《时代》杂志的封面上。他有关梦的著作如此出名，以至于有一首关于它的通俗歌曲。歌词中有一句话是："不要告诉我你昨夜的梦，因为我一直在阅读弗洛伊德的著作(引自 Fancher, 2000, p. 1026)!"公众对弗洛伊德观念所表现出的热情远比学院心理学对弗洛伊德理论的接受要迅速得多。

20世纪出现了行为、艺术、文学和娱乐方面性禁忌的放松。人们普遍相信，对性冲动的抑制和压抑是有害的。但是讽刺的是，弗洛伊德关于性的观点一直被人们误解。他从没有认为应该削弱性的规范，或者增加性的自由。相反，他的观点是抑制性驱力对于文明的存在是必要的。然而，尽管他持这样的观点，作为20世纪标志的性自由部分是弗洛伊德著作的结果。弗洛伊德对性的强调促进了其理论观点的传播，即使在科学杂志上，那些有关性的文章也吸引着人们的注意。

因此，我们的必然结论是，尽管存在着缺乏科学严格性、方法论上的缺陷等问题，弗洛伊德的精神分析仍然是现代心理学中一个关键的力量。根据引用率索引的调查结果，弗洛伊德仍然是心理学文献中引用率最高的人(例如，可以参阅 Fancher, 2000; Haagbloom et al., 2002)。精神分析分会(第39分会)是美国心理学51个分会中的第六大分会。

1929年，博林(E. G. Boring)撰写了他的教科书《实验心理学史》。在这本书中博林写道，心理学中没有一个像达尔文或赫尔姆霍茨那样的伟大人物。21年之后，在该书的第二版中，博林修改了他的观点。为了反映在这21年中心理学的发展，他以崇拜的口气写下了弗洛伊德：

> 现在，他被人们看做为所有这些人中最伟大的创造者，是时代精神的代表，通过无意识过程原理，他推动了心理学的进展……三个世纪之后在写心理学史时，如果不提弗洛伊德的名字，似乎就不能写出一本堪称普通心理学史的书。到那时，你就有了伟人的最好标准：逝世之后的声誉(Boring，1950，p. 743，p. 707)。

问题讨论

1. 精神分析的发展与其他思想学派有哪些联系？什么是弗洛伊德给人性带来的第三次打击？
2. 无意识在构造主义、机能主义和行为主义中的角色是什么？描述莱布尼兹和赫尔巴特的无意识理论。
3. 描述精神分析的两个主要影响源。在精神病学中，弗洛伊德反对的是什么思想学派？
4. 在弗洛伊德之前，心理疾病得到了怎样的治疗？麦斯麦和沙可的工作怎样影响了弗洛伊德？
5. 什么是以马内利运动？它怎样影响了美国人对精神分析的接受？
6. 进化论、机械论、19世纪对性的态度和弗洛伊德自己的早期经验怎样影响了弗洛伊德的理论？
7. 讨论弗洛伊德在神经症和性方面的理论观点。这些理论观点对精神分析的发展有什么影响？
8. 描述欧安娜的病例。它怎样影响了弗洛伊德的工作。
9. 围绕着弗洛伊德有关儿童诱奸经验的观点有哪些争论？描述心理性发展阶段。
10. 界定压抑、本能、伊德、自我和超我。什么是生本能和死本能？
11. 根据它们在治疗中的作用，讨论下列概念：自由联想、梦的解析、抵抗和压抑。
12. 描述几种主要防御机制的作用。俄狄浦斯情结怎样影响了人格发展？
13. 精神分析和主流学院心理学的关系怎么样？弗洛伊德是怎样使用决定论和机械论的术语解释心理过程的？
14. 精神分析受到了怎样的批评？以实验方法测试弗洛伊德的概念获得了怎样的

结果？

建议阅读

Decker, H. S. (1991). Freud, Dora, and Vienna 1900. New York: Free Press. 描述弗洛伊德对18岁的多拉的治疗。多拉通过神经性咳嗽和失音来表现她的情绪障碍。

Drinka, G. F. (1984). The Birth of neurosis: Myth, malady, and the Victorians. New York: Simon and Schuster. 考察了社会和文化对早期神经症理论的影响。

Ellenberger, H. F. (1972). The story of "Anna O.": A critical review with new data. *Journal of the history of Behavioral Sciences*, *8*, 267—279. 对欧安娜作为宣泄疗法原型病例的评价。

Evans, R. B. & Koelsch, W. A. (1985). Psychoanalysis arrives in America: The 1909 psychology conference at Clark University. *American Psychologist*, *40*, 942—948. 描述了将弗洛伊德、荣格和精神分析介绍给美国学术听众的那次会议。

Fish. S. P. & Greenberg, R. P. (1996). Freud Scientifically reappraised: Testing the theories and therapy. New York: Wiley. 分析了2 500多个有关弗洛伊德概念的研究，指出哪些概念可以得到经验研究的支持。

Freeman, L. & Strean, H. S. (1987). Freud and women. New York: Continuum. 探讨了弗洛伊德同他的母亲、姐妹、妻子、女儿、女同事、女病人的关系。

Grob, G. N. (1994). The mad among us: A history of the care of America's mentally ill. New York: Free Press. 情绪障碍治疗的综合历史。回顾了自殖民时期至心理医院和监管机构建立期间对患者的社会政策。

Hale, N. G., Jr. (1995). The rise and crisis of psychoanalysis in the United States: Freud and the Americans, 1917—1985. New York: Oxford University Press. 回顾了精神分析在美国的历史，讨论了正统的和修正的精神分析学者之间的争论，描述了美国媒体对精神分析概念的使用。

Hornstein, G. A. (1992). The return of the repressed: Psychology's problematic relations with psychoanalysis, 1909—1960. *American Psychologist*, *47*, 254—263. 描述了20世纪20年代精神分析的流行怎样给实验心理学带来威胁，以及心理学家对精神分析概念的测试和采纳。

Roazen, P. (1975). Freud and his followers. New York: Knopf. 叙述了弗洛伊德的生平以及他与学生的关系。他的一些学生分裂出去，提出了自己有关人格和心理治疗的理论。

Showalter, E. (1997). Hystories: hysterical epidemics and modern culture. New

York：Columbia University Press. 回顾了有关歇斯底里的文献。弗洛伊德曾经把歇斯底里看成是女性心理性发展中的病理障碍。作者指出，在这一症状的描述和治疗中存在着歧视妇女的偏见。

第十四章 精神分析：建立之后

竞争的派系

就像冯特和他的实验心理学一样，弗洛伊德对精神分析新体系的垄断并没有持续多久。大约在他确立这一运动20年之后，精神分析就分裂成竞争的派系，每一个派系由一个在基本观点上持异议的分析学家所领导。对于这些分裂者，弗洛伊德没有任何仁慈。那些倡导新观点的分析学家受到讥讽和嘲笑。无论与他们在个人和职业关系上曾经多么亲密，一旦他们背弃弗洛伊德的教导，弗洛伊德就会把他们驱逐出去，再也不会理睬他们。

我们从几个分析学家开始我们的叙述。这些分析学家并不完全否认弗洛伊德的基本观点。实际上，他们把自己的理论建立在弗洛伊德观点的基础上，扩展了弗洛伊德的学说。这些人包括弗洛伊德的女儿安娜和对象关系理论家梅兰妮·克莱因(Melanie Klein)和海恩兹·科赫特(Heinz Kohut)。然后我们再讨论三个最著名的"持不同政见者"，包括卡尔·荣格、艾尔弗雷德·阿德勒和卡伦·霍妮。这些人在弗洛伊德活着的时候就建立了自己的理论(大多数新弗洛伊德学派，如对象关系理论家仍然称自己为"弗洛伊德主义者"，但是这个标签却不能用在荣格、阿德勒和霍妮身上)。最后，我们再描述弗洛伊德逝世的多年之后，即20世纪60年代的人本主义心理学运动。这一运动的两个主要理论家亚伯拉罕·马斯洛和卡尔·罗杰斯(Carl Rogers)决心要用他们有关人性的观点取代精神分析(和行为主义)。请记住，无论现在这些以及后来的理论家距弗洛伊德的教导有多远，他们都是通过完善或者反对弗洛伊德的工作而确立自己的观念的。

新弗洛伊德学派和自我心理学

我们曾经指出，在精神分析传统中，并非所有跟随弗洛伊德的理论家和实践工作者都认为有必要抛弃或推翻弗洛伊德的体系。在新弗洛伊德学派中，有可观数量的人坚持精神分析的基本前提，但是倾向于对弗洛伊德的理论作出修改。这些忠实于弗洛伊德的人所引入的一个主要变化就是自我概念的扩展(Hartmann，1964)。自我不再是伊德的仆人，而是被看做具有更为广泛的作用。自我心理学支持这样一种观念，即自我更独立于伊德，具有它自己的能量，而不是从伊德获得能量，其机能的发挥也独立于伊德。新弗洛伊德学派的分析学家同样认为，自我摆脱了当伊德渴求满足时所带来的冲突。而在弗洛伊德的观点中，自我永远都是对伊德的需求作出反应，从没有摆脱伊德的束缚。但在经过修改的理论中，自我的机能独立于伊德，这是对正统弗洛伊德思想的重要矫正。

由新弗洛伊德学派所引入的另外一个变化是不再像过去那样强调生物力量对人格的影响。这些学者更重视社会和心理因素在人格发展中的作用。新弗洛伊德学派同样把婴儿性欲和俄狄浦斯情结的作用降低到最小的程度，认为人格发展主要是由心理社会因素，而不是心理性因素决定的。因此，儿童期的社会互动比真实的或幻想的性互动起着更大的作用。

安娜·弗洛伊德（1895—1982）

新弗洛伊德的自我心理学的一个领导人是弗洛伊德的女儿安娜·弗洛伊德(Anna Freud)。安娜是弗洛伊德的6个孩子中最小的一个。她曾经写道，如果她的父母有安全的避孕方式，她就不会降生。她的父亲宣布她的出生时，更多的是无奈，而不是充满热情。弗洛伊德写信告诉他的朋友，如果出生的是个儿子的话，就会打电报告诉他这个消息，而不是写信(Young-Bruehl, 1988)。然而，安娜出生的那一年是有象征意义的，或者说是具有预言性质的，因为那一年恰好是精神分析诞生的那一年。安娜将成为弗洛伊德的孩子中惟一一个继承父业者。她沿着弗洛伊德道路，成为一个分析学家。

安娜·弗洛伊德

作为这个家庭中最不受宠爱的孩子，安娜的儿童时代并不是很幸福。她曾经回忆说，她感到孤独和厌烦，因为哥哥和姐姐们都不愿意与她一起玩耍。她嫉妒她的姐姐索菲娅，因为索菲娅是母亲最宠爱的孩子。安娜后来成为父亲最宠爱的孩子。“就像离不开他的雪茄那样，弗洛伊德也离不开他的小女儿(Appignanesi & Forrester, 1992, p. 227)。”

14岁的时候，安娜对弗洛伊德的工作产生兴趣。她经常静悄悄地坐在维也纳精神分析协会会议的一个角落里，倾听会员报告的一切。22岁的时候，由于对父亲的感情依恋和对自己性心理的关心，她开始接受父亲的分析。她报告了她的充满暴力内容的梦，涉及开枪、杀人、死亡和阻挡敌人对弗洛伊德的伤害。这个分析一直处在保密状态，在4年的时间里，每周6个晚上，每晚从10点钟开始。后来，弗洛伊德因对女儿的分析而受到批评。分析情境被认为是“不可能的和乱伦的”，是“重要的但古怪的事件”

(引自 Mahony，1992，p. 307)。然而，在那个时候，对于弗洛伊德和安娜来说，似乎没有别的选择。一位心理学史家写道，"没有其他任何人能承担这项工作，因为安娜的分析必然涉及弗洛伊德作为父亲的作用"(Donaldson，1996，p. 167)。对于其他任何分析家来说，倾听她同父亲亲密关系的细节都是不可想象的。

1924 年，安娜在维也纳精神分析协会的会议上第一次宣读了她的学术论文。论文的题目是《战胜幻想和白日梦》。安娜宣称论文的内容建筑在一个患者病例的基础上，但是实际上是她自己的幻想。她描绘的那些梦涉及到打斗、手淫和乱伦性质的父女恋关系。这篇文章受到弗洛伊德及其同事的好评，因此安娜被接纳为该会的会员。

安娜一生都没有结婚。她把自己的一生都贡献给了精神分析理论的发展和扩充，并且应用精神分析于情绪障碍儿童的治疗。她惟一的一个另外的关注点是在弗洛伊德长时间的生病期间，照顾她的父亲。当弗洛伊德逝世以后，她把弗洛伊德的大衣保存在自己的衣柜里。40 多年之后，当安娜自己的生命行将结束的时候，一位朋友伴随她到了公园，看着"安娜·弗洛伊德缩小的身影，现在小得就像小学生，裹在父亲的羊毛大衣之中"(Webster，1995，p. 434)。

儿童分析

1927 年，安娜·弗洛伊德出版了《儿童分析技术引论》一书。这本书预示了她的兴趣方向。她发展了一种对儿童的精神分析治疗方法，这种方法考虑了儿童的相对不成熟和语言技能水平。弗洛伊德尽管没有在他的私人治疗实践中治疗过儿童，但是他为安娜的著作而骄傲。他写道，"安娜有关儿童分析的观点独立于我的理论，我赞同她的主张，她从自己独立的经验中发展出她的理论观点"(引自 Viner，1996，p. 9)。

她发明的方法包括游戏材料的使用和在家庭情境中对儿童的观察。大多数观察都是在伦敦进行的，因为从 1938 年开始，弗洛伊德逃出维也纳纳粹的控制之后，全家都定居在伦敦。安娜在弗洛伊德的住所旁开了一个诊所，建立了一个治疗中心和精神分析的培训机构，吸引了世界各地的临床心理学家。今天，伦敦的安娜·弗洛伊德中心仍然持续着安娜的工作。安娜的研究报告发表在年度的《儿童精神分析研究》上，该刊物自 1945 年开始出版。她的文集有 8 卷，出版于 1965～1981 年间。

安娜·弗洛伊德修改了正统的精神分析理论，扩展了自我的功能，使之独立于伊的。在 1936 年出版的《自我与防御机制》一书中，她澄清了自我防御机制作用，认为防御机制的功能是保护自我免遭焦虑的侵扰。弗洛伊德有关防御机制的工作(参阅表 13.2)引导了安娜的研究。在弗洛伊德工作的基础上，安娜对防御机制进行了精确定义，并从她对儿童的分析中找出了一些例子，用以说明防御机制的作用。

评论

从 20 世纪 40 年代到 70 年代早期，由安娜和其他一些人建立的自我心理学成为精神分析在美国的主要形式。新弗洛伊德学派的目标之一就是使精神分析成为科学心理学可以接受的一个部分，其手段是“通过翻译、简化、对弗洛伊德的概念下操作定义、鼓励对精神分析的假设进行实验研究以及修改精神分析的心理治疗”(Steele, 1985, p. 222)。在这一过程中，新弗洛伊德学派在精神分析和学院的实验心理学之间孕育了一种更为和谐的关系。

历史在线

http://www.webster.edu/-woolflm/annafreud.htm

安娜·弗洛伊德详细的生平传记和她的出版物的书目。

http://www.annafreudcentre.org/

描绘了伦敦的安娜·弗洛伊德中心，这一中心承袭安娜的传统，治疗情绪障碍儿童和青少年。

对象关系理论

弗洛伊德使用“对象”(object)这个词指可以满足本能的任何人、物体和活动。依据这种观点，在婴儿的生命中，能满足本能的第一对象是母亲的乳房。后来，作为一个人的母亲成为满足本能的对象。随着儿童的成长，其他人也成为满足本能的对象。

对象关系理论探讨的是同这些对象的人际关系，而弗洛伊德关注的是本能驱力本身。因此，对象关系理论家强调的是社会和环境对人格的影响，特别是母亲和孩子的互动关系。他们同样相信，人格是由婴儿时期母亲和儿童关系的性质决定的，这个时间比弗洛伊德倡导的还要早。

对象关系理论家认为，人格发展中最关键的问题是培养儿童的能力和需要，逐渐使他们摆脱最初的对象(母亲)，以便于确立较强的自我意识，发展同其他对象(人)的关系。我们简要地考察两个对象关系理论家，即克莱因和科赫特的工作。

梅兰妮·克莱因(1882—1960)

从自己作为孩子和母亲的亲身体验中，克莱因了解了父母与儿童关系的重要性。作为一个父母不想要的孩子，父母的拒绝使她一生都遭受着压抑的痛苦。克莱因同自己成年的女儿(后来也成为分析学家)的关系也变得很陌生。她的女儿指责克莱因干涉她的生活，认为死于登山事故的哥哥实际上是自杀，因为他同母亲的关系不好。克莱因的对象关系理论关注母亲和儿童之间强烈的感情联系，特别是在儿童出生后的头 6 个月。她用社会和认知的术语描绘婴儿和母亲的联系，而不是用性的术语。克莱因提出，母亲的乳房是婴儿的第一个部分对象(part-object)，依赖于它能否满足伊德的本能而判断乳房是好是坏。因此，由这种被好或坏的部分对象所界定的婴儿环境或者被知觉为满意的，或者被知觉为敌意的。随着婴儿世界的扩展，他或她同整个对象(如作为人的母亲)产生了关系，而不再仅仅同部分对象产生联系。此时，儿童以界定乳房的同样方式界定整个对象，即将其看做是满意的或敌意的。婴儿和母亲的这种最初的社会互动就泛化到儿童生活中所有的对象(人)，成人的人格正是以这种方式植根于生命头6个月的关系性质中。

历史在线

http：//www. webster. edu/-woolflm/klein. html

有关梅兰妮·克莱因的生平、工作和遗产的信息。

海恩兹·科赫特(1913—1981)

科赫特强调的是他称之为核心自我(nuclear self)的东西。在科赫特看来，核心自我是成为独立个体的基础。核心自我是从婴儿和环境中的所谓"自我对象"(self-object)之间的关系发展起来的。这些自我对象都是在我们年轻的生命中扮演如此重要角色的人，以至于我们相信他们是我们自我的组成部分。

典型的情况是，母亲是婴儿最初的自我对象。科赫特认为，母亲的角色不仅是要满足孩子的生理需要，而且也是要满足孩子的心理需要。为了达到这个目标，母亲必须充当儿童的镜子，映照给儿童独特、重要和伟大的意识。通过这样做，母亲确证了儿童的骄傲感，这种骄傲感成为核心自我的一个部分。如果母亲拒绝了儿童，映照出的是一种不重要的意识，那么儿童就产生羞涩感和内疚感。正是以这种方式，儿童与最初自我对象的关系影响了成人的自我(积极的自我和消极的自我)。

历史在线

http：//www. sfu. ca/-psimpson/kohutppr1. htm

有关科赫特生平和工作的信息。

http：//www. selfpsychology. org/

有关科赫特自我心理学的资料。

卡尔·荣格(1875—1961)

弗洛伊德曾经把荣格看做像儿子一样的人物和精神分析运动的继承人。他称荣格是“我的继承人和王储”(引自 McGuire, 1974, p. 218)。他们的友谊破裂以后，荣格建立了自己的**分析心理学**(analytical psychology)。分析心理学中的许多内容都是同弗洛伊德的工作相对立的。

荣格的生平

荣格出生在瑞士北部著名的莱茵河瀑布旁边的一个小村庄里。据他自己讲，他的童年时代是孤独无依和不幸的(Jung, 1961)。他的父亲是位神父，但是明显已经丧失了宗教信念，因为他情绪反复无常、变幻莫测。荣格的母亲也具有情绪障碍，其行为诡谲多变，瞬间可以从一个幸福的家庭主妇变成唠唠叨叨、朝令夕改的泼妇。一位传记作者认为，“这个家庭中母系的一面似乎沾染了疯癫的色彩”(Ellenberger, 1978, p. 149)。在很小的年龄，荣格就学会了不要去信任父母的任何一方和向他们吐露实情，并由此推理，学会了不要去信任这个世界上的任何其他人。他从理性的意识世界中转向了梦、想象和幻想的世界，即他的无意识世界。这成为他儿童时代的指导，并贯穿了他的整个成年生活。

在关键时刻，荣格总是根据无意识通过梦告诉他的东西来解决问题和作出决定。当他准备进入大学时，所选择的专业领域是梦告诉他的。在梦中，他看到自己从地层下发掘出史前动物的遗骨。他对此的解释是，这意味着他应该学习自然和科学。在3岁时的一个梦中，他梦见自己在一个地下的洞穴中，这预示了他未来对人格的研究。荣格将探讨处于心灵表面之下的无意识力量。

荣格进入了瑞士的巴塞尔大学学习，1900年毕业，获得了一个医学学位。他对精神病学颇感兴趣，因此他来到苏黎世的一所心理医院工作。医院的院长是尤金·布鲁勒(Eugen Bleuler)。布鲁勒是一位精神病学家，在精神分裂症治疗方面具有很深的造诣。1905年，荣格被任命为苏黎世大学精神病学的讲师，但是几年之后他就辞职了，因为他想用更多的时间进行研究、写作和私人治疗实践。

在他治疗病人的过程中，荣格并没有像弗洛伊德那样，让病人躺在睡椅上。他评论说，他一点也不希望病人躺在床上。荣格喜欢和病人面对面舒适地坐在椅子上。偶尔地，他把治疗过程迁到他的游艇上，在劲风中愉快地在湖面畅游。有时，他会对病人唱歌。他甚至有时故意表现出粗鲁。当一位病人按照约定的时间出现在荣格面前时，荣格说道，“天哪！我再也不想多看一个病人，今天回家去吧，去治疗你自己(引自 Brome, 1981, p. 185)。”

1900年，当他读了弗洛伊德的《梦的解释》之后，他对弗洛伊德的工作产生了兴趣。他认为弗洛伊德的这部著作是大师之作。1906年，两人开始通信。一年之后，荣格奔赴维也纳拜会弗洛伊德。他们的第一次见面持续了13个小时，对于他们亲密的、父亲与儿子般的友谊(弗洛伊德几乎年长荣格20岁)来说，这是一个令人激动的开始。

他们的亲密友谊就像弗洛伊德在他的精神分析理论中所建议的那样，或许包含着俄狄浦斯情结的某些因素，即儿子不可避免地具有推翻父亲的愿望。从一开始就注定了两人关系的另外一个复杂因素是荣格在18岁时的一次性经验。荣格的家庭有一位朋友，荣格一直把他看成父亲般的人物，但是他居然向荣格提出性的建议。荣格感到恶心，立刻断绝了同那人的关系。几年之后，当弗洛伊德尝试让荣格相信，他将继承弗洛伊德所设计的精神分析运动时，荣格立刻表示不愿意承担这个责任，或许荣格再次感觉到一位老人在尝试支配他的生活。在这两种条件下，他所选择的父亲般的人物都是令荣格失望的。或许是由于以往的那个事件，荣格无法再维持弗洛伊德所希望的那种亲密关系(Alexander，1994；Elms，1994)。

不像精神分析的大多数信徒那样，在同弗洛伊德产生联系之前，荣格已经确立了自己的职业声望。在早期信奉精神分析的人当中，他是最著名的。在其他人中间，大部分人在进入弗洛伊德精神分析大家庭时，还是医学院或研究生院的学生，还没有确立自己的职业身份。与这些年轻的分析学者相比，荣格具有更少的受暗示性和更多的独立见解。

尽管荣格一度把自己列为弗洛伊德的信徒，但是他从不会不加批判地接受弗洛伊德的理论。在他们建立联系的初期，荣格的确努力压抑自己的怀疑和反对意见。当他1912年写作《无意识心理学》时，他报告说，他感到痛苦不安。他意识到，当这本书公开出版时，就公开了自己的观点，而这种观点同正统精神分析有着显著的差异。因此，书的出版将毁掉他同弗洛伊德的友谊。在几个月的时间里，荣格犹豫彷徨，对弗洛伊德可能的反应充满忧虑。当然，最终他决定出版这本书，预料中的事情也不可避免地发生了。

1911年，在弗洛伊德的坚持下，尽管遭到维也纳精神分析协会许多成员的反对，荣格成为了国际精神分析协会的第一任主席。弗洛伊德相信，如果这一群体的主席是犹太人，那么反犹主义将阻碍精神分析的发展。那时维也纳的分析学者几乎全是犹太人。他们怨愤不满，不信任这个弗洛伊德最宠爱的、瑞士出生的荣格。在这一运动中，他们具有资深的身份，而且他们相信荣格持有反犹太人的观念。在这之后不久，荣格同弗洛伊德的关系就开始显现出紧张的迹象。到1912年的时候，他们中断了个人之间的通信。1914年，荣格辞职，退出了国际精神分析协会。

38岁的时候，荣格受到强烈情绪问题的打击。这一情绪障碍持续了三年之久。在同样的生活阶段，弗洛伊德也曾经体验到类似的情绪混乱。荣格感觉自己要发狂，无法从事学术工作，甚至无法阅读科学著作。他曾考虑过自杀。他在床边放了一把手枪，“以防达到那个无法控制自己的阶段”(Noll，1994，p. 207)。有趣的是，即使在危机阶段，他也没有停止治疗病人。

荣格通过基本与弗洛伊德同样的方式，即面对自己的无意识，解决了自己的困境。尽管他没有像弗洛伊德那样系统分析自己的梦，荣格还是追溯了暴露在梦和幻想中的无意识冲动。同弗洛伊德一样，这一时期成为创造性旺盛的时期，导致荣格形成了他的人格理论。

他在神话学方面的兴趣促使他在20世纪20年代去非洲进行实地探险，研究未开化人群的认知过程。1932年，他被任命为苏黎世联邦技术大学的教授。在那里，他工作了10年，直到由于健康原因而辞职。瑞士巴塞尔大学为他设立了一个医学心理学教席，但因健康原因他仅仅在那里工作了一年多一点的时间。在他86年的生命期间，在研究和写作方面他一直十分活跃，出版了多得令人吃惊的书籍。

分析心理学

荣格的生活经验无疑影响了他的分析心理学。我们曾经提到，他接受显示在梦中的无意识力量的启示，决定自己的专业选择，这预示了他以后的职业兴趣。在对性的观点方面，他的理论也显示出强烈的自传性质。在荣格的理论中，没有给俄狄浦斯情结留下位置。这仅仅是因为俄狄浦斯情结同他的儿童时代没有任何联系。他认为他的母亲臃肿、肥胖，没有一点吸引力。因此，他无法理解为什么弗洛伊德坚持认为小男孩具有对母亲的性渴望。

在性方面，他没有产生任何不安全、抑制和焦虑感，而弗洛伊德却有着这方面的忧虑。此外，荣格从不尝试像弗洛伊德那样，限制自己的性活动。荣格喜欢女性对男性的陪伴，希望身边有崇拜他的女病人、女信徒。当身边有了许多女性伴随之后，他毫不犹豫地与她们建立性的沟通，其中与某些人持续了多年。他甚至警告他的女信徒，要不了多久，她们就会爱上他(Noll, 1997)。对弗洛伊德和荣格两人命中注定的糟糕关系的分析表明："对于荣格来说，他自由地、频繁地满足性的需要，因此性在人的动机中扮演了最低作用的角色；但是由于弗洛伊德在这个方面经常体验到挫折和焦虑，因而对于弗洛伊德来说，性扮演了关键的角色(Schultz, 1990, p. 148)。"

在儿童时代，荣格喜欢远离其他儿童，宁愿安静独处。这一选择同样反映到他的理论上。他的理论关注的是内部成长，而不是社会关系。相比较而言，弗洛伊德的理论更关心人际关系，因为弗洛伊德没有这种孤独的和内向的儿童时代。

荣格的分析心理学与弗洛伊德的精神分析的另外一个差异是在对里比多的看法上。弗洛伊德以性的术语界定里比多，而荣格把里比多看做是一种一般性的生命能量，性仅仅是其中的一个部分。对于荣格来说，里比多的基本能量表现在成长、生殖和其他一些活动上，究竟表现在哪一方面，依赖于在任意特定的时间对个体最重要的是什么。

荣格和弗洛伊德的工作还有一点不同是有关影响人格的那些力量的方向。弗洛伊德把人描绘为儿童时代事件的受害者；而荣格相信，我们不仅被过去所塑造，而且也受到未来目标、希望和抱负的影响。对于荣格来说，行为不仅是由儿童时代头五年的过去经验所决定的，行为在人的一生中都在变化着。

同样地，荣格比弗洛伊德更深入地探索了无意识心灵。他给无意识增加了一个新的维度，即集体无意识。他把无意识描绘为人类种系和他们的动物祖先的遗传经验。

集体无意识

荣格描绘了两种水平的无意识心灵。在我们的意识觉察之下是**个人无意识**(personal unconscious)。它包含着在个人生活中被压抑或遗忘的记忆、冲动、欲望、模糊的知觉和其他一些经验。无意识的这一水平隐藏得并不深。来自个人无意识的事件可以很容易地返回到意识觉察水平。

个人无意识中的经验群集成情结。情结是一些有着共同主题的情绪和记忆模式。通过专注于某些观念(如权力或自卑)，一个人表现出某种情结，因而影响着行为表现。因此，情结在本质上是整个人格中的较小的人格。

在个人无意识下面这一水平上是**集体无意识**(collective unconscious)。它是个体不了解的。集体无意识中包含着以往各个世代累积的经验，包括我们的动物祖先遗留下来的那些经验。这些普遍性的、进化性质的经验形成了人格的基础。但是请记住，集体无意识中的那些经验是无意识的。它不像个人无意识中的那些内容，我们并不能觉察到它们，也不能回忆起或者具有它们的表象。

原型

在集体无意识中，那些遗传倾向称之为**原型**(archetypes)。原型是心理生活的先天决定因素，它使得个体在面临类似的情境时与祖先产生同样的行为方式。在与诸如出生、青春期、婚姻和死亡或者极端危险情境等一些重要生活事件相联系的情绪形式中，我们会典型地体验到原型的存在。荣格把原型看做是无意识中的"诸神"(gods)(Noll，1997)。

当荣格研究古代文明中神话和艺术创造物时，他发现了一些共同的原型象征的存在。这种原型象征的共同性甚至存在于在时间和距离上相距得如此遥远，以至于相互之间根本不可能发生直接影响的文化之间。他在病人报告的梦中也发现了这些象征的遗迹。所有这些材料都支持了他的集体无意识概念。出现频率最高的原型是人格面具(persona)、阿妮玛和阿尼姆斯(anima and animus)、阴影(shadow)和自我(self)。

人格面具是当我们与其他人交往时掩盖我们真实面目的假面具。当我们想要出现在社会中时，这个假面具就代表着我们。因此，人格面具同个体的真实人格可能是不一致的。人格面具的概念类似于社会学中的角色扮演概念。在社会学中，角色扮演概念指的是在不同的情境中，我们根据其他人的期待产生行动。

阿妮玛和阿尼姆斯这两个原型反映了这样一种观念，即每一个人都展示出异性的某些特征。阿妮玛指男人身上的女性特征；阿尼姆斯指女性身上的男性特征。就像其他原型那样，这两个原型也产生于人类种系的原始过去，那时的男性和女性采纳了异性的行为和情绪倾向。

阴影原型代表着我们阴暗的自我，它是人格中的动物性部分。荣格认为阴影是从低等生命形式遗传而来的。阴影包含着不道德、激情的、不可接受的欲望和活动。阴影促使我们做通常我们不愿做的事情。而一旦做了这些事情，我们有可能认为某种东西控制了我们。这个"某种东西"就是阴影，是我们本性中的原始部分。阴影也有它积极的一面，因为它也是自发性、创造性、顿悟和深刻情感的源泉。所有这一切对于完整的人性发展都是必要的。

荣格认为自我是最重要的原型。自我综合和平衡无意识的所有方面，给人格提供了整体性和稳定性。荣格把自我比作朝向自我实现的内驱力。在荣格那里，自我实现指的是能力的和谐、完整和全面的发展。然而，荣格认为自我实现要到中年(30—40岁)之后才能实现，因为中年是人格发展最关键的时期。这个时期是一个过渡期，在这个时期，人格经历着必然的和有利的变化。在这里，我们看到了荣格理论中的又一处自传性质的素材。在中年时期，荣格解决了神经症危机之后，获得了自我整合感。因此，对于荣格来说，人格发展的重要阶段不是儿童时期，而是30岁和40岁期间。这期间荣格自己发生了变化。

内向和外向

荣格的内向和外向概念是非常著名的。外向或外倾(extraversion)是把里比多(生命能量)指向自我之外的外部事件和人。这种类型的人受到环境中各种力量的强烈影响。他们喜欢社交，在各种情境中都充满自信。

相比较而言，内向或内倾(introversion)指的是里比多的能量指向内部。这种类型的人是沉默的、反省性的，倾向于抵制外部的影响。在面对其他人和情境时，与外向的人相比，内向的人可能信心不足。

在每一个人身上，都不同程度地存在着这些对立的态度，但是通常一种态度比另一种更强。没有人是完全内向或者完全外向的。在任意特定的时间，居于支配地位的态度往往是环境条件决定的。经常的情况是，在那些能唤起他们兴趣的情境中，内向的人变得喜欢社交和欢快开朗。

心理类型：机能和态度

在荣格的理论中，人格差异不仅表现在内向或外向的态度上，而且也表现在四种机能方面，即思维、情感、感觉和直觉。这些机能都是我们对待客观外部世界和主观内部世界的方式。

- 思维是提供意义和理解的概念形成过程。
- 情感是权衡和评估的主观过程。

- 感觉是对物理对象的有意识知觉。
- 直觉是无意识方式的知觉。

荣格把思维和情感看做是理性的反应模式，因为它们涉及的是推理和判断的认知过程。感觉和直觉被认为是非理性的，因为它们没有使用推理。在任意特定时间，每对机能中仅有一个占支配地位。占支配地位的机能与占支配地位的内向或外向的态度相结合，就产生了 8 种心理类型（例如，外向思维型或者内向直觉型）。

评论

荣格的观念对宗教、艺术、历史和文学等领域产生了广泛的影响。历史学家、神学家和作家等都承认荣格是他们产生灵感的源泉。然而，科学心理学一般忽略了荣格的分析心理学。在 20 世纪 60 年代之前，荣格的许多著作并没有被译成英文。他的错综复杂的写作风格和缺乏系统的组织方式阻碍了对他工作的全面理解。他对传统科学方法的蔑视也令许多实验心理学难以接受。对于这些心理学家来说，荣格的那种带有神秘色彩的、以宗教为基础的理论甚至还不如弗洛伊德的理论具有吸引力。此外，支持弗洛伊德精神分析的那些证据所受到的批评同样适用于荣格。荣格同样也依赖于临床观察和解释，而不是控制的实验研究。

荣格的 8 个心理类型激起了大量的研究。在这些研究中，值得注意的是迈耶斯—布里格斯(Myers-Briggs)人格类型量表。这是一种用于测量心理类型的人格测验。凯瑟琳·布里格斯(Katharine Briggs)和伊莎贝尔·布里格斯·迈耶斯(Isabel Briggs Myers)在 20 世纪 20 年代编制了这一量表。它可以广泛地应用于研究和应用目的，特别是员工选择和咨询。内向和外向的理论激励了英国心理学家汉斯·艾森克(Hans Eysenck)。艾森克编制了莫兹利人格量表(Maudsley Personality Inventory)。这是用于测量两种态度的测验。使用这些测验进行的研究为荣格的概念提供了经验支持，证明至少荣格的部分概念是可以进行实验检验的。然而，像弗洛伊德的工作那样，荣格理论中更为广泛的方面，如情结、原型和集体无意识等都无法进行科学效度上的评估。自我实现概念预示了马斯洛和其他人本主义心理学家的工作。中年危机的概念也得到了马斯洛的拥护，被许多人认为是人格发展中的一个必要阶段，而且也得到了许多研究的支持。

尽管存在着这些贡献，荣格理论的主要内容并没有在心理学中流行。他的观念在 20 世纪 80 年代和 90 年代引起了公众的广泛注意，但这主要是由于荣格理论中的神秘内容。有一个大众电视系列节目，该节目邀请了神话学家约瑟夫·坎贝尔(Joseph Campbell)讨论集体无意识和原型对现代生活的影响。在纽约、旧金山和洛杉矶等美国的城市里，设有荣格分析心理学的正式训练机构。分析心理学协会也出版了荣格的《分析心理学杂志》。

http：//www. ship. edu/-cgboeree/jung. html

卡尔·荣格的简要生平传记，以及对他的理论的广泛讨论。

社会心理理论：时代精神的再次冲击

我们知道，弗洛伊德受到19世纪机械论和实证主义世界观的影响。到19世纪结束时，一些新的学科提供了看待人性的新方式，超越了生物学和物理学的界限。人类学、社会学和社会心理学的研究支持了这样一种命题，即人是社会力量和社会风俗的产物，因而人的研究应该考虑社会因素，而不是仅仅考虑纯粹的生物条件。随着文化人类学家出版他们对各种文化的研究，人们清楚地发现，弗洛伊德所描述的某些神经症症状和禁忌并不像弗洛伊德宣称的那样，是普遍存在的。例如，并非所有的文化都禁止乱伦。此外，社会学家和社会心理学家也发现，人的大部分行为都是基于社会的影响，而不是一种满足生物需要的行动。

因此，时代精神呼吁对传统的人性观作出修改。但是令弗洛伊德的某些追随者感到困惑的是，弗洛伊德却坚持人格的生物决定因素。一些年轻的分析学家，由于较少地受到这一传统限制，因而开始偏离正统的精神分析。他们修改弗洛伊德的理论，以便于同流行的社会科学思想保持一致。他们认为，人格更多的是环境的产物，而不是生物本能的结果。这种观点同美国的文化思想更为和谐，比弗洛伊德的决定论观点更有说服力，为人格的认识提供了一个更为乐观的画面。

以下我们讨论阿德勒和霍妮的理论观点。这两位精神分析的"持不同政见"者认为，人的行为不是由生物力量所决定的，而是受到人际关系的影响。每个人都处在一定的人际关系之中，受到人际关系的制约，特别是在儿童时代。

艾尔弗雷德·阿德勒(1870—1937)

1911年，阿德勒就离开了弗洛伊德。因此，他通常被认为是精神分析社会心理学方法的第一个倡导者。在他建立的理论中，社会兴趣扮演着关键角色。阿德勒是惟一的以他的名字命名的弦乐四重奏的心理学家。

阿德勒的生平

阿德勒出生在奥地利维也纳郊区的一个富裕家庭中。他的儿童时代体弱多病，得不到母亲的宠爱，因此他非常嫉妒他的哥哥。他感觉自己是微不足道的和不引人注意的，认为自己同父亲，而不是同母亲关系更亲密。他后来拒绝了弗洛伊德的俄狄浦斯情结概念，或许就是因为像荣格那样，这一概念没有反映他童年时代的经验。幼小的阿德勒发奋学习，力图使自己在同伴中受到他人的欢迎。最终，他在同伴中获得了在家庭中没有得到的自尊和接受。

艾尔弗雷德·阿德勒

最初，阿德勒是个如此糟糕的学生，以至于他的老师告诉他父亲，惟一适合这孩子的工作是鞋匠。通过坚持不懈的努力，阿德勒最终从班级的底层上升为班上最好的学生。他在学习上和社会活动中发奋图强，克服他自身的残疾和自卑，因而成为后来自己理论的早期范例。在他后来提出的理论观点中，他认为补偿个人弱点对于个人发展是必要的。处于他的理论核心地位的自卑情结就是他童年时代的直接反映。阿德勒承认，“那些熟悉我的人都清楚地看到我童年时代的事实同我表达的观点之间的一致性（引自 Bottome，1939，p. 9）。”

阿德勒回忆说，4 岁的时候他患了肺炎，几乎要了他的命。病愈之后，他决心成为医生。为了实现这一目标，他进入医学院学习，1895 年在维也纳大学获得医学学位。他的专业是眼科学，毕业之后从事一般的医学实践。1902 年，他对精神病学产生兴趣，因此加入了弗洛伊德的精神分析每周讨论小组，成为 4 个核心成员中的一个。尽管他紧密地同弗洛伊德工作在一起，但是他们的个人关系并不亲密，弗洛伊德曾经声称阿德勒令他讨厌。

在随后的几年里，阿德勒建立了自己个人的理论。这个理论在一些方面不同于弗洛伊德，特别是在弗洛伊德对性因素的强调方面。1910 年，为了调和他们之间日益加深的隔阂，弗洛伊德任命阿德勒为维也纳精神分析协会的主席。但是到 1911 年的时候，他们的关系不可避免地破裂了。阿德勒把弗洛伊德描绘为“骗子”，认为精神分析是“垃圾”（Roazen，1975，p. 210）。弗洛伊德则把阿德勒看做是变态的，“由于其野心而使其发狂”，并认为阿德勒是个“妄想、嫉妒、玩世不恭的矮子”（Gay，1988，p. 223）。

在第一次世界大战期间（1914—1918），阿德勒作为一个医生在军队服役。后来，他组建了儿童指导诊所，为维也纳学校系统服务。在 20 世纪 20 年代的时候，他的社会心理学体系，即他自己称之为**个体心理学**（individual psychology）的理论观点吸引了大量追随者。在这期间，他经常访问美国，发表演讲，并且被任命为纽约长岛医学院的医学心理学教授。

他在美国的演讲和写作受到了极为热烈的欢迎。一位传记作者指出，阿德勒的个人品质、他的“和蔼、乐观和热情与他强烈的抱负心一起”，使得人们很容易接受他的名人地位，并把他看做是人性问题的专家（Hoffman，1994，p. 160）。在一次辛苦的演讲旅行中，阿德勒在苏格兰的阿伯丁去世。

在给一位朋友的回信中，弗洛伊德表达了他对阿德勒逝世的悲伤，也展示出他对阿德勒背叛他的观点的苦涩。这种苦涩一直郁积在弗洛伊德的心中，久久无法散去。他写道：

> 我无法理解你对阿德勒的同情，对于一个出生在维也纳郊区的孩子来说，死在阿伯丁本身就证明了他走得有多远，这个世界确实已经为他背叛精神分析而奖赏了他（引自 Scarf，1971，p.47）。

个体心理学

阿德勒相信，人的行为主要是由社会力量决定的，而不是由生物本能决定的。他提出了**社会兴趣**（social interest）的概念。社会兴趣指的是一种与他人合作，以达到个人和社会目标的固有潜能。社会兴趣是在婴儿期通过学习获得的经验而发展起来的。与弗洛伊德相比，阿德勒最大程度地减少了性在人格塑造中的作用。阿德勒也关注行为的意识而不是无意识决定因素。弗洛伊德是把现在的行为与过去的经验联系在一起，而阿德勒则认为我们更多地受到未来的计划的影响。达到目标的努力和对未来事件的预期可以影响现在的行为。例如，一个担心死后落得永恒骂名的人，其行为方式不同于那些持不同观点的人。

弗洛伊德把人格划分成独立的部分，即伊德、自我和超我，而阿德勒强调的是人格的整体性和一致性。他认为在人格中有一种固有的、动力的力量，引导人格朝向最主要的目标。对于我们所有的人来说，这个目标就是优越，即一种完善和完美感。优越代表着完整的发展和自我实现。

阿德勒与弗洛伊德的另外一个关键不同点是对女性的认识。阿德勒争论说，并非像弗洛伊德的阴茎嫉妒概念所主张的那样，女性有一种生物的原因促使她们产生自卑感。阿德勒认为，这实际上是男人发明出来用以支持自己比女性优越的神话。女性所体验到的任何自卑都导源于性角色定型等社会因素。阿德勒相信两性的平等，并支持那个时代的女性解放运动。

自卑情结

就像他自己的生活那样，阿德勒把一般的自卑感看做是行为的动机力量。最初，阿德勒把这种自卑感同身体上的缺陷联系在一起。那些在遗传上有器官缺陷的儿童将努力补偿，甚至过度补偿那种存在缺陷的机能。一个患有口吃的儿童通过勤奋的语言治疗，可能成为演说家；那些肢体虚弱的儿童通过强化练习，可能成为杰出的运动员和舞蹈家。阿德勒后来扩展了自卑情结这一概念，把任何身体的、心理的和社会的障碍，不管是真实的还是想象的，都包括在内。

在婴儿时期，儿童的无助感和对其他人的依赖唤醒了儿童的自卑。因此，这是每个人都会体验到的感受。由于意识到需要克服这种自卑，儿童就受到完善自我的固有倾向所驱使。这种推和拉的过程持续一生，迫使我们力图获得更大的成就。

自卑感的运作既有利于个体，也有利于社会，因为它导致了持续的完善过程。但是如果在童年期这些感受得到父母的纵容，或者受到父母的冷落，其结果就是变态的补偿行为。自卑感如果不能得到适当的补偿就会导致**自卑情结**(inferiority complex)的产生。它使得个体无法解决生活中面临的问题。

生活风格

根据阿德勒的观点，对于优越和完美的追求是普遍存在的，但是在达到目标的过程中，每个人的行为方式是不同的。我们通过建立自己的生活风格，以一种独特的反应方式来表现我们的追求。这种生活风格涉及到我们怎样补偿真实的或想象中的自卑。就身体虚弱的儿童来说，他的生活风格可能包括了运动或练习，以便增强自己的耐力和力量。

生活风格大约在4岁到5岁的时候就固定下来，以后就变得难以改变。它为以后处理各种经验提供了一个基本框架。在这里，我们再次看到，阿德勒承认了童年的重要性。但是他与弗洛伊德不同，他相信我们可以有意识地为我们自己创造生活风格。

自我的创造力量

依照阿德勒的自我创造力量的概念，我们可以根据自己独特的生活风格决定我们的人格。人的这一积极的、创造性的力量可以与神学的灵魂概念相比。我们的某些能力和经验是通过遗传和环境获得的，但是怎样积极主动地使用和解释这些经验为我们的人格和对生活的态度提供了基础。阿德勒的意思是，我们每个人都是自觉地加入到塑造自己的人格和命运的过程中，我们可以决定自己的命运，而不是被过去的经验所决定。

出生顺序

在考察患者的童年时代时，阿德勒对人格和出生顺序的关系产生了兴趣。他发现，家庭中最大的、中间的和最小的孩子，由于其在家庭中的位置不同，因而有着不同的社会经验，从而导致了对生活的不同态度和不同的行为方式。

最大的孩子在第二个孩子出生之前一直受到充分的注意，直到被第二个孩子所取代。因此，第一个孩子可能变得有不安全感、敌意、专制和保守，表现出对维持顺序的强烈兴趣。阿德勒认为，罪犯、神经症患者和变态者经常是家中的老大。他同样指出，弗洛伊德就是典型的大儿子。

阿德勒发现，第二个孩子通常具有野心、反叛和嫉妒心理，不断地尝试超越老大。阿德勒本人就是家中的老二，毕生都同他的哥哥有一种竞争关系。他哥哥的名字恰好与弗洛伊德的小名相同，都叫西格蒙德。即使当阿德勒因他的工作而获得了一种国际声誉之后，他仍然感觉不如他的哥哥。那时，他的哥哥是个富商。阿德勒认为他的哥哥西格蒙德是个“优秀的、勤奋的家伙，仍然超过我”(引自 Hoffman，1994，p. 11)。

然而，阿德勒相信家中的老二比老大和老小能更好地适应。他指出，家庭中的老小有可能被宠坏，在儿童和青少年时代之后会产生许多行为问题。独子可能体验到外部世界适应方面的困难。因为在外部世界里，他们不再是注意的中心。

评论

弗洛伊德的理论把人格看成是受性的力量和早期经验所支配和控制的。阿德勒反对这些观点，因此他的理论受到那些不满弗洛伊德理论观点的人的热烈欢迎。他的理论把人看做是可以有意识地指导自己的发展，不管有哪些遗传限制和早期经验，都可以通过追求优越而完善自身，这种观点比弗洛伊德的观点更令人感到愉快。因此，阿德勒为人性提供了一种更为惬意和乐观的解释。

然而，个体心理学并不缺乏对它的批评。许多心理学家声称，阿德勒的理论过于浮浅，依赖的是来自日常生活的常识性观察。但是另外一些人则认为他的观点敏锐而富有见地。弗洛伊德认为阿德勒的理论过于简单，认为由于精神分析的复杂性，学习精神分析需要花费两年的时间，但是学习阿德勒的理论却只需要几周的时间，“因为没有什么东西可以学习”(引自 Sterba，1982，p. 156)。阿德勒则认为，这恰恰就是他想获得的效果。他花费了 40 年的时间来使他的理论变得简单。

实验心理学家对弗洛伊德和荣格的反对意见同样适用于阿德勒。阿德勒对病人的观察并不能重复和验证，其素材也不是在系统的控制条件下取得的。他并不想验证患者报告的精确性，也没有解释获得数据和结论的程序。

尽管阿德勒的许多概念都是无法进行科学验证的，但是出生顺序的概念却激起了大量的研究。一些研究显示出，头生子具有较高的智力和成就需要，当第二个孩子出生，成为家庭的一个成员时，头生子往往会体验到焦虑。头生子比后来出生的孩子更有可能在他们的职业生涯中获得声望。这些研究都支持了阿德勒的观点。这些研究没有支持阿德勒有关第二个孩子比其他孩子更具有竞争性、更有野心的主张，也没有支持他有关独子更自私、适应现实世界存在困难的观点。一些研究证明，独子在成就、智力、创造性、勤奋和自尊方面都表现出较高水平(Fallbo & Polit，1986；Mellor，1990)。其他的一些研究认为，童年期的记忆影响了成人的生活风格(Davidow & Bruhm，1990；Watkins，1992)。

阿德勒的观点对后弗洛伊德精神分析产生了重要影响。自我心理学更为关注理性、意识的过程，而不是无意识过程，就是受到了阿德勒的影响。阿德勒对人格中社会力量的强调也影响了卡伦·霍妮。塑造生活风格的创造力量的观点影响了亚伯拉罕·马斯洛。新的新行为主义者，朱利安·罗特的社会学习理论也受到阿德勒的影响。罗特在阿德勒逝世近 50 年之后写道，他仍然“被阿德勒对人性的见解所影响”(Rotter, 1982, pp. 1—2)。阿德勒发现了社会和认知变量的重要性，这一观点可能超越了他的时代。因此，与他那个时代的心理学相比，他的观念可能与当代心理学更和谐。

阿德勒学派的《个体心理学》杂志持续出版着与阿德勒观点有关的研究。欧洲也还有其他几本杂志用于刊载与个体心理学有关的文章。阿德勒学派的训练机构在全世界都很活跃。在咨询和儿童抚育技术领域，阿德勒的工作依然十分具有影响。

历史在线

http: //www. ship. edu/-cgboeree/adler. html

阿德勒生活和工作的回顾。

http: //ourworld. compuserve. com/homepages/hstein/homepage. htm

旧金山阿德勒研究所提供了一个详细的清单，罗列了有关阿德勒的所有一切。

卡伦·霍妮(1885—1952)

霍妮是一个早期的女权主义者，她在柏林接受了弗洛伊德精神分析的训练。霍妮描绘自己的工作是弗洛伊德体系的延伸，而不是尽力取代他的理论。

霍妮的生平

霍妮出生于德国汉堡。父亲是个虔诚的、脾气古怪的船长，比霍妮的母亲要大很多岁。霍妮的母亲是位开放活泼的女性。她清楚地告诉霍妮，她希望丈夫死掉，之所以嫁给他，是因为担心自己成为一个老处女。霍妮的母亲喜欢霍妮的哥哥，因而给霍妮较少的爱。霍妮也一直嫉妒她的哥哥，因为哥哥是个男孩。他的父亲很瞧不上霍妮的长相和才智。因此，霍妮体验到自卑、无足轻重和敌意(Sayers, 1991)。这种父母爱的缺失造成了霍妮称之为**基本焦虑**(basic anxiety)的体验，也提供了个人经验对理论家观点形成影响的又一个例证。一位传记作者写道，“在她所有的精神分析作品中，霍妮一直努力理解自己，以便于从自己的困境中求得解脱(Paris, 1994, p. xxii)。”

从 14 岁起，霍妮就出现了一些青春期危机，这部分是因为她要疯狂地寻找家庭中得不到的爱和接纳。她创办了一个她称为“一个为了超越处女的处女报”，并且经常同妓女一起上街。在日记中，她写道："我想象我身上的每一处地方都被灼热的嘴唇吻过，我想象我尝试过所有的邪恶、堕落，直至成为渣滓(Horney, 1980, p. 64)。"

霍妮不顾父亲的反对，进入柏林大学医学院学习，1913年获得了医学博士学位。然后她结了婚，有了3个女儿(其中两个后来接受梅兰妮·克莱因的分析)。霍妮产生了逐渐增强的压抑感。她曾经描述了长期的不幸和压抑，以及婚姻的障碍。她抱怨胃痛、身心疲惫、强迫行为、无法工作，甚至想到了自杀。发生了几件事之后，她同丈夫离了婚。此后，她持续最长时间的恋爱是同精神分析学家艾里克·弗洛姆(Erich Fromm)。当这段关系结束的时候，她几乎绝望。她选择进行精神分析来消除自己的压抑和性的问题。她的弗洛伊德式的精神分析师告诉她，她对爱的追求和她被那些强有力男子所吸引都反映了她童年时代的俄狄浦斯情结，即对父亲的渴望(Sayers, 1991)。

当霍妮认识到弗洛伊德的精神分析并不能给她提供帮助以后，她转向了自我分析。这个实践她保持了一生。阿德勒曾经指出，身体上缺乏吸引力可以造成自卑感。霍妮对这个观点十分敏感。她得出结论认为，通过学习医学和从事一些凌乱的性行为，她的行为方式更像个男性，而不像个女性。这个认识让她体验到优越，但是她从没有停止对爱的追求。

从1914～1918年间，霍妮在柏林精神分析研究所接受正统的精神分析训练。后来，她成为那里的成员之一，并开办了自己的私人诊所。她给杂志写文章，谈论女性人格的问题，勾画出她对弗洛伊德某些观点的不同意见。1932年，她来到美国，担任了芝加哥精神分析研究所的副所长。同时她还执教于纽约精神分析研究所，并坚持继续参加治疗实践。她越来越不满弗洛伊德的理论，最终她与这个群体断绝了联系。此后，她建立了美国精神分析研究所，并一直担任那里的领导人，直至逝世。

同弗洛伊德的分歧

弗洛伊德认为，人格的发展不变地依赖于生物力量。霍妮反对这种观点。她否认性因素的重要意义，挑战俄狄浦斯情结的效度，抛弃了里比多概念和人格三维结构理论。然而，她的确接受了无意识动机概念，认为情绪性的、非理性的动机是存在的。

弗洛伊德认为女性为阴茎嫉妒所促动。霍妮认为恰恰相反，男性为子宫嫉妒所促动。男性嫉妒女性的生育能力。她相信，男性为了维持女性的所谓自卑状态，通过对女性的轻蔑和折磨等行为，无意识地表现出他们对子宫的嫉妒及其相应的怨愤和不满。通过否认女性的平等权利，限制她们的机会，贬低女性追求成就的努力，男人维持着所宣称的自然优越性。对于霍妮来说，这些大男子主义行为的基本原因就是导源于子宫嫉妒的自卑感。

在对待人性的看法上，霍妮同弗洛伊德也存在分歧。霍妮写道：

弗洛伊德在神经症及其治疗方面表现出的悲观主义产生于他在骨子里对于人性的完美和人性成长的不信任。弗洛伊德认为人注定要受苦和毁灭……我自己的信念是，人既具有能力，也具有愿望，去实现自己的潜能，成为一个体面的人……我相信，只要人还活着，他就可以改变，而且持续进行着改变(Horney, 1945, p. 19)。

基本焦虑

基本焦虑是霍妮体系中的一个基础性的概念。她把基本焦虑定义为："在一个潜在敌意的世界里，儿童所具有的一种孤立、无助的体验(Horney, 1945, p. 41)。"这一概念描述了霍妮童年时代的感受。基本焦虑导源于父母的支配、缺乏保护和爱、古怪的行为。破坏儿童和父母之间安全关系的任何事物都会导致基本焦虑。因此，基本焦虑并不是固有的，而是由社会力量和儿童环境中的社会互动因素导致的。霍妮不接受弗洛伊德所倡导的本能作为动机力量，相反，她认为婴儿在一个充满威胁的世界中，寻求安全和自由的需要才是行为的根本动力。

霍妮同意弗洛伊德的观点，相信人格的发展是在童年早期，但是她坚持认为，人格毕生都在持续变化着。弗洛伊德详细地阐述了心理性发展阶段，而霍妮关注的是父母和其他抚育者怎样对待儿童。她否认口腔期、肛门期等发展阶段的普遍性，认为如果一个孩子产生了口腔或肛门人格倾向，那么这种人格倾向是父母行为造就的结果。在儿童的发展中，没有什么东西是普遍性的，每一种特征都是社会的、文化的和环境因素影响的结果。

神经症需要

对霍妮来说，基本焦虑产生于父母与儿童之间的关系。当这种社会造成的焦虑出现以后，儿童为应对父母的行为，就会形成一些行为策略，以应付随之而产生的无助和不安全感。如果这种行为策略中的任何一个固定下来，成为儿童人格的一个部分，那么这种固定下来的行为策略就被称之为神经症的需要。它是一种防御焦虑的方式。

最初，霍妮列举了10个神经症的需要，包括对友爱的需要、对成就的需要和自我满足的需要等。在后来的作品中，她把这些神经症的需要归类为三种倾向(Honey, 1945)：

- 顺从人格——接近他人的需要，即需要得到他人的赞许、友爱，需要有一个支配他的伙伴。
- 孤离人格——远离他人的需要，即需要独立、完善和退缩。
- 攻击人格——反对他人的需要，需要权力、剥削、声望、崇拜和成就。

接近他人的需要意味着承认自己的无助感，力图赢得他人的友爱。这是这种类型的人与他人在一起能体验到安全的惟一方式。远离他人的需要意味着退缩，以便表现得自我满足，避免依赖他人。反对他人的需要意味着敌意、反叛和攻击。

这些神经症的需要或倾向都不是应对焦虑的现实方式。由于它们之间是不相容的，因而可以导致冲突。而一旦我们确立了一种应对基本焦虑的行为策略，那么这种行为策略就变得缺乏灵活性，以至于难以产生其他的行为方式。因此，当一种固定下来的行为被证明不适用于一个特定的情境时，行为并不能根据情境的需要而发生改变。这些顽固的行为增加了我们的困难，因为它影响了整体的人格，影响了同他人、自己的关系，也影响了作为整体的生活。

理想化的自我意象

理想化的自我意象为人们提供了人格或自我的虚假图像。它是一种不完善的、给人错误印象的假面具，使得神经症个体无法理解和接受自己真实的自我。在假面具的掩盖之下，神经症的个体否认内部冲突的存在。他们相信理想化的自我意象是真实的，这种信念反过来又使得他们认为自己优越于他们真正是的那种人。

霍妮并不认为这些神经症的冲突是固有的或不可避免的。尽管它们产生于童年时代的非理想情境，但是如果儿童的家庭生活充满温馨、理解、安全和爱的气氛，就可以防止这些神经症需要的出现。

评论

霍妮认为，避免神经症是可能的。这种乐观主义的观点受到了心理学家和精神病学家的欢迎。这些心理学家和精神病学家一直为弗洛伊德的悲观主义论调所困惑。霍妮的工作同样也是有价值的，因为她以社会力量描述人格的发展，而不把人格发展归因于任何先天的因素。

然而，就像弗洛伊德、荣格、阿德勒那样，支持霍妮理论的证据同样来自患者的临床观察，因而在科学信度上存在着同样的问题。她的理论体系中的概念没有进行过任何科学研究。弗洛伊德没有对她的工作进行过直接的评价。曾经有一次谈到霍妮时，弗洛伊德说道，“她很有能力，但是充满恶意(引自 Banton，1971，p. 65)。”另外有一次，在稍加掩饰地暗指霍妮的工作时，弗洛伊德写道，“如果一个女性分析学家还没有充分地意识到自己对阴茎的羡慕时，她同样也不会在她的患者那里赋予这个问题以适当的重要性，对此，我们不必大惊小怪(Freud，1940，p. 65)。”对于弗洛伊德不承认她的观点的合理性，霍妮的反应是感到“痛楚”(Paris，1994)。

尽管霍妮没有信徒，也没有一本杂志来传播她的观点，但是她的工作产生了重要的影响。今天，霍妮精神分析研究中心在纽约仍然十分活跃。20 世纪 60 年代女权主义运动开始以后，她的著作再次受到人们的关注。今天，她有关女权主义心理学的作品被认为是她的主要贡献。尽管她的女权主义观点已经经历了 75 年之久，但是当代仍然有它强烈的回声。1922 年她就开始了女权主义心理学的工作，是第一个在国际精神分析大会上就这一问题发表演讲的女性。那次会议是在柏林召开的，弗洛伊德主持了会议。在 20 世纪 30 年代，霍妮清楚地划分了两种类型的女性：一种是传统女性，通过婚姻和生育来确立自己的身份；另一种是现代女性，通过职业而确立自己的身份。这种爱情与工作的冲突典型地表征了霍妮自己的生活。霍妮选择了工作，这给她带来了巨大的满足，但是在她的整个一生中，她持续寻求着爱。就像霍妮在 20 世纪 30 年代那样，她的这种困境在新的世纪里依然存在。霍妮一生为女性而奋斗，为女性争取权利，以便让女性在男性占支配地位的社会所施加的种种限制面前能做出自己的决定。

历史在线

http：//www. karenhorneycenter. org/

纽约霍妮精神分析研究中心的网页。

http：//www. ship. edu/-cgboeree/horney. htm

霍妮生活和工作的回顾。

人格理论的进化：人本主义心理学

作为惟一一种解释人格的理论，弗洛伊德精神分析理论并没有长久地保持住这种惟一性。我们已经看到，在弗洛伊德活着的时候，荣格、社会心理理论家和新弗洛伊德主义的追随者就已经提出了另外的理论观点。无论是从理论上，还是从研究方面，人格研究都有了巨大的增长，并分裂成各种冲突的取向。当代的人格心理学教科书讨论了典型的 15 到 20 种理论观点。但是，尽管这些体系在细节和一般方面都存在着差异，它们却属于共同的传统。在某种程度上，其起源和形式都可归于弗洛伊德的创造性努力。

在心理学历史的精神分析一面，弗洛伊德所起的作用同冯特在实验心理学一面所发挥的作用是一样的，即都是一种灵感的源泉和攻击的靶子。每一种结构，无论是实际的，还是理论的，都依赖于其基础的稳定性。像冯特那样，弗洛伊德为其他人格理论家提供了一个坚实的、富有挑战性的基础。作为人格理论自弗洛伊德时代以来进化的范例，我们将讨论马斯洛和罗杰斯的工作，以及他们的人本主义心理学运动。

在 20 世纪 60 年代早期，即距心理学正式建立 100 周年不到 20 年的时候，美国心理学中产生了所谓的心理学的第三力量。人本主义心理学并不准备像某些新弗洛伊德学派那样，修改或改造任何现存的思想学派。相反，人本主义心理学家期望取代心理学的两个主要力量，即行为主义和精神分析。

人本主义心理学强调人的力量和积极的抱负、意识经验、自由意志（而不是决定论）、潜能的实现和人性的完整。这些论点同行为主义和精神分析的观点有着显著的不同。

人本主义心理学的先行影响

像所有其他的观念那样，人本主义心理学的思想可以追溯到早期心理学家的工作。冯特的反对者、格式塔心理学的先驱布伦塔诺就是其中之一。他批评心理学的机械论、还原论和自然科学取向，认为意识的研究是一种整体性质的研究，而不是分子性内容的研究。屈尔佩证明，并非所有的意识经验都可以被还原为元素的形式，也不是所有的意识经验都可以用对刺激的反应进行解释。詹姆斯反对机械论的方法，主张对意识和个体的整体研究。格式塔心理学相信，心理学应该采取整体论的方法研究意识。格式塔心理学家挑战行为主义的支配地位，坚持认为意识经验是心理学的合法和富有成果的研究领域。

在精神分析中同样可以发现人本主义观点的根源。阿德勒、霍妮和其他人格心理学家不同意弗洛伊德有关无意识力量控制着我们生活的观点。这些来自正统精神分析的"持不同政见者"相信，我们是一种意识存在物，具有自发性和自由意志，受到现在、未来以及过去各种因素的影响。他们赋予人格以塑造自身的创造性力量。

在把各种先行的因素和趋势组织成一种连贯一致的观点方面，时代精神发挥着重要影响。人本主义心理学反映了 20 世纪 60 年代人们对西方文化中机械主义和物质主义的不满。那个时代的反文化运动主要是由大学生和所谓的"落后者"(嬉皮士)组成的，他们中的某些人依赖诱发幻觉的药物去刺激和扩展他们的意识经验。作为一个群体，他们的理想在某些方面同人本主义心理学是一致的，即关注个人实现、相信人性完美、强调眼前和享乐(满足个人寻求愉快的本能)、自我展示的倾向(自由地说出自己的想法)和情感重于理性和理智。

人本主义心理学的性质

对于人本主义心理学家来说，行为主义心理学是研究人性的一种狭隘、人为和枯燥无味的方法。他们相信，把注意力放在外显的行为上是非人性化的，因为这种做法把人降低到动物和机器的地位。他们也反对行为主义有关我们以一种预先决定的方式对生活中的刺激作出反应的观点。此外，人本主义心理学家争辩说，人比实验室的老鼠或者机器人要复杂得多，不能加以客观化、数量化或者还原为 S-R 的单位。

行为主义并非人本主义心理学惟一的攻击目标。人本主义心理学家同样反对弗洛伊德精神分析的决定论和它贬低意识作用的倾向。他们批评弗洛伊德学派仅仅研究神经症和精神分裂的个体。如果心理学家仅仅关注心理病理方面，那么他们怎样了解情绪健康的个体和人类的积极品质？例如，由于忽视了愉悦、满意、入迷、慈爱、慷慨等积极的品质，转而研究人格阴暗的一面，心理学忽略了人类独特的力量和美德。

因此，针对行为主义和精神分析的局限性，人本主义心理学家建立了他们所希望的心理学第三力量。作为对人性中被忽略一面的一种严肃认真的研究，人本主义心理学在马斯洛和罗杰斯的工作中得到了最清晰的表达。

历史在线

http：//www.ahpweb.org
人本主义心理学协会的网页。
http：//www.apa.org/divisions/div32/
美国心理学会人本主义心理学分会的网页。

亚伯拉罕·马斯洛(1908—1970)

马斯洛曾经被称为人本主义心理学的精神之父。在促进这一运动的产生方面，他比其他任何人的贡献都要大，也是他赋予人本主义心理学以某种程度的学术威望。他努力理解人性能达到的最大成就。因此，他选择了部分心理上杰出的人物作为样本，测定了这些人物同普通人或者心理健康正常者之间的差异。

马斯洛的生平

亚伯拉罕·马斯洛出生于纽约的布鲁克林。他的童年时代是不幸的。“我的家庭是个悲惨的家庭，”他写道，“我的母亲是个令人恐怖的怪物(引自 Hoffman，1996，p. 2)。”马斯洛的父亲是个花心、酗酒的男人，曾经失踪很长时间。他的母亲极端迷信，经常为一些小的过失惩罚年幼的马斯洛，并公开宣称讨厌他，而喜欢他的两个弟弟。马斯洛回忆说，她曾经杀死他带回家的两只小猫，残忍地把小猫的头使劲撞到墙上。他从没有原谅母亲对待他的方式。当他的母亲逝世的时候，他拒绝参加葬礼。他写道，“我对生命哲学的全部追求和我的研究以及理论工作都植根于对她所代表的一切的怨恨和厌恶(引自 Hoffman，1988，p. 9)。”

当马斯洛还是个孩子的时候，身材瘦弱，但是却长了一个大大的鼻子。这让马斯洛感到自卑。他的父母也不时地评论他那缺乏吸引力的长相，笑话他的大鼻子、瘦身材和他不协调的动作。17 岁的时候，马斯洛相信他从“没有看到任何一个人像自己这样如此丑陋”(引自 Nicholson，2001，p. 81)。他描述自己的青春期是一个巨大的自卑情结。因此，他努力发展运动技能，以便进行补偿。但是，当他在运动场上没有获得他人的接受和尊敬时，他转向了书本，进入了康奈尔大学读书。他报告说，在康奈尔大学，他的第一门心理学课程是铁钦纳讲授的。这门课是如此的“可怕和枯燥，同人一点联系都没有。它让我感到震惊，因而退出了它的学习”(引自 Hoffman，1988，p. 26)。

后来，马斯洛转到了威斯康星大学学习，1934 年获得博士学位。

最初，马斯洛是一个热切的华生式的行为主义者，相信机械自然科学的方法可以给人类的所有问题提供答案。但是一系列个人经验使得他相信行为主义过于狭隘，无法解决长久以来困扰人类的问题。孩子的出生、第二次世界大战的开始、哲学、格式塔心理学、精神分析的学习深深影响了他。同时，马斯洛也受到阿德勒、霍妮、考夫卡和魏特海默等从纳粹德国逃出后定居美国的欧洲心理学家的影响。他对格式塔心理学家魏特海默和文化人类学家鲁思·本尼迪克特(Ruth Benedict)充满着敬畏之情，这导致了他对心理健康、自我实现的人的特征的第一次研究。魏特海默和本尼迪克特代表着马斯洛最完美人性的典范。

马斯洛在布鲁克林学院从事教学工作。但是在那个地方，他早期有关人本主义心理学的尝试没有让他产生积极的个人体验。行为主义心理学群体拒绝了他的努力。尽管学生们认为他的观点令人产生兴趣，但是同事们都回避他，认为他太偏离传统，同行为主义，即那个时代的主流心理学，步调太不一致。主流杂志拒绝发表他的文章。最终，他是在 1951～1969 年间，在布兰迪斯大学发展和完善了他的理论，在一系列受到欢迎的著作中，阐述了他的人本主义心理学。他支持敏感小组运动(sensitivity group movement)，1967 年，他被推选为美国心理学会主席。

在 20 世纪 60 年代，马斯洛成为一个名人和反文化运动的英雄，获得了自年轻时就渴望得到的崇拜。"年轻人发现马斯洛的工作特别具有魅力，对于许多人来说，他成为领袖般的人物。"(Nicholson, 2001, p. 86)用阿德勒的术语来说，马斯洛成功地补偿了童年时代的自卑。

自我实现

依据马斯洛的观点，每一个人都具有**自我实现**(self-octualization)的先天倾向。自我实现这种人类的最高需要涉及能力和品质的积极使用，以及潜能的发展和实现等。为了达到自我实现，我们首先必须满足先天等级结构中处于较低层次的需要。只有每一种需要获得满足之后，下一层次的需要才能成为我们的行为动机。

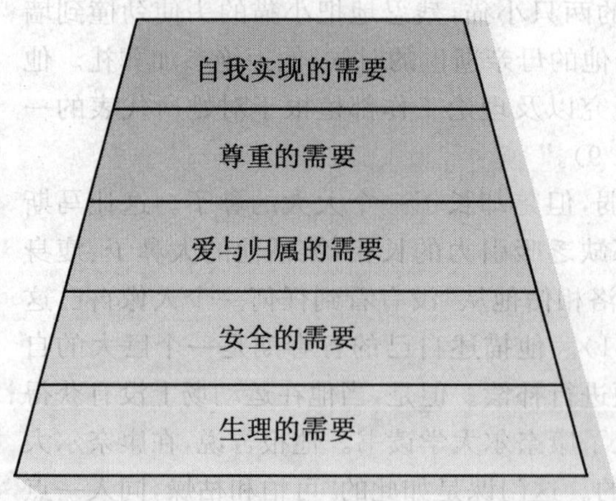

图 14.1 马斯洛的需要等级结构图

马斯洛所提出的需要依照满足的顺序，依次为生理的需要、安全的需要、爱与归属的需要、尊重的需要以及自我实现的需要(参阅图 14.1)。

马斯洛力图发现那些满足了自我实现需要，因而可以被认为是心理健康的人的特征。从定义上讲，这些人是没有神经症的。他们总是处在中年，或者稍大一点，其数量不到人口的1%。马斯洛通过传记和其他文字材料对这些人进行分析，其中包括物理学家爱因斯坦、作家和社会活动家罗斯福(Eleanor Roosevelt)、非裔美籍科学家乔治·卡弗(George W. Carver)。

自我实现者具有下列共同倾向：

1. 对现实的客观知觉；
2. 对自己本性的完整接受；
3. 奉献和投入某种工作；
4. 行为简单、自然；
5. 自主、隐私、独立的需要；
6. 强烈的神秘或高峰体验；
7. 对人性充满关爱和同情；
8. 对顺从的抵制；
9. 民主的性格结构；
10. 创造性的态度；
11. 有较高程度的阿德勒所说的社会兴趣。

马斯洛相信，自我实现的先决条件是童年时代获得足够的爱，以及在生命的头两年中生理和安全需要的满足。如果儿童在他们的童年时代体验到安全，并充满信心(马斯洛自己没有获得)，那么他们成年之后能够依然如此。如果在童年时代缺乏父母的爱，安全、尊重的需要没有得到满足，那么在成年之后的自我实现就会出现困难。

下面这段文字摘录于马斯洛的《动机与人格》。其中，马斯洛描绘了自我实现者的三个特征。它的语言相对简单，没有使用专业术语。在这段文字中，马斯洛利用了詹姆斯和阿德勒的工作，用以支持自己的观点。

原著精选

有关人本主义心理学的原始资料：选自马斯洛的《动机与人格》(1970)

亚伯拉罕·马斯洛

欣赏生活，并具有持续的新鲜感 自我实现的人具有令人惊异的能力，带着敬畏、愉悦、好奇，甚至狂喜，反复地、清新地、天真地欣赏基本的幸福生活，而不管这些经验对于他人可能变得多么枯燥无味……因此，对于这种类型的人来说，每一次日落可能都像第一次那样壮观，每一朵花可能都是那么令人惊叹的美丽，即使他已经见过上百万种不同的花朵。他所见到的第1 000个婴儿都像他见到的第一个婴儿那样充满神奇。即使在他结婚40年后，他的妻子已经60岁了，他仍然相信他在婚姻方面的幸运，并且为妻子的动人而吃惊。对于这些人来说，即使一个偶然的工作日和日常生活的琐事也如此地令人振奋、激动和入迷。这些强烈的情感并非一直存在，而是偶然地，不常有的。他们可能在渡船上渡河10次，在第11次时，可能产生与第一次同样强烈的感受，感觉是那么美，那么令人激动。

在美丽事物的选择上，存在着某些差异。一些被调查对象选择的主要是大自然，另外一些人选择的主要是儿童，还有一些人选择著名的音乐。但是或许可以确定地说，他们都是从日常生活的基本经验中获得这种狂喜、灵感和力量的。例如，没有一个人是从去夜总会，发财或者晚会上的享受中而获得同样的体验的。

高峰(神秘)体验 那些被称之为神秘体验的主观感受曾经被威廉·詹姆斯详细地加以描绘。实际上，它们对于我们的被调查对象来说，不过是一些非常普通的经验，尽管对所有的人并非如此。我们在前面的部分描述的那些强烈情感有时变得如此的强烈、混沌和弥漫，以至于被称之为神秘体验。

我对这一问题的最初兴趣和注意是这样产生的：我的几个被试用含糊的、熟悉的术语向我描述了他们的性高潮。后来，我记起各类作家曾经使用这类术语描述过他们所说的神秘体验。在这种神秘体验中，个体感受到世界无限拓展开来；感觉自己更强有力，同时也比以往任何时候更感到无助；进入一种出神入迷、惊奇、敬畏，时空感的丧失，并最终感觉某种极为重要的、富有价值的事情已经发生了。因此，在某种程度上，这些被试感觉即使在日常生活中，他们已经发生了变化，力量得到了加强。

把这些体验同神学的和超自然的东西截然分开是极为重要的，虽然在过去的几千年里，两者一直都是联系在一起的。由于这种体验是一种自然经验，处于合法的领域，因此我称它为高峰体验。

从我们的调查对象中同样可以看到，所产生的这种体验也可以不那么强烈。神学文献通常假定在神秘的体验和所有其他体验之间存在着绝对的、性质上的差异。但是一旦同超自然的参照物分离开来，而把其作为一种自然现象来加以研究，那么就完全可以把这种神秘的体验放置到从强到弱的连续量度上来加以测量。我们就会发现许多人，甚至大部分个体的神秘体验都是中等程度的，在少数受到这种体验宠爱的个体那里，这种中等程度的体验是经常的，甚至是天天都可能发生的。

很明显，如果在任何一种体验中，存在着自我的丧失或自我的超越，即专注于问题、入迷……强烈的美感体验、忘掉自我的存在、对音乐或艺术的强烈感受等等，那么这种体验的强化就是神秘或高峰体验。

社会兴趣 由艾尔弗雷德·阿德勒所发明的这个术语，是惟一可以用来描述自我实现者对人类的感情风格的。他们对普通人怀有一种深深的认同、同情和关爱，尽管偶尔他也会表现出愤怒、不耐烦，或者下面所描述的讨厌。由于具有这种情感，因而他们有着真正的愿望帮助人类种族。仿佛他们都是一个家庭的成员。一个人对待他兄弟们的情感往往是真挚的，即使他的兄弟们愚笨、弱智，甚至有时让人恶心，他们仍然比陌生人更容易得到原谅。

如果一个人的社会兴趣缺乏一般性，如果一个人的社会兴趣不能保持长久不变，那么你就不会发现这种对人类的认同感。自我实现者毕竟与其他人在思想、愿望、行为和情感方面有着极大的不同。如果他像上面所说的那样，那么他在一些方面就像陌生环境中的过客。很少有人能真正理解他，无论可能对他是多么地喜爱。

他可能经常为一般人的缺陷所伤心、气愤，甚至恼怒。尽管这种事情对于他们来说不过是一些小麻烦，但是有时他们会因此而极度悲伤。无论有时他与他们在时空上相距多么遥远，但是他感觉与他们有一种基本的亲属关系，因此感觉必须照应他们，虽然这并非恩赐。至少，他的知识比他们多，他可以做许多他们不能做的事，看到他们看不到的东西，发现他们无法发现的真理。这就是阿德勒所说的大哥式的态度。

评论

由于马斯洛被试样本太小，无法支持他做出的推论，因而他的研究数据和方法论被认为是存在问题的。同样，他是根据他的心理健康主观标准选择被试的，其术语的界定含混不清、前后缺乏一致性。马斯洛承认他的研究不符合科学研究的严格标准，但是他争辩说，这是研究自我实现的惟一方式。他认为他的工作是基础性的工作，相信有朝一日他的结论会得到证实。

后来的研究为自我实现者的特征和马斯洛提出的需要等级系统中的顺序提供了某些支持。例如，研究者发现，那些在安全、归属和尊重需要方面获得满足的人比那些没有满足这些需要的人，有更少的可能表现神经症行为。同样，那些在自尊方面得分高的人，在自我价值、自信和能力的测量上得分也比较高。然而，马斯洛理论的大多数方面仅有极少的，或者根本就没有得到研究者的支持。然而，许多企业经理凭直觉愿意接受马斯洛的理论，接受自我实现作为员工动机和工作满意度的一个源泉。马斯洛的理论同样也被应用于教育、医学和心理治疗。

历史在线

http://www.ship.edu/-cgboeree/maslow.html

马斯洛的生平和工作的回顾。

http://www.psy.pdx.edu/PsiCafe/keyTheorists/Maslow.htm

有关马斯洛生平、研究、理论和他的观点在教育和工作领域应用的信息，也包括1934 年论动机文章的全文。

卡尔·罗杰斯(1902—1987)

卡尔·罗杰斯最主要是由一种流行的心理治疗方法，即以人为中心的疗法而著名。他同样也建立了一种人格理论。这种人格理论以单一的动机因素为基础，类似于马斯洛的自我实现概念。然而，与马斯洛不同的是，罗杰斯的观念并不是从情绪健康个体的研究获得的，而是从其理论的应用得到的。他把以人为中心的治疗方法应用于到大学咨询中心接受治疗的患者，从中获得了自己的理论。

罗杰斯治疗方法的名称表明了他对人格的看法。他把症状改善的责任放在人或称来访者身上，而不是像正统精神分析那样，把责任放在治疗者身上。罗杰斯假定，人们可以有意识地、理性地改变他们的思想与行为，使之从不理想到理想。他并不相信我们永远受到无意识力量和早期经验的限制。人格是由现在塑造的，取决于我们怎样意识它和知觉它。

卡尔·罗杰斯

罗杰斯的生平

卡尔·罗杰斯出生于芝加哥的郊区。他的父母信奉严格的基督教原教旨主义观点。因而就像罗杰斯自己所说的那样，在整个童年时代和青少年时代，父母就像握钳子那样控制着罗杰斯的一举一动。父母的宗教信仰和对任何情感表露的压抑迫使罗杰斯循规蹈矩，没有个人的任何自由。后来罗杰斯指出，这些限制让他产生了反抗的思想，尽管这种反抗出现在多年之后。

他的童年时代是孤独的，因此他不停地阅读。他相信他的哥哥才是父母最宠爱的孩子，因而感觉自己处在与哥哥不断的竞争之中。孤独使得罗杰斯不得不依赖于自己的经验判断，但是又不能违背父母的信念。12 岁的时候，全家迁到了一个农场。在那里，罗杰斯对大自然产生了浓厚的兴趣。

他阅读了农业实验的书籍，学习了解决农业问题的科学方法。尽管这些阅读把他引入了学术生活当中，但是他的情绪生活却处在混乱之中。他写道，“这个时期我的幻想的确是稀奇古怪的，或许诊断专家会认为这是精神分裂，但幸运的是，我从来没有同心理学家进行接触(Rogers，1980，p. 30)。”

22 岁的时候，他到中国参加了基督教学生的一个会议。在那里，他从父母的原教旨主义信念中解脱出来，确立了一种更为自由的生活哲学。他开始相信，人们应该通过自己对生活事件的解释而指导自己的生活，而不是依赖他人的观点。他同时也相信，我们必须努力完善自己。这些观念后来成为他的人格理论的基石。

1931年，罗杰斯从哥伦比亚大学师范学院获得了临床心理学和教育心理学方面的博士学位。他在防止虐待儿童协会工作了9年，从事行为过失和缺陷青少年的教育工作。从1940年开始，他进入学术领域，先后在俄亥俄州立大学、芝加哥大学、威斯康星大学从事教学工作。在这些年月里，他建立并完善了他的理论和心理治疗方法。

记住下面这一点是很重要的，即在发展他的理论这段时间里，罗杰斯的临床经验主要是从大学生心理咨询中心获得的。因此，他所治疗的人主要是年轻、聪明、有较高语言技能的人。一般来说，他们的问题主要是适应不良，而不是严重的情绪障碍。这个被试群体同弗洛伊德和其他临床心理学家在临床实践中所见到的那个群体是极为不同的。

自我实现

人格中最大的动机力量是实现自我的内驱力(Rogers，1961)。尽管这种自我实现的冲动是天生的，但是它可以被早期经验和学习所促进或阻碍。罗杰斯强调了母子关系的重要性，因为母子关系影响着儿童自我的成长。如果母亲能满足婴儿对爱的需要，即罗杰斯所称的**积极关注**(positive regard)，则婴儿就倾向于形成健康人格。

如果母亲的爱对于孩子来说是有条件的，即只有某种适当的行为才能获得爱，那么儿童就会内化母亲的态度，建立价值的条件。在这种情况下，儿童感觉只有在某些条件下才具有价值，因而极力回避那些不能获得赞赏的行为。这样一来，儿童自我就没有获得完整的发展。因为他不能表达自我的所有方面。他已经知道，某些行为会导致拒绝。

因此，心理健康的主要先决条件就是童年时代的无条件积极关注。理想的条件是，无论儿童怎样行为，父母都展示出对孩子的爱和接受。受到无条件积极关注的儿童将不会形成价值的条件，因而不必要压抑自我的任何部分。只有以这种方式，一个人最终才能获得自我实现。

自我实现是心理健康的最高水平。罗杰斯的自我实现概念同马斯洛的自我实现概念是类似的，尽管两者在心理健康者的特征方面有某些不同。对于罗杰斯来说，心理健康或机能完整的人具有下列特征：

- 对所有的经验开放，对所有的经验都有新鲜感；
- 在每一时刻都有完满生活的倾向；
- 具有受本能指导的能力，而不是受理性或他人观点的指导；
- 思想和行动的自由意识；
- 较高程度的创造性；
- 最大程度地、持续不断地实现自己的潜能。

罗杰斯把机能完整的人看做是一个实现的过程，而不是实现的结果。他指出，自我的发展是一个不断进步的过程。他的这种对自发、适应性的强调，他对持续不断的成长能力的关注典型地表现在了他的那本最受欢迎的书《个人形成论》(1961)的题目上。

评论

罗杰斯独特的以人为中心的心理治疗对心理学产生了重要影响。他的人格理论，特别是他对自我重要性的强调受到了普遍的欢迎。批评者们指出，在自我实现的固有潜能方面，他缺乏细致的讨论，他也没有详细地指出主观意识经验怎样排除了无意识的影响。他的理论和治疗曾经激起了大量的支持性研究，并在临床实践中得到了广泛的应用。

罗杰斯在 20 世纪 60 年代的人类潜能运动中是个有影响的人物，而人类潜能运动是改革心理学，使心理学更人性化努力的一个部分。1946 年，罗杰斯被推选为美国心理学会主席。他获得过杰出科学贡献奖和杰出职业贡献奖。

历史在线

http://www.wynja.com/personality/rogersff.html

有关罗杰斯人格理论的讨论。

http://www.ship.edu/-cgboeree/rogers.html

罗杰斯生平和工作的回顾。

人本主义心理学的命运

随着杂志和协会组织的建立以及成为 APA 的一个分会，人本主义心理学运动变得正规化。1961 年，《人本主义心理学》创刊；1962 年，美国人本主义心理学协会建立；1971 年，美国心理学会人本主义心理学分会成立；1986 年，加利福尼亚大学建立了人本主义心理学档案馆；1989 年，《人本主义心理学家》成为该分会的官方杂志。因此，一个组织严密的思想学派的典型特征都已经具备了。人本主义心理学家提出的心理学概念不同于心理学的其他两种力量(行为主义和精神分析)。他们具有其他每一个学派在它成立的早期所自夸的特征——一种狂热的信念，认为他们代表了心理学最正确的道路。

尽管具有一个思想学派的性质，人本主义心理学实际上并没有成为一个整体。这是在这个运动产生 20 年之后，人本主义心理学家自己的判断。一位心理学家写道，“人本主义心理学是一场伟大的实验，但基本上是一个失败的实验，因为在心理学中没有人本主义思想学派，没有一种理论被公认为它的科学哲学(Cunningham，1985，

p. 18)。”卡尔·罗杰斯也同意这一观点，认为“人本主义心理学并没有对主流心理学产生重要影响。我们仍然被认为具有相对较小的重要性”(引自 Cunningham，1985，p. 16)。即使在罗杰斯对人本主义心理学的这个令人刺耳的判断 10 年之后，一位心理学家在评价主流心理学时，仍然认为主流心理学“令人吃惊地没有受到人本主义心理学所关心的问题的影响，指出人本主义心理学在出版、研究基金、大学课程、资格证书标准方面，仍然被排除在外”(Anastoo，1994，p. 2)。

为什么人本主义心理学依然游离于公认的心理学思想体系之外呢？其原因之一是大多数人本主义心理学家工作在临床实践领域，而不是在大学里。不像学院心理学家那样，工作在私人治疗实践中的人本主义心理学家不能与学院心理学家在同样的程度上从事研究、发表论文，或者培训新一代的研究生继承他们的传统。

缺乏影响力的另外一个原因与人本主义心理学运动的时间有关。人本主义心理学是一场抗议运动，在它发展的顶峰，即 20 世纪 60 年代和 70 年代，它所抗议的观点在心理学中已经不是那么有影响了。弗洛伊德的精神分析和斯金纳的行为主义由于内部的分裂而受到削弱。两者都正在产生着人本主义心理学所呼吁的那种变化。这样一来，人本主义抗议运动所攻击的对象已经不是它原来的占支配地位的形式了。

尽管人本主义心理学并没有改变心理学，但是它加强了精神分析中那种人可以有意识地、自由地塑造自己生活的观点。人本主义心理学间接地促进了学术实验心理学对意识的研究，因为它与认知心理学同时产生，因而成为时代精神的一个部分。认知心理学的一位建立者曾经指出，他“受到人本主义心理学精神的强烈影响，把认知的观点看得更具有人本主义的色彩”(Neisser，引自 Baars，1986，p. 273)。就整体来讲，人本主义心理学强化了这一领域已经发生的变化。从这个意义上讲，它可以说是成功的。此外，在 40 年之后，它对当代的 21 世纪心理学产生了冲击。

积极心理学

人本主义心理学的主题，即心理学家应该研究人性中的优秀一面和恶劣一面、积极特征和消极特征这样一种观点，在 1998 年再次为人们所重申。美国心理学会主席马丁·塞利格曼(Martin Seligman)在一次乐观主义和希望科学讨论会上的发言中指出，这一领域“无情地把注意的中心放在消极的一面，使得心理学看不到从不称心的、痛苦的生活事件中产生的成长、力量、驱力和顿悟等许多积极的事例”(Seligman，1998，p. 1)。听起来就像 30 年前的马斯洛那样，塞利格曼说道：

> 为什么社会科学把人的力量和美德——利他主义、勇气、忠诚、职责、愉悦、健康、责任和快乐——看做是衍生的、防御性的和纯粹错觉的，而把弱点和消极的动机——焦虑、贪婪、自私、偏执、发怒、障碍和悲伤——看做是真实的(Seligman，1998，p. 1)？

他请求心理学家发展一种更为积极的人性和人类潜能的概念。

塞利格曼对积极心理学的呼吁收到了极为热烈的回应。研究报告、论文、著作和书籍如泉水般地涌现出来。到2001年的时候，主观幸福感的研究，即幸福和其他积极情绪的原因和相关的研究，已经被证明是"在过去40年中，出版物增长最多的领域"(Staudinger, 2001, p. 552)。在2000年，美国心理学会的领头刊物《美国心理学家》，出版了积极心理学的专刊，该专刊有近200页，探讨了幸福、优秀、理想心理机能等问题，这些问题都是弗洛伊德和其他精神分析学家极少涉及的内容（参阅 Seligman & Csikszentmihalyi, 2000）。

在接下来的那一年，《美国心理学家》上刊载了4篇论述积极心理学的文章，介绍这组文章的导引的题目是《为什么积极心理学是必要的?》。

2002年，塞利格曼出版了一本通俗书籍，书名为《真正的幸福：使用新的积极心理学，实现你的潜能》。《新闻周刊》上发表了一篇赞扬这本书的文章，称积极心理学运动为"心理学研究的一个全新时代"(Cowley, 2002, p. 46)。因此，积极心理学在心理学社区和公众领域都受到极为热烈的欢迎。

今日的积极心理学教科书覆盖了以下典型课题，主观幸福感、幸福科学、生活满意度、积极情感、情绪创造性、乐观主义、希望理论、生活和幸福的目标制定、工作中的积极心理等等。

幸福人格的特征是什么？怎样解释主观幸福感？用"有钱"来解释吗？答案是否定的。研究支持了古老的格言，即钱并不能买来幸福。然而，钱财的缺乏和经济上的不安全感可以导致不幸福。同样的，健康并不能保证幸福，但是不健康肯定降低了幸福感。没有发现年龄、性别同幸福有多少相关。生活满意度似乎并不随着年龄的增长而下降，男性和女性之间也不存在什么差异。

婚姻和人格变量似乎的确影响着对生活的积极态度。有关的研究证明，结婚的人比没有结过婚，或者离婚和丧偶的人报告了更高的幸福体验。在主观幸福感量表上得分较高的人在自我效能、内部控制点（控制自己生活的强烈愿望）、自尊、自我接受、自我决定、外向和正直方面得分也较高。他们同样在神经症症状测量上得分较低（例如，可参阅 Ryan & Deci, 2001; Seligman & Csikszentmihalyi, 2000; Snyder & Lopez, 2001; Staudinger, Fleeson & Balters, 1999）。

有关积极心理学的研究和理论建设工作吸引了越来越多的心理学家的兴趣。它代表了人本主义心理学运动最持久的影响力。但是，某些心理学家尽管承认积极心理学的价值，但是认为它不过是"重新包装"的人本主义心理学(Clay, 2002, p. 42)。

然而，积极心理学与人本主义心理学和在这一章中早些时候阐述过的精神分析取向的心理学有着重要区别。积极心理学并不像马斯洛的自我实现研究那样，使用主观的个案史，相反，它依赖的是严格的实验研究。

至于积极心理学作为一场正式运动的未来发展，塞利格曼和其他积极心理学家的先驱并没有一种结构清晰的目标。“我们把积极心理学仅仅看成是心理学关注点的变化，”塞利格曼写道，“即从生活中某些最坏事情的研究，转向使生活更有价值事物的研究。我们并不把积极心理学看做是对在此之前的心理学的替代物，而仅仅看做是对它的补充和扩展(Seligman，2002，pp. 266—267)。”

无论积极心理学最终的地位如何，它的特点都是明显的，即与弗洛伊德在一个多世纪之前进行的人格研究相比，它是对人性研究的一种截然不同的方法。

历史在线

http：//www. psych. upenn. edu/-seligman

包含着塞利格曼 1998 年呼吁积极心理学的那篇文章，以及塞利格曼有关积极心理学的其他文章和阅读书目。

http：//www. positivepsychology. org/

来自塞利格曼研究同盟的有关积极心理学的信息。

历史中的精神分析传统

我们已经讨论了弗洛伊德时代和弗洛伊德之后精神分析学派内部存在的多样性。某些当代的观点同弗洛伊德的观点已经没有什么类似的地方，之所以把它们称作“精神分析的”，仅仅是因为缺乏适当的称呼，以便于同心理学中的行为—实验倾向的心理学相区别。精神分析内部的分裂状况远比行为主义严重得多。尽管存在着新行为主义和新的新行为主义引入的变化，行为主义都分享了华生的信念，即行为依然是研究的焦点。与此相比，在弗洛伊德的追随者中很少有人同意把无意识生物力量作为研究的焦点，也很少有人同意性和攻击是主要的动机力量。

其结果就是在精神分析中比在行为主义中存在着更多的分支派系。观点上的这种多样性既可以看成是它的活力，也可以看成是它的弱点。它们的发展是新近的事，现在还不能加以判断。在弗洛伊德开始他里程碑式工作的 100 多年后，精神分析的历史仍然处在发展之中。

问题讨论

1. 新精神分析学派从哪些方面改变了弗洛伊德的精神分析？社会科学中时代精神的变化怎样影响了精神分析后来的发展？
2. 描述安娜·弗洛伊德同他父亲的关系。她给精神分析引入了什么变化？
3. 在对象关系理论中，“对象”的含义是什么？梅兰妮·克莱因和海恩兹·科赫特的方法有什么不同？他们同弗洛伊德有什么不同？
4. 荣格的生活经验怎样影响了他的分析心理学？描述荣格的集体无意识和原型概念。
5. 荣格的分析心理学与弗洛伊德的精神分析有什么不同？为什么荣格的方法受到批评？
6. 阿德勒和弗洛伊德在哪些方面持有不同的看法？描述阿德勒有关自卑情结、生活风格、出生顺序的观点。
7. 讨论对阿德勒个体心理学的批评。阿德勒的儿童时代怎样影响了他的理论？
8. 描绘霍妮有关女性主义心理学的观点。比较她在这一问题上同弗洛伊德的不同。
9. 解释霍妮的基本焦虑、神经症的需要、理想化自我意象的概念。在哪些观念上霍妮和阿德勒的观点是相同的？
10. 描述人本主义心理学的某些先行影响。讨论这一领域的现状及其造成它现在命运的原因。
11. 比较和对照马斯洛和罗杰斯在自我实现和心理健康的人的观点上的不同。
12. 马斯洛和罗杰斯的理论为什么受到批评？阿德勒的工作怎样影响了马斯洛？
13. 积极心理学期待心理学发生什么样的变化？哪些因素被证明同积极幸福感相关？

建议阅读

Donaldson，G.（1996）. Between practice and theory：Melanie Kein，Anna Freud，and the development of child analysis. *Journal of the History of the Behavioral Sciences*，*32*，160—176. 回顾克莱因和弗洛伊德的作品，证明两者在婴儿心理发展和儿童分析技术上的对立观点。

Ellenberger，H. F.（1970）. The discovery of the unconscious：The history and evolution of dynamic psychiatry. New York：Basic Books. 追溯了从文化人类学有关原始和古代人的研究到弗洛伊德的精神分析及其分支学派中有关无意识的概念的探讨。

McLynn，F.（1997）. Carl Gustav Jung. New York：St. Martin's Press. 荣格的综合传记，描述荣格是个脾气暴躁，甚至带有点邪恶的天才人物。

Paris，B. J.（1994）. Karen Horney：A psychoanalyst's search for self-understanding. New Haven，CT：Yale University Press. 描述了霍妮的生平及她对神经症和自我概念理解上的重要贡献。

Sayers，J.（1991）. Mothers of psychoanalysis：Helene Deutsch，Karen Horney，Anna Freud，Melanie Klein. New York：Norton. 讨论了这些精神分析学家怎样通过从父权主义到母权主义观点的转变，完善了弗洛伊德的精神分析。

Schneider，K. J.，Bugental，J. F. T. & Pierson，J. F.（Eds）.（2001）. The handbook of Humanistic psychology: Leading edges in theory, research, and practice. Thousand Oaks, CA: Sage. 更新了人本主义心理学的形象，包含了积极心理学和当代精神分析的某些方面。

Young-Bruehl, E. (1988). Anna Freud: A biography. New York: Summit Books. 介绍了弗洛伊德的女儿安娜的生平和工作。安娜建立了儿童精神分析体系，并且成为他父亲的知己。

第十五章 当代心理学的发展

思想学派展望

我们已经看到了心理学的每一个思想学派的产生、发展和繁荣的过程,然后——除精神分析以外——成为了那个时代心理学思想的主流。我们也看到每一场运动都从反对它先前的某个学派而获得力量。当不再需要反对,当新的学派取代了它的对立面,它就不再是一场革命性的运动了,而成为确立起来的秩序,至少在一段时间里会维持这种状况。

每一个学派都以自己的方式获得了成功,同时也对心理学的进化做出了实质性的贡献。这一点甚至也适用于构造主义,虽然构造主义对于今天我们知道的心理学没有留下什么印记。在现代心理学中,早已经不再存在铁钦纳类型的构造主义,在过去几十年里一直都是如此。但是构造主义仍然获得了巨大的成功,因为它促进了冯特所开创的事业,确立了独立的心理科学,使心理学摆脱了哲学的束缚。构造主义并没有长时间地支配心理学这一点并不能抹杀它的革命性成就。它是新科学的第一个思想学派,是它之后的理论体系反抗的动力源泉。

机能主义同样是成功的,虽然它作为独立的学派时间并不长久。它是一种态度或一种观点,这是它的倡导者所希望的。它的倡导者并不希望机能主义成为一个独立的学派。但是机能主义弥漫于整个美国心理学,渗透到美国心理学思想的方方面面。今日的美国心理学既是一门科学,也是一门职业。它的研究成果实际上已经应用到生活的各个方面。这种机能的、实用主义的态度改变了心理学的性质。

格式塔心理学又如何呢?从谦虚的角度来说,它同样完成了它的使命。对元素主义的反对、对整体方法的支持和对意识的兴趣使得临床心理学、学习、知觉、社会心理学和思维等领域的心理学家受到影响。尽管格式塔学派并没有像它的建立者期望的那样改变心理学,但是它产生了重要的影响,因而可以被看做是成功的。

尽管构造主义、机能主义、格式塔心理学的成就是显著的,但是同行为主义和精神分析所产生的轰动效应相比,它们就逊色多了。这两个运动的影响是深远的。现在它们依然保持着独立的身份,是心理学中独特的思想学派。

前面我们曾经讨论了行为主义和精神分析在它们的建立者华生和弗洛伊德之后分裂成各种竞争派系的事实。在行为主义和精神分析中,没有一种理论形式曾经赢得来自所有成员的支持。分支学派的出现使得这两个理论体系成为各种竞争的小派系,每一个派系都有自己通向真理的独特路径。但是尽管存在着这些内部的分裂,行为主义和精神分析两者在心理学的方法上一直坚定地对立着。例如,斯金纳式的行为主义者同班杜拉和罗特的社会行为主义的追随者之间的共同点要比同荣格或者霍妮精神分析的追随者的共同点大得多。这两个学派持续进化着,明显地表现出它们的活力。我们已经看到,斯金纳的心理学并不是行为主义的最后阶段,就像阿德勒的个体心理学也不是精神分析的最后阶段。我们同样看到,尽管人本主义心理学作为一个独立的思想学派没有造成多少冲击,但是却通过积极心理学运动而对当代心理学产生影响。

到 20 世纪 60 年代和 70 年代的时候,另外两个运动在美国心理学中产生了,而且每一个运动都尝试给心理学领域一个新的定义。这就是认知心理学和进化心理学。但是让我们先休息一下,阅读一篇有关有史以来最著名的国际象棋比赛的故事。这场比赛是 1997 年在纽约举行的。你并不必要了解象棋的任何东西,就可以理解其中的戏剧性结果。

加里·卡斯帕罗夫(Garry Kasparov)并不仅仅是一个伟大的棋手,而是所有棋手祖师爷中的泰斗。每一个人都认为,他是历史上最好的棋手。1997 年春天,当他 34 岁的时候,他处在他事业的顶峰,且已经保持了 12 年世界冠军称号。在对阵任何竞争者时,他从来没有失掉一局。除了展示出对自己天才的信心之外,他从没有展示出任何疑虑。他对于任何对手的态度都近乎是轻蔑和傲慢。这一态度在他战胜一年前曾经被他击败的一个对手之后再一次表现了出来。他与这位对手的再次对阵是 5 月份在纽约举行的,比赛共分 6 局,这仅仅是第一局。

随着比赛的重新开始,象棋专家聚集在那里观看着这位冠军怎样击败他的对手,但是他们却见证了让他们怎么也料想不到的事情,所发生的事情足以让他们目瞪口呆。但是他们不是惟一吃惊的人,几百万观众通过互联网和电视转播都极为震惊地看到卡斯帕洛夫困惑的表情,这可不是他的典型特征。首先,他越来越表现出怀疑,然后是困惑、绝望,并最终失去了控制。他似乎情绪崩溃了一样,表现出极度的紧张。

在第二局期间,这位冠军表现出快要崩溃的迹象。他产生了一种以往从未有过的体验。在过去,他总是可以通过理解对方针对他的思维模式而利用对方的弱点。但是这一次,他却无法做到了。

第二局双方打了个平手。第三次又是平局。然后他的对手获得了胜利。

当竞赛星期六恢复以后,又出现了僵局。卡斯帕洛夫开始变得具有攻击性,他集中精力,认真思索着每一步棋的走法。他知道自己就要赢了。这时他的对手施展了几招精彩的,也是残酷的走法,明显地令卡斯帕洛夫感到震惊。象棋大师们吃惊地发现这位冠军第一次露出了遗憾。他不得不接受另一个平局。比赛经过一天的休息之后,星期一将决定最后的结局。

这一事件引起了全世界的广泛注意。电视台派出记者,在黄金时间对这一事件进行全面报道。报纸派出资深记者进行采访,准备在头版头条报道比赛的最终结果。成百上千万的人通过电视和互联网看到这位世界顶级冠军,曾经是那么的自信和不可一世,现在却变得神经质和惶恐不安,还没有走出第一步,仿佛就已经被击败了。

随着对手迅捷、无情的棋子运动,卡斯帕洛夫越来越沮丧。在失去了他的女王,并且国王也处在绝境之中时,这位冠军身体倾斜,面向棋盘,两手举到面前,绝望地低下了他的头。这个画面被定格在电视屏幕上,后来又被刊登在报纸上,成为人类绝望的典型姿势。

过了一会,卡斯帕洛夫突然站了起来,宣布退出比赛。而在这个时候,这盘棋仅仅走了19步。

象棋大师们对这位冠军的突然崩溃感到震惊。主持比赛的委员会主席说道,"这是一个希腊式的悲剧"。卡斯帕洛夫的回答更为简单,"我失去了我的战斗精神,我根本就无法使我自己投入到比赛中去"。

在随后混乱的新闻发布会上,有人请卡斯帕洛夫解释为什么会失败,他回答说,"我是一个人,当我看到某种我无法理解的东西时,我就感到害怕。"

卡斯帕洛夫看到了什么,令他无法理解?什么东西使他如此恐怖,以至于让他无法继续下棋?这些同心理学史有什么关系?耐心一点,所有这些都会有答案。现在让我们转向认知心理学的发展。

心理学中的认知运动

华生在1913年行为主义的宣言中,坚持认为心理学应该放弃一切对心灵、意识或意识过程的参照。的确,那些追随华生观点的心理学家排除了这些概念,禁止了所有心理主义的术语。几十年以来,入门的心理学教科书描绘大脑的功能,但是拒绝讨论有关心灵的任何概念。人们开玩笑说,心理学似乎已经永远地"失去了意识",或者"丢失了它的心灵"。

但是突然间(尽管实际上这一趋势已经蓄积了一段时间),心理学恢复了意识。那些在态度上被认为不正确的词语在会议上和在出版物中重新出现了。1979年,《美国心理学家》杂志上发表了一篇文章，题目是《行为主义与心灵：一种回归内省的有限呼吁》(Lieberman，1979)。它不仅谈到了心灵，而且谈到了令人可疑的内省技术。几个月之前，这本杂志还发表过一篇文章，题目就叫《意识》。“在经过几十年的有意回避之后，”文章的作者写道，“意识再次进入科学考察的范围中，有关这一论题的讨论也出现在心理学文献的各个受人尊敬的领域(Natsoulas，1978，p. 906)。”

在1976年的年度报告中，美国心理学会主席对聚集在那里的听众指出，心理学正在发生变化，新的概念包含了对意识的再次关注。心理学关于人的本性的映象正在变得“人化，而不是机器化”(McKeachie，1976，p. 831)。当美国心理学会的官员和一本权威杂志如此公开地和乐观地讨论意识问题的时候，这似乎明显意味着一场革命——另外一场新的运动——就要来临了。紧接着，教科书上的修改出现了，重新定义心理学为行为和心理过程的科学，而不仅仅是行为的科学。作为一门科学，心理学寻求解释外显的行为及其与心理过程的关系。在大学里，有关意识心理学的课程变得非常时髦。1987年，有调查询问心理学家，按照25年前他们的期待，现代心理学的哪一个方面最令他们吃惊，他们的回答是，最令他们吃惊的是认知运动的快速发展(Boneau，1992)

因此，心理学的发展远远超出了华生和斯金纳的预期和希望。一个新的思想学派产生了。

认知心理学的先行影响

像心理学中所有的革命性质的运动那样，认知心理学并不是在一夜之间产生的。它的许多特征早已在许多理论观点中预示了出来。对于意识的兴趣早在心理学成为一门正式科学之前，就在早期的心理学思想中表现了出来。古希腊哲学家柏拉图和亚里士多德探讨了思维过程，英国经验主义和联想主义理论也对这一问题进行了讨论。

当冯特确立心理学为一门独立的学科时，他的工作集中于意识问题的探讨。由于他强调了心灵的创造性活动，因而他可以被看做现代认知心理学的先驱。构造主义和机能主义也研究意识，它们分别探讨了意识的元素和机能。然而，行为主义做出了根本性的改变，抛弃了意识近50年。

意识的回归，即认知心理学的正式开始可以追溯到20世纪50年代。但是早在30年代的时候，就出现了相关的迹象。行为主义者格思里(E. R. Guthrie)在他职业生涯行将结束的时候，对他的机械主义模式感慨万分，认为刺激并不总是可以还原为物理术语。他建议，心理学家应该用知觉和认知的术语描述刺激，以便于对应答的有机体具有意义(Guthrie，1959)。意义的概念不能仅仅用行为主义术语加以描绘，因为它是一个心理主义的，或者认知的过程。

托尔曼的目的行为主义是认知运动的另外一个先驱。他的行为主义承认认知变量的重要性，促进了刺激—反应方法的衰落。托尔曼提出了认知地图的概念，把目的行为归之于动物，强调了中介变量，以便于对那些不可观察的内部状态进行操作定义。

鲁道夫·卡尔纳普(Rudolf Carnap)是一位实证主义哲学家。他曾呼吁了内省的回归。卡尔纳普1956年写道，“一个人对自己想象、感情等状态的觉察在原则上并非不同于外部观察，因而是知识的合法源泉(引自Koch，1964，p. 22)。”即使布里奇曼，这位给行为主义提供操作定义的物理学家，也指责行为主义，坚持认为内省报告可以用来为操作分析提供意义。

格式塔心理学通过它对“组织、结构、关系、被试的积极角色、知觉在学习和记忆中的重要作用”(Hearst，1979，p. 32)的强调而对认知运动产生影响。格式塔思想学派使得心理学家在行为主义支配美国心理学的那些年里，至少保持了对意识问题的象征性的兴趣。

认知心理学的另外一个先驱是瑞士心理学家皮亚杰(Jean Piaget)。皮亚杰在10岁的时候就写出了他的第一篇科学论文，后来曾经跟随荣格学习。皮亚杰同样也与西奥多·西蒙(Theodore Simon)一起工作过，而西蒙与比奈(Alfred Binet)一起编制了心理学的第一个心理能力测验量表(参阅第八章)。皮亚杰帮助他们对儿童进行测验。后来，皮亚杰从认知阶段研究儿童发展，而不是像弗洛伊德那样从心理性的阶段探讨儿童发展问题。这一工作使皮亚杰成为了重要人物。

皮亚杰最初的理论发表于20世纪20年代和30年代，尽管他的理论在欧洲非常有影响，但是由于与行为主义观点不和谐，因而在美国没有得到广泛的赞同。然而，早期的认知理论家欢迎皮亚杰对认知因素的强调。随着认知观念在美国心理学中扎下根来，皮亚杰的工作就显示出了它的重要意义。1969年，皮亚杰成为第一个获得美国心理学会杰出科学贡献奖的欧洲心理学家。由于皮亚杰的工作针对的是儿童，因而它扩展了行为的范围，使得认知心理学家把他们的理论应用于儿童行为的研究。

物理学中时代精神的变迁

科学的变迁往往反映了学术上时代精神的变化。我们看到，科学的发展就像一个物种，适应着环境的条件和要求。什么样的思想氛围孕育了认知运动，并通过再次接纳意识而缓和了行为主义观念？我们再次看到了物理学—心理学长期以来的理性模型中的时代精神的作用。自从心理学成为一门科学以来，它一直对这一领域产生着影响。

在20世纪初期的物理学中，爱因斯坦、尼尔斯·博尔(Neils Bohr)、韦纳·海森堡(Werner Heisenberg)的工作导致了一种新观点的产生。这种观点拒绝了自从伽利略、牛顿时代以来的机械宇宙模型。这种机械宇宙模型也是从冯特到斯金纳以来的心理学家一直支持的机械论、还原论和决定论观点的原型。物理学中这种新的世界观抛弃了纯粹客观性的苛求，认为外部世界同观察者不可能完全分离。

物理学家承认，我们对自然世界的任何观察都可能对它产生干扰。因此他们不得不弥合观察者和被观察的对象、内部世界和外部世界、心理的东西和物质的东西之间的间隙。这样一来，科学研究的对象就从一个独立的、客观的、可知的宇宙转向了对那个宇宙的观察。现代科学家不再需要与他们观察的对象“剥离”(detached from)。在某种意义上，他们成为“参与性的观察者”(participant-observers)。

这样一来，纯粹客观现实的理想就不再被认为是可以达到了。物理学家逐渐接受了这样一种信念，即客观的知识实际上是主观的，是依赖于观察者的。认为所有的知识都具有个人性质这种观点听起来有点像贝克莱的看法。300 多年之前，贝克莱认为知识是主观的，因为它依赖于知觉它的人的性质。一位学者指出，我们有关世界的图像“远远不是独立现实的照片般的复制品，它更多的是一幅绘画：它是一个心灵的创造物，两者之间有某些相似之处，但决不会是一个复制品”(Matson, 1964, p. 137)。

物理学家对客观的、机械的研究对象的否认和对主观性的一致认可恢复了意识经验的作用。因为意识经验在我们获得外部世界信息方面发挥着至关重要的作用。物理学中的这场革命有效地影响了心理学，使得意识成为心理学研究对象的一个合法部分。尽管科学心理学的传统抵制了新物理学达半个世纪之久，一致坚持着过时的模式，顽固地定义自身为行为的客观科学，但是最终它对时代精神做出了反应，矫正自身，重新接纳了认知过程。

认知心理学的建立

对认知运动的回顾给了我们这样一个印象，即在短短的几年之内，心理学的行为主义基础就被腐蚀了，这一变化是十分迅速的。实际上，这场变迁并不是那么明显。现在看来的那种戏剧性变化实际上是缓慢地、静悄悄地来临的，既没有战鼓，也没有号角。一位心理学家写道，“革命这一术语或许并不合适，因为并没有什么巨变；在 10 到 15 年的时间里，在不同的分支领域里，缓慢地发生着变化；没有令人眩目的事件，也没有出现一个领导者(Mandler, 2002a, p. 339)。”

经常的情况是，时过境迁之后，历史的进步才彰显出来。认知心理学的建立并不是一夜之间的事，而且也不能归因于一个像华生那样单独改变这一领域的人物的领导气质。就像机能主义那样，认知运动并没有一个独立的领袖。这或许是因为在这一领域工作的心理学家没有人有这样的野心去领导这一新的运动。他们的兴趣是实用主义的，他们所要做的就是给心理学一个新的定义。

回顾过去，历史凸显了两位学者。他们不是那种正式意义上的建立者，而是做出了一种开创性的工作：或者是建立了一个研究中心，或者出版了被认为在认知心理学的发展中具有里程碑作用的著作。他们是乔治·米勒和乌尔里克·奈瑟。他们的故事说明了在塑造一个新的思想学派过程中所涉及的个人因素。

乔治·米勒(1920—)

乔治·米勒在亚拉巴马大学所学的专业是英语和语言,1941 年在那里获得语言硕士学位。在亚拉巴马大学,他表现出对心理学的兴趣。虽然他从没有学习过心理学课程,但是该大学却聘请他给学生讲授 16 节的心理学入门课程。他回忆说,每周讲授同样的材料 16 次以后,他开始相信心理学了。

乔治·米勒

后来,米勒去了哈佛大学,在心理听力实验室工作,研究语言交流问题。1946 年,他获得博士学位。5 年以后,他出版了一本里程碑式的著作,书名为《语言与交流》,论述了心理语言学。米勒接受行为主义思想学派的观点。他指出,他没有别的选择,因为行为主义在主要的大学和职业学会中间处在领导地位。

> 权力、荣誉、权威、教科书、基金等心理学中的一切都为行为主义学派所拥有……那些打算成为科学心理学家的人根本就不可能反对行为主义。因为那样可能让你连个工作都找不到(Miller,引自 Baars,1986,p. 203)。

到 20 世纪 50 年代中期,经过调查统计学习理论、信息理论、心灵的计算机模型的学习和研究之后,米勒得出结论,认为行为主义不会产生什么结果。计算机和心灵操作的类似性给了米勒以深刻印象,因此他的心理学观日益趋向认知观点。同时,他产生了令人苦恼的对动物毛发和皮屑的过敏,因而无法继续从事实验室的动物研究。在行为主义的世界里,仅仅与人类被试一起工作会产生许多不利之处。

米勒转向认知心理学也源于他的反叛性格。这种性格特征在他那一代心理学家中是普遍存在的。他们时刻准备好,去反叛那种传授给他们,并正在实践着的心理学。他们要提出一种新的方法,这种新方法关注的是认知,而不是行为因素。

1956 年,米勒发表了一篇现在已经成为经典作品的文章,文章的题目是《神奇数字 7,加或减 2:信息加工能力的某些限度》。在这篇文章中米勒证明,数字(或者词语和色彩)的短时记忆能力局限于大约 7 个信息“组块”。这是在任意特定的时间里,我们能加工的最大量。这一结论的重要意义和影响在于,它在行为主义思想占统治地位的时代里,探讨了意识或认知经验。此外,米勒“信息加工”这一词组的使用表明了人类心灵的计算机模型的影响。

历史在线

http://www.well.com/user/smalin/miller.html

米勒那篇经典文章的全文。

认知研究中心

米勒与他在哈佛的同事杰罗姆·布鲁纳(Jerome Bruner,1915—)一起,建立了一个研究中心,探讨人类的心灵。他们两人请求校长给他们提供空间。1960年,校长把威廉·詹姆斯住过的房子给了他们。这倒是一个合适的地方,因为在他的《心理学原理》中,詹姆斯曾经对心理生活作了如此精辟的论述。给他们的这一新的事业取个名字并不是一件小事。由于他们的这个研究中心隶属于哈佛大学,因此这个中心具有对整个心理学领域产生巨大影响的潜力。他们选择用“认知”这个词来表明他们的研究对象,决定称他们的机构为“认知研究中心”。

> 在使用“认知”这个词语时,我们的目标是远离行为主义。我们想找一个“心理”性质的术语,但是“心理的心理学”(mental psychology)似乎太累赘。“常识心理学”(common-sense psychology)给人的暗示是某种文化人类学的研究。“民族心理学”(folk psychology)暗示了冯特的社会心理学。那么使用什么术语来表示我们的观点呢?我们的选择是“认知”(Miller,引自Baars,1986,p.210)。

这一中心的两个学生后来回忆说,那时没有人告诉他们认知这个术语的真正意思是什么和到底倡导了什么观念。这个中心“并不是为任何特定的东西建立的,而是为反对的东西建立的。对于这个中心来说,重要的是反对什么”(Norman & Levelt,1988,p.101)

可以肯定的是,它不是行为主义的,不是占统治地位的权威,不是心理学的既定传统,也不是那个现在的心理学。在界定这个研究中心时,它的建立者要证明他们同行为主义者有多么的不同。就像我们看到的那样,每一个新的运动都声称它的观点或态度不同于流行的思想学派。这对于他们界定准备做什么和带来了哪些变化是一个必要的准备阶段。然而,米勒把这一切都归功于时代精神。“我们都不认为这个中心的成功是哪个人的功劳。它之所以成功,是因为它所代表的那个观念的时代已经来临了

(Miller, 1989, p. 412)。"

尽管认知心理学同行为主义存在差别,但米勒并不认为认知心理学是一场真正的革命。他称认知心理学是一种"增长",是由一种缓慢的成长或累积而带来的变化。他认为这一运动更多的是进化性质的,而不是革命性质的,并且相信这是一种对常识心理学的回归。这种常识心理学既研究行为,也探讨心理生活。

这一中心的研究覆盖了范围广泛的论题,包括语言、记忆、知觉、概念形成、思维和发展心理学。这些领域中的大部分是被行为主义所禁止的。米勒后来在普林斯顿大学建立了一个培养研究生的认知科学研究基地。

1969 年,米勒成为美国心理学会主席,获得了杰出科学贡献奖。他也因为心理学的应用而获得美国心理学基金会的金质奖章。1991 年,他获得民族科学奖章。2003 年,他获得美国心理学会心理学终身贡献奖。对他工作的承认也可以从认知心理实验室的数量上看出来。这些实验室都是以他的认知研究中心为原型的。此外,他为之奋斗多年的认知方法的快速发展也证明了他的贡献。

乌尔里克·奈瑟(1928—)

奈瑟出生于德国,在他 3 岁的时候,父母把他带到了美国。他的大学时代是在哈佛度过的,其专业是物理学。年轻的教授乔治·米勒的工作给了他很深的印象,因而让他感觉物理学太没意思,于是他转向心理学。他选修了米勒的交流与信息理论心理学课程。他报告说,他受到考夫卡的著作《格式塔心理学原理》的影响。1950 年,他在哈佛大学获得学士学位。此后,他来到斯瓦茨莫学院,在格式塔心理学家科勒的指导下攻读硕士学位。然后,他又回到哈佛大学继续攻读博士学位,并在 1956 年完成了学业。

乌尔里克·奈瑟

尽管他越来越被心理学的认知方法所吸引,但是奈瑟知道,如果他想从事学术研究工作,他就离不开行为主义。"这是你不得不学习的,在这个时代,除非你能在老鼠身上进行展示,否则就不能算是心理现象(引自 Baars, 1986, p. 275)。"幸运的是,他的第一个学术工作是在布兰迪斯大学,而马斯洛在那个时候是这所大学心理学系的系主任。马斯洛正在偏离他所受的行为主义训练,准备为这一领域建设一种人本主义的方法。最初,马斯洛试图使奈瑟进入人本主义心理学领域,但是没有获得成功。然而,马斯洛给了奈瑟机会,使得奈瑟可以进行他在认知问题上的追求。后来,奈瑟声称,认知心理学,而不是人本主义心理学,是心理学的第三力量。

1967 年，奈瑟出版了《认知心理学》。他报告说，这本书代表的是他个人，是他界定自己和自己想成为的那种心理学家。在心理学史上，这本书起到了里程碑式的作用。它是为这一领域界定一种新方法的尝试和努力。书出版以后，受到了极其热烈的欢迎。奈瑟窘迫地发现他被称之为“认知心理学之父”。尽管他并没有那种建立一个新思想学派的欲望，他的作品却促进了心理学由行为主义向认知的转变。然而奈瑟强调，认知问题的研究仅仅是心理学的一个部分，而不是心理学的全部。

奈瑟给认知的定义是：它指这样一些过程，通过这些过程，“感觉输入被改变、还原、提炼、储存、恢复和使用……认知涉及人可能做的任何东西”(Neisser，1967，p. 4)。因此，认知心理学探讨的是感觉、知觉、记忆、想象、问题解决、思维，以及相关的心理活动。

仅仅过了 9 年之后，奈瑟出版了《认知与实在》(1976)一书。在这本书中，奈瑟表达了对认知观点狭隘性的不满，认为认知心理学过度依赖实验室情境搜集数据，而忽视了真实的生活世界。他坚持认为，心理学的研究结果应该具有生态学的效度。换言之，奈瑟认为心理学的研究结论应该可以推论至实验室之外的情境。此外，奈瑟认为，认知心理学家应该把他们的研究结论应用于实际问题，帮助人们解决在生活和工作中碰到的问题。因此，奈瑟沮丧地得出结论说，认知心理学运动并没有促进心理学对人们日常行为的理解。这位在认知心理学建立过程中发挥主要作用的人物成为一个坦率的批评者，就像他早期挑战行为主义那样，对认知运动也提出了挑战。

奈瑟在康奈尔大学工作了 17 年。他的办公室离存放铁钦纳大脑的房间并不远。后来，他转到亚特兰大的爱莫里大学工作。1996 年返回了康奈尔。

计算机隐喻

钟表和自动机是 17 世纪机械宇宙观的隐喻，扩展开来，也是人的心灵的隐喻。这种机器到处都是，通过它们，人们很容易理解心灵工作的模型。今天，宇宙的机械模型和由此而衍生的行为心理学已经被物理学中对主观性的接受和心理学中的认知运动这样一些观点所取代了。

钟表对于现代心理观来说，已经不再是一个有用的范例。计算机的出现给人们提供了解释心理机能的一个新模型或新的隐喻。一位科学史家写道，“心灵之所以能再次回归，行为主义之所以被人们遗弃，都得益于这样一个观念，即大脑像计算机。这个主张是所有有关认知革命的历史文献中的一个共同点(Crowther-Heyck，1999，p. 37)。”心理学家求助于计算机的操作解释认知现象。而那些展示出人工智能的计算机也经常是用人类的术语进行描绘的。储存能力是它的记忆，程序编码是它的语言，新一代计算机的出现被说成是它们的进化。

计算机的程序本质上是处理符号的一组指令，但可以被看做是发挥着与人类智力类似的机能。计算机和智力都从环境中获得信息、对大量的信息(感觉刺激或数据)进行加工。它们都消化这些信息,经历了处理、储存和提取这些过程,并以各种方式对这些信息加以利用。因此,计算机的程序化过程被认为是人类信息处理、推理和问题解决的认知观点的基础。正是这些程序(软件),而不是计算机本身(硬件)为智力的操作提供了解释。

认知心理学家对人类思维过程背后的符号处理顺序感兴趣。换言之,他们关心智力怎样加工信息。他们的目标是发现储存在我们每一个人的记忆中的程序,即那些思维模式,通过这些模式,我们理解和表达观念、记住和回忆事件和概念、掌握和解决新的问题。在接近 125 年的历史中,从简单的时钟到复杂的计算机作为研究对象的模型,心理学经历了不断的进步,但是值得注意的是,时钟和计算机都是机器。这表现了心理学从老的思想学派到新的思想学派进化的历史连续性。在计算机本身的进化中,我们也可以看到这种历史的连续性。

现代计算机的发展

我们曾经讨论了查尔斯·巴贝基和亨利·霍勒里斯所发明的能像人那样“思维”的机器。但是在第二次世界大战的早期,是一个实践性的问题导致了计算机现代岁月的开始。1942 年,美国军队急需找到一种更快的计算方式,以便于进行炮弹的发射。精确的瞄准,以便于炮弹击中目标,过去和现在都是一个困难的过程。它比战士用步枪瞄准,然后扣动扳机要复杂多了。有人是这样描绘的:“为了使大炮瞄准目标,炮手必须对大炮进行多项调整。这需要一个数列表来解释影响弹道的所有变量:风速和风向、湿度、气温、高度,甚至弹药的温度(Keiger, 1999, p. 40)。”

每一种火炮的说明书包含了成百上千个数据表。这些数据是通过一些女性的计算而得到的。这些女性在战争开始以后被雇佣,使用机械计算机计算出所需要的数据。而从事这些工作的妇女被称之为“计算者”(computers)。但是,不到一年之后,她们的计算就落后了。她们跟不上要求的速度。这样一来,一些大炮不得不从前线撤下来,因为没有大炮的数据表可以使用。

这一需要刺激了第一代巨型计算机“ENIAC”的发展。1943 年,这种巨型计算机的建造工作得以完成。这个 U 字形机器占据了一个有三堵墙的巨大房间,“其两臂有 80 英尺长,高度有 8 英尺,重 30 吨。它包含着 17 468 个真空管……10 000 个电容,70 000个电阻,1 500 个继电器,6 000 个手动开关,如此多的电子元件,以至于需要一个大的鼓风机来排出它产生的热量”(Waldrop, 2001, p. 45)。

自巴贝基的计算机器开始,能执行智力操作的机器已经进步了很多。你只要把你的台式或手提计算机的大小和性能进行比较,你就可以知道 ENIAC 有多么原始。执行智力操作的机器进化速度是惊人的。这不可避免地导致了这样一个问题,即机器是否真的展现出智慧。

人工智能

我们已经指出，认知心理学家接受计算机作为人的认知机能的模型，这暗示了机器可以展现出人工智能和类似于人的那种信息加工能力。那么，这是否意味着计算机的智慧同人的智慧是同样的？计算机可以思维吗？在17世纪的时候，自动机模拟了人类的语言和运动，在21世纪，新一代的计算机将模拟人类的思维吗？

最初，计算机科学家和认知心理学家热情地支持了人工智能的概念。早在1949年的时候，当计算机还相对原始时，《巨型的大脑》一书的作者就宣称，"机器可以处理信息，它可以计算、得出结论和做出选择；它利用信息进行推理。因此，机器可以思维"(引自Dyson，1997，p.108)。

1950年，计算机天才艾伦·图灵(Alan Turing，1912—1954)提出了一种考察计算机能否思维的方式。它被称之为"图灵测验"。图灵测验涉及告诉一个被试，他正在与之交流的计算机实际上是另外一个人，而不是一台机器。如果这个被试不能把计算机的反应与人的反应区别开来，那么计算机必定展现了人类水平上的智慧。图灵测验的工作方式是：

> 讯问者(被试)通过互动的计算机程序，进行两个不同的"会话"。讯问者的目标是找出两个对话者中哪一个是使用计算机与之交流的人，哪一个是计算机本身。讯问者可以向两个对话者提出任何问题。然而，计算机将会愚弄讯问者，让他相信它是一个人，而那个人则力图向讯问者证明，他或她才是真正的人。如果讯问者不能把计算机和人区别开来，那么计算机就通过了图灵测验(Sternberg，1996，pp.481—482)。

并不是每个人都同意图灵测验的假设。一个最有效的反对意见来自约翰·瑟尔(John Searle)。瑟尔是一位哲学家。他设计了一个中文屋问题(Chinese Room Problem)(Searle，1980)。设想你坐在桌前，在你前面的墙上有两个缝隙。左边的缝隙每次出现一张卡片，每张卡片上都有一组汉字。你的工作是通过形状把卡片上的汉字同一本书上的符号进行匹配。当你发现匹配的一组时，你就根据指令把书上的一组符号抄在卡片上，然后通过右边的缝隙把卡片传递过去。

这是在干什么呢？你按照给你的指令(程序)从左边的缝隙获得输入的信息，然后为右边的缝隙写下输出的信息。如果你像美国的大多数被试那样，你就不会阅读或理解中文。你所做的一切就是机械地听从指令。

然而，如果一个中国心理学家坐在墙的另一边，他或她就不会知道你并不熟悉中文语言。你和他或她是在用中文交流，你用从书上抄下来的适当回答做出反应。但是无论你获得多少信息和做出多少反应，你都不了解中文。你并不是在思维，而仅仅是听从指令。你并没有展现智慧，而仅仅是服从命令。

瑟尔争论说，那些显示出理解了不同类型的输入信息，并且以一种智能的方式做出反应的计算机程序就像是中文屋问题中的被试的操作。计算机对它收到的信息的理解并不比你对中文的理解多。在这些情况下，你和计算机都是严格地遵照一组程序化的规则进行操作。

许多认知心理学家现在都同意，计算机或许可以通过图灵测验和模拟智能，但实际上并没有智慧。因此，我们可以得出结论说，计算机还不能思维。然而，计算机的操作看起来仿佛可以思维。现在我们可以回到 1997 年的那场国际象棋比赛，那场让世界冠军卡斯帕洛夫如此沮丧的比赛。让他如此垂头丧气，以至于退出比赛的原因是，他的对手是一台计算机。

这台计算机是 IBM 公司制造的，名字是深蓝（Deep Blue）。它重近 3 吨，两个塔都超过 6 英尺高。每秒钟它可以加工 2 亿个棋的位置；在 3 分钟之内，它可以加工出 50 亿个走法。难怪连最伟大的象棋大师也不得不绝望地放弃。但是因为它具备这样的能力，深蓝就真的可以思维吗？

一般的结论是，机器并不能思维，即使它的操作方式看起来仿佛能思维。一位对象棋机器感兴趣的英国科学家得出结论说，“尽管在计算机操作方面出现了令人恐怖的进展，但是能服务于一般目的的机器，智慧却几乎没有任何进步……深蓝证明，建造一种能像人那样下棋的机器对于揭示一般的智慧几乎没有什么帮助”（Standage，2002，p. 241）。尽管计算机有那么出色的表现，它还是需要一个有思想的人事前进行编程。2003 年，卡斯帕洛夫再次与新一代的象棋计算机对阵。他在比赛前指出，“我在这里代表着人类，我发誓我将尽我的最大努力。”当卡斯帕洛夫同意 3 比 3 平局时，人群中响起一阵嘘声。他的表现说明了人工智能还没有达到人类智慧的水平和人类智慧的复杂性。

历史在线

http：//www. alanturing. net

图灵计算机历史档案馆的网址，提供图灵和图灵测验的信息。

http：//www. aaai. org/

http：//www. ai. mit. edu/

http：//www. ai-depot. com/

这些都是有关人工智能的网址。依照顺序为：美国人工智能协会、麻省理工学院人工智能实验室、人工智能库。

认知心理学的性质

在第十一章中,我们讨论了班杜拉和罗特在他们的社会学习理论中对认知因素的接纳怎样改变了美国行为主义。今天,不仅行为心理学受到认知运动的影响,其他许多领域的研究者也都受到认知心理学的影响。这些领域包括:社会心理学的归因理论、认知失调理论、动机和情绪、人格、学习、记忆、知觉、决断和问题解决中的信息加工等。临床心理学、社区心理学、学校心理学、工业—组织心理学等应用领域同样也重视认知因素的研究。

认知心理学在以下几个方面不同于行为主义。首先,认知心理学关注的是认识过程,而不是仅仅关注对刺激的反应。对于认知心理学家来说,重要的是心理过程和心理事件,而不是刺激和反应的联接;强调的重心在心灵,而不是在行为。这并不意味着认知心理学家忽视行为,而是说,行为反应并不是惟一的关注点。对内部过程进行推论,并由此得出结论都离不开行为反应的观察。

其次,认知心理学家对心灵怎样构建和组织经验感兴趣。格式塔心理学家和皮亚杰等人赞成人具有一种先天倾向,将意识经验(感觉和知觉)组织成有意义的整体和模式。心灵给予经验以形式和连贯性。这一过程就是认知心理学的研究对象。英国经验主义和联想主义及其 20 世纪的后代——斯金纳的行为主义都坚持认为心灵并不具有这种连贯性的组织能力。

第三,认知心理学家相信,个体积极地、创造性地安排着从环境接收到的刺激。我们可以参与到知识的获得和应用的过程中,有意识地注意某些事件,并有选择地进行记忆。我们并不像行为主义者声称的那样,是外部刺激的消极应答者,或者是一块白板,任凭经验在上面留下印痕。

认知神经科学

有关脑功能定位的研究可以追溯到 18 和 19 世纪高尔、弗洛伦斯、布洛卡(参阅第三章)等人的工作。这些早期的生理学家使用切除法、电刺激法等方法,尝试测定控制各种认知机能的大脑特定部位。

今天,这一研究在被称之为认知神经科学的学科中仍然在继续着。认知神经科学是认知心理学与神经科学的混血儿。这一领域的目标是测定"大脑机能怎样产生心理活动"和"把信息加工的特定方面同大脑的特殊区域联系起来"(Sarter, Bernston & Cacioppo, 1996, p.13)。

在脑功能的定位方面,认知神经科学的研究者们已经做出了令人瞩目的进展,这主要归功于复杂的大脑成像技术的发展和应用。例如,脑电图(EEG)记录大脑特定部分电活动的变化。计算机化断层扫描(CAT)揭示出大脑横断面的细节。核磁共振成像(MRI)可以提供大脑三维图像。这些技术尽管提供的图像都是静止的,但正电子发射层析照相术(PET)可以提供认知活动发生时的活的画面。这些成像技术给科学家研究大脑提供了精确度和细节,在这以前是不可能达到的。

历史在线

http://www.cogneurosociety.org/

http://www.dartmouth.edu/-cogneuro/

这两个网址都提供有关认知神经科学的信息。它们分别属于杜克大学认知神经科学协会和达特茅斯学院认知神经科学中心。

内省的作用

认知心理学家对意识经验的接受导致了他们对一个世纪之前由冯特引入的内省法进行重新思考。内省法曾经是科学心理学的第一个研究方法。在一种类似于冯特和铁钦纳所主张的观点中,20世纪晚期的一位心理学家写道,"如果我们研究意识,我们就必须使用内省和内省报告"(Farthing, 1992, p. 61)。心理学家已经在尝试量化内省报告,以便于使得内省报告更为客观和便于进行统计分析。其方法之一是让被试在对以前的刺激情境进行应答时,对主观经验的强度进行评估。换言之,被试回顾性地评估此前对特定刺激进行反应时的主观体验。

尽管存在着这种对内省法的重新接纳,但是某些心理学家质疑个体是否真的能认识到自己的高级心理过程,特别是决断和判断中的高级心理过程。心理学家理查德·尼斯比特(Richard Nisbett)和蒂莫西·威尔逊(Timothy Wilson)在一篇文章中做出结论说,我们不具备这种自由接触思维过程的能力。因此,内省或自我报告是没有价值的(Nisbett & Wilson, 1977)。他们描绘了几个实验研究,这些研究的目的是测定人类被试是否可以报告他们自己行为的原因,其答案是否定的。被试不能详细地说明哪些刺激影响了他们的反应,或这些影响到底是怎样发生的。这些心理学家还发现,这些反应(所报告的刺激效果)并不是以内省为基础,而是建立在以往的信念上,即以往有关这一刺激和反应之间的因果联系给被试的行为反应提供了解释。

例如,如果有人告诉你,事件A总是导致事件B,那么你将倾向于根据已有的信念,用事件A(刺激)来解释事件B(你的反应),而不是真正对你的思维过程进行内省而得出结论。"通过判断刺激是否是通常导致这种行为的刺激范畴的代表,我们推测某个特定的刺激导致了行为,而不是通过实际心理过程的内省来做出判断"(Farthing, 1992, p. 156)。

尼斯比特和威尔逊的实验证明,人们可能还无法通过内省接触到行为的原因。这一观点使得一些心理学家相信，内省并不是一个有效的技术。其他一些研究者对于内省的效度持更为乐观的态度(参阅 Farthing，1992；Pekala，1991)。这一问题的解决对于认知心理学的未来是至关重要的，因为它的许多研究都依赖于内省报告。

无意识认知

意识心理过程的研究重新唤醒了人们对于无意识认知活动的兴趣。“在经过了100 多年的忽略、怀疑和挫折之后，无意识过程已经在心理学家的集体心灵中扎下根来”(Kihlstrom，Barnhardt & Tataryn，1992，p. 788)。然而，这并非弗洛伊德所说的无意识心灵，不是那个充满着被压抑的欲望和记忆，只有通过精神分析才能进入意识觉察的那个无意识心灵。这一新的无意识概念比情绪更理性，涉及的是对刺激做出应答时认知的最初阶段。因此，无意识过程形成了学习过程的一个组成部分，可以通过实验进行研究。

为了区别现代版的认知无意识和精神分析版的无意识以及区别于没有意识的，昏睡的身体状态，一些认知心理学家更愿意使用“非意识”(nonconscious)这个术语。一般说来，认知研究者同意，人的大部分心理过程都发生在非意识水平上。“现在看来，无意识比最初看起来更‘聪明’，它可以加工复杂的语言和视觉信息，甚至预期和计划未来的事件……它不再仅仅是驱力和冲动的仓库，似乎在问题解决、假设验证和创造性方面发挥着作用(Bornstein & Masling，1998，p. xx)。”

研究非意识过程的一种受欢迎的方法涉及到下意识知觉(或下意识激活)的使用。在这种方法中，所呈现的刺激处在被试意识觉察的水平之下。尽管被试并不能知觉到这些刺激，但是刺激激活了被试的意识过程和行为。因此，这种类型的研究证明，我们可以受到那些我们无法看到或听到的刺激的影响。这些发现以及类似的研究已经使得认知心理学家相信，获得知识的过程(在实验室内或在实验室以外的情境)既可以发生在意识的水平上，也可以发生在无意识的水平上，但是学习过程中所涉及的心理工作大部分都发生在非意识的水平上。研究同样也表明，非意识信息加工可以比意识水平上类似的活动更迅速、更有效和更复杂。

如果信息加工的主体是非意识的，那么其结论必然是，内省并不能揭示它的工作机制。即使让受过最好训练的被试去报告他们无法觉察到的某种东西也是没有意义的。很明显，这个结论限制了内省法的使用，使之无法成为认知心理学的研究方法。

动物认知

认知运动不仅恢复了人的意识，而且恢复了动物的意识。的确，动物和比较心理学转了个大圈子：从 19 世纪 80 年代和 90 年代罗曼尼斯和摩根所报告的动物心理生活的观察开始，经过 20 世纪 50 年代和 60 年代斯金纳行为主义的机械的、刺激—反应条件反射研究，到当代认知心理学家恢复动物意识的探讨。

自从20世纪70年代以来，动物心理学家已经在尝试证明动物“为适应环境的目的，怎样编码、转换、计算、处理现实世界的空间、时间和因果结构的符号表征”(Cook，1993，p. 174)。换言之，在动物的研究中，也像人的研究那样，探讨着类似于计算机的那种信息加工系统。早期的动物研究使用彩灯、音调和咔嗒声等简单的刺激。这些刺激可能过于简单，以至于无法让我们理解动物的认知过程，因为这些刺激不能使动物充分展现它们的信息加工能力的整个范围。后来的研究使用更为复杂的和更为现实的刺激，如熟悉物体的彩色照片等。这些图片刺激已经揭示出以往认为动物并不具备的概念化能力。

动物记忆已被证明是复杂和灵活的，动物和人至少在某些认知过程方面是类似的。实验室动物可以学习多样化和复杂的概念。它们表现出编码和组织符号的心理过程，表现出形成有关时间、空间和数字抽象的能力和知觉因果关系的能力。此外，这些动物对于工具和其他一些器械的使用隐含了一种基本的推理意识。

动物认知对于媒体也是一个热门话题。在20世纪90年代《时代》和《新闻周刊》杂志发表了一篇长篇文章，论述动物的学习和思维。然而，一些动物心理学家认为，迄今为止的研究并不足以支持动物认知类似于人的认知的结论。笛卡尔在17世纪所主张的那种在人与动物之间机能上的沟壑依然存在。

行为心理学家依然拒绝意识概念，无论这种意识属于人还是属于动物。一位行为主义者针对认知动物心理学家写道，“他们是现代的罗曼尼斯。他们对于动物的记忆、推理和意识的推测同100多年之前一样可笑(Baum，1994，p. 138)。”一位著名的心理学史家提出了一种相反的观点：

> 动物显示出意识所有可观察的方面了吗？生物学的证据明显指向肯定的答案。那么动物是否也具有主观的一面呢？鉴于长期以来越来越多的证据显示出两者之间的类似性，因而在我看来答案也倾向于是肯定的……我的感觉是，科学群体正在转向对这一观点的支持。最终，真理又回来了。我们并不是地球上惟一的意识存在物(Baars，1997，p. 33)。

历史在线

http：//www. pbs. org/wnet/nature/animalmind/intelligence. html

http：//www. pigeon. psy. tufts. edu/psych26/default. htm

http：//panther. bsc. edu/-spitts/cognitive/projects/animal. html

这些网址都与动物认知的研究有关，提供了历史和当代有关研究的状况，以及有关动物意识、交流技能和学习的一些信息。

现状

随着实验心理学中的认知运动的发展与人本主义心理学、后弗洛伊德学派对意识的强调，我们看到，意识重新占据了在这一领域正式开始时就拥有的中心地位。美国心理学会第95届主席就职演说的分析表明，心理学研究对象上居于主导地位的观点从强调主观到强调客观，又从强调客观转到主观事件(Gibson, 1993)。意识实质性地、充满活力的重新回到这一领域。

作为一个思想学派，认知心理学显示出成功的特征。在20世纪70年代的10年里，这一运动吸引了如此众多的追随者，因而创办了许多自己的杂志，包括《认知心理学》(1970)、《认知》(1971)、《认知科学》(1977)、《认知治疗与研究》(1977)、《心理意象杂志》(1977)和《记忆与认知》(1983)。1992年和1994年分别又出版了《意识与认知》和《意识研究杂志》两个刊物。

布鲁纳曾经描述认知心理学为"是一场革命，但是它的局限性还没有彻底暴露出来"(Bruner, 1983, p. 274)。诺贝尔奖金获得者罗杰·斯佩里评论说，同心理学中的行为主义革命和精神分析革命相比，认知的或意识的革命是"一场最激进的转变，修改得最多，改革得最彻底"(Sperry, 1995, p. 35)。

认知革命的冲击在美国和欧洲心理学家感兴趣的大多数领域里都可以感受到。此外，认知心理学家尝试扩展和统合几个主要的学科，以便以一种联合的方式研究心灵究竟怎样获得知识。这个观点被称之为"认知科学"。认知科学是认知心理学、语言学、文化人类学、哲学、计算机科学、人工智能和神经科学的混合物。尽管乔治·米勒对此提出质疑，认为性质如此不同的这么多学科怎么能成为一门科学(米勒认为认知科学是复数形式的，而不是单数形式的)，但是这一多学科的取向仍然得到了支持。全美的大学都建立了认知科学实验室或研究所。一些心理学系也改名为认知科学系。无论名称叫什么，心理现象和心理过程的认知方法都已经支配了心理学及其相关的学科。

然而，无论多么成功，一场革命都不可能缺乏批评者。例如，大多数斯金纳学派的行为主义者都反对认知运动。即使那些支持这一运动的人也指出了它的弱点和局限，认为几乎没有什么概念是认知心理学家都同意的，或认为是关键的。在术语和定义方面，认知心理学仍然存在着严重的混乱。

另外一个批评认为认知心理学过度强调认知的重要性，而忽略了影响思想与行为的其他因素，如动机和情绪等。在过去几十年中，有关动机和情绪的专业文献已经减少了很多，而有关认知的出版物增加了不少。奈瑟认为，由此导致的结果是这一领域的方法狭隘、枯燥。"人的思维是充满激情和情绪化的，人们的行为来自复杂的动机。相比较而言，计算机程序……是没有感情的、专注和一心一意的(Neisser，引自Goleman, 1983, p. 57)。"奈瑟觉察到这样一种危险，即认知心理学有可能像行为主义固着于行为上一样，固着于思维过程上面，从而走向了另一个极端。布鲁纳警告说，认知科学正在变得限制自己于一些狭隘的，甚至琐碎的问题(Bruner, 1990)。此外还有一些批评者认为认知运动没有把有关认知机能研究的不同领域统一起来。一位批评者指出，到现在也"没有有关心灵的共同观点"(Erneling, 1997, p. 381)。

尽管存在着这些批评，认知观点的重要性在心理学中仍然得到了广泛的认可。这个结论得到了一个经验研究的支持。这个研究对 19 年以来心理学的博士论文和 4 个主要刊物的文章及其索引进行了分析，得出了上述结论。这 4 个刊物是：《美国心理学家》、《心理学年鉴》、《心理学公报》和《心理学评论》(Robins, Gosling & Craik, 1999)。

认知心理学并没有结束。因为它仍然在发展，仍然在创造着它的历史，现在要判断它的贡献还为时过早。它具有一个思想学派的特征：有自己的刊物、实验室、会议、术语、信念和虔诚的信徒。我们可以称它为认知主义(cognitivism)，就像我们称呼机能主义和行为主义那样。像其他学派在它们自己的时代那样，认知心理学现在已经成为当代心理学的主流。当一场革命成功以后，这是一个自然的结果。

进化心理学

进化心理学是心理学的最新取向。它认为人是一种生物体，进化决定了人们怎样行动、思维和学习，使其行为与世代以来促进生存的方式相一致。这一取向建筑在这样一种假设上，即具有某种行为和认知倾向的人更有可能生存、生育与抚养后代。

就像一位进化心理学家评论的那样，"那些保护自己的领地，抚育后代、力争优越的人比不这样做的人更有可能成功地繁衍后代，其结果是，他们最后的子孙——目前我们这一代的所有成员——一般都具有这些行为倾向"(Funder, 2001, p. 209)。那些促进生存的行为的基因"经过世世代代传递下来，因为它们具有适应价值，提高了生存的机会，或者有助于繁衍的成功，最终，这种基因广泛传播开来，成为一种标准的禀赋"(Goode, 2000, p. D9)。

因此，与其说我们是由学习塑造的，不如说是被我们的生物性质决定的。尽管不能否认社会和文化力量通过学习影响着行为，但进化心理学家声称，当我们出生时就已经预先决定了某种行为方式。这些行为方式是进化的产物。

进化心理学探讨 4 个基本问题(Buss, 1999)。你会发现这些问题在我们先前讨论过的心理学学派中也提到过。这些问题是：

- 怎样解释心灵目前的这种特性？它受到哪些因素的影响？它是怎样被创造成目前这个状态的？
- 心灵的成分、部分和过程是怎样构建和组织起来的？
- 心灵的作用是什么？它能完成什么工作？
- 来自环境的刺激和由基因决定的心理倾向是怎样相互作用，从而造就现在的行为的？

历史在线

http：//psych. ucsb. edu/research/cep/

加利福尼亚大学进化心理学研究中心的网址。

进化心理学的先行影响

很明显，任何称自己为进化心理学的运动都不能脱离达尔文、斯宾塞及其最适者生存的概念。只有那些具有某种特征的人才能生存下来，才能与具有同样特征的人一起繁衍后代这样一种观念无疑既是达尔文和斯宾塞理论的基石，也是进化心理学的基础。

1890 年，即达尔文出版他的那本有关进化的纪念碑式的著作 31 年之后，威廉·詹姆斯在他的《心理学原理》中，使用了"进化心理学"这个术语。詹姆斯预测道，终有一天，心理学会建立在进化论的基础上。他同样认为，人的大部分行为在出生的时候已经被他称之为本能的遗传倾向编制好程序了。这些本能行为可以经由经验或学习而改变，但是在它们形成之初是独立于经验的。

詹姆斯相信，许多行为都是本能性质的，包括对诸如蛇、陌生的动物、高度等特殊对象的恐惧，所有这些都具有明显的生存价值。詹姆斯讨论的其他本能行为包括抚育技能、爱、社交、好斗等等。詹姆斯争辩说，本能行为是通过自然选择进化而来，是为了对付生存和繁衍后代过程中出现的问题，因此都是一些适应的产物。

在行为主义的统治时期，即从 1913～1960 年，行为是由遗传决定的这样一种观念无疑是一种异端邪说。依照行为主义的观点，所有的行为都是通过学习而获得的。但是即使在这个行为主义占优势和统治地位的时期，仍然存在着一些零星的研究，报告了基因和遗传倾向超过条件反射作用的事例。

例如，在第十一章中，我们讨论了斯金纳的学生布里兰的工作。布里兰训练动物进行马戏团表演、电视商业演出和展览会。你可能还记得，一些动物表现出回归本能行为的倾向。它们有时会表现出本能行为，而不是受到食物强化的行为，即使因此而得不到食物。这一现象明显违背了行为主义的基本强化原则。

你或许熟悉心理学家哈里·哈洛(Harry Harlow)有关猴子母爱的实验(Harlow，1971)。哈洛用两种类型的人造母猴抚养小猴子。两个人造母猴都是用铁丝网织成的，但是一只穿上了质地柔软的绒布衣服，另一只则没有，可是在没有衣服覆盖的这个人造母猴身上有一个喂奶的奶头。对于斯金纳学派来说，强化作用应该与那只没有穿衣服的母猴联系在一起，因为它可以提供奶水的奖赏。然而，当小猴子受到恐吓以后，它们都依附到那只穿着柔软绒布衣服的母猴那里,而不是那只总是能提供食物强化的母猴那里。由此看来,小猴子的行为受到了其他一些力量的影响,而这些力量是操作条件反射和强化所不能解释的。

积极心理学的创始者塞利格曼进行的一项研究证明,通过条件反射,让人们形成对蛇、昆虫、狗、高度和隧道的恐惧是比较容易的,但是通过条件反射,让人们形成对一些中性的或威胁性较小的物体,如汽车、螺丝刀的恐惧却不那么容易。

在进化过程中,对蛇的恐惧具有生存价值,因而我们天生就具有这种先天的倾向。然而,对于中性对象的恐惧世世代代以来都没有生存价值,因而也不可能传递给我们。塞利格曼称这种现象为“生物定势”(biological preparedness)。这一观点提示我们,“恐惧的确是通过经典条件反射而获得的,但是某些恐惧在我们祖先的环境中可能服务于某些适应的目的,因而更容易通过条件反射而形成(Siegert & Ward, 2002, p. 244)。”

认知革命同样是进化心理学的先驱。认知运动把人的心灵比作计算机,可以加工它获得的任何信息。心灵的计算机隐喻蕴含着这样一层意思,即心灵像计算机那样,必须事前编制好程序才能完成它的各种任务。

进化心理学家争辩说,认知革命走得还不够远,因为它忽略了信息加工能力的源泉和目的。“进化心理学对人类心灵所要解决的这类信息加工问题——生存和繁衍——作了一种更为广泛和详细的说明,因而填补了这个空白”(Buss, 1999, p. 30)。

社会生物学的影响

进化心理学的一个更为当代的动力来自社会生物学。1975 年,生物学家爱德华·威尔逊(Edward O. Wilson)出版了具有开创性的著作《社会生物学:一种新的综合》。这本书既受到了称赞,也遭到了诅咒。两年以后,这本书出现在《时代》杂志的封面上。同一年,威尔逊获得了民族科学奖章。在那一年的美国科学促进会的年度会议上,一壶冰水浇到了他的头上(表达了浇水人对威尔逊的愤怒),这是一个从没有身体暴力记录的组织。

威尔逊的简单、大胆的论点冒犯了许多人,因为它向人们珍视的信念提出了挑战。许多人一直相信,人天生平等,只是环境和社会力量促进或限制了人的发展。而威尔逊似乎主张,基因的影响比文化的影响更为重要。如果所有的行为都是基因决定的,那么就没有希望通过儿童抚养实践、教育和任何其他方式改变人的行为。然而,威尔逊的中心论点并不是如此,尽管他的确持有一种较强的遗传论观点,而在那个时代,这种遗传论的观点不啻是一种谬论。威尔逊写道:

> 人类通过遗传继承了一种获得行为和社会结构的倾向。这种倾向由于有了足够多的人共享,因而可以称之为人性。典型的特征包括两性劳动的分

> 工、父母与儿童之间的联结、对同肤色人的最大利他主义、避免乱伦、其他形式的伦理行为、对陌生人的怀疑、部落意识、群体中的等级、男性主导、为有限资源的领土争端等等。尽管人们具有自由意志和选择,可以转向其他许多方向,但是心理发展的导向——无论我们怎么努力——却被基因规定在某些方向上,而不是另外一些方向(Wilson, 1994, pp. 332—333)。

由于对威尔逊的著作出现了众多的抗议之声,“社会生物学”这一术语产生了如此消极的含义,以至于没有人再使用它。1989 年,一群美国科学家决定组建一个职业学会,研究威尔逊开创的那个领域,他们在会议上称这个学会为“人的行为与进化协会”,而不愿使用威尔逊的术语“社会生物学”。

历史在线

http: //www. ship. edu/-cgboeree/sociobiology. html
提供了对社会生物学领域的回顾。

威尔逊所开创的这个领域后来被一些美国心理学家改换了名称,吸收到被称之为“进化心理学”的工作之中。在这一更容易为人们接受的名称下,这一领域现在正变得极其受欢迎。

进化心理学探讨经由进化而来的心理机制,这些心理机制在有机体的进化史中曾经成功地解决了生存和繁衍中的特殊问题,因而被以程序化的方式纳入了人的认知和行为中。

进化心理学的现状

尽管进化心理学非常流行,但是它已经招致了严肃的批评。就像前面提到的,那些相信人们完全或至少主要是学习的产物的人反对任何有关行为生物决定因素的讨论。如果人性完全是由基因禀赋决定的,那么社会和文化中的积极力量就不可能改善行为,人们也无法行使自己的自由意志。

像威尔逊以往所做的那样,进化心理学家对批评的反应是,他们强调并没有声称所有的行为都永恒地受到基因的影响。人的行为是可以改变的,我们依然具有选择的自由。社会和文化力量发挥着影响,有时这种影响会超过或改变那些经由遗传获得的以某种方式反应的程序。

其他的一些批评认为进化心理学所研究的行为范围过于广泛。这一领域的一些研究似乎覆盖了每一种类型的人类活动,包括伴侣选择、利他主义、攻击与战争、避免乱伦、怀疑陌生人、男性支配、两性冲突、地位和威信、食品偏爱、寓所和风景的偏爱、育婴技能、友谊心理等等。

反对者认为，这一领域的宽泛性“使得这一理论难以用令人信服的方式进行验证。进化心理学近乎可以解释所有的事情这一点并不是一个绝对的优点”(Funder，2001，p. 210)。批评者们同样质疑进化心理学怎么能清楚地鉴别出一种特定行为的适应和进化史，因为这需要回头追溯几百代，一直溯源到行为的适应价值起源的原始人那里。

评论

在整本书中，我们看到心理学的所有取向都尝试界定这一领域，因而都少不了批评者，明显地表现出它们的脆弱性。就像认知心理学那样，现在就判断进化心理学的根本价值还为时过早，它也还在创造着它自己的历史。

进化心理学的一位倡导者这样概括了这一领域目前的状况：“我并不认为我们真正知道该怎样从事进化心理学。我认为在形成假设方面我们存在着巨大的困难，而在验证这些假设方面甚至困难更大。现在我们有了一个强有力的原理，为我们最终建立一个更深入和更丰富的心理学提供了基础。但是我们还有许多工作要做(Randolph Nesse，引自 Goode，2000，p. D9)。”

因此，对于心理学最终形式的探索，对能长时间支配这一领域的思想学派的寻求工作还在继续着。进化心理学或认知心理学能成为心理学应该是什么和做什么的仲裁者吗？基于迄今为止我们看到的事实，答案或许是否定的。

我们惟一能确定的是，如果我们叙述的心理学史能告诉我们点什么，那就是当一个运动形成了一个学派之后，它所获得的冲力只有在它成功地推翻传统观点之后才能停止。当这一切发生后，原来年轻和充满活力的运动开始变得僵化，柔韧的血管开始硬化了，灵活性变成了刚硬，革命的激情变成了观点的防御，眼睛和心灵开始对新观念关上大门。这样一来，新的传统产生了。任何学科的进步都是如此，通过这个过程而达到更高的发展水平。因此，没有结束，没有完成，只有无休止的成长过程。这就像新的物种从老的物种进化而来，尝试适应持续变化的新环境。

问题讨论

1. 描述心理学中几个主要学派的成就、失败和最终的命运。
2. 认知心理学有哪些先驱？物理学中变化的时代精神怎样影响了认知心理学？
3. 心理学中的认知革命有哪些早期的迹象？有哪些个人因素推动了米勒和奈瑟？
4. 认知心理学同行为主义心理学有什么不同？什么是奈瑟所说的生态学效度？
5. 第二次世界大战中什么样的实际需要导致了现代计算机的发展？什么是 ENIAC？

6. 20世纪最著名的象棋比赛在有关机器思维能力方面告诉了我们什么？
7. 计算机以什么样的方式成为了心理过程的隐喻？图灵测验和中文屋问题怎样被用于考察计算机可以思维这一命题？
8. 描述认知神经科学和它的脑定位技术。认知神经科学同早期有关脑机能的解释有哪些联系？
9. 内省法在认知心理学中的作用是什么？描述现代有关无意识认知能力的观点。
10. 讨论心理学中动物认知研究的现状。在动物认知方面，现代的研究同早期的研究有哪些不同？

建议阅读

Baars，B. J.（1986）. *The cognitive revolution in psychology*. New York：Gulford. 描绘了从后华生行为主义到认知心理学的转变，包括同米勒、奈瑟和其他一些认知心理学家的谈话。

Miller，G. A.（1989）. *Autobiography*. *In G. Lindzey*（*Ed.*）. *A history of psychology in autobiography*（Vol. 8，pp. 391—418）. Stanford，CA：Stanford University Press. 米勒对影响他心理学职业生涯的老师的回忆。

Pinker，S.（2002）. *The blank state*：*The modern denial of human nature*. New York：Viking. 解释了在几个性质不同的文化中人性共同进化的主线，认为应该接受我们的基因遗产。此外也评价了过去流行的几个有关人性的概念，如"白板"、"高贵的野蛮人"和"机器中的幽灵"等。

Rychlak，J. F.（1997）. *In defense of human consciousness*. Washington，DC：American Psychological Association. 参阅第七章有关计算机与意识的相关内容，讨论心理机能的机器隐喻。

Skinner，B. F.（1987）. What happened to psychology as the science of behavior? *American Psychologist*，*42*，780—786. 斯金纳认为，人本主义心理学和认知心理学是接受他的行为实验分析规划的障碍。

Sperry，R. W.（1995）. *The impact and promise of the cognitive revolution*. *In R. L. Solso & D. W. Massaro*（*Eds.*），*The science of the mind*：*2001 and beyond*（pp. 35—49）. New York：Oxford University Press. 描述了认知的转变，认为这一转变比心理学中以往的革命更激进，并认为认知运动给心理学家提供了新的心理定势、价值和信念，使得心理学家可以面对21世纪的挑战。

Vauclair，J.（1996）. *Animal cognition*：*An introduction to Modern comparative psychology*. Cambridge，MA：Harvard University Press. 呼吁对动物的语言、觉察能力、智力和其他心理能力进行实验研究。其研究的范围包括了许多物种，包括从蚂蚁等昆虫到鸟、海狮、猴子和狼等动物。

参考文献

Aanstoos, C. M. (1994). Mainstream psychology and the humanistic alternative. In F. Wertz (Ed.), *The humanistic movement: Recovering the person in psychology* (pp. 1–12). Lake Worth, FL: Gardner Press.

Adelman, K. (1996, June). Examined lives. *Washingtonian Magazine*, 27–32.

Adler, T. (1992, Sept.). Gibson prevails over field's barriers. *APA Monitor*, 1.

Agassiz, G. R. (Ed.). (1922). *Meade's headquarters, 1863–1865: Letters of Colonel Theodore Lyman from the Wilderness to Appomattox*. Boston: Atlantic Monthly Press.

Alexander, I. E. (1994). C. G. Jung: The man and his work, then and now. In G. A. Kimble, M. Wertheimer, & C. White (Eds.), *Portraits of pioneers in psychology* (pp. 153–169). Washington, DC: American Psychological Association.

Allen, G. W. (1967). *William James*. New York: Viking Press.

Amsel, A., & Rashotte, M. E. (Eds.). (1984). *Mechanisms of adaptive behavior: Clark L. Hull's theoretical papers with commentary*. New York: Columbia University Press.

Anastasi, A. (1988). *Psychological testing* (6th ed.). New York: Macmillan.

Anastasi, A. (1993). A century of psychological testing. In T. K. Fagan & G. R. VandenBos (Eds.), *Exploring applied psychology* (pp. 9–36). Washington, DC: American Psychological Association.

Angell, J. R. (1904). *Psychology: An introductory study of the structure and function of human consciousness*. New York: Holt.

Angell, J. R. (1907). The province of functional psychology. *Psychological Review, 14*, 61–91.

Appignanesi, L., & Forrester, J. (1992). *Freud's women*. New York: Basic Books.

Ash, M. G. (1995). *Gestalt psychology in German culture, 1890–1967: Holism and the quest for objectivity*. Cambridge, England: Cambridge University Press.

Averill, L. A. (1990). Recollections of Clark's G. Stanley Hall. *Journal of the History of the Behavioral Sciences, 26*, 125–130.

Azar, B. (2002). Saying goodbye to the Harvard Pigeon Lab. *Monitor on Psychology, 33*(9), 44.

Baars, B. J. (1986). *The cognitive revolution in psychology*. New York: Guilford.

Baars, B. J. (1997). *In the theater of consciousness: The workspace of the mind*. New York: Oxford University Press.

Backe, A. (2001). John Dewey and early Chicago functionalism. *History of Psychology, 4*, 323–340.

Balance, W. D. G., & Bringmann, W. G. (1987). Fechner's mysterious malady. *History of Psychology Newsletter, 19*(1/2), 36–47.

Baldwin, B. T. (Ed.). (1980). In memory of Wilhelm Wundt. In W. G. Bringmann & R. D. Tweney (Eds.), *Wundt studies: A centennial collection* (pp. 280–308). Toronto: C. J. Hogrefe. (Original work published 1921)

Bandura, A. (1982). Self-efficacy mechanism in human agency. *American Psychologist, 37*, 122–147.

Bandura, A. (1986). *Social foundations of thought and ac-*

tion: A social cognitive theory. Englewood Cliffs, NJ: Prentice-Hall.

Bandura, A. (2001). Social cognitive theory: An agentic perspective. *Annual Review of Psychology, 52,* 1–26.

Baum, W. M. (1994). John B. Watson and behavior analysis. In J. T. Todd & E. K. Morris (Eds.), *Modern perspectives on John B. Watson and classical behaviorism* (pp. 133–140). Westport, CT: Greenwood Press.

Becker, E. (1973). *The denial of death.* New York: Free Press.

Bekhterev, V. M. (1932). *General principles of human reflexology.* New York: International Publishers.

Benjamin, L. T., Jr. (1975). The pioneering work of Leta Hollingworth in the psychology of women. *Nebraska History, 56,* 493–505.

Benjamin, L. T., Jr. (1986). Why don't they understand us? A history of psychology's public image. *American Psychologist, 41,* 941–946.

Benjamin, L. T., Jr. (1987). Knee jerks, Twitmyer, and the Eastern Psychological Association. *American Psychologist, 42,* 1118–1120.

Benjamin, L. T., Jr. (1988). A history of teaching machines. *American Psychologist, 43,* 703–712.

Benjamin, L. T., Jr. (1991). A history of the New York branch of the American Psychological Association: 1903–1935. *American Psychologist, 46,* 1003–1011.

Benjamin, L. T., Jr. (1993). *A history of psychology in letters.* Dubuque, IA: Brown & Benchmark.

Benjamin, L. T., Jr. (2000a). The psychology laboratory at the turn of the 20th century. *American Psychologist, 55,* 318–321.

Benjamin, L. T., Jr. (2000b). Hugo Muensterberg: Portrait of an applied psychologist. In G. A. Kimble & M. Wertheimer (Eds.), *Portraits of pioneers in psychology* (Vol. 4, pp. 113–129). Washington, DC: American Psychological Association.

Benjamin, L. T., Jr. (2001). American psychology's struggles with its curriculum: Should a thousand flowers bloom? *American Psychologist, 56,* 735–742.

Benjamin, L. T., Jr., & Bryant, W. H. M. (1997). A history of popular psychology magazines in America. In W. Bringmann et al. (Eds.), *A pictorial history of psychology* (pp. 585–593). Carol Stream, IL: Quintessence.

Benjamin, L. T., Jr., Bryant, W. H. M., Campbell, C., Luttrell, J., & Holtz, C. (1997). Between psoriasis and ptarmigan: American encyclopedia portrayals of psychology, 1880–1940. *Review of General Psychology, 1*(1), 5–18.

Benjamin, L. T., Jr., Durkin, M., Link, M., Vestal, M., & Acord, J. (1992). Wundt's American doctoral students. *American Psychologist, 47,* 123–131.

Benjamin, L. T., Jr., & Nielsen-Gammon, E. (1999). B. F. Skinner and psychotechnology: The case of the heir conditioner. *Review of General Psychology, 3,* 155–167.

Benjamin, L. T., Jr., Rogers, A. M., & Rosenbaum, A. (1991). Coca-Cola, caffeine, and mental deficiency: Harry Hollingworth and the Chattanooga trial of 1911. *Journal of the History of the Behavioral Sciences, 27,* 42–55.

Benjamin, L. T., Jr., & Shields, S. (1990). Leta Stetter Hollingworth (1886–1939). In A. N. O'Connell & N. F. Russo (Eds.), *Women in psychology: A bio-bibliographic sourcebook* (pp. 173–183). New York: Greenwood Press.

Berkeley, G. (1957a). An essay towards a new theory of vision. In M. W. Calkins (Ed.), *Berkeley: Essay, principles, dialogues* (pp. 1–98). New York: Scribners. (Original work published 1709)

Berkeley, G. (1957b). A treatise concerning the principles of human knowledge. In M. W. Calkins (Ed.), *Berkeley: Essay, principles, dialogues* (pp. 99–216) New York: Scribners. (Original work published 1710)

Berliner, D. C. (1993). The 100-year journey of educational psychology. In T. K. Fagan & G. R. VandenBos (Eds.), *Exploring applied psychology: Origins and critical analyses* (pp. 37–78). Washington, DC: American Psychological Association.

Berman, L. (1927). *The religion called Behaviorism.* New York: Boni & Liveright.

Bettelheim, B. (1982). *Freud and man's soul.* New York: Knopf.

Binet, A. (1971). *The psychic life of micro-organisms.* West Orange, NJ: Saifer. (Original work published 1889)

Bjork, D. W. (1983). *The compromised scientist: William James in the development of American psychology.* New York: Columbia University Press.

Bjork, D. W. (1993). *B. F. Skinner.* New York: Basic Books.

Blanton, S. (1971). *Diary of my analysis with Sigmund Freud.* New York: Hawthorn Books.

Blumenthal, A. L. (1985). Wilhelm Wundt: Psychology as the propaedeutic science. In C. E. Buxton (Ed.), *Points of view in the modern history of psychology* (pp. 19–50). Orlando, FL: Academic Press.

Blumenthal, A. L. (1998). Leipzig, Wilhelm Wundt, and psychology's gilded age. In G. A. Kimble & M. Wertheimer (Eds.), *Portraits of pioneers in psychology* (Vol. 3, pp. 31–48). Washington, DC: American Psychological Association.

Boakes, R. (1984). *From Darwin to behaviourism: Psychology and the minds of animals.* Cambridge, England: Cambridge University Press.

Boas, M. (1961). *The scientific renaissance: 1450–1630.* London: Collins.

Boehlich, W. (1990). *The letters of Sigmund Freud to Eduard Silberstein, 1871–1881.* Cambridge, MA: Harvard University Press.

Boneau, C. A. (1992). Observations on psychology's past and future. *American Psychologist, 47,* 1586–1596.

Boorstin, D. J. (1983). *The discoverers.* New York: Random House.

Boring, E. G. (1929). *A history of experimental psychology.* New York: Appleton.

Boring, E. G. (1950). *A history of experimental psychology* (2nd ed.). New York: Appleton-Century-Crofts.

Boring, E. G. (1952). Autobiography. In H. S. Langfeld, H. Werner, & R. M. Yerkes (Eds.), *A history of psychology in autobiography* (Vol. 4, pp. 27–52). Worcester, MA: Clark University Press.

参 考 文 献

Boring, E. G. (1967). Titchener's experimentalists. *Journal of the History of the Behavioral Sciences, 3,* 315–325.

Borman, W. C., & Cox, G. L. (1996). Who's doing what: Patterns in the practice of I/O psychology. *The Industrial-organizational Psychologist, 33*(4), 21.

Bornstein, R. F., & Masling, J. M. (1998). Introduction: The psychoanalytic unconscious. In R. F. Bornstein & J. M. Masling (Eds.), *Empirical perspectives on the psychoanalytic unconscious* (pp. xiii–xxvii). Washington, DC: American Psychological Association.

Bornstein, R. F., & Pittman, T. S. (1992). *Perception without awareness: Cognitive, clinical, and social perspectives.* New York: Guilford.

Bottome, P. (1939). *Alfred Adler: A biography.* New York: Putnam.

Breger, L. (2000). Freud: Darkness in the midst of vision. New York: Wiley.

Breland, K., & Breland, M. (1961). The misbehavior of organisms. *American Psychologist, 16,* 681–684.

Brems, C., Thevenin, D. M., & Routh, D. K. (1991). The history of clinical psychology. In C. E. Walker (Ed.), *Clinical psychology: Historical and research foundations* (pp. 3–35). New York: Plenum Press.

Brentano, F. (1874). *Psychology from an empirical standpoint.* Leipzig: Duncker & Humblot.

Breuer, J., & Freud, S. (1895). Studies on hysteria. In *Standard edition* (Vol. 2). London: Hogarth Press.

Brewer, C. L. (1991). Perspectives on John B. Watson. In G. A. Kimble, M. Wertheimer, & C. White (Eds.), *Portraits of pioneers in psychology* (pp. 171–186). Washington, DC: American Psychological Association.

Bridgman, P. W. (1927). *The logic of modern physics.* New York: Macmillan.

Bringmann, W. G., & Balk, M. M. (1992). Another look at Wilhelm Wundt's publication record. *History of Psychology Newsletter, 24*(3/4), 50–66.

Brome, V. (1981). *Jung: Man and myth.* New York: Atheneum.

Brown, J. (1992). *The definition of a profession: The authority of metaphor in the history of intelligence testing, 1890–1930.* Princeton, NJ: Princeton University Press.

Browne, J. (2002). *Charles Darwin: The power of place.* New York: Knopf.

Brožek, J. (1980). The echoes of Wundt's work in the United States, 1887–1977: A quantitative citation analysis. *Psychological Research, 42,* 103–107.

Bruner, J. S. (1983). *In search of mind: Essays in autobiography.* New York: Harper & Row.

Bruner, J. S. (1990). *Acts of meaning.* Cambridge, MA: Harvard University Press.

Buckley, K. W. (1982). The selling of a psychologist: John Broadus Watson and the application of behavioral techniques to advertising. *Journal of the History of the Behavioral Sciences, 18,* 207–221.

Buckley, K. W. (1989). *Mechanical man: John Broadus Watson and the beginnings of behaviorism.* New York: Guilford.

Buckley, K. W. (1994). Misbehaviorism: The case of John B. Watson's dismissal from Johns Hopkins University. In J. T. Todd & E. K. Morris (Eds.), *Modern perspectives on John B. Watson and classical behaviorism* (pp. 19–36). Westport, CT: Greenwood Press.

Burnham, J. (1968). On the origins of behaviorism. *Journal of the History of the Behavioral Sciences, 4,* 143–151.

Burt, C. (1962). The concept of consciousness. *British Journal of Psychology, 53,* 229–242.

Buss, D. M. (1999). *Evolutionary psychology: The new science of the mind.* Boston: Allyn & Bacon.

Cadwallader, T. C. (1984). Neglected aspects of the evolution of American comparative and animal psychology. In G. Greenberg & E. Tobach (Eds.), *Behavioral evolution and integrative levels* (pp. 15–48). Hillsdale, NJ: Erlbaum.

Cadwallader, T. C. (1987). Early zoological input to comparative and animal psychology at the University of Chicago. In E. Tobach (Ed.), *Historical perspectives and the international status of comparative psychology* (pp. 37–59). Hillsdale, NJ: Erlbaum.

Cahan, D. (1993). Helmholtz and the civilizing power of science. In D. Cahan (Ed.), *Hermann von Helmholtz and the foundations of nineteenth century science* (pp. 559–601). Berkeley, CA: University of California Press.

Camfield, T. M. (1992). The American Psychological Association and World War I: 1914 to 1919. In R. B. Evans, V. S. Sexton, & T. C. Cadwallader (Eds.), *The American Psychological Association: A historical perspective* (pp. 91–118). Washington, DC: American Psychological Association.

Campbell-Kelly, M., & Aspray, W. (1996). *Computer: A history of the information machine.* New York: Basic Books.

Candland, D. K. (1993). *Feral children and clever animals: Reflections on human nature.* New York: Oxford University Press.

Caplan, E. (1998). Popularizing American psychotherapy: The Emmanuel Movement, 1906–1910. *History of Psychology, 1,* 289–314.

Caporael, L. R. (2001). Evolutionary psychology: Toward a unifying theory and a hybrid science. *Annual Review of Psychology, 52,* 607–628.

Capshaw, J. H. (1999). *Psychologists on the march: Science, practice, and professional identity in America, 1929–1969.* Cambridge, England: Cambridge University Press.

Carr, H. A. (1925). *Psychology.* New York: Longmans, Green.

Carr, H. A. (1930). Functionalism. In C. Murchison (Ed.), *Psychologies of 1930* (pp. 59–78). Worcester, MA: Clark University Press.

Carr, H. A. (1961). Autobiography. In C. Murchison (Ed.), *A history of psychology in autobiography* (Vol. 3, pp. 69–82). New York: Russell & Russell. (Original work published 1930)

Catania, A. C. (1992). B. F. Skinner, organism. *American Psychologist, 47,* 1521–1530.

Cattell, J. M. (1890). Mental tests and measurements. *Mind, 15,* 373–381.

Cattell, J. M. (1896). Address of the president before the American Psychological Association, 1895. *Psychological Review, 3,* 134–148.

Cattell, J. M. (1904). The conceptions and methods of psychology. *Popular Science Monthly, 66,* 176–186.

Cattell, J. M. (1928). Early psychological laboratories. *Sci-*

ence, 67, 543–548.
Chomsky, N. (1959). [Review of *Verbal Behavior* by B. F. Skinner.] *Language, 35*, 26–58.
Chomsky, N. (1972). *Language and mind*. New York: Harcourt Brace.
Clark, K. B. (1978). Kenneth B. Clark: Social psychologist. In T. C. Hunter (Ed.), *Beginnings* (pp. 76–84). New York: Crowell.
Clarke, E. H. (1873). *Sex and education*. Boston: Osgood.
Clay, R. (2002). A renaissance for humanistic psychology. *Monitor on Psychology, 33*(8), 42–43.
Comte, A. (1896). *The positive philosophy of Comte*. London: Bell. (Original work published 1830)
Cook, R. C. (1993). The experimental analysis of cognition in animals. *Psychological Science, 4*, 174–178.
Coon, D. J. (1994). "Not a creature of reason": The alleged impact of Watsonian behaviorism on advertising in the 1920s. In J. T. Todd & E. K. Morris (Eds.), *Modern perspectives on John B. Watson and classical behaviorism* (pp. 37–63). Westport, CT: Greenwood Press.
Cowley, G. (2002, Sept. 16). The science of happiness. *Newsweek*, 49.
Cramer, P. (2000). Defense mechanisms in psychology today: Further processes for adaptation. *American Psychologist, 55*, 637–646.
Croce, P. J. (1999). Physiology as the antechamber to metaphysics: The young William James's hope for a philosophical psychology. *History of Psychology, 2*, 302–323.
Crosby, A. W. (1997). *The measure of reality: Quantification and western society, 1250–1600*. Cambridge, England: Cambridge University Press.
Crowther-Heyck, H. (1999). George A. Miller, language, and the computer metaphor of mind. *History of Psychology, 2*, 37–64.
Cunningham, S. (1985, May). Humanists celebrate gains, goals. *APA Monitor*, 16, 18.
Cuny, H. (1965). *Ivan Pavlov: The man and his theories*. New York: Eriksson.
Dallenbach, K. (1967). Autobiography. In E. G. Boring & G. Lindzey (Eds.), *A history of psychology in autobiography* (Vol. 5, pp. 57–93). New York: Appleton-Century-Crofts.
Danziger, K. (1980). A history of introspection reconsidered. *Journal of the History of the Behavioral Sciences, 16*, 241–262.
Darwin, C. (1859). *On the origin of species by means of natural selection*. London: Murray.
Darwin, C. (1871). *The descent of man*. London: Murray.
Darwin, C. (1872). *The expression of the emotions in man and animals*. London: Murray.
Darwin, C. (1877). A biographical sketch of an infant. *Mind, 2*, 285–294.
Davidow, S., & Bruhn, A. R. (1990). Earliest memories and the dynamics of delinquency: A replication study. *Journal of Personality Assessment, 54*, 601–616.
Decker, H. S. (1991). *Freud, Dora, and Vienna 1900*. New York: Free Press.
Dehue, T. (2000). From deception trials to control reagents: The introduction of the control group about a century ago. *American Psychologist, 55*, 264–268.
Demarest, J. (1987). Two comparative psychologies. In E. Tobach (Ed.), *Historical perspectives and the international status of comparative psychology* (pp. 127–155). Hillsdale, NJ: Erlbaum.
Denmark, F. L., & Fernandez, L. C. (1992). Women: Their influence and their impact on the teaching of psychology. In A. E. Puente, J. R. Matthews, & C. L. Brewer (Eds.), *Teaching psychology in America: A history* (pp. 171–188). Washington, DC: American Psychological Association.
Dennis, P. M. (1984). The Edison questionnaire. *Journal of the History of the Behavioral Sciences, 20*, 23–37.
Dennis, P. M. (1991). Psychology's first publicist: H. Addington Bruce and the popularization of the subconscious and the power of suggestion before World War I. *Psychological Reports, 68*, 755–765.
Dennis, P. M. (2002). Psychology's public image in "Topics of the Times": Commentary from the editorial page of *The New York Times* between 1904 and 1947. *Journal of the History of the Behavioral Sciences, 38*, 371–392.
Descartes, R. (1912). *A discourse on method*. London: Dent. (Original work published 1637)
Desmond, A., & Moore, J. (1991). *Darwin*. New York: Warner Books.
Desmond, J. (1997). *Huxley: From devil's disciple to evolution's high priest*. Reading, MA: Addison-Wesley.
Dewey, J. (1886). *Psychology*. New York: Harper.
Dewey, J. (1896). The reflex arc concept in psychology. *Psychological Review, 3*, 357–370.
Dewsbury, D. A. (1990). Early interaction between animal psychologists and animal activists and the founding of the APA Committee on Precautions in Animal Experimentation. *American Psychologist, 45*, 315–327.
Dewsbury, D. A. (1998). Animal psychology in journals: 1911–1927. *Journal of Comparative Psychology, 112*, 400–402.
Dewsbury, D. A., & Pickren, W. E. (1992). Psychologists as teachers: Sketches toward a history of teaching during 100 years of American psychology. In A. E. Puente, J. R. Matthews, & C. L. Brewer (Eds.), *Teaching psychology in America: A history* (pp. 127–151). Washington, DC: American Psychological Association.
Diamond, S. (1974). Francis Galton and American psychology. *Annals of the New York Academy of Sciences, 291*, 47–55.
Diamond, S. (1980). A plea for historical accuracy [Letter to the editor]. *Contemporary Psychology, 25*, 84–85.
DiClemente, D. F., & Hantula, D. A. (2000). John Broadus Watson, I/O psychologist. *The Industrial-organizational Psychologist, 37*(4), 47–55.
Diehl, L. A. (1986). The paradox of G. Stanley Hall: Foe of coeducation and educator of women. *American Psychologist, 41*, 868–878.
Distinguished Scientific Contribution Award [Bandura]. (1981). *American Psychologist, 36*, 27–42.
Donaldson, G. (1996). Between practice and theory: Melanie Klein, Anna Freud, and the development of child analysis. *Journal of the History of the Behavioral Sciences, 32*, 160–176.
Donnelly, M. E. (Ed.). (1992). *Reinterpreting the legacy of*

William James. Washington, DC: American Psychological Association.
Draguns, J. G. (2001). Toward a truly international psychology: Beyond English only. *American Psychologist, 56*, 1019–1030.
Dyson, G. B. (1997). *Darwin among the machines: The evolution of global intelligence*. Reading, MA: Addison-Wesley.
Eagle, M. N. (1988). How accurate were Freud's case histories? [Book review of *Freud and the Rat Man*]. *Contemporary Psychology, 33*, 205–206.
Ebbinghaus, H. (1885). *On memory*. Leipzig: Duncker & Humblot.
Ebbinghaus, H. (1902). *The principles of psychology*. Leipzig: Veit.
Ebbinghaus, H. (1908). *A summary of psychology*. Leipzig: Veit.
Eissler, K. R. (1971). *Talent and genius: The fictitious case of Tausk contra Freud*. New York: Quadrangle.
Ellenberger, H. F. (1972). The story of "Anna O.": A critical review with new data. *Journal of the History of the Behavioral Sciences, 8*, 267–279.
Ellenberger, H. F. (1978). Carl Gustav Jung: His historical setting. In H. Reise (Ed.), *Historical explanations in medicine and psychiatry* (pp. 142–150). New York: Springer.
Elms, A. C. (1994). *Uncovering lives: The uneasy alliance of biography and psychology*. New York: Oxford University Press.
Erneling, C. E. (1997). Cognitive science and the future of psychology. In D. M. Johnson & C. E. Erneling (Eds.), *The future of the cognitive revolution* (pp. 376–382). New York: Oxford University Press.
Esterson, A. (2002). The myth of Freud's ostracism by the medical community in 1896–1905: Jeffrey Masson's assault on truth. *History of Psychology, 5*, 115–134.
Evans, R. B. (1972). E. B. Titchener and his lost system. *Journal of the History of the Behavioral Sciences, 8*, 168–180.
Evans, R. B. (1991). E. B. Titchener on scientific psychology and technology. In G. A. Kimble, M. Wertheimer, & C. White (Eds.), *Portraits of pioneers in psychology* (pp. 89–103). Hillsdale, NJ: Erlbaum.
Evans, R. B. (1992). Growing pains: The American Psychological Association from 1903 to 1920. In R. B. Evans, V. S. Sexton, & T. C. Cadwallader (Eds.), *The American Psychological Association: A historical perspective* (pp. 73–90). Washington, DC: American Psychological Association.
Evans, R. B., & Scott, F. J. D. (1978). The 1913 International Congress of Psychology: The American congress that wasn't. *American Psychologist, 33*, 711–723.
Evans, R. I. (1989). *Albert Bandura: The man and his ideas*. New York: Praeger.
Falbo, T., & Polit, D. F. (1986). Quantitative review of the only child literature: Research evidence and theory development. *Psychological Bulletin, 100*, 176–189.
Fancher, R. (1996). *Pioneers of psychology* (3rd ed.). New York: W. W. Norton.
Fancher, R. (1998). Alfred Binet, general psychologist. In G. A. Kimble & M. Wertheimer (Eds)., *Portraits of pioneers in psychology* (Vol. 3, pp. 67–83). Washington, DC: American Psychological Association.
Fancher, R. (2000). Snapshots of Freud in America, 1899–1999. *American Psychologist, 55*, 1025–1028.
Farthing, G. W. (1992). *The psychology of consciousness*. Englewood Cliffs, NJ: Prentice-Hall.
Fechner, G. (1966). *Elements of psychophysics*. New York: Holt, Rinehart and Winston. (Original work published 1860)
Fernald, D. (1984). *The Hans legacy: A story of science*. Hillsdale, NJ: Erlbaum.
Ferster, C. B., & Skinner, B. F. (1957). *Schedules of reinforcement*. New York: Appleton-Century-Crofts.
Fisher, S. P., & Greenberg, R. P. (1977). *The scientific credibility of Freud's theories and therapy*. New York: Basic Books.
Fisher, S. P., & Greenberg, R. P. (1996). *Freud scientifically reappraised: Testing the theories and therapy*. New York: Wiley.
Fowler, R. D. (1990). In memoriam: Burrhus Frederic Skinner, 1904–1990. *American Psychologist, 45*, 1203.
Fowler, R. D. (1994, Aug.). Convention wisdom from a true veteran [E. R. Hilgard]. *APA Monitor*, 3.
Fowler, R. D. (2002, Feb.). APA's directory tells us who we are. *Monitor on Psychology, 33*, 9.
Freud, A. (1936). *The ego and the mechanisms of defense*. London: Hogarth Press.
Freud, A. (1966). Introduction to the technique of child analysis. In *The writings of Anna Freud* (Vol. 1, pp. 3–69). New York: International Universities Press. (Original work published as "Four lectures on child analysis," 1927)
Freud, S. (1895). On the origins of psychoanalysis. In J. Strachey (Ed. & Trans.), *The standard edition of the complete psychological works of Sigmund Freud* (Vol. 1). London: Hogarth Press.
Freud, S. (1900). The interpretation of dreams. In *Standard edition* (Vols. 4, 5). London: Hogarth Press.
Freud, S. (1901). The psychopathology of everyday life. In *Standard edition* (Vol. 6). London: Hogarth Press.
Freud, S. (1905). Three essays on the theory of sexuality. In *Standard edition* (Vol. 7, pp. 125–243). London: Hogarth Press.
Freud, S. (1910). Five lectures on psychoanalysis. In *Standard edition* (Vol. 11, pp. 3–55). London: Hogarth Press. (Original work published 1909)
Freud, S. (1914). On the history of the psychoanalytic movement. In *Standard edition* (Vol. 14, pp. 3–66). London: Hogarth Press.
Freud, S. (1917). A difficulty in the path of psychoanalysis. In *Standard edition* (Vol. 17, pp. 136–144). London: Hogarth Press.
Freud, S. (1933). New introductory lectures on psychoanalysis. In *Standard edition* (Vol. 22, pp. 3–182). London: Hogarth Press.
Freud, S. (1940). An outline of psychoanalysis. In *Standard edition* (Vol. 23, pp. 141–207). London: Hogarth Press.
Freud, S. (1954). *The origins of psychoanalysis: Letters to Wilhelm Fliess, drafts and notes: 1887–1902*. New York: Basic Books.
Freud, S. (1964). *The letters of Sigmund Freud*. New York: McGraw-Hill. (Original letter published 1883)

Freud, S. (1992). *The diary of Sigmund Freud, 1929–1939: A record of the final decade.* New York: Charles Scribner's Sons. (Original work published 1939)

Fuchs, A. H. (1998). Psychology and "The Babe." *Journal of the History of the Behavioral Sciences, 34,* 153–165.

Fuchs, A. H., & Viney, W. (2002). A course in the history of psychology: Present status and future concerns. *History of Psychology, 5,* 3–15.

Fuller, R. C. (1986). *Americans and the unconscious.* New York: Oxford University Press.

Funder, D. C. (2001). Personality. *Annual Review of Psychology, 52,* 197–221.

Furumoto, L. (1987). On the margins: Women and the professionalization of psychology in the United States, 1890–1940. In M. G. Ash & W. R. Woodward (Eds.), *Psychology in twentieth-century thought and society* (pp. 93–113). Cambridge, England: Cambridge University Press.

Furumoto, L. (1988). Shared knowledge: The Experimentalists, 1904–1929. In J. G. Morawski (Ed.), *The rise of experimentation in American psychology* (pp. 94–113). New Haven, CT: Yale University Press.

Furumoto, L. (1990). Mary Whiton Calkins (1863–1930). In A. N. O'Connell & N. F. Russo (Eds.), *Women in psychology: A bio-bibliographic sourcebook* (pp. 57–65). New York: Greenwood Press.

Furumoto, L. (1998). Obituary: Lucy May Boring (1886–1996). *American Psychologist, 53,* 59.

Galef, B. G. (1998). Edward Thorndike: Revolutionary psychologist, ambitious biologist. *American Psychologist, 53,* 1128–1134.

Galton, F. (1869). *Hereditary genius: An inquiry into its laws and consequences.* London: Macmillan.

Galton, F. (1874). *English men of science: Their nature and nurture.* London: Macmillan.

Galton, F. (1889). *Natural inheritance.* London: Macmillan.

Gamwell, L., & Tomes, N. (1995). *Madness in America: Cultural and medical perceptions of mental illness before 1914.* Ithaca, NY: Cornell University Press.

Gantt, W. H. (1941). Introduction. In I. P. Pavlov, *Lectures on conditioned reflexes.* New York: International Publishers.

Gantt, W. H. (1979, Feb.). Interview with Professor Emeritus W. Horsley Gantt. *Johns Hopkins Magazine,* 26–32.

Gardner, H. (1993). *Creating minds.* New York: Basic Books.

Gaukroger, S. (1995). *Descartes: An intellectual biography.* Oxford, England: Clarendon Press.

Gavin, E. (1987). Prominent women in psychology, determined by ratings of distinguished peers. *Psychotherapy in Private Practice, 5,* 53–68.

Gay, P. (1988). *Freud: A life for our time.* New York: Norton.

Gazzaniga, M. S. (1988). Life with George: The birth of the Cognitive Neuroscience Institute. In W. Hirst (Ed.), *The making of cognitive science: Essays in honor of George A. Miller* (pp. 230–241). Cambridge, England: Cambridge University Press.

Gelfand, T. (1992). Sigmund-sur-Seine: Fathers and brothers in Charcot's Paris. In T. Gelfand & J. Kerr (Eds.), *Freud and the history of psychoanalysis* (pp. 29–57). Hillsdale, NJ: Analytic Press.

Gengerelli, J. A. (1976). Graduate school reminiscences: Hull and Koffka. *American Psychologist, 31,* 685–688.

Geuter, U. (1987). German psychology during the Nazi period. In M. G. Ash & W. R. Woodward (Eds.), *Psychology in twentieth-century thought and society* (pp. 165–187). Cambridge, England: Cambridge University Press.

Gibson, J. J. (1967). Autobiography. In E. G. Boring & G. Lindzey (Eds.), *A history of psychology in autobiography* (Vol. 5, pp. 127–143). New York: Appleton-Century-Crofts.

Gibson, K. R. (1993). The presidential addresses of the American Psychological Association, 1892–1992: A qualitative analysis. *History of Psychology Newsletter, 25*(4), 43–53.

Gifford, S. (1997). *The Emmanuel Movement: The origins of group treatment and the assault on lay psychotherapy.* Boston: Countway Library of Medicine.

Gilgen, A. R., Gilgen, C. K., Koltsova, V. A., & Oleinik, Y. N. (1997). *Soviet and American psychology during World War II.* Westport, CT: Greenwood Press.

Gillaspy, J. A., & Bihm, E. M. (2002). Marian Breland Bailey, 1920–2001. *American Psychologist, 57,* 292–293.

Gillham, N. W. (2001). *A life of Sir Francis Galton: From African exploration to the birth of eugenics.* Oxford, England: Oxford University Press.

Goleman, D. (1983, May). A conversation with Ulric Neisser. *Psychology Today,* 54–62.

Goode, E. (2000, Mar. 4). Human nature: Born or made? Evolutionary theorists provoke an uproar. *The New York Times.*

Goodenough, F. L. (1949). *Mental testing: Its history, principles, and applications.* New York: Rinehart.

Goodstein, L. D. (1988). The growth of the American Psychological Association. *American Psychologist, 43,* 491–498.

Gottfredson, L. S. (1997). Mainstream science on intelligence: An editorial with 52 signatories, history, and bibliography. *Intelligence, 24,* 13–23.

Gould, S. J. (1981). *The mismeasure of man.* New York: Norton.

Gould, S. J. (1986). Knight takes bishop? *Natural History, 95*(5), 18–33.

Greenwald, A. G. (1992). New look 3: Unconscious cognition reclaimed. *American Psychologist, 47,* 766–779.

Grob, G. N. (1994). *The mad among us: A history of the care of America's mentally ill.* New York: Free Press.

Gruber, C. (1972). Academic freedom at Columbia University, 1917–1918: The case of James McKeen Cattell. *American Association of University Professors Bulletin, 58*(3), 297–305.

Grubrich-Simitis, I. (1993). *Back to Freud's texts: Making silent documents speak.* New Haven, CT: Yale University Press.

Gundlach, H. U. K. (1986). Ebbinghaus, nonsense syllables, and three-letter words [Book review]. *Contemporary Psychology, 31,* 469–470.

Guthrie, E. R. (1959). Association by contiguity. In S. Koch (Ed.), *Psychology: A study of a science* (Vol. 2, pp. 158–195). New York: McGraw-Hill.

Guthrie, G. D., & Wesley, F. (1991). Anna Berliner: Wundt's only female student. *History of Psychology Newsletter, 23,* 64–69.

Guthrie, R. V. (1976). *Even the rat was white: A historical*

view of psychology. New York: Harper & Row.
Guthrie, R. V. (1990). Mamie Phipps Clark (1917–1983). In A. N. O'Connell & N. F. Russo (Eds.), *Women in psychology: A bio-bibliographic sourcebook* (pp. 66–74). New York: Greenwood Press.
Haagbloom, S. J., Warnick, R., Warnick, J. E., Jones, V. K., Yarbrough, G. L., Russell, T. M., et al. (2002). The 100 most eminent psychologists of the 20th century. *Review of General Psychology, 6,* 139–152.
Hale, M., Jr. (1980). *Human science and social order: Hugo Münsterberg and the origins of applied psychology.* Philadelphia: Temple University Press.
Hall, G. S. (1904). *Adolescence: Its psychology, and its relations to physiology, anthropology, sociology, sex, crime, religion, and education.* New York: Appleton.
Hall, G. S. (1912). *Founders of modern psychology.* New York: Appleton.
Hall, G. S. (1919). Some possible effects of the war on American psychology. *Psychological Bulletin, 16,* 48–49.
Hall, G. S. (1920). *Recreations of a psychologist.* New York: Appleton.
Hall, G. S. (1922). *Senescence.* New York: Appleton.
Hall, G. S. (1923). *The life and confessions of a psychologist.* New York: Appleton.
Hannush, M. J. (1987). John B. Watson remembered: An interview with James B. Watson. *Journal of the History of the Behavioral Sciences, 23,* 137–152.
Harlow, H. F. (1971). *Learning to love.* San Francisco: Albion.
Harrison, R. (1963). Functionalism and its historical significance. *Genetic Psychology Monographs, 68,* 387–423.
Hartley, D. (1749). *Observations on man, his frame, his duty, and his expectations.* London: Leake & Frederick.
Hartmann, E. (1884). *Philosophy of the unconscious.* London: Trübner. (Original work published 1869)
Hartmann, H. (1964). *Essays on ego psychology.* New York: International Universities Press.
Haynal, A. (1993). *Psychoanalysis and the sciences: Epistemology—history.* Berkeley: University of California Press.
Hearnshaw, L. S. (1987). *The shaping of modern psychology.* London: Routledge & Kegan Paul.
Hearst, E. (Ed.). (1979). *The first century of experimental psychology.* Hillsdale, NJ: Erlbaum.
Heidbreder, E. (1933). *Seven psychologies.* New York: Appleton.
Helmholtz, H. (1856–1866). *Handbook of physiological optics.* Leipzig: Voss.
Helmholtz, H. (1954). *On the sensations of tone.* New York: Dover. (Original work published 1863)
Helson, H. (1925, 1926). The psychology of Gestalt. *American Journal of Psychology, 36,* 342–370, 494–526; *37,* 25–62, 189–223.
Henle, M. (1974). E. B. Titchener and the case of the missing element. *Journal of the History of the Behavioral Sciences, 10,* 227–237.
Herrnstein, R. J., & Murray, C. (1994). *The bell curve: Intelligence and class structure in American life.* New York: Free Press.
Hilgard, E. R. (1956). *Theories of learning* (2nd ed.). New York: Appleton-Century-Crofts.
Hilgard, E. R. (1994). Foreword. In J. T. Todd & E. K. Morris (Eds.), *Modern perspectives on John B. Watson and classical behaviorism* (pp. vx–vxii). Westport, CT: Greenwood Press.
Hilgard, E. R. (1987). *Psychology in America: A historical survey.* San Diego: Harcourt Brace Jovanovich.
Hirschmüller, A. (1989). *The life and work of Josef Breuer: Physiology and psychoanalysis.* New York: New York University Press.
Hoffman, E. (1988). *The right to be human: A biography of Abraham Maslow.* Los Angeles: Tarcher.
Hoffman, E. (1994). *The drive for self: Alfred Adler and the founding of individual psychology.* Reading, MA: Addison-Wesley.
Hoffman, E. (Ed.) (1996). *Future vision: The unpublished papers of Abraham Maslow.* Thousand Oaks, CA: Sage.
Hofstadter, R. (1992). *Social Darwinism in American thought.* Boston: Beacon Press.
Hollingworth, H. L. (1943). *Leta Stetter Hollingworth.* Lincoln: University of Nebraska Press.
Horley, J. (2001). After the Baltimore affair: James Mark Baldwin's life and work, 1908–1934. *History of Psychology, 4,* 24–33.
Horney, K. (1945). *Our inner conflicts.* New York: Norton.
Horney, K. (1980). *The adolescent diaries of Karen Horney, 1899–1911.* New York: Basic Books.
Hornstein, G. A. (1992). The return of the repressed: Psychology's problematic relations with psychoanalysis, 1909–1960. *American Psychologist, 47,* 254–263.
Howse, D. (1989). *Nevil Maskelyne: The seaman's astronomer.* Cambridge, England: Cambridge University Press.
Hull, C. L. (1928). *Aptitude testing.* Yonkers, NY: World.
Hull, C. L. (1933). *Hypnosis and suggestibility.* New York: Appleton.
Hull, C. L. (1943). *Principles of behavior.* New York: Appleton.
Hull, C. L. (1951). *Essentials of behavior.* New Haven, CT: Yale University Press.
Hull, C. L. (1952). *A behavior system.* New Haven, CT: Yale University Press.
Hume, D. (1739). *A treatise of human nature.* London: Noon.
Hunt, M. (1993). *The story of psychology.* Garden City, NY: Doubleday.
Innis, N. K. (1992). Tolman and Tryon: Early research on the inheritance of the ability to learn. *American Psychologist, 47,* 190–197.
Isbister, J. N. (1985). *Freud: An introduction to his life and work.* Cambridge, England: Polity Press.
Jacobson, J. Z. (1951). *Scott of Northwestern: The life story of a pioneer in psychology and education.* Chicago: Mariano.
James, E. M. (1994). Sowing the seeds of the psychology of women: Helen Bradford Thompson Woolley and the mental traits of sex. Unpublished manuscript.
James, W. (1890). *The principles of psychology.* New York: Holt.
James, W. (1892). *Psychology: Briefer course.* New York: Holt.

James, W. (1899). *Talks to teachers*. New York: Holt.

James, W. (1902). *The varieties of religious experience*. New York: Longmans, Green.

James, W. (1907). *Pragmatism*. New York: Longmans, Green.

Jardine, L. (1999). *Ingenious pursuits: Building the scientific revolution*. New York: Doubleday.

Jastrow, J. (1961). Autobiography. In C. Murchison (Ed.), *A history of psychology in autobiography* (Vol. 1, pp. 135–162). New York: Russell & Russell. (Original work published 1930)

Jaynes, J. (1970). The problem of animate motion in the seventeenth century. *Journal of the History of Ideas, 31,* 219–234.

Johnson, H. (2001). *The best of times: America in the Clinton years*. New York: Harcourt.

Johnson, M. G., & Henley, T. B. (Eds.). (1990). *Reflections on the principles of psychology: William James after a century*. Hillsdale, NJ: Erlbaum.

Johnson, R. C., McClearn, G. E., Yuen, S., Nagoshi, C. T., Ahern, F. M., & Cole, R. E. (1985). Galton's data a century later. *American Psychologist, 40,* 875–892.

Jonçich, G. (1968). *The sane positivist: A biography of Edward L. Thorndike*. Middletown, CT: Wesleyan University Press.

Jones, E. (1953, 1955, 1957). *The life and work of Sigmund Freud* (3 vols.). New York: Basic Books.

Jones, M. C. (1924). A laboratory study of fear: The case of Peter. *Pedagogical Seminary, 31,* 308–315.

Jones, M. C. (1974). Albert, Peter, and John B. Watson. *American Psychologist, 29,* 581–583.

Judd, C. H. (1961). Autobiography. In C. Murchison (Ed.), *A history of psychology in autobiography* (Vol. 2, pp. 207–235). New York: Russell & Russell. (Original work published 1930)

Jung, C. G. (1912). *The psychology of the unconscious*. Leipzig: Franz Deuticke.

Jung, C. G. (1961). *Memories, dreams, reflections*. New York: Random House.

Keen, E. (2001). *A history of ideas in American psychology*. Westport, CT: Praeger.

Keiger, D. (1993, Mar.). A profession built through metaphor. *Johns Hopkins Magazine,* 48–49.

Keiger, D. (1999, Nov.). The story that doesn't compute. *Johns Hopkins Magazine,* 40–45.

Keller, F. (1991). Burrhus Frederic Skinner, 1904–1990. *Journal of the History of the Behavioral Sciences, 27,* 3–6.

Kelly, R. M., & Kelly, V. P. (1990). Lillian Moller Gilbreth (1878–1972). In A. N. O'Connell & N. F. Russo (Eds.), *Women in psychology: A bio-bibliographic sourcebook* (pp. 117–124). New York: Greenwood Press.

Kerr, J. (1993). *A most dangerous method: The story of Jung, Freud, and Sabina Spielrein*. New York: Knopf.

Keynes, R. (2002). *Darwin, his daughter, and human evolution*. New York: Riverhead Books.

Kiesow, F. (1961). Autobiography. In C. Murchison (Ed.), *A history of psychology in autobiography* (Vol. 1, pp. 163–190). New York: Russell & Russell. (Original work published 1930)

Kihlstrom, J. F. (1994). Psychodynamics and social cognition: Notes on the fusion of psychoanalysis and psychology. *Journal of Personality, 62,* 681–696.

Kihlstrom, J. F., Barnhardt, M., & Tataryn, D. J. (1992). The psychological unconscious: Found, lost, and regained. *American Psychologist, 47,* 788–791.

Kimball, M. M. (2000). From Anna O. to Bertha Pappenheim: Transforming private pain into public action. *History of Psychology, 3,* 20–43.

Koch, S. (1964). Psychology and emerging conceptions of knowledge as unitary. In T. Wann (Ed.), *Behaviorism and phenomenology* (pp. 1–41). Chicago: University of Chicago Press.

Koelsch, W. A. (1970). Freud discovers America. *Virginia Quarterly Review, 46,* 115–132.

Koelsch, W. A. (1987). *Clark University: 1887–1987*. Worcester, MA: Clark University Press.

Koenigsberger, L. (1965). *Hermann von Helmholtz*. New York: Dover.

Koffka, K. (1921). *The growth of the mind*. New York: Harcourt.

Koffka, K. (1922). Perception: An introduction to the Gestalt-theorie. *Psychological Bulletin, 19,* 531–585.

Koffka, K. (1935). *Principles of Gestalt psychology*. New York: Harcourt.

Köhler, W. (1917, 1924, 1927). *The mentality of apes*. Berlin: Royal Academy of Sciences; New York: Harcourt Brace.

Köhler, W. (1920). *Static and stationary physical Gestalts*. Braunschweig: Vieweg.

Köhler, W. (1929). *Gestalt psychology*. New York: Liveright.

Köhler, W. (1947). *Gestalt psychology: An introduction to new concepts in modern psychology*. New York: Liveright.

Köhler, W. (1959). Gestalt psychology today. *American Psychologist, 14,* 727–734.

Köhler, W. (1969). Gestalt psychology. In D. Krantz (Ed.), *Schools of psychology* (pp. 69–85). New York: Appleton-Century-Crofts.

Konorski, J. (1974). Autobiography. In G. Lindzey (Ed.), *A history of psychology in autobiography* (Vol. 6, pp. 183–217). Englewood Cliffs, NJ: Prentice-Hall.

Korn, J. H., Davis, R., & Davis, S. F. (1991). Historians' and chairpersons' judgments of eminence among psychologists. *American Psychologist, 46,* 789–792.

Krech, D. (1974). Autobiography. In G. Lindzey (Ed.), *A history of psychology in autobiography* (Vol. 6, pp. 221–250). Englewood Cliffs, NJ: Prentice-Hall.

Kreshel, P. J. (1990). John B. Watson at J. Walter Thompson: The legitimation of "science" in advertising. *Journal of Advertising, 19*(2), 49–59.

Krüll, M. (1986). *Freud and his father*. New York: Norton.

Kuhn, T. S. (1970). *The structure of scientific revolutions* (2nd ed.). Chicago: University of Chicago Press.

Külpe, O. (1893). *Outline of psychology*. Leipzig: Engelmann.

Landy, F. J. (1992). Hugo Münsterberg: Victim or visionary? *American Psychologist, 47,* 787–802.

Lashley, K. (1929). *Brain mechanisms and intelligence*. Chicago: University of Chicago Press.

Lears, T. J. J. (1987, Autumn). William James. *Wilson Quarterly,* 84–95.

Leary, D. E. (1987). Telling likely stories: The rhetoric of the new psychology, 1880–1920. *Journal of the History of the Behavioral Sciences, 23,* 315–331.

Lerman, H. (1986). *A mote in Freud's eye: From psycho-*

analysis to the psychology of women. New York: Springer-Verlag.

Lewin, K. (1936). *Principles of topological psychology.* New York: McGraw-Hill.

Lewin, K. (1939). Field theory and experiment in social psychology: Concept and methods. *American Journal of Sociology, 44,* 868–896.

Lewin, K., Lippitt, R., & White, R. (1939). Patterns of aggressive behavior in experimentally created social climates. *Journal of Social Psychology, 10,* 271–299.

Lewis, R. W. B. (1991). *The Jameses: A family narrative.* New York: Farrar, Straus and Giroux.

Ley, R. (1990). *A whisper of espionage: Wolfgang Köhler and the apes of Tenerife.* Garden City Park, NY: Avery Publishing Group.

Leys, R., & Evans, R. B. (1990). *Defining American psychology: The correspondence between Adolf Meyer and Edward Bradford Titchener.* Baltimore: Johns Hopkins University Press.

Lieberman, D. A. (1979). Behaviorism and the mind: A (limited) call for a return to introspection. *American Psychologist, 34,* 319–333.

Ljunggren, B. (1990). *Great men with sick brains and other essays.* Park Ridge, IL: American Association of Neurological Surgeons.

Locke, J. (1959). *An essay concerning human understanding.* New York: Dover. (Original work published 1690)

Loeb, J. (1918). *Forced movements, tropisms, and animal conduct.* Philadelphia: Lippincott.

Loftus, E. (1979). *Eyewitness testimony.* Cambridge, MA: Harvard University Press.

Loftus, E., & Monahan, J. (1980). Trial by data: Psychological research as legal evidence. *American Psychologist, 35,* 270–283.

Logan, C. A. (1999). The altered rationale for the choice of a standard animal in experimental psychology: Henry H. Donaldson, Adolf Meyer, and "the" albino rat. *History of Psychology, 2,* 3–24.

Logan, C. A. (2002). When scientific knowledge becomes scientific discovery: The disappearance of classical conditioning before Pavlov. *Journal of the History of the Behavioral Sciences, 38,* 393–403.

Logue, A. W. (1985). The origins of behaviorism: Antecedents and proclamation. In C. E. Buxton (Ed.), *Points of view in the modern history of psychology* (pp. 141–167). Orlando, FL: Academic Press.

Lowry, R. (1982). *The evolution of psychological theory: A critical history of concepts and presuppositions* (2nd ed.). Hawthorne, NY: Aldine.

Lück, H. E. (1990). Story or history: What did Wolfgang Köhler really do on Tenerife? *History of Psychology Newsletter, 22,* 80–82.

Lutz, T. (1991). *American nervousness, 1903: An anecdotal history.* Ithaca, NY: Cornell University Press.

Mach, E. (1914). *The analysis of sensations.* Chicago: Open Court. (Original work published 1885)

Mackenzie, B. (1977). *Behaviourism and the limits of scientific method.* Atlantic Highlands, NJ: Humanities Press.

MacLeod, R. B. (1959). Review of *Cumulative record* by B. F. Skinner. *Science, 130,* 34–35.

MacLeod, R. B. (Ed.). (1969). *William James: Unfinished business.* Washington, DC: American Psychological Association.

Madigan, S., & O'Hara, R. (1992). Short-term memory at the turn of the century: Mary Whiton Calkins's memory research. *American Psychologist, 47,* 170–174.

Mahony, P. (1986). *Freud and the Rat Man.* New Haven, CT: Yale University Press.

Mahony, P. (1992). Freud as family therapist: Reflections. In T. Gelfand & J. Kerr (Eds.), *Freud and the history of psychoanalysis* (pp. 307–317). Hillsdale, NJ: Analytic Press.

Malcolm, J. (1984). *In the Freud archives.* New York: Knopf.

Malthus, T. (1914). *Essay on the principle of population.* New York: Dutton. (Original work published 1789)

Mandler, G. (2002a). Origins of the cognitive revolution. *Journal of the History of the Behavioral Sciences, 38,* 339–353.

Mandler, G. (2002b). Psychologists and the National Socialist access to power. *History of Psychology, 5,* 190–200.

Marcus, G. (1998, Jan. 26). Where are the elixers of yesteryear when we hurt? *The New York Times.*

Marx, M. H., & Cronan-Hillix, W. A. (1987). *Systems and theories in psychology* (4th ed.). New York: McGraw-Hill.

Maslow, A. H. (1970). *Motivation and personality* (2nd ed.). New York: Harper & Row.

Masson, J. M. (1984). *The assault on truth: Freud's suppression of the seduction theory.* New York: Farrar Straus Giroux.

Masson, J. M. (Ed.). (1985). *The complete letters of Sigmund Freud to Wilhelm Fliess, 1887–1904.* Cambridge, MA: Harvard University Press.

Masterton, R. B. (1998). Charles Darwin: Father of evolutionary psychology. In G. A. Kimble & M. Wertheimer (Eds.), *Portraits of pioneers in psychology* (Vol. 3, pp. 17–29). Washington, DC: American Psychological Association.

Matson, F. W. (1964). *The broken image.* New York: Braziller.

Maurice, K., & Mayr, O. (Eds.). (1980). *The clockwork universe: German clocks and automata, 1550–1650.* New York: Neale Watson.

May, W. W. (1978). A psychologist of many hats: A tribute to Mark Arthur May. *American Psychologist, 33,* 653–663.

Mazlish, B. (1993). *The fourth discontinuity: The co-evolution of humans and machines.* New Haven, CT: Yale University Press.

McDougall, W. (1908). *Introduction to social psychology.* London: Methuen.

McDougall, W. (1912). *Psychology: The study of behavior.* London: Oxford University Press.

McDougall, W. (1930). Autobiography. In C. Murchison (Ed.), *A history of psychology in autobiography* (Vol. 1, pp. 191–223). Worcester, MA: Clark University Press.

McGraw, M. B. (1990). Memories, deliberate recall, and speculations. *American Psychologist, 45,* 934–937.

McGuire, W. (Ed.). (1974). *The Freud/Jung letters.* Princeton, NJ: Princeton University Press.

McKeachie, W. J. (1976). Psychology in America's bicentennial year. *American Psychologist, 31,* 819–833.

McReynolds, P. (1997). *Lightner Witmer: His life and times.* Washington, DC: American Psychological A ssociation.

Mellor, S. (1990). How do only children differ from other children? *Journal of Genetic Psychology, 151,* 221–230.

Merton, R. (1957). Priorities in scientific discovery. *American Sociological Review, 22,* 635–659.

Mill, J. (1829). *Analysis of the phenomena of the human mind.* London: Baldwin & Cradock.

Mill, J. S. (1961). Autobiography. In M. Lerner (Ed.), *Essential works of John Stuart Mill* (pp. 1–182). New York: Bantam Books. (Original work published 1873)

Miller, G. A. (1951). *Language and communication.* New York: McGraw-Hill.

Miller, G. A. (1956). The magical number seven, plus or minus two: Some limits on our capacity for processing information. *Psychological Review, 63,* 81–97.

Miller, G. A. (1962). *Psychology: The science of mental life.* New York: Harper & Row.

Miller, G. A. (1985). The constitutive problem of psychology. In S. Koch & D. Leary (Eds.), *A century of psychology as science* (pp. 40–45). New York: McGraw-Hill.

Miller, G. A. (1989). Autobiography. In G. Lindzey (Ed.), *A history of psychology in autobiography* (Vol. 8, pp. 391–418). Stanford, CA: Stanford University Press.

Miller, G. A., & Buckhout, R. (1973). *Psychology: The science of mental life* (2nd ed.). New York: Harper & Row.

Miller, M. V. (1991, July 7). Anybody who was anybody was neurasthenic. *The New York Times.*

Morawski, J. G., & Hornstein, G. A. (1991). Quandary of the quacks: The struggle for expert knowledge in American psychology, 1890–1940. In J. Brown & D. K. van Keuren (Eds.), *The estate of social knowledge* (pp. 106–133). Baltimore: Johns Hopkins University Press.

Morgan, C. L. (1961). Autobiography. In C. Murchison (Ed.), *A history of psychology in autobiography* (Vol. 2, pp. 237–264). New York: Russell & Russell. (Original work published 1930)

Müller, J. (1833–1840). *Handbook of the physiology of mankind* (3 vols.). Coblenz: Hölscher.

Münsterberg, H. (1909). *Psychotherapy.* New York: Moffat Yard.

Münsterberg, H. (1913). *Psychology and industrial efficiency.* Boston: Houghton Mifflin.

Münsterberg, M. (1922). *Hugo Münsterberg: His life and work.* New York: Appleton.

Murphy, G. (1963). Robert Sessions Woodworth, 1869–1962. *American Psychologist, 18,* 131–133.

Myers, G. E. (1986). *William James: His life and thought.* New Haven, CT: Yale University Press.

Natsoulas, T. (1978). Consciousness. *American Psychologist, 33,* 904–916.

Neisser, U. (1967). *Cognitive psychology.* New York: Appleton-Century-Crofts.

Neisser, U. (1976). *Cognition and reality.* San Francisco: W. H. Freeman.

Neisser, U., Boodoo, G., Bouchard, T. J., Jr., Boykin, A. W., Brody, N., Ceci, S. J., Halpern, D. F., Loehlin, J. C., Perloff, R., Sternberg, R. J., & Urbina, S. (1996). Intelligence: Knowns and unknowns. *American Psychologist, 51,* 77–101.

Nicholson, I. A. M. (2001). Giving up maleness: Abraham Maslow, masculinity, and the boundaries of psychology. *History of Psychology, 4,* 79–91.

Nicolas, S., & Ferrand, L. (2002). Alfred Binet and higher education. *History of Psychology, 5,* 264–283.

Nisbett, R. E., & Wilson, T. D. (1977). Telling more than we can know: Verbal reports on mental processes. *Psychological Review, 84,* 231–259.

Noll, R. (1994). *The Jung cult: Origins of a charismatic movement.* Princeton, NJ: Princeton University Press.

Noll, R. (1997). *The Aryan Christ: The secret life of Carl Jung.* New York: Random House.

Norman, D. A., & Levelt, W. J. M. (1988). Life at the Center. In W. Hirst (Ed.), *The making of cognitive science: Essays in honor of George A. Miller* (pp. 100–109). Cambridge, England: Cambridge University Press.

Nuland, S. (1994). *How we die.* New York: Alfred A. Knopf.

O'Donnell, J. M. (1979). The crisis of experimentalism in the 1920s: E. G. Boring and his uses of history. *American Psychologist, 34,* 289–295.

O'Donnell, J. M. (1985). *The origins of behaviorism: American psychology, 1870–1920.* New York: New York University Press.

Ogden, R. M. (1951). Oswald Külpe and the Würzburg school. *American Journal of Psychology, 64,* 4–19.

Padilla, A. M. (1980). Note on the history of Hispanic psychology. *Hispanic Journal of Behavioral Science, 2*(2), 109–128.

Paris, B. J. (1994). *Karen Horney: A psychoanalyst's search for self-understanding.* New Haven, CT: Yale University Press.

Pate, J. L., & Wertheimer, M. (1993). Preface. In J. L. Pate & M. Wertheimer (Eds.), *No small part: A history of regional organizations in American psychology* (pp. xv–xvii). Washington, DC: American Psychological Association.

Pauly, P. J. (1979, Dec.). Psychology at Hopkins: Its rise and fall and rise and fall and . . . . *Johns Hopkins Magazine,* 36–41.

Pauly, P. J. (1986). G. Stanley Hall and his successors: A history of the first half-century of psychology at Johns Hopkins. In S. H. Hulse & B. F. Green, Jr. (Eds.), *One hundred years of psychological research in America: G. Stanley Hall and the Johns Hopkins tradition* (pp. 21–51). Baltimore: Johns Hopkins University Press.

Pauly, P. J. (1990). *Controlling life: Jacques Loeb and the engineering ideal in biology.* Berkeley: University of California Press.

Pavlov, I. P. (1897). *Work of the principal digestive glands.* St. Petersburg, Russia: Kushneroff.

Pavlov, I. P. (1960). *Conditioned reflexes: An investigation of the physiological activity of the cerebral cortex.* New York: Dover Publications. (Original work published 1927)

Peel, J. D. Y. (1971). *Herbert Spencer: The evolution of a sociologist.* London: Heinemann.

Pekala, R. J. (1991). *Quantifying consciousness: An empirical approach.* New York: Plenum.

Petrina, S. (2001). The "never-to-be-forgotten investigation": Luella W. Cole, Sidney L. Pressey, and mental surveying in Indiana, 1917–1921. *History of Psychol-*

ogy, 4, 245–271.

Phillips, L. (2000). Recontextualizing Kenneth B. Clark: An Afrocentric perspective on the paradoxical legacy of a model psychologist-activist. *History of Psychology, 3*, 142–167.

Pickering, G. (1974). *Creative malady*. New York: Oxford University Press.

Pickering, M. (1993). *Auguste Comte: An intellectual biography* (Vol. 1). Cambridge, England: Cambridge University Press.

Pillsbury, W. (1911). *Essentials of psychology*. New York: Macmillan.

Planck, M. (1949). *Scientific autobiography*. New York: Philosophical Library.

Plous, S. (1996). Attitudes toward the use of animals in psychological research and education: Results from a national survey of psychologists. *American Psychologist, 51*, 1167–1180.

Popplestone, J. A., & McPherson, M. W. (1994). *An illustrated history of American psychology*. Dubuque, IA: Brown & Benchmark.

Powell, R., & Boer, D. P. (1994). Did Freud mislead patients to confabulate memories of abuse? *Psychological Reports, 74*, 1283–1298.

Pressey, S. L. (1967). Autobiography. In E. G. Boring & G. Lindzey (Eds.), *A history of psychology in autobiography* (Vol. 5, pp. 313–339). New York: Appleton-Century-Crofts.

Quinn, S. (1987). *A mind of her own: The life of Karen Horney*. New York: Summit Books.

Rabkin, L. Y. (1994). Psychotherapy for the masses: Dr. Joseph Jastrow and his self-help newspaper columns. *History of Psychology Newsletter, 26*, 52–60.

Raby, P. (2001). *Alfred Russel Wallace: A life*. Princeton, NJ: Princeton University Press.

Reed, E. S. (1997). *From soul to mind: The emergence of psychology from Erasmus Darwin to William James*. New Haven, CT: Yale University Press.

Reed, J. (1987a). Robert M. Yerkes and the comparative method. In E. Tobach (Ed.), *Historical perspectives and the international status of comparative psychology* (pp. 91–101). Hillsdale, NJ: Erlbaum.

Reed, J. (1987b). Robert M. Yerkes and the mental testing movement. In M. M. Sokal (Ed.), *Psychological testing and American society, 1890–1930* (pp. 75–94). New Brunswick, NJ: Rutgers University Press.

Reynolds, D. S. (1995). *Walt Whitman's America: A cultural biography*. New York: Alfred A. Knopf.

Reznikoff, M., & Procidano, M. (2001). Anne Anastasi, 1908–2001. *American Psychologist, 56*, 816–817.

Rice, C. E. (2000). Uncertain genesis: The academic institutionalization of American psychology in 1900. *American Psychologist, 55*, 488–491.

Richards, G. (1996). *Putting psychology in its place: An introduction from a critical historical perspective*. London: Routledge.

Richards, R. J. (1980). Wundt's early theories of unconscious inference and cognitive evolution in their relation to Darwinian biopsychology. In W. G. Bringmann & R. D. Tweney (Eds.), *Wundt studies: A centennial collection* (pp. 42–70). Toronto: Hogrefe.

Richards, R. J. (1987). *Darwin and the emergence of evolutionary theories of mind and behavior*. Chicago: University of Chicago Press.

Richelle, M. N. (1993). *B. F. Skinner: A reappraisal*. Hove, England: Erlbaum.

Rilling, M. (2000). John Watson's paradoxical struggle to explain Freud. *American Psychologist, 55*, 301–312.

Ritvo, L. B. (1990). *Darwin's influence on Freud: A tale of two sciences*. New Haven, CT: Yale University Press.

Roazen, P. (1975). *Freud and his followers*. New York: Knopf.

Roazen, P. (1993). *Meeting Freud's family*. Amherst: University of Massachusetts Press.

Roback, A. A. (1952). *History of American psychology*. New York: Library Publishers.

Robins, R. W., Gosling, S. D., & Craik, K. H. (1999). An empirical analysis of trends in psychology. *American Psychologist, 54*, 117–128.

Robinson, D. N. (1981). *An intellectual history of psychology* (Rev. ed.). New York: Macmillan.

Robinson, F. G. (1992). *Love's story told: A life of Henry A. Murray*. Cambridge, MA: Harvard University Press.

Rodis-Lewis, G. (1998). *Descartes: His life and thought*. Ithaca, NY: Cornell University Press.

Roethlisberger, F. J., & Dickson, W. J. (1939). *Management and the worker: An account of a research program conducted by the Western Electric Company, Chicago*. Cambridge, MA: Harvard University Press.

Rogers, C. R. (1961). *On becoming a person*. Boston: Houghton Mifflin.

Rogers, C. R. (1980). *A way of being*. Boston: Houghton Mifflin.

Romanes, G. J. (1883). *Animal intelligence*. London: Routledge & Kegan Paul.

Rose, P. (1983). *Parallel lives: Five Victorian marriages*. New York: Knopf.

Rosenzweig, S. (1992). *Freud, Jung, and Hall the king-maker: The historic expedition to America (1909)*. Seattle: Hogrefe & Huber.

Ross, B. (1991). William James: Spoiled child of American psychology. In G. A. Kimble, M. Wertheimer, & C. White (Eds.), *Portraits of pioneers in psychology* (pp. 13–25). Washington, DC: American Psychological Association.

Ross, D. (1972). *Granville Stanley Hall: The psychologist as prophet*. Chicago: University of Chicago Press.

Rossiter, M. W. (1982). *Women scientists in America: Struggles and strategies to 1940*. Baltimore: Johns Hopkins University Press.

Rossum, G. (1996). *History of the hour: Clocks and modern temporal orders*. Chicago: University of Chicago Press.

Rotter, J. B. (1966). Generalized expectancies for internal versus external control of reinforcement. *Psychological Monographs, 80* (Whole No. 609).

Rotter, J. B. (1982). *The development and applications of social learning theory: Selected papers*. New York: Praeger.

Rotter, J. B. (1990). Internal versus external control of reinforcement: A case history of a variable. *American Psychologist, 45*, 489–493.

Rotter, J. B. (1993). Expectancies. In C. E. Walker (Ed.), *History of clinical psychology in autobiography* (Vol. 2, pp. 273–284). Pacific Grove, CA: Brooks/Cole.

Routh, D. K. (2000). Clinical psychology training: A history of ideas and practices prior to 1946. *American Psychologist, 55,* 236–241.

Rowe, D. C., Vazsonyi, A. T., & Flannery, D. J. (1994). No more than skin deep: Ethnic and racial similarity in developmental process. *Psychological Review, 101,* 396–413.

Ruckmick, C. A. (1913). The use of the term "function" in English textbooks of psychology. *American Journal of Psychology, 24,* 99–123.

Russo, N. F., & Denmark, F. L. (1987). Contributions of women to psychology. *Annual Review of Psychology, 38,* 279–298.

Rutherford, A. (2000). Radical behaviorism and psychology's public: B. F. Skinner in the popular press, 1934–1990. *History of Psychology, 3,* 371–395.

Ryan, R. M., & Deci, E. L. (2001). On happiness and human potentials: A review of research on hedonic and eudaimonic well-being. *Annual Review of Psychology, 52,* 141–166.

Salas, E., & Cannon-Bowers, J. A. (2001). The science of training: A decade of progress. *Annual Review of Psychology, 52,* 471–499.

Sand, R. (1992). Pre-Freudian discovery of dream meaning. In T. Gelfand & J. Kerr (Ed.), *Freud and the history of psychoanalysis* (pp. 215–229). Hillsdale, NJ: Analytic Press.

Sanua, V. D. (1993). Wundt's American students reminisce: "We like thee not Professor Wundt!" *History of Psychology Newsletter, 25*(4), 54–61.

Sarter, M., Bernston, G. G., & Cacioppo, J. T. (1996). Brain imaging and cognitive neuroscience. *American Psychologist, 51,* 13–21.

Sawyer, T. F. (2000). Francis Cecil Sumner: His views and influence on African American higher education. *History of Psychology, 3,* 122–141.

Sayers, J. (1991). *Mothers of psychoanalysis: Helene Deutsch, Karen Horney, Anna Freud, Melanie Klein.* New York: Norton.

Scarborough, E. (1992). Women in the American Psychological Association. In R. B. Evans, V. S. Sexton, & T. C. Cadwallader (Eds.), *The American Psychological Association: A historical perspective* (pp. 303–325). Washington, DC: American Psychological Association.

Scarborough, E., & Furumoto, L. (1987). *Untold lives: The first generation of American women psychologists.* New York: Columbia University Press.

Scarf, M. (1971, Feb. 28). The man who gave us "inferiority complex," "compensation," "aggressive drive" and "style of life." *The New York Times Magazine,* 10ff.

Scarr, S. (1987, May). Twenty years of growing up. *Psychology Today,* 24–28.

Schultz, D. P. (1990). *Intimate friends, dangerous rivals: The turbulent relationship between Freud and Jung.* Los Angeles: Tarcher.

Schur, M. (1972). *Freud: Living and dying.* New York: International Universities Press.

Scott, W. D. (1903). *The theory and practice of advertising: A simple exposition of the principles of psychology in their relation to successful advertising.* Boston: Small, Maynard.

Scull, A., MacKenzie, C., & Hervey, N. (1996). *Masters of bedlam: The transformation of the mad-doctoring trade.* Princeton, NJ: Princeton University Press.

Searle, J. R. (1980). Minds, brains, and programs. *Behavioral and Brain Sciences, 3,* 417–424.

Seligman, M. E. P. (1971). Phobias and preparedness. *Behavior Therapy, 2,* 307–320.

Seligman, M. E. P. (1998, Apr.). Positive social science. *APA Monitor,* 1.

Seligman, M. E. P. (2002). *Authentic happiness: Using the new positive psychology to realize your potential.* New York: Free Press.

Seligman, M. E. P., & Csikszentmihalyi, M. (Eds.). (2000). Positive psychology [special issue]. *American Psychologist, 55*(1).

Sheldon, K., & King, L. (2001). Why positive psychology is necessary. *American Psychologist, 56,* 216–217.

Shepherd, N. (1993). *A price below rubies: Jewish women as rebels and radicals.* Cambridge, MA: Harvard University Press.

Shields, S. (1975). Ms. Pilgrim's progress: The contributions of Leta Stetter Hollingworth to the psychology of women. *American Psychologist, 30,* 852–857.

Shields, S. (1982). The variability hypothesis: The history of a biological model of sex differences in intelligence. *Signs: Journal of Women in Culture and Society, 7,* 769–797.

Showalter, E. (1997). *Hystories: Hysterical epidemics and modern culture.* New York: Columbia University Press.

Siegel, A. W., & White, S. H. (1982). The child study movement. In H. W. Reese (Ed.), *Advances in child development and behavior* (Vol. 17, pp. 233–285). New York: Academic Press.

Siegert, R., & Ward, T. (2002). Clinical psychology and evolutionary psychology: Toward a dialogue. *Review of General Psychology, 6*(3), 235–259.

Simon, L. (1998). *Genuine reality: A life of William James.* New York: Harcourt Brace.

Simpson, J. C. (2000, Apr.). It's all in the upbringing: Doctor, lawyer, artist, thief? *Johns Hopkins Magazine,* 62–65.

Skinner, B. F. (1938). *The behavior of organisms.* New York: Appleton.

Skinner, B. F. (1945, Oct.). Baby in a box. *Ladies Home Journal,* 30ff.

Skinner, B. F. (1948). *Walden Two.* New York: Macmillan.

Skinner, B. F. (1953). *Science and human behavior.* New York: Free Press.

Skinner, B. F. (1956). A case history of scientific method. *American Psychologist, 11,* 221–233.

Skinner, B. F. (1957). *Verbal behavior.* New York: Appleton.

Skinner, B. F. (1960). Pigeons in a pelican. *American Psychologist, 15,* 28–37.

Skinner, B. F. (1967). Autobiography. In E. G. Boring & G. Lindzey (Eds.), *A history of psychology in autobiography* (Vol. 5, pp. 387–413). New York: Appleton-Century-Crofts.

Skinner, B. F. (1968). *The technology of teaching.* New York: Appleton-Century-Crofts.

Skinner, B. F. (1969). *Contingencies of reinforcement.* New York: Appleton-Century-Crofts.

Skinner, B. F. (1971). *Beyond freedom and dignity.* New

York: Knopf.

Skinner, B. F. (1976). *Particulars of my life*. New York: Knopf.

Skinner, B. F. (1979). *The shaping of a behaviorist*. New York: Knopf.

Skinner, B. F. (1983). Intellectual self-management in old age. *American Psychologist, 38,* 239–244.

Skinner, B. F. (1986). What is wrong with daily life in the Western world? *American Psychologist, 41,* 568–574.

Skinner, B. F. (1990). Can psychology be a science of mind? *American Psychologist, 45,* 1206–1210.

Smith, D. (2002a). The theory heard 'round the world. *Monitor on Psychology, 33*(9), 30–32.

Smith, D. (2002b, June). Where are recent grads getting jobs? *Monitor on Psychology,* 28–30.

Smith, L. D., Best, L. A., Cylke, V. A., & Stubbs, D. A. (2000). Psychology without *p* values: Data analysis at the turn of the 19th century. *American Psychologist, 55,* 260–263.

Snyder, C. R., & Lopez, S. J. (Eds.). (2001). *Handbook of positive psychology*. New York: Oxford University Press.

Sokal, M. M. (1971). The unpublished autobiography of James McKeen Cattell. *American Psychologist, 26,* 626–635.

Sokal, M. M. (1981). *An education in psychology: James McKeen Cattell's journal and letters from Germany and England, 1880–1888*. Cambridge, MA: MIT Press.

Sokal, M. M. (1987). James McKeen Cattell and mental anthropometry: Nineteenth-century science and reform and the origins of psychological testing. In M. M. Sokal (Ed.), *Psychological testing and American society, 1890–1930* (pp. 21–45). New Brunswick, NJ: Rutgers University Press.

Sokal, M. M. (1992). Origins and early years of the American Psychological Association, 1890–1906. *American Psychologist, 47,* 111–122.

Spence, K. W. (1952). Clark Leonard Hull: 1884–1952. *American Journal of Psychology, 65,* 639–646.

Spencer, H. (1855). *The principles of psychology*. London: Smith & Elder.

Sperry, R. W. (1995). The impact and promise of the cognitive revolution. In R. L. Solso & D. W. Massaro (Eds.), *The science of the mind: 2001 and beyond* (pp. 35–49). New York: Oxford University Press.

Spillmann, J., & Spillmann, L. (1993). The rise and fall of Hugo Münsterberg. *Journal of the History of the Behavioral Sciences, 29,* 322–338.

Standage, T. (2002). *The Turk: The life and times of the famous 18th-century chess-playing machine*. New York: Walker.

Staudinger, U. M. (2001). More than pleasure? Toward a psychology of growth and strength? [Review of the book *Well-being: The foundations of hedonic psychology*]. *Contemporary Psychology, 46,* 552–554.

Staudinger, U. M., Fleeson, W., & Baltes, P. B. (1999). Predictors of subjective physical health and global well-being. *Journal of Personality and Social Psychology, 76,* 305–319.

Steele, R. S. (1985). Paradigm lost: Psychoanalysis after Freud. In C. E. Buxton (Ed.), *Points of view in the modern history of psychology* (pp. 221–257). Orlando, FL: Academic Press.

Sterba, R. F. (1982). *Reminiscences of a Viennese psychoanalyst*. Detroit: Wayne State University Press.

Sternberg, R. J. (1996). *Cognitive psychology*. Fort Worth, TX: Harcourt Brace.

Sternberg, R. J., & Grigorenko, E. L. (2001). Unified psychology. *American Psychologist, 56,* 1069–1079.

Stumpf, C. (1883, 1890). *Psychology of tone*. Leipzig: Hirzel.

Stumpf, C. (1961). Autobiography. In C. Murchison (Ed.), *A history of psychology in autobiography* (Vol. 1, pp. 389–441). New York: Russell & Russell. (Original work published 1930)

Sulloway, F. J. (1979). *Freud: Biologist of the mind*. New York: Basic Books.

Sulloway, F. J. (1992). Reassessing Freud's case histories: The social construction of psychoanalysis. In T. Gelfand & J. Kerr (Eds.), *Freud and the history of psychoanalysis* (pp. 153–192). Hillsdale, NJ: Analytic Press.

Suzuki, L. A., & Valencia, R. R. (1997). Race-ethnicity and measured intelligence: Educational implications. *American Psychologist, 52,* 1103–1114.

Swade, D. (2000). *The difference engine: Charles Babbage and the quest to build the first computer*. New York: Viking.

Taylor, E. (2000). Psychotherapeutics and the problematic origins of clinical psychology in America. *American Psychologist, 55,* 1029–1033.

Terman, L. (1961). Autobiography. In C. Murchison (Ed.), *A history of psychology in autobiography* (Vol. 2, pp. 297–331). New York: Russell & Russell. (Original work published 1930.)

Thompson, H. (1903). *The mental traits of sex: An experimental investigation of the normal mind in men and women*. Chicago: University of Chicago Press.

Thompson, T. (1988). *Benedictus* behavior analysis: B. F. Skinner's magnum opus at fifty [Book review of *The behavior of organisms: An experimental analysis*]. *Contemporary Psychology, 33,* 397–402.

Thorndike, E. L. (1898). Animal intelligence: An experimental study of the associative processes in animals (monograph supplement no. 8). *Psychological Review, 5,* 68–72.

Thorndike, E. L. (1905). *The elements of psychology*. New York: Seiler.

Thorndike, E. L. (1931). *Human learning*. New York: Appleton.

Thurstone, L. L. (1952). Autobiography. In E. G. Boring, H. S. Langfeld, H. Werner, & R. M. Yerkes (Eds.), *A history of psychology in autobiography* (Vol. 4, pp. 295–321). Worcester, MA: Clark University Press.

Titchener, E. B. (1896). *An outline of psychology*. New York: Macmillan.

Titchener, E. B. (1898a). The postulates of a structural psychology. *Philosophical Review, 7,* 449–465.

Titchener, E. B. (1898b). *Primer of psychology*. New York: Macmillan.

Titchener, E. B. (1901–1905). *Experimental psychology: A manual of laboratory practice*. New York: Macmillan.

Titchener, E. B. (1909). *A textbook of psychology*. New York: Macmillan.

Titchener, E. B. (1912a). Prolegomena to a study of introspection. *American Journal of Psychology, 23,* 427–448.

Titchener, E. B. (1912b). The schema of introspection.

American Journal of Psychology, 23, 485–508.

Titchener, E. B. (1921). Wilhelm Wundt. *American Journal of Psychology, 32,* 161–178.

Todes, D. P. (1997). From the machine to the ghost within: Pavlov's transition from digestive physiology to conditional reflexes. *American Psychologist, 52,* 947–955.

Tolman, E. C. (1932). *Purposive behavior in animals and men.* New York: Appleton.

Tolman, E. C. (1945). A stimulus-expectancy need-cathexis psychology. *Science, 101,* 160–166.

Tolman, E. C. (1952). Autobiography. In E. G. Boring, H. S. Langfeld, H. Werner, & R. M. Yerkes (Eds.), *A history of psychology in autobiography* (Vol. 4, pp. 323–339). Worcester, MA: Clark University Press.

Townsend, K. (1996). *Manhood at Harvard: William James and others.* New York: W. W. Norton.

Turner, C. H. (1906). A preliminary note on ant behavior. *Biological Bulletin, 12,* 31–36.

Turner, F. J. (1947). *The significance of the frontier in American history.* New York: Holt.

Turner, M. (1967). *Philosophy and the science of behavior.* New York: Appleton-Century-Crofts.

Turner, R. S. (1982). Helmholtz, sensory physiology, and the disciplinary development of German psychology. In W. R. Woodward & M. G. Ash (Eds.), *The problematic science: Psychology in nineteenth-century thought* (pp. 147–166). New York: Praeger.

Twitmyer, E. B. (1905). Knee-jerks without stimulation of the patellar tendon. *Psychological Bulletin, 2,* 43–44.

Urban, W. J. (1989). The black scholar and intelligence testing: The case of Horace Mann Bond. *Journal of the History of the Behavioral Sciences, 25,* 323–334.

Vande Kemp, H. (1992). G. Stanley Hall and the Clark school of religious psychology. *American Psychologist, 47,* 290–298.

Viner, R. (1996). Melanie Klein and Anna Freud: The discourse of the early dispute. *Journal of the History of the Behavioral Sciences, 32,* 4–15.

Viteles, M. S. (1967). Autobiography. In E. G. Boring & G. Lindzey (Eds.), *A history of psychology in autobiography* (Vol. 5, pp. 417–449). New York: Appleton-Century-Crofts.

Von Mayrhauser, R. T. (1989). Making intelligence functional: Walter Dill Scott and applied psychological testing in World War I. *Journal of the History of the Behavioral Sciences, 25,* 60–72.

Wade, N. (1995). *Psychologists in word and image.* Cambridge, MA: MIT Press.

Wagner, M., & Owens, D. A. (1992). Introduction: Modern psychology and early functionalism. In D. A. Owens & M. Wagner (Eds.), *Progress in modern psychology: The legacy of American functionalism* (pp. 3–16). Westport, CT: Praeger.

Waldrop, M. M. (2001). *The dream machine: J. C. R. Licklider and the revolution that made computing personal.* New York: Viking.

Washburn, M. F. (1908). *The animal mind: A textbook of comparative psychology.* New York: Macmillan.

Washburn, M. F. (1932). Autobiography. In C. Murchison (Ed.), *A history of psychology in autobiography* (Vol. 2, pp. 333–358). Worcester, MA: Clark University Press.

Watkins, C. E., Jr. (1992). Adlerian-oriented early memory research. *Journal of Personality Assessment, 59,* 248–263.

Watson, J. B. (1903). *Animal education.* Chicago: University of Chicago.

Watson, J. B. (1907). [Review of C. H. Turner, "A preliminary note on ant behavior"]. *Psychological Bulletin, 4,* 296–297.

Watson, J. B. (1908). [Review of Pfungst's *Das Pferd des Herrn Von Osten*]. *Journal of Comparative Neurology and Psychology, 18,* 329–331.

Watson, J. B. (1913). Psychology as the behaviorist views it. *Psychological Review, 20,* 158–177.

Watson, J. B. (1914). *Behavior: An introduction to comparative psychology.* New York: Holt.

Watson, J. B. (1919). *Psychology from the standpoint of a behaviorist.* Philadelphia: Lippincott.

Watson, J. B. (1925). *Behaviorism.* New York: Norton.

Watson, J. B. (1928). *Psychological care of the infant and child.* New York: Norton.

Watson, J. B. (1929). Behaviorism. *Encyclopaedia Britannica* (Vol. 3, pp. 327–329).

Watson, J. B. (1930). *Behaviorism* (Rev. ed.). New York: Norton.

Watson, J. B. (1936). Autobiography. In C. Murchison (Ed.), *A history of psychology in autobiography* (Vol. 3, pp. 271–281). Worcester, MA: Clark University Press.

Watson, J. B., & McDougall, W. (1929). *The battle of behaviorism.* New York: Norton.

Watson, J. B., & Rayner, R. (1920). Conditioned emotional reactions. *Journal of Experimental Psychology, 3,* 1–14.

Watson, R. (1978). *The great psychologists* (4th ed.). Philadelphia: Lippincott.

Webster, R. (1995). *Why Freud was wrong: Sin, science, and psychoanalysis.* New York: Basic Books.

Weinberger, I., & Silverman, L. H. (1990). Testability and empirical validation of psychoanalytic dynamic propositions through subliminal psychodynamic activation. *Psychoanalytic Psychology, 7,* 299–339.

Weiner, J. (1994). *The beak of the finch: A story of evolution in our time.* New York: Alfred A. Knopf.

Welsh, A. (1994). *Freud's wishful dream book.* Princeton, NJ: Princeton University Press.

Wertheimer, Max (1945). *Productive thinking.* New York: Harper.

Wertheimer, Michael (1979). *A brief history of psychology* (2nd ed.). New York: Holt, Rinehart and Winston.

Wertheimer, Michael, & King, D. B. (1994). Max Wertheimer's American sojourn, 1933–1943. *History of Psychology Newsletter, 26*(1), 3–15.

White, A. D. (1965). *A history of the warfare of science with theology in Christendom.* New York: Free Press. (Original work published 1896)

White, S. H. (1990). Child study at Clark University, 1884–1904. *Journal of the History of the Behavioral Sciences, 26,* 131–150.

White, S. H. (1994). G. Stanley Hall: From philosophy to developmental psychology. In R. D. Parke, P. A. Ornstein, J. J. Rieser, and C. Zahn-Waxler (Eds.), *A century of developmental psychology* (pp. 103–125). Washington, DC: American Psychological Association.

Wiener, D. N. (1996). *B. F. Skinner: Benign anarchist.* Boston: Allyn & Bacon.

Wilcox, S. B. (1992). Functionalism then and now. In D. A. Owens & M. Wagner (Eds.), *Progress in modern psychology: The legacy of American functionalism* (pp. 31-51). Westport, CT: Praeger.

Wilson, E. O. (1975). *Sociobiology: A new synthesis.* Cambridge, MA: Harvard University Press.

Wilson, E. O. (1994). *Naturalist.* Washington, DC: Island Press/Shearwater Books.

Wilson, F. (1991). Mill and Comte on the method of introspection. *Journal of the History of the Behavioral Sciences, 27,* 107-129.

Winchester, S. (2001). *The map that changed the world: William Smith and the birth of modern geology.* New York: HarperCollins.

Windholz, G. (1990). Pavlov and the Pavlovians in the laboratory. *Journal of the History of the Behavioral Sciences, 26,* 64-74.

Windholz, G. (1997). Ivan P. Pavlov: An overview of his life and psychological work. *American Psychologist, 52,* 941-946.

Windholz, G., & Lamal, P. A. (1985). Köhler's insight revisited. *Teaching of Psychology, 12,* 165-167.

Winston, A. S. (1996). "As his name indicates": R. S. Woodworth's letters of reference and employment for Jewish psychologists in the 1930s. *Journal of the History of the Behavioral Sciences, 32,* 30-43.

Witmer, L. (1996). Clinical psychology. *American Psychologist, 51,* 248-251. (Original work published in *The Psychological Clinic,* 1907, *1,* 1-9)

Wolpe, J., & Plaud, J. J. (1997). Pavlov's contributions to behavior therapy: The obvious and the not so obvious. *American Psychologist, 52,* 966-972.

Wood, G. (2002). *Edison's Eve: A magical history of the quest for mechanical life.* New York: Knopf.

Woodworth, R. S. (1918). *Dynamic psychology.* New York: Columbia University Press.

Woodworth, R. S. (1921). *Psychology.* New York: Holt.

Woodworth, R. S. (1938, 1954). *Experimental psychology.* New York: Holt.

Woodworth, R. S. (1943). The adolescence of American psychology. *Psychological Review, 50,* 10-32.

Woodworth, R. S. (1958). *Dynamics of behavior.* New York: Holt.

Woolley, H. T. (1910). Psychological literature: A review of the recent literature on the psychology of sex. *Psychological Bulletin, 7,* 335-342.

Woolley, H. T. (1914). The psychology of sex. *Psychological Bulletin, 11,* 353-379.

Wundt, W. (1858-1862). *Contributions to the theory of sensory perception.* Leipzig: Winter.

Wundt, W. (1863). *Lectures on the minds of men and animals.* Leipzig: Voss.

Wundt, W. (1873-1874). *Principles of physiological psychology.* Leipzig: Engelmann.

Wundt, W. (1888). *Zur Erinnerung an Gustav Theodor Fechner. Philosophische Studien, 4,* 471-478.

Wundt, W. (1896). *Outline of psychology.* Leipzig: Engelmann.

Wundt, W. (1900-1920). *Cultural psychology.* Leipzig: Engelmann.

Wynne, C. D. L. (2001). *Animal cognition: The mental lives of animals.* New York: Palgrave/St. Martin's.

Yerkes, R. M. (1961). Autobiography. In C. Murchison (Ed.), *A history of psychology in autobiography* (Vol. 2, pp. 381-407). New York: Russell & Russell. (Original work published 1930)

Yerkes, R. M., & Morgulis, S. (1909). The method of Pavlov in animal psychology. *Psychological Bulletin, 6,* 257-273.

Young-Bruehl, E. (1988). *Anna Freud: A biography.* New York: Summit Books.

Zeigarnik, B. (1938). On finished and unfinished tasks. In W. D. Ellis (Ed.), *A source book of Gestalt psychology* (pp. 300-314). London: Routledge & Kegan Paul. (Original work published 1927)

Zenderland, L. (1998). *Measuring minds: Henry Herbert Goddard and the origins of American intelligence testing.* New York: Cambridge University Press.

词汇表

A

absolute threshold	绝对阈限
act psychology	意动心理学
analytical psychology	分析心理学
anecdotal method	轶事法
apperception	统觉
archetypes	原型
associated reflexes	联合反射
association	联想
associative memory	联想记忆

B

basic anxiety	基本焦虑
behavior modification	行为矫正
behaviorism	行为主义

C

catharsis	宣泄
clinical method	临床方法
cognitive psychology	认知心理学
collective unconscious	集体无意识
conditioned reflexes	条件反射
connectionism	联结主义
contiguity	接近律
creative synthesis	创造性综合

D

defense mechanisms	防御机制
Derived and Innate Ideas	衍生或固有观念
determinism	决定论
differential threshold	差别阈限
dream analysis	梦的解析
dynamic psychology	动力心理学

词 汇 表

E

ego	自我
Electrical stimulation	电刺激法
empiricism	经验主义
equipotentiality	均势原则
extirpation	切除法

F

field theory	场论
fields of force	力场
free association	自由联想
Freudian slip	弗洛伊德式疏忽
Functionalism	机能主义

G

Gestalt psychology	格式塔心理学

H

habit strength	习惯力量
historiography	历史编纂学
humanistic psychology	人本主义心理学
hypothetico-deductive method	假设—演绎法

I

id	伊德
imageless thought	无意象思维
individual psychology	个体心理学
inferiority complex	自卑情结
insight	顿悟
instincts	本能
IQ	智商
interventing Variables	中介变量
introspection	内省

introspection by analogy	类比内省
isomorphism	同型论

J

just noticeable difference	最小可觉差

L

law of acquisition	获得律
law of effect	效果律
law of exercise	练习律
law of mass action	整体活动定律
law of parsimony or Morgan's canon	齐啬律或摩根定律
law of primary reinforcement	原初强化律
libido	里比多
locus of control	控制点

M

materialism	唯物主义
mechanism	机械论
mediate and immediate experience	间接和直接经验
mental age	心理年龄
mental test	心理测验
mentalism	心灵主义
mind-body problem	心-身问题
Monadology	单子论

N

naturalist theory	自然决定论
nonsense syllables	无意义音节

O

Oedipus complex	俄狄浦斯情结
operant conditioning	操作条件反射
operationism	操作主义

词 汇 表

P

perceptual constancy	知觉连续性
personal unconscious	个人无意识
personalistic theory	人物决定论
phenomenology	现象学
phi phenomenon	似动现象
positive regard	积极关注
positivism	实证主义
pragmatism	实用主义
primary and secondary qualities	第一性和第二性的质
psychoanalysis	精神分析
psychophysics	心理物理学
psychosexual stages	心理性阶段
purposive behaviorism	目的行为主义

R

recapitulation theory	复演论
reductionism	还原论
reflex action theory	反射活动理论
reflex arc	反射弧
reinforcement	强化
reinforcement schedules	强化的模式
repetition	重复
repression	压抑
resemblance	类似律
resistances	抵抗

S

self-actualization	自我实现
self-efficacy	自我效能
simple ideas and complex ideas	简单观念和复杂观念
social interest	社会兴趣
stimulus error	刺激错误

stream of consciousnesse	意识流
structuralism	构造主义
superego	超我
synthetic philosophy	综合哲学
systematic experimental introspection	系统实验内省

transference	移情
trial-and-error learning	尝试-错误学习
tridimensional theory of feelings	情感三维说
tropism	向性
two-point threshold	两点阈限

variability hypothesis	变异假设
vicarious reinforcement	替代强化
voluntarism	意志主义

Zeigarnik effect	蔡加尼克效应
Zeitgeist	时代精神

译后记

《现代心理学史》的第一版出版于 1969 年，1975 年第二版出版，1982 年，人民教育出版社根据心理学史教学实践的需要，翻译出版了这本书的第二版。现在，22 年过去了，英文版的《现代心理学史》已经过了多次修订，2004 年出了第八版。我们现在这本书就是根据 2004 年第八版译出的。

同老版本相比，新版的内容几乎全部更新了。虽然所包含的人物和流派没有多少变化，但是由于作者占有了新的历史资料，对心理学史的发展有了新的理解，因而分析的角度和看问题的立场有了较大的变化，特别是老版本的作者仅仅只有杜·舒尔兹一人，而新版增加了杜·舒尔兹的妻子西德尼·埃伦·舒尔兹。新的作者的参与必然带来一些新的变化，新版中增加的有关女性对心理学发展的贡献方面的内容就是很好的例证。

《现代心理学史》的特色之一是深入浅出、明白易懂。心理学史的内容十分复杂，理论家的观点大多晦涩难懂，所以从浩如烟海的历史资料与数据中抽取哪些理论观点以及怎样以学生能理解的方式叙述这些观点，就成为决定一本心理学史教科书能否成功的关键因素。《现代心理学史》的作者恰当地把握了这一点，以通俗、流畅的语言对那些深奥难懂的概念和术语作了简明扼要的阐述。所以这本书自出版以来，一直受到北美学生的欢迎。许多心理学系的学生，都是读了这本书后，对心理学史有了基本的了解。

《现代心理学史》的另一个明显特色是它关注“现代”心理学的发展史。在这里，“现代”的涵义更接近于“当代”，因为这本书论述的重点是科学心理学建立之后的心理学发展史。它虽然没有忽视科学心理学建立之前的心理学思想和内容，但是它对这部分内容的分析恰如其分，仅仅阐明科学心理学发展的历史线索，且注意的中心放在科学心理学建立之后心理学内容的各种理论取向、思想学派和体系运动。大多数心理学史教材为了保持内容的完整性，往往对科学心理学建立之前的哲学心理学思想作了过多的分析，其结果是学生在阅读心理学史教材的一开始就为晦涩的理论概念所困扰，破坏了心理学史学习的兴趣。

《现代心理学史》另一个值得一提的特色是内容的新颖

性。这表现在两个方面：其一是原有的内容写出了新意。心理学史中的人物和流派是相对不变的，每一本心理学史教材都离不开这些内容。但是对于这些人物和流派的认识是在不断变化的，该书的作者注意利用新的历史资料和数据，对传统的心理学人物和流派进行新的分析和评价，使老的内容有了新的意义。新颖性的第二个表现是反映了心理学的最新发展动态，及时对心理学的前沿和最新动态作出总结，如该书第一次对进化心理学、积极心理学进行了理论概括，这是其他心理学史教科书无法与之相比的。

总之，在众多的心理学史教材中，这本书是值得一读的好书。译者本人曾经主编过几本心理学史教材，今年又在广东高等教育出版社出版了个人独立撰写的《西方心理学理论与流派》一书，原以为自己对心理学史可以算是“精通”了，但是翻译完这本书后，深感这本书的作者对心理学史的理解要深刻得多。所以，读者在学习心理学史这门课程时，除了阅读我们国家自己主编的教材外，读读这本书将大有裨益。

博士后郑荣双和博士研究生张秀琴校阅了全文。两位女士出身于英语专业，同时在心理学方面又有很深的造诣。她们两位的工作给本译著增色不少，特别是郑荣双博士后，花费了许多时间和精力校对译文，修改了许多错误之处。博士研究生宋晓东、陈芮、范兆兰、尤娜、蒋京川等人也参与了校对工作，谨在此表示诚挚的谢意。

译 者

2004 年 9 月 4 日